Hidden Champions – Aufbruch nach Globalia

Prof. Dr. Dr. h.c. mult. Hermann Simon ist Chairman von Simon, Kucher &
Partners Strategy & Marketing Consultants (www.hermannsimon.com,
www.simon-kucher.com). Seit mehreren Jahrzehnten ist er den Geheimnissen
von Unternehmen auf der Spur, die im Schatten der Öffentlichkeit zu Weltmarktführern aufgestiegen sind. 1996 veröffentlichte er bei Campus das Buch
Die heimlichen Gewinner, 2007 beschrieb er die *Hidden Champions des
21. Jahrhunderts*. Beide Titel wurden zu internationalen Bestsellern.

Inhalt

Management Summary

Dieses Management Summary fasst die wichtigsten Lehren der Hidden Champions zusammen:

1. Globalia wird für Unternehmen, die sich nicht auf nationale Märkte beschränken, sondern den Weltmarkt bedienen, zu einem enormen Wachstumstreiber.
2. Die USA und Europa werden auch in 2025 die größten Märkte sein. Asien, insbesondere China, kommt als dritter Pol der Weltwirtschaft hinzu. Bis 2050 verdoppelt sich die Bevölkerung Afrikas, das damit eine immer bedeutendere Rolle in der Weltwirtschaft gewinnt, mit welchen Vorzeichen ist derzeit unklar.
3. Unternehmen aus dem deutschsprachigen Raum sind für den globalen Wettbewerb der Zukunft bestens gerüstet. Die Hidden Champions, von denen es hier mehr gibt als im Rest der Welt zusammen, bilden die Speerspitze beim Aufbruch nach Globalia. Selbst die große Krise haben sie mit Bravour gemeistert.
4. Die Hidden Champions sind zwar kaum bekannt, besitzen aber welt- und europaweit herausragende Marktpositionen, die sie sich durch Spitzenleistungen verdient haben. Das gilt nicht nur für etablierte, sondern auch für junge Hidden Champions, von denen in der jüngeren Vergangenheit erstaunlich viele neu entstanden sind.
5. Die äußerst ambitiösen Ziele dieser Firmen sind auf Wachstum und Marktführerschaft ausgerichtet.
6. Das Wachstum vollzieht sich eher kontinuierlich als in spektakulären Schüben und erweist sich als ziemlich stabil.
7. Marktführerschaft heißt für die Hidden Champions mehr als nur größter Marktanteil. Sie beanspruchen, Kunden, Wettbewerber und ihre Märkte durch das Setzen von Standards und Benchmarks zu »führen«.

8. Nur durch Fokussierung und Tiefe wird man Weltklasse. Die Hidden Champions fokussieren sich auf enge Märkte und schaffen durch Tiefe einzigartige Produkte. Sie beherzigen die Einsicht, dass Einzigartigkeit nur intern entstehen und nicht am Markt per Outsourcing hinzugekauft werden kann.

9. Fokussierung macht einen Markt klein. Globalisierung macht den Markt groß und ermöglicht die Realisierung ausreichender Economies of Scale. Fokussierung und Globalisierung sind deshalb die beiden unverzichtbaren Pfeiler der Hidden-Champions-Strategie.

10. Bei der Globalisierung bleiben die Hidden Champions ihrer Präferenz fürs Selbermachen treu. Sie vertreiben nicht über Dritte, sondern über eigene Tochtergesellschaften und sorgen so auch in Auslandsmärkten für direkten Kundenkontakt.

11. Die Hidden Champions pflegen intime Beziehungen zu ihren Kunden. Ihre Kundennähe ist fünfmal höher als in Großunternehmen. Selbst ihre Topmanager sind nahe an Geschäft und Kunden.

12. Hidden Champions investieren doppelt so viel wie deutsche Industrieunternehmen in Forschung & Entwicklung. Pro 1 000 Mitarbeiter halten sie fünfmal so viele Patente wie Großunternehmen. Die Kosten pro Patent sind dabei um den Faktor fünf niedriger. Technologie und Kundenbedürfnissen fungieren als gleichgewichtige Antriebskräfte von Innovationen.

13. Die Hidden Champions setzen ihre Wettbewerbsvorteile mit Konsequenz am Markt durch. Ihre Überlegenheit beruht auf einer Vielzahl von Wettbewerbsvorteilen. Produktqualität steht dabei unverändert an erster Stelle. In den letzten Jahren haben sie neue, schwer imitierbare Wettbewerbsvorteile in Beratung und Systemintegration geschaffen und so die Eintrittsbarrieren für neue Konkurrenten erhöht.

14. Stoßen Hidden Champions aufgrund von Marktsättigung oder hohen Marktanteilen an Wachstumsgrenzen, dann diversifizieren sie »weich« in Geschäfte, die nahe an ihren angestammten Kompetenzen liegen. Damit die neuen Geschäfte wiederum wie Hidden Champions fokussieren und globalisieren können, werden sie als eigenständige, dezentrale Einheiten organisiert.

15. Die Hidden Champions sind hoch profitabel. Ihre langjährige Umsatzrendite liegt bei mehr als dem Doppelten des Durchschnitts deutscher Unternehmen. Sie haben hohe Eigenkapitalquoten. Sie verhalten sich in finanziellen Angelegenheiten konservativ und setzen auf Selbstfinanzierung.

16. Klassische Hidden Champions sind Einprodukt-Einmarkt-Unternehmen und kommen mit schlanken funktionalen Organisationen aus. Werden

die Geschäfte oder die bedienten Märkte komplexer, so wechseln sie frühzeitig zu divisionalen Organisationsformen. So sichern sie trotz zunehmender Komplexität ihre hohe Kundennähe.

17. Hidden Champions sind Hochleistungsorganisationen. Sie achten darauf, stets mehr Arbeit als Köpfe zu haben. Sie haben in der Mitarbeiterqualifikation massiv aufgerüstet. Fluktuation und Krankenstand sind sehr niedrig. Bei der Rekrutierung stehen sie allerdings vor großen Herausforderungen, insbesondere im globalen Rahmen.

18. Die Führer der Hidden Champions zeichnen sich durch ein hohe Identität von Person und Mission, fokussierte Zielstrebigkeit, Mut, Ausdauer sowie die Fähigkeit, andere zu inspirieren, aus. Die Amtsdauer der Chefs ist mit 20 Jahren dreimal so hoch wie in Großunternehmen. Die Chefs kommen in jungen Jahren an die Spitze. Frauen spielen in der Führung von Hidden Champions bedeutende Rollen. Die Internationalisierung des Managements steht erst am Anfang und bleibt in Globalia eine der schwierigen Aufgaben.

Unbeirrt von den Managementmoden des jeweiligen Tages ziehen die Hidden Champions ihre Bahnen. Ihre Überlegenheit haben sie in der Welt von gestern vielfach unter Beweis gestellt. Wenn sie ihren Prinzipien treu bleiben, werden sie auch in Globalia, der globalisierten Welt der Zukunft, florieren. Es gibt kein Geheimrezept für ihren anhaltenden Erfolg. Es sei denn, dass sie den gesunden Menschenverstand konsequenter anwenden als andere. Dies ist so einfach und doch so schwer!

Kapitel 1

Globalia – die Welt der Zukunft

Globalia nenne ich die globalisierte Welt der Zukunft. Wer meint, die Globalisierung sei bereits weit fortgeschritten, der irrt. Die Globalisierung hat gerade erst begonnen und nimmt weiter Fahrt auf. Die zukünftige Bedeutung der Globalisierung lässt sich schwerlich überschätzen. Fragt man sich, welcher Megatrend unser Leben in den letzten 50 Jahren am stärksten verändert hat, dann dürfte die häufigste Antwort »die Informationstechnologie« lauten. Stellt man die gleiche Frage in einigen Jahrzehnten, dann bestehen gute Chancen, dass »die Globalisierung« diese Rolle einnimmt. Dies gilt in besonderem Maße für Unternehmen im deutschsprachigen Raum und noch stärker für die Hidden Champions, unsere wenig bekannten Weltmarktführer. Davon gibt es in Deutschland und im deutschsprachigen Raum mehr als im Rest der Welt zusammen. Die Hidden Champions haben bereits ein gutes Stück auf dem Weg zur Globalisierung zurückgelegt. Die meisten von ihnen stehen nicht am Anfang, sondern befinden sich entschlossen auf dem Vormarsch nach Globalia. Dort locken ungeheure Chancen, aber die Gangart wird schwieriger, denn die Konkurrenten, nicht zuletzt neue Wettbewerber aus Schwellenländern, greifen an und holen schnell auf.

Wachstumsmotor Globalisierung

Man kann sagen, dass die Globalisierung vor wenigen Jahren begonnen und sich zunehmend beschleunigt hat. Ein besonders aussagekräftiger Indikator der Globalisierung sind die Weltexporte pro Kopf der Weltbevölkerung. Betrachtet man diese Kennzahl seit 1900, so zeigt sich eine deutliche Beschleunigung in den letzten Jahrzehnten. Abbildung 1.1 veranschaulicht die Hypothese der sich beschleunigenden Globalisierung. Die Dynamik haben die Hidden Champions frühzeitig als Chance verstanden und genutzt.

Abb. 1.1: Weltexporte pro Kopf der Weltbevölkerung 1900 bis 2010

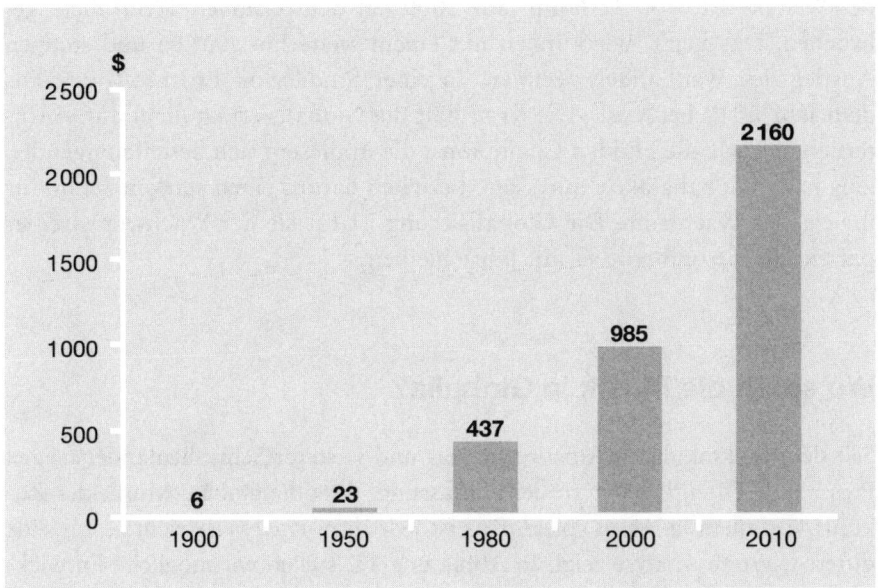

Ausgehend von dem niedrigen Niveau von 6 Dollar im Jahre 1900 wurden 50 Jahre für eine Vervierfachung benötigt. Die beiden Weltkriege zerstörten die internationalen Handelsstrukturen und warfen die Entwicklung der Exporte um Jahrzehnte zurück. In den nächsten 30 Jahren bis 1980 gab es ein sehr starkes Wachstum. Die nächste Verdoppelung auf knapp 1000 Dollar brauchte dann nur noch 20 Jahre, und im ersten Jahrzehnt des 21. Jahrhunderts haben sich die Weltexporte pro Kopf trotz des bereits hohen Niveaus erneut mehr als verdoppelt.

In absoluten Zahlen bedeutet diese Entwicklung einen Anstieg des internationalen Güteraustausches von 9,9 Milliarden Dollar im Jahre 1900 (damals lag die Weltbevölkerung bei 1,65 Milliarden Menschen) auf 15238 Milliarden Dollar in 2010 (Weltbevölkerung 2010: 6,7 Milliarden Menschen). Der internationale Güteraustausch ist heute also mehr als 1500-mal so hoch wie vor 100 Jahren. Dabei sind Direktinvestitionen und Dienstleistungsexporte (z.B. Finanzdienstleitungen, Softwareentwicklung oder Callcenter in Indien) nicht eingerechnet. Vermutlich würde sich das Wachstum durch deren Einbeziehung nochmals verdoppeln. Andere Indikatoren der Globalisierung sind in den letzten 30 Jahren sogar stärker gewachsen als die Exporte. Dazu zählen beispielsweise die grenzüberschreitenden Finanztransaktionen, die sich allein seit 1980 mehr als verneunfacht haben, oder die Zahl internationaler Touristen, die heute sechsmal höher ist als 1980.[1]

Selbst die seit 2007 einsetzende Krise mit einem dramatischen Einbruch der Weltexporte von 22 % im Jahr 2009 hat den positiven Trend nicht gebrochen. Das heißt, wir können mit einem weiterhin starken und stetigen Anstieg des Welthandels rechnen. In einer Studie von Ernst & Young aus dem Jahr 2012 heißt es: »Die Krise hält die Globalisierung nicht auf.«[2] Unternehmen wie die Hidden Champions, die in diesem sich beschleunigenden Zug nach Globalia aktiv mitreisen, beziehen daraus einen starken Schub für ihr eigenes Wachstum. Die Globalisierung ist für sie der Wachstumstreiber par excellence und wird es auf Jahre bleiben.

Wo spielt die Musik in Globalia?

Seit dem spektakulären Aufstieg Chinas und weiterer Schwellenländer neigen Presse und Öffentlichkeit zu der Auffassung, dass die globale Musik der Zukunft vor allem in Asien spiele. Das ist jedoch nur teilweise richtig, wie eine differenziertere Analyse zeigt. In Abbildung 1.2 stellen wir mögliche Entwicklungen der Bruttoinlandsprodukte für ausgewählte Länder bis zum Jahr 2025 dar. Für China und Indien nehmen wir jährliche Wachstumsraten von 6 %, für Brasilien von 5 % an. Das sind über einen so langen Zeitraum ausgesprochen hohe Raten. Für die USA gehen wir von 2,5 %, für die EU (ohne Deutschland) von 1,5 % aus. Für Deutschland, das wir getrennt ausweisen, nehmen wir 1,5 % und für Japan 1 % Wachstum pro Jahr an. Diese Wachstumsannahmen stützen sich sowohl auf den »Global Economic Outlook 2012« des Conference Boards als auch den Report »World Order in 2050«. Es sei darauf hingewiesen, dass langfristige Prognosen des Bruttoinlandsprodukts gewagt sind. Hier geht es primär darum, eine wahrscheinliche Entwicklung im Kontext der globalen Ökonomie zu zeigen, nicht um eine möglichst treffsichere Prognose.

Die Abbildung 1.2 enthält einige deutliche Botschaften:

- Auch im Jahr 2025 werden die USA noch die globale Nummer 1 sein.
- Als einzelnes Land wird China zur klaren Nummer 2 in der Welt.
- Selbst ohne Deutschland ist die EU in 2025 immer noch größer als China, inklusive Deutschland erreicht sie etwa das BIP der USA.
- Japan bleibt Nummer 4.
- Deutschland, Indien und Brasilien liegen in 2025 nahe beieinander.
- Der Abstand zwischen China und Indien bleibt nicht nur groß, sondern nimmt in absoluten Zahlen sogar zu. Selbst wenn man für Indien eine Wachstumsrate von 8 % annimmt, wird es in diesem Zeitraum nicht zu China aufschließen.

Abb. 1.2: Bruttoinlandsprodukte für ausgewählte Länder und Regionen in 2010 und 2025

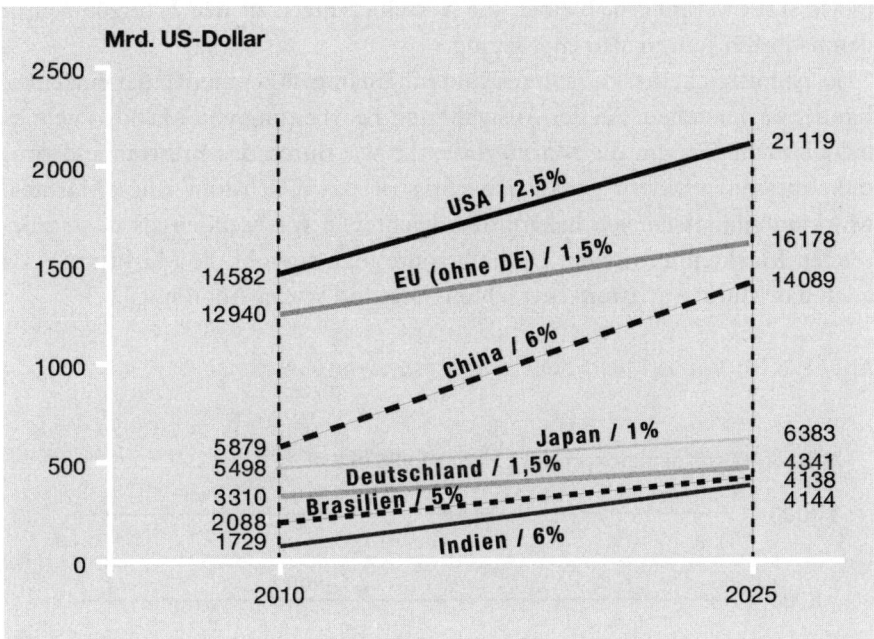

Die globale Musik im Jahr 2025 wird also nach wie vor sehr stark in den USA und in Europa spielen. Im Hinblick auf die Wettbewerbsfähigkeit der USA kommen Michael Porter und Jan Rivkin in einer Analyse zu folgendem Urteil: »The United States remains the world's most productive large economy and its largest market for sophisticated goods and services, which stimulates innovation and acts as a magnet for investment.«[3]

Aber China kommt als sehr wichtiger dritter Spieler hinzu. Aus der bipolaren Bühne USA–Europa wird eine tripolare mit China als drittem Pol. Man beachte, dass diese Tripolarität nicht mit der von Ken-Ichi Ohmae in den 1980er Jahren propagierten »Triade« identisch ist. Ohmae sah in seinem seinerzeit viel beachteten Buch *Macht der Triade* Japan als dritten Pol neben Amerika und Europa.[4] Walter Russell Mead sprach im gleichen Sinn von der »Trilateral Era«.[5] Doch Japan hat aufgrund seiner Stagnation in den letzten 20 Jahren an Gewicht verloren. Dieser Trend dürfte sich fortsetzen. Auch Europa verliert an internationaler Bedeutung. Man kann auch von einer multipolaren Welt des Jahres 2025 sprechen, wobei neue Pole wie Brasilien und Indien aber ein deutlich geringeres Gewicht haben als die USA, die EU und China.[6] Die Abbildung macht zudem deutlich, dass Deutschland auch im Jahr 2025 noch in der Weltliga spielen wird, ob auf dem 5. oder 6. Platz ist dabei unwesentlich. Während sich die absoluten Bruttoinlandsprodukte stark verändern, bleiben die Verschiebungen in den Rangplätzen in den nächsten Jahren also eher gering.

Es ist hilfreich, diese absoluten und rangmäßigen Positionen der einzelnen Länder zu verstehen. Bei der Auswahl und Bearbeitung von Märkten geht es jedoch nicht nur um die Marktgröße, die wir durch das Bruttoinlandsprodukt messen, sondern genauso wichtig ist das Wachstum eines Marktes. Marktanteile lassen sich bekanntlich leichter in wachsenden als in stagnierenden Märkten gewinnen. Deshalb sollte man sowohl die Marktgröße als auch das Marktwachstum betrachten. Dies tun wir in Abbildung 1.3:

Abb. 1.3: Bruttoinlandsprodukte 2025 und deren Zuwächse 2010 bis 2025

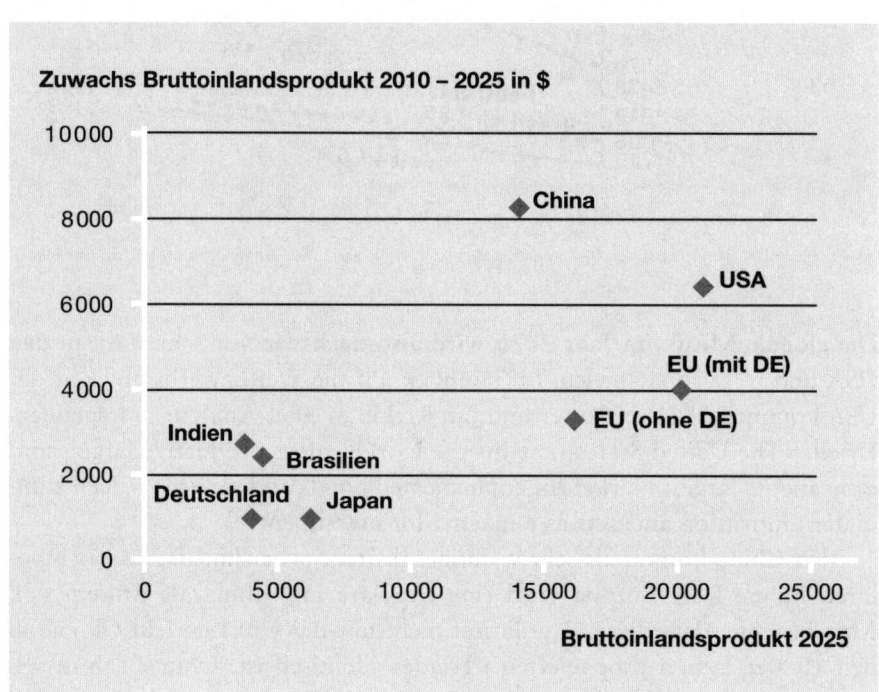

Auch diese Betrachtung führt zu wichtigen Erkenntnissen:

- China hat den mit Abstand größten Zuwachs. Das ist nicht überraschend.
- Aber die USA liegen im Zuwachs des BIP an zweiter Stelle und deutlich vor Indien und Brasilien. Das Startniveau spielt eben eine große Rolle, die ausschließliche Betrachtung von Wachstumsraten kann leicht in die Irre führen.

- Auch die EU weist einen beachtlichen Zuwachs auf, der ebenfalls über demjenigen von Indien und Brasilien liegt.

Zusammenfassend kommen wir zu dem Schluss, dass die Hidden Champions – und deutsche Unternehmen generell – zwei Prioritäten verfolgen müssen. Die erste Priorität ist dabei die Sicherung der Marktpositionen in den hochentwickelten Märkten Europas und Amerikas. Das alleine ist bereits eine große Herausforderung, denn viele deutsche Hidden Champions haben heute in den USA nicht so hohe Marktanteile wie in der übrigen Welt. Amerika bleibt in Zukunft ein enorm wichtiger Markt, nicht nur wegen seiner Größe, sondern auch wegen des absolut hohen Zuwachses. Als zweite Priorität ist der Aufbau von starken Marktpositionen vor allem in China und nachfolgend in Indien und Brasilien zu nennen. Das ist ziemlich viel auf einmal beziehungsweise in wenigen Jahren. Und dabei haben wir bei dieser quantitativen Analyse weitere Wachstumsregionen wie ASEAN, Afrika und Osteuropa/Russland zunächst noch nicht einbezogen. Weiter unten werden wir uns diesen im Rahmen einer stärker qualitativ orientierten Betrachtung zuwenden.

Unsere Befunde, dass die globale Musik selbst in 2025 noch primär in Europa und Amerika spielen wird, setzen wir bewusst gegen die weitverbreitete Mode, die Zukunft ausschließlich in Asien und anderen Schwellenländern zu sehen.[7] Populäre Aussagen wie diejenige, dass die »Schwellenländer die nächste Welle der Globalisierung vorantreiben«[8], geben nur einen Teil der Wahrheit wieder. Auch Europa und die USA werden weiterhin entscheidend zum Wachstum Globalias beitragen. Abschließend sei daran erinnert, dass unsere Schlussfolgerungen von den Annahmen zu den Wachstumsraten abhängen. Fallen diese radikal anders aus, dann wird sich die Welt in 2025 entsprechend anders darstellen. Die Abweichungen von unseren Annahmen dürften sich jedoch in Grenzen halten, sodass die Aussagen in der Tendenz gültig bleiben dürften. Es sei ebenfalls betont, dass es sich hier um eine gesamtwirtschaftliche und keine branchenbezogene Analyse handelt. Für einzelne Branchen können die Entwicklungen total anders ausfallen. Schon heute ist China und nicht die USA für manche Produkte der größte Markt. Beispiele dazu folgen später.

Bevölkerungsdynamik in Globalia

Das Bruttoinlandsprodukt und dessen Zuwachs sind kurz- und mittelfristig die wichtigsten Indikatoren der Marktattraktivität. Je längerfristiger der Betrachtungszeitraum jedoch wird, desto größeres Gewicht gewinnt die Bevölkerungsentwicklung. Hocheinkommensländer mit schrumpfender Bevölkerung offerieren langfristig keine günstigen Aussichten. Wächst hingegen die Bevölkerung und steigen die Pro-Kopf-Einkommen, dann gibt es gleich zwei Wachstumstreiber.

Abbildung 1.4 zeigt die Bevölkerungsentwicklung für wichtige Regionen und Länder zwischen 2010 und 2050. Hier legen wir einen wesentlich längeren Zeithorizont als beim Bruttoinlandsprodukt zugrunde. Es handelt sich um die Zahlen der offiziellen Prognose der UNO. Zum Zwecke einer einfachen Vergleichbarkeit der Veränderungen wurde der Index für 2010 auf 100 gesetzt.

Abb. 1.4: Bevölkerungsentwicklung von 2010 bis 2050 für ausgewählte Regionen

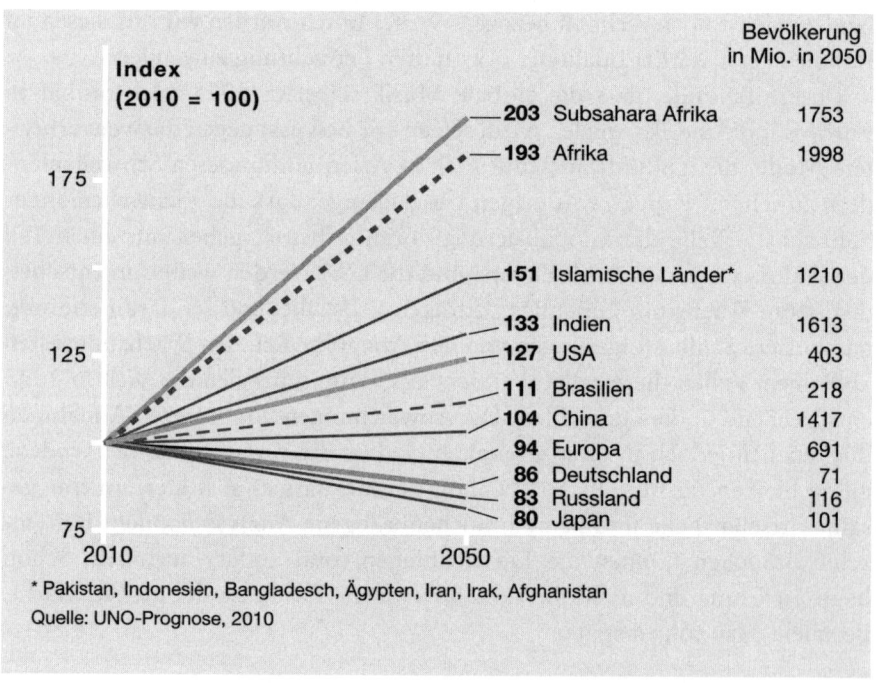

Auch hier treffen wir auf Überraschungen. So findet der stärkste Bevölkerungszuwachs der nächsten Jahrzehnte nicht in Asien, sondern in Afrika statt. Die Bevölkerung Afrikas wird laut UNO-Prognose von 1,03 Milliarden in 2010 auf 1,99 Milliarden in 2050 wachsen. Der Zuwachs von 960 Millionen ist fast so groß wie der Zuwachs im absolut viel größeren Asien von 1,07 Milliarden. Der Anteil Asiens an der Weltbevölkerung wird in den nächsten 40 Jahren von 60 auf 57 % zurückgehen, der Anteil Afrikas hingegen von 15 auf 22 % steigen. Manche Firmen, die heute schon auf Afrika setzen, werden gelegentlich nicht ganz ernst genommen. Es könnte sein, dass sie längerfristig genau richtig liegen – vorausgesetzt, Afrika entwickelt sich auch in wirtschaftlicher Hinsicht positiv.

Ähnlich wie Afrika, allerdings etwas weniger stark, werden die großen islamischen Länder Pakistan, Indonesien, Bangladesch, Ägypten, Iran, Irak und Afghanistan wachsen. Diese Länder haben in 2010 eine Bevölkerung von 799 Millionen. Sie wird bis 2050 um 51 % auf 1,21 Milliarden steigen.

Mancher Leser mag überrascht sein, dass die Bevölkerung Indiens weit weniger stark zunimmt als die Afrikas und der islamischen Länder. Dahinter steht dennoch ein absoluter Zuwachs von rund 400 Millionen Menschen. Erstaunlich ist zudem, dass die USA prozentual ähnlich stark wachsen wie Indien und dass die Bevölkerung Brasiliens in den nächsten 40 Jahren nur noch um 11 % wächst. Am geringsten verändert sich die Bevölkerungszahl bis 2050 in China.

Schrumpfen werden die Bevölkerungszahlen in Europa und noch stärker in Russland und in Japan. Bei Betrachtung der reinen Bevölkerungszahl wird eine dramatische Veränderung nicht sichtbar: die Verschiebung der Alterskohorten, also das Älterwerden der Bevölkerung. Dieses Phänomen ist allseits bekannt, die Auswirkungen dramatisch. Es würde hier zu weit führen, statistische Details darzustellen.

Der frühere australische Premierminister Paul Keating liefert eine Interpretation des Globalisierungsprozesses, die im Kontext der Bevölkerungsdynamik aufschlussreich ist. Über zwei Jahrhunderte habe die Produktivität des Westens die traditionelle Verbindung von Bevölkerung und Bruttoinlandsprodukt außer Kraft gesetzt. Die Globalisierung verteile die Produktivität wieder gleichmäßiger, woraus den bevölkerungsstarken Ländern ein Vorteil erwachse. Insofern kehre die Welt zu einer größeren Gerechtigkeit und Fairness zurück.[9]

Neben dem absoluten Wachstum der Bevölkerung werden Wanderungen in den nächsten Jahrzehnten bestimmend. Die Zahl der internationalen Flüchtlinge ist seit 1980 um das Fünffache gestiegen.[10] Nach einer Gallup-Studie aus dem Jahr 2012 wünschen 1,1 Milliarden Menschen, das sind ein Viertel aller Erwachsenen, zumindest temporär in ein anderes Land zu ziehen, um dort Arbeit und bessere Lebensbedingungen zu finden. 630 Millionen würden gerne permanent in ein anderes Land auswandern.[11] Zusammenzufassend zur globalen Bevölkerungsdynamik halten wir fest, dass die Weltbevölkerung nicht nur von heute 7 Milliarden bis zum Jahr 2050 um

2,24 Milliarden auf mehr als 9 Milliarden Menschen wächst, sondern dass dieses Bevölkerungswachstum regional extrem ungleich verteilt ist und massive Wanderungsbewegungen zu erwarten sind.

Mittelständischen Unternehmen, insbesondere solchen vom Hidden-Champions-Typ, fallen für diese Veränderungsprozesse wichtige Aufgaben zu. Hidden Champions aus den hochentwickelnden Regionen spielen bei der Schaffung neuer Arbeitsplätze in den Schwellenländern eine Schlüsselrolle. Sie bilden junge Menschen aus, transferieren Know-how und verlagern ganze Wertschöpfungsketten, inklusive Forschung und Entwicklung, in weniger entwickelte Länder. Natürlich tun sie dies nicht aus Altruismus, sondern um die sich dort bietenden Geschäftschancen zu nutzen. Gleichzeitig entstehen in den Entwicklungsländern selbst neue Mittelständler, von denen hoffentlich viele Hidden Champions werden. Jedenfalls gilt das schon für China und Osteuropa.[12] Mehr und mehr Schwellenländer erkennen, dass sie nicht allein auf Großunternehmen setzen dürfen, sondern die Entwicklung eines Mittelstands ein für sie besserer und sogar unverzichtbarer Weg ist.

Zukünftige Märkte

Nachdem wir Globalia, die globalisierte Welt der Zukunft, anhand der groben Aggregate Bruttoinlandsprodukt und Bevölkerung skizziert haben, lohnt es sich, einzelne Märkte der Zukunft näher zu betrachten. Wo stehen sie und wie werden sie sich weiterentwickeln? Welche Chancen bieten sie den Hidden Champions?

China und Indien

Bei Asien denkt man heute vor allem an China und Indien. Mit rund 2,6 Milliarden Menschen stellen diese beiden Länder 62 % der Bevölkerung Asiens, die bei 4,2 Milliarden liegt. China und Indien werden wegen ihrer ähnlichen Bevölkerungszahlen gerne in einem Zug genannt und als ähnlich angesehen. Doch wie schon in den Abbildungen 1.2 und 1.3 deutlich wurde, ist das eine grobe Fehlwahrnehmung. Im Hinblick auf ihre Rolle in der Weltwirtschaft, ihren Entwicklungsstand und ihre Gesellschaften sind diese beiden Länder äußerst verschieden. Das Über-einen-Kamm-Scheren rührt offenbar aus der Ähnlichkeit von Bevölkerungszahl und Wachstumsraten. Doch das sind auch schon die wichtigsten Parallelen. Man könnte sogar behaupten, dass China und Indien vor 35 Jahren wirtschaftlich ähnlicher waren als heute. In den siebziger Jahren lag das Pro-Kopf-Einkommen in beiden Ländern auf vergleichbarem Niveau. Seitdem hat es sich in China etwa verneunfacht, in Indien hingegen nur versechsfacht. Per 2010 übertrifft das chinesische Bruttoinlandsprodukt pro Kopf mit 4 382 Dollar das indische, das nur 1 632 Dollar erreicht, um mehr als das Zweieinhalbfache. Aber holt Indien nicht auf? Nicht wirklich! Oder: Zumindest bisher nicht! Von 2000 bis 2010 hat sich der Abstand sogar vergrößert, und zwar sowohl prozentual als auch absolut. In jedem einzelnen dieser Jahre war die reale Wachstumsrate des Bruttoinlandprodukts in China höher als in Indien. In den letzten Jahren hat sich sogar der prozentuale Abstand im Bruttoinlandsprodukt pro Kopf erhöht. Und wie Abbildung 1.2 zeigte, wird sich diese Tendenz im nächsten Jahrzehnt fortsetzen, es sei denn, China fällt im Wachstum stark zurück und Indien erreicht deutlich höhere Wachstumsraten.

In Indien ist die Armut nach wie vor ein großes Problem. Nach einem von der »Oxford Poverty and Development Initiative« in Zusammenarbeit mit der UNO im Jahr 2010 neu entwickelten Indikator für Armut gibt es in acht indischen Staaten (von insgesamt 28 Bundesstaaten) mehr Arme als in allen 26 afrikanischen Ländern zusammen.[13] Die Zahl der unterernährten Menschen in Indien ist weiterhin im Ansteigen begriffen.[14] Widersprüchlich ist zudem der Zugang zu moderner Infrastruktur. So heißt es »more Indians have access to cell phones than to toilets«.[15]

Aber ist Indien nicht das Software- und IT-Kompetenzzentrum der Zukunft? Auch diesen Aspekt muss man, zumindest heute noch, realistisch beurteilen. Von den 524 Millionen Indern, die überhaupt Arbeit haben, sind lediglich 2,2 Millionen, also 0,4 %, in der Informationstechnologie beschäftigt. Insgesamt arbeiten 93 % der Inder außerhalb der formalen Wirtschaft.[16]

Eklatant sind auch die Unterschiede im Außenhandel. China exportierte 2010 Waren im Wert von 1 578 Milliarden Dollar und belegte damit Rang 1 der Exportnationen. Indiens Exporte erreichten in 2010 mit 220 Milliarden Dollar weniger als ein Siebtel des chinesischen Wertes. Während China einen positiven Handelsbilanzsaldo von 182 Milliarden Dollar aufweist, liegt Indien mit 48 Milliarden Dollar im Minus. Diese Zahlen zeigen, dass beide Länder völlig unterschiedlich in die Weltwirtschaft integriert sind. Selbst die Berücksichtigung der indischen Dienstleistungsexporte ändert dieses Bild nicht wesentlich.

Ganz anders sieht es bei der Altersstruktur der Bevölkerung aus. China hat knapp 1,35 und Indien hat 1,2 Milliarden Menschen. Doch in Indien sind circa 31 %, also 370 Millionen Menschen, unter 15 Jahren alt, in China »nur« 260 Millionen, also rund 19 % der Gesamtbevölkerung. China altert rapide. Indien ist jung. In wenigen Jahrzehnten wird Indien mehr Menschen haben als China. Im Hinblick auf die Bevölkerung ist Indien der Markt der Zukunft, nicht China.

Doch die Unterschiede in den sozialen Gegebenheiten und den Humanressourcen gehen tiefer. Die Einkommensdifferenzen sind in China deutlich ausgeprägter als in Indien. China hat einen Gini-Index von 46,9, Indien einen solchen von 36,8, zum Vergleich: Deutschland liegt bei 28,3.[17] Extreme Einkommensdiskrepanzen beinhalten mehr sozialen Sprengstoff als absolut niedrige Einkommen, die nicht mit einer sehr starken Ungleichverteilung einhergehen. Ein Problem liegt auch darin, dass China bisher kein ausreichendes System zur Alterssicherung hat. Das gilt natürlich erst recht für Indien.

Sehr groß sind die Unterschiede zwischen den beiden Ländern beim Bildungsstand. Nur 17 % der Chinesen sind Analphabeten, hingegen 40 % aller Inder. Umgekehrt dürfte Indien in der Top-Universitätsausbildung die Nase vorne haben. Die sieben Indian Institutes of Technology entlassen pro Jahr etwa 4 000 »Bachelors of Technology«, die aus 200 000 Bewerbern ausgesucht wurden. Viele dieser Absolventen gehen nach Amerika und füllen dort die Pipeline für den akademischen Nachwuchs. In Feldern wie Operations Research, Statistik, Finanz oder Marketing dürften heute etwa ein Drittel aller amerikanischen Professoren indischer Abstammung sein. Indien ist ein Großlieferant von intellektuellem Kapital mit Weltklasseniveau. Das hat zwangsläufig eine Kehrseite, auf die das folgende Zitat eindrücklich hinweist: »India trumpets its remarkable achievements, yet seems in danger of losing the very bright, multilingual global souls who may, in fact, be its single best hope.«[18] Für die internationale Talentgewinnung sowie die zukünftige Ansiedlung von Forschungs- und Entwicklungszentren hat das intellektuelle Kapital Indiens schon heute große Bedeutung. Das zeichnet sich bereits in vielen aktuellen Fällen ab, wie Beispiele aus der IT- und der Automobilindustrie, dem Maschinenbau oder der Windenergie zeigen. Doch auch in China siedeln zahlreiche deutsche Unternehmen, darunter viele Hidden Champions, neue Forschungs- und Entwicklungszentren an.

Umgekehrt hat China beim Ausbau einer modernen Infrastruktur einen riesigen Vorsprung. Die in der Architektur futuristischsten Städte der Welt findet man heute in China – Peking nach den Olympischen Spielen 2008, Shanghai nach der Expo 2010. Diese Städte sind zu Leuchttürmen moderner Infrastruktur geworden. Das ist weithin bekannt. Ins Staunen kommt man aber auch immer wieder, wenn man in China eine der über 50 Städte mit mehr als einer Million Einwohnern besucht. Diese Städte sind – zumindest in den Zentren – oft gleichermaßen modern wie die Megacities. Außerdem verfügt China über ein weit ausgebautes Netz an Highways/Autobahnen und Hochgeschwindigkeitsstrecken. Der weltweit bisher einzige Transrapid im Regelbetrieb – der Shanghai Maglev Train (SMT) – verkehrt zwischen Shanghai und dem Flughafen Pudong mit einer Maximalgeschwindigkeit von 432 km/h. Da Hidden Champions stark im Hightechbereich engagiert sind, haben solche Entwicklungen für sie hohe Bedeutung.

Führende indische Ballungszentren wie Mumbai (Bombay), Chennai (Madras) oder Bengaluru (Bangalore) stehen hingegen kurz vor dem Verkehrskollaps. Der Mangel an modernen Autobahnen/Highways und Zugverbindungen erschwert das Leben in diesen Städten auf eine fast unerträgliche Weise. Nicht nur große Infrastrukturprojekte, sondern auch private Großinvestitionen sind von dieser Lähmung betroffen. So verhinderten im Herbst 2008 lokale Proteste die Inbetriebnahme der Produktionsstätte für das Billigauto Tata Nano. Tata, einer der führenden indischen Konzerne, musste die vor der Fertigstellung stehende Fabrik wieder abreißen und in einem anderen Staat neu bauen. Diese Vorfälle führten zu einer erheblichen Verzögerung bei der Markteinführung des Nano.

Schaut man sich die Unternehmensszene an, so fällt auf, dass mehr indische Großunternehmen international bekannt sind als chinesische. Zum einen gibt es in Indien sehr große Konglomerate wie Tata oder Reliance. Tata beispielsweise erzielte 2010 einen Umsatz von über 83 Milliarden Dollar und hat 424 000 Beschäftigte. In einer weltweiten Studie zur Reputation von Unternehmen landete Tata auf einem hervorragenden elften Platz, der Chairman Ratan Tata ist einer der international bekanntesten Topmanager. Noch bekannter dürfte der indischstämmige Lakshmi Mittal sein, der Arcelor-Mittal, den größten Stahlhersteller der Welt, führt. Weltunternehmen sind auch die indischen IT-Dienstleister Infosys, Wipro oder Tata Consultancy Services, die jeweils über 100 000 Mitarbeiter beschäftigen. Im Verhältnis dazu gibt es relativ wenige chinesische Firmen, die sich im Bekanntheitsgrad und in der Reputation einen hohen Rang im Weltmaßstab erkämpft haben. Dazu zählen Haier bei elektrischen Haushaltsgeräten, Lenovo bei Computern sowie Huawei und ZTE bei Telekommunikationsausrüstungen. Wenn man von den riesigen Staatsunternehmen und vor allem landesintern aktiven Firmen wie China Mobile, Post, Banken etc. absieht, dann ist die internationale Aktivität Chinas stark durch Mittelständler geprägt. So stammen 68 % aller chinesischen Exporte von Firmen mit weniger als 2 000 Mitarbeitern.[19] China hat insofern eine gewisse Strukturähnlichkeit mit Deutschland.

Große Differenzen sind auch bei der Präsenz ausländischer Investoren in China und Indien erkennbar. Die Big Players sind heutzutage überall anzutreffen. Bei international aktiven Mittelständlern und insbesondere den Hidden Champions gibt es derzeit noch eine deutlich stärkere Präsenz in China. Manche Unternehmen sind sogar entschlossen, China zu ihrem zweiten Heimatmarkt zu machen, und handeln entsprechend. Ein besonders prominentes Beispiel ist Danfoss, der dänische Weltmarktführer für Kälteregelungstechnik mit einem Umsatz von circa 4,24 Milliarden Euro in 2010. CEO Jørgen M. Clausen erklärt und wiederholt beständig: »China will be our second home market.« Clausen tut alles, um diese Vision Realität werden zu lassen. Dabei treibt ihn sein Ehrgeiz weiter voran: »We're growing by around 35 % in China and we're making good money, but are we doing enough?« So hat er sogar das dänische Königspaar in China zum Einsatz gebracht und die Chinesen damit mächtig beeindruckt. Für Phoenix Contact, den ostwestfälischen Interface-Hidden-Champion, ist China nach den Worten von Geschäftsführer Frank Stührenberg »der zweitgrößte Markt nach Deutschland und vor den Vereinigten Staaten«.

Ebenso spricht Volvo-CEO Stefan Jacoby nach der Übernahme durch den chinesischen Autohersteller Geely von »China als zweitem Heimatmarkt«. Auch der Premium-Autohersteller Audi erklärte China schon früh zu seinem zweiten Heimatmarkt. Die Volkswagen-Gruppe verkaufte im Jahre 2011 in China 2,26 Millionen Fahrzeuge, das waren fast 28 % der in aller Welt von VW verkauften 8,16 Millionen Autos. Sowohl für die Volkswagen-Gruppe als auch für Audi war China in 2011 erstmals der größte Absatzmarkt der Welt.[20] Selbst für einen Nischenanbieter wie Porsche wurde China nach den USA in 2012 zum zweitgrößten Markt der Welt.[21] Getrag, ein führender Getriebehersteller, will den Umsatz in China von 276 Millionen Euro im Jahr 2011 auf eine Milliarde in 2016 steigern.[22] Und die Relationen werden sich weiter zugunsten Chinas verschieben. Bis 2015 soll die Kapazität der chinesischen Autofabriken auf 37 Millionen Fahrzeuge pro Jahr steigen. Zum Vergleich: In Europa werden derzeit 13 Millionen Autos verkauft.[23] Deutlich konservativer fällt die Schätzung des Autoexperten Ferdinand Dudenhöffer aus. Er erwartet für 2015 in China einen Absatz von 15 Millionen (USA 15,9) und für 2025 von 28 Millionen (USA 17) Fahrzeugen.[24] Diese Diskrepanzen deuten an, dass sich solche Entwicklungen nur mit großer Unsicherheit prognostizieren lassen.

Gerade auch bei Luxusprodukten nimmt die Bedeutung des chinesischen Marktes rapide zu. Im Jahr 2011 stieg der Export von Schweizer Luxusuhren nach China um 49 %, China wurde damit zum drittwichtigsten Markt der Welt. Der größte Markt für diese Produkte ist Hongkong, seinerseits ein Teil Chinas, noch vor den USA.[25] Doch der Luxusgüter-Markt wird in China weiterhin rasant wachsen, laut einer Prognose von McKinsey sogar um 18 %

pro Jahr bis 2015.[26] Ferdinando Beccalli-Falco, Chef von General Electric International, sagte: »Wir müssen chinesischer werden als die Chinesen.«[27] – vielleicht ein bisschen übertrieben, aber in der Tendenz richtig. Manche Hidden Champions nehmen das wörtlich. Die Kölner Firma Igus, Weltmarktführer bei Kunststoff-Gleitlagern und Energieketten, hat sich sogar den Satz »Der beste Chinese kommt aus Köln« markenrechtlich schützen lassen.

In vielen Sektoren hat China die USA als größten Markt überholt oder wird dies in naher Zukunft tun:[28]

- 2007: Stahlverbrauch, Mobiltelefone, Exporte
- 2010: Energieverbrauch, Autos, Patente
- 2014: Einzelhandelsumsatz, Importe

Oliver Wack vom Branchenverband VDMA sagt: »China ist für deutsche Maschinen- und Anlagenbauer seit 2009 der wichtigste Markt.«[29] Diese Chancen darf sich kein Unternehmen mit globalen Ambitionen entgehen lassen. Das gilt für große wie für mittelständische Firmen.

China bietet Hunderte von Industrieparks mit exzellenter Infrastruktur. Eine dieser Anlagen, welche ich aus eigener Erfahrung gut kenne, ist die Wujin High-Tech Industriezone in der Jiangsu-Provinz. Wujin hat zahlreiche Hidden Champions wie z.B. Bosch Rexroth (Weltmarktführer für Hydraulik), Karl Mayer (Weltmarktführer für Trikotmaschinen), Stabilus (Weltmarktführer für Gasfedern und hydraulische Schwingungsdämpfer), Mettler Toledo (Weltmarktführer für Präzisionswaagen), MAN Turbo (führendes Unternehmen für Turbomaschinen) oder Leoni (Weltmarktführer für Bordnetz-Systeme/Automobilkabel) als Investoren gewonnen. Auch die in der Nähe liegenden älteren Industriezonen Wuxi und Suzhou sind bei Hidden Champions aus dem deutschsprachigen Raum beliebt. Die Präsenz deutscher Firmen und insbesondere der Hidden Champions in China ist beeindruckend. Wir hören oft, dass China die »Fabrik der Welt« werden soll – eine Behauptung, die sich mit hoher Wahrscheinlichkeit als richtig erweisen dürfte. China ist der Markt der Zukunft für Zulieferindustrie, Maschinenbau und Anlagenbauer und damit für viele Hidden Champions.

Auch Indien hat viele exzellente Unternehmen anziehen können. In der Regel haben diese jedoch in Indien kleinere Niederlassungen als in China. Groz-Beckert, Weltmarktführer für Industrienadeln, eröffnete seine Fabrik in Indien bereits in den 60er-Jahren. Volkmann, ein Unternehmen der Oerlikon Saurer Gruppe und mit einem Weltmarktanteil von 35 % Marktführer für Zwirnmaschinen, ging schon 1981 ein Joint Venture in Indien ein. Marquardt, Weltmarktführer für Werkzeug- und Automobilschalter, betrat 1996 beide Märkte gleichzeitig. Hella, als führender Hersteller von Scheinwerfern, Hupen und Elektronik, ist seit 1959 in Indien. Nach dem Bruch mit dem Partner im Gemeinschaftsunternehmen ist Hella seit 2001 durch das Joint Venture Interdis mit der Firma Leoni mit vier Niederlassungen in Indien vertreten. Auch der Getriebespezialist Getrag hat für 2014 die Eröffnung einer Fabrik in Indien angekündigt.[30] Die Gewichtung verschiebt sich allmählich von China nach Indien.

Ein Hidden Champion, der Indien besondere Aufmerksamkeit widmet, ist Claas. Die Firma aus Harsewinkel in Westfalen fertigt dort bereits seit vielen Jahren Reismähdrescher für den gesamten asiatischen Raum. 2007 wurde im Norden des Landes eine zweite Mähdrescher-Fabrik eröffnet. Zudem befindet sich eine der beiden globalen Beschaffungsplattformen in Indien (die andere ist in Ungarn angesiedelt). Claas India soll den gesamten Einkauf aus Asien koordinieren. Semikron, Marktführer bei Dioden- und Thyristorhalbleitermodulen, schätzt an Indien die hervorragenden rechtlichen und wirtschaftlichen Bedingungen. Betrachtet man Indiens umfangreiches Gleisnetz, so stellt man einen engen Bezug zum österreichischen Hidden Champion Plasser & Theurer fest. Die indische Bahnverwaltung vertraut seit Gründung der dortigen (Produktions-)Niederlassung im Jahr 1966 auf Maschinen von Plasser & Theurer.

Seit geraumer Zeit erkannten neben dem produzierenden Gewerbe auch Service-Unternehmen die Chancen, welche ihnen China bietet. Die Dussmann Gruppe, eines der weltweit größten Dienstleistungsunternehmen, beschäftigt in China circa 2700 Mitarbeiter. Bereits 1999 gründete die Deutsche Messe AG die Hannover Fairs Shanghai Ltd., um Aussteller zu akquirieren sowie Handelsmessen vor Ort zu organisieren. Würth, der weltweit führende Großhändler für Montageprodukte, verfügt über 31 Gesellschaften in China, Demag Cranes über 24 Servicezentren. Der Ventilator-Hidden-Champion EBM Papst hat nach den Worten von Hans-Jochen Beilke, des Vorsitzenden der Geschäftsführung, in China 17 Vertriebsstandorte und beschäftigt dort 1400 Mitarbeiter. Im Dienstleistungssektor ist Indien China jedoch voraus und es ist unwahrscheinlich, dass sich daran in naher Zukunft viel ändern wird. In vielen Bereichen hat es Indien geschafft, sich als globales Kompetenzzentrum für Dienstleistungen zu positionieren. So gliederten viele international agierende Unternehmen administrative Funktionen nach Indien aus (insbesondere nach Bengaluru, Mumbai, Chennai). Alleine in Bengaluru haben die Deutsche Bank, SAP, Siemens und Bosch jeweils Tausende von Mitarbeitern. Die Tatsache, dass die meisten Inder die englische Sprache beherrschen, sowie die weitverbreitete Technologie-Affinität haben zu dieser bemerkenswerten Entwicklung beigetragen.

China heißt nicht mehr billig

Chinesische Unternehmen dürften zu den schärfsten und gefährlichsten Konkurrenten der Hidden Champions werden. Diese Tendenz wird sich in den nächsten Jahren verstärken. Eine Fallstudie der chinesischen Firma Sany illustriert dies. Als ich 2010 die Betonpumpenfabrik von Sany in Changsha, der Hauptstadt der Provinz Hunan, zum ersten Mal besuchte, wurde ich überrascht. In der neuen Fabrik standen LKW-Chassis von Mercedes und Volvo aufgereiht. Auf meine Erstaunensäußerung erhielt ich die Antwort: »Wir montieren unsere Betonpumpen nur auf den besten LKWs der Welt.« Beim weiteren Rundgang durch die Fabrik sah ich dann Dieselaggregate von Deutz, Hydraulik von Bosch Rexroth und Steuerungen von Siemens. Und überall die gleichen Kommentare: »Wir verwenden nur die besten Komponenten, die es auf der Welt gibt.« Diese Einstellung scheint in China kein Einzelfall zu sein. So sagt Franz Michael Oppermann, Geschäftsführer der Gildemeister-Tochter DMG (Shanghai) Machine Tool Corporation: »Viele Kunden wollen deutsche Komponenten in den Maschinen haben.«[31]

Im Sommer 2011 hat Sany in Bedburg bei Köln die erste Greenfield-Fabrik eines chinesischen Unternehmens in Europa eröffnet. Auch hier fragte ich, warum man gerade den sehr teuren Standort Deutschland ausgesucht habe. Die Antwort: »Wir wollen ein Weltklasseunternehmen werden, und als solches müssen wir am besten Produktionsstandort in der Welt vertreten sein.« Im Jahr 2009 ließ Sany bei Betonpumpen den langjährigen deutschen Weltmarktführer Putzmeister, einen klassischen Hidden Champion, hinter sich. Und im Januar 2012 schlug die Nachricht wie eine Bombe ein, dass Sany Putzmeister übernimmt. Ein chinesisches Unternehmen wird mit Produkten, deren Qualität man von Chinesen bisher nicht erwartet hat, Weltmarktführer und kauft die frühere Nummer 1 aus Deutschland. Diese Strategie zielt nicht nur auf technologisches Know-how ab, sondern dient auch dem Erwerb eines bekannten Markennamens. Auf der Hannover Messe 2012 bemerkte der chinesische Regierungschef Wen Jiabao: »Wir wollen unsere Unternehmen darin unterstützen, starke Marken und Vertriebsnetze aufzubauen.«[32] Der Vollständigkeit halber sei hinzugefügt, dass mittlerweile ein chinesisches Unternehmen, der Telekommunikationsausrüster Huawei, die meisten Patente in der Welt anmeldet. Und seit 2012 ist China das Land, das insgesamt die meisten Patente in der Welt anmeldet.[33] Unsere Hidden Champions müssen sich wappnen.

Die Putzmeister-Übernahme steht keineswegs alleine da. Chinesen kaufen vermehrt Firmen in Deutschland und Europa auf. So sind die Maschinenbauer Schiess (seit 2004), Waldrich Coburg (seit 2005) und Dürrkopp Adler (seit 2005) bereits länger in chinesischen Händen. Im Jahr 2011 hat es mit Medion, KSM Castings, Sellner und Saargummi mehrere Übernahmen deutscher Firmen durch chinesische Käufer gegeben. In 2010 wurde die schwedische Volvo Cars vom chinesischen Autohersteller Geely übernommen.[34] Und bereits kurz nach Sany-Putzmeister folgte 2012 die nächste Übernahme eines weiteren deutschen Hidden Champions durch ein chinesisches Unternehmen. Der Weltmarktführer bei Autoschließsystemen, die Kiekert AG, wurde von der chinesischen Firma Lingyun gekauft. Kiekert war nach einem Lieferstopp bei Ford im Jahr 2000 in die Hände von Private-Equity-Investoren geraten und hat seither eine recht wechselvolle Entwicklung hinter sich, konnte aber seine Rolle als Weltmarktführer im Jahr 2011 mit mehr als 41 Millionen produzierten Schließsystemen verteidigen. Kurze Zeit später wurde verkündet, dass auch die frühere globale Nr. 2 bei Betonpumpen, die Firma Schwing aus Herne, in chinesische Hände gerät.[35] Peter Marsh, Produktionsexperte der *Financial Times*, warf die Frage auf, ob es sich bei den von Chinesen übernommenen Hidden Champions um Firmen handelt, die nicht an der Hightechfront brillieren. Wenn diese These stimmt, dann wäre keine regelrechte Übernahmewelle zu erwarten. Ich denke, die These von Marsh hat einiges für sich.

Der Experte Wang Wie von KPMG schätzt die Zahl der Übernahmen deutscher durch chinesische Unternehmen seit 1997 auf etwa 50.[36] Das ist noch keine hohe Zahl, aber die Tendenz ist stark steigend. Insgesamt sind per 2012 rund 700 chinesische Firmen in Deutschland mit 6 660 Beschäftigten aktiv.[37] Und einer Studie von Germany Trade and Investment zufolge ist China in 2011 zum wichtigsten ausländischen Investor in Deutschland aufgestiegen.[38] 158 Projekte stammen aus China, an zweiter Stelle liegen die USA mit 110 Projekten. Die Chinesen sind selbst zu Getriebenen geworden und haben keine andere Wahl, als sich qualitativ und preislich höher zu positionieren. Streiks nehmen zu, und die Firmen müssen massive Lohnerhöhungen akzeptieren. Die Zeit der billigen Löhne ist zumindest in den höher entwickelten Gebieten Chinas vorbei. Die Chinesen sind sich sehr bewusst, dass es in Asien und anderswo Milliarden von Menschen gibt, die bereit sind, zu deutlich niedrigeren Löhnen als Chinesen zu arbeiten. Die Pro-Kopf-Einkommen sprechen eine deutliche Sprache. Sie liegen in Indien fast zwei Drittel unter dem chinesischen Niveau und in Bangladesch bei weniger als einem Sechstel. Die Kosten chinesischer Produkte werden weiter steigen. Das zwingt die Hersteller, sich preislich höher zu positionieren.[39] Dies wiederum gelingt nur, wenn die Produkte qualitativ besser und innovativer werden.

Genau dies versucht die Luxus-Marke Shang Xia unter dem Dach von Hérmes mit ihrer Rückbesinnung auf Handwerkskunst und langjährige chinesische Tradition zu erreichen. Nach der Eröffnung des ersten Ladens in Shanghai 2010 wird man in Kürze auch in Paris und Peking Kleidung, Schmuck und Möbel des eindeutig chinesisch positionierten Luxus-Labels erwerben können – Nachfrage besteht gleichermaßen bei chinesischen und ausländischen Kunden.[40] Durch bessere Qualität, steigende Innovation und Abkehr von dem negativen »Made in China«-Image werden chinesische Hersteller zu gefährlichen Rivalen der Hidden Champions.

Selbst in Entwicklungsländern greifen die Chinesen mit zunehmend werthaltigeren Produkten an und konkurrieren nicht mehr nur mit niedrigsten Preisen. So schreibt die *Financial Times* zum sehr erfolgreichen Vorgehen chinesischer Firmen in Afrika: »The success of Chinese companies is about more than being cheap. Improvements in quality and better cooperation have been crucial.«[41] Mittelfristig ist klar, wohin die Reise für Unternehmen wie die Hidden Champions, die im globalen Wettbewerb der Zukunft mithalten wollen, geht. Sie müssen sowohl in China als auch in Indien starke Marktpositionen aufbauen. China ist derzeit Indien ungefähr zehn Jahre voraus. Aber Indien wird aufholen. Obwohl die zwei Länder sich in vielerlei Hinsicht unterscheiden, wird ihr zukünftiges Wachstum ähnlich ausfallen. Viele Wege führen nach Rom. Da beide Märkte weiterhin hohe Investitionen und Anstrengungen erfordern, ist eine richtige Prioritätensetzung wichtig.

ASEAN-Staaten

Eine Region, die erhöhte Aufmerksamkeit seitens deutscher Unternehmen verdient, sind die sogenannten ASEAN-Staaten. ASEAN steht für Association of Southeast Asian Nations. Diese Staatengemeinschaft umfasst heute zehn südostasiatische Länder mit einer Bevölkerung von rund 600 Millionen, ist also bevölkerungsmäßig größer als die Europäische Union mit 500 Millionen Einwohnern.[42] Allerdings liegt das kombinierte ASEAN-Bruttoinlandsprodukt mit circa 1 800 Milliarden Dollar weit unter demjenigen der Europäischen Union, das 2010 rund 15 000 Milliarden Dollar ausmachte. Die ASEAN-Region verspricht für die kommenden Jahre ein anhaltendes Wachstum und gilt auch als attraktiver Standort für Produktionsbetriebe, die wegen der steigenden Kosten aus China abwandern. Insgesamt kann man sagen, dass die Attraktivität von ASEAN für die Hidden Champions schnell zunimmt. Kärcher ist zum Beispiel als größter Reinigungsgerätehersteller weltweit bereits in jedem einzelnen der ASEAN-Mitgliedstaaten vertreten.

Japan

Japan spielt, als hoch entwickelter und damit reifer Markt, innerhalb Asiens eine Sonderrolle. Das Bruttoinlandsprodukt Japans ist das dritthöchste in der Welt und liegt mit rund 5,5 Billionen Dollar um 2 Billionen Dollar über demjenigen Deutschlands. Die Kaufkraft der Japaner ist also hoch. Schlechter bestellt ist es um das Wachstum in Japan. Im Kontext der Prognose in Abbildung 1.2 haben wir es mit 1 % angesetzt. Von der einst stolzen Exportnation, die große Handelsüberschüsse erwirtschaftete, ist nicht viel übrig geblieben. Im Jahr 2011 rutschte Japan zum ersten Mal seit 1980 in ein Handelsbilanzdefizit.[43] Die Licht- und Schattenseiten des japanischen Marktes treten zunehmend schärfer hervor, einerseits ein großer Markt mit hoher Kaufkraft, andererseits ein Markt mit geringem Wachstum und schrumpfender Bevölkerung. Dennoch wird Japan auch im Jahr 2025 noch die viertgrößte Wirtschaftsnation der Welt sein.

Trotz seines fortgeschrittenen Entwicklungsstandes muss man Japan aus deutscher Sicht nach wie vor als Zukunftsmarkt bezeichnen. Die Beziehung der Hidden Champions und deutscher Unternehmen generell zu Japan bleibt widersprüchlich. Die Attraktivität des japanischen Marktes wird von vielen mit Skepsis betrachtet. Japanische Kunden beurteilt man als besonders anspruchsvoll. Die Eintrittsbarrieren sowohl institutioneller Art, zum Beispiel in den Distributionskanälen, als auch kultureller Art werden als hoch angesehen. Andererseits sind japanische Großunternehmen auf großen Märkten wie Automobilindustrie, Elektronik oder Kameras weltweit führend und müssten insofern für Hidden Champions als Schlüsselkunden gelten.

Die japanische Nachfrage nach qualitativ hochwertigen und teuren Konsumgütern, wie sie Unternehmen aus dem deutschsprachigen Raum bevorzugt anbieten, boomt. Es kommt hinzu, dass die deutschen Firmen, die in Japan seit langem präsent und erfolgreich sind, sehr gut verdienen – anders als in China. Als Beispiele seien Merck mit Flüssigkristallen, Weinig bei Holzbearbeitungsmaschinen oder A. Lange & Söhne bei Luxusuhren genannt. Auch Bosch ist in Japan sehr erfolgreich und mit 8 000 Mitarbeitern das größte deutsche Unternehmen im Lande. Man liegt sicher nicht falsch, die starke Präsenz in Japan als einen wesentlichen Pfeiler zur dauerhaften Sicherung der Weltmarktführerschaft von Bosch in der Automobilelektronik zu interpretieren. Das gleiche Argument könnte für viele Hidden Champions Gültigkeit gewinnen. Rüdiger Kapitza, Chef des Maschinenbauers Gildemeister, bezeichnet Japan sogar als zweiten Heimatmarkt für sein Unternehmen.[44] Gildemeister ist eine Partnerschaft mit gegenseitiger Beteiligung mit dem japanischen Hidden Champion Seiki Mori eingegangen. Auch die Firma Lenze, Nr. 2 in der Welt bei automatisierten Antriebssystemen, hat sich schon 1972 durch ein Joint Venture mit dem japanischen Halbleiterproduzenten Miki Zugang zum japanischen und südostasiatischen Raum verschafft.

Seit 1983 besuche ich Japan regelmäßig. Einer der erstaunlichsten Eindrücke ist, dass sich seither bezüglich Marktpräsenz und Erfolg deutscher Unternehmen wenig geändert hat.[45] Die Firmen, denen man heute begegnet und die dort mit Erfolg arbeiten, sind die gleichen wie vor 30 Jahren. Nur wenige neue sind hinzugekommen. Ein jüngeres Erfolgsbeispiel ist der Hidden Champion Brainlab, Weltmarktführer in der chirurgischen Positionierungstechnologie, der 10 % seines Umsatzes in Japan erzielt. Auch Kern-Liebers, Weltmarktführer bei Federn für Sicherheitsgurte, und Scherdel, Weltmarktführer bei Ventil-/Kolbenringfedern, ist der Eintritt in die japanische Autoindustrie gelungen. Woran liegt es, dass viele deutsche Unternehmen und selbst Hidden Champions trotz dieser positiven Aspekte nach wie vor einen Bogen um Japan machen? Jeder weiß, dass der Markteintritt in Japan extrem schwierig ist. Das gilt am stärksten für die Gewinnung japanischer Großkonzerne als Kunden. Es ist aber ebenfalls bekannt, dass sich nach erfolgter Akzeptanz in aller Regel sehr lukrative, dauerhafte Lieferbeziehungen entwickeln. Das Verhältnis zwischen hoher Anfangsinvestition und langfristigem Ergebnis ist also keineswegs unausgewogen. Man könnte sogar sagen, dass es zu der betont langfristigen Orientierung der Hidden Champions passt. Man braucht in der Tat in Japan Geduld und einen langen Atem. Normalerweise sind das genau die Eigenschaften, durch die sich Hidden Champions auszeichnen. Die meisten deutschen Produkte, insbesondere der Hidden Champions, passen zu einem Hocheinkommensland wie Japan.[46] Diese Produkte richten sich an wohlhabende Leute, die sich eine Bulthaup-Küche oder eine Miele-Waschmaschine leisten können. Und diese Segmente sind in Japan sehr groß, während sie in den meisten Schwellenländern trotz der zunehmenden Zahlen von Superreichen noch klein sind.

Zusammenfassend bleibt zu sagen, dass diejenigen Hidden Champions, die in Japan ernsthaft und seit längerem engagiert sind, dort mit Erfolg arbeiten und hohe Renditen erzielen. Diejenigen, die sich immer noch nicht an den japanischen Markt herantrauen oder allenfalls »einen Zeh im Wasser« haben, sollten Japan endlich entschieden angehen und dabei den Markteintritt sehr professionell vorbereiten. Weltmarktführerschaft ohne eine angemessene Präsenz im japanischen Markt ruft ein Störgefühl hervor.

Asien nach der Krise

Die Krise nach 2007 hat eine massive Verschiebung der Umsatzanteile zulasten von Europa und Amerika und zugunsten von Asien bewirkt. Diese Verlagerung wird andauern.[47] Heraeus erzielte im Jahr 2007 42 % seiner Umsätze in Europa und 39 % in Asien.[48] In 2011 kamen hingegen 55 % der Erlöse aus Asien und nur noch 29 % aus Europa. In 2007 machten die europäischen Umsätze also 108 % der asiatischen aus. Vier Jahre später sind es noch 53 % – spektakulärer kann ein Wandel kaum sein. Der Vorstandsvorsitzende eines großen Maschinenbauzulieferers sagte mir, dass sein Unternehmen vor der Krise eine Angleichung der Umsatzanteile von Europa und Asien für 2020 erwarte habe. Mit dem starken Einbruch der Nachfrage in Europa und dem gleichzeitig nachhaltigen Wachstum in Asien werde diese Angleichung bereits im Jahr 2012 erreicht. Durch diese Entwicklung sei eine große Diskrepanz zwischen der Wertschöpfung, die noch zu etwa zwei Dritteln in Deutschland angesiedelt sei, und den asiatischen Absatzmärkten entstanden. Im Vergleich zu den früheren Planungen sei eine massive und wesentlich schnellere Verlagerung der Kapazitäten von Europa nach Asien unausweichlich. Angesichts der durch die Krise geschwächten Finanzkraft stehe das Unternehmen vor großen Herausforderungen.

Albert Hieronimus kommentierte als Vorstandsvorsitzender des Maschinenbaukonzerns Bosch Rexroth zum Wachstum in Asien: »Wir werden daran nur partizipieren können, wenn wir dort Kompetenz aufbauen und Entwickler vor Ort haben, die die Marktanforderungen kennen.«[49] Und er fügt hinzu, dass 90 % des für diese Aufgaben benötigten Personals aus der jeweiligen Region stammen müsse, da nur diese Personen die lokalen Gegebenheiten und Kundenanforderungen kennen. Bei der Verlagerung von Entwicklungsaufgaben in Schwellenländer spricht man auch von der dritten Welle. Nach Verkauf als erster Welle folgt mit der Verlagerung der Produktion die zweite Welle und nun die Entwicklung als dritte Wertschöpfungsaktivität.[50] Asien spielt für den Aufbau von Entwicklungszentren, die auf die Bedürfnisse der Schwellenländer zugeschnitten sind, die zentrale Rolle.

Osteuropa und Russland

Russland ist eines der BRIC-Länder und daher prominent auf dem Radarschirm vieler deutscher Unternehmen. In Russlang gibt es 6 300 deutsche Unternehmen. Hidden Champions sehen den russischen Markt als ähnlich attraktiv an wie den indischen, aber als weniger attraktiv als den chinesischen Markt.

Auch Osteuropa wird bezüglich Zukunftsattraktivität und Wachstum überwiegend gut beurteilt. Deshalb erfahren diese Märkte besondere Aufmerksamkeit seitens der Hidden Champions. Für Unternehmen aus dem deutschsprachigen Raum gehören Zentral-/Osteuropa und der europäische Teil Russlands zum erweiterten Heimatmarkt. Dies gilt am stärksten für österreichische Firmen, die im Osten traditionell ein bevorzugtes Betätigungsfeld sehen.

Noch stärker als in China sollte man in Osteuropa zwischen der Rolle als Produktionsstandort und als Absatzmarkt unterscheiden. Sehr viele Hidden Champions sind in den neuen EU-Ländern mit Produktionsbetrieben präsent. Typisch ist hierbei eine Arbeitsteilung zwischen Stammhaus und Tochtergesellschaft. Kernkompetenzen und die Produktion kritischer Teile verbleiben im Stammhaus. Kostenempfindliche und einfachere Teile werden in den zentral- und osteuropäischen Betrieben gefertigt. Kurze Distanzen und niedrige Logistikkosten machen diese Form der Arbeitsteilung lukrativ und tragen in vielen Fällen zur Verbesserung der Wettbewerbsfähigkeit bei. Das gilt vor allem im Vergleich zu europäischen Konkurrenten aus Frankreich, Italien oder England, die räumlich und auch kulturell weiter von Zentral- und Osteuropa entfernt sind und deshalb die dortigen Standortvorteile nicht im gleichen Maße nutzen. Bezüglich der Absatzmärkte ist die Präsenz der Hidden Champions in Osteuropa heute fast eine Selbstverständlichkeit.

Russland zeichnet sich durch ausgeprägte Besonderheiten aus. Es ist mit einer Fläche von 17,1 Millionen Quadratkilometern und neun Zeitzonen das größte Land der Erde. Sein wichtigster Attraktivitätsfaktor liegt in den unermesslichen Rohstoffvorkommen, deren Erschließung wegen schwieriger klimatischer Verhältnisse allerdings große Herausforderungen beinhaltet. Auch das Bildungssystem, insbesondere im mathematisch-naturwissenschaftlichen Bereich, bildet eine Stärke Russlands. Hingegen gelten die politischen Verhältnisse als problematisch und instabil. Zudem hat die russische Bevölkerung eine niedrige Lebenserwartung und schrumpft stark. Ost- und Westeuropa, insbesondere der deutschsprachige Raum, wachsen rapide zu einer Wirtschaftszone zusammen. Die EU liefert hierfür den politischen Rahmen. Damit wird diese Wirtschaftszone zum erweiterten Heimatmarkt der Hidden Champions des deutschsprachigen Raumes.

Lateinamerika

Im Kontext der Globalisierung denkt man bei Lateinamerika vor allem an Brasilien. Diese Wahrnehmung hat eine gewisse Rechtfertigung, insbesondere wenn man Mexiko, das ja der NAFTA (North American Free Trade

Area) angehört, außen vor lässt. Die Bevölkerung des südamerikanischen Teilkontinents liegt bei etwa 400 Millionen, von denen knapp die Hälfte, nämlich 195 Millionen, in Brasilien leben. Als eines der vier BRIC-Länder erfährt Brasilien erhöhte Beachtung. Im Jahr 2011 löste Brasilien Großbritannien als sechstgrößte Volkswirtschaft der Welt ab. Es übertrifft zudem die Wirtschaftsleistung Russlands sowie diejenige der ASEAN-Staaten. Die Bevölkerung wächst mit einer »bewältigbaren Rate« von etwa 1 %.

Deutsche Unternehmen haben traditionell eine hohe Affinität zu Lateinamerika und insbesondere zu Brasilien. An keinem Auslandsstandort gibt es so viele deutsche Niederlassungen wie in São Paulo. Die dortige deutsche Außenhandelskammer ist die größte ihrer Art in der Welt. Früher trafen wir bei manchen Hidden Champions auf eine gewisse Skepsis. Im Vergleich zu asiatischen Märkten wurde Brasilien als weniger attraktiv eingestuft. Zwei Aspekte waren für diese Einschätzung verantwortlich. Zum einen sahen viele Hidden-Champions-Chefs die gravierenden Einkommensunterschiede mit der daraus resultierenden hohen Kriminalität als Nachteil. Zum anderen wurde bemängelt, das Streben nach Bildung sei in Südamerika weniger ausgeprägt als in Asien. Hidden Champions sind auf qualifizierte Mitarbeiter angewiesen. Bildung ist deshalb für sie ein Thema von großem Gewicht. Zwischenzeitlich haben sich beide Aspekte verbessert. Die Attraktivität Brasiliens und Lateinamerikas wird von den Hidden Champions heute positiver bewertet als früher. Die kulturelle und sprachliche Nähe zu Europa sehen viele Unternehmer – im Vergleich mit Asien – als einen Vorteil.

Afrika

Afrika ist im Hinblick auf die zukünftigen Potenziale die am stärksten unterschätzte Region und gleichzeitig der rätselhafteste Kontinent. Der Wandel in der Sicht Afrikas kommt in zwei Titeln des *Economist* plastisch zum Ausdruck. Im Mai 2000 lautete der Titel »Africa, the hopeless continent«, im Dezember 2011 hingegen »Africa rising«. Wie Abbildung 1.4 zeigte, wird die Bevölkerung Afrikas von 1 Milliarde im Jahr 2010 auf 2 Milliarden in 2050 wachsen. Wer diese Zahlen für Phantasie hält, der sollte sich die reale Entwicklung der Bevölkerung Nigerias ansehen: 1950: 36,7 Millionen, 1970: 56,5, 2010: 158,3 – und für 2050 werden 289,1 Millionen erwartet. Und 2050 ist nicht weiter weg als 1970! Niemand kann heute abschätzen, was das bedeutet und wie die Welt mit dieser Bevölkerungsexplosion zurechtkommen wird. Das Bruttoinlandsprodukt Afrikas liegt geschätzt heute unter 2 000 Milliarden Dollar, also etwa in einer Größenordnung, die Brasilien alleine erreicht. Aber kaum beachtet weisen einige afrikanische Länder die höchsten Wachstumsraten in der Welt auf. In 2010 wuchsen die Bruttoinlandsprodukte im Kongo mit 9,1 %, in Simbabwe mit 9,0 % und in Botswana mit 8,6 %.[51] Auch die zentralafrikanischen Länder Nigeria (2010: 8,4 % BIP-Wachstum) und Äthiopien (2010: 8 % BIP-Wachstum) erreichen »chinesische« Wachstumsraten. In der letzten Dekade fanden sich sechs der am stärksten wachsenden Länder nicht in Asien, sondern in Afrika.[52] Ein weiterhin starkes Wachstum wird auch für die Zukunft erwartet.[53] Manche reden schon vom »African Century«.

Interessant ist ein Flächenvergleich, denn Fläche ist unter anderem eine Proxyvariable für Rohstoffreichtum. Die Fläche Afrikas umfasst 30,3 Millionen Quadratkilometer, sodass man in ihr locker China, Brasilien, Indien und Westeuropa unterbringen kann. Die landwirtschaftlich nutzbare Fläche Afrikas sei dreimal so groß wie diejenige Brasiliens, sagt Mike Mack, CEO des Schweizer Pflanzenschutzherstellers Syngenta.[54] Vielleicht wird Afrika in Zukunft sogar eine Testregion für Innovationen. Das mag futuristisch klingen, aber ein beeindruckendes Beispiel gibt es schon heute, den mobilen Zahlungsverkehr. In keiner anderen Region der Welt werden so viele Zahlungen per Mobiltelefon abgewickelt wie in Afrika. In Kenia liegen Zahlungsmittel in Höhe von 14 % des Bruttoinlandsprodukts auf Mobiltelefonkonten – als Ersatz für traditionelle Bankkonten, die viele Kenianer nicht haben, aber nahezu jeder hat ein Handy.[55]

Was bedeutet die Entwicklung in Afrika für Deutschland und Europa? Eindeutige Antworten auf diese Frage gibt es nicht. Der Bevölkerungsanstieg in Afrika, der einhergeht mit einem Rückgang der Bevölkerung in Europa (von 732 in 2010 auf 691 Millionen in 2050), kann zu zwei extremen Folgen führen. Wenn es nicht gelingt, die zusätzliche Milliarde Menschen in Afrika in Brot und Arbeit zu bringen, wird diese Region zum Armenhaus der Welt. Es ist allerdings eine Illusion, dass sich Europa von einer solchen Entwicklung abkoppeln könnte. Die Flüchtlingsströme aus Afrika, insbesondere nach der »Arabellion« im Jahr 2011, sind ein Menetekel. Italien und Spanien sind bereits heute mit 427 700 beziehungsweise 391 900 Migranten nach den USA die größten Einwanderländer der Welt.[56] Der Strom der Afrikaemigranten wird sich vom Mittelmeer aus unaufhaltsam nach Norden wälzen, und zwar umso stärker, je weiter Afrika wirtschaftlich zurückbleibt.

Europa – und wohl auch der Rest der Welt – hat also überhaupt keine andere Wahl, als Afrika auf die Beine zu helfen. Das heißt vor allem, die jungen Afrikaner besser auszubilden und damit produktiver zu machen. Das erfordert deutlich höhere Investitionen deutscher Unternehmen in Afrika. Deutsche Unternehmen, selbst die Hidden Champions, sind bisher in Afrika erst schwach vertreten. Tochtergesellschaften findet man am ehesten in Süd- und in Nordafrika. Die Herstellung politischer Stabilität in den afrikanischen Ländern ist allerdings eine unverzichtbare Voraussetzung für weitere und größere Investitionen.

Insgesamt scheinen die Chinesen die zukünftige Rolle Afrikas am besten zu verstehen und entsprechend zu handeln. Seit 2002 haben die Chinesen ihren Anteil an den Importen Afrikas mehr als verdreifacht. Das ging vor allem zulasten von Importen aus Europa und Japan, diese waren in 2011 niedriger als in 2008.[57] Innerhalb Europas haben England, Frankreich und Italien eine höhere Affinität zu Afrika als Deutschland. Das könnte auf Dauer zum Nachteil für deutsche Unternehmen werden. Und Afrika hat Europa und Deutschland viel zu bieten. Als Erstes bilden die geringe Distanz und die Gleichheit der Zeitzonen einen großen Vorteil. Afrika ist nicht nur reich an Rohstoffen, sondern kann auch zur Lösung der Energieprobleme beitragen. Zwar hört man viele skeptische Kommentare zum Sonnenstrom-Projekt Desertec, aber bei derart bahnbrechenden Innovationen überwiegt in den ersten zehn Jahren immer die Skepsis. Entscheidend wird sein, ob die Menschen Afrikas auf einen angemessenen Stand von Bildung und Produktivität gebracht werden können. Die Hidden Champions können hierbei eine Schlüsselrolle übernehmen.

Risiken einer Deglobalisierung

Bisher haben wir ein optimistisches Bild der Globalisierung und ihrer Perspektiven gezeichnet. Voraussetzung für das weitere Wachstum des internationalen Handels und der Globalisierung ist, dass die Handelsströme möglichst frei fließen können. Die größten Fortschritte bilden in dieser Hinsicht die großen Freihandelszonen wie EU, NAFTA, ASEAN oder Mercosur, die sich allerdings in sehr unterschiedlichen Entwicklungsstadien befinden. Global betrachtet kommt der Freihandel, das Hauptanliegen der World Trade Organization (WTO), gleichwohl nur langsam voran. Die DOHA-Runde tagt seit 2001 und sollte ursprünglich bis 2005 zu einem Abschluss kommen. Bis heute ist kein Ende in Sicht. Größere Fortschritte gibt es bei bilateralen Freihandelsabkommen, deren Zahl sich von weniger als 50 Ende der neunziger Jahre auf heute über 300 erhöht hat. Diese Abkommen laufen allerdings dem Grundgedanken der WTO zuwider. Denn die Vertragspartner gewähren sich wechselseitig Vorteile, diskriminieren aber damit automatisch andere Länder. Die Länder, die viele Freihandelsabkommen haben (z.B. Südafrika), erhöhen damit ihre Attraktivität als Produktionsstandort. Denn von dort kann man ohne Zoll in die Partnerländer exportieren.[58]

Trotz der insgesamt optimistisch stimmenden Entwicklung ist die Globalisierung insbesondere im Nachlauf der Krise Gefahren ausgesetzt. Eine Widerstandslinie geht von sogenannten Non Government Organisations (NGOs) wie beispielsweise Attac aus, die regelmäßig bei Gipfeltreffen ihre Antipositionen zur Globalisierung, manchmal auch gewalttätig, zum Ausdruck bringen. »Deglobalisierung«, also ein Zurückdrehen des Prozesses der Globalisierung, ist eine reale Gefahr in Folge der Krise. Professor Niall Ferguson, Wirtschaftshistoriker an der Harvard-Universität, spricht von einem »Albtraumszenario«. Das wäre »eine komplette Wiederholung der Geschichte und ein Zusammenbruch der Globalisierung«.[59] Die Weltwirtschaft hat das alles schon früher erlebt. In den dreißiger Jahren des letzten Jahrhunderts war Protektionismus, damals ausgelöst von den USA, die Hauptursache für die tiefe und lang anhaltende Depression. Am 17. Juni 1930 wurde in den USA der sogenannte Smoot-Hawley Tariff beschlossen. Mehr als 20 000 Produkte wurden mit Zöllen von bis zu 60 % belastet. Obwohl 1 028 Wirtschaftswissenschaftler eine Petition gegen dieses Gesetz unterzeichnet hatten, wurde es im Parlament durchgepeitscht. Aufgebrachte Regierungen in aller Welt antworteten mit ähnlich hohen Zollsätzen für amerikanische Waren. Der Welthandel brach innerhalb weniger Monate um mehr als die Hälfte ein. Die enormen Vorteile der internationalen Arbeitsteilung wurden auf einen Schlag zunichte gemacht.

Explizit wird von einer »Deglobalisierung« auch an den Kapitalmärkten gesprochen. Im Zuge der Krise hat die grenzüberschreitende Kreditgewährung, vor allem in Europa, »einen regelrechten Abriss erfahren«.[60] Da die Ungleichgewichte im internationalen Handel nicht mehr durch die Kreditvergabe privater Banken abgeglichen werden, musste die Europäische Zentralbank als Kreditgeber einspringen. Dies ist die Ursache für die sogenannten Target2-Salden, die immer bedenklichere Ausmaße annehmen. Sollte das Eurosystem auseinanderbrechen, so würden diese Salden ein großes Problem insbesondere für Deutschland darstellen.

Die Gefahr des Protektionismus beruht in erster Linie auf dessen populistischem Potenzial. Politiker sind stets versucht, die Zustimmung ihrer Wähler mit protektionistischen Maßnahmen zu erheischen. Das auf dem Höhepunkt der Krise verabschiedete Konjunkturpaket des US-Abgeordnetenhauses, in dem für Infrastrukturinvestitionen die Verwendung von Eisen oder Stahl ausschließlich aus dem Inland vorgeschrieben wurde, deutet auf solche Gefahren hin. Präsident Obama rückte im Zuge der weiteren Diskussion offiziell vom »Buy American« ab. Russland, China und viele andere Länder operieren mit weniger offenen protektionistischen Praktiken. Der spanische Industrieminister Miguel Sebastián verlieh der Neigung zum Protektionismus Ausdruck: »Es gibt etwas, das die Bürger für ihr Land tun können: auf Spanien und seine Produkte setzen.« Nicolas Sarkozy knüpfte als französischer Präsident Darlehen für die französischen Automobilhersteller an die Bedingung, dass keine Arbeitsplätze ins Ausland verlagert werden. Gott sei Dank bildet die EU ein halbwegs wirksames Bollwerk gegen derartige nationale Egoismen. Glücklicherweise gibt es auch besonnene Stimmen. So sagte Bundeskanzlerin Angela Merkel: »Wir brauchen eine offene Weltwirtschaft. Protektionismus wäre der todsichere Weg von der Rezession in die Depression.« Sogar der russische Präsident Wladimir Putin gab sich antiprotektionistisch: »Wir dürfen nicht in Isolationismus und unbeschränkten ökonomischen Egoismus zurückfallen.« Diese Lippenbekenntnisse bedeuten jedoch keineswegs, dass hinter den jeweiligen Kulissen nicht kräftig »gemauert« wird. Auch mancher Lobbyist einer nationalen Branche wittert eine Chance. So überrascht es nicht, dass die World Trade Organization (WTO) protektionistische Tendenzen fürchtet: »Auf dem Gipfeltreffen in London hatten die G20-Staaten versprochen, keine neuen Handelsschranken zu errichten. Jetzt zieht die WTO eine ernüchternde Bilanz. Neue Zölle, Bürokratie und Verbote haben den Welthandel um 10 % gedrückt.«[61] Und die *Wirtschaftswoche* zieht per 2012 folgende Bilanz: »Jetzt droht die Weltwirtschaft wieder ins handelspolitische Klein-Klein zurückzufallen. Rund um den Globus blüht der Protektionismus. Russland zwingt Autohersteller zum Bau von Fabriken, China Unternehmen zur Gründung von Joint Ventures mit einheimischen Wettbewerbern. Und für jedes neue Auto, das ein deutscher Hersteller nach Argentinien einführt, muss er im Gegenzug irgendetwas exportieren – Autoteile, Leder oder Reis für die Werkskantine. Wahnsinn.«[62]

Was bedeutet ein stärker werdender Protektionismus für deutsche Unternehmen? Die deutschen Großunternehmen, aber auch die mittelständischen Hidden Champions, sind heute global hervorragend aufgestellt. Viele von ihnen haben nicht nur Vertriebsstützpunkte, sondern auch Produktionsstätten in den Zielmarktländern. Diese sind in hohem Maße in die internationale Arbeitsteilung eingebunden. Falls Zollschranken oder nichttarifäre Handelsbarrieren in der Folge der Krise steigen sollten, wird diese Arbeitsteilung massiv behindert. Andererseits ist man aber in den Ländern, in denen man einen Produktionsstandort unterhält, bereits »Inländer«. Ein verschärfter Protektionismus hätte zur Folge, dass man die Wertschöpfung in den jeweiligen Ländern vertiefen und Lieferungen zwischen Werken aus unterschiedlichen Ländern reduzieren müsste. Generell wäre auch die Standortpolitik zu überdenken. In wichtigen Ländern muss man Produktionsstandorte einrichten, so wie es viele deutsche Unternehmen seit den sechziger Jahren in Brasilien taten und wie es Volkswagen kürzlich wieder in den USA tat.[63] Die grundsätzliche Strategie der Globalisierung wird man selbst bei einem sich verschärfenden Protektionismus nicht infrage stellen. Im Gegenteil, deutsche Unternehmen und Hidden Champions würden aufgrund ihrer hohen Präsenz in vielen Märkten im Gegensatz zu Firmen aus Ländern wie Frankreich oder Italien relativ besser dastehen. Insgesamt jedoch wäre eine Deglobalisierung eine Katastrophe für die Weltwirtschaft und den Wohlstand von Milliarden Menschen. Zur Reise nach Globalia gibt es keine Alternative. Sie ist die Zukunft.

Nationale Champions

Politiker sind ständig versucht, in die Wirtschaft einzugreifen. Besonders beliebt sind dabei Initiativen, die auf die Schaffung von neuen Industrien, Clustern oder sogenannten nationalen Champions abzielen. Die Idee der nationalen Champions stammt ursprünglich aus Frankreich. Doch das Konzept hat auch in Deutschland zahlreiche Anhänger. Bei Fusionsvorhaben wird der Begriff in den Ring geworfen. Der Begriff »nationale Champions« wird gelegentlich mit dem Hidden-Champions-Konzept in einem Zuge genannt. Die beiden Konzepte haben jedoch nichts gemein. Sehr viel zu halten ist von Unternehmen, die sich wie die Hidden Champions im freien Wettbewerb durchsetzen und die Marktführerschaft erringen. Die Chefs der Hidden Champions haben mir immer wieder bestätigt, dass sie ihre Marktstellung nicht mit staatlicher Hilfe, sondern durch herausragende Leistungen und indem sie die Konkurrenz in die Schranken wiesen, erkämpft haben. Nationale Champions halten sich hingegen durch »Staates Gnaden«, das heißt durch staatliche Einflussnahme und Eingriffe in den freien Wettbewerb, über Wasser oder werden in Marktführungspositionen gehievt. Oder ihr Überleben wird – gegen den Wettbewerb – durch staatliche Subventionen gesichert. Und dort, wo Hidden Champions mit Staates Hilfe entstanden sind (wie z.B. in der Photovoltaik vor einigen Jahren), blieben sie oft nur für kurze Zeit an der Spitze des Marktes.

Ich halte den Versuch des Staates, nationale Champions durch Subventionen und Eingriffe in den Wettbewerb zu schaffen, für einen Irrweg. Es gibt keinen Beleg dafür, dass der Staat auf Dauer erfolgreiche Unternehmen schaffen oder gar managen kann. Das jahrzehntelang bewunderte japanische MITI (Ministry of Trade and Industry, heute METI, Ministry of Economy, Trade and Industry) erwies sich im Nachhinein als bürokratisches Monster. Die französische Planification führte reihenweise zu Fehlschlägen wie Concorde oder Bull. Aber da wird man mir Airbus entgegenhalten. Ist Airbus nicht etwa ein Erfolg, ein Paradebeispiel für einen Champion nicht nur auf nationaler, sogar auf europäischer Ebene? Ja, Airbus ist ohne Zweifel ein Erfolg. Nur Airbus operiert in einem Geschäft, das zumindest in seinen Ursprüngen nicht von marktwirtschaftlichen, sondern von politischen, vor allem militärischen Aspekten bestimmt wird. Das Geschäft mit Flugzeugen ist bis heute kein rein wettbewerbliches Spiel, erst recht war es das nicht in früheren Zeiten. Düsentriebwerke wurden zunächst für Militärjets entwickelt. Die Boeing 707, der erste Massenjet in der Zivilluftfahrt, ist eine Ableitung aus dem Tanker KC 135. Der Jumbo war die Parallelentwicklung zum Militärtransporter Lockheed Galaxy. In einem solchen Spiel funktioniert es nur mit massiver staatlicher Unterstützung. Airbus ist kein Beweis dafür, dass der Staat eine generellere Rolle bei der Schaffung nationaler Champions spielen sollte. Auf nationale Champions von Staates Gnaden sollten wir verzichten.

Die Welt ist nicht flach

In dem seit Jahrzehnten laufenden Prozess der Globalisierung wurden viele Handelshemmnisse beseitigt. Internationaler Güteraustausch und Markteroberung sind heute im Hinblick auf institutionelle Barrieren sehr viel einfacher als vor 50 Jahren. In gewisser Weise ist die Welt »eingeebnet« worden. Thomas Friedman, Korrespondent der *New York Times*, formulierte das Ergebnis dieser Entwicklung in dem provokativen Buchtitel *Die Welt ist flach*.[64] Friedman sieht als »Kräfte, die die Welt einebneten« (im Original nennt er sie »Flatteners«) den Fall des Eisernen Vorhangs, das Internet, Freihandelsabkommen und ähnliche Faktoren. Diese Kräfte haben ohne Zweifel zur Angleichung innerhalb der Welt beigetragen. Friedmans Buch provozierte eine kontroverse Diskussion.[65] Gegenpositionen blieben nicht aus. Pankaj Ghemawat, Professor am IESE Barcelona, zeigt in seinem Buch *World 3.0* anhand zahlreicher Fakten und Daten, dass die Welt noch weit davon entfernt ist, »flach« zu sein. Er spricht stattdessen von »Semiglobalisierung«, Grenzen, Kulturunterschieden, Kollisionen von Weltsichten und dem »Gesetz der Distanz«.[66] In ihrem Buch *All Business is Local: Why Place Matters More than Ever in a Global, Virtual World* vertreten John Quelch und Katherine Jocz ähnliche Positionen.[67] Sie argumentieren, es genüge nicht, global der Beste zu sein, sondern es komme darauf an, (auch) lokal besser zu sein als die Konkurrenz. Das aber erfordere beträchtliche Anpassungen an die jeweiligen nationalen Verhältnisse.

Diese neueren Sichtweisen sind differenzierter als die des New Yorkers Friedman. Vielleicht nimmt ein Amerikaner die Welt als »flacher« wahr, als sie tatsächlich ist, wenn er überall auf McDonald's und Starbucks trifft, in den Häusern amerikanischer Hotelketten übernachtet, im Fernsehen amerikanische Serien sieht und im Internet auf Google und Facebook surft. Zudem kommt er in der ganzen Welt mit seiner Muttersprache zurecht. Einem solchen Beobachter stellt sich die Welt verständlicherweise als »flach« dar. Und vielleicht ist es kein Zufall, dass Autoren wie Ghemawat und Quelch keine Amerikaner sind bzw. nicht in New York, sondern in Barcelona und Shanghai leben.

In der Wissenschaft gab es über Jahre eine Diskussion, ob man bei der Internationalisierung mit einer Strategie der Standardisierung oder der Differenzierung vorgehen solle. Diese ganze Diskussion erwies sich als sehr theoretisch und blieb insofern ohne große Wirkung auf die Praxis. In der Realität ist jede Globalisierungsstrategie eine Mischform. Dabei dürften Hidden Champions gegenüber Großunternehmen Vorteile besitzen, weil sie weniger an starren Systemen hängen, die bis ins letzte Detail durchgeplant sind und weltweit ausgerollt werden. Bei vielen gescheiterten Internationalisierungsversuchen von Großunternehmen kann die überzogene Standardisierung als wesentliche Fehlschlagsursache gelten (ein typisches Beispiel ist das Scheitern von Wal-Mart in Deutschland und Korea). Die Welt ist nicht »flach«. Selbst Globalia wird keine absolut »flache« Welt sein. Und solange das gilt, dient eine angemessene Balance zwischen Standardisierung und Differenzierung, wie sie gerade die Hidden Champions praktizieren, dem Globalisierungserfolg.

Zusammenfassung

Die Welt wird sich weiterhin rapide verändern. Globalia, die Welt der Zukunft, eröffnet ungeahnte Chancen für große wie mittelständische Unternehmen:

- Die Weltexporte sind weitaus stärker gestiegen als die nationalen Bruttoinlandsprodukte. Die Globalisierung war und bleibt auch in Zukunft ein Wachstumstreiber.
- Die Musik wird weiterhin in Amerika und Europa spielen. Das gilt nicht nur für die Höhe der Bruttoinlandsprodukte, sondern auch für deren ab-

solute Zuwächse. Hinzu kommt China als dritter Pol mit dem größten Zuwachs an Kaufkraft. Viele weitere Regionen werden an Bedeutung gewinnen, aber dennoch im Jahr 2025 deutlich hinter diesen drei Polen der Weltwirtschaft zurückbleiben.

- Deutsche Mittelständler, die im globalen Wettbewerb mithalten wollen, müssen die erste Priorität darauf legen, ihre Marktpositionen in Europa und den USA zu halten beziehungsweise in vielen Fällen die Position in den USA zu stärken.
- An zweiter Stelle steht der Aufbau starker Marktstellungen in China und Indien.
- ASEAN, Osteuropa/Russland, Lateinamerika und längerfristig Afrika bieten ebenfalls attraktive Wachstumsperspektiven. Die treibende Kraft in Afrika ist dabei die Bevölkerungsexplosion. Die Nutzung all dieser Chancen beinhaltet für Mittelständler eine Herkulesaufgabe.
- Trotz der grundsätzlich optimistischen Einschätzung lassen sich Rückschläge in der Globalisierung – insbesondere im Zuge von Krisen – nicht ausschließen. Protektionismus, Globalisierungsgegner oder die Bevorzugung nationaler Champions können den freien Handel behindern.
- Die Welt ist zwar »flacher« als vor 20 Jahren, aber »flach« ist sie bis heute nicht. Regionale, nationale und lokale Unterschiede werden weiter bestehen. Es geht deshalb auch in Zukunft darum, die richtige Balance zwischen Standardisierung und Differenzierung zu finden. Mittelständler dürften hier im Vorteil sein, da sie im Hinblick auf die resultierenden Anpassungsnotwendigkeiten flexibler sind als Großunternehmen.

In Globalia ist die Welt der Markt. Dieser Markt wächst rapide und ist größeren wie kleineren Unternehmen zugänglich. Firmen, die diese Chancen ergreifen, stoßen in neue Größenordnungen vor. Der Aufbruch nach Globalia erfordert Ausdauer und eine ausgesprochen langfristige Orientierung. Die beteiligten Unternehmer und Mitarbeiter überwinden in diesem Prozess die Grenzen nationaler Märkte und werden dabei selbst zu Bürgern Globalias.

Anmerkungen

1 Vgl. Mauro F. Guillén, *Where is globalization taking us?*, Philadelphia: Wharton School 2010.
2 Vgl. Die Krise hält die Globalisierung nicht auf, *Frankfurter Allgemeine Zeitung*, 27. Januar 2012, S. 18. Es gibt allerdings auch skeptische Stimmen, vgl. Rolf Langham-

mer, *Sind die goldenen Jahre der Globalisierung vorbei? Orientierungen zur Wirtschafts- und Gesellschaftspolitik*, Ludwig-Erhard-Stiftung Bonn, Juni 2010, S. 41–44.

3 Michael E. Porter und Jan W. Rivkin, The Looming Challenge to U.S. Competitiveness, *Harvard Business Review*, März 2012, S. 54–62.

4 Ken-Ichi Ohmae, *Macht der Triade – Die neue Form weltweiten Wettbewerbs*, Wiesbaden: Gabler-Verlag 1985.

5 Walter Russell Mead, The Myth of America's Decline, *The Wall Street Journal Europe*, 10. April 2012, S. 18. Die Zeit der »Trilateral Era« wird von Anfang der 1970er Jahre bis etwa 2005 taxiert.

6 Walter Russell Mead sieht eine Welt, in der sieben Mächte dominierend sind. Er nennt diese die »Septarchs«, neben den USA, Japan, der EU sind dies China, Indien, Brasilien und die Türkei. Ob Russland dazugehören wird, lässt er offen, op. cit.

7 Guy de Jonquières, *China's Challenges*, ECIPE Policy Briefs, 1/2012.

8 Vgl. Schwellenländer treiben die Globalisierungswelle, *Frankfurter Allgemeine Zeitung*, 28. Januar 2012, S. 18.

9 Vgl. Jochen Buchsteiner, Australiens Helmut Schmidt, *Frankfurter Allgemeine Zeitung*, 9. März 2012, S. 7.

10 Vgl. Mauro F. Guillén, *Where is globalization taking us?*, Philadelphia: Wharton School 2010.

11 Vgl. Susan J. Matt, The Homesick Citizens of the World, *International Herald Tribune*, 23. März 2012, S. 15.

12 Vgl. Hidden Champions in CEE and Dynamically Changing Environments, Research Report, Bled: IEDC, 2011.

13 Vgl. New Poverty Index Unveiled, *Time*, 26. Juli 2010, S. 5.

14 Pico Iyer, The Indian Disconnect, *Time*, 30. Januar 2012, S. 50.

15 Akash Vapur, *India Becoming: A Portrait of Life in Modern India*, New York: Riverhead 2012.

16 Akash Vapur, *India Becoming: A Portrait of Life in Modern India*, New York: Riverhead 2012.

17 Der Gini-Index misst die Ungleichheit einer Verteilung, ein Wert von 0 bedeutet maximale Gleichheit, ein Wert von 1 maximale Ungleichheit. Vgl. auch China's Growing Income Gap, *Bloomberg Business Week*, 27. Januar 2011.

18 Pico Iyer, The Indian Disconnect, *Time*, 30. Januar 2012, S. 50.

19 Vgl. Small Fish in a Big Pond, *The Economist*, 10. September 2009.

20 Vgl. Volkswagens Abhängigkeit von China wächst, *Frankfurter Allgemeine Zeitung*, 14. Januar 2012, S. 17.

21 Vgl. In China gibt es den Porsche passend zum Lippenstift, *Frankfurter Allgemeine Zeitung*, 12. März 2012, S.15, und China wichtigster Porsche Markt, *Frankfurter Allgemeine Zeitung*, 4. Mai 2012, S. 19.

22 Vgl. Zulieferer Getrag geht nach Indien, *Frankfurter Allgemeine Zeitung*, 9. Mai 2012, S. 13.

23 Automarkt soll sich wieder erholen, *Handelsblatt*, 23. April 2012, S. 21.

24 Die Volks-Wagen-Republik, *Süddeutsche Zeitung*, 24. April 2012, S. 17.

25 Große Pläne mit kleinen Pretiosen, *Frankfurter Allgemeine Zeitung*, 12. März 2012, S. 14.

26 Vgl. Upmarket makeover for »Made in China«, *Financial Times*, 21. März 2012, S. 15.

27 Vgl. General Electric muss chinesischer als die Chinesen werden, *Frankfurter Allgemeine Zeitung*, 16. Juli 2010.

28 Vgl. Economic Focus, *The Economist*, 31. Dezember 2011, S. 57.

29 Vgl. China ist Deutschlands wichtigster Handelspartner, *Frankfurter Allgemeine Zeitung*, 2. Februar 2012, S. 13.

30 Vgl. Zulieferer Getrag geht nach Indien, *Frankfurter Allgemeine Zeitung*, 9. Mai 2012, S. 13.

31 Finn Mayer-Kuckuk, Das Netzwerk der Deutschen, *Handelsblatt*, 23. April 2012, S. 25.

32 Peking unterstützt eigene Firmen bei Zukäufen, *Handelsblatt*, 23. April 2012, S. 24.

33 Georg Giersberg, Der Einzug der Roboter, *Frankfurter Allgemeine Zeitung*, 23. April 2012, S. 13.

34 Vgl. Christoph Hein, Chinas Unternehmen fassen Fuß in Deutschland, *Frankfurter Allgemeine Zeitung*, 2. August 2010, S. 15.

35 Vgl. Chinesen kommen mit Schwing in Schwung, *Börsenzeitung*, 24. April 2012, S. 10.

36 2012 wird ein Rekordjahr, *Süddeutsche Zeitung*, 24. April 2012, S. 20.

37 Vgl. China ist Deutschlands wichtigster Handelspartner, *Frankfurter Allgemeine Zeitung*, 2. Februar 2012, S. 13.

38 Germany Trade and Invest, *Deutschland für ausländische Investoren hochattraktiv*, Pressemitteilung, 15. März 2012.

39 Vgl. dazu auch Axel Gloger, Die gelben Gebote, *Handelszeitung*, 19. April 2012.

40 Vgl. Upmarket makeover for »Made in China«, *Financial Times*, 21. März 2012, S. 15.

41 Vgl. China Exporters to Africa Elbow out Global Rivals with Good Value, *Financial Times*, 29. März 2012, S. 3.

42 Die ASEAN-Mitgliedstaaten sind Brunei, Kambodscha, Indonesien, Laos, Malaysia, Myanmar, die Philippinen, Singapur, Thailand und Vietnam.

43 Vgl. End of Era for Japan's Exports, *Wall Street Journal Europe*, 25. Januar 2012, S. 14–15.

44 Vgl. Gildemeister hängt den Rest des Feldes deutlich ab, *Frankfurter Allgemeine Zeitung*, 9. Mai 2012, S. 13.

45 Meine ersten Äußerungen zu diesem Thema finden sich in: Hermann Simon, *Markterfolg in Japan*, Wiesbaden: Gabler-Verlag 1985.

46 Vgl. Schluss mit der Geldvermehrung, *JapanMarkt*, Dezember 2011, S.16–17.

47 Vgl. Philipp Ehmer, Wachstumstreiber Asien, Verlagsbeilage Elektroindustrie, *Frankfurter Allgemeine Zeitung*, 23. Juni 2010, S. B6.

48 Es handelt sich hierbei um die Produktumsätze von Heraeus. Diese betrugen im Jahr 2007 2,91 Milliarden Euro, in 2011 4,84 Milliarden Euro. Daneben setzte Heraeus im Edelmetallhandel in den beiden Jahren 9,28 bzw. 21,43 Milliarden Euro um. Der enorme Zuwachs im Edelmetallhandel ist vor allem auf den stark gestiegenen Goldpreis zurückzuführen. Vgl. Geschäftsbericht Heraeus 2011, Hanau, Mai 2012.

49 Vgl. Bosch Rexroth hofft auf Fernost, *Frankfurter Allgemeine Zeitung*, 14. Mai 2010, S. 16.

50 Vgl. Christoph Hein, Die dritte Welle, *Frankfurter Allgemeine Zeitung*, 17. Juli 2010, S. 13.

51 Vgl. *The World Factbook*, Washington, DC: Central Intelligence Agency, 2011.

52 Vgl. Mike Mack, The »African Century« Can Be Real, *The Wall Street Journal Europe*, 23. Mai 2012, S. 13.

53 Vgl. Uri Dadush und Bennett Stancil, *The World Order in 2050*, Carnegie Endowment for International Peace – Policy Outlook, April 2010.

54 Vgl. Mike Mack, The »African Century« Can Be Real, *The Wall Street Journal Europe*, 23. Mai 2012, S. 13.

55 Vgl. Schwellenländer treiben die Globalisierungswelle, *Frankfurter Allgemeine Zeitung*, 28. Januar 2012, S. 18.

56 Vgl. *Frankfurter Allgemeine Zeitung*, 19. August 2011, S. 10.

57 Vgl. China Exporters to Africa Elbow out Global Rivals with Good Value, *Financial Times*, 29. März 2012, S. 3.

58 Diese Einsicht verdanke ich Norbert Reithofer, Vorstandsvorsitzender der BMW AG (bei einem Abendessen in Hamburg am 26. April 2012).

59 Vgl. Niall Ferguson, Wir erleben die finanziellen Symptome eines Weltkrieges, *Frankfurter Allgemeine Zeitung*, 24. Februar 2009.

60 *Volkswirtschaft aktuell*, April 2012, Köln: Sal. Oppenheim, S. 3.

61 Vgl. *Frankfurter Allgemeine Zeitung*, 4. Juli 2009, S. 13.

62 Vgl. *Wirtschaftswoche*, 16. April 2012, Agenda.

63 Volkswagen hatte schon einmal im Jahr 1978 die Produktion in USA aufgenommen, das Werk aber kurze Zeit später wieder geschlossen.

64 Thomas Friedman, *Die Welt ist flach: Eine kurze Geschichte des 21. Jahrhunderts*, Frankfurt: Suhrkamp 2005, amerikanisches Original *The World is Flat*, New York: Farrar, Straus and Giroux 2005.

65 Auf Amazon.com gibt es 1082 Rezensionen dieses Buches; Stand 14. Mai 2012.

66 Pankaj Ghemawat, *World 3.0*, Boston: Harvard Business School Publishing 2011. Das »Gesetz der Distanz«, das auf zahlreichen empirischen Untersuchungen basiert, besagt, dass der Handel zwischen zwei Ländern um etwa 1 % abnimmt, wenn die Distanz um 1 % zunimmt, mit anderen Worten, die Elastizität des internationalen Handels in Bezug auf die Entfernung ist etwa −1.

67 John Quelch und Katherine Jocz, *All Business is Local: Why Place Matters More than Ever in a Global, Virtual World*, London: Portfolio 2012. Quelch ist Dean der CEIBS Business School in Shanghai. Katherine Jocz ist Research Associate an der Harvard Business School.

Kapitel 2

Deutschlands Rolle in Globalia

Deutschlands Rolle in Globalia ist einzigartig. In wichtigen Kennziffern der Globalisierung lässt Deutschland alle größeren Länder weit hinter sich. Im Jahr 1986 fragte mich Professor Theodore Levitt, der berühmte Marketing-guru der Harvard Business School, warum die Deutschen in der globalen Exportliga immer vorne mitspielten. Wenige Jahre zuvor, 1983, hatte Levitt den Begriff »Globalisierung« mit einem bahnbrechenden Artikel in der *Harvard Business Review* populär gemacht.[1] Er wollte wissen, warum ein im Weltmaßstab kleines Land wie Deutschland im Export derart erfolgreich sein kann. Denn die deutsche Bevölkerung macht lediglich 1,2 % der Welt-bevölkerung aus, und in der Wertschöpfung trägt Deutschland nur gut 5 % zum Weltbruttoinlandsprodukt bei. Und genau in diesem Jahr, 1986, hatte Deutschland zum ersten Mal die USA als Exportweltmeister verdrängt. Seit-her hat sich nicht viel geändert. In den vergangenen 25 Jahren war Deutsch-land zehnmal die Nummer 1 im Export. Die USA – mit einer gut viermal größeren Volkswirtschaft – belegten den ersten Platz 13 Mal, zuletzt 2002. Im Jahr 2009 stieg China zum Exportweltmeister auf und dürfte diese Posi-tion fortan behalten. Japan, jahrelang die dritte und viel bewunderte Ex-portnation, ist seit 2004 nicht mehr unter den ersten Drei vertreten. »One of the world's greatest export engines is running out of steam«, kommentierte das *Wall Street Journal* die Tatsache, dass die japanische Handelsbilanz in 2011 erstmals seit 1980 ins Negative rutschte.[2]

Deutschland ragt heraus

Noch aufschlussreicher und eindrucksvoller ist ein Vergleich der Exporte pro Kopf nach Ländern. Ein direkter Vergleich dieser Art macht allerdings nur für große Länder Sinn. Dies lässt sich leicht erklären. Nehmen wir an, ein Land habe nur einen Einwohner, der seine gesamte Erzeugung mit anderen tauscht. Dann wäre der Export pro Kopf dieses (sehr kleinen) Landes gleich dem Bruttoinlandsprodukt oder, anders ausgedrückt, die Export- und die Importquoten wären jeweils 100 %. Würde umgekehrt die Erde nur aus einem einzigen Land bestehen, dann wäre der Export pro Kopf gleich null. Als Faustregel kann also gelten: Je kleiner ein Land, desto höher ist tendenziell sein Export pro Kopf.[3] In den Abbildungen 2.1a und b, welche die Pro-Kopf-Exporte zeigen, werden deshalb nur große Länder mit mehr als 40 Millionen Einwohnern und substanziellen Exporten einbezogen. Indien ist beispielsweise nicht einbezogen, da der Pro-Kopf-Export bei nur 183 Dollar liegt, also in einer ganz anderen Größenordnung als bei den in der Abbildung aufgeführten Ländern. Die Abbildung 2.1a zeigt die absoluten Pro-Kopf-Exporte. Abbildung 2.1b berücksichtigt die Unterschiede in der Bevölkerungszahl, die mithilfe einer linearen Regression neutralisiert wurden.[4] Die resultierende Regressionsgerade definiert eine »empirische Norm«. Die Abweichungen von dieser Norm sind in Abbildung 2.1b dargestellt. Diese Abweichung ist ein sehr aufschlussreicher Indikator für die Exportstärke eines Landes.

Abb. 2.1a: Pro-Kopf-Exporte 2010 für ausgewählte große Länder: absolute Werte

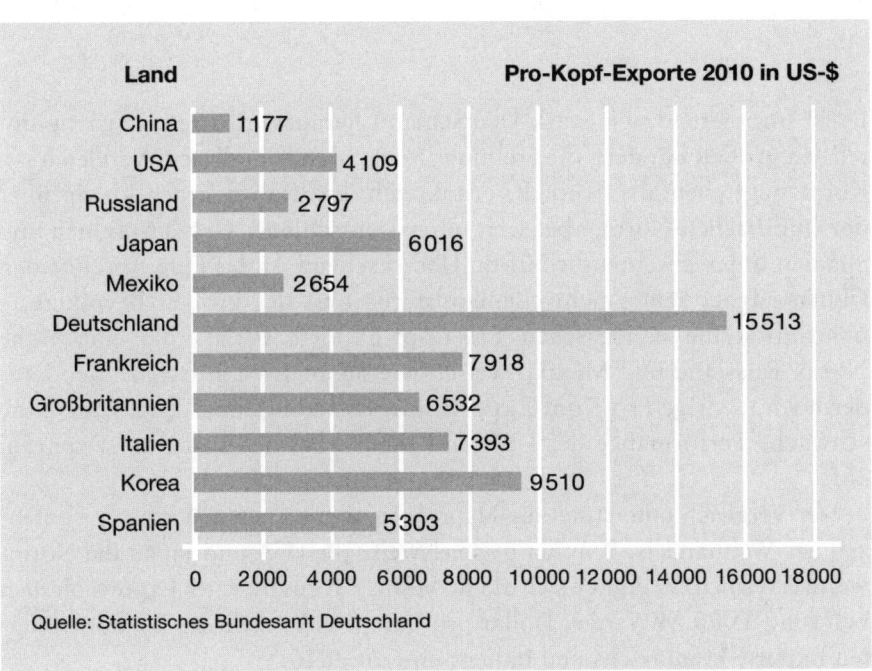

Quelle: Statistisches Bundesamt Deutschland

Abb. 2.1b: Pro-Kopf-Exporte 2010 für ausgewählte große Länder: Abweichung von den um die Bevölkerungszahl bereinigten Werten

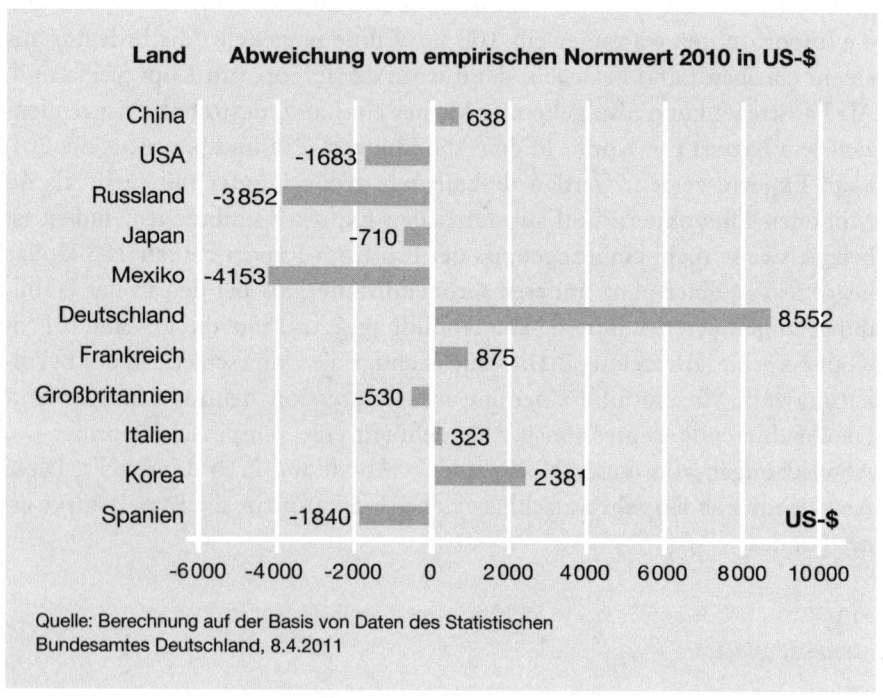

Land   Abweichung vom empirischen Normwert 2010 in US-$

Quelle: Berechnung auf der Basis von Daten des Statistischen
Bundesamtes Deutschland, 8.4.2011

Es ist frappierend, wie stark Deutschland herausragt, wie einzigartig unter den großen Ländern die Stellung Deutschlands in diesem Vergleich ist. Korea liegt ebenfalls deutlich, Frankreich und Italien liegen knapp über der empirischen Norm, aber weit unter Deutschland. Großbritannien und Spanien unterschreiten die Norm. Überraschend ist das gute Abschneiden Chinas. Trotz seines Schwellenlandstatus und der großen Bevölkerung übertreffen die chinesischen Pro-Kopf-Exporte bereits die empirische Norm. Russland und Mexiko weisen wie die meisten aufstrebenden Länder noch niedrige Pro-Kopf-Exporte auf. Die Abbildung deckt zudem die schwache Performance der USA and Japans bei den Pro-Kopf-Exporten auf.

Der Vergleich unterstützt die Hypothese vom weiteren Wachstumspotenzial des Welthandels. Würden beispielsweise die USA und Japan die Normwerte erreichen, so ergäbe sich allein daraus ein zusätzliches Exportvolumen von rund 1 000 Milliarden Dollar pro Jahr. Das ist mehr als die kombinierten Exporte Frankreichs und Italiens im Jahr 2010.

Deutschland muss exportieren

Wenn man die Zahlen aus den Abbildungen 2.1a und b in anderen Ländern präsentiert, schlägt einem ungläubiges Erstaunen entgegen. Kaum jemand weiß, wie außergewöhnlich erfolgreich Deutschland im Export ist. Allerdings erzeugt dieser anhaltende Erfolg auch Gegenreaktionen. Im Nachgang zur Krise wurden Stimmen laut, die verlangen, dass Deutschland seine Exporte drosseln und sich bitte dem Niveau seiner europäischen und amerikanischen Nachbarn anpassen solle. Der Vorwurf, dass wir zu viel exportieren und auf diese Weise wirtschaftliche Ungleichgewichte verursachen, steht im Raum. Das erinnert an den Arbeiter, der mehr leistet als andere, auf diese Weise die Standards verdirbt und deshalb von seinen Kollegen gemobbt wird – ein in der Arbeitswelt wohlbekanntes Phänomen. So hält Adam Posen, amerikanischer Experte vom Institute for International Economics in Washington, Lohnerhöhungen in Deutschland für »die beste Option«. Der französische Ökonom Jean Paul Fitoussi vom Pariser Institut d'Etudes Politiques ist explizit für deutsche Zurückhaltung bei den Exporten. Zahlreiche Politiker aus unterschiedlichen Ländern äußerten sich ähnlich.

Das sind Ratschläge, denen Deutschland und die deutschen Unternehmen auf keinen Fall folgen sollten. Zum einen wird von diesen Experten offensichtlich verkannt, dass bei uns nicht der Staat der große Exporteur ist (anders als in manchen unserer Nachbarländer, wenn man an Waffenexporte und Staatsunternehmen denkt), sondern dass die Exportstärke und -performance Deutschlands ihre Wurzeln in privaten Unternehmen, vorwiegend im Mittelstand und bei den Hidden Champions, hat. Diese Unternehmen tun nichts anderes, als sich weltweit die Kunden zu suchen, die ihre Produkte nachfragen und bereit sind, dafür zu zahlen – selbst wenn die deutschen Preise meist als hoch empfunden werden. Die Vorstellung, dass der Staat sich als Exportbe- und -verhinderer gerieren soll, erscheint absurd.

Deutschland sollte und muss bei seiner Exportstärke und -orientierung bleiben.[5] Es hat gar keine andere Wahl, wenn das Wohlstandsniveau gehalten werden soll. Gleichwohl wäre es wünschenswert, wenn auch der inländische Konsum und die Dienstleistungen stärker zum Wachstum beitrügen, aber das dürfte eine Illusion bleiben. Eine schnell alternde, schrumpfende Gesellschaft wie die deutsche hat zwangsläufig ein niedrigeres Konsumniveau als eine wachsende, junge Gesellschaft. Das können staatliche Maßnahmen nicht grundsätzlich ändern. Die hohe Verschuldung führt solche Vorschläge ohnehin ad absurdum.

Ein zweites, schwergewichtiges Argument für die bleibende Notwendigkeit einer starken deutschen Exportorientierung besteht darin, dass unsere industriellen Strukturen sich nicht kurzfristig verändern lassen. Sie sind nun einmal so, wie sie sind. Unsere Unternehmen sind überwiegend auf spezielle Produkte und Märkte ausgerichtet. Das gilt am stärksten für die Hidden Champions. Genau diese Fokussierung ist die Basis für die Weltklasse deutscher Produkte. Fokussierung macht aber einen Markt im einzelnen Land klein. Oft bedienen deutsche Unternehmen sogar nur Nischenmärkte. Für die Hidden Champions gilt das fast durchgängig. Die einzige Chance, solche Märkte ausreichend groß zu machen, besteht darin, die Produkte überall in der Welt anzubieten. Fokussierung und Globalisierung sind die zwei tragenden Pfeiler der Strategie deutscher Marktführer und untrennbar miteinander verbunden. Das reflektiert sich in den Exportraten einzelner Unternehmen, die oft bei mehr als 80 % vom Umsatz liegen. Wenn Deutschland seine Menschen beschäftigen und seinen Wohlstand halten will, müssen seine Unternehmen auch in Zukunft stark exportieren. Es gibt keine Alternative zur Devise »Export – was sonst?«. Interessanterweise stehen exportintensive Unternehmen in anderen Ländern vor der gleichen Problematik. Die folgende Aussage des CEO von General Electric, Jeffrey Immelt, im Geschäftsbericht 2011 ist in dieser Hinsicht bezeichnend: »We will sell 140 heavy gas turbines in 2012; fewer than five will go to the U.S. So we must sell in 120 countries; we must build global capability; we must export. In the last decade our exports have more than doubled, creating thousands of high-paying American jobs. We are consistently among America's top exporters.«[6]

Statt Deutschland zu raten, seine Exportstärke zu verwässern, sollten die Nachbarn ihre eigene Wettbewerbsfähigkeit und Exportperformance verbessern. Denn an dieser Front haben sie vielfach versagt. Seit der Euro das Allheilmittel regelmäßiger Abwertungen außer Kraft setzte, nahm die Wettbewerbsfähigkeit von Unternehmen aus europäischen Nachbarländern, vor allem aus Südeuropa, deutlich ab. Statt der Wechselkursabwertung gäbe es selbst heute ein einfaches Mittel, nämlich Lohn- und Kostensenkungen. Aber dieses Mittel ist unangenehmer und politisch schwerer durchsetzbar. Jedoch wäre es für viele exportschwächere Länder der richtige Weg, um ihre Wettbewerbsfähigkeit zu stärken. Die Amerikaner haben offenbar verstanden, dass sie mehr exportieren müssen. So hat der amerikanische Präsident mehrfach dazu aufgerufen, die Exporte der USA in den nächsten fünf Jahren zu verdoppeln. Dieses Ziel dürfte zwar zu ambitiös sein, aber es weist in eine zukunftsorientierte Richtung.

Deutsche Unternehmen müssen also auch in Zukunft auf Export setzen. Die Struktur unserer Wirtschaft ist auf die internationalen Märkte ausgerichtet. Die Hidden Champions können nicht von der Inlandsnachfrage alleine leben. Diese Gegebenheiten sind das Ergebnis einer historischen Entwicklung, deren Wurzeln teilweise bis ins 19. Jahrhundert zurückreichen. Solche Strukturen lassen sich nicht kurzfristig ändern, selbst wenn ein Land oder ein Unternehmen das wollte.

Warum ist Deutschland im Export so erfolgreich?

Diese Frage ist mir wohl Tausende von Malen gestellt worden. Es gibt darauf keine einfache Antwort, denn der deutsche Exporterfolg beruht nicht auf einer einzigen Ursache.[7] Man kann jedoch wohlbegründet feststellen, dass die starke Exportperformance der deutschen Wirtschaft nicht primär auf Großunternehmen zurückzuführen ist. Denn diese unterscheiden sich nicht grundlegend von ihren internationalen Wettbewerbern. In 2010 stellten die USA 133 und Japan 68 Fortune-Global-500-Unternehmen, doppelt so viele wie Deutschland mit 34. Sogar Frankreich hat 35 dieser großen Firmen, die zudem häufiger Weltmarktführer und im Gesamtumsatz 91 Milliarden Dollar größer sind als ihre deutschen Pendants.[8] In Deutschland haben wir relativ wenige international herausragende Großunternehmen. Nach einer aktuellen Studie finden sich nur vier deutsche Firmen unter

Abb. 2.2: Zahl der Fortune-Global-500-Unternehmen und Exporte je Land

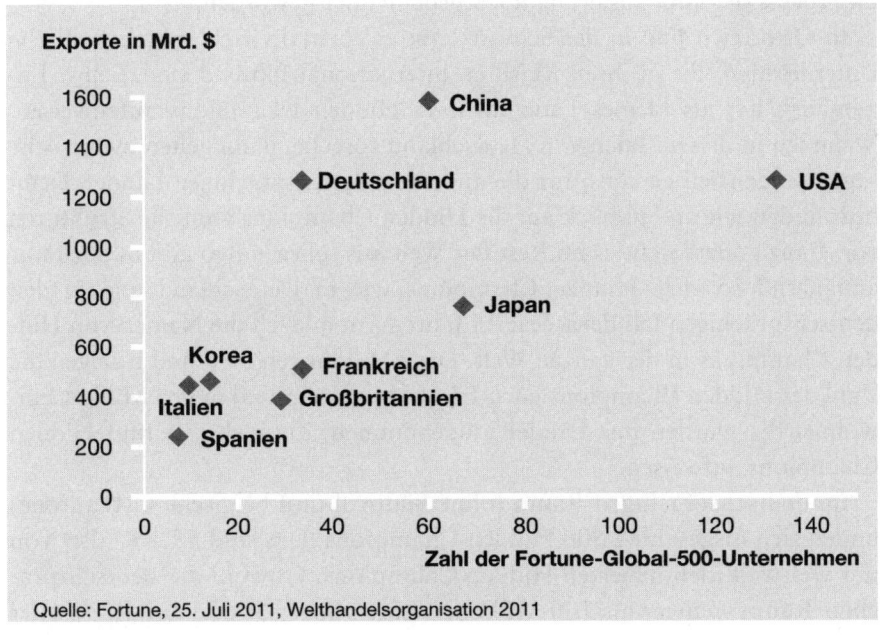

Quelle: Fortune, 25. Juli 2011, Welthandelsorganisation 2011

den 100 weltweit wertvollsten Firmen. Es handelt sich dabei um Siemens (Rang 55), SAP (79), Volkswagen (85) und BASF (92).[9] Im weltweiten Vergleich kommt den deutschen Konzernen also eine eher untergeordnete Rolle zu. Abbildung 2.2 illustriert den Zusammenhang zwischen der Zahl sehr großer Unternehmen und dem Export eines Landes. Das Bestimmtheitsmaß zwischen der Zahl der Fortune-Global-500-Unternehmen und den Exporten liegt bei 48,38 %. Das bedeutet, dass die Zahl der Großunternehmen weniger als die Hälfte der Varianz der Exporte erklärt.

Großunternehmen, die sehr viel exportieren und weltweit aktiv sind, gibt es in allen hoch entwickelten Industrieländern – und zwar in größerer Zahl als bei uns. Und dennoch schneiden diese Länder im Export schwach ab.

Die 1986 mit Professor Levitt gestartete Diskussion und jahrelange Recherchen bestätigen immer wieder, dass die Quellen der nachhaltigen deutschen Exportstärke bei den mittleren und den kleineren Firmen zu suchen sind. Doch nicht jeder Mittelständler ist im Export erfolgreich. Aber – wie mittlerweile jeder halbwegs Wirtschaftskundige weiß – gibt es im Mittelstand sehr viele deutsche Firmen, die auf ihren jeweiligen Märkten Welt- oder Europamarktführer sind. An der Tatsache, dass diese Marktführer entscheidend zur Nachhaltigkeit und zur weiteren Stärkung der deutschen Exportperformance beigetragen haben, dass sie die internationale Speerspitze der deutschen Wirtschaft bilden, kann es keinen Zweifel geben. Auch hat sich daran in den letzten 25 Jahren wenig geändert – eher ist ihre Rolle im Prozess der Globalisierung noch bedeutender geworden.

In Österreich und in der Schweiz gibt es ebenfalls viele mittelständische Unternehmen, die in ihren Märkten international führend sind. Selbst Luxemburg hat als kleines Land mehrere Hidden Champions aufzuweisen. Wenn ich in diesem Buch von Deutschland spreche, dann gelten meine Aussagen tendenziell genauso für die anderen deutschsprachigen Länder. Denn dort finden wir im Hinblick auf die Hidden Champions ähnliche Strukturen vor. Ganz anders sieht es im Rest der Welt aus. Nirgendwo gibt es auch nur annähernd so viele Hidden Champions wie in Deutschland und in den deutschsprachigen Ländern. Seit 25 Jahren sammle ich die Namen von Hidden Champions in der ganzen Welt. Die Abbildungen 2.3a und b zeigen die Zahl der Hidden Champions nach Ländern, absolut und in pro Million Einwohner. Es wurden nur Länder aufgenommen, die mehr als fünf Hidden Champions aufweisen.

Im deutschsprachigen Raum (ohne Südtirol und belgische Ostkantone) finden sich insgesamt 1 506 Hidden Champions. Das sind 55,1 % aller von uns weltweit identifizierten Hidden Champions. Obwohl der deutschsprachige Raum weniger als 100 Millionen Einwohner hat und nur 1,5 % aller

Abb. 2.3a: Hidden Champions nach Ländern – absolute Zahl

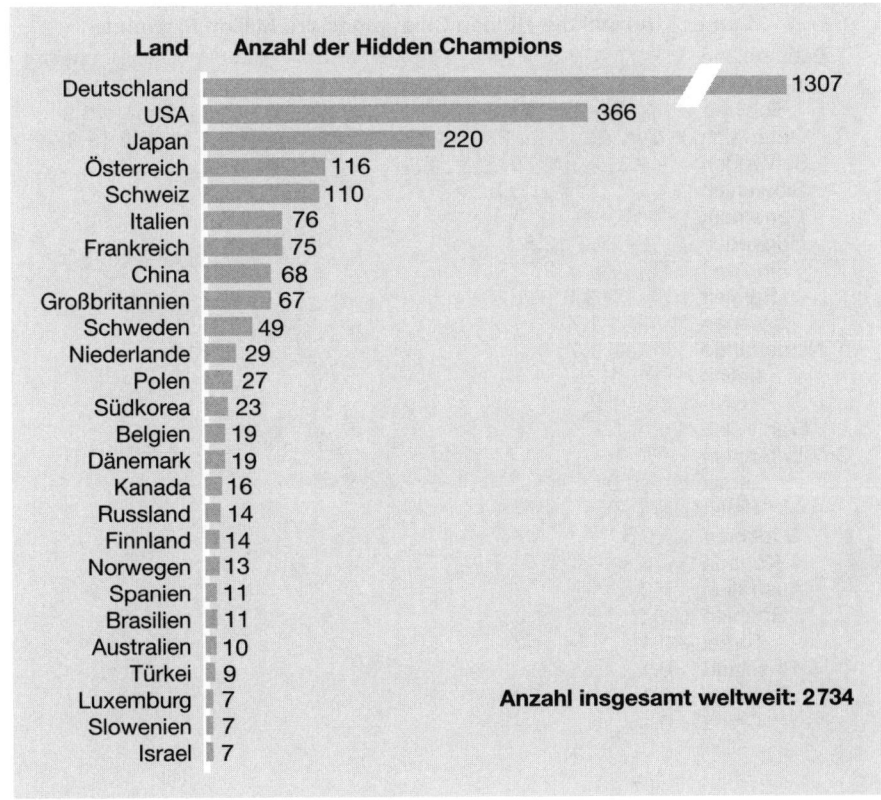

Land	Anzahl der Hidden Champions
Deutschland	1307
USA	366
Japan	220
Österreich	116
Schweiz	110
Italien	76
Frankreich	75
China	68
Großbritannien	67
Schweden	49
Niederlande	29
Polen	27
Südkorea	23
Belgien	19
Dänemark	19
Kanada	16
Russland	14
Finnland	14
Norwegen	13
Spanien	11
Brasilien	11
Australien	10
Türkei	9
Luxemburg	7
Slowenien	7
Israel	7

Anzahl insgesamt weltweit: 2734

Menschen dort leben, gibt es hier nach unserem Erkenntnisstand mehr mittelständische Weltmarktführer als in der restlichen Welt zusammen. Als sehr interessant und überraschend erweist sich zudem der Befund, dass die Zahl der Hidden Champions pro Million Einwohner mit etwa 14 bis 16 in allen deutschsprachigen Ländern ähnlich ist. Am zweithäufigsten, aber mit deutlichem Abstand, sind Hidden Champions in den skandinavischen Ländern zu finden. Hier bewegt sich die Zahl bei etwa vier bis fünf Firmen pro Million Einwohner. Slowenien, das am weitesten entwickelte Land des früheren Ostblocks, hat den Anschluss an die skandinavischen Länder geschafft.

Die übrigen großen Länder Europas wie Italien, Frankreich, Großbritannien und Spanien haben hingegen wenige Hidden Champions. Wie dargestellt, sind auch ihre Pro-Kopf-Exporte sehr viel niedriger. Das Gleiche gilt für die USA und für Japan. China befindet sich in einem frühen Entwicklungsstadium, sodass noch nicht viele Hidden Champions ent-

Abb. 2.3b: Hidden Champions nach Ländern – pro Million Einwohner

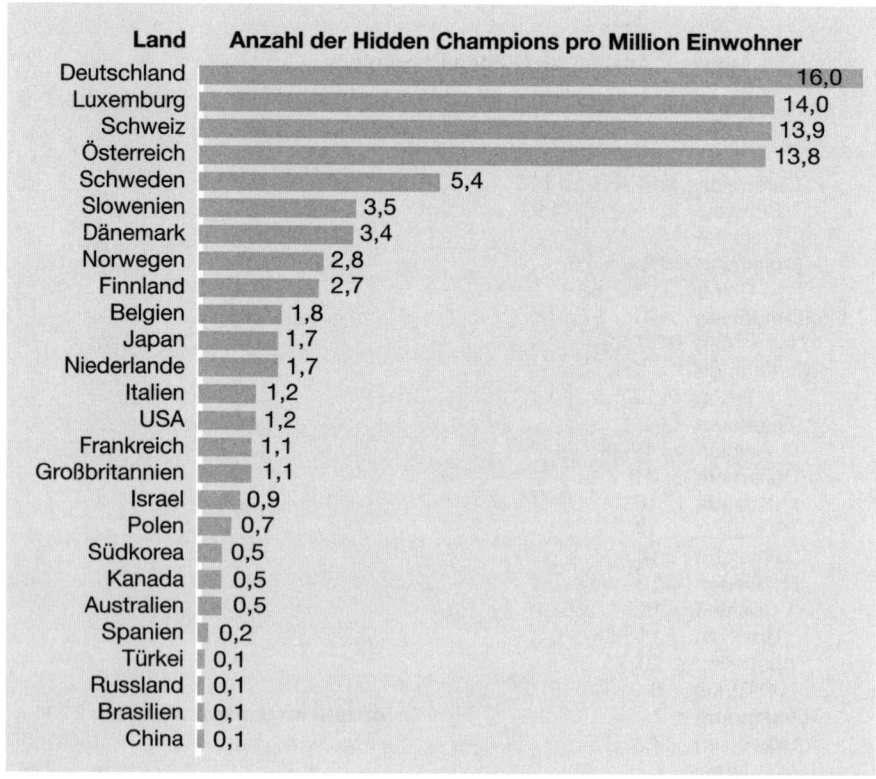

Land	Anzahl der Hidden Champions pro Million Einwohner
Deutschland	16,0
Luxemburg	14,0
Schweiz	13,9
Österreich	13,8
Schweden	5,4
Slowenien	3,5
Dänemark	3,4
Norwegen	2,8
Finnland	2,7
Belgien	1,8
Japan	1,7
Niederlande	1,7
Italien	1,2
USA	1,2
Frankreich	1,1
Großbritannien	1,1
Israel	0,9
Polen	0,7
Südkorea	0,5
Kanada	0,5
Australien	0,5
Spanien	0,2
Türkei	0,1
Russland	0,1
Brasilien	0,1
China	0,1

standen sein können. Das dürfte sich aber in den nächsten Jahren schnell ändern. Der Fall Sany-Putzmeister sendet in dieser Hinsicht ein deutliches Signal.

Die Zahlen in den Abbildungen 2.3a und b sollten mit Vorsicht interpretiert werden. Ohne Zweifel ist unsere Erfassung von Hidden Champions in Deutschland und im deutschsprachigen Raum vollständiger als in den übrigen Ländern. Es sei jedoch darauf hingewiesen, dass zahlreiche Forscher in anderen Ländern mehr oder minder systematische Erfassungen von Hidden Champions durchgeführt haben.[10] Am unsichersten dürfte die Zahl für die USA sein. Gleichwohl ist davon auszugehen, dass die dargestellten Größenordnungen einigermaßen zutreffen und vertiefte Untersuchungen die grundlegende Beurteilung nicht verändern werden. Die Daten stützen die Vermutung, dass die herausragende und nachhaltige Exportleistung Deutschlands und der deutschsprachigen Länder wesentlich auf die Hidden Champions zurückgeht.

Warum gibt es so viele Hidden Champions in Deutschland?

Die Erkenntnis, dass die Hidden Champions die Exportleistung maßgeblich bestimmen, führt zu der weiterleitenden Frage, warum es so ungewöhnlich viele Hidden Champions in Deutschland gibt. Auch hier sucht man vergeblich nach einer einfachen Antwort. Aber man kann Hypothesen aufstellen, die Erklärungsansätze liefern.

Historische Kleinstaaterei

Eine mögliche Erklärung ist, dass Deutschland bis Ende des 19. Jahrhunderts anders als beispielsweise Frankreich oder Japan kein Nationalstaat war, sondern aus einer Ansammlung von Kleinstaaten bestand. Unternehmen, die in dieser Situation wachsen wollten, waren zur schnellen Internationalisierung gezwungen. Wenn eine bayrische Firma an Kunden in Sachsen oder Württemberg lieferte, dann war das internationales Geschäft. Aus dieser Situation dürfte anders als in den weit größeren Nationalstaaten eine Offenheit und Kompetenz für die Internationalisierung entstanden sein, die sich später im europäischen und globalen Maßstab fortgesetzt hat, indem man eben früh Geschäfte mit französischen, russischen, amerikanischen oder chinesischen Kunden aufnahm. Interessanterweise vertritt der Politikwissenschaftler Erich Weede bezüglich der europäischen Kleinstaaterei eine ähnliche Hypothese. Er sieht in der territorialen Zersplitterung Europas eine wichtige Ursache für den Aufstieg dieses kleinen Kontinents nach dem Mittelalter. »Die Uneinigkeit Europas war unser Glück und die Voraussetzung für die Begrenzung der Staatstätigkeit, für die Respektierung der Eigentums- und Verfügungsrechte von Kaufleuten und Produzenten.«[11] Und man kann hinzufügen »der Internationalisierung«. Und auch FT-Korrespondent Peter Marsh äußert in seinem 2012 erschienenen Buch *The New Industrial Revolution* die Vermutung, dass kleine Staaten das Unternehmertum und die Internationalisierung effektiver fördern als große, zentral gesteuerte Systeme.[12]

Selbst beobachtete ich vielfach, dass Unternehmer in großen Ländern Scheu vor der Internationalisierung haben bzw. diese nicht für notwendig erachten. Besonders häufig trifft man bei amerikanischen Mittelständlern auf diese Einstellung. Viele dieser Firmen betreiben trotz guter Kompetenzen und konkurrenzfähiger Produkte kaum internationales Geschäft. Auf die Frage, warum das so sei, erhält man als typische Antwort, der amerikanische Markt sei so groß, dass es der Firma reiche. Oder auch, auf der internationalen Bühne sei alles komplizierter, man beherrsche keine Fremdsprachen, deshalb beschränke man sich lieber auf den Heimatmarkt. Auf ähnliche Einstellungen traf ich bei französischen und japanischen Unternehmern, gelegentlich, aber seltener auch in China. In Deutschland, der Schweiz oder Österreich sind solche Selbstbeschränkungen selten. Im Gegenteil versucht jeder Unternehmer, sich ein Stück vom internationalen Kuchen abzuschneiden. Das ist der Nährboden, auf dem Hidden Champions und Exporterfolge gedeihen. Die Wurzeln solch proaktiver Einstellungen zur Internationalisierung reichen bis in die historische deutsche Kleinstaaterei zurück.

Traditionelle Kompetenzen

In vielen deutschen Regionen gab es traditionelle Kompetenzen, die ihre Schatten bis in die Gegenwart werfen. So wurden im Schwarzwald seit Jahrhunderten Uhren gefertigt. Die Industrie erforderte hohe feinmechanische Kompetenzen. Der englische Historiker Lewis Mumford bezeichnet diese Branche als »the key machine of the modern industrial age«[13], und der Wirtschaftshistoriker David Landes sieht die Uhrmacherei im Mittelalter als »a school for skill«.[14] Bis auf wenige Ausnahmen (wie Junghans in Schramberg) ist die Schwarzwälder Uhrenfertigung untergegangen. Aber aus den feinmechanischen Kompetenzen sind neue Industrien entstanden. So gibt es heute in Tuttlingen, am Rande des Schwarzwalds, mehr als 400 Firmen, die in der Medizintechnik, vor allem in der Herstellung chirurgischer Instrumente tätig sind. Feinmechanische Kompetenzen spielen hierbei eine Schlüsselrolle. Manche dieser Medizintechnikfirmen, wie zum Beispiel die Karl Leibinger Medizintechnik, sind direkt aus Uhrmachereien entstanden. Zu den Tuttlinger Firmen gehören größere Hidden Champions wie Aesculap, Weltmarktführer bei chirurgischen Instrumenten (1,3 Milliarden Euro Umsatz, 3000 Mitarbeiter), oder Karl Storz, Weltmarktführer bei Endoskopiegeräten (870 Millionen Euro Umsatz, 4400 Mitarbeiter), aber auch kleinere Hersteller wie die KLS Martin Group, Weltmarktführer bei Operationsbeleuchtungen und Instrumenten für die Mund-, Kiefer- und Gesichtschirurgie (700 Mitarbeiter), oder Binder, Weltmarktführer bei Thermosimulationsschränken (40 Millionen Euro Umsatz, 300 Mitarbeiter). Interessanterweise sind auch aus der Schweizer Uhrenindustrie einige medizintechnische Firmen, vor allem im Bereich metallischer Implantate, hervorgegangen.

Etwas andersgeartete, nämlich wissenschaftliche Wurzeln hat eine ungewöhnliche Ansammlung von Messtechnikfirmen im Raum Göttingen. Dort sind 39 Unternehmen in einem Verein zusammengeschlossen, der sich in Anlehnung an das Silicon Valley »Measurement Valley« nennt. Diese Konzentration höchster Messkompetenz hat ihren Ursprung in der Göttinger Universität, deren mathematische Fakultät jahrhundertlang in der Welt führend war. Einige dieser Unternehmen gehen bis auf Carl Friedrich Gauss (1777–1855) zurück.[15] Zum »Measurement Valley«-Club gehören unter anderem Firmen wie ABIMEK (Messtechnik für Medizintechnik,), Thies Clima (Umweltmesstechnik), Carstens (Positionsmessung), Discom (akustische Messtechnik), GTH (Fertigungsmesstechnik), IBA (Messtechnik für Biowissenschaften), Mahr (dimensionelle Messtechnik), Metrolux (optische Messtechnik), Nanofilm (Oberflächenanalytik) und Sartorius (Bio-/Wägetechnik). Überall in Deutschland trifft man auf solche traditionellen Kompetenzen, die sich bis in die Gegenwart fortsetzen. Der frühere Siemens-Vorstand Edward Krubasik drückte dies wie folgt aus: »Deutschland nutzt die Technologiebasis, die bis ins Mittelalter zurückgeht, um im 21. Jahrhundert erfolgreich zu sein.« Und Peter Renner, Aufsichtsratsvorsitzender der Dolphin Technology AG, die ebenfalls in der Messtechnik tätig ist, sagt: »Deutschland ist auch heute noch ein großes Ingenieurbüro.« Manche Dinge haben eben Bestand.

Scharfe Konkurrenz

Mit dem sogenannten Diamanten der internationalen Wettbewerbsfähigkeit hat Porter darauf hingewiesen, dass die scharfe interne Konkurrenz die internationale Wettbewerbsfähigkeit eines Landes entscheidend mitbestimmt. Der Porter'sche »Diamant« erfasst die Gegebenheiten eines Landes zu Produktionsfaktoren, Wettbewerb, Nachfrage und unterstützenden Industrien.[16] Die zentrale These Porters lautet, dass all diese Determinanten zum Erfolg einer Branche bzw. eines Unternehmens beitragen, dem Wettbewerb jedoch eine herausragende Rolle zufällt. Er sagt: »Among the strongest empirical findings from our research is the association between rigorous domestic rivalry and the creation and persistence of competitive advantage in an industry. Nations with leading world positions often have a number of strong local rivals.«[17] Zum einen ist es unzweifelhaft, dass der Wettbewerb in Deutschland in den meisten Sektoren sehr hart ist. Das dürfte auch eine der Ursachen dafür sein, dass deutsche Unternehmen im internationalen Vergleich über lange Zeit niedrige Umsatzrenditen aufweisen.[18] Zum anderen tragen gerade die Hidden Champions zur Erfüllung der Bedingung von Porter bei, dass es in einem Land mehrere starke Wettbewerber geben muss, um in der betreffenden Branche in der Welt marktführend zu werden. Ein Drittel der Hidden Champions sehen ihre weltweit schärfste Konkurrenz in

Deutschland. Im Folgeabschnitt behandeln wir regionale Konzentrationen von bestimmten Kompetenzen. Die harte interne Konkurrenz trägt zur Wettbewerbsstärke deutscher Unternehmen bei.

Industriecluster

In Deutschland und im deutschsprachigen Raum existieren Dutzende Industriecluster. Manche dieser traditionellen Cluster wie etwa für Schneidwaren in Solingen, für Wälzlager in Schweinfurt, für Schließtechnik in Velbert/Heiligenhaus (»Schlüsselindustrie« nennt sich der Verein der Schließtechnik-Hersteller aus dem Bergischen Land) oder das Bleistiftcluster im Nürnberger Raum haben lange zurückreichende Wurzeln. Andere, wie das Ventilatorencluster in Hohenlohe, das Interfacecluster in Ostwestfalen, das Mikroelektronikcluster im Südwesten oder das Windenergiecluster in Norddeutschland sind jüngeren Ursprungs. Über ganz Deutschland verteilt gibt es solche Konzentrationen von Kompetenzen, wie man sie in dieser breiten Streuung in anderen Ländern selten findet. Abbildung 2.4 gibt einen Überblick zu ausgewählten Clustern, deren Mitglieder überwiegend Hidden Champions sind.

Abb. 2.4: Konzentration von Kompetenzen: ausgewählte Industriecluster

	Industriecluster	Region	Unternehmen/Hidden-Champions
Traditionell	Bleistifte	Nürnberg	Faber Castell, Schwan-Stabilo, Staedtler-Mars, Lyra
	Schließanlagen	Velbert, Heiligenhaus	Kiekert, Witte, Huf Hülsbeck & Fürst, BKS, Witte Automotive, Jul. Niederdrenk
	Schneidwaren	Solingen	Zwilling Henckels, Pfeilring, Boeker
	Watch Valley	Schweizer Jura	Swatch, Rolex, Omega, Longines, Nivarox, Universo
	Wälzlager	Schweinfurt/Franken	SKF, FAG, INA-Schaeffler
	Einzelhandel	Mülheim/Essen	Aldi, Tengelmann, Arcandor, Deichmann, Medion
	Chemie/Pharma	Basel	Novartis, Roche, Syngenta, Clariant-Lonza, Ciba
Reifestadium	Chicken Valley	Vechta	PHW, Big Dutchman, Deutsche Frühstücks-Ei
	Blechbiege Cluster	Siegen/Haiger	Schäfer-Werke, Rittal, Siegenia-Aubi, Hailo
	Chirurgische Instrumente	Tuttlingen	Aesculap, Karl Storz, +400 Firmen
	Kunststoffe	Rhein-Sieg	Lemo, Reifenhäuser, Kuhne, Sithoplast
	Erika (Heilpflanzen)	Lüllingen/Geldern	ca. 1 500 Betriebe
	Packaging Valley	Schwäbisch Hall	Optima, Schubert, Bausch & Ströbel, Groninger, Weiss, Bosch
	Ventilatoren Valley	Hohenlohe	EBM-Papst, Ziehl-Abegg, Gebhardt
	Materials Valley	Rhein-Main	Heraeus, Schott, Merck, Umicore, Netzsch-Conduct
	Measurement Valley	Göttingen	39 Firmen/Organisationen
Frühes Stadium	Recycling	Karlsruhe/Essingen	Scholz, Cronimet
	Windenergie	Norddtld./Dänemark	Vestas, Enercon, Repower, Nordex, Siemens Wind Power
	Nanotechnologie	Deutschland	Omicron, Nanogate, Nano-X, ItN Nanovation, Iontof
	Industrial Vision	Deutschland	Basler, Vitronic, Wolf, Geutebrück
	Geothermie	Deutschland	Herrenknecht, Ochsner
	Energie aus Biomasse	Deutschland	CropEnergies, Loick, Choren
	Laser	Deutschland	Trumpf, Rofin-Sinar, Jenoptik, EOS, Foba
	Wassertechnologie	Deutschland/Österreich	Siemens, BWT, Brita, Grünbeck, Gütling, Ionox, Wedeco
	Carbonfaser	München/Augsburg/Ingolstadt	Audi, BMX, Voith, SGL Carbon, TU München (insgesamt ca. 100 Firmen/Organisationen)

Es ist festzustellen, dass der deutschsprachige Raum zahlreiche Industriecluster aufweist. Die Vermutung liegt nahe, dass solche Cluster die Entstehung und den Erfolg von Hidden Champions gefördert haben und weiter fördern.

Unternehmercluster

Neben branchenbezogenen Industrieclustern gibt es eine andere Art von Konzentration, die ich Unternehmercluster nenne. In enger Nachbarschaft findet man häufig mehrere Hidden Champions, die nicht der gleichen Branche, also keinem Industriecluster angehören. Windhagen, eine Ortsgemeinde im Westerwald, hat 4 260 Einwohner und drei Hidden Champions: Wirtgen bei Straßenfräsen, die JK-Gruppe bei professionellen Sonnenbräunern und Geutebrück bei Überwachungssystemen. Man beachte, dass diese drei Firmen keine technologischen oder wettbewerblichen Berührungspunkte aufweisen, also kein Industriecluster bilden. In Neutraubling bei Regensburg, einer Kleinstadt mit 12 808 Einwohnern, befinden sich unter anderem die Sitze von Krones, Weltmarktführer für Flaschenabfüllanlagen, der Firma Zippel, die Minibrauereien fertigt und unter anderem die größte Industriereinigungsanlage der Welt gebaut hat, sowie von Micron, einem führenden Unternehmen für elektronische Steuergeräte zur Zündung von Airbags und anderen Vorgängen im Auto. Eine große Konzentration von Hidden Champions gibt es auch in Künzelsau und Umgebung. Hier sitzen nicht nur die beiden weltgrößten Händler von Montageprodukten, Würth und Berner, sondern weitere Welt- und Europamarktführer. Dazu gehören Ziehl-Abegg bei Ventilatoren, R. Stahl im Explosionsschutz, Mustang, Pionier der Jeansproduktion, sowie Veigel, einer der international führenden Hersteller von Fahrschulsystemen und Behindertenausrüstungen in PKW. Künzelsau hat zwar nur 14 822 Einwohner, aber offensichtlich herrscht dort ein Geist, der der Entstehung von Hidden Champions sehr förderlich ist. Ein massives Unternehmercluster findet sich ebenfalls im hessischen Haiger. Dort hat die Friedhelm Loh Group ihren Sitz. Diese Gruppe beschäftigt 11 500 Mitarbeiter und setzt knapp 1,8 Milliarden Euro um. Zu ihr gehört Rittal, Weltmarktführer für Schaltschränke. In Haiger sitzen zudem Cloos, einer der Weltmarktführer in der Schweißtechnik, und Klingspor, ein globaler Marktführer bei Schleifmitteln. Zur Joachim Loh Group, ebenfalls in Haiger ansässig, gehören Hailo, ein marktführender Hersteller von Haushaltsleitern und Bügelgeräten, sowie Expresso, nach Wanzl die weltweite Nr. 2 bei Flughafengepäckkarren. Auf mehrere Weltmarktführer aus unterschiedlichen Branchen treffen wir zudem in Oberkochen (7 799 Einwohner, Carl Zeiss in der Opto-Elektronik, Leitz bei Holzbearbeitungswerkzeugen) oder in Laupheim (19796 Einwohner, Kässbohrer bei Pistenbullys, Uhlmann bei Pharma-Verpackungstechnik). Auf eine ungewöhnliche Ansammlung von Marktführern trifft man auch in Verden an der Aller in der Nähe von Bremen. Der Hidden Champion Masterrind vertreibt von hier jährlich 600000 Erstbesamungen in der Rinderzucht. Focke liefert Hochleistungs-Zigarettenverpackungsmaschinen, die von allen namhaften Tabakkonzernen genutzt werden. Petcare betreibt die größte Heimtiernahrungsfabrik in Kontinentaleuropa. Badenhop ist bei Grundstoffen für die Tiernahrungsindustrie ein europäischer Marktführer. Und Block zählt bei Transformatoren für die Elektronik zu den Großen der Weltbranche. Frerichs Glas ist ein marktführender Spezialist für Glasfassaden, die für Werbung genutzt werden.[19]

Unternehmercluster gibt es in den unterschiedlichsten Situationen. Zu der Welt meiner Kindheit gehörte ein winziges Eifeldorf mit sieben Bauernfamilien, aus dem in einer Generation fünf erfolgreiche Unternehmer hervorgingen. Jeden Tag liefen die Kinder dieses Dorfes in den fünf Kilometer entfernten Pfarrort zur Schule. Dabei dürften sie zwei für Unternehmer entscheidende Eigenschaften entwickelt haben, Zähigkeit und Freiheitsliebe. Der älteste der fünf Unternehmer gründete eine Gelenkwellenfabrik und hatte Erfolg. Das inspirierte die anderen, es ihm nachzutun, allerdings in anderen Branchen wie Kühltechnik, Büromaschinen und Fahrrädern. Offensichtlich kann sich selbst in einem winzigen Dorf ein Unternehmercluster bilden. Anders als bei einem Industriecluster ist das Verbindende dabei nicht die Branche, sondern das soziale Netzwerk, das Inspiration liefert, einem oder mehreren Erfolgreichen nachzueifern und selbst ein Hidden Champion zu werden. Immer wieder habe ich in Gesprächen von solchen Vorbildern und deren Wirkungen gehört. Räumliche und soziale Nähe verstärkt die Anreizwirkung gemäß der Maxime »was das Nachbarkind geschafft hat, das kann ich auch«. Die Vielzahl von Hidden Champions im deutschsprachigen Raum fungiert in diesem Sinne als Inkubator für weitere zukünftige Weltmarktführer. Die Branche kann dabei eine erleichternde Rolle spielen, muss es aber nicht. Am stärksten ist dieser Effekt bei einer hohen lokalen Konzentration von Hidden Champions, selbst wenn diese in verschiedenen Sektoren tätig sind.

Regionale Streuung

Viele Länder weisen eine starke Konzentration von Intelligenz, Unternehmen, Verwaltung in einem Ballungszentrum auf. Frankreich mit Paris, Japan mit Tokio, Großbritannien mit London oder Korea mit Seoul sind Beispiele.

Wenige Länder sind so dezentral strukturiert wie Deutschland. Diese Verteilung im Raum ist bei den Hidden Champions prägnant, wie die Landkarte in Abbildung 2.5 belegt. Die Abbildung zeigt zudem die Standorte der Hidden Champions in der Schweiz und in Österreich.

Abb. 2.5: Die Verteilung der Hidden Champions in Deutschland, Österreich und der Schweiz

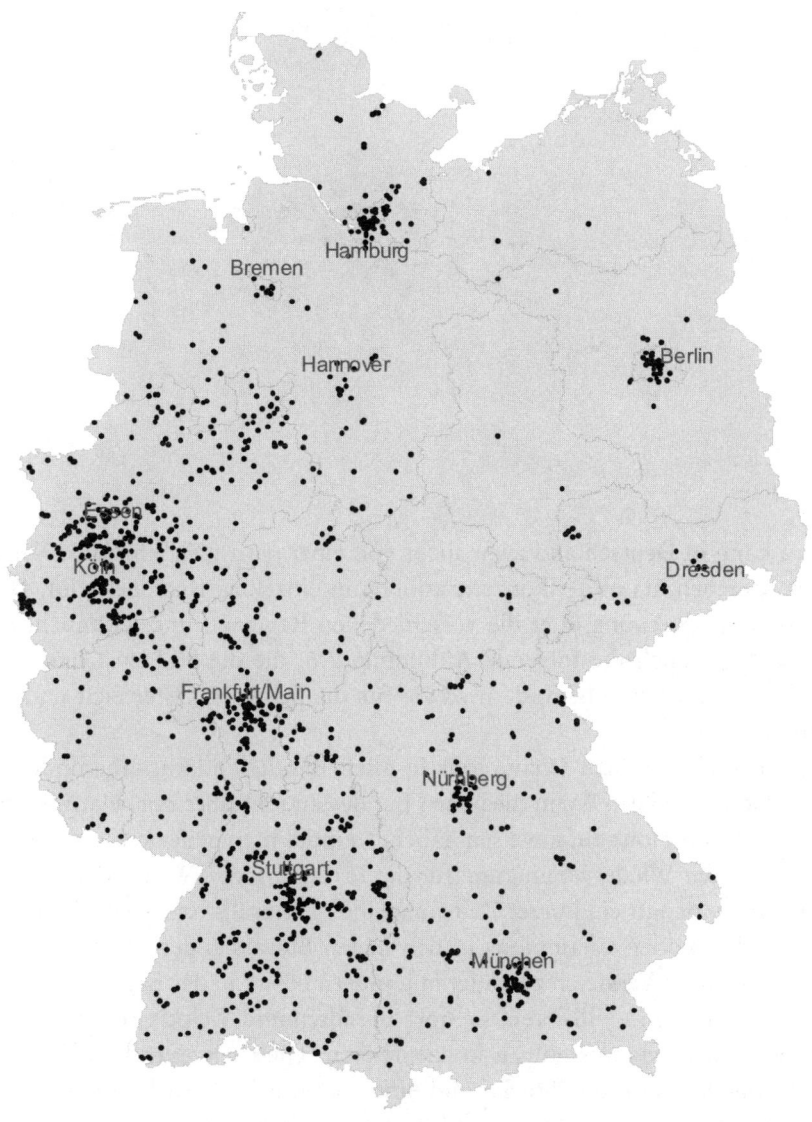

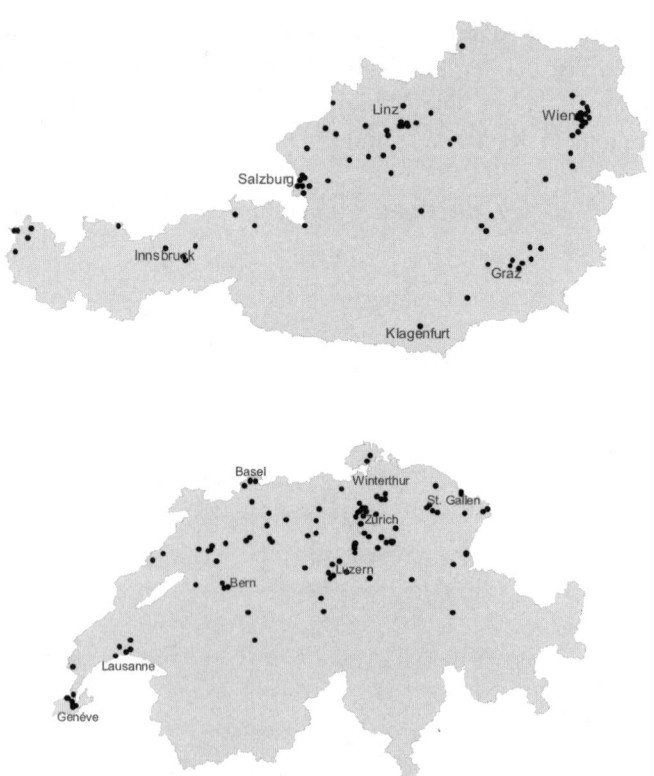

Man kann in Deutschland zwar nicht von einer ganz gleichmäßigen Verteilung sprechen, da es Teilkonzentrationen in einzelnen Regionen gibt. Dennoch ist die Streuung über die verschiedenen Regionen ungewöhnlich. Das verdeutlicht auch die folgende Abbildung 2.6, die die Hidden Champions nach deutschen Bundesländern sowie für die Schweiz, Österreich und Luxemburg auflistet.

Man findet Hidden Champions in allen Bundesländern, inbesondere in den Flächenländern. Wenn die neuen Bundesländer bisher nur relativ wenige Hidden Champions aufzuweisen haben, so muss man bedenken, dass die 20 Jahre seit der Wiedervereinigung für die Erringung von Welt- oder Europamarktführerschaft ein kurzer Zeitraum sind. Jedenfalls ist erfreulich, dass es bereits 45 Hidden Champions in den neuen Bundesländern gibt. Deutschland scheint im Vergleich zu anderen Ländern besser in der Lage, die Talente in der Fläche zu mobilisieren, sie dort zu halten und Weltklasse nicht nur in der jeweiligen Hauptstadt zu konzentrieren. Diese Dezentralität Deutschlands bildet eine große Stärke und eine wesentliche Ursache für die hohe Zahl von Hidden Champions und damit für die herausragende Exportperformance. Auch in der Schweiz und in Österreich sind die Hidden Champions über das Land verteilt.

Abb. 2.6: Hidden-Champions-Dichte nach Regionen

Region	Hidden Champions	Einwohner Mio.	Hidden Champions pro Mio. Einwohner
Baden-Württemberg	302	10,8	28,0
Hamburg	45	1,8	25,0
Hessen	139	6,1	22,8
Nordrhein-Westfalen	332	17,8	18,6
Bayern	229	12,6	18,2
Rheinland-Pfalz	67	4,0	16,7
Bremen	8	0,5	14,6
Saarland	10	1,0	9,8
Schleswig-Holstein	27	2,8	9,5
Berlin	30	3,5	8,6
Niedersachsen	63	8,0	8,0
Sachsen	20	4,1	4,8
Thüringen	10	2,2	4,5
Brandenburg	8	2,5	3,2
Mecklenburg-Vorpommern	4	1,6	2,4
Sachsen-Anhalt	3	2,3	1,3
Deutschland	1 307	81,8	16,0
Schweiz	110	7,9	13,9
Österreich	116	8,4	13,8
Luxemburg	7	0,5	14,0
TOTAL	1 506	98,6	13,4

Starke Produktionsbasis

In den Jahren vor der Krise, die im Jahr 2007 begann, wurde Deutschland vielfach kritisiert und sogar belächelt. Das Land hänge zu sehr am Produktionssektor und schaffe den Übergang in die Dienstleistungsgesellschaft nicht schnell genug. In der Tat war und ist der Anteil des produzierenden Gewerbes am Bruttoinlandsprodukt in Deutschland höher als in anderen hoch entwickelnden Ländern. Seit der Krise nach 2007 hat sich diese Diskussion total gedreht. Länder wie Großbritannien, Frankreich und die USA bedauern, dass sie zu sehr auf Dienstleistungen gesetzt und den Produktionssektor vernachlässigt haben. Nicolas Sarkozy hat in den letzten Jahren seiner Präsidentschaft stets das deutsche Modell gepredigt. Der amerikanische Präsident Barack Obama und der britische Premier David Cameron sprechen ständig von der Notwendigkeit, die Produktionsbasis ihrer Länder wieder zu stärken. Der Niedergang Japans als Exportnation wird wesentlich auf die Schwächung der japanischen Produktionsbasis zurückgeführt. Das *Wall Street Journal* spricht von einer »Japanese domestic export malaise«.[20]

In der Tat ist ein starkes produzierendes Gewerbe eine wichtige Grundlage für Exporterfolg. Abbildung 2.7 zeigt die Abhängigkeit des sogenannten Leistungsbilanzsaldos vom Anteil des verarbeitenden Gewerbes am Bruttoinlandsprodukt (BIP).[21] Der Leistungsbilanzsaldo gibt an, wie viel ein Land mehr exportiert als importiert.

Abb. 2.7: Anteil des verarbeitenden Gewerbes am Bruttoinlandsprodukt und Leistungsbilanzsaldo

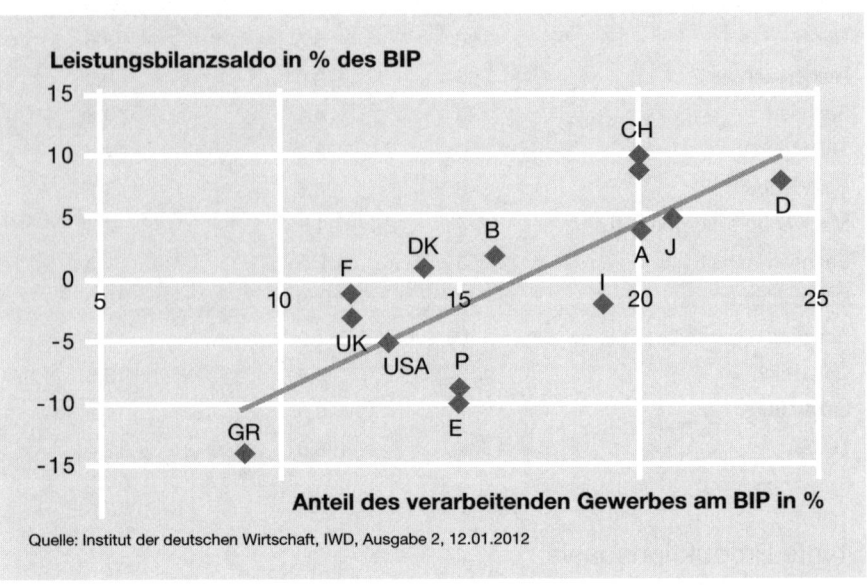

Quelle: Institut der deutschen Wirtschaft, IWD, Ausgabe 2, 12.01.2012

Die Korrelation zwischen dem Anteil des verarbeitenden Gewerbes am BIP und dem Leistungsbilanzsaldo ist mit einem Korrelationskoeffizienten von 0,79 hoch signifikant. Deutschland mag in diesem Sinne zwar altmodisch sein, aber es ist erfolgreich. Und dahinter stehen deutlich höhere Investitionen als in anderen Ländern, gerade bei kleineren Unternehmen. So hat GE Capital in 2012 in einer internationalen Studie mittelständischer Unternehmen festgestellt, dass deutsche Mittelständler mehr als doppelt so viel investieren wie vergleichbare Unternehmen in Großbritannien und Frankreich.[22] Daraus sollte auch für die Zukunft die Einsicht gezogen werden, die deutsche Produktionsbasis zu verteidigen. Das wird nicht einfacher, denn die Globalisierung macht es notwendig, größere Teile der Produktion und der Wertschöpfungsketten in die schnell wachsenden Zielmärkte zu verlagern. Den Hidden Champions scheint das besser zu gelingen als den Großunternehmen. Die Mittelständler haben ihre Beschäftigung in den letzten zehn Jahren sowohl im Inland als auch im Ausland erhöht, wenn auch in Letzterem stärker. Bei den meisten Großunternehmen ist die Inlandsbeschäftigung hingegen gesunken, während die Zahl der Arbeitsplätze im Ausland stark gestiegen ist. Eine große Herausforderung besteht für Deutschland darin, eine ausgewogene Balance zwischen diesen Tendenzen zu erreichen.

Im Hinblick auf die Exportperformance und die Beschäftigung zeigen Produktion und Dienstleistung fundamental verschiedene Wirkungen. Dieser Aspekt erklärt partiell die Exportunterschiede zwischen Frankreich und den USA einerseits sowie Deutschland andererseits. Viele französische und amerikanische Großunternehmen sind Dienstleister, die ihre Wertschöpfung überwiegend nicht im Heimatland, sondern vor Ort erbringen, dort also auch die Arbeitsplätze schaffen. Zu dieser Kategorie gehören in Frankreich beispielsweise die großen Einzelhändler Carrefour und Auchan, die Hotelgruppe Accor, der Versorger Veolia, die Bauunternehmen Bouygues und Vinci oder die Unterhaltungsfirma Vivendi. Auch finden sich unter den französischen Größtunternehmen, die im Übrigen häufiger Weltmarktführer sind als deutsche Firmen, zahlreiche Banken und Versicherungen (Axa, BNP Paribas, Crédit Agricole, Société Générale, Groupe BPCE, CNP Assurances, Groupama, alle gehören zu den Fortune Global 500), die ebenfalls einen Großteil ihrer Mitarbeiter im Ausland beschäftigen. In den USA sieht es ähnlich aus. Die großen Fastfoodanbieter wie McDonald's, Burger King, Starbucks, die zahlreichen Hotelketten wie Hilton, Sheraton, Marriott und viele Finanzdienstleister erwirtschaften einen Großteil ihrer Wertschöpfung mit Arbeitsplätzen außerhalb der USA. Physische Produkte können hingegen im Heimatland hergestellt und in die Welt exportiert werden. Das sichert die Beschäftigung im Inland. Deutschland sollte alles tun, seine starke Produktionsbasis auch unter den Bedingungen Globalias zu erhalten.

Herausragende Innovationskraft

In der typischen Wahrnehmung der Deutschen selbst und der Ausländer gelten Deutschland und der deutschsprachige Raum kaum als Schwergewichte beim Thema Innovation. Doch hierbei handelt es sich um ein verzerrtes Bild der Realität. Zwar trifft es zu, dass deutsche Unternehmen in Sektoren wie Informationstechnologie, Internet oder Gentechnik selten zu den Innovationsführern gehören. Und natürlich müssen wir uns mit den jeweils besten auf einem Gebiet messen. Oft sind das die Amerikaner, gelegentlich die Japaner und manchmal schon die Chinesen. So hat die chinesische Firma Huawei in den letzten Jahren die meisten Patente angemeldet. Wir wollen die herausragende Innovationskraft Deutschlands anhand der Patente, die das Europäische Patentamt (EPA) im Jahr 2010 verliehen hat, illustrieren und diskutieren. Natürlich bilden Patente nur einen Teil der Innovationskraft eines Landes ab, aber die Resultate sind doch frappierend. Abbildung 2.8 zeigt die Patente des EPA nach europäischen Herkunftsländern. Wir beschränken uns hier auf Patente aus ausgewählten europäischen Ländern. Aus den USA stammten 12 506 und aus Japan 10 580 der im Jahr 2010 vom Europäischen Patentamt erteilten Patente.

Abb. 2.8: Im Jahr 2010 erteilte Patente des Europäischen Patentamtes nach Herkunftsländern

Land	Patente	Patente pro Mio. Einwohner
Deutschland	12 553	153,6
Frankreich	4 536	69,9
Schweiz	2 389	305,3
Italien	2 287	37,8
Großbritannien	1 857	29,8
Niederlande	1 725	103,8
Schweden	1 467	156,4
Österreich	667	79,5
Spanien	393	8,5
Luxemburg	130	257,0
Portugal	29	2,7
Griechenland	16	1,4

Bei der Zahl der Patente liegt Deutschland mit weitem Abstand vorn. Hingegen führt die Schweiz bei der Zahl der Patente pro eine Million Einwohner. Die Unterschiede sind extrem. Vergleicht man die großen Länder, so hat Deutschland mehr als doppelt so viele Patente pro Million Einwohner wie

Frankreich, die vierfache Zahl von Italien und das Fünffache von Großbritannien. Innerhalb des deutschen Sprachraums erweisen sich die Schweiz als starker und Österreich als schwächerer Innovator. Die Statistik deckt die unglaublichen Innovationsschwächen der südeuropäischen Länder Spanien, Portugal und Griechenland auf. Mit derart unzureichender Innovationsperformance kann man im globalen Wettbewerb wenig ausrichten.

Natürlich erfordert das Thema Innovation ein breitere und tiefere Behandlung als nur die Betrachtung dieser Patentzahlen. Diesem Thema widmen wir ein ganzes Kapitel (Kapitel 11). An dieser Stelle möge die schlaglichtartige Betrachtung genügen, um die herausragende Innovationskraft Deutschlands und der Schweiz zu belegen.

Entwicklung der Lohnstückkosten

Die Lohnstückkosten ergeben sich aus dem Verhältnis von Lohnkosten und Arbeitsproduktivität. Es wird vielfach argumentiert, dass die deutschen Exporte im letzten Jahrzehnt wesentlich von der günstigen Entwicklung der Lohnstückkosten profitierten. Diesem Argument kann schwerlich widersprochen werden. Wie Abbildung 2.9 zeigt, sind die Lohnstückkosten in Deutschland von 2002 bis 2010 in fast allen Jahren – mit Ausnahme des extremen Krisenjahres 2009 – nur moderat gestiegen und in fünf dieser Jahre sogar gesunken.

Abb. 2.9: Entwicklung der Lohnstückkosten in Deutschland 2002 bis 2010

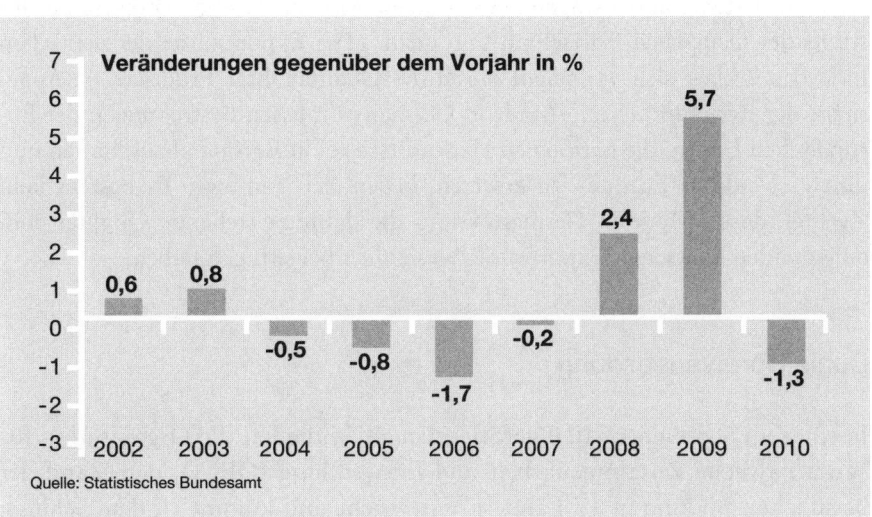

Quelle: Statistisches Bundesamt

Diese Entwicklung geht einher mit einem starken Anstieg der Lohnstückkosten in anderen, insbesondere europäischen Ländern. Seit der Einführung des Euro sind die Lohnstückkosten im Euroraum um 21,7 %, in Frankreich sogar um 26,0 % gestiegen. In Deutschland betrug der Anstieg hingegen lediglich 6,3 %.[23] Als Folge hat sich die Wettbewerbsfähigkeit der deutschen Unternehmen im Betrachtungszeitraum deutlich verbessert, nachdem sie sich in den Jahren zuvor verschlechtert hatte (Deutschland wurde seinerzeit als der »kranke Mann Europas« bezeichnet). Die Entwicklung der Lohnstückkosten in Deutschland ist Gegenstand vielfacher Kritik aus dem In- und Ausland. Sie sei verantwortlich für die schwache Kaufkraftentwicklung im Inland, das müsse sich ändern, wird insbesondere von gewerkschaftlicher Seite argumentiert. Die Herausforderung wird darin bestehen, die internationale Wettbewerbsfähigkeit zu erhalten, ohne dass dies zu stark zulasten der inländischen Kaufkraft geht. Jedenfalls hat die Beschäftigung in Deutschland massiv von den Exporterfolgen und der diese begünstigenden Entwicklung der Lohnstückkosten profitiert.

Made in Germany

Das Herkunftszeichen »Made in Germany« wurde 1887 auf Drängen der Engländer mit der Absicht eingeführt, die aus Deutschland kommenden Waren als qualitativ minderwertig zu markieren. Dass sich »Made in Germany« im Laufe der Jahre in ein Gütesiegel erster Klasse wandelte, wurde von den Initiatoren weder beabsichtigt noch erwartet. Hinter dem heutigen Wert von »Made in Germany« stehen herausragende Leistungen. Michael Hüther, Direktor des Instituts der Deutschen Wirtschaft, sagt dazu: »Die Exportstärke der deutschen Industrie erklärt sich vor allem durch die Qualität ihrer Produkte.«[24] Angesichts der Reputation von »Made in Germany« müssen Bestrebungen der Europäischen Union, die nationalen Herkunftssiegel in Europa abzuschaffen und durch »Made in Europe« zu ersetzen, bedenklich stimmen. Es besteht kein Zweifel, dass »Made in Germany« und die dahinter stehende Qualität zum anhaltenden deutschen Exporterfolg wesentlich beigetragen haben.

Duale Berufsausbildung

In einer im September 2010 veröffentlichen Studie hat die Organisation für Wirtschaftliche Zusammenarbeit und Entwicklung (OECD) den Stand der beruflichen Bildung in 17 Ländern untersucht und kommt zu dem Schluss:

»Deutschland steht sehr gut da.« Annette Schavan, Bundesministerium für Bildung und Forschung, kommentierte die Studie wie folgt: »Die berufliche Bildung ist das Flaggschiff im deutschen Bildungssystem.« Die deutsche Berufsausbildung ist eines der wichtigsten Fundamente, auf denen die Produktqualität und die Produktivität unserer Unternehmen basieren. Kein anderes Land hat so viele und so hoch qualifizierte Facharbeiter wie Deutschland. Eine hohe Qualifikation ist auf der Arbeiterebene keineswegs weniger wichtig als auf der Ebene akademisch ausgebildeter Kräfte. Je komplexer und anspruchsvoller Produkte werden, desto kritischer wird diese Qualifikation. In Globalia geht es nicht nur darum, solche Qualifikationen in Deutschand bereitzustellen, sondern diese müssen auch in die Zielmärkte transferiert werden. Die Chancen dafür stehen nicht schlecht. Die deutsche Berufsausbildung besitzt nicht nur zu Hause Reputation, sondern hat sich weltweit einen guten Namen gemacht. Barbara Fabian, verantwortlich für Berufliche Bildung und Bildungspolitik bei der EU-Vertretung des Deutschen Industrie- und Handelskammertages in Brüssel, gibt folgende Einschätzung: »Berufliche Bildung made in Germany wird weltweit nachgefragt.« Dies kann ich aufgrund meiner Reisen voll bestätigen. Überall, wo ich deutsche Firmen und Handelskammern im Ausland besuche, spielt das Thema Berufsausbildung eine zentrale Rolle. Zahl und Umfang der Berufsbildungsinitiativen nach deutschem Muster sind beachtlich. Die Haupttriebkraft ist dabei der Bedarf deutscher Firmen an gemäß deutschen Standards ausgebildeten Facharbeitern. Solche Fachkräfte findet man in anderen Ländern einfach nicht. Was liegt also näher, als sie selbst auszubilden? Meistens geschieht das in Zusammenarbeit mit anderen deutschen Firmen, oft Hidden Champions, oder mit den Außenhandelskammern, die zu aktiven Unterstützern solcher Initiativen geworden sind.

Die deutsche Berufsausbildung könnte durchaus zu einem eigenständigen Exportgut werden. Warum bauen deutsche Unternehmen dieses Produkt nicht zu einer kommerziellen Weltmarke aus? Das Wachstumspotenzial für ambitiöse Dienstleister wie TÜV, Dekra, Bertelsmann, GTZ, Verlage, Berater oder ähnliche Firmen wäre enorm. Bertelsmann gründete 2012 einen neuen Geschäftsbereich, der ausdrücklich auch berufliche Bildung anbieten soll.[25] Ideal wäre es, wenn sich mehrere Unternehmen dieses Projekt auf die Hörner nähmen. Weltweit sehen wir eine Kommerzialisierung von Bildung. Warum nicht auch der dualen Berufsausbildung? Das kann in Public Private Partnerships oder in rein privaten Firmen geschehen. Zahler wären die Arbeitgeber eher als die Auszubildenden. Das Internet würde ein solches international angelegtes Vorhaben enorm erleichtern und unterstützen. Auf die Frage, ob man mit Berufsausbildung Geld verdienen kann, gibt es keine definitive Antwort. Aber einen Versuch ist dieses Anliegen auf jeden Fall wert. So könnte die Grundlage gelegt werden, um deutsche Unternehmen nicht nur im Export, sondern in ihren weltweiten Aktivitäten dauerhaft erfolgreich zu machen. Vielleicht entstehen in diesem Bereich sogar neue Hidden Champions.

Geostrategische Mittellage als Standortvorteil in Globalia

Eine weitere Ursache für die deutsche Exportstärke gründet sich auf die geostrategische Mittellage des deutschsprachigen Raumes. Diese Lage begünstigt Deutschland zwar nicht gegenüber anderen westeuropäischen Ländern, sehr wohl aber gegenüber Amerika und Asien. Der deutschsprachige Raum besitzt insofern eine einzigartige Position, als er in der geostrategischen Mitte sowohl Europas als auch der Erde liegt. In globaler Dimension ist nicht China das Reich der Mitte, sondern es sind der deutschsprachige Raum und die angrenzenden Länder.

In Globalia werden Kommunikation, der Austausch von Wissen und Information, Reisen und Kooperationen über Zeitzonen hinweg zunehmen. Schon heute lassen Firmen, um schneller zu sein, Entwicklungsprojekte mit der Sonne um den Erdball wandern. Callcenter werden in weit entfernten Ländern angesiedelt. Irgendwo auf der Erde ist immer Tag. Dies wird genutzt. Die weltweite Kommunikationsinfrastruktur, die all das ermöglicht, ist in den letzten Jahren massiv ausgebaut worden. Telekommunikation, Internet und Flugverbindungen reichen heute bis in die entlegensten Winkel der Welt. Fax, E-Mail und Voicemail ermöglichen asynchrone Verständigung, sodass man nicht auf simultane Bürozeiten angewiesen ist. Die Telekommunikationskosten sind vernachlässigbar geworden. Damit lassen sich die Vorteile der internationalen Arbeitsteilung in bisher unbekanntem Maße ausschöpfen. Entfernungen, Zeitunterschiede, Grenzen haben ihre traditionellen Bedeutungen teilweise verloren. Manche sprechen schon euphorisch vom Verschwinden der Distanzen und der Zeitunterschiede.

Doch eine derartige Euphorie ist nicht nur verfrüht, sondern im Kern falsch. Es zeigen sich zunehmend physische und praktische Grenzen der Globalisierung. Sie beruhen auf unveränderlichen Gegebenheiten. Erstens ist die Erde eine Kugel. Tag und Nacht sowie Zeitzonen sind nicht verschwunden. Der Anpassung des Menschen an Entfernungen und Zeitunterschiede sind Grenzen gesetzt. In den meisten Geschäften bleibt ein gewisses Maß an persönlicher, direkter Kommunikation unverzichtbar. Regelmäßige Telefonate erweisen sich jedoch im Alltag als belastend, wenn die Zeitdifferenz zwischen zwei Orten elf oder zwölf Stunden beträgt. Auch die Reisegeschwindigkeit auf

Fernstrecken hat seit den sechziger Jahren (den Jumbojet gibt es bereits seit 1969) kaum zugenommen. Das Zeitalter der Concorde, die ohnehin nur auf wenigen Strecken flog, ist längst zu Ende. Ökonomisch einsetzbare Überschallflugzeuge bleiben eine Illusion. Hochgeschwindigkeitszüge spielen für interkontinentale Reisen keine Rolle und werden auch in Zukunft auf der Langstrecke keine ernsthafte Alternative zum Flugzeug sein. Viele Reisen sind aufgrund überfüllter Flughäfen, Staus in der Luft und am Boden, verschärfter Sicherheitskontrollen, unvorhersehbarer Streiks sogar beschwerlicher und langwieriger geworden. Diese Tendenz dürfte sich fortsetzen.

Diese Gegebenheiten führen zu enormen Belastungen für die Betroffenen. Ein deutscher Automobilvorstand berichtete mir über seine zahlreichen Transatlantik- und Asien-Reisen und wie sehr diese an seiner Kondition nagen. Ein Geschäftsführer eines Elektronikzulieferers beklagte sich über seine ständigen Reisen zu Kunden in Japan und im Silicon Valley. Er war Anfang 40, sah aber eher wie Ende 50 aus. Selten werden solche Probleme zugegeben, jedoch sind sie bei viel reisenden Managern allgegenwärtig. Globalisierung bedeutet nun einmal, dass die Welt der Markt ist. In Verbindung mit der hohen Kundennähe, insbesondere auch der Spitzenleute, macht dies weltweite Kommunikation und Reisetätigkeit unverzichtbar. Angesichts dieser Tatsachen gewinnt der Standort im geostrategischen Rahmen eine neue Bedeutung. Der deutschsprachige Raum hat diesbezüglich einzigartige Vorteile. Abbildung 2.10 veranschaulicht dies.

Abb. 2.10: Zeitunterschiede und Reisezeiten zwischen globalen Zentren (in Stunden)

von Frankfurt nach					
	San Francisco	Tokio	Singapur	New York	Dubai
Zeitunterschied	9	7	7	6	3
Reisezeit	11	11	12	8	6
von New York nach					
	Moskau	Tokio	Singapur	Shanghai	Dubai
Zeitunterschied	8	14	13	13	9
Reisezeit	9	14	18	15	12
von Singapur nach					
	Moskau	New York	San Francisco	Dubai	London
Zeitunterschied	5	13	16	4	8
Reisezeit	11	18	17	8	14

Der deutschsprachige Raum und die angrenzenden Länder sind die einzige Region (der nördlichen Hemisphäre), in der man innerhalb etwas ausgeweiteter Bürozeiten (neun Stunden) mit ganz Eurasien (inklusive Japan) und Amerika (inklusive Westküste) kommunizieren kann. Die Ursache dafür liegt im »Dreieckscharakter« der Erde. Die eurasische Landmasse, Transatlantica (Westeuropa bis Westküste USA) und der Pazifik bilden die drei Seiten dieses Dreiecks. Westeuropa liegt genau in der Mitte der beiden »Landseiten« des Dreiecks. Demgegenüber ist es außerordentlich beschwerlich, von New York aus mit New Delhi, Hongkong, Peking, Seoul oder Tokio zu verkehren, da die Zeitdifferenz zwischen zehn und zwölf Stunden beträgt. Das Gleiche gilt selbstverständlich in umgekehrter Richtung.

Kaum besser ist die amerikanische Westküste dran. Tokio und Hongkong erreicht man von Los Angeles zwar innerhalb des Acht-Stunden-Rahmens, aber New Delhi, Moskau oder Dubai sind zwischen zehn und zwölf Stunden entfernt. Die erwähnten asynchronen Kommunikationstechnologien (Brief, Fax, E-Mail, Voicemail) mildern die Problematik der Zeitdiskrepanzen zwar ab, aber sie sind eben kein vollständiger Ersatz für synchrone, direkte zweiwegige Kommunikation wie Telefon, Videokonferenzen, Telepräsentationen mit direkter Frage- und Antwortmöglichkeit.

Der geostrategische Standortvorteil gilt in ähnlicher Weise für Reisen. Tokio wie San Francisco erreicht man von Frankfurt, Zürich oder Wien in elf Stunden. Der längste Nonstopflug geht von Newark nach Singapur und dauert 18 Stunden und 40 Minuten, eine Tortur. Aus Westeuropa kommend muss man nie den weiten Pazifik oder den Nordpol überqueren, um in wirtschaftlich bedeutsame Länder zu kommen. Im Grunde gelten die Aussagen auch für die südliche Hemisphäre, in der heute noch wenig Wirtschaftskraft konzentriert ist. Afrika liegt in der gleichen Zeitzone wie Europa. Johannesburg erreicht man von Frankfurt aus in weniger als zehn Stunden.

Diese geostrategisch einzigartige Mittellage ist ein wichtiger Faktor dafür, dass es im deutschsprachigen Raum so auffallend viele Weltmarktführer gibt. Der Weltmarkt ist von hier aus einfacher und leichter zugänglich als aus anderen Weltregionen. Man darf aufgrund dieser unveränderlichen Tatsachen erwarten, dass sich globale Unternehmen zunehmend für westeuropäische Standorte entscheiden. Bei einzelnen Personen habe ich solche Umzüge schon beobachtet. So hat ein guter Bekannter, der weltweit tätige Berater und Referent Verne Harnish, seinen Wohnsitz von der amerikanischen Ostküste nach Europa verlegt. Seine Begründung: Von hier aus könne er seinen globalen Geschäften wesentlich leichter und effizienter nachgehen. Dieser Vorteil Westeuropas kann natürlich durch eine wirtschaftsunfreundliche Politik konterkariert werden. Innerhalb Europas gelten ähnliche Überlegungen wie im globalen Maßstab. Wiederum liegt der deutschsprachige Raum im Zentrum. In höchstens zwei Flugstunden kann man in fast alle europäischen Großstädte reisen. Wer hingegen von Moskau nach Lissabon oder von Athen nach London will, muss mehr als vier Stunden einkalkulieren.

Viele deutsche Unternehmen haben die Chance der europa- und der geostrategischen Mitte offensichtlich zu ihrem Vorteil genutzt. Mit zunehmender Globalisierung wird sich der Vorteil dieser Mittellage noch stärker zeigen. Die Natur hat uns die geostrategische Mittellage geschenkt. Was wir daraus machen, liegt an uns.

Mentale Internationalisierung

Stets in der Geschichte ging internationale Geschäftstätigkeit mit einer kulturellen Horizonterweiterung der Beteiligten einher. Diese ist dabei sowohl Voraussetzung als auch Folge der Internationalisierung der Geschäfte. Solche Erfahrungen reichen zurück bis zu den Phöniziern und zu Marco Polo. Sie wurden in der Geschichte immer wieder bestätigt. Anton Fugger, dessen Handelsreich die damals bekannte Welt umspannte, sagte: »Die beste Sprache ist die Sprache des Kunden.« International erfolgreiche Unternehmer beherrschten fremde Sprachen, machten sich mit den Kulturen anderer Völker vertraut, zeichneten sich durch Urbanität aus.

Diese Anforderungen gelten heute mehr denn je. Wie gut schneiden die Unternehmen im deutschsprachigen Raum in dieser Hinsicht ab? Die Schweiz eilt allein schon aufgrund ihrer vier Landessprachen in der mental-kulturellen Internationalisierung voraus. Für Luxemburg gilt das in ähnlicher Weise. Österreich kann auf eine große Tradition kultureller und sprachlicher Vielfalt zurückblicken, obwohl viel davon im 20. Jahrhundert verloren ging. Doch auch Deutschland schneidet im Vergleich mit anderen großen Ländern nicht schlecht ab.

Bei den Fremdsprachenkenntnissen finden sich innerhalb Europas große Unterschiede, wie Abbildung 2.11 für ausgewählte Länder belegt. Die Zahlen geben an, wie viel Prozent der jeweiligen Bevölkerung die angegebene Sprache sprechen.

Bei den Englischkenntnissen außerhalb des Mutterlandes liegen Skandinavien und die Niederlande mit Abstand an der Spitze. Deutschland und Österreich belegen Mittelplätze, rangieren aber weit vor Frankreich, Italien sowie Polen. Französisch- und Deutschkenntnisse unterscheiden sich ebenfalls stark nach Ländern.

Abb. 2.11: Fremdsprachenkenntnisse in ausgewählten europäischen Ländern[26]

Land	Englisch in %	Deutsch in %	Französisch in %
England	100	9	23
Schweden	89	30	11
Niederlande	87	70	29
Belgien	59	27	48
Österreich	58	100	13
Deutschland	56	100	12
Frankreich	36	8	100
Italien	29	–	14
Polen	29	19	–

Eine geistige Grundlage der Globalisierung, deren Bedeutung man nicht unterschätzen sollte, bilden Auslandsreisen. Beim Auslandstourismus sind die Deutschen führend. Ein Vergleich mit Frankreich frappiert. Während es pro Jahr 2,7 Millionen Übernachtungen von Franzosen in Deutschland gibt, liegt die Zahl der Übernachtungen Deutscher in Frankreich bei 21 Millionen, ist also fast achtmal höher. Für viele andere Länder gelten ähnliche Verhältnisse.[27] Jemand, der Auslandserfahrung als Tourist besitzt, ist eher zu einem beruflichen Auslandseinsatz bereit als ein Arbeitnehmer, der noch nie das eigene Land verlassen hat. Wer weiß, wie schwer sich Mitarbeiter ohne jede Auslandserfahrung bei solchen Vorhaben tun, kann dies bestätigen.

Der Pool an auslandsbereiten Mitarbeitern, aus dem man in Deutschland schöpfen kann, ist vergleichsweise groß. So sagte mir schon vor vielen Jahren der inzwischen verstorbene Gründer des gleichnamigen Weltmarktführers für Straßenfräsen, Reinhard Wirtgen: »Wir brauchen immer wieder kurzfristig Teams, die wir irgendwo in der Welt einsetzen können. Wir haben heute genügend Leute, die zu solchen Einsätzen bereit sind. In kürzester Zeit kann ich ein Team zusammenstellen, egal ob das für Alaska oder für die Sahara ist. Im internationalen Vergleich ist das ein großer Wettbewerbsvorteil.« Die Krones AG, Weltmarktführer bei Flaschenabfüllanlagen, hat ständig mehrere Hundert Servicetechniker rund um die Welt im Einsatz. Selbst sehr kleine Firmen wie der Orgelbauer Klais mit 65 Mitarbeitern sind in der Lage, weltweit Projekte zu realisieren. Je nach Auftragslage ist jeder vierte oder fünfte Klais-Mitarbeiter oft für mehrere Monate irgendwo in der Welt mit dem Aufbau einer Orgel beschäftigt. Im Prozess der Globalisierung bildet das Potenzial an solchen weltweit einsetzbaren Mitarbeitern einen ständigen Engpass. Die Entwicklung dieses Potenzials kann nicht früh genug beginnen, denn sie dauert Jahre.

Eine wichtige geistige Grundlage für die Globalisierung liefern auch Auslandserfahrungen als Schüler, Student oder Praktikant. Dabei sollte man beide Richtungen beachten. 2009 studierten rund 115 500 deutsche Studenten an ausländischen Universitäten, was 6,2 % aller deutschen Studenten entspricht. Diese Zahl hat sich zwar seit 1980 fast versiebenfacht, dennoch muss man feststellen, dass nach wie vor nur ein geringer Teil der Studenten während der Studienzeit Auslandserfahrung gewinnt. Im Jahr 2010 studierten 252 000 Ausländer in Deutschland, das sind 11,4 % aller Studenten in Deutschland.[28] Diese Studenten kommen hauptsächlich aus dem europäischen und dem asiatischen Raum. Hingegen entscheiden sich Studierende aus englischsprachigen Ländern selten für deutsche Hochschulen. In Österreich und der Schweiz liegt der Anteil der ausländischen Studenten mit 21,5 bzw. 17,9 % deutlich höher. Dem entsprechen absolute Zahlen von 75 411 bzw. 37 000 Studierenden. Ausländer, die im deutschsprachigen Raum studiert und Deutsch gelernt haben, sind als Mitarbeiter für Hidden Champions hochinteressant. Hinderlich wirken sich Beschränkungen bei Arbeitsgenehmigungen aus. Denn normalerweise ist es sinnvoll, diese Anfänger zunächst für ein oder mehrere Jahre im Stammhaus zu trainieren, bevor sie in ihre Heimatländer zurückgehen.

Große Unterschiede bestehen zwischen Unternehmen in der internationalen Personalentwicklung. Das gilt auch für die Hidden Champions. Erst eine Minderheit nennt internationale Erfahrung explizit in ihren Anforderungsprofilen für Führungskräfte oder fordert diese als unverzichtbar für die Beförderung in höhere Positionen. Auslandserfahrung sollte im Zeitalter von Globalia zur Conditio sine qua non für die Beförderung in obere Ränge werden. Ich habe noch keine Firma kennen gelernt, die sich über zu viel internationales Talent beklagte, aber schon sehr viele, bei denen ein derartiger Mangel die globale Strategie massiv behinderte bzw. zu gravierenden Fehlern führte.

Globale Strategie klingt modern und gut. Doch zu ihrer Realisierung braucht man Mitarbeiter, die international denken, fühlen und handeln. Die mental-kulturelle Globalisierung ist deshalb unverzichtbare Voraussetzung für die erfolgreiche Umsetzung dieser Strategie und muss dieser – oft um Jahre – vorauseilen. Die Tatsache, dass deutsche Unternehmen in dieser Hinsicht im internationalen Vergleich gut abschneiden, ist eines der Fundamente für den Erfolg in Globalia – in der Zukunft noch mehr als in Vergangenheit und Gegenwart.

Rahmenbedingungen und Institutionen

Abschließend sei auf die allgemein günstigen Rahmenbedingungen und Institutionen in Deutschland hingewiesen. Die wichtigste Erkenntnis, die Daron Acemoglu und James D. Robinson in ihrem 2012 erschienenen Buch *Why Nations Fail* ziehen, ist, dass es auf die Institutionen ankommt.[29] Dieses Thema ist zu komplex, um in diesem Buch vertieft behandelt zu werden. Es sei nur gesagt, dass Eigentumsrechte, unabhängige Justiz, Rechtssicherheit, Abwesenheit von Korruption, ein faires Steuersystem, freie Wahlen etc. unverzichtbar für Wohlstand und internationale Wettbewerbsfähigkeit sind. Obwohl es viele Klagen über die Komplexität der deutschen Bürokratie gibt, muss man ihr im Ganzen ein Kompliment machen. Um nur ein Beispiel zu nennen: Ich habe selbst an der Gründung von Firmen in rund 20 Ländern mitgewirkt. Nirgendwo (vielleicht mit Ausnahme Singapurs) ist das einfacher als in Deutschland. In dem Buch *Die Wirtschaftstrends der Zukunft* bringe ich eine Reihe weiterer Beispiele, die die Effizienz der deutschen Bürokratie belegen.[30]

Deutschlands Zukunft in Globalia

In diesem Kapitel haben wir die Rolle Deutschlands in einer sich globalisierenden Welt primär aus der Vergangenheits- und der Gegenwartsperspektive analysiert. Die interessantere Frage lautet jedoch, wie sich die zukünftige Rolle Deutschlands in Globalia gestalten kann und gestalten sollte. Bei dieser Frage und den dahinter stehenden Herausforderungen geht es darum, die globalen Entwicklungen und die Kompetenzen Deutschlands unter einen Hut zu bringen. Diese Herausforderung wird starke Anpassungen erfordern, die jedoch eher evolutionär als revolutionär sind. Wie wir festgestellt haben, sind Deutschland und deutsche Unternehmen im globalen Wettbewerb gut aufgestellt. Unter den großen Wirtschaftsnationen, den sogenannten G-7, hat Deutschland im sogenannten Globalisierungsindex Großbritannien in 2011 überholt und ist heute das am stärksten globalisierte Land.[31] Die deutsche Fähigkeit zur Internationalisierung, die in der Vergangenheit zum Erfolg geführt hat, sollte in Zukunft ihre Gültigkeit behalten. Mit der großen

Krise nach 2007 ist Deutschland besser und schneller fertig geworden als andere Industrieländer. Die Wahrnehmung Deutschlands von außen hat sich völlig verändert. Aus dem »kranken Mann Europas« ist die »Lokomotive Europas« geworden. In diesem Kontext entwickelte sich weltweit ein starkes Interesse an der deutschen Wirtschaft und insbesondere den mittelständischen Unternehmen. Die Produktionsbasis wird nicht mehr als ein Zeichen von Rückständigkeit, sondern von Stärke gesehen. Und der kundige Beobachter der internationalen Wettbewerbsszene Peter Marsh, Korrespondent der *Financial Times*, kommt gerade in Bezug auf den deutschen Mittelstand zu dem Fazit: »Niche companies will be among the success stories as the new industrial revolution takes hold.«[32]

Die Ausgangsposition der deutschen Unternehmen ist überwiegend gut, wenn nicht sogar ausgezeichnet. Sie sind bereits stark internationalisiert, in vielen Märkten präsent und besitzen oft führende Marktpositionen. Unzweifelhaft wird der Wettbewerb, insbesondere aus Schwellenländern wie China, kompetenter und schärfer. Die vorrangige Aufgabe besteht darin, die Stärkepositionen nicht nur zu erhalten, sondern weiter auszubauen. Dies erfordert gleichzeitig die Steigerung der Leistungsfähigkeit in Deutschland und parallel dazu den Transfer von Kompetenzen in die neuen Zielmärkte. Hinzukommen muss, vor allem angesichts unserer negativen Demografie, die Gewinnung und Integration von Toptalenten aus der ganzen Welt. Hier sind Großunternehmen wie der Mittelstand gleichermaßen gefordert.

Zusammenfassung

Seit im Jahr 1986 zum ersten Mal die Exportweltmeisterschaft errungen wurde, spielt Deutschland im globalen Wettbewerb eine herausgehobene Rolle. Deutschland ist zusammen mit China der größte Profiteur der Globalisierung. Die wichtigsten Einsichten:

- Bei den Pro-Kopf-Exporten liegt Deutschland weit vor allen großen Ländern. Das gilt besonders gegenüber den USA und Japan, aber auch im Vergleich mit den westeuropäischen Nachbarn, obwohl deren geostrategische Mittellage ähnlich ist.
- Deutschland darf seine Exportstärke nicht gefährden, sondern muss weiter auf Exporte setzen. Deutsche Unternehmen sind überwiegend auf enge Märkte fokussiert, die nur bei globaler Bedienung ausreichende Volumina besitzen.

- Der deutsche Exporterfolg beruht weniger auf Großunternehmen als auf dem Mittelstand, innerhalb dessen die Hidden Champions herausragen. Deutschland hat mehr Hidden Champions als jedes andere Land. Die Schweiz, Österreich und Luxemburg haben relativ zu ihrer Bevölkerung etwa gleich viele Hidden Champions wie Deutschland.
- Die hohe Zahl deutscher Hidden Champions lässt sich aus mehreren Ursachen erklären. Dazu zählen die Kleinstaaterei des 19. Jahrhunderts, traditionelle Kompetenzen sowie die Dezentralität, die zu einer relativ gleichmäßigen Streuung dieser Firmen über das ganze Land führt.
- Weitere Ursachen für den anhaltenden deutschen Exporterfolg liegen in der hohen Reputation und Qualität deutscher Produkte (»Made in Germany«), in einer günstigen Entwicklung der Lohnstückkosten sowie in einer nach wie vor starken Produktionsbasis und dem dualen Berufsbildungssystem.
- Die geostrategische Mittellage erleichtert die Führung globaler Geschäfte vom Standort Deutschland aus (das gilt auch für andere westeuropäische Länder) und bildet einen Wettbewerbsvorteil gegenüber amerikanischen und asiatischen Standorten.
- Die mentale Internationalisierung, als wichtige Grundlage internationaler Geschäfte, ist in Deutschland weiter entwickelt als in anderen großen Ländern (jedoch nicht weiter als in kleinen Ländern!).
- Die beschriebenen Stärken und Kompetenzen Deutschlands werden ihre Bedeutung in Globalia behalten und können sogar noch wichtiger werden. Die Herausforderung besteht darin, sie mit den in Kapitel 1 aufgezeigten globalen Entwicklungslinien zu verbinden. Das erfordert nicht nur die Stärkung der Kompetenzen in Deutschland, sondern zusätzlich deren Transfer in die Zielmärkte der Zukunft.

Insgesamt ziehen wir als Fazit des vorliegenden Kapitels, dass Deutschland, sofern es gravierende Fehler vermeidet, auch im Globalia der Zukunft eine herausgehobene Rolle spielen kann. Inwieweit dies gelingt, wird nicht zuletzt von den Hidden Champions abhängen.

Anmerkungen

1 Vgl. Theodore Levitt, The Globalization of Markets, *Harvard Business Review*, Mai-Juni 1983, S. 92–102. Den Ausdruck »Globalization« gab es bereits seit 1944, und seit 1981 kam er in breiteren Gebrauch. Doch erst durch den Artikel von Levitt gelangte er in den betriebswirtschaflichen Mainstream.

2 Vgl. End of Era for Japan's Exports, *Wall Street Journal Europe*, 25. Januar 2012, S. 14.

3 Die Exporte von mehreren kleinen Ländern sind größer als deren Bruttoinlandsprodukt, da diese Länder große Mengen von Produkten exportieren, die sie zunächst importiert haben. Dies gilt zum Beispiel für Hongkong und Singapur.

4 Die Regression ergab die folgende Gleichung: Pro-Kopf-Export in Dollar = 7379 − 5,1 * Bevölkerung in Millionen. Die Gleichung erklärt etwa 24 % der Abweichungen der Pro-Kopf-Exporte durch die Größe der Bevölkerung. Der Korrelationskoeffizient zwischen Bevölkerung und Pro-Kopf-Exporten liegt bei 0,49.

5 Diese Position vertritt auch David Marsh, früherer Deutschland-Korrespondent der *Financial Times*, vgl. David Marsh, It's the exports, stupid, *Newsletter »The Bigger Picture«*, 12. Juli 2010.

6 Vgl. General Electric, Annual Report 2011, Fairfield, CT, 2012, S. 9.

7 Die Frage wird auch in der ausländischen Presse immer wieder gestellt und zu beantworten versucht. Ein typisches Beispiel ist der Artikel »What Germany Offers the World« in *The Economist*, 16. April 2012, S. 27–30. Viele dieser Beiträge zeichnen sich durch sehr partielle Erklärungen und Halbwahrheiten aus.

8 Vgl. *Fortune*, 25. Juli 2011.

9 Vgl. Claus-Peter Tiemann, Deutsche Konzerne verlieren an Gewicht, *General-Anzeiger Bonn*, 16. Januar 2012, S. 6.

10 In den letzten Jahren gab es eine Reihe von Projekten, die zum Ziel hatten, Hidden Champions in einzelnen Ländern zu identifizieren. In Japan beschäftigt sich Stefan Lippert systematisch mit diesem Thema. In 2011 wurde unter der Leitung von Danica Purg ein länderübergreifendes Projekt durchgeführt, das Hidden Champions in 19 zentral- und osteuropäischen Ländern erfasste. Marek Dietl und Melita Rant stellten die Ergebnisse im November 2011 in Wien vor und berichteten von 165 Hidden Champions in diesen Ländern. Des Weiteren wurden Hidden Champions von Onno Oldeman in den Niederlanden, von Danilo Zatta in Italien, von Stephan Guinchard in Frankreich und von Fateh ud Din in Schweden erfasst.

11 Vgl. Erich Weede, Ein Vereinigtes Europa der Narren?, *Frankfurter Allgemeine Zeitung*, 3. Februar 2012, S. 12.

12 Vgl. Peter Marsh, *The New Industrial Revolution – Consumers, Globalization and the End of Mass Production*, New Haven/London: Yale University Press 2012.

13 Lewis Mumford, *Technics and Civilisation*, London: Routledge & Kegan 1934.

14 David Landes, *The Unbound Prometheus: Technical Change and Industrial Development in Western Europe from 1750 to the Present*, Cambridge: Cambridge University Press 1969.

15 Vgl. dazu den Bestseller von Daniel Kehlmann, *Die Vermessung der Welt*, Reinbek: Rowohlt-Verlag 2005.

16 Vgl. Michael Porter, *The Competitive Advantage of Nations*, London: Macmillan 1990.

17 Vgl. Michael Porter, *The Competitive Advantage of Nations*, London: Macmillan 1990.

18 Vgl. Hermann Simon, Gewinn, Vortrag Universität Siegen, 17. November 2011, und Institut der Deutschen Wirtschaft, Köln 2012.

19 Vgl. Eine integrierte Glasfassade als Werbefront, *Frankfurter Allgemeine Zeitung*, 7. Februar 2012, S. 15.

20 End of Era for Japan's Exports, *Wall Street Journal Europe*, 25. Januar 2012, S. 14.

21 IW-Dienst Köln, Institut der Deutschen Wirtschaft, 12. Januar 2012.

22 Vgl. Deutsche Unternehmen investieren mehr als andere, *Frankfurter Allgemeine Zeitung*, 12. März 2012, S. 14.

23 Vgl. Matthias Kullas, Frankreichs Wirtschaftspolitik unter Druck, *Frankfurter Allgemeine Zeitung*, 10. April 2012, S. 12

24 Vgl. Exportplus nicht durch niedrige Löhne erkauft, *General-Anzeiger Bonn*, 17. Januar 2012, S. 6.

25 Vgl. Bertelsmann steigt in den Bildungsmarkt ein, *Frankfurter Allgemeine Zeitung*, 17. Januar 2012, S. 13.

26 Europäische Kommission, Europeans and their Languages, Brüssel: Special Eurobarometer 2006, S. 13.

27 Stand 2010, Statistisches Bundesamt Deutschland.

28 Stand 2010, Statistisches Bundesamt Deutschland.

29 Vgl. Daron Acemoglu und James D. Robinson, *Why Nations Fail – The Origins of Power, Prosperity, and Poverty*, New York: Crown Publishers 2012.

30 Vgl. Hermann Simon, *Die Wirtschaftstrends der Zukunft*, Frankfurt: Campus 2011.

31 Vgl. *Manager-Magazin online*, 27. Januar 2012.

32 Peter Marsh, *The New Industrial Revolution – Consumers, Globalization and the End of Mass Production*, New Haven/London: Yale University Press 2012, S. 118.

Kapitel 3

Hidden Champions: Wer sind sie?

In Kapitel 1 wurden die Chancen und Herausforderungen, die sich in Globalia stellen, analysiert. Kapitel 2 befasste sich sodann mit Deutschlands Rolle in dieser neuen Welt. Die Hidden Champions verbinden diese zwei Aspekte mit nachhaltigem Erfolg. Sie bilden die Speerspitze für den Aufbruch nach Globalia. Ausgehend von ihrem Ursprung in Deutschland[1] profitieren sie einerseits von den Vorteilen, die dieser Standort geostrategisch bietet, und nutzen andererseits die enormen Wachstumschancen der aufstrebenden Märkte überall in der Welt. Wer sind nun diese Hidden Champions?

Ich definiere einen Hidden Champion anhand von drei Kriterien:
1. Top-3-Unternehmen auf dem Weltmarkt oder Nr. 1 auf einem Kontinent
2. Umsatz unter 5 Milliarden Euro
3. Geringe Bekanntheit in der Öffentlichkeit

Diese drei Kriterien werden in Abbildung 3.1 näher erläutert.

Abb. 3.1: Kriterien für einen Hidden Champion

Wer ist ein Hidden Champion?
1. Top-3-Unternehmen auf dem Weltmarkt oder Nr. 1 auf einem Kontinent: Die Marktstellung wird in der Regel durch den Marktanteil definiert. Wenn ein Unternehmen seinen exakten Marktanteil nicht kennt, verwenden wir den relativen Marktanteil (= eigener Marktanteil/Marktanteil des stärksten Konkurrenten). Bezüglich der Marktanteile verlassen wir uns auf die Angaben der Unternehmen, da eine Überprüfung sämtlicher Märkte ausscheidet. Das gilt auch für die Abgrenzung der Märkte, die immer subjektive Elemente beinhaltet.
2. Umsatz unter 5 Milliarden Euro: Diese Grenze wurden von 3 Milliarden Euro in 2005 erhöht. Wir tragen damit dem Wachstum dieser Firmen seit 2005 Rechnung. Viele Firmen, die typische Hidden-Champions-Merkmale aufweisen, sind inzwischen in diese Größenordnung hineingewachsen.
3. Geringer Bekanntheitsgrad in der Öffentlichkeit: Hier handelt es sich um ein nicht exakt quantifiziertes Merkmal. Jedoch erfüllen sicherlich über 90 % der einbezogenen Firmen diese Bedingung in qualitativer Hinsicht.

Man beachte, dass wir keine untere Umsatzgrenze setzen. Dies hat den Grund, dass im Zeitalter der modernen Kommunikations- und Transportmittel selbst Kleinstunternehmen global agieren können. Diese Möglichkeit markiert einen fundamentalen Unterschied zu früheren Zeiten, in denen so etwas selten und wenig realistisch war. So hat beispielsweise die Firma Lingua-Video, die Bildungsmedien vertreibt und sechs Mitarbeiter beschäftigt, Kunden in allen Erdteilen. Per Internet, Facebook-Präsenz, Express-Logistik etc. macht es keine Probleme, diese weltweit verstreuten Kunden zu bedienen. Am oberen Ende erfassen wir mit der Umsatzgrenze von 5 Milliarden Euro Hidden Champions, die nach den üblichen Definitionen nicht mehr zu den KMU (kleinen und mittleren Unternehmen) gehören.[2] Unter den Hidden Champions finden sich zahlreiche große oder größere Mittelständler. Wichtiger als die reine Größenabgrenzung ist für uns die Tatsache, dass diese Firmen im Zuge des starken Wachstums ihre typischen Eigenschaften, Strategien oder Führungsstile beibehalten haben. Die meisten Chefs dieser groß gewordenen Firmen achten darauf, die Stärken des Mittelständlers zu erhalten. Ohne Zweifel sind Firmen mit 2, 3 oder 4 Milliarden Euro Umsatz und mehreren Tausend Mitarbeitern nach allgemeinem Verständnis Großunternehmen. Gleichwohl muss man diese Größe in globalen Relationen sehen. So erzielte 2010 das größte Unternehmen der Welt – Wal-Mart – einen Umsatz von 421,8 Milliarden Dollar, also etwa 318 Milliarden Euro.[3] Im Jahr 1995 war Mitsubishi die weltweite Nr. 1 mit einem Umsatz von 184 Milliarden Dollar oder nach heutigem Wechselkurs 144 Milliarden Euro. Selbst die kleinste Firma in der Fortune-Global-500-Liste kam 2010 auf einen Umsatz von über 19,5 Milliarden Dollar oder 15,2 Milliarden Euro.[4] Im Jahr 2010 war in Deutschland Volkswagen mit einem Umsatz von 168 Milliarden Euro das größte Unternehmen. Porsche rangierte 2010 auf Platz 80 in Deutschland und erzielte einen Umsatz von 9,3 Milliarden Euro, war also fast doppelt so groß wie unsere Umsatzobergrenze für die Hidden Champions.

Die größten unserer Hidden Champions sind also große Unternehmen, die aber bei weitem nicht an die globalen Top 500 heranreichen und in Deutschland nicht zu den Top 100 zählen. Anders sieht das in Österreich und der Schweiz aus, wo Hidden Champions mit Milliardenumsätzen in entsprechenden Rängen auftauchen. Entscheidend ist jedoch nicht der nationale Vergleich, sondern die Einordnung in globale Dimensionen. In diesem Maßstab sind selbst die größten Hidden Champions allenfalls als mittelgroß einzustufen.

Strukturdaten

Für die Analyse der Hidden Champions erarbeiteten wir aus sehr unterschiedlichen Quellen eine umfangreiche Wissens- und Datenbasis. Dazu gehören eine Liste der Hidden Champions, die über 25 Jahre zusammengetragen wurde, öffentlich zugängliche Informationen aus Geschäftsberichten, Broschüren, Homepages, dem elektronischen Bundesanzeiger, eine tief gehende Fragebogenerhebung sowie nicht zuletzt Hunderte von Besuchen, persönlichen Kontakten und Beratungsprojekten.[5] Die folgenden Strukturdaten beziehen sich jeweils auf unsere Stichprobe, nur für diese stehen solche detaillierten Informationen zur Verfügung. Angesichts der großen Spannweiten und heterogener Verteilungen muss man behutsam mit Mittelwerten umgehen. Sie repräsentieren immer nur einen Teil der komplexen Realität. Abbildung 3.2 gibt ausgewählte Kennzahlen wieder. Im Schnitt erzielen die Hidden Champions in unserer Stichprobe einen Umsatz von 326 Millionen Euro. Neben dem Mittelwert ist die Verteilung der Umsatzgrößen von Interesse. Ein Viertel der Unternehmen macht weniger als 50 Millionen Euro Umsatz, ist also im Weltmaßstab tatsächlich klein. Dennoch können auch solche Firmen echte globale Wettbewerber und Weltmarktführer sein. Die größte Kohorte von 30 % liegt umsatzmäßig zwischen 150 und 500 Millionen. Firmen in dieser Kategorie haben etwa 500 bis 2 500 Mitarbeiter, sind also typische »größere Mittelständler«. Immerhin 18 %, also auf den deutschsprachigen Raum bezogen rund 250 Unternehmen, setzen mehr als 500 Millionen Euro um.

Im Schnitt beschäftigen die Hidden Champions in der Stichprobe 2 037 Mitarbeiter. Zehn Jahre früher hatten diese Firmen erst 1 285 Beschäftigte. Dieses starke Wachstum an Arbeitsplätzen reflektiert allerdings nicht die Situation im Inland. Denn die Mehrheit der neu geschaffenen Arbeitsplätze entstand im Ausland. Es ist also keineswegs so, dass die Hidden Champions nur aus Deutschland heraus in den Rest der Welt exportieren, sondern sie bauen in den neuen Märkten Produktions- und neuerdings auch Forschungs- und Entwicklungskapazitäten auf. So werden sie zu Firmen, die überall in Globalia mit tiefen Wertschöpfungsketten zu Hause sind. Diese gravierenden Verschiebungen, vor allem in Richtung Asien, werden wir in späteren Kapiteln eingehend analysieren. Rechnet man die Zahlen aus der Stichprobe auf die Gesamtheit der Hidden Champions im deutschsprachigen Raum hoch, so ergeben sich ein kumulierter Umsatz von 893 Milliarden Euro sowie eine Gesamtmitarbeiterzahl von 5,6 Millionen. Diese Zahlen belegen, welch enormes Gewicht die Hidden Champions insgesamt für die Wirtschaft im deutschsprachigen Raum besitzen.

Abb. 3.2: Strukturdaten der Hidden Champions

Umsatz	
Mittelwert	326 Mio. €
Jahresumsatz < 50 Mio. €	25 %
Jahresumsatz 50 – 150 Mio. €	27 %
Jahresumsatz 150 – 500 Mio. €	30 %
Jahresumsatz > 500 Mio. €	18 %
Mitarbeiter	
Mittelwert	2 037
Mitarbeiterzahl < 200	22 %
Mitarbeiterzahl 200 – 1 000	32 %
Mitarbeiterzahl 1 000 – 3 000	25 %
Mitarbeiterzahl > 3 000	21 %
Alterstruktur	
Älter als 140 Jahre	17 %
100 – 109 Jahre	21 %
65 – 99 Jahre	16 %
40 – 64 Jahre	25 %
Jünger als 40 Jahre	25 %
Produktart	
Industriegut	69 %
Konsumgut	20 %
Dienstleistung	11 %
Exportquote	62 %
Eigenkapitalquote	42 %
Gesamtkapitalrendite vor Steuern	14 %

Mehr als zwei Drittel, exakt 69 %, der Hidden Champions sind im Industrie-
güterbereich tätig. Ein Fünftel befasst sich mit Konsumprodukten. Jeder
neunte Hidden Champions offeriert Dienstleistungen. Es ist demnach eine

Fehlannahme, dass Firmen aus dem deutschsprachigen Raum nur bei Maschinen und Anlagen internationale Marktführer sind. Deutschsprachige Weltmarktführer finden wir auch bei Konsumgütern (301 Firmen) und Dienstleistungen (166 Firmen) in beträchtlicher Zahl. Geht man tiefer in die Branchen, so ergibt sich folgendes Bild. Am stärksten ist, wie zu erwarten, der Maschinenbau mit 36 % vertreten. Das insgesamt zweitstärkste Segment ist mit 29 % die Gruppe »Sonstige«. Das zeigt, dass kleinere Märkte, die in der Statistik nicht gesondert als Industriesektoren ausgewiesen werden, für die Hidden Champions typisch sind. 12 % der Firmen zählen zur Elektroindustrie und 11 % zur Metallverarbeitung. Die Chemie bildet mit 7 % eine weitere wichtige Branche. Die unten folgende Beschreibung ausgewählter Hidden Champions wirft weiteres Licht auf die ausgeprägte Branchenvielfalt und -breite der Hidden Champions. Hier handelt es sich um ein hervorstechendes Merkmal der deutschen Exporte. Sie decken ein wesentlich breiteres Spektrum als die Exporte der meisten anderen Länder ab, die oft auf einzelne Sektoren konzentriert sind. So entfällt ein Großteil der japanischen Ausfuhren auf Autos und Konsumelektronik, ähnlich sieht es in Korea aus, wobei dort Schiffe hinzukommen. In den USA und Russland machen Waffenlieferungen große Einzelpositionen in den Exporten aus.[6] In nicht wenigen Ländern beobachtet man eine Konzentration auf Rohstoffe wie etwa in Russland (Gas, Öl), den arabischen Ländern (Öl) oder Australien (Bergbau). Die deutsche Exportindustrie ist demgegenüber wesentlich breiter und diversifizierter aufgestellt.

Aufmerksamkeit verdient auch die Altersstruktur der Hidden Champions. Der Medianwert des Alters, der Ausreißereffekte vermeidet, liegt bei 66 Jahren. Als ältestes Unternehmen dürfen die Schwäbischen Hüttenwerke (heute SHW AG), Weltmarktführer bei Hartgusswalzen für die Papierindustrie, gelten. Die heutige SHW AG geht auf das Jahr 1365 zurück. Ebenfalls sehr alt ist die Firma Achenbach Buschhütten, von der drei von vier Aluminiumwalzwerken in der Welt stammen. Die Firma wurde 1452 gegründet. Leoni, heute Weltmarktführer für automobile Kabelsysteme, wurde in Nürnberg 1591 von dem Franzosen Anthoni Fournier gegründet und startete als Produzent von Gold- und Silberfäden für die Schmuckindustrie. Der Weltmarktführer bei hydraulischen Hebezeugen, die Firma J. D. Neuhaus aus Witten, geht auf das Jahr 1745 zurück. So ließe sich die Liste sehr alter Hidden Champions fortsetzen. Auch innerhalb ihrer Branche erweisen sich die Hidden Champions oft als Überlebenskünstler. So gab es in Deutschland 1989 noch 20 Hersteller von Reißzwecken. Bis 2012 hat nur die Firma Gottschalk aus Arnsberg überlebt. Sie ist nicht nur Weltmarktführer, sondern der einzige Hersteller dieser Kleinartikel in Europa. Insgesamt sind 38 % der Hidden Champions 100 Jahre oder älter, ein Beleg für hohe Überlebensfähigkeit. Zum Vergleich: Von den ursprünglichen 30 Aktiengesellschaften des Dow-Jones-Indexes, der 1897 zum ersten Mal aufgestellt wurde, ist heute noch eine einzige in diesem Index, General Electric. Wir wissen nicht, wie viele Hidden Champions aus dem Jahr 1897 noch in der heutigen Liste wären. Alleine der hohe Anteil von Firmen, die mehr als 100 Jahre alt sind, legt die Vermutung nahe, dass der Prozentsatz der Überlebenden deutlich höher ist als bei Großunternehmen, eine erstaunliche Beobachtung.[7]

Beispiele für Hidden Champions

Anschaulicher als abstrakte Statistiken sind Fallbeschreibungen ausgewählter Hidden Champions. Obwohl uns ihre Erzeugnisse ständig umgeben, haben wir von den weitaus meisten dieser Firmen nie gehört. Die folgende Auswahl vermittelt einen Eindruck von der schillernden Vielfalt, den Marktpositionen, den Besonderheiten dieser Firmen.

Flexi

Ein Unternehmen wie Flexi kann es in Deutschland eigentlich nicht geben. Flexi hat bei Rollleinen für Hunde einen Weltmarktanteil von rund 70 %, fertigt ausschließlich in einer Manufaktur in Deutschland und exportiert mehr als 90 % seiner Produkte in über 50 Länder. Alle Versuche chinesischer Konkurrenten, Flexi den Markt wegzunehmen, verliefen bisher im Sande. Im Gegenteil, Flexi greift in Asien mit voller Kraft an, der Vormarsch nach Globalia geht weiter. Bis 2020 soll der Umsatz von heute rund 50 Millionen auf 100 Millionen Euro verdoppelt werden.

Utsch

Haben Sie jemals darüber nachgedacht, woher das Kennzeichen Ihres Autos stammt? Der Weltmarktführer auf diesem Gebiet ist die Firma Utsch aus Siegen. Auf der Utsch-Homepage heißt es: »Lange bevor ›Globalisierung‹ zum Begriff wurde, war sie für Utsch Tagesgeschäft.« Das ist keinesfalls übertrieben. In mehr als 120 Ländern gibt es Kfz-Kennzeichen von Utsch. Mit seinen 500 Mitarbeitern und 250 Millionen Euro Umsatz ist Utsch längst in Globalia zu Hause.

Invers

Da wir gerade in Siegen sind, dem Zentrum des unscheinbaren Siegerlandes: Dort sitzt auch der Weltmarktführer für Carsharing-Systeme, die Firma Invers. Carsharing ist ein neu entstehender Markt, der durch die geänderten Mobilitätsbedürfnisse großes Zukunftspotenzial verspricht. Uwe Latsch beschäftigte sich seit Anfang der 90er Jahre mit Carsharing-Technologie. Die Firma Invers führt er heute zusammen mit Alexander Kirn. Die Systeme sind nicht nur bei führenden Carsharing-Anbietern in Europa, sondern auch in den USA und Asien, wo Invers eigene Niederlassungen unterhält, im Einsatz.

IP Labs

Vielleicht haben Sie schon einmal ein digitales Fotobuch bestellt. Die Chance ist groß, dass die bei der Zusammenstellung, Bestellung und Produktion eingesetzte Software von IP Labs stammt. Das junge Bonner Unternehmen ist Weltmarktführer auf diesem Gebiet. Von Frank Thelen und Georg Sommershof im Jahr 2003 gegründet, gehört dieser Hidden Champion heute zum japanischen Fuji-Film-Konzern, der seinerseits eine globale Führungsposition im Fotomarkt besitzt. Laut Mitgründer und Geschäftsführer Georg Sommershof gibt es in Europa praktisch keine Konkurrenz für IP Labs.

Delo

Ob im Airbag-Sensor, dem Chip auf EC-Karten oder Reisepässen – Delo-Klebstoffe haben sich, vom Verbraucher unbemerkt, in vielen Bereichen unentbehrlich gemacht. Besonders in neuen Technologien wie Smartcards nimmt Delo eine weltweit führende Stellung ein. In drei von vier Chipkarten weltweit stecken Klebstoffe von Delo.

Belfor

Belfor ist der globale Marktführer für die Sanierung von Brand-, Wasser- und Sturmschäden. Mit einer knappen Milliarde Euro Umsatz und gut 5 000 Mitarbeitern übertrifft Belfor seinen stärksten Konkurrenten um mehr als das Doppelte und ist die einzige Firma, die diese Spezialdienstleistung weltweit anbietet.

Trodat

Die Produkte dieses österreichischen Hidden Champions finden sich auf Schreibtischen in 160 Ländern. Trodat ist seit den 1960er Jahren unangefochtener Weltmarktführer bei Stempeln. Auch die Erfindung des ersten farbigen Stempels geht auf das Konto von Trodat. Die Exportquote liegt bei 98 %.

Jungbunzlauer

Wenn Sie eine Coca-Cola trinken, denken Sie vermutlich nicht an Jungbunzlauer. Dabei steckt in jeder Coca-Cola die Zitronensäure dieses Weltmarktführers österreichisch-schweizerischer Provenienz.

Temenos

Nein, Temenos ist kein griechischer Philosoph. Die Temenos Group AG wurde 1993 in der Schweiz gegründet und ist heute der weltmarktführende Anbieter von Software für Retail, Corporate, Correspondent, Universal, Private, Islamic und Community Banking sowie Microfinance. Am Firmenstammsitz in Genf und in 56 weltweiten Niederlassungen arbeiten 3 500 Beschäftigte für über 1 000 Finanzinstitute in mehr als 125 Ländern der Welt.

Isovoltaic

Die europäische Photovoltaik-Industrie hat seit 2010 ihre führende Position im Weltmarkt verloren. Doch für die österreichische Firma Isovoltaic gilt das nicht. Dieser Hidden Champion ist klarer Weltmarkt- und Technologieführer bei Rückseitenfolien für Photovoltaik-Module. Diese Folien schützen die Solarzellen vor Umwelteinflüssen und werden von allen Modulherstellern gebraucht. Mit einer eigenen Produktion in China ist Isovoltaic nahe an seinen Kunden im mittlerweile größten Markt für Solarmodule.

Gottschalk

Bedenken wir jemals, dass kleine Alltagsgegenstände wie Heftzwecken oder Büroklammern von irgendjemandem hergestellt werden müssen? Im Falle der Heftzwecken (je nach Region auch Reißzwecken, Reißnägel oder Reiß-brettstifte genannt) erledigt das Rolf Gottschalk aus Arnsberg im Sauerland. Seine Firma ist der einzige Hersteller von Heftzwecken in Europa. Und es gibt nur einen weiteren Hersteller in der ganzen Welt, eine chinesische Firma. Gottschalk und seine Mannschaft produzieren täglich 12 Millionen dieser Kleinartikel, die unter 300 verschiedenen Markennamen weltweit verkauft werden.

Ludo Fact

Ludo Fact ist ein reiner Produzent und stellt als solcher Spiele her, die von Verlagen konzipiert und vermarktet werden. In diesem Geschäft ist Ludo Fact die Nr. 1 in Europa. Die Firma ist von 34 Mitarbeitern in 1995 auf mehr als 600 heute gewachsen. Pro Tag verlassen 50 000 Gesellschaftsspiele die Produktionshallen, pro Jahr sind es 12 Millionen – mit stark wachsender Tendenz, im Laufe von 2012 wird die Tageskapazität auf 75 000 Spiele er-höht.

Gartner

Es werden immer mehr Hochhäuser gebaut. Wer realisiert die Fassaden für solche gigantischen Wolkenkratzer? Im Zweifelsfalle die Firma Josef Gart-ner aus Gundelfingen im Schwäbischen, denn Gartner ist für solche Jobs die unbestrittene Nr. 1 in der Welt. Gartner testet die Fassadenelemente mit ei-nem Düsentriebwerk auf Sturmfestigkeit. Da dürfte es nicht überraschen, dass auch das höchste Gebäude der Welt, das »Burj Chalifa« in Dubai, ge-nauso wie der vorherige Rekordhalter, das »Taipei 101« in Taiwan (101 steht für die Zahl der Stockwerke), mit Fassaden von Gartner ausgerüstet sind.

Baader

In Island heißt ein qualifizierter Mechaniker »Baader-Man«. Dies liegt da-ran, dass er im Zweifelsfalle an Baader-Systemen ausgebildet wurde. Auch in Wladiwostok hat man keine Probleme, Produkte und Services von Baader zu bekommen. Baader ist der mit Abstand führende Anbieter von Fischver-arbeitungsanlagen und hat einen Weltmarktanteil von 80 %.

Arnold & Richter, Sachtler

Ein Bekannter, der mit dem Hidden-Champions-Konzept vertraut war, begleitete mich durch Tokio. Wir trafen auf ein professionelles Filmteam. Spontan sagte ich zu meinem Begleiter: »Ich zeige Ihnen jetzt einmal zwei deutsche Hidden-Champions-Produkte in Aktion – mitten in Tokio.« Ohne zu zögern ging ich auf den Kameramann zu, natürlich hatte er eine ARRI-Kamera und ein Sachtler-Stativ, er war eben ein Profi. Beide Firmen sind Weltmarktführer und für ihre Produkte mit zahlreichen Oscars ausgezeichnet worden.

Smiths Heimann

Höchstwahrscheinlich sind Sie und Ihr Gepäck schon einmal von den Geräten der Firma Smiths Heimann durchleuchtet worden. Dieses Wiesbadener Unternehmen ist Weltmarktführer bei Röntgenapparaten für Gepäck und Fracht. In mehr als 150 Ländern identifizieren die Apparate von Smiths Heimann Rauschgift, Waffen oder Sprengstoff und sorgen so für mehr Sicherheit im Flugverkehr. Zum Programm zählen auch Geräte für Poststellen, riesige Apparate zur Durchleuchtung von Lastwagen und mobile Systeme für Zollbehörden.

IREKS

Sie kennen IREKS nicht? Dann sind Sie kein Bäcker. Diese 1856 in Kulmbach gegründete und bis heute dort ansässige Firma ist einer der globalen Marktführer für Backzutaten und in mehr als 90 Ländern präsent. IREKS ist auch für ungewöhnliche Kundennähe und Dienstleistungen bekannt. Die mehr als 400 Außendienstler aus 30 Nationen sind alle Bäcker- oder Konditormeister. Das schafft Kundennähe.

Igus

Igus ist gleich zweifacher Marktführer, nämlich bei Gleitlagern aus Kunststoff und bei sogenannten Energieketten. Aus den 40 Mitarbeitern des Jahres 1985 sind inzwischen 1 900 geworden, die über die ganze Welt verteilt arbeiten. Dieser Hidden Champion ist hoch innovativ und entwickelt mehr als 2 000 neue Produkte und Produktvarianten pro Jahr.

Verlag Aenne Burda

Burda Mode kennt jeder. Aber nur wenigen dürfte bewusst sein, dass die Modezeitschriften und Modenschnitte des Verlags Aenne Burda in 17 Sprachen und in über 90 Ländern erscheinen und bereits seit 1961 Weltmarktführer sind.

Saria

Der Markt von Saria lässt sich nicht klar abgrenzen oder definieren. Dieses westfälische Unternehmen ist mit 800 Millionen Euro und 4000 Mitarbeitern an 110 Standorten in zehn Ländern europäischer Marktführer für die Entsorgung und Verwertung von Tier- und Lebensmittelabfällen. Die operativen Geschäfte laufen unter Namen wie ReFood (Gastronomieentsorgung), KFU (Knochen, tierische Fette, Schwarten), Schnittger (Häute und Felle), SecAnim (Tierkörperentsorgung).

Gerriets

Dieses Unternehmen stellt Theatervorhänge und Bühnenausstattungen her. Es ist der einzige Hersteller von großen Bühnenvorhängen auf der Welt, sodass der Weltmarktanteil in diesem Segment 100 % beträgt. Egal, ob Sie in der Metropolitan Opera in New York, in der Scala in Mailand oder in der Opera Bastille in Paris sitzen, die Vorhänge stammen von Gerriets.

Klais

Orgeln von Klais sind in der ganzen Welt berühmt. Die Instrumente dieses Bonner Unternehmens spielen im Dom und in der Philharmonie in Köln genauso wie im Nationaltheater in Peking, in der Kyoto Concert Hall in Japan, in Caracas, Buenos Aires, London, Brisbane, Auckland, Manila (eine Bambusorgel) oder den Petronas Twin Towers in Kuala Lumpur. Sie werden es nicht glauben: Diese weltweit tätige Firma hat gerade einmal 65 Mitarbeiter. Der Chef Philipp Klais bezeichnet seine Firma als »Bonsai-Global-Player«.

Multivac

Dieser Weltmarktführer für Vakuumverpackungsmaschinen besitzt mit seinem Kernprodukt Tiefziehmaschinen einen Weltmarktanteil von ca. 60 %. Multivac hat 65 Tochtergesellschaften und weltweit 3 400 Mitarbeiter. Die Belegschaft hat sich in den letzten zehn Jahren mehr als verdoppelt. Die Produkte werden in mehr als 140 Ländern vertrieben.

Stengel

Vermutlich sind Sie schon einmal Achterbahn gefahren. Haben Sie dabei überlegt, wer diese Achterbahnen plant und realisiert? Das ist mit ziemlicher Sicherheit, egal wo in der Welt, das Ingenieurbüro Stengel. In über 40 Jahren hat Stengel an mehr als 500 Achterbahnen für Vergnügungsparks wie Disney World, Phantasialand oder Six Flags gearbeitet.

Hillebrand

Wenn Sie chilenischen Wein in Japan genießen, werden Sie kaum auf die Idee kommen, dass er von der Firma Hillebrand aus Mainz dorthin gebracht wurde. Hillebrand, der Weltmarktführer im Transport von Wein und alkoholischen Getränken, ist mit 73 Büros in allen Weinbauregionen und relevanten Konsummärkten präsent. Im Weintransport hat Hillebrand einen Weltmarktanteil von über 50 %.

Wanzl

Wenn ich auf den Flughäfen der Welt unterwegs bin, mache ich mir einen Spaß daraus zu prüfen, von wem die Gepäckkarren stammen. In Narita, dem internationalen Flughafen von Tokio (das muss man sich auf der Zunge zergehen lassen: die Japaner kaufen ihre Gepäckkarren in Leipheim an der Donau), in Mumbai, in Mexico City, in Moskau und vielen anderen Plätzen fand ich ein Schild von Wanzl, dem deutschen Weltmarktführer nicht nur für Flughafengepäckkarren, sondern auch für Einkaufswagen. Die globale Nr. 2 bei Flughafengepäckkarren kommt ebenfalls aus Deutschland. Es ist die Firma Expresso aus Kassel.

Kleffmann Group

Erst 1990 von dem jungen Landwirt Burkhard Kleffmann gegründet, ist dieses in Lüdinghausen in Westfalen ansässige Unternehmen mittlerweile zum Weltmarktführer in der Agrarmarktforschung aufgestiegen und hat 20 eigene Auslandsbüros.

Nivarox

Von diesem schweizerischen Mittelständler haben Sie vermutlich noch nie gehört. Dabei ist die Chance hoch, dass das Regulierungsorgan in Ihrer Armbanduhr von Nivarox ist. Der Weltmarktanteil beträgt 90 %. Dazu passt Universo, der Weltmarktführer bei Uhrenzeigern, aus Chaux-de-Fonds. Wer bedenkt schon, dass jemand die winzigen Zeiger für Armbanduhren herstellen muss.

Brainlab

Brainlab bietet für die Chirurgie die gleiche Leistung, die bei Ihrer Autofahrt das Navigationssystem erbringt, nämlich ein Positionierungssystem für die Instrumente. Seit 1989 sorgt Brainlab dafür, dass chirurgische Eingriffe im Vorfeld präziser geplant und Operationen exakter durchgeführt werden. Mit über 5 000 installierten Systemen weltweit deckt dieses rasant wachsende Unternehmen 60 % des Weltmarktes ab.

Omicron

Omicron aus Taunusstein ist Weltmarktführer für Raster-Tunnel- und Raster-Sonden-Mikroskope, die in der Nanotechnologieforschung eingesetzt werden. Im Jahr 1984 von Rainer Aberer gegründet, gehört Omicron heute zur Nanotechnology Tools Division der Oxford Instruments Group, einem Weltmarktführer für Nano-Analysewerkzeuge.

EOS

Eine Technologie, die die Produktion revolutionieren dürfte, ist das sogenannte Direct Digital Manufacturing (auch 3D-Printing genannt).[8] Bei dieser hochinnovativen Methode werden aus Computerdaten dreidimensionale Produkte erzeugt. Das wichtigste dabei eingesetzte Verfahren ist das sogenannte Laser-Sintering. Weltmarktführer auf diesem Gebiet ist die 1989 von Hans J. Langer gegründete Firma EOS (steht für Electro Optical Systems). Diese Fallbeispiele von Hidden Champions vermitteln mehrere Einsichten:

- Die Produkt- und Branchenvielfalt der Hidden Champions ist extrem breit.
- Die Hidden Champions im deutschsprachigen Raum beschränken sich keineswegs auf bekannte Branchen wie Maschinenbau oder Automobilzulieferung.
- Es gibt nicht nur altbewährte Firmen, sondern es entstehen ständig neue Hidden Champions, die ganz vorne an der Innovationsfront mitspielen.

Das Angebotsspektrum der Hidden Champions spiegelt die gesamte Breite von Industriegütern, Konsumprodukten und Dienstleistungen wider. Dabei sind wir uns vieler Produkte, mit denen wir täglich umgehen, überhaupt nicht bewusst. So gibt es Hidden Champions für Knöpfe (Union Knopf in Bielefeld), Bucheinbandstoffe (Bamberger Kaliko), Metallgewebe (GKD Kufferath in Düren), zerstörungsfreie Materialprüfung (Förster in Reutlingen, Deutsch in Wuppertal, GE Inspection Technologies in Hürth bei Köln), Klimatisierung von Nutzfahrzeugen (Konvekta in Schwalmstadt), Rohkaffeehandel (Neumann-Gruppe in Hamburg), Nähnadeln (Groz-Beckert in Albstadt), Saatgut (KWS Saatgut in Einbeck), Seilspielgeräte (Berliner Seilfabrik), Aromen und Duftstoffe (Givaudan und Firmenich in der Schweiz, Symrise in Holzminden), Blumenerde (ASB Grünland in Ludwigsburg), Hühnerställe (Big Dutchman in Vechta), Hotelsoftware (Micros Fidelio in Neuss), Fliegenfänger (Aeroxon in Waiblingen), Temperiertechnik (Single in Hochdorf), Frühstückseier (Deutsche Frühstücksei in Neuenkirchen-Vörden), Reisemobile (Hymer in Wangen/Allgäu), Eiscremetruhen (Austria Haustechnik in Rottenmann, Österreich), Brikettier/Kompaktieranlagen (Koeppern in Hattingen), Rohschokolade (Barry Callebaut in Zürich), Hochleistungssportpferde (Schockemöhle in Mühlen) oder große lebende Bäume (von Ehren in Hamburg).

Der Schleier der Verborgenheit

In den letzten Jahren hat das Phänomen der Hidden Champions zunehmende Aufmerksamkeit auf sich gezogen. Wenn man heute »Hidden Champions« in Google eingibt, erscheinen mehr als 300 000 Einträge.[9] Größere mittelständische Weltmarktführer wie Trumpf, Stihl, Kärcher, Rittal, Enercon oder Claas sind heute zumindest im Fachpublikum bekannt. Dennoch können nach wie vor 90 % dieser Firmen im deutschsprachigen Raum als »hidden« gelten, die obigen Fallbeispiele werden jeden Skeptiker überzeugen. Vermutlich haben Sie keine dieser Firmen gekannt.

Woran liegt es, dass diese Firmen, die in ihren Märkten weltweit oder europaweit dominierende Marktpositionen besitzen, derart im Verborgenen bleiben? Es gibt hierfür eine Reihe von Gründen. Die häufigste Ursache liegt darin, dass die Produkte der Hidden Champions für den Verbraucher unsichtbar bleiben. Viele von ihnen operieren tief im »Hinterland« oder »Back Office« der Wertschöpfungskette, indem sie Maschinen, Komponenten, Software oder Prozesse beisteuern, die im Endprodukt oder der Enddienstleistung nicht mehr erkennbar sind, sozusagen ihre Identität oder Eigenständigkeit verlieren. Welchen Hotelgast interessiert schon, welche Software ein Hotel benutzt? Welcher normale Mensch hat je von Inertgas-Glovebox-Systemen gehört, bei denen die Firma M. Braun aus Garching Weltmarktführer ist? Wer denkt beim Kauf oder Genuss eines Getränks daran, wie das Getränk in die und das Etikett auf die Flasche kamen, folglich kennt auch kaum jemand Krones, den Weltmarktführer für Flaschenabfüllanlagen. Wer, außer Fachingenieuren, weiß, dass die Innenfläche von Zylindern in Verbrennungsmotoren nicht eben sein darf, sondern zum Zwecke optimaler Schmierung eine bestimmte Art von Unebenheit aufweisen soll, die am besten mit den Honmaschinen der Firma Gehring erzeugt wird? Oder welche Verbraucherin kümmert, woher die Düfte in ihrem Parfüm stammen? Selbst bei Konsumgütern kann der Hersteller dem Endverbraucher verborgen bleiben. So wird kaum eine Verbraucherin wissen, dass Freiberger mit einem Marktanteil von 22 % Europas größter Pizzabäcker ist. Denn die Pizzen von Freiberger werden als Handelsmarken vertrieben, der Name Freiberger taucht nicht auf. Das Gleiche gilt für Stute aus Paderborn, einen der führenden Obstsaftproduzenten und Gemüseverarbeiter Europas.

Ein weiterer Grund liegt in der Verschwiegenheit der Hidden Champions. So schrieb mir der Vorsitzende der Geschäftsführung eines überragenden Weltmarktführers, der heute Präsident eines renommierten Verbandes ist: »Jede unerwünschte öffentliche Nennung unseres Unternehmens konterkariert unser Streben, unbekannt zu bleiben.« Sein Unternehmen ist nicht gerade ein Winzling, sondern beschäftigt 7 000 Mitarbeiter. Der Geschäftsführer eines marktführenden Unternehmen der Elektronik mit etwa 10 000 Beschäftigten ließ mich wissen: »So sehr ich Ihr Engagement begrüße, so wenig verspürte ich Lust, in diese Unternehmensliga schriftstellerisch-offiziell eingereiht zu werden.« Der Vorstandssprecher einer Aktiengesellschaft aus dem Hightechsektor mit rund 5 000 Mitarbeitern erläutert: »Ihnen muss ich sicher nicht erklären, dass Hidden Champions deshalb gedeihen, weil sie ihre Erfolgsstrategien diskret behandeln.« Diese Äußerungen sind symptomatisch für viele öffentlichkeitsscheue Hidden-Champions-Chefs. Aenova, einer der größten Pharma-Auftragsfertiger mit einer Produktion von 28 Milliarden Tabletten und Kapseln pro Jahr, betont, dass die »geringe eigene Bekanntheit bewusst zum Geschäftsmodell gehöre«.[10] Auf den Packungen erscheint immer nur der Name des Auftraggebers, niemals der von Aenova. Nicht wenige Hidden Champions verfolgen explizit die Politik, sich nicht mit Journalisten, Wissenschaftlern oder sonstigen Neugierigen einzulassen. In einem persönlichen Gespräch sagte mir der Chef des Weltmarktführers für eine Schlüsselkomponente in der Schwingungsdämpfung: »Wir wollen, dass weder unsere Wettbewerber noch unsere Kunden unseren tatsächlichen Marktanteil kennen.« Und der Juniorchef eines Dienstleisters bemerkte in einem ähnlichen Gespräch: »Jahrelang haben wir an unserer Anonymität festgehalten. Dies ist sehr bequem. Niemand hat unsere Marktnische bemerkt.«

Dabei steht diese Verborgenheit in totalem Widerspruch zu den Positionen und der Überlegenheit, die die Hidden Champions in ihren Märkten besitzen. Viele dieser Firmen haben Weltmarktanteile von über 50 %, manchmal sogar 70 oder 90 %, und sind mehr als doppelt so groß wie ihre stärksten Konkurrenten. Das sind Marktpositionen, die nur wenige große multinationale Unternehmen erreichen. Und Hidden Champions hinken im Prozess der Globalisierung nicht hinterher, sondern sind dessen treibende Kräfte. Sie haben ihre Umsätze und ihre Wettbewerbsstärke massiv gesteigert. Nicht zuletzt beeindrucken die Dauerhaftigkeit und die Nachhaltigkeit, mit der sich diese mittleren und kleineren Firmen weltweit in ihren Märkten behaupten. Davon kann sich mancher Große ein Stück abschneiden.

Nur wenige Managementwissenschaftler gehen solchen langfristigen Erfolgsstrategien auf den Grund und lassen sich nicht von der Mode des Tages leiten. Der vielleicht bemerkenswerteste Forscher dieser Art ist der Amerikaner Jim Collins, der bezeichnenderweise nicht an einer der berühmten Universitäten, sondern als freier Gelehrter arbeitet. In seinem Buch *Good to Great* berichtet er von Befunden, die mit den meinen vielfach übereinstimmen.[11] Ein Beispiel für einen solchen Befund von Collins: Je weniger die Chefs nach außen auftreten und bekannt sind, desto langfristig erfolgreicher sind die Firmen. Dieser Befund wird durch eine neuere Studie von Rita McGrath zu kontinuierlich wachsenden Unternehmen, sogenannten Growth Outliers, bestätigt. »Their chief executives generally kept a low profile«, sagt McGrath.[12] Könnte es ein schlagenderes Argument für die Verschwiegenheit der Hidden Champions geben? Die Vorteile dieser Zurückhaltung gegenüber der Öffentlichkeit, der Presse und der Wissenschaft sollten nicht unterschätzt werden. Diese Haltung trägt erheblich zur Konzentration auf das eigentliche Geschäft bei. Collins spricht in diesem Zusammenhang von »Showhorses«, also Pferden, die in Shows auftreten, und von »Ploughhorses«, Pferden, die den Pflug ziehen. »Ploughhorses« verwenden wenig Zeit und Energie auf Außendarstellung und können entsprechend konzentrierter ihrer Mission nachgehen, das heißt sich ums Geschäft kümmern. Bei den Hidden Champions trifft man sehr häufig auf »Ploughhorses«.

Die beschriebene Zurückhaltung bedeutet keineswegs, dass die Hidden Champions ihren direkten Kunden nicht bestens bekannt und vertraut sind. Das Gegenteil ist der Fall. So erläuterte der Geschäftsführer eines Lebensmittelzulieferers mit 2 500 Beschäftigten: »Traditionell leben wir medial eher zurückgezogen, weil wir unsere Kraft auf die Pflege unserer Kundenbeziehungen konzentrieren wollen und uns ganz wohl dabei fühlen, dass uns sonst kaum jemand kennt.« Gegenüber ihren direkten Kunden agieren diese Marktführer also alles andere als »hidden«. In ihren jeweiligen Märkten besitzen die meisten Hidden Champions starke Marken, hohe Bekanntheitsgrade, ausgezeichnete Reputation. Oft sind sie Benchmark für die Wettbewerber.

In den letzten Jahren stellt man gleichwohl bei vielen Hidden Champions eine stärkere Öffnung fest. Dahinter stehen mehrere Ursachen. So bringen das kontinuierliche Wachstum und die fortgeschrittene Globalisierung zwangsläufig eine größere Sichtbarkeit mit sich. Der Anteil der Hidden Champions, die an der Börse notiert sind oder an denen sich Private-Equity-Investoren beteiligt haben, hat sich in den letzten 15 Jahren versechsfacht. Auch die höhere Transparenz durch Internet, eBundesanzeiger etc. laufen der Geheimnistuerei zuwider. Mit zunehmender Größe greifen die Hidden Champions zudem verstärkt auf Berater zurück. So haben wir bei Simon-Kucher in den letzten Jahren viele Hidden Champions als Klienten gewinnen können. Diesbezüglich bestand in den 1990er Jahren eine deutlich größere Zurückhaltung. Persönlich treffe ich heute bei vielen Chefs von Hidden Champions auf eine »aktive« Offenheit. Vertrauen spielt dabei eine noch größere Rolle als in Großunternehmen. Aber die Hidden-Champions-Chefs sind auch verstärkt daran interessiert, wie ihr Unternehmen im Vergleich zu anderen Firmen – nicht notwendigerweise derselben Branche – dasteht. Das setzt ihrerseits eine gewisse Öffnung voraus. Denn man erhält solche Informationen von anderen Unternehmern nur, wenn man bereit ist, sein eigenes Wissen offenzulegen.

Erfolge

Was ist Geschäftserfolg? Die Antwort auf diese Frage hängt von den Unternehmenszielen ab. Werden die gesetzten Ziele erreicht oder übererfüllt, so ist ein Unternehmen im Sinne der Zielerreichung erfolgreich. Wie sehen die Hidden Champions das selbst? Bei der Frage nach der Gesamtzufriedenheit mit den Ergebnissen der Geschäftstätigkeit in den letzten fünf Jahren kreuzten auf einer Skala, die von 1 = nicht zufrieden bis 7 = sehr zufrieden reichte, mehr als die Hälfte (52 %) die beiden höchsten Werte an. Fragt man nach der Zufriedenheit bezüglich einzelner Aspekte, so ergeben sich die Prozentsätze in Abbildung 3.3 (jeweils 6/7 auf 7er-Skala).

Abb. 3.3: Zufriedenheit bezüglich ausgewählter Aspekte

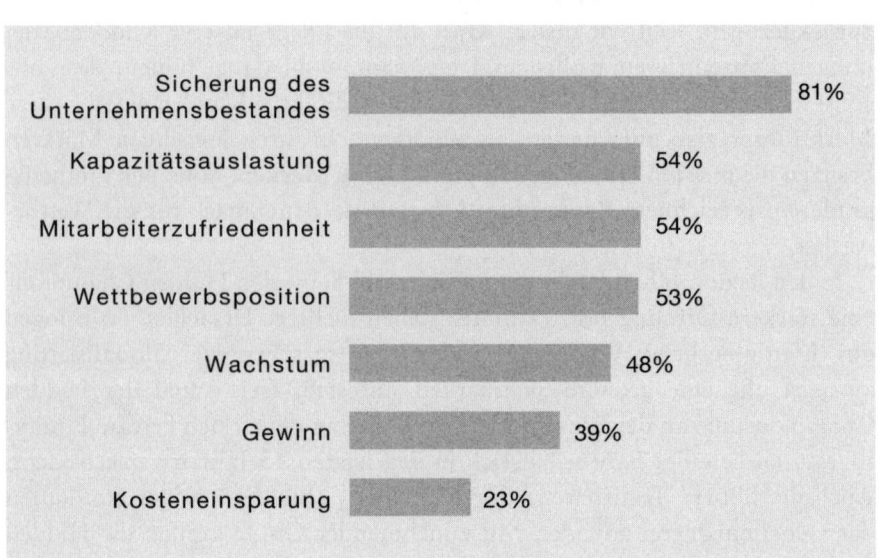

Das Bild ist differenziert. Die im Zusammenhang mit der Altersstruktur schon angesprochene Nachhaltigkeit im Sinne des Überlebens des Unternehmens scheint auf soliden Fundamenten zu stehen. Hingegen zeigen sich beim Gewinn und insbesondere den Kosteneinsparungen markant niedrigere Zufriedenheitswerte. Bei der Gewinnsituation mag die geringe Zufriedenheit erstaunen. Denn als durchschnittliche Gesamtkapitalrendite der letzten zehn Jahre nannten die Befragten 14 %. Dieser Wert liegt weit über dem Durchschnitt der deutschen Industrie.[13]

Krisen

Wie kommen Hidden Champions mit Rezessionen und Krisen zurecht? Sie scheinen mehrheitlich von Rezessionen zu profitieren. Jedenfalls vertrat gut die Hälfte der Befragten die Meinung, dass sie besser durch eine Krise kommen als die Branche insgesamt.

Dieses historische Muster hat sich auch in der schweren Krise nach 2007 bestätigt. Im Jahr 2009 erlebten viele Hidden Champions dramatische Einbrüche bei Auftragseingang und Umsatz. Bei Schmitz Cargobull, dem europäischen Marktführer für Sattelauflieger, brach der Umsatz im Jahr 2009 um 66 % ein. Bei Hermle, einem führenden Hersteller von Bearbeitungszentren, waren es 54 %, beim Dieselaggregatehersteller Deutz 53 %. Bei dem führenden Roboterhersteller Kuka fiel der Umsatz von 1,28 Milliarden Euro in 2008 auf 903 Millionen Euro in 2009. Selbst im Jahr 2010 lag der Umsatz noch 16 % unter dem Wert von 2008. Sogar bei einem so erfolgsverwöhnten Hidden Champion wie Trumpf ging der Umsatz im Krisenjahr 2009 von 2,1 auf 1,3 Milliarden Euro, also um 38 %, zurück. Der weltgrößte Pressenhersteller Schuler meldete von 2007/08 auf 2009/10 einen Absturz von 33 %. Und ähnlich erging es zahllosen anderen. Trotz dieser katastrophalen Einbrüche haben die meisten Hidden Champions die Krise dank schneller und entschlossener Reaktionen einigermaßen unbeschadet überstanden. Kurzarbeit, Sonderurlaube und ähnliche Anpassungsmaßnahmen wurden in aller Welt bewundert und oft sogar als Modelllösungen für krisenhafte Entwicklungen übernommen. Als beispielhaft gilt das System von Trumpf. Auf dem Höhepunkt der Krise erklärte mir Dr. Nicola Leibinger-Kammüller, dass alles getan werde, die Kosten zu senken, ohne dabei Mitarbeiter zu verlieren. »Wenn Spezialisten einmal weg sind, sind sie weg.« Die Strategie zahlte sich aus, denn Trumpf konnte nach der Überwindung der Krise wieder voll durchstarten und gewann sogar Marktanteile hinzu. Im Geschäftsjahr 2010/11 erreichte der Umsatz mit 2,0 Milliarden Euro fast wieder das Vorkrisenniveau.

Die Krise nach 2007 traf diejenigen Unternehmen, die an zyklische Branchen liefern, besonders stark. Meistens handelt es sich dabei um sogenannte Postponables, also Produkte, deren Kauf aufgeschoben werden kann. Dazu zählen Maschinen, Anlagen, Autos, Haushaltsgeräte, generell langlebige Gebrauchsgüter. Anders als bei Lebensmitteln oder Pharmazeutika können die Kunden hier den Kauf verzögern und das alte Produkt länger als ursprünglich geplant nutzen. Eine Lehre aus dieser Einsicht ist, sich unabhängiger von zyklischen Branchen zu machen. So sieht der CEO von Kuka, Till Reuter, die Verringerung der Abhängigkeit von der Autoindustrie, auf die 70 %

des Kuka-Umsatzes entfallen, als zentrale Aufgabe für die nächsten Jahre. Allerdings erweist sich eine solche Branchenverlagerung der Kunden als langwierig. Der neue Bereich Medizin- und Serviceroboter von Kuka steuerte im Geschäftsjahr 2011 erst 20 Millionen Euro oder weniger als 2 % zum Umsatz von 1,44 Milliarden Euro bei.[14]

Es ist erstaunlich, wie gut viele Hidden Champions kapitalmäßig durch die Krise gekommen sind. Ab Februar 2010 sprach ich persönlich mit zahlreichen Hidden-Champions-Chefs über eine Eigenkapitalzufuhr in dreistelliger Millionenhöhe. Ich hatte erwartet, dass eine solche Kapitalstärkung bei vielen benötigt würde. Das war jedoch oft nicht der Fall. Aufgrund der hohen Eigenkapitalquote kamen die meisten Hidden Champions nicht in Kapitalnot. Es gab allerdings auch Ausnahmen. So verlor die Firma Behr im Zuge der Krise ihre Eigenständigkeit und wurde von dem Kolbenhersteller Mahle übernommen. Andere Opfer der Krise waren beispielsweise Edscha, ein führender Hersteller von Scharnieren für die Automobilindustrie. Auch die Übernahme von Putzmeister durch Sany hätte es ohne die Krise vermutlich nicht gegeben.

Es gibt aber auch Hidden Champions, denen die Krise wenig anhaben konnte, die antizyklisch reagierten und die Rezession sogar zur Stärkung ihrer Marktposition nutzten. Ein Beispiel ist die Firma Liqui Moly aus Ulm, einer der führenden Hersteller von Schmierstoffen, der nicht zu einem der großen Ölkonzerne gehört. Liqui Moly vertreibt seine Produkte in mehr als 90 Ländern. Als Maßnahme gegen den Nachfrageeinbruch wurden die Vertriebsmannschaft zwischen 2007 und 2011 um 26 % aufgestockt und das Werbebudget erhöht. Die Wettbewerber taten genau das Gegenteil, indem sie ihre Verkaufsanstrengungen reduzierten, um Kosten einzusparen, und sich aus Teilmärkten zurückzogen. Diese Chancen nutzte Liqui Moly. Durch das antizyklische Marketing gelang es sogar, den Umsatz in 2009 leicht zu steigern und in den Folgejahren kräftig zuzulegen. Während viele Firmen auch in 2010 noch nicht wieder das Vorkrisenniveau von 2007/08 erreichten, konnte Liqui Moly im Umsatz von 2007 auf 2010 um 38 % zulegen und seinen Marktanteil deutlich steigern.

Marktanteile werden nicht in guten Zeiten, sondern in schwierigen Marktphasen neu verteilt. Wenn es eng wird, gehen die schwächeren Wettbewerber in die Knie. Das ist dann die Chance für die Mutigeren und Stärkeren, ihre Marktposition auszubauen. Wenn es gut läuft, kommen hingegen alle zurecht, und die Marktanteile verändern sich kaum. Dieses Muster hat Ähnlichkeit mit der von dem Evolutionsforscher Stephen Jay Gould propagierten Hypothese, dass die Evolution nicht gleichmäßig, sondern in Sprüngen abläuft (sogenannte »Punctuated equilibria«-These).[15] Es gibt lange Phasen mit geringen Veränderungen, gefolgt von kurzen Zeiträumen mit abruptem Wandel. Diese Hypothese trifft vermutlich auf Märkte allgemein und die Hidden Champions speziell zu. So bejaht eine Mehrheit der Befragten, dass die Entwicklung ihres Unternehmens in deutlichen Sprüngen verlief.

Bei meinen Hidden-Champions-Vorträgen in der ganzen Welt bin ich oft gefragt worden, wie viele dieser Firmen nicht überlebt haben bzw. untergegangen sind. Diese Frage kann ich nicht schlüssig beantworten, da sich meine eigene Forschung stets nur auf existierende Hidden Champions, also solche, die überlebt haben, bezog. In meiner ersten Studie Mitte der 1990er Jahre umfasste meine Liste 457 deutsche Hidden Champions. Von diesen haben bis heute einige nicht überlebt, ohne dass ich dazu einen vollständigen Überblick besitze. So geriet die Firma Held, ein führender Hersteller von Pressen für Spanplatten, vermutlich wegen Führungsfehlern in die Insolvenz. Bei Clean Concept, einem neuartigen berührungsfreien Toilettensystem, scheint es Betrugsmanöver gegeben zu haben. Der Fall Flowtex wurde durch einen in der Öffentlichkeit stark beachteten Gerichtsprozess bekannt. Ein Großteil der Erdbohrmaschinen von Flowtex war vorgegaukelt und existierte überhaupt nicht. Die Firma Germina, ein Kind der früheren DDR, überlebte den Übergang in die Marktwirtschaft nicht in der ursprünglichen Form. Germina war früher Weltmarktführer bei Hochleistungslanglaufskiern und ist heute im Wesentlichen ein Handelsunternehmen. Die Firma Goebel, Hersteller der berühmten Hummel-Figuren, galt einst als Hidden Champion. Aufgrund des sich kontinuierlich verschlechternden Absatzes der Hummel-Figuren musste 2006 der Insolvenzantrag gestellt werden. Goebel wurde im Frühjahr 2007 von amerikanischen Investoren übernommen und wird weitergeführt. Die Firma Reflecta, früher Weltmarktführer bei Diaprojektoren, existiert nur noch als Handelsunternehmen. Dies ist ein typisches Beispiel für die Gefahren eines Technologieumbruchs. Die optisch-mechanischen Diaprojektoren sind im Zeitalter der Digitalfotografie durch Beamer und Computer mit den Kerntechnologien Elektronik und Software ersetzt worden. Und auch im Zuge der Krise nach 2007 sind, wie bereits aufgeführt, einige Hidden Champions auf der Strecke geblieben.

Eine der größten Gefahren für erfolgreiche Unternehmen und Marktführer ist die Selbstüberschätzung. Der folgende Fall aus dem Anlagenbau beleuchtet eine dramatische Entwicklung. Im Zeitraum 1985 bis 2000 konnte die norddeutsche Firma Nordtec (Name anonymisiert) ihren Weltmarktanteil von 25 auf 75 % steigern. Der Eigentümer sprach von seinem Unternehmen als »Selbstläufer« und trennte sich von dem Manager, der die positive Entwicklung maßgeblich gesteuert hatte. Dieser Manager übernahm eine schwächere Firma aus Nordrhein-Westfalen, die wir hier Westtec nennen, innovierte sehr stark und verdrängte Nordtec bereits nach sechs Jahren aus der Spitzenposition. Ein Branchenkenner kommentiert dazu[16]: »Die Selbstüberschätzung und Einordnung von Nordtec als Selbstläufer, die Vernachlässigung technischer Entwicklungen, die totale Verliebtheit in die und das Nichtinfragestellen der Stärken der Vergangenheit haben dazu geführt, dass Westtec, obwohl anfangs finanziell schwach und auch nicht mit dem stärksten Management versehen, einen Turnaround vom Konkurskandidaten zum Weltmarktführer geschafft hat – das Ganze in sechs Jahren. Westtec hat vor allem wegen der Fehler von Nordtec gewonnen, weil sich die Nordtec-Leute einfach selbst überschätzt und den Gegner unterschätzt haben.« Gegen solche menschlichen Schwächen sind selbst Eigentümer und Manager von Hidden Champions nicht gefeit.

Einige Hidden Champions sind nach Übernahme durch Private-Equity-Investoren wegen Überschuldung ins Gerede oder an den Rand der Insolvenz geraten. Brokat, ein in der ersten Internetphase sehr erfolgreiches Unternehmen, verschwand mit dem Platzen der Internetblase. Biodata, ein Spezialist für IT-Sicherheit, rutschte ebenfalls in die Insolvenz. Andere wie Intershop sanken in die Bedeutungslosigkeit ab. Nach 2011 scheiterten zahlreiche Photovoltaik-Unternehmen wie Q-Cells, Solon oder Solar Millenium, die wenige Jahre vorher noch Hidden-Champions-Positionen besaßen. Ich habe keinen systematischen Überblick, wie viele Hidden Champions im Laufe der 25 Jahre, seit denen ich diese Firmen näher beobachte, untergegangen sind. Meine Schätzung ist, dass etwa 1 % pro Jahr scheitert. Das sind zwar über 25 Jahre gerechnet ein Viertel, aber das ist ein sehr niedriger Prozentsatz. Die Ausfallrate bei Großunternehmen ist deutlich höher. Betrachtet man die Jahre seit 1988, in denen es den DAX gibt, dann sind viele Namen wie Hoechst, Metallgesellschaft, Karstadt, Dresdner Bank, Feldmühle Nobel, Deutsche Babcock, Nixdorf, Mannesmann, Hypo Real Estate, Schering und weitere aus diesem Index verschwunden, manche davon sind untergegangen, andere wurden übernommen oder fusioniert, jedenfalls haben sie ihre Eigenständigkeit verloren. Im Vergleich dazu erscheinen die Hidden Champions als die zäheren Überlebenskünstler.

Dennoch möchte ich mit Nachdruck betonen, dass die Hidden Champions keine Wunderunternehmen sind. Sie sind nicht immun gegen Krisen oder gegen Angriffe besserer Konkurrenten. Sie müssen sich wie jede normale Firma täglich im Wettbewerb behaupten. Sie sind, beispielsweise als Zulieferer, enormem Druck ausgesetzt. Diese Gegebenheiten reflektieren sich in den Aussagen vieler Gesprächspartner. Die weitaus meisten betonen, dass ihre Wettbewerber stark sind, dass ihr eigener Erfolg nicht auf einer

Zauberformel beruht, sondern darauf, dass sie viele kleine Dinge ein wenig besser und mit höherer Konsequenz tun. Theodore Levitt hat das einmal wie folgt ausgedrückt: »Kontinuierlicher Erfolg ist hauptsächlich eine Angelegenheit, sich regelmäßig auf die richtigen Dinge zu konzentrieren und täglich zahlreiche unspektakuläre, kleine Verbesserungen durchzusetzen.«[17] Die meisten Hidden-Champions-Chefs dürften dieser Aussage zustimmen.

Der Leserin und dem Leser sei geraten, die Ausführungen in diesem Buch nicht als simplizistische Erfolgsformeln im Sinne eines Kochrezepts zu interpretieren. Prüfen Sie stattdessen kritisch, welche Beobachtungen, Erfahrungen und Bedingungen sich auf Ihre spezifische Situation übertragen lassen – und welche nicht. Nehmen Sie alles mit Vorsicht zur Kenntnis und bleiben Sie skeptisch. Für mich selbst kann ich nur sagen, dass ich von den Hidden Champions sehr viel für den Aufbau und die Führung von Simon-Kucher & Partners gelernt habe. Wir haben die Hidden-Champions-Strategie mit Konsequenz umgesetzt und sind auf diese Weise Weltmarktführer in der Preisberatung geworden. In diesem Sinne verdanken wir den Erfolg von Simon-Kucher & Partners auch den Hidden Champions.

Lernen von den Hidden Champions

Große Unternehmen werden ständig von Wissenschaftlern, Analysten, Aktionären oder Journalisten durchleuchtet. Demgegenüber wird die Erkenntnisquelle Hidden Champions kaum beachtet. Diese mehrere Tausend global äußerst erfolgreichen Firmen bleiben hinter einem Schleier von Unscheinbarkeit, Unsichtbarkeit und teilweise bewusster Verschwiegenheit versteckt. Jede Führungskraft und jedes Unternehmen sollte bemüht sein, von anderen erfolgreichen Firmen zu lernen. Bisher ist dieser Prozess im Wesentlichen eine Einbahnstraße, die von großen bekannten Unternehmen zu mittleren und kleinen Firmen führt – so als könne man nur von den Großen lernen. Fallstudien, Zeitungsberichte, Fernsehreports, Erfolge und Skandale betreffen fast immer große Firmen. Meine Schätzung ist, dass sich mehr als 80 % aller Fallstudien, die von Business Schools eingesetzt werden, mit großen oder spektakulären Unternehmen befassen. Ähnliches gilt für die Presse, wie Abbildung 3.4 belegt. Dieser Analyse liegen 32 116 Berichte in fünf führenden deutschen Medien zugrunde.[18]

Es wird Zeit, den Lernprozess umzukehren. Selbst große Unternehmen können sehr wohl und sehr viel von den Hidden Champions lernen. In meiner jahrelangen Zusammenarbeit mit großen Firmen habe ich festgestellt,

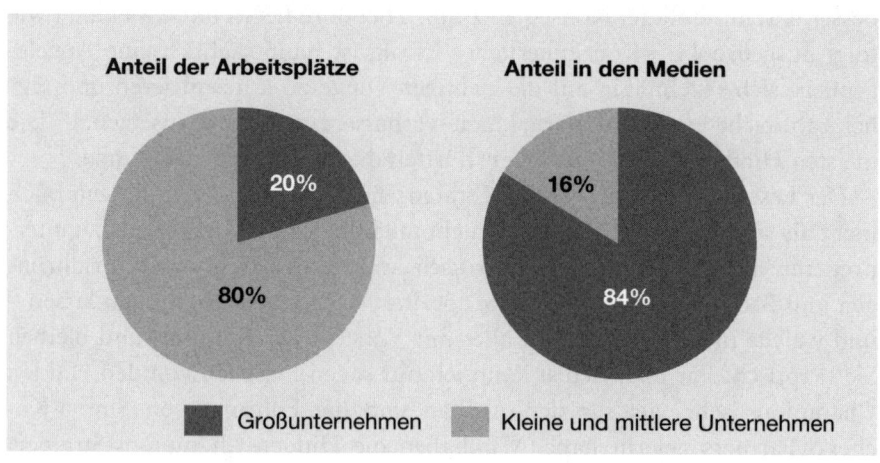

dass die Strategien und die Erfahrungen der Hidden Champions oft engagierte Diskussionen auslösten und zu konkreten Verbesserungen führten. Wir haben in den letzten Jahren erfahren, dass typische Verhaltensweisen von Hidden Champions wie Fokussierung, Rückbesinnung auf das Kerngeschäft, Kundennähe oder Mitarbeiterloyalität verstärkte Beachtung finden. Aus diesem Geiste entstand nicht selten eine radikale Neuaufstellung von Großunternehmen, sodass sie den Hidden Champions ähnlicher wurden. Dennoch gibt es nach wie vor für viele Firmen erhebliche Verbesserungspotenziale, bei deren Hebung die Strategien und Konzepte der Hidden Champions hilfreich sein können.

Selbstverständlich können auch mittelständische Unternehmen, die weniger erfolgreich sind, von den Hidden Champions lernen. Sie sollten ihre eigenen Strategien mit denen der Hidden Champions vergleichen und feststellen, wo die Unterschiede liegen. Daraus lassen sich dann konkrete Maßnahmen ableiten. Solche Benchmarking-Prozesse vermitteln nicht nur neue Einsichten, sondern erleichtern auch die Umsetzung, da nicht theoretisch mögliche, sondern bewährte Gegebenheiten als Vergleichsmaßstab genutzt werden.

Nicht zuletzt können junge Leute eine Menge von den Hidden Champions lernen. Bisher richtet sich die Bewunderung der meisten Hochschulabsolventen auf Großunternehmen. Dies hat mit eingeschränkter Kenntnis der wirtschaftlichen Realitäten zu tun, mit einer überbetonten Wahrnehmung bekannter Marken und mit der Anerkennung durch die Peergroup. Doch der Realität werden solche Wahrnehmungen und die daraus abgeleiteten Präferenzen für Arbeitgeber nicht gerecht. Hidden Champions sind als Arbeitgeber sehr attraktiv. Aufgrund der Fokussierung und geringeren Größe lässt sich das Unternehmen leichter überschauen, man kommt schneller in echte Verantwortung. Das starke Wachstum befördert die persönliche Karriere. Schließlich bieten Hidden Champions aufgrund ihrer globalen Präsenz interessante internationale Perspektiven. Im Vergleich zu früher hat sich der Schleier über den Hidden Champions teilweise gehoben, doch sie vermitteln uns nach wie vor viele wenig bekannte, wertvolle Lehren.

Ziele dieses Buches

Mein erster Titel zu den Hidden Champions erschien 1996, der zweite im Jahr 2007.[19] Seither hat sich die Welt fundamental verändert, und zwar nicht nur durch die große Krise, die 2007 begann und deren Folgen bis heute nicht ausgestanden sind. Der Krise ebenbürtig sind andere Veränderungen, die sich in Globalia vollzogen haben. Dazu zählen der rasante Aufstieg der Schwellenländer, allen voran Chinas, das weitere Wachstum der Weltbevölkerung mit dem Durchbrechen der 7-Milliarden-Grenze im Herbst 2011, die fortschreitende Internet-Revolution, die Liberalisierung des Welthandels sowie die sich verschärfenden Umweltprobleme. All diese Entwicklungen bringen neuartige Herausforderungen, eröffnen aber auch ungeahnte Chancen für die Hidden Champions.

Es ist Zeit, das Hidden-Champions-Buch zu aktualisieren und in wesentlichen Teilen neu zu schreiben. Um was geht es? Es geht um ein besseres Verständnis, warum die Hidden Champions so erfolgreich sind, seit langem und offensichtlich auch gerade in einer Phase großer Krisen und sich beschleunigender Globalisierung. Sie befinden sich im entschlossenen Aufbruch nach Globalia. Wir können viel von ihnen lernen. Was hat sich in der zunehmend globalisierten Welt geändert? Welche Strategien und Führungsmethoden erzeugen nachhaltigen Erfolg? Wie passen sie ihre Strategien den neuen Realitäten an? Ausgewählte Fragen, die wir in den folgenden Kapiteln aufgreifen, sind:

- Wie erreichen die Hidden Champions ihr beeindruckendes Wachstum? Welche Visionen stehen dahinter? Wie werden diese kommuniziert und umgesetzt?
- Wie führen sie ihre Märkte? Was heißt Weltmarktführerschaft? Geht es nur um den größten Marktanteil oder steckt mehr dahinter? In diesen Kontext gehört auch die Frage, wie die Hidden Champions ihre Märkte definieren.

- Welche Rolle spielen Fokus und Konzentration? Wie behandeln die Hidden Champions bei Marktsättigung und gleichzeitig hohen Marktanteilen das Thema Diversifikation?
- Was sind die Positionen und Vorgehensweisen der Hidden Champions bezüglich Leistungsangeboten, Kundennähe, Marketing und Wettbewerb?
- Wie gehen die Hidden Champions mit den schwierigen Fragen der Fertigungs- und Wertschöpfungstiefe um? Was bedeutet Tiefe für sie?
- Wie kommen sie auf dem Weg nach Globalia voran? Wie reagieren diese vergleichsweise kleinen Firmen auf die Anforderungen wie mentale Internationalisierung und weltweite Präsenz? Wie treten sie in neue Länder ein? Wie agieren sie in den »Märkten der Zukunft«?
- Wie erreichen die Hidden Champions ihre ungewöhnliche Innovationskraft? Wie sehen ihre Innovationsprozesse aus? Wie entstehen neue Hidden Champions?
- Wie finanzieren sich die Hidden Champions? Bisher und in der Zukunft?
- Welche Organisationsformen wählen sie? Wie sehen Anpassungsmaßnahmen an die neuen globalen und marktmäßigen Konstellationen aus?
- Wie steht es um Unternehmens- und Führungskulturen? Wie inspirieren sie ihre Mitarbeiter? Wie erreichen diese Firmen die hohe Identifikation und Motivation? Wie wird Personal ausgewählt und gehalten?
- Last, but not least, werden wir uns mit den Führern der Hidden Champions auseinandersetzen. Durch welche Merkmale zeichnen sich diese Führer aus?

Ich gehe davon aus, dass der Leser nicht mit möglichst vielen Zahlen überhäuft werden möchte, sondern Einsichten gewinnen will, warum die Hidden Champions so erfolgreich sind und was man von ihnen für Globalia lernen kann. Deshalb wird weitestgehend auf Zahlenfriedhöfe und die Diskussion methodischer Aspekte verzichtet. Stattdessen konzentrieren wir uns im Interesse der Kernzielgruppe dieses Buches – Unternehmer und Manager – auf die für die Führung von Unternehmen relevanten Inhalte, Einsichten und Ergebnisse.

Zusammenfassung

Es gibt in Deutschland und im deutschsprachigen Raum zahlreiche Firmen, die hinter einer Nebelwand von Unauffälligkeit und Verschwiegenheit verborgen bleiben, obwohl sie Welt- oder Europamarktführer sind: die Hidden Champions. Mit großer Zielstrebigkeit und Ausdauer sind sie im Aufbruch nach Globalia. Doch Presse, Managementforscher und Öffentlichkeit kennen diese Firmen kaum, geschweige denn ihre Vorgehensweisen und inneren Stärken. Dabei zeigen gerade diese Unternehmen, welche Strategien und Führungsmethoden in der sich immer schneller globalisierenden Welt zu nachhaltigem Erfolg führen. Wie wir in diesem Buch erfahren werden, sind es vor allem bewährte Tugenden und der gesunde Menschenverstand, eher als modernistische Managementmoden und -trends.

Die Hidden Champions

- sind im deutschsprachigen Raum zahlreich und vielfältig wie nirgendwo sonst auf der Welt,
- sie besitzen in ihren Weltmärkten herausragende Marktpositionen,
- sind auf dem Wege wirklich globale Firmen geworden,
- zeichnen sich durch Produkte aus, die einzigartig und oft unauffällig sind,
- beweisen eine bemerkenswerte Überlebensfähigkeit,
- erfahren in der Öffentlichkeit nicht die Aufmerksamkeit, die sie verdienen,
- sind erfolgreich – jedoch keine Wunderunternehmen.

Von den Hidden Champions kann jeder, der sich für Management interessiert, lernen. Das gilt für kleine und mittlere Firmen, die noch nicht die herausragenden Marktanteile der Hidden Champions erreichen, aber Ambitionen haben zu wachsen und ihre Marktposition zu verstärken. Lernen können auch Manager aus Großunternehmen, die manchmal dazu neigen, kleine Firmen und Unternehmen weniger ernst zu nehmen. Herausragende Vorbilder für moderne Unternehmensführung lassen sich gerade unter den Hidden Champions finden.

Anmerkungen

1 Auch hier gilt wieder: Wenn ich von Deutschland spreche, meine ich in gleichem Sinne den deutschsprachigen Raum.
2 Es gibt keine eindeutige, allgemein anerkannte Definition von KMU, aber oft werden Umsatzgrenzen von 50 oder 100 Millionen und 250 oder 500 Mitarbeiter genannt (Europäische Kommission, U.S. Small Business Administration). Unsere Hidden-Champions-Grenzen gehen weit darüber hinaus und reflektieren damit die deutlich größeren Dimensionen des Weltmarktes.
3 Durchschnittswechselkurs für 2010: 1,3268 Dollar/Euro.

4 Vgl. Fortune Global 500, *Fortune*, 8. August 2011.

5 Die Datenbasis setzt sich im Einzelnen wie folgt zusammen:

1. Hidden-Champions-Liste: Die Liste der Hidden Champions, die über 25 Jahre zusammengetragen wurde, umfasst per Mai 2012 für Deutschland 1 307, für Österreich 116, für die Schweiz 110 und für Luxemburg 7 Einträge, für den deutschsprachigen Raum also insgesamt 1 506 Firmen. Erfasst sind Firmenname, Hauptprodukt, Umsatz, Mitarbeiterzahl, Markt (Welt oder Europa), Marktrang, absoluter und relativer Marktanteil. Allerdings stehen nicht alle Daten zur Verfügung. So halten manche Hidden Champions ihren Umsatz geheim. Insgesamt sind etwa 75 % der Zellen ausgefüllt.

2. Öffentliche Informationen: Hier ist das Internet zur wichtigsten Quelle geworden, unter anderem eBundesanzeiger, Auskunftsfirmen wie Hoppenstedt oder Creditreform, daneben Zeitungs- und Zeitschriftenartikel, Bücher etc.

3. Firmeninformationen: Hierunter fallen Geschäftsberichte, Homepages, Firmenbroschüren, Kataloge, Jubiläumsbände, Biografien etc.

4. Fragebogenerhebung, wobei der Fragebogen eine Vielzahl relevanter Aspekte wie Kennzahlen, Strategie, Führung, Marktposition ansprach. Insgesamt wurden 147 ausgefüllte Fragebögen zurückgeschickt, von diesen konnten 134 in die Auswertung einbezogen werden. Die Repräsentativität ist jedoch als gut zu beurteilen, soweit sich diese anhand der verfügbaren Kriterien beurteilen lässt. Verwendet man den Median, um Ausreißereffekte auszuschließen, so differiert dieser zwischen Gesamtliste und Stichprobe beim Umsatz nur um 1,3 % und bei der Mitarbeiterzahl nur um 1,9 %. Die Befunde aus der Stichprobe können für die Hidden Champions insgesamt als repräsentativ gelten.

5. Beratung, Besuche und Interviews: In den letzten 25 Jahren gab es Hunderte von Gelegenheiten, bei denen ich oder meine Kollegen persönliche Eindrücke von den Hidden Champions und ihren führenden Personen gewinnen konnten. Am intensivsten lernte ich diese Firmen und ihre Schlüsselpersonen im Rahmen von Beratungsprojekten kennen.

6 Es ist schwierig, zu Waffenexporten verlässliche Zahlen zu finden. Die in Zeitungen und Zeitschriften berichteten Zahlen sind nach Meinung von Experten weit unterschätzt.

7 Vgl. zur Frage des Überlebens auch Hermut Kormann, *Gibt es so etwas wie typische mittelständische Strategien, Diskussionsbeiträge Nr. 54*, Wirtschaftswissenschaftliche Fakultät, Universität Leipzig, November 2006.

8 Mark P. Mills and Julio M. Ottino, The Coming Tech-Led Boom, *The Wall Street Journal Europe*, 31. Januar 2012, S. 18.

9 Stand 15. Mai 2012.

10 Vgl. Aenova stärkt die Tablettenfertigung in Deutschland, *Frankfurter Allgemeine Zeitung*, 13. Februar 2012, S. 12.

11 Jim Collins, *Good to Great, Why Some Companies Make the Leap … and Others Don't*, New York: Harper Collins 2011; vgl. James C. Collins/Jerry I. Portas, *Built to Last, Successful Habits of Visionary Companies*, New York: Random House 1994; vgl. auch Jim Collins und Morten T. Hansen, *Great by Choice*, New York: Harper Collins 2011.

12 Rita Gunther McGrath, How the Growth Outliers Do It, *Harvard Business Review*, Januar-Februar 2012, S. 111–116.

13 Vgl. Hermann Simon, Gewinn, Working Paper, Bonn: Simon, Kucher & Partners 2012. Die durchschnittliche Umsatzrendite deutscher Unternehmen für die Jahre 2003 bis 2010 lag bei 3,3 % nach Steuern.

14 Der Vorstand von Kuka hat seine Mission noch nicht völlig erreicht, *Frankfurter Allgemeine Zeitung*, 29. März 2012, S. 14.

15 Vgl. Stephen Jay Gould, *The Structure of Evolutionary Theory*, New York: Belknap Press 2002.

16 Persönlicher Brief vom 13. April 2007.

17 Theodore Levitt, Editorial, *Harvard Business Review*, November-Dezember 1988, S. 9.

18 Wachstum D-Report 2010, Studie Media Tenor, Berlin: ACATECH 2010.

19 Das erste Buch *Hidden Champions – Lessons from 500 of the World's Best Unknown Companies*, erschien 1996 bei der Harvard Business School Press in Boston. Die deutsche Version *Die heimlichen Gewinner (Hidden Champions) – Die Erfolgsstrategien unbekannter Weltmarktführer* wurde 1997 vom Campus Verlag publiziert. Das zweite wurde unter dem Titel *Hidden Champions des 21. Jahrhnderts. Die Erfolgsstrategien unbekannter Weltmarktführer* vom Campus Verlag veröffentlicht. Die angepasste amerikanische Ausgabe erschien unter dem Titel »Hidden Champions of the 21st Century« bei Springer in New York. Insgesamt sind die Hidden Champions-Bücher in 25 Sprachen erschienen.

Kapitel 4

Kontinuierlich wachsen

Ziele spielen für Strategie und Führung eines Unternehmens eine zentrale Rolle. Effektiv kommunizierte Ziele sind der Transmissionsriemen, mit dem die Führung die Energie der Mitarbeiter mobilisiert. Die Hidden Champions verfolgen sehr ambitionierte, vor allem auf kontinuierliches Wachstum und auf Marktführerschaft ausgerichtete Ziele. Wann und wie entstehen diese Ziele? Wie werden sie inhaltlich ausgefüllt? Wie werden sie kommuniziert? Und wie erfolgreich sind die Hidden Champions in der Realisierung dieser Ziele? In den letzten zehn Jahren sind die Hidden Champions stark gewachsen. Ihre Ziele sind ausgesprochen langfristiger Art.

Am Anfang steht das Ziel

Am Anfang steht immer das Ziel. Man kann auch sagen: *die Vision.* Dazu gehören zwei Aspekte. Zum einen muss man wissen, was man in welcher Zeit erreichen will. Zum anderen bedarf es der Energie, das Ziel durchzusetzen. Erfolgreiche Unternehmer haben kühne Ziele und Visionen. In einem bestimmten Stadium ihrer Entwicklung entsteht in ihrem Inneren eine zunehmend manifester werdende Vorstellung von den langfristigen Zielen, die sie mit ihrem Unternehmen erreichen wollen. Dabei ist weniger entscheidend, ob diese Vorstellung schriftlich ausformuliert, explizit kommuniziert oder bis in letzte Detail durchdacht ist. All dies wird zu Anfang typischerweise nicht der Fall sein. Ziele und Visionen konkretisieren sich im Zuge ihrer Realisierung: Der Unternehmer lernt, er fühlt sich durch Erfolge bestätigt, oder Rückschläge zwingen ihn zu einer Anpassung seiner ursprünglichen Absichten. Misserfolge lassen ihn das Vorgehen ändern und leiten zur Vorsicht an. Erfolg und Wachstum machen den Unternehmer im Zeitablauf mutiger.

Ziele und Visionen werden so zum kraftvollen Motor unternehmerischen Denkens und Handelns. Darüber hinaus reißen visionäre Unternehmer ihre Mitmenschen mit. Um es mit Augustinus von Hippo auszudrücken: »Die Flamme, die in ihnen brennt, entzünden sie auch in anderen.« »Visionen des Chefs sind der Antrieb zum Erfolg«, heißt es bei der Wittenstein AG, einem führenden Hersteller von mechatronischen Antrieben. Visionen sind unverzichtbar, um erfolgreiche Unternehmen zu schaffen, neuen Technologien zum Marktdurchbruch zu verhelfen und die Gesellschaft als Ganzes zu verändern. Diejenigen Unternehmen, die ihre Visionen nicht nur formulieren, sondern auch realisieren, werden zu den Schumpeter'schen »kreativen Zerstörern«, denen wir den Fortschritt verdanken. Schauen wir nun zurück in die Geschichte der Hidden Champions, dann kristallisiert sich als ein erstes herausragendes Ziel das Wachstum heraus. Das Wachstumsziel dient zudem einem zweiten Ziel, nämlich dem Bestreben, im Markt der führende Anbieter zu werden und zu bleiben. Marktführerschaft ihrerseits trägt zu weiterem Wachstum bei, so ergibt sich ein Circulus virtuosus.

In den letzten Jahrzehnten sind die Hidden Champions stark und kontinuierlich gewachsen. Mit einer durchschnittlichen jährlichen Wachstumsrate von 8,8 % haben sie ihren Umsatz massiv gesteigert. Zwar gab es bei vielen Hidden Champions durch die Krise nach 2007 Rückschläge. Diese wurden jedoch in der Zwischenzeit weitgehend aufgeholt. Der langfristige Trend kontinuierlichen Wachstums scheint ungebrochen. Wir legen hierbei die Betonung auf kontinuierlich. Es ist besser, Jahr für Jahr mit einer angemessenen Rate zu wachsen, statt in wenigen Jahren exorbitantes Wachstum zu erreichen. Und wie schwierig kontinuierliches Wachstum zu realisieren ist, belegt eine neue Studie von Rita McGrath. Sie hat 2 347 Firmen über einen Zehnjahreszeitraum untersucht. Nur zehn von diesen haben es in allen zehn Jahren geschafft, mit mehr als 5 % zu wachsen.[1] Als Folge ihres kontinuierlichen Wachstums sind die Hidden Champions heute im Schnitt rund viermal so groß wie 1995. Bei einer jährlichen Wachstumsrate von 8,8 % wird aus einem Unternehmen, das 1995 einen Umsatz von 1 Milliarde Euro machte, in 2010 ein Riese mit 4 Milliarden Euro Umsatz.

Die Wachstumsstärke zeigt sich in allen Größenklassen. Zwischen der Größe des Unternehmens, gemessen am Umsatz, und der Wachstumsrate gibt es keine signifikante Korrelation.[2] Dieser Befund überrascht, da man vermuten könnte, dass die Wachstumsraten mit zunehmender Firmengröße abflachen. Diese Hypothese wird für unsere Stichprobe widerlegt. Die Wachstumskraft der Hidden Champions hängt nicht signifikant von ihrer Größe ab. Die Hauptursache dafür liegt in der enormen Ausweitung der Märkte durch die Globalisierung. Sie bewirkt, dass sich kaum Wachstumsgrenzen abzeichnen.

Das dürfte auch für die nächsten Jahrzehnte gelten. Der Bedarf der Welt für die Güter, die die Hidden Champions herstellen, ist schier unendlich.

Wie immer hat der Durchschnittswert beschränkte Aussagekraft. Gehen wir ans obere Ende der Wachstumsraten, finden wir Firmen, die heute mehr als zwanzigmal größer sind als 1995. Der IT-Dienstleister Bechtle hat seinen Umsatz in diesen 15 Jahren um das 29-fache gesteigert. Red Bull ist um den Faktor 25 gewachsen, der Windanlagenhersteller Enercon um das 24-fache. Im Zuge dieses starken Wachstums entstanden zahlreiche neue Umsatzmilliardäre. Es gibt aber auch einen geringen Anteil von Firmen, die nicht nennenswert gewachsen oder gar geschrumpft sind. Interessanterweise wachsen manche dieser »Wachstumsabstinenzler« absichtlich nicht. Wir werden weiter unten sehen, dass dies eine durchaus sinnvolle Strategie sein kann.

Betrachtet man das Wachstum der Mitarbeiterzahlen, so fällt es mit 4,7 % pro Jahr deutlich niedriger aus als dasjenige der Umsätze von 8,8 % pro Jahr. Dennoch ist der kumulative Zuwachs enorm: Die Mitarbeiterzahlen sind im Mittel um 58 % gestiegen. Auch hier zeigt sich wieder der Effekt kontinuierlichen Wachstums. Die Hidden Champions haben in großem Umfange neue Arbeitsplätze geschaffen. Allerdings findet nur ein geringerer Teil des Beschäftigungszuwachses in den Heimatmärkten Deutschland, Österreich und Schweiz statt. Die Mehrheit der neuen Arbeitsplätze entstand außerhalb des deutschsprachigen Raums. Aufgrund der Unterschiede in den Wachstumsraten ist der Umsatz pro Mitarbeiter in zehn Jahren von 110 678 Euro auf 160 039 Euro gestiegen.

Hinter der Differenz von Umsatz- und Mitarbeiterwachstum stecken mehrere Ursachen. Dazu gehören Produktivitätssteigerungen, Verlagerungen in der Wertschöpfungskette sowie Inflationseffekte. Die jährliche Produktivitätssteigerung dürfte bei gut 4 % gelegen haben. Das ist ein beachtlicher Wert, wenn man bedenkt, dass das Ausgangsniveau der Hidden Champions bereits hoch war. Offensichtlich verbessern die Hidden Champions ihre Produktivität beständig und signifikant. Die Krise hat hier einen erneuten Schub gegeben.

Die Wertschöpfungstiefe hat um etwa 10 % abgenommen. Da der Großteil der Hidden Champions im Business-to-Business-Sektor tätig ist, dürfen wir eine relativ niedrige Inflationsrate annehmen. Selbst die Hidden Champions können sich dem Preisdruck, der in vielen Zuliefermärkten herrscht (z. B. sind die Preise bei Automobilzulieferern in den letzten Jahren regelmäßig um 3 bis 5 % pro Jahr gesunken), nicht gänzlich entziehen. In unserer Stichprobe sagten 24 % der Befragten, dass ihre Preise fühlbar gefallen, und nur 13 %, dass ihre Preise fühlbar gestiegen seien. Eine deutliche Mehrheit von 63 % berichtet, dass das Preisniveau im Wesentlichen gleich geblieben sei.

Wie entstehen Big Champions?

Haben Sie sich schon einmal die Frage gestellt, wie Großunternehmen entstehen? Die Antwort ist einfach: aus mittelgroßen und kleinen Unternehmen, die über lange Zeit kontinuierlich wachsen. So sind einige unserer Hidden Champions aus dem Jahr 1995 bis 2010 weit über die Umsatzgrenze von 5 Milliarden Euro hinausgeschossen, im Sinne unserer heutigen Definition also keine »Hidden« Champions mehr. Wir nennen sie deshalb Big Champions. Überraschenderweise liegen selbst die Wachstumsraten der Big Champions keineswegs unter den Raten der kleineren Hidden Champions.

Vier Fallbeispiele illustrieren den Aufstieg einstiger Hidden Champions in die Liga der Großunternehmen. SAP, die Schaeffler Gruppe, Fresenius Medical Care und Würth waren 1995 klassische Hidden Champions mit Umsätzen in einer Größenordnung von 1 bis gut 2 Milliarden Euro. Per 2010 bewegen sich die Erlöse dieser Big Champions jenseits von 8 Milliarden Euro. Abbildung 4.1 zeigt die Umsatzentwicklung in diesem 15-Jahres-Zeitraum. Alle vier Firmen besitzen in ihren Märkten führende Positionen.

SAP und Fresenius Medical Care haben im Zuge dieser Entwicklung den Aufstieg in den DAX geschafft und gehören heute zur ersten Liga deutscher Großunternehmen. Schaeffler und Würth sind trotz ihrer Größe familienbestimmte Unternehmen geblieben.

Fresenius Medical Care profitierte gleichermaßen von der Zunahme der Zivilisationskrankheiten wie vom Fortschritt der Medizintechnik. Mit Entschiedenheit und Mut ergriff das Unternehmen die sich aus diesen Bedingungen ergebenden Wachstumschancen. Vor allem die Internationalisierung wurde mit großer Energie vorangetrieben. Akquisitionen, wie zum Beispiel diejenige der amerikanischen Renal Care, trugen entscheidend zum Wachstum bei. Die Integrationsprobleme wurden dabei mit großem Geschick bewältigt. Das Management wurde früh internationalisiert, heute sind im siebenköpfigen Vorstand von FMC vier Nationen vertreten. Auf diese Weise erreichte FMC über den 15-Jahres-Zeitraum ein durchschnittliches Wachstum von 16,7 % pro Jahr.

SAP hat den Markt für betriebliche Standardsoftware in seiner heutigen Form begründet und diesen Markt insgesamt wie die eigene Marktposition über Jahrzehnte systematisch weiterentwickelt. Dabei wurden sämtliche Wachstumspfade wie Ausdehnung der Softwarefunktionalitäten, Branchenerweiterung, Internationalisierung, Einbindung von Softwarezulieferern und in den letzten Jahren verstärkt auch Akquisitionen mit Konsequenz beschrit-

Abb. 4.1: 15 Jahre kontinuierlichen Wachstums – vom Hidden zum Big Champion

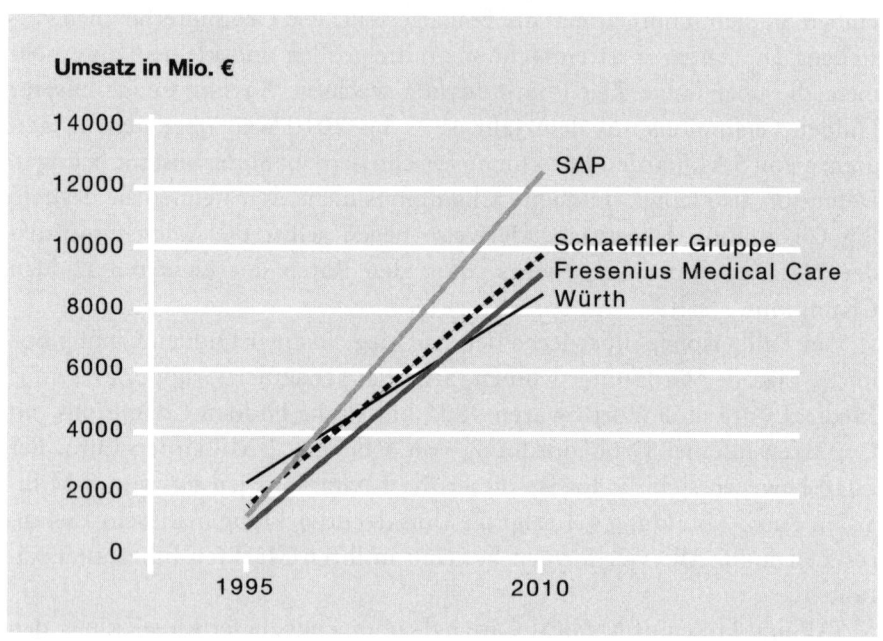

Unternehmen	Hauptprodukt	Umsatz 2010 (Mio. €)	Wachstumsrate p.a. 1995 – 2010
Fresenius Medical Care	Dialyse-Services	9 091	16,7 %
SAP	Standardsoftware	12 464	15,8 %
Schaeffler Gruppe	Wälzlager	9 495	13,1 %
Würth	Montageprodukte	8 633	9,5 %

ten. Neben zahlreichen kleineren Unternehmenskäufen wurden im Jahr 2008 die französische Firma Business Objects für 4,8 Milliarden Euro, in 2010 Sybase für 4,6 Milliarden Euro und in 2012 Success Factors für 3,4 Milliarden Dollar übernommen. Die durchschnittliche Wachstumsrate von SAP im Zeitraum 1995 bis 2010 lag bei 15,8 % pro Jahr.

Während SAP und Fresenius Medical Care in und mit neuen Märkten wuchsen, bewegen sich Schaeffler und Würth in eher traditionellen Märkten. Schaeffler wurde 1946 als Hersteller von Gleit- und Wälzlagern gegründet und profitierte über Jahrzehnte von bahnbrechenden Innovationen sowie dem Aufstieg der Autoindustrie. Später kamen bedeutende Akquisitionen wie LuK (Komplettübernahme 1999) und FAG Kugelfischer (2001) hinzu. Auch die Globalisierung erwies sich für INA Schaeffler als sehr effektiver Wachstumsmotor. Heute ist die Firma an 180 Standorten weltweit vertreten und beschäftigt 67 500 Mitarbeiter. Obwohl in einem eher traditionellen Markt tätig, erreichte Schaeffler von 1995 bis 2010 ein jährliches Wachstum von 13,1 %.

Das Hauptgeschäft von Würth umfasst alle Arten von Montageprodukten. Im deutschen Fachjargon spricht man etwas altmodisch vom »Produktionsverbindungshandel«. Würth ist in erster Linie ein auf höchste Effizienz getrimmtes Vertriebs- und Logistiksystem. Etwa 50 % der 66 000 Beschäftigten arbeiten im Vertrieb. Motivation, Incentivierung, Verkaufsziele, Multiplikation der Segmente, innovative Vertriebsmethoden wie Abholshops, E-Commerce und natürlich Globalisierung waren bei Würth die entscheidenden Wachstumstreiber. Würth wuchs im 15-Jahres-Zeitraum im Schnitt mit 9,5 % pro Jahr.

Es lohnt sich, die Wachstumsgeschichte des heutigen Big Champions Würth näher zu betrachten. Wenn man über langfristige Ziele und Visionen als Instrumente der Unternehmensführung und Treiber kontinuierlichen Wachstums spricht, dann führt kein Weg an Reinhold Würth vorbei. Wachstum bildete stets den Kern seiner Vision. Solange ich ihn kenne, und dies sind mittlerweile drei Jahrzehnte, hat Reinhold Würth nie aufgehört, die Tugend des Wachstums zu predigen. Oft vergleicht er seine Firma mit einem Baum: Solange der Baum wächst, bleibt er gesund. Stoppt das Wachstum, so beginnt der Niedergang des Baums. Würth zufolge hält nur Wachstum eine Firma jung, dynamisch, agil. Würth beließ es jedoch nie bei allgemeinen Wachstumsappellen, sondern setzte immer wieder quantitative Ziele, die zu ihrer Zeit fast unerreichbar schienen. Damit machte er seine Visionen konkret und messbar. Abbildung 4.2 zeigt, was aus den Würth'schen Visionen geworden ist.

In den ersten beiden Jahrzehnten nach 1954 bewegte sich der Umsatz auf einem Niveau, das bei der heute notwendigen Skala kaum sichtbar wird. Spektakulär ist nicht nur die erreichte Größe, sondern auch die Tatsache, dass die Firma außer in der extremen Krise 2009–10 in jedem anderen Jahr gewachsen ist. Dass es hierbei Perioden mit stärkerem und solche mit schwächerem Wachstum gab, ist nicht überraschend. So folgte auf die Periode sehr hoher Wachstumsraten in den neunziger Jahren eine »Verschnaufpause« Anfang des 21. Jahrhunderts. Wie man an den Umsatzzahlen für 2011 sieht, scheinen die alten Wachstumsgeister in jüngster Zeit wieder erwacht zu sein. Entscheidend ist die Kontinuität des Wachstums.

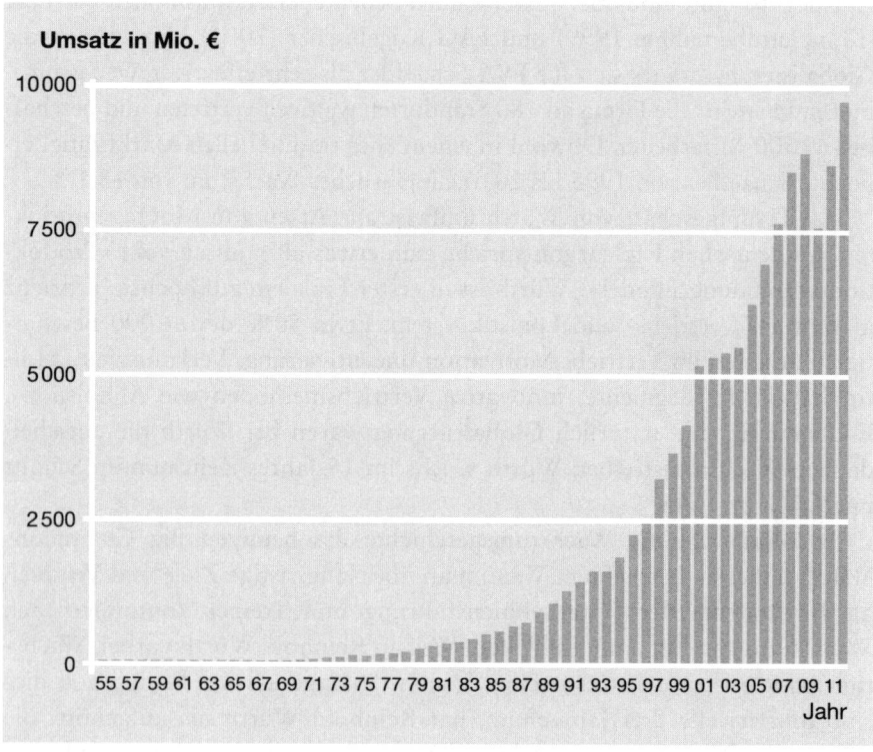

Gut dokumentiert ist, wie Reinhold Würth die Messlatte immer wieder an-hob. Im Jahre 1979 erlöste Würth 219 Millionen Euro (damals 429 Mio. DM) und forderte von seiner Mannschaft für 1986 das Durchbrechen der Umsatzgrenze von 500 Millionen Euro sowie für 1990 die Erstürmung der Umsatzmilliarde. Würth kommentierte seinerzeit: »Es ist erstaunlich, wie schnell solche Ziele ein Eigenleben entwickeln und Teil der Unternehmens-kultur werden. Die Mitarbeiter identifizieren sich mit diesen Vorgaben und tun alles, um sie zu realisieren.« Die Euro-Milliarde wurde bereits 1989 er-reicht, und Reinhold Würth zögerte keinen Augenblick, die Überschreitung der 5-Milliarden-Euro-Grenze anzupeilen – und zwar für das Jahr 2000. Anfang der neunziger Jahre kommentierte Würth diese äußerst ambitio-nierte Zielvorgabe: »Diese neue Vision wurde von den Mitarbeitern in sehr kurzer Zeit akzeptiert. Ich übertreibe nicht, wenn ich sage, dass diese neue Vision eine fast magnetische Anziehungskraft schuf.« Klaus Hendrikson, seinerzeit Chef von Würth do Brazil, merkte damals an: »Dies ist nicht län-ger eine Vision. Es ist ein klar erreichbares Ziel. Der Optimismus, dass wir diesen Umsatz erreichen können, gründet sich auf nüchterne Analysen.« Der letztgenannte Aspekt ist entscheidend, denn er bestimmt die Akzeptanz des Ziels durch die Mitarbeiter. Reinhold Würth betont, dass man nicht einfach »solch eine Vision in die Diskussion werfen kann. Man muss die Vision belegen können. Man muss alle Begrenzungen und die Mittel prüfen, den Markt, die Finanzierung, die Mitarbeiter, die Managementkapazität usw. Nur wenn man seine Hausaufgaben sorgfältig gemacht hat, sollte man solche ambitionierten Visionen und Ziele verkünden. Aber wenn die Grundlagen solide sind, wird die Vision für sich selbst sorgen.« Abbildung 4.2 demonstriert die Punktlandung. Die 5 Milliarden Umsatz wurden exakt im Jahre 2000 erreicht, wie mehr als zehn Jahre vorher avisiert.

Die heutige Führungsmannschaft, bestehend aus Bettina Würth, als Beiratsvorsitzender, und Robert Friedmann, als Sprecher der Konzernleitung, hat die Wachstumsphilosophie ebenfalls internalisiert. In der im Jahr 2010 neu formulierten »Vision 2020« werden 20 Milliarden Euro Umsatz und 100 000 Mitarbeiter für das Jahr 2020 angepeilt. Wie gesagt: Am Anfang von großen Erfolgen stehen immer Visionen und ambitiöse Ziele. Angemerkt sei, dass es Reinhold Würth nie um reines Umsatzwachstum ging. Immer wieder betonte er: »Wachstum ohne Gewinn ist tödlich.« Das Unternehmen weist für einen Händler über die Jahre eine weit überdurchschnittliche Profitabilität auf.

Die explodierende Mitte

Die Entwicklung der vier porträtierten Big Champions ist spektakulär und passt so gar nicht in das Bild, dass in Deutschland keine neuen Großunternehmen entstehen, sondern dass so etwas nur in Amerika oder Asien stattfindet. Nun könnte man meinen, diese Firmen seien die berühmte Ausnahme, die die Regel bestätigt, dass deutsche Firmen im Vergleich zu amerikanischen nicht zu den Wachstumsstars gehören, dass sie eher Arbeitsplätze abbauen und stagnieren. Doch viele mittelgroße Hidden Champions wachsen noch stärker als die soeben beschriebenen Big Champions.

Was ist die Ursache, dass diese Erfolge kaum wahrgenommen werden und folglich nicht auf die öffentliche Stimmung durchschlagen? Wie schon in früheren Kapiteln diskutiert, sind Presse und öffentliche Aufmerksamkeit einseitig auf Großunternehmen, man könnte sogar sagen auf »bekannte« Großunternehmen, ausgerichtet. Und hier muss man eingestehen, dass viele große Firmen quer durch Branchen wie Industrie, Banken, Versicherungen, Handel, Telekommunikation und Bau immer wieder den Abbau von Arbeitsplätzen vermelden. So haben die 30 DAX-Konzerne ihre Inlandsbeleg-schaften im Zeitraum 2002 bis 2006 um 3,5 % reduziert.[3] Das dürfte die Wahrnehmung der Menschen und damit die Stimmung entscheidend beein-flusst haben. Dass es unterhalb des Radarschirms der öffentlichen Aufmerk-samkeit eine große Gruppe von Firmen gab, die kontinuierlich und stark wuchsen, entging der Presse und selbst vielen Fachleuten ebenso wie Otto Normalverbraucher und Lieschen Müller. Schade ist, dass das positive Stim-mungspotenzial, das gerade in diesen Wachstumsstorys steckt, in Deutsch-land ungenutzt bleibt.

Bei den mittelgroßen Hidden Champions war in den Jahren seit 1995 ein enormes Wachstum zu beobachten, das allerdings für ein oder zwei Jahre durch die Krise unterbrochen wurde. In Abbildung 4.3 sind beispielhaft zehn Firmen aus Deutschland, Österreich und der Schweiz aufgelistet, die im Jahr 1995 deutlich weniger und im Jahr 2010 deutlich mehr als 1 Milliarde Euro Umsatz erzielten, also in diesem Zeitraum zu »Umsatzmilliardären« geworden sind. Wir schätzen, dass in diesem Zeitraum im deutschsprachi-gen Raum etwa 200 neue Milliardenunternehmen entstanden sind.[4]

Abb. 4.3: Zehn Beispiele für neue Umsatzmilliardäre

Unterneh-men	Hauptpro-dukt	Umsatz 1995 (Mio. €)	Umsatz 2010 (Mio. €)	Wachstums-rate p.a. 1995 – 2010	Wachstums-faktor 1995 – 2010
Bechtle	IT-Dienst-leistungen	59	1 720	25,2 %	29,2
Red Bull	Energy Drinks	153	3 785	23,8 %	24,7
Enercon	Windenergie-anlagen	153	3 700	23,7 %	24,2
Leoni	Autokabel	299	2 960	16,5 %	9,9
dm Droge-riemarkt	Drogeriearti-kel	980	6 170	13,1 %	6,3
Claas	Landmaschi-nen	640	2 475	9,4 %	3,9
Tognum	Dieselmo-toren	780	2 546	8,3 %	3,3
Geberit	Sanitärtech-nik	581	1 776	7,7 %	3,1
Zumtobel*	Beleuch-tungstechnik	385	1 117	7,4 %	2,9
Festo	Pneumatik	750	1 800	6,0 %	2,4

*Geschäftsjahr 2009/2010 und 1994/1995

Nicht all diese Firmen sind bei strenger Anlegung unserer Kriterien Hidden Champions, die meisten passen jedoch in das Muster. Mehr als 1 Milliarde Euro Umsatz bedeutet, egal welchen Maßstab man anlegt, eine Größenordnung, in der man von einem »großen« Unternehmen sprechen muss. Wenn in 15 Jahren so viele neue große Unternehmen entstanden sind, dann darf man dieser Kategorie von Firmen eine ungewöhnliche Wachstumsdynamik attestieren. Der Kreis schließt sich zur überragenden Exportperformance, die dieses Wachstum entscheidend antreibt.

Der mittlere Umsatz der identifizierten Wachstums-Champions stieg in nur zehn Jahren von 590,1 Millionen Euro auf 1,61 Milliarden Euro. Alleine diese Wachstums-Champions haben in einem Jahrzehnt 484 000 neue Arbeitsplätze geschaffen. Die Hidden Champions dürften insgesamt etwa eine Million neue Jobs bereitgestellt haben. Das geschah selbstverständlich nicht nur in ihren Heimatländern, sondern in der ganzen Welt. Für die Hidden Champions insgesamt sind aber immerhin 30 % der neuen Arbeitsplätze im Inland entstanden. Auch in der Zukunft werden aus den Reihen der Hidden Champions zahlreiche neue Umsatzmilliardäre hervorgehen. Die Pipeline zukünftiger Großunternehmen wird aus diesem Reservoir gespeist. Denn es gibt bei den mittelgroßen Hidden Champions keinen Mangel an ambitionierten Wachstumsstars.

Auch bei den mittelgroßen Hidden Champions wollen wir einige außergewöhnliche Wachstumsstorys näher beleuchten. Abbildung 4.4 zeigt die Umsatzentwicklung seit 1995 für den Windanlagenhersteller Enercon, den Autozulieferer Brose, Weltmarktführer bei Türsystemen für Autos, den weltführenden Kabelbaumhersteller Leoni, den Getriebeproduzenten Getrag und den Metallrecycler Cronimet. Diese fünf Firmen zeigten eine herausragende Wachstumsperformance und sind heute fünf- bis zehnmal so groß wie 1995. Sie expandieren mit ihren Märkten. Durch konsequente Innovation, Markterweiterung und Internationalisierung haben sie ihrem Wachstum zusätzliche Schubkraft verliehen.

Mit dem Slogan »Energy for the World« greift Enercon nach den globalen Wachstumschancen in der Windenergieerzeugung. Seit 1995 konnte Enercon den Umsatz von unter 200 Millionen Euro auf 3,7 Milliarden Euro in 2010 steigern. Heute beschäftigt Enercon rund 12 000 Mitarbeiter, eine beeindruckende Aufbauleistung für ein Unternehmen, das erst in den 1980er Jahren gegründet wurde. In Deutschland ist Enercon mit 60 % Marktanteil klarer Marktführer. Weltweit gilt die Firma als Technologieführer in der Windenergiebranche. Mittlerweile sind Windturbinen von Enercon in über 30 Ländern installiert. Insgesamt hat Enercon über 19 000 Windenergieanlagen mit einer Gesamtleistung von rund 26 Gigawatt ausgeliefert. Das ent-

Abb. 4.4: Wachstum ausgewählter mittelgroßer Hidden Champions

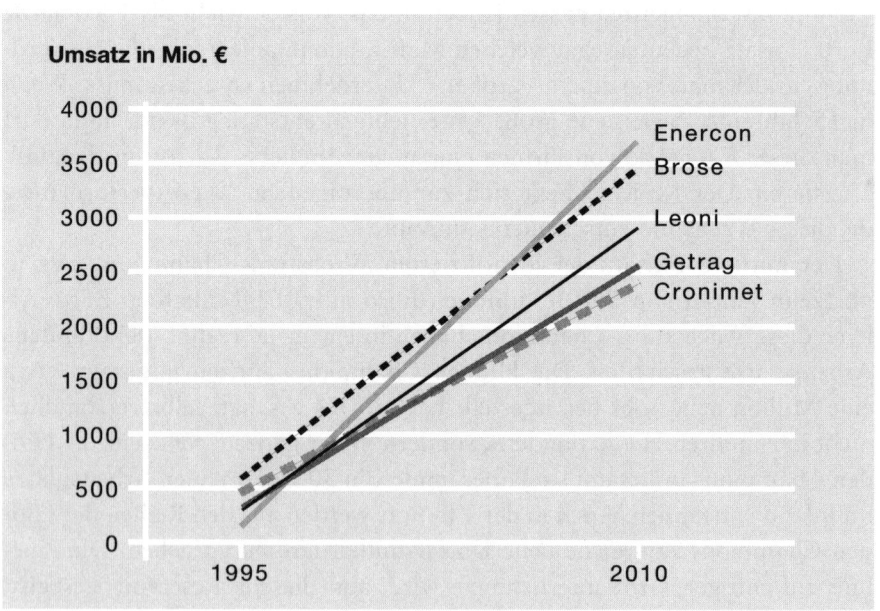

spricht der Leistung von mehr als 20 Atomkraftwerken. Von der Krise der Branche scheint Enercon kaum betroffen.

Die Coburger Firma Brose ist gleich ein mehrfacher Hidden Champion und produziert weltweit an 51 Standorten. Bei Seilzug-Feststellbremsen hat Brose einen globalen Weltmarktanteil von über 60 %. Bei Türsystemen sind es rund 40 %, bei Fensterhebern 25 %, bei elektrischen Sitzverstellungen in Europa 50 %. Brose gibt 10 % des Umsatzes für Forschung und Entwicklung aus. Ein kontinuierlicher Strom von Innovationen, Sortimentserweiterungen sowie die konsequente Globalisierung haben zu dem enormen Umsatzwachstum in den letzten Jahren beigetragen.

Die Elektronisierung des Autos hat Leoni, den weltführenden Hersteller von Kabelbäumen und Bordnetzsystemen, auf einen steilen Wachstumspfad katapultiert. Innovation und Globalisierung sind die primären Wachstumstreiber. Ebenso trug eine Reihe von Akquisitionen zu dem starken Wachstum bei. Nach den Worten des Vorstandsvorsitzenden Klaus Probst soll es in diesem Tempo weitergehen. »Wir haben ein ambitioniertes Wachstumsprogramm vor uns«, sagte er.[5] Aus den rund 3 Milliarden Euro Umsatz des Jahres 2010 sollen 5 Milliarden Euro bis 2015 werden. Die Expansion wird dabei maßgeblich in den BRIC-Märkten stattfinden. Weitere Wachstumsimpulse werden von der Elektromobilität und verschärften Umweltauflagen erwartet.

Getrag ist weltweit der größte unabhängige Getriebehersteller. Dieser Hidden Champion betreibt 24 Entwicklungszentren und Produktionsstandorte in aller Welt. China spielt dabei eine Schlüsselrolle. So hat Getrag im Oktober 2011 eine neue regionale Zentrale in Shanghai eröffnet, die gleichzeitig das Zentrum für asiatische Applikationsentwicklungen sein wird. Getrag erwartet in 2012 lokale Umsätze in China von 400 Millionen Euro und ein Produktionsvolumen von 900 000 Getrieben. Die Umsätze in China sollen bis 2015 auf 1 Milliarde Euro ansteigen und die Volumina entsprechend auf 1,9 Millionen Getriebe.

»Vom Schrotthändler zum Weltkonzern«, so überschrieb die Zeitschrift *WIR Das Magazin für Unternehmerfamilien* eine Titelgeschichte zu Cronimet.[6] Dieses in Karlsruhe 1980 von Günter Pilarsky gegründete und dort auch ansässige Unternehmen ist ein anerkannter Spezialist für Edelstahlschrott, Ferrolegierungen und Primärmetalle mit 56 Niederlassungen auf vier Kontinenten. Ein Schwerpunkt der Geschäftstätigkeit liegt im Recycling. Jedoch ist Cronimet 2004 auch in die Förderung eingestiegen und betreibt in Armenien eine Mine, in der Molybdän und Kupfer gefördert werden. Hinter dem starken Wachstum und dem Spitzenplatz im weltweiten Edelstahlmarkt stehen eine hohe Innovationsintensität sowie die Expansion in neue Märkte, das gilt sowohl in produktmäßiger als auch räumlicher Hinsicht.

Kumulativ haben alleine diese fünf Hidden Champions ihren Umsatz von 1 855 Millionen Euro in 1995 auf 15 198 Millionen Euro in 2010 gesteigert. Geht man von dem erwähnten Durchschnittsumsatz pro Mitarbeiter von 160 039 Euro aus, so sind daraus 83 373 neue Arbeitsplätze entstanden – eine phantastische Wachstumsleistung.

Wachsende Zwerge

Gehen wir weiter nach unten in den Größenklassen, so finden wir dort zahlreiche »Zwerge«, die in den letzten Jahren enorm gewachsen sind. Abbildung 4.5 zeigt exemplarisch das Wachstum einiger dieser kleineren Hidden Champions.

Bartec ist europäischer Marktführer für Explosionsschutzgeräte. Das Unternehmen wurde 1975 gegründet. Bartec konnte in den vergangenen 15 Jahren seinen Umsatz mehr als verfünffachen. Im Jahr 1995 beschäftigte Bartec 450 Mitarbeiter, zehn Jahre später waren es 1 200, heute sind es rund 1 500. Im Jahr 2005 übergab der Gründer Reinhold Barlian die Führung an

Abb. 4.5: Wachstum ausgewählter kleinerer Hidden Champions

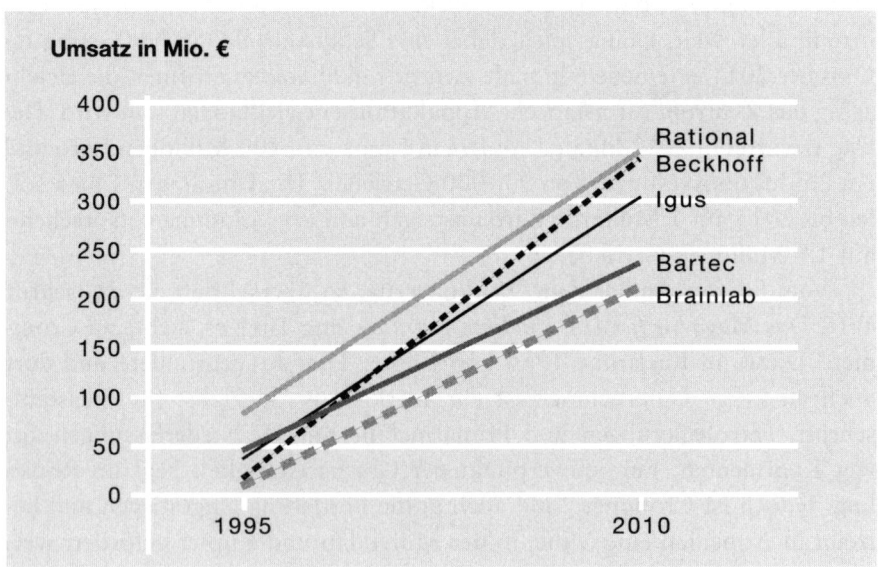

Ralph Koester. Zukünftige Wachstumsmärkte für Bartec liegen in Asien, insbesondere in China. Koester weist eine langjährige Erfahrung in diesen Märkten auf und hat sich zum Ziel gesetzt, Bartec »von der Nr. 1 in Europa zur Nr. 1 in der Welt« zu machen.

Beckhoff, einer der Marktführer in der industriellen Automation mit Sitz im westfälischen Verl, wurde 1980 gegründet. 1995 erwirtschaftete die Firma einen Umsatz von knapp 20 Millionen Euro. Etwa ab 2000 setzte eine Phase stürmischen Wachstums ein, das gleichermaßen von Innovation und Globalisierung getrieben wurde. Heute beschäftigt Beckhoff 2 100 Mitarbeiter und ist in 29 Ländern mit eigenen Tochtergesellschaften und in 60 Ländern mit Vertretungen präsent.

Die Brainlab AG mit Hauptsitz in Feldkirchen bei München entwickelt und vertreibt Softwaresysteme für die bildgesteuerte Chirurgie und Strahlentherapie. Gegründet wurde Brainlab 1989 von Stefan Vilsmeier, der bis heute CEO ist und 2002 zum »World Entrepreneur of the Year« gewählt wurde. Brainlab gehört mit über 5 000 installierten Systemen in mehr als 80 Ländern zu den globalen Marktführern. Laut CEO Vilsmeier »gibt es keine Mitbewerber, die über die ganze Bandbreite mit uns im Wettbewerb stehen«. Der weltweite Vertrieb erfolgt über 17 Büros in Europa, Asien, Nord- und Südamerika sowie Distributoren in 70 Ländern. Weltweit beschäftigt Brainlab rund 1 000 Mitarbeiter. Das Gewicht der Innovation als Wachstumstreiber kommt darin zum Ausdruck, dass 270 Ingenieure und Wissenschaftler in der Forschung und Entwicklung tätig sind.

Igus ist gleich zweifacher Weltmarktführer, und zwar bei Kunststoff-Kugellagern und bei Energieketten. Aus 40 Mitarbeitern im Jahr 1895 sind 1 900 per 2012 geworden. Der Umsatz stieg seit 1995 von 36 auf 304 Millionen Euro in 2010, das entspricht einer jährlichen Wachstumsrate von 15,3 %. Die hohe Innovationskraft von Igus ist der wichtigste Wachstumstreiber. Pro Jahr werden etwa 2 000 neue Produkte bzw. Produkterweiterungen entwickelt. In 28 Ländern ist Igus mit eigenen Niederlassungen und in 42 weiteren durch Vertriebspartner vertreten.

Rational ist selbst unter den Hidden Champions ein Star. Diese 1972 von Siegfried Meister gegründete Firma hat bei Garautomaten einen Weltmarktanteil von 54 %. Und Wachstumsgrenzen sind nicht in Sicht, denn die Verpflegung außer Haus nimmt weltweit zu. Herausragend ist die Profitabilität von Rational. Bei einem Umsatz von 350 Millionen Euro wurde in 2011 ein Nachsteuergewinn von 79,8 Millionen Euro erreicht. Das entspricht einer Nachsteuerumsatzrendite von 22,8 %. Die Börse honoriert diese ungewöhnliche Leistung mit einer Marktkapitalisierung von 2 Milliarden Euro (Mai 2012).

Wie diese Fallbeispiele und ihre Wachstumsraten belegen, gilt für die typischen Hidden Champions offenbar das Mantra: *Wachse kontinuierlich oder gehe unter.* Die angeführte Aussage Reinhold Würths vom Baum, dessen Sterben beginnt, wenn das Wachstum stoppt, illustriert dieses Gebot, ständig weiter zu gedeihen. Es trifft bei den meisten Hidden Champions auf Zustimmung. Sie nutzen die Wachstumspotenziale, die insbesondere die Globalisierung bietet, mit hoher Konsequenz und Ausdauer.

Das Wachstum geht weiter

Wie die in diesem Kapitel dargestellten Fallstudien belegen, weisen die Hidden Champions in der Vergangenheit beeindruckende Wachstumserfolge auf. Und nicht weniger ambitioniert soll es nach den Vorstellungen der Chefs weitergehen. Die Ziele für die Zukunft sind genauso ambitiös wie die in der Vergangenheit gesetzten und realisierten. Auf das 20-Milliarden-Ziel bei Würth und das 5-Milliarden-Ziel von Leoni haben wir bereits hingewiesen. Hans-Georg Näder, Chef von Otto Bock, Weltmarktführer bei Prothesen, will den Umsatz von 690 Millionen in 2011 auf 1,7 Milliarden Euro in 2020 steigern. Joachim Kreuzburg, der Vorstandsvorsitzende des führenden Göttinger Pharmazulieferers Sartorius AG, strebt, ausgehend von einem Umsatz von 733 Millionen Euro im Jahr 2011, einen Anstieg allein aus organischem Wachstum auf 1,5 Milliarden Euro für 2020 an. Weitere 500 Millionen Euro Umsatz sollen in diesem Zeitraum durch Akquisitionen hinzukommen. Noch ambitiöser ist der Automations-Champion Beckhoff. Aus den 465 Millionen Euro Umsatz des Jahres 2011 sollen 2 Milliarden Euro in 2020 werden. Die GfK SE, ein weltweit präsentes Marktforschungsunternehmen, will nach den Worten des Vorstandsvorsitzenden Matthias Hartmann den Umsatz von 1,37 Milliarden Euro in 2011 auf 2 Milliarden Euro in 2015 steigern. Der Pumpenhersteller KSB hat sich vorgenommen, von 2,1 Milliarden Euro in 2011 auf 4 Milliarden Euro im Jahr 2018 zu wachsen. Manfred Bogdahn, Chef und Gründer des Rollleinen-Weltmarktführers Flexi, hat bei heute 50 Millionen Euro Umsatz für das Jahr 2020 ein Ziel von 100 Millionen Euro gesetzt. Ähnlich mutig sehen die Ziele bei Dorma, dem Weltmarktführer in der Türtechnik, aus. Der Umsatz soll von 944 Millionen Euro im Geschäftsjahr 2010/11 auf 2 Milliarden Euro in 2020 hochkatapultiert werden. Thomas Olemotz, Vorstandsvorsitzender des IT-Dienstleisters Bechtle, peilt für 2020 sogar einen Umsatz von 5 Milliarden Euro an, bei rund 2 Milliarden Euro im Jahr 2011. MTU Aero Engines, ein europäischer Marktführer bei Flugzeugtriebwerken, hat vor, den Umsatz von 2,7 Milliarden Euro in 2010 auf 6 Milliarden Euro in 2020 zu steigern. Es herrscht also weiterhin kein Mangel an der Flamme, die in den Chefs dieser Firmen brennt und die Mitarbeiter inspiriert. Und angesichts der Entwicklungen in Globalia basieren diese sehr ambitiösen Wachstumsvisionen und -ziele auf durchaus realistischen Fundamenten.

Wachstum ist kein Allheilmittel

Doch es gibt unter den Hidden Champions auch »Wachstumsabstinenzler«, die sich diesem Gebot nicht unterwerfen und es vorziehen, bei einer bestimmten Größe zu bleiben. Typischerweise sind solche Unternehmen eher handwerklich geprägt und operieren in kleinen, überschaubaren Nischenmärkten, die selbst geringes Wachstum oder hohe Marktvolatilität aufweisen. Das Muster ähnelt demjenigen des klassischen Handwerksmeisters, der sein Leben lang mit einer etwa gleichen Zahl von Gesellen und Lehrlingen arbeitet und dabei erfolgreich sein kann. Auch Risikoüberlegungen können zu dieser Selbstbeschränkung führen. So finden wir Wachstumsabstinenzler insbesondere in Märkten mit stark zyklischer Nachfrage.

Ein Beispiel ist die global agierende Orgelbaufirma Klais. Auf meine Frage, wie sich der Mitarbeiterstand in den letzten zehn Jahren verändert habe, erhielt ich 2006 die Antwort: »Wir haben 65 Mitarbeiter. Unsere Mitarbeiterzahl hat sich seit 100 Jahren nicht verändert.« Und im Jahr 2012 antwortete Firmenchef Philipp Klais in einem Interview auf die gleiche Frage nach der Zahl der Mitarbeiter mit »65«. Das Unternehmen wurde 1882 gegründet, ist also 130 Jahre alt, und hatte – von geringfügigen Schwankungen abgesehen – immer 65 Mitarbeiter. Der Grund liegt darin, dass die Wertschöpfungskette aus zehn Einzelwerkstätten besteht, die jeweils eine Mindestgröße haben müssen. Zudem ist etwa ein Viertel der Belegschaft ständig irgendwo in der Welt mit dem Aufbau oder der Wartung der Orgeln beschäftigt. Auch diese Teams müssen über eine Mindeststärke verfügen. Diese Gegebenheiten definieren die Mindestgröße der Belegschaft. Umgekehrt hält die starke Zyklizität der Nachfrage nach Orgeln die Unternehmensleitung davon ab, die Belegschaft aufzustocken, um kurzfristige Chancen zu nutzen. Beim nächsten Nachfrageloch wäre die Beschäftigung nicht gewährleistet und das Unternehmen gefährdet. Es kommt hinzu, dass hoch spezialisierte Fachkräfte benötigt werden, die es auf dem Markt nicht gibt. Diese Spezialisten müssen von Klais selbst ausgebildet werden. Auch das legt eine kontinuierliche, stabile Beschäftigung nahe. Als moderne Antwort wird zwar an verstärktes Outsourcing gedacht, aber die Umsetzung erweist sich als schwierig. Wie das Alter von 130 Jahren belegt, ist die Firma mit dieser Strategie nicht schlecht gefahren. Wachstum muss nicht immer der beste Weg sein. Die Wachstumsabstinenz von Klais-Orgelbau hat die Globalisierung nicht behindert. Die Firma Louis Renner aus Gärtringen bei Stuttgart ist bei Mechaniken für Klaviere und Flügel Europamarktführer und weltweit einer der Marktführer. Das Weltmarktvolumen dieses Nischenmarktes beträgt 25 Millionen Euro. Angesichts des scharfen Wettbewerbs und des begrenzten Marktvolumens sind laut Geschäftsführer Siegfried Hofmann »die Wachstumsmöglichkeiten sehr gering«.

Mitarbeiter- versus Umsatzwachstum

Verwendet man als Wachstumskriterium die Mitarbeiterzahl, so trifft man auf eine Reihe von Firmen, die ihre Beschäftigung im Zehnjahreszeitraum nicht erhöht haben, obwohl der Umsatz gestiegen ist. Hinter einer solchen Entwicklung stecken in der Regel nicht nur Produktivitätssteigerungen, sondern grundlegende Umstrukturierungen. Insbesondere finden wir dieses

Muster im Anlagenbau. Der Hidden Champion Achenbach Buschhütten wurde 1452 gegründet. Drei Viertel aller Aluminiumwalzwerke in der Welt stammen von diesem Siegerländer Unternehmen. Diese Leistung wird mit nur 300 Mitarbeitern erbracht, eine Zahl, die sich in den letzten zehn Jahren sogar leicht reduziert hat. Trotzdem ist der Umsatz von 50 auf 90 Millionen Euro gestiegen. Axel E. Barten, Chef von Achenbach Buschhütten, erläutert die Hintergründe: »Wir haben uns von einem Industriebetrieb zu einem Engineering-Unternehmen gewandelt. Die Fertigung der Teile geben wir an andere. In Buschhütten erledigen wir nur noch die Vormontage. Die meisten unserer Mitarbeiter sind heute Ingenieure und nicht mehr Produktionsarbeiter. Deshalb ist unsere Mitarbeiterzahl im langfristigen Vergleich sogar deutlich gefallen, das Maximum hatten wir um 1960 mit mehr als 1 000 Arbeitnehmern. Damals waren wir ein Industriebetrieb, heute sind wir ein Engineering-Unternehmen.« Wie die meisten Anlagenbauunternehmen operiert Achenbach Buschhütten in einem zyklischen Markt, sodass die beschriebene Selbstbeschränkung bzw. die Verlagerung von Risiken auf Zulieferer eine kluge Strategie darstellt.

Treiber des Wachstums

Aus den zahlreichen Fallbeispielen können wir schließen, dass Globalisierung und Innovation die herausragenden Wachstumstreiber sind, vermutlich in dieser Reihenfolge. Wie dargestellt, operieren nicht wenige der stark wachsenden Hidden Champions in klassischen Märkten und wachsen trotzdem. Sie schaffen das in erster Linie, indem sie ihr Geschäft internationalisieren. So formuliert Griesson–de Beukelaer in seiner Strategie: »Wir wollen außerhalb doppelt so schnell wachsen wie in Deutschland.«[7] Norma, einer der weltweiten Markt- und Technologieführer, wächst im außereuropäischen Ausland mehr als doppelt so schnell wie in Europa.[8] Für andere Hidden Champions ist Innovation der primäre Wachstumstreiber. Viele von diesen haben ihre Märkte selbst begründet und sich von Beginn an als nachhaltige Marktführer etabliert. Unter den betrachteten Firmen gehören bei den Big Champions SAP, bei den großen Hidden Champions Enercon und bei den kleineren Brainlab zu dieser Kategorie der Marktbegründer. Wir finden durchgängig viele dieser Firmen unter den Hidden Champions, beispielsweise Flexi bei Hunderollleinen, Brita bei Haushaltswasserfiltern, Kärcher bei Hochdruckreinigern oder Omicron bei Raster-Tunnel-Mikroskopen. Mit dem Thema Innovation beschäftigen wir uns eingehend in einem speziellen Kapitel. Es sei angemerkt, dass wir hierbei nicht nur technische, sondern auch prozessuale Innovationen (z. B. in Vertrieb und Service) ins Auge fassen. Nicht wenige Hidden Champions haben ihr Wachstum auf solchen prozessualen Innovationen aufgebaut. Würth, Weltmarktführer im Direkthandel von Montage- und Befestigungsprodukten, Bofrost, Europamarktführer in der Direktvermarktung von Tiefkühlkost, oder WIV Wein International AG, der weltgrößte Direktvermarkter von Wein, passen in dieses Muster. Ein weiterer Wachstumstreiber ist die Ausweitung der Leistungspalette. So hat die Firma Huf, europäischer Marktführer bei modernen Design-Fachwerkhäusern, mit einem Komplettservice, der nicht nur den Bau des Hauses an sich, sondern die komplette Palette handwerklicher Gewerke sowie die Finanzierung umfasst, eine Prozessinnovation eingeführt und so neue Wachstumsimpulse ausgelöst. Marketinginnovationen gehören ebenfalls in diesen Kontext. Die Firma Hipp ist mit ihrer konsequenten Biopositionierung zum europäischen Champion für Baby- und Kindernahrung geworden. Diese Positionierung ist dabei kein oberflächlicher Marketinggag, sondern hinter ihr steht die tiefe, religiös fundierte Überzeugung von Claus Hipp. Diversifikation spielt als Wachstumstreiber bei größeren Hidden Champions eine beachtliche und ständig zunehmende Rolle. Sie bildet eine einschneidende Änderung in den Strategien der Hidden Champions. So haben die Erweiterung der Produktpalette (Übernahme der Renault-Traktoren) bei Claas oder der Eintritt in die Medizintechnik bei Trumpf spürbar zum Wachstum beigetragen. Diesen Aspekt behandeln wir später vertieft im Kapitel »Weich diversifizieren«.

Trotz der oft hohen Marktanteile behalten der weitere Ausbau der Marktposition und die Steigerung des Marktanteils ihre Bedeutung als Wachstumstreiber. Es ist erstaunlich, dass die meisten Hidden Champions ihre Marktanteile weiter gesteigert und ihre Marktführerschaft ausgebaut haben. Im nächsten Kapitel beschäftigen wir uns mit diesem Aspekt, der nicht nur für das Wachstum, sondern auch für das Selbstverständnis der Hidden Champions bedeutsam ist.

Was sind die zentralen Botschaften aus unserer Analyse des Wachstums der Hidden Champions? Offensichtlich wachsen die meisten dieser wenig bekannten Marktführer seit Jahren stark und vor allem kontinuierlich. Selbst die gravierende Krise hat diesen Trend nur kurzfristig unterbrochen. Überraschend ist zudem, dass die Wachstumsraten über die verschiedenen Größenklassen hinweg ähnlich sind.[9] Selbst für größere Mittelständler zeichnen sich keine »Grenzen des Wachstums« ab. Im Gegenteil, mit der zunehmenden Öffnung der Märkte in aller Welt zeichnen sich sogar noch bessere Wachstumsperspektiven ab. Das sollte Ermutigung für andere mittelständische Firmen sein, sich ebenfalls ambitionierte Wachstumsziele zu setzen, selbst wenn sie (noch) keine Hidden Champions sind. Die Mitarbeiter lassen sich für wachstumsorientierte Ziele und Visionen gerne gewinnen. Ihnen ist es allemal lieber, wenn ihr Unternehmen wächst, als wenn es schrumpft. Wachstum verlangt von den Unternehmensführern Mut zu visionären Zielen. Aber es bedarf auch der Energie, diese Ziele durchzusetzen. Hinter den diskutierten Wachstumserfolgen steht ein enormer, jahrelanger Einsatz aller Beteiligten, der Führungskräfte wie der Mitarbeiter. Die hierzu erforderliche Einsatzbereitschaft und das Durchhaltevermögen sind in unserer Wohlstandsgesellschaft und in manchen Firmen die wahren Begrenzungsfaktoren des Wachstums, nicht die fehlenden Marktchancen.

Aber wir haben auch gesehen, dass Wachstum nicht in jedem Fall Allheilmittel ist. Manche Hidden Champions, die sich diesbezüglich bewusst beschränken, scheinen eine hohe Überlebensfähigkeit zu besitzen. Ihrer Globalisierung tut das erstaunlicherweise keinen Abbruch. Diese Ausnahmen belegen, dass jedes Unternehmen seine Strategie mit Bedacht wählen muss. Das für alle und jeden gültige Wachstumsrezept gibt es nicht.

Das Wachstum der Hidden Champions ist eine Facette einer dynamischen, sich schnell verändernden Wirtschaft. In Deutschland, Österreich und der Schweiz sind im Zuge dieser Entwicklung zahlreiche neue Milliardenunternehmen entstanden. Doch zu einer dynamischen Wirtschaft gehört zwangsläufig auch die andere Seite der Medaille, nämlich dass Unternehmen schrumpfen, Arbeitsplätze abbauen, vom Markt verschwinden oder übernommen werden. Im öffentlichen Lärm sehen wir hauptsächlich diese zweite, unerfreuliche Seite der Dynamik. Die »Champions of Growth« gehen in diesem Nebel des Pessimismus unter, sie bleiben trotz ihrer mittlerweile beachtlichen Größe in der öffentlichen Wahrnehmung »hidden«. Dabei können wir auf diese Unternehmen stolz sein. Je mehr ich in der Welt herumreise und Firmen aus anderen Ländern und Erdteilen vertieft kennen lerne, desto stärker komme ich zu der Überzeugung, dass wir im deutschsprachigen Raum viele der besten Firmen der Welt haben – selbst im Hinblick auf Wachstum. Das kontinuierliche Wachstum der Hidden Champions unterstreicht, dass diese Diagnose nicht auf Wunschdenken und Träumerei, sondern auf Fakten basiert. Und natürlich sollten diese Champions zu Vorbildern für diejenigen mittelständischen Unternehmen werden, die vielleicht ähnliche Potenziale besitzen, aber den Weg der Innovation und der Globalisierung nicht mit der gleichen Entschlossenheit einschlagen. Gerade Unternehmen aus dem deutschsprachigen Raum haben mit der richtigen Strategie phantastische Wachstumschancen.

Zusammenfassung

In diesem Kapitel wurde deutlich, dass auf Wachstum bezogene Ziele und deren konsequente Realisierung für die Strategie und die Entwicklung der Hidden Champions eine zentrale Rolle spielen. Folgende Aspekte sollten festgehalten werden:

- Wachstum ist für die meisten Hidden Champions ein enorm wichtiges Ziel.
- Die avisierten Wachstumsziele sind oft äußerst ambitioniert und werden früh formuliert.
- Seit 1995 haben sich die Umsätze der Hidden Champions im Schnitt etwa vervierfacht.
- Das Wachstum der Hidden Champions zeichnet sich durch hohe Kontinuität aus. Es ist besser, kontinuierlich als erratisch zu wachsen.
- Erstaunlicherweise unterscheiden sich die Wachstumsraten nach Größenklassen nicht signifikant.
- Das starke Wachstum hat aus einst mittelgroßen Firmen zahlreiche Großunternehmen bis hin zu DAX-Firmen entstehen lassen.
- Wachstum ist kein Allheilmittel. Es gibt auch Hidden Champions, die sich auf lange Zeit als erfolgreich und überlebensfähig erweisen, ohne signifikant zu wachsen. Allerdings operieren diese Firmen in der Regel in Märkten, die sich durch spezielle Bedingungen auszeichnen.

Am Anfang eines großen Erfolgs steht immer ein ehrgeiziges Ziel. Bei den Hidden Champions ist dieses Ziel an erster Stelle auf kontinuierliches Wachstum ausgerichtet. Das Ziel gibt eine gemeinsame Richtung vor und inspiriert die Mitarbeiter. Unerlässlich ist, dass Ziele wirksam kommuniziert und vorgelebt werden. Mit langfristiger Orientierung, Beharrlichkeit und nie endender Energie haben die Hidden Champions ihre Visionen in der Vergangenheit umgesetzt und sind dabei in neue Größendimensionen hineingewachsen. Sie lehren uns, was auf dem Weg nach Globalia möglich ist. So können sie zu Vorbildern für viele andere Unternehmen werden.

Anmerkungen

1 Vgl. Rita Gunther McGrath, How the Growth Outliers Do It, *Harvard Business Review*, Januar–Februar 2012, S. 111–116.
2 Die Korrelationskoeffizienten sind extrem niedrig (mit Umsatz 1995: –0,133; mit Um-

satz 2005: -0,041) und auf dem 10-Prozent-Niveau nicht signifikant. Auch dieser Befund wird in der Studie von McGrath bestätigt.

3 Die 500 größten Familienunternehmen haben ihre Mitarbeiterzahl im Inland im gleichen Zeitraum um 10 % gesteigert. Vgl. Studie des Bonner Instituts für Mittelstandsforschung 2007, *Frankfurter Allgemeine Zeitung*, 8. Mai 2007, S. 12.

4 In *Hidden Champions des 21. Jahrhunderts* sind alleine 103 Unternehmen aufgelistet, die bereits im Jahr 2005 mehr als 1 Milliarde Umsatz erzielten, vgl. dort S. 55 ff.

5 Leoni steckt sich ambitiöse Ziele, *Frankfurter Allgemeine Zeitung*, 9. Januar 2012, S. 14.

6 Cronimet – Vom Schrotthändler zum Weltkonzern, *WIR Das Magazin für Unternehmerfamilien*, April 2011, S. 33–36.

7 Für mich gilt Ferrero als leuchtendes Vorbild, Interview mit Andreas Land, *Absatzwirtchaft*, April 2012, S. 13.

8 Norma will international wachsen, *Frankfurter Allgemeine Zeitung*, 2. April 2012, S. 15.

9 Vgl. dazu auch die Bestätigung in Rita Gunther McGrath, How the Growth Outliers Do It, *Harvard Business Review*, Januar–Februar 2012, S. 111–116.

Kapitel 5

Den Markt führen

Hidden Champions beanspruchen, ihren Markt zu führen. Marktführerschaft wird üblicherweise durch den Marktanteil definiert: Der Anbieter mit dem größten Marktanteil gilt gemeinhin als der Marktführer. Doch im Einklang mit den meisten Hidden-Champions-Chefs halte ich das für eine zu enge Sichtweise von Marktführerschaft. Der Anspruch, »den Markt zu führen«, schließt Aspekte wie »die Richtung vorgeben«, »Standards setzen«, »zum Benchmark der Konkurrenz werden« oder »den Kunden voraus sein« ein. Führung zählt zu den Konstrukten, die bis heute von der Wissenschaft schlecht verstanden werden.[1] Diese Aussage lässt sich auf die Führung von Märkten übertragen. Versteht man Führung als das Bestreben, einer Gruppe gemeinsam zu Erfolg zu verhelfen, so sitzen die Hidden Champions mit ihren Kunden und Lieferanten durchaus in einem Boot. Gleichwohl gibt es zwischen diesen Beteiligten im Sinne von Porters »Five Forces« einen Kampf um den jeweiligen Anteil an der Wertschöpfung der Branche.[2] Führung besitzt auch im Hinblick auf die Konkurrenten Bedeutung. Folgen die Wettbewerber dem Vorbild eines Unternehmens, so kann man von Führerschaft sprechen. Besonders bekannt ist der Fall der Preisführerschaft, in der ein Wettbewerber mit Preisänderungen vorangeht und die anderen nachziehen.[3] Aber solche Führer-Folger-Konstellationen können sich ebenso auf Innovationen, Investitionen oder Marketingmethoden beziehen. Bei all diesen Aspekten und Relationen kommt ähnlich wie in der personalen Führung das Thema »Macht« ins Spiel. Marktführerschaft ist häufig mit einer gewissen »Marktmacht« verbunden.

Was ist Marktführerschaft?

Die Hidden Champions haben ein differenziertes und weites Verständnis vom Inhalt des Begriffs Marktführerschaft. Sie machen sich offensichtlich Gedanken darüber, was es heißt, den »Markt zu führen«, und wie sie ihre Führungsposition definieren. Auf die Frage »Aus welchem Grund sehen Sie sich als Marktführer?« antworteten 76 %, sie seien der Anbieter mit dem größten Umsatz, und 43 %, sie verkauften die größten Stückzahlen (man beachte, dass die Summe größer als 100 sein darf, da man bei beiden Kriterien führend sein kann). Die Tatsache, dass deutlich mehr Hidden Champions den wertmäßigen Anteil als wichtiger ansehen als den mengenmäßigen Anteil, deutet auf eine wertorientierte Sicht von Marktführerschaft hin. Das weicht ab von der verbreiteten Praxis, Marktanteile und Marktführerschaft anhand von Stückzahlen zu definieren. Der Unterschied zwischen beiden Sichtweisen kann extrem sein. So werden weniger als 2 % aller in der Welt verkauften Uhren in der Schweiz gefertigt, aber der globale Wertanteil der Schweizer Uhren liegt bei über 50 %.

Sehr interessant ist das über die reine Marktanteilsbetrachtung hinausgehende Verständnis von Marktführerschaft. Abbildung 5.1 zeigt, welche Merkmale für die Hidden Champions Marktführerschaft definieren. Diese Aufstellung offenbart, dass die Hidden Champions ihre Marktführerschaft keineswegs nur über den Marktanteil definieren, sondern die dahinter stehenden Inhalte oder Ursachen im Auge haben. Sie sehen sich in erster Linie als Technologie- und Qualitätsführer. Umsätze und Stückzahlen folgen erst an nachgeordneter Stelle. Eine Studie des Fraunhofer-Instituts liefert eine Bestätigung dieses Verständnisses von Marktführerschaft, denn dort stehen ähnliche Merkmale wie »Innovation/Technologie« und »Qualität« an der Spitze.[4] Die hoch gerankten Attribute Bekanntheitsgrad, Prestigeträchtigkeit sowie Tradition deuten darauf hin, dass die Marktführerschaft auf lang anhaltender Überlegenheit fußt.

Abb. 5.1: Was macht Marktführerschaft aus?

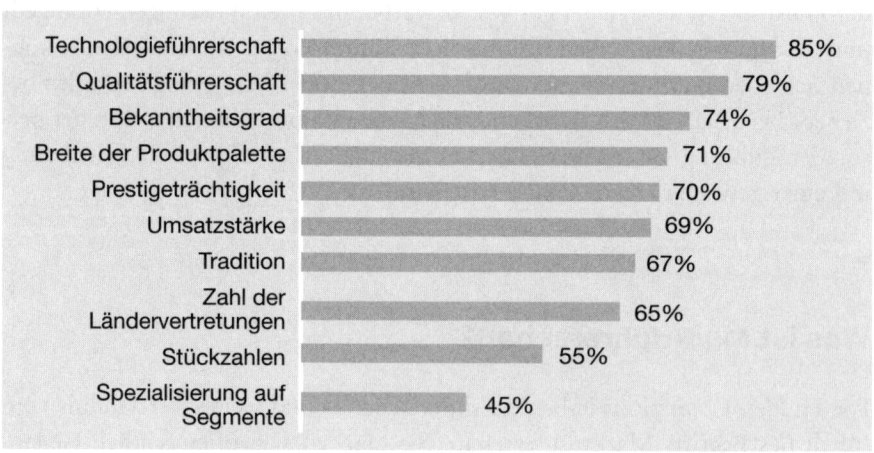

In diesem Kontext ist aufschlussreich, dass sich die Hidden Champions im Mittel bereits seit 22 Jahren in der Position des Marktführers befinden – ein sehr langer Zeitraum. Eine Verbindung zur durchschnittlichen Amtsdauer der Chefs drängt sich auf, sie beträgt 20 Jahre – eine interessante Koinzidenz.

Ziele und Kommunikation

Wenn Marktführerschaft mehr als nur den größten Marktanteil umfasst und mit Führung im engeren Sinne zu tun hat, dann kommt es darauf an, Ziele, die den Marktführungsanspruch betreffen, zu formulieren und diese effektiv nach innen wie nach außen zu kommunizieren. Ein Gesprächspartner sprach von »psychologischer Marktführerschaft«. Siltronic, Weltmarktführer bei Wafern aus Reinstsilizium, stellt fest: »Wir führen, indem wir die Erwartungen unserer Kunden voraussehen.« Die Firma Sick, einer der Weltmarktführer in der Sensortechnik, sagt: »Führerschaft bedeutet, dass man die Norm für andere wird. Wir setzen den Maßstab im Weltmarkt.« Givaudan, die globale Nr. 1 bei Aromen und Riechstoffen, formuliert den Führungsanspruch prominent im Vision-Statement: »We are leading the industry with our cutting-edge knowledge and experience.«[5] Horst Walz, geschäftsführender Gesellschafter von Ludo Fact, Europamarktführer in der Produktion von Gesellschaftsspielen, sagt: »Ich bin lieber Marktführer in einer Nische und kann dort die Marktbewegung mitbestimmen als ein Mitläufer in einer größeren Branche.«[6] Viele Hidden Champions berichten, dass sie die Standards in ihrer Branche definieren. Die Firma RUD (Rieger & Dietz), Weltmarktführer bei Industrieketten, stellt unzweideutig fest: »Wir setzen die neuen technologischen Standards.« Die Schweizer Oerlikon AG, eine führende Hightechindustriegruppe in Bereichen wie Vakuum- und Motorentechnik, kommentiert: »Wir setzen die Maßstäbe bezüglich Innovation und Technologien.« Pepperl + Fuchs lässt ebenfalls keine Zweifel an seiner Rolle als Marktführer: »Wir sind der unumstrittene Marktführer für Eigensicherheit und Explosionsschutz. Seit 60 Jahren setzen wir in der Welt die Standards für Qualität und Innovation in der Fabrikautomation. Keine andere Industrieautomationsfirma in der Welt offeriert eine größere Auswahl an Sensoren und Verbindungselementen.« Cartonplast, europäischer Marktführer bei wiederverwendbaren Zwischenlagen für Getränke- und Lebensmittelbehälter, sagt: »Transportverpackung auf höchstem Niveau – wie kommen wir zu dieser selbstbewussten Aussage? Unser Pool-System mit allen darin aktiven Mitarbeitern, Systemen und Produkten ist zuverlässig. Die im geschlossenen Kreislauf eingesetzten Zwischenlagen sind wiederverwendbar und umweltschonend recycelbar. Zu 100 Prozent. Mit der Hygienesicherheit jedes Abschnitts der Logistikkette setzen wir Maßstäbe.« Stabilus, Weltmarktführer bei Gasdruckfedern, änderte ein technisches Zeichen. Innerhalb eines Jahres stellten die Wettbewerber in der ganzen Welt auf das neue Zeichen um. Vielfach hört man, dass Wettbewerber gerne »Wir sind so gut wie …« als Verkaufsargument benutzen, eventuell auch mit dem Zusatz »… aber ein bisschen billiger«. Wenn sich die Konkurrenz auf diese Weise vergleicht, dann ist dies ein untrügliches Zeichen, dass man einen Markt führt. Viele Hidden Champions führen in diesem umfassenderen Sinne ihre Märkte – und das weltweit.

Marktführerschaft ist für viele Hidden Champions nicht nur ein Ziel unter anderen, sondern ein Identitätsmerkmal. So sagte mir ein Hidden-Champion-Chef: »Die Identität unseres Unternehmens ist durch unsere führende Position auf dem Weltmarkt definiert.« Die Firma RUD beansprucht »die klare Führungsposition in den bearbeiteten Marktsegmenten«. Die Firma 3B Scientific, Weltmarktführer bei anatomischen Lehrmitteln, stellt fest: »Wir wollen weltweit die Nr. 1 sein und bleiben.« »Wir wollen vorne sein«, lautet ganz einfach der Leitsatz von Wacker, Weltmarktführer bei Silizium. Die Aussage der Firma Dräger, Weltmarktführer bei Anästhesie- und Atemschutzgeräten, dokumentiert einen ähnlichen Anspruch: »Spitzenposition: Wir wollen vorn bleiben! Wir haben stets Spitzenplätze angestrebt und besetzt. Dies gilt sowohl für den Anspruch auf Technologie- als auch Marktführerschaft.« Trumpf, Weltmarktführer bei Industrielasern, hat sich vorgenommen, »in jedem unserer Arbeitsgebiete im Weltmaßstab technisch und organisatorisch führend zu sein«. Die Firma Neumann, Weltmarktführer bei Rohkaffee, formuliert im Mission-Statement: »Wir wollen die weltweit beste Rohkaffee-Dienstleistungsgruppe sein.« Ähnlich ambitioniert ist der Anspruch bei Phoenix Contact, Weltmarktführer bei Steckverbindungen: »Phoenix Contact ist eine Unternehmensgruppe, die in jedem ihrer Geschäftsfelder eine weltweit bedeutende und technologisch führende Position erreicht.« Die Firma Chemetall formuliert: »Das unternehmerische Ziel ist die weltweite Technologie- und Marktführerschaft in gewinnbringenden Marktnischen der Spezialchemie.« Chemetall ist die globale Nr. 1 bei Cäsium, Lithium und weiteren Spezialchemikalien bzw. -metallen. Gelita, Weltmarktführer bei Kollagenproteinen (Gelatine), formuliert in der Unternehmensvision: »Wir wollen dauerhaft weltweit die Nr. 1 sein.«

Manche Firmen nutzen ihre Weltmarktführerschaft als Werbebotschaft. So sagt Wanzl, die weltweite Nr. 1 bei Einkaufswagen: »Die Größe eines

Weltmarktführers schafft Sicherheit.« In der Tat gilt das Argument, der Größte, der Erste oder Beste zu sein, seit jeher als wirksame Werbebotschaft.[7] Auch bezüglich des Ziels, ihre führende Marktposition zu halten bzw. zu verteidigen, lassen viele Hidden Champions keine Zweideutigkeiten oder Zweifel aufkommen. So stellt der Chef eines Weltmarktführers im Textilmaschinenbereich klar: »Wir wollen unseren Weltmarktanteil nicht unter 75 % sinken lassen. Eine unserer Regeln war immer, dass unser Gewinn so hoch sein soll wie der Umsatz des nächsten Konkurrenten.« Ernst Tanner, der Konzernchef des Schweizer Schokoladenherstellers Lindt & Sprüngli, verkündet: »Wir haben unsere Position als Schokoladenhersteller höchster Qualität weltweit in allen Märkten gefestigt.« Lindt & Sprüngli ist in den letzten zehn Jahren von 973 Millionen Schweizer Franken Umsatz im Jahr 1996 auf 2,6 Milliarden Schweizer Franken im Jahr 2010 gewachsen.

Ähnliche Zitate, die das Ziel oder den Anspruch auf Marktführerschaft zum Ausdruck bringen, findet man bei vielen weiteren Hidden Champions. Peter Drucker beschreibt eindrücklich den Zweck solcher Ziele: »Jede Unternehmung braucht einfache, klare und sie zusammenhaltende Ziele. Diese müssen leicht verständlich und herausfordernd genug sein, um eine gemeinsame Vision zu begründen. Wenn wir heute so oft über Unternehmenskultur sprechen, dann meinen wir damit in Wirklichkeit das die ganze Unternehmung durchziehende ›Commitment‹, das Eingeschworensein auf gemeinsame Ziele und Werte. Diese Ziele müssen von den Unternehmensführern erdacht, verkündet und vorgelebt werden.«[8]

Neben der gemeinsamen Ausrichtung im Sinne des Ziehens an einem Strang besteht der wichtigste Effekt von Zielen und Visionen in der Freisetzung von Motivation und Energie. Visionen, mit denen sich die Mitarbeiter identifizieren, die sie mittragen, entfalten eine normative Kraft. Sie verleihen der Arbeit Sinn und Ziel. Es entsteht ein Sog, der das ganze Unternehmen mitzieht. Antoine de Saint-Exupéry umschreibt dies plastisch: »Wenn du ein Schiff bauen willst, dann trommle nicht Männer zusammen, um Holz zu beschaffen, Aufträge zu vergeben und Arbeit zu verteilen, sondern lehre sie die Sehnsucht nach dem weiten, endlosen Meer.« Die Mitarbeiter wollen eine Vision. Eine gute Vision erwächst aus einer delikaten Balance zwischen Realitätssinn und Utopie. Sie darf nicht so utopisch sein, dass die Mitarbeiter nicht an sie glauben, sie sollte andererseits ausreichend utopisch sein, um wirklich herauszufordern und Energien zu mobilisieren. Vision ist das gerade noch Machbare!

Die oben diskutierten Marktführerschaftsziele und -visionen sind im Hinblick auf Inspiration, Motivation und Energetisierung der Mitarbeiter sehr effektiv – vielleicht sogar noch wirksamer als die im vorhergehenden Kapitel behandelten Wachstumsziele. Mitarbeiter identifizieren sich gerne mit Visionen, die die Position des Besten, Ersten, Freundlichsten oder Schnellsten anstreben. Niemand will Mittelmaß sein. Ziele wie das Überholen oder Einholen von Konkurrenten sind wirksame Führungsinstrumente. Kaum etwas motiviert stärker als der Kampf gegen einen mächtigen Gegner. Pepsi-Cola war von der Idee, Coca-Cola zu schlagen, über Jahre hinaus besessen. AVIS machte das Ziel, den Marktführer Hertz auszustechen, in Form des »We try harder« zum Unternehmensmotto. Die Herausforderung, den Erzrivalen Mercedes-Benz einzuholen, beflügelte BMW und Audi über Jahrzehnte. Nicht zuletzt zeigt der Sportbereich, wie stark wettbewerbsorientierte Ziele motivieren und begeistern. In der Bundesliga geht es vor allem um das Bessersein gegenüber dem Konkurrenten, um den höheren Tabellenplatz, weniger um absolute Ziele wie etwa Umsatz oder Zuschauerzahlen.

Sollten Visionen wie die Marktführerschaft qualitativ oder quantitativ formuliert werden? Generell gilt, dass Ziele und Visionen nicht zu allgemein und damit nichtssagend sein dürfen. Dort wo es um Wertesysteme, Bessersein, Qualität, Technologieführerschaft etc. geht, sind offensichtlich qualitative Aussagen angezeigt. Bei Zielen, die auf Marktanteile oder konkrete Wettbewerbsvorteile bezogen sind, sollte man jedoch auf quantitative Präzision achten, da sonst die Gefahr der Unverbindlichkeit besteht. Eine Aussage »Wir wollen unseren Marktanteil steigern« signalisiert nicht nur eine geringere Präzision, sondern auch eine schwächere Verbindlichkeit als das Statement: »Wir wollen unseren Marktanteil in den nächsten drei Jahren bei gleichbleibender Rendite um 10 % steigern.« Marktführerschaftsziele sollten gleichermaßen qualitative wie quantitative Elemente enthalten.

Abschließend wollen wir die Frage diskutieren, wie früh und wie explizit solche Marktführerschaftsziele formuliert werden sollten. Mein Eindruck ist, dass viele der heutigen Hidden Champions bereits in einer frühen Phase ambitiöse Marktführerschaftsziele im Auge hatten. Natürlich werden manche dieser mutigen Visionen auch erst ex post nachgeschoben. Und ebenso ist sicher, dass nicht alle Marktführerschaftsziele und -visionen, die irgendwann von ehrgeizigen Unternehmern in die Welt gesetzt werden, in Erfüllung gehen. Bei meinen Vorträgen frage ich oft, wer das Ziel hat, Weltmarktführer zu werden. Die höchsten Quoten bekomme ich in China. Dort heben typischerweise ein Drittel bis die Hälfte der meist zahlreichen Zuhörer die Hand. Nicht alle, die das tun, werden Weltmarktführer. Dies gelingt nur den wenigsten. Viele sind trotz ähnlicher Ambitionen gescheitert, und viele werden scheitern. Dennoch sind solche Ambitionen der Brutkasten für zukünftige Weltmarktführer. Die frühe Formulierung und vor allem das Vorleben ambitionierter Markführerschaftsziele erweisen sich als äußerst effektive Treibsätze auf dem Wege zu ihrer Realisierung.

Wie entwickeln sich solche Zielvorstellungen in der Realität? Diese Frage lässt sich kaum generell beantworten. Deshalb beschränke ich mich hier auf eine Geschichte, die ich selbst von Anfang an miterlebt und mitgestaltet habe. Wie bei biografischen Äußerungen generell sei der Leser gewarnt. Als Autobiograf neigt man dazu, die Dinge zu positiv darzustellen. Und ich sehe hier Vorgänge, die sich in den letzten drei Jahrzehnten ereigneten, aus der Perspektive des Jahres 2012. Simon-Kucher & Partners ist heute – auch im Urteil neutraler Dritter – Weltmarktführer in der Preisberatung.[9] Hatten wir bei der Gründung im Jahre 1985 die Marktführerschaft (oder gar Weltmarktführerschaft) für Preisberatung als Ziel? Die klare Antwort lautet: Nein! Selbst zehn Jahre später hatte sich dieses Ziel noch nicht herauskristallisiert. Erst dann fassten wir den Entschluss, mit unserem zweiten Büro gleich den großen und riskanten Sprung über den Atlantik zu wagen. Hierbei spielte die Ambition, ein auf unserem Gebiet führendes, globales Consultingunternehmen zu werden, eine Schlüsselrolle. Wir glaubten, dieses Ziel nur zu erreichen, wenn wir uns in den USA, dem größten und härtesten Beratungsmarkt der Welt, durchsetzen konnten. Ohne diese Ambition hätten wir unser zweites Büro in Zürich oder Wien, also im deutschsprachigen Raum, eröffnet. Aus heutiger Sicht darf man allerdings feststellen, dass gewisse Wurzeln und Fundamente für die Globalisierung und die heutige Marktführerschaft viel früher gelegt wurden, ohne dass dies seinerzeit bewusst war. So hatten alle meine früheren Assistenten, die heute Partner und Co-CEOs von Simon-Kucher & Partners sind, und ich selbst Forschungsaufenthalte an amerikanischen Topuniversitäten verbracht. Wir wussten, was die Amerikaner und was wir selbst konnten. Die erste Scheu und ein übergroßer Respekt vor den Amerikanern lagen hinter uns. Im Jahr 1995 setzten wir mit 51 Mitarbeitern 7,9 Millionen Euro um. Daraus wurden bis zum Jahr 2011 mehr als 600 Mitarbeiter und 121 Millionen Euro Umsatz. Die Zahl der Büros stieg von einem auf 25 und die Zahl der Länder, in denen wir aktiv sind, auf 19.

In unserem Fall kann man wie bei vielen Hidden Champions mit Mintzberg von »emergent strategy« sprechen.[10] Auf Deutsch trifft der Begriff »sich entwickelnde Strategie« das Gemeinte. Mintzberg spricht von einem Verhalten, »das sich in einer Folge von Entscheidungen herauskristallisiert«. Die Strategie entwickelt sich in einem Prozess, in dem die Ergebnisse vieler individueller Handlungen nach einem folgerichtigen Schema zusammenfließen. Aufgrund meiner Kenntnis zahlreicher Hidden Champions halte ich »emergent strategy« für das vorherrschende Muster bei diesen Unternehmen. Unsere eigene Entwicklung wird mit diesem Begriff jedenfalls zutreffend beschrieben. Auch der Innovationsforscher Clayton Christensen hält diese Strategie für Unternehmen vom Hidden-Champions-Typ für vorherrschend.[11]

Mintzberg definiert eine weitere Strategievariante, die er »unternehmerische Strategie« nennt und wie folgt beschreibt: »Ein Individuum, das eine Organisation persönlich kontrolliert, ist in der Lage, seine Vision voll auf das Unternehmen zu übertragen. Diese Strategien sind oft in neu gegründeten oder kleinen Unternehmen anzutreffen. Die Vision liefert nur eine allgemeine Richtung, es gibt Raum zur Anpassung. Da der Planer gleichzeitig der Realisierer ist, kann diese Person schrittweise schnell auf das Ergebnis von Handlungen reagieren oder auf neue Möglichkeiten oder Bedrohungen in der Umgebung. Die unternehmerische Strategie lässt Raum für Flexibilität – zulasten der genauen Beschreibung der Ziele.«

Diese Strategie ist weniger typisch für die Hidden Champions, als man vielleicht erwartet. Ein Unternehmen wird nicht durch häufigen Wechsel der Richtung Weltmarktführer. Ausnahmen sind einige jüngere bzw. kleinere Firmen in unserer Stichprobe. Sie schaffen neue Märkte, sind bemüht, die Kundenbedürfnisse und die Möglichkeiten besser zu verstehen, und müssen sehr flexibel sein, bis sie ihr langfristiges Ziel und ihre Richtung gefunden haben. Als Beispiel könnte man die Firma Weckerle nennen. Diese Firma wurde in den siebziger Jahren gegründet und spezialisierte sich auf Lippenstiftmaschinen. Auf diesem Gebiet ist sie bis heute die Nr. 1 in der Welt. Dieser Markt bietet jedoch nur ein begrenztes Potenzial. Deshalb sah sich der Gründer Peter Weckerle frühzeitig nach weiteren Wachstumschancen um und stieg in die Lippenstiftproduktion für große Auftraggeber ein. Doch auch das ist ein begrenztes Geschäft, da die großen Kosmetikfirmen nur einen Teil ihrer Produktion outsourcen. Im nächsten Schritt etablierte Weckerle eigene Marken, die er über Spezialkanäle vertreibt. Mittlerweile halten sich die Umsätze aus dem Verkauf von Maschinen und der Herstellung bzw. dem Vertrieb von Lippenstiften etwa die Waage. Für die Zukunft besteht jedoch das größere Wachstumspotenzial in der Produktion und dem Verkauf von Lippenstiften. Nach Rom führen bekanntlich verschiedene Wege. Wie diese Überlegungen zeigen, gilt das auch für die Wege zur Marktführerschaft.

Marktdefinition und Marktanteil

Bisher haben wir vom »Marktanteil« und der damit einhergehenden Marktführerschaft der Hidden Champions gesprochen. Doch »Marktanteil« muss stets auf einen konkreten »Markt« bezogen sein. Marktgröße und Marktanteil existieren nicht in absoluter, eindeutiger Form. Vielmehr bestimmen Definition und Abgrenzung des Marktes die Marktgröße und damit den Markt-anteil. Diese Definition kann in der Praxis große Schwierigkeiten bereiten. Am einen Ende kann man den Markt so eng definieren, dass man in jedem Fall als Marktführer rauskommt. Oder die Definition lässt sich so weit fassen, dass ein riesiger Markt, aber nur ein winziger Marktanteil resultiert. Was sind in diesem Sinne der Markt und der Marktanteil von Rolls-Royce? Man könnte den Standpunkt vertreten, dass nur die bisherigen Rolls-Royce-Käufer den Markt definieren. Der Marktanteil wäre dann 100 %! Diese Definition wäre richtig, wenn keine neuen Kunden gewonnen würden und für die bisherigen Rolls-Royce-Käufer kein anderes Auto infrage käme. Das trifft sicher nicht für alle Rolls-Royce-Käufer zu, denn selbst das englische Königshaus brach die 50 Jahre alte Rolls-Royce-Tradition und stieg nach der Übernahme von Rolls-Royce durch BMW auf Bentley um. Unter den Hidden Champions gibt es Firmen, die in diesem Sinne tatsächlich ihren eigenen Markt definieren und 100 % Marktanteil besitzen, zum Beispiel die Firma Suwelack, die bei Collagen in ihrer Qualitätskategorie seit dem Ausscheiden des einzigen Mitstreiters keine Konkurrenten mehr hat. Schlösse man in eine alternative Marktdefinition für Rolls-Royce alle Autos ein, die mindestens so viel kosten wie der billigste Rolls-Royce (das Modell Ghost, das 2011 für 254 000 Euro zu haben war), dann ergäbe sich ein weitaus größerer Markt. Definiert man den Markt noch weiter, indem man neben Marken wie Maybach und Bentley Autos aus dem Premium-Segment wie zum Beispiel die Mercedes S-Klasse, Audi A8, BMW 7er, Jaguar, Lexus oder die Marke Maserati einbezieht, dann ist der Markt wiederum um ein Vielfaches größer, und man käme zu einem Marktanteil von Rolls-Royce unterhalb der 1-Prozent-Grenze. Geht man einen Schritt weiter und erfasst den gesamten Automobilmarkt, so steigt die Marktgröße ins Unermessliche, der Marktanteil von Rolls-Royce schmilzt auf ca. 0,0001 %. Eine derart weite Marktdefinition ist für strategische Überlegungen unsinnig, denn ein Rolls-Royce konkurriert nicht mit einem VW Polo. Ähnliche Gedankengänge lassen sich auf fast jeden Markt anwenden, beispielsweise auf Marktdefinition, Marktgröße und Marktanteil der Lufthansa zwischen Hamburg und München. Je nachdem, ob man nur Flug- oder auch Bahn- und Autoreisen einbezieht, kommt man zu völlig unterschiedlichen Marktgrößen und Marktanteilen.

Angesichts dieser Komplexität lassen sich Willkür, Wunschdenken und Irrtümer bei der Marktdefinition kaum ausschließen. Wir verlassen uns auf die Angaben der Hidden Champions zu Märkten und Marktanteilen, da Einzelprüfungen nicht zu bewältigen sind. Es kann durchaus sein, dass einige Hidden Champions in dieser Hinsicht sich selbst und der Öffentlichkeit etwas vorzumachen versuchen. Doch solche Fälle sind selten. Zudem fungiert der Wettbewerb als wirksame Kontrollinstanz. So schreibt mir der CEO eines niedersächsischen Hidden Champions, der erstmalig die Weltmarktführerschaft errang und dies auch öffentlich kundtat: »Eine Wettbewerbsklage seitens des früheren Weltmarktführers folgte auf dem Fuße. Doch die im Rahmen dieser Klage ausgetauschten Fakten belegten, dass wir erheblich mehr Umsatz zu verzeichnen hatten als der Mitbewerber.« Die Konkurrenz toleriert nicht, dass sich jemand einfach als Weltmarktführer bezeichnet, ohne dies belegen zu können.

Bisher haben wir ausführlich über Marktführerschaft gesprochen, ohne die konkreten Marktanteile der Hidden Champions offenzulegen. Abbildung 5.2 verrät das Geheimnis für die Marktanteile im deutschen, im europäischen und im globalen Markt. Zugrunde liegen die von den Hidden Champions selbst gewählten Markt- und Marktanteilsdefinitionen.

Abb. 5.2: Marktführerschaft und Marktanteile der Hidden Champions

	Marktführer	Absoluter Marktanteil	Relativer Marktanteil
Welt	66 %	33 %	2,3
Europa	78 %	38 %	2,8
Deutschland	90 %	47 %	3,4

Die Spalte Marktführer zeigt, dass im Weltmarkt etwa zwei Drittel, in Europa mehr als drei Viertel und in Deutschland sogar 90 % der von uns erfassten Hidden Champions Marktführer sind. Die Abbildung 5.2 zeigt »absolute« und »relative« Marktanteile. Der absolute Marktanteil entspricht dem Prozentsatz, den man am Gesamtmarkt hat. Der relative Marktanteil ist der eigene Marktanteil dividiert durch den Marktanteil des stärksten Konkurrenten. Wenn wir also selbst einen Marktanteil von 32 % haben und der stärkste Wettbewerber einen solchen von 20 % hat, dann ergibt sich unser relativer Marktanteil als 32/20 = 1,6. Nur der Marktführer besitzt einen relativen Marktanteil von größer als 1. Für alle anderen Anbieter liegt dieser Wert unter 1 – im Zahlenbeispiel also bei 20/32 = 0,625 für den stärksten Konkurrenten des Marktführers.

Der durchschnittliche absolute Marktanteil der Hidden Champions liegt im Weltmarkt bei 33 %, in Europa bei 38 % und in Deutschland bei 47 %. Alle drei Werte sind im Zehnjahresvergleich leicht angestiegen. Angesichts des Wachstums der Märkte und insbesondere des rapiden Fortschritts der

Globalisierung und der damit einhergehenden Markterweiterung war das nicht zu erwarten. Noch überraschender ist das Bild bei den relativen Marktanteilen, die messen, wie sich die Hidden Champions im Verhältnis zu ihren stärksten Konkurrenten stellen. Im Weltmarkt liegt der mittlere relative Marktanteil bei 2,3, die Hidden Champions übertreffen ihren jeweils stärksten Konkurrenten um mehr als das Doppelte. Zehn Jahre vorher rangierte dieser Wert noch deutlich unter 2. Die Hidden Champions haben sich also in einem größer gewordenen Weltmarkt nicht nur behauptet, sondern ihre Marktführerschaft sogar gestärkt. Sie haben ihre absoluten Marktanteile leicht gesteigert und die Abstände zu ihren stärksten Konkurrenten fühlbar vergrößert. Diese Befunde deuten darauf hin, dass ihre Wettbewerbsüberlegenheit zugenommen hat. Als wichtigste Ursache sehen wir die massive Welle von Innovationen an. Die Hidden Champions haben den Anspruch, ihre Märkte zu führen, nachhaltig unterstrichen und bewiesen, dass sie ihre Konkurrenten aus aller Welt nicht zu fürchten brauchen.

Management-Irrglaube

Die Hypothese, dass ein hoher Marktanteil zu hoher Profitabilität führt, hat die Diskussion in Managementtheorie und -praxis beginnend in den fünfziger Jahren über Jahrzehnte beherrscht. Vermutlich handelt es sich hierbei um einen der größten Management-Irrglauben unserer Zeit. Seit Jahrzehnten wird Führungskräften von Vorgesetzten, Kollegen, Professoren, Beratern und anderen Experten vorgebetet, im Erreichen und Halten hoher Marktanteile liege das allein Seligmachende. Zusammen mit zwei jüngeren Partnern unseres Unternehmens habe ich gegen dieses Marktanteilsdenken schon vor Jahren dezidiert Position bezogen. Wir haben ein Buch mit dem englischen Titel *Manage for Profit, not for Market Share* (Titel der deutschsprachigen Ausgabe: *Der gewinnorientierte Manager. Abschied vom Marktanteilsdenken*) publiziert.[12] Ist das nicht ein Widerspruch zu dem Lob, das ich in dem vorliegenden Buch auf die Marktführerschaft und hohe Marktanteile singe? Nein! Bereits in der Erstausgabe der *Hidden Champions* konnte ich keine Korrelation zwischen Marktanteil und Rendite feststellen.[13] Dieser Befund hat sich erneut bestätigt. Auch jetzt ist die Korrelation zwischen Rendite und Marktanteil nicht signifikant. Das gilt sowohl für den absoluten als auch den relativen Marktanteil. Und es gilt für alle drei Märkte, für die wir Marktanteile erfasst haben: für Deutschland, Europa und die Welt. Natürlich kann man bei unserer Stichprobe einwenden, dass alle einbezogenen

Firmen hohe Marktanteile besitzen und insofern die Varianz dieser Variablen gering sei. Das trifft zumindest bei den relativen Marktanteilen nicht zu, sie variieren stark.

Die Entstehung der Hypothese »hoher Marktanteil führt zu hohem Gewinn« und die Argumente dagegen seien hier nur kurz angesprochen. Für eine eingehendere Beschäftigung sei auf das angegebene Buch verwiesen.[14] Der bekannteste Ursprung des Marktanteilsdenkens ist die PIMS-Studie, die eine starke Korrelation zwischen Marktanteil und Rendite aufdeckte.[15] Eine zweite Quelle ist die Erfahrungskurve. Dieses Konzept basiert auf der Hypothese, dass die Kostenposition vom relativen Marktanteil abhänge. Je größer Letzterer ist, desto niedriger seien die Stückkosten im Vergleich zur Konkurrenz, desto höher folglich die Marge. Die bekannte Matrix der Boston Consulting Group mit den beiden Dimensionen »Marktwachstum« und »Relativer Marktanteil« leitet daraus ab, dass man den relativen Marktanteil hochtreiben solle. Als weitere prominente Quelle ist schließlich Jack Welch zu nennen, der im Jahr 1982 nach seinem Antritt als CEO von General Electric verkündete, sein Unternehmen werde sich aus einem Markt zurückziehen, wenn es dort nicht die Nr. 1 oder die Nr. 2 in der Welt werden könne.

In der jüngeren Vergangenheit ist der Glaube an die Magie des Marktanteils zunehmend hinterfragt und teilweise widerlegt worden.[16] Interessanterweise entdeckte man dabei auch ältere Quellen. Die Kernfrage läuft darauf hinaus, ob eine bloße Korrelation oder eine echte Kausalbeziehung zugrunde liegt. Die Gedanken zu diesem Thema werden hier bewusst vereinfacht dargestellt, um zum Kern des Problems und zu den Hidden Champions zu kommen. Nicht der Marktanteil und die Marktführerschaft an sich sind entscheidend, sondern es kommt darauf an, ob es sich um »gute« oder um »schlechte« Marktanteile bzw. Marktführerschaften handelt. Dieses Konzept ist in Abbildung 5.3 veranschaulicht.

Gute Marktanteile sind solche, die durch überlegene Leistung, Qualität, Innovation und ausgezeichneten Service »verdient« werden. Die Marktführerschaft wird dabei nicht über margenruinierende Preissenkungen, sondern preis- und margenschonend oder sogar margensteigernd über höheren Kundennutzen errungen. »Schlechte« Marktanteile zeichnen sich hingegen dadurch aus, dass primär Preissenkungen und alle möglichen Varianten von aggressiven Preisstrategien sowie Sonderangeboten eingesetzt werden, um Mengen und Anteile am Markt zu erobern, ohne dass eine entsprechend günstigere Kostenposition zugrunde liegt – diese Bedingung ist entscheidend. »Schlechte« Marktanteile sind nicht langfristig verdient, sondern kurzfristig durch unrealistische Preiskonzessionen erkämpft. Sie führen zu

Abbildung 5.3: Gute versus schlechte Markanteile

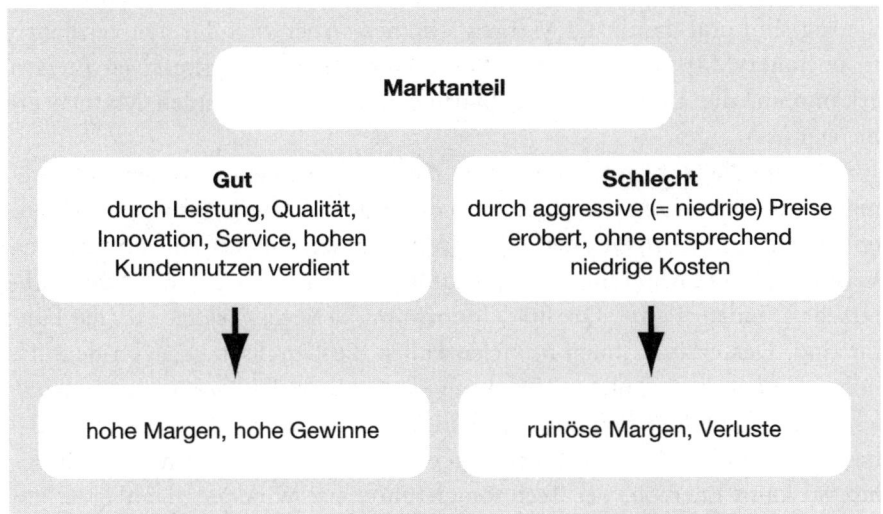

niedrigen Gewinnen oder noch häufiger Verlusten, da die Kosten im Vergleich zu den angebotenen Preisen zu hoch sind (et vice versa: die Preise im Verhältnis zu den Kosten zu niedrig sind). In vielen modernen Märkten treffen wir auf »schlechte« Marktanteile. Der vermutlich bekannteste Fall ist die Firma General Motors, die über Jahrzehnte größter Autohersteller der Welt war und dennoch in die Insolvenz rutschte. Das folgende Zitat von Richard Wagoner, der von 2000 bis 2009 CEO von General Motors war, deckt die vielleicht wichtigste Ursache für diese katastrophale Entwicklung auf: »Fixed costs are extremely high in our industry. We realized that in a crisis we fare better with low prices than by reducing volume. After all, in contrast to some competitors, we still make money with this strategy.«[17] General Motors reagierte also auf Nachfragerückgänge, indem man die Preise senkte. Dahinter stand die Hoffnung, Stückzahlen und Marktanteile zu halten und Marktführer zu bleiben. In Wirklichkeit führte dieses Verhalten unweigerlich in den Abgrund, da die Kosten relativ zu den Preisen und den ausufernden Rabatten viel zu hoch waren. Bei Fluggesellschaften, im Einzelhandel, in der Konsumelektronik, im Tourismus und in vielen anderen Sektoren erleben wir ähnlich katastrophale Folgen der Marktanteilsbesessenheit. Es sei angemerkt, dass nicht das Preisniveau als solches einen »schlechten« Marktanteil definiert. Wenn die Kosten so gering sind, dass trotz der niedrigen Preise ausreichende Spannen realisiert werden, dann handelt es sich um »gute« Marktanteile. Aldi, Ikea, Ryanair und andere Billiganbieter haben hohe Marktanteile und niedrige Preise. Sie erwirtschaften dennoch ausgezeichnete Renditen, weil die Kosten extrem niedrig sind und damit die Margen stimmen. Aber viele Firmen verdienen trotz hoher Marktanteile kein Geld, da sie diese mit aggressiven Preisen erkämpfen, die aufgrund hoher Kosten keine ausreichenden Margen erbringen.

Wie sind die Hidden Champions in dieser Hinsicht einzuordnen? Von wenigen Ausnahmen abgesehen, erobern die Hidden Champions ihre Marktanteile nicht mit niedrigen oder aggressiven Preisen, sondern mit überlegenen Leistungen. Wie Abbildung 5.3 gezeigt hat, »verdienen« sie ihre Marktführerschaft, indem sie bei Qualität, Innovation, Service, Prestige etc. die Führer sind. Das erlaubt ihnen in vielen Fällen die Durchsetzung von deutlich höheren Preisen. Aus meiner Erfahrung und sehr vielen Gesprächen schätze ich das typische Preispremium der Hidden Champions auf 10 bis 15 %. Bei besonders starken Marktführern liegen die Unterschiede noch deutlich höher. So kann Enercon, der Technologieführer bei Windenergieanlagen, um 15 bis 25 % höhere Preise durchsetzen. Selbst in Fällen mit hohem Preisdruck (z. B. Zulieferer, Großprojekte, große Kunden) können Hidden Champions fühlbare Preisunterschiede realisieren. Oft besitzen sie selbst gegenüber starken Abnehmern eine beträchtliche Marktmacht. Bei den Marktanteilen der Hidden Champions handelt es sich also typischerweise um »gute«, sprich margenstarke Marktanteile. Die Hidden Champions sind nicht nur Marktführer, sondern erzielen zudem höhere Preise. Die Folge ist ein auskömmlicher Gewinn.

Es sei festgehalten, dass die Hidden Champions ihre marktführenden Positionen und ihre Marktanteile durch Leistung »verdienen« und nicht über margenruinierende Preisaggressionen erkämpfen. Deshalb – und nicht wegen einer magischen Korrelation – besitzen sie »gute« Marktanteile mit einem hohen Wert. Die in vielen anderen Märkten zu beobachtende Marktanteilsmanie, bei der »schlechte« Marktanteile ohne Rücksicht auf den Gewinn erobert oder verteidigt werden, ist für die Hidden Champions artfremd. Der Anspruch auf Marktführerschaft ist leistungsmäßig fundiert, steht auf einer breiten Basis und fördert das Gewinnziel.

Betrachtet man Wachstum und Marktposition simultan, so ist festzustellen, dass die Hidden Champions seit 1995 eine sehr positive Entwicklung durchlaufen haben. Sie sind erheblich größer geworden, stark gewachsen und haben ihre Marktführerschaft gegenüber ihren stärksten Konkurrenten sogar noch ausgebaut.

Zusammenfassung

Marktführerschaft ist bei vielen Hidden Champions ein identitätsbildendes Ziel, das für Selbstverständnis und Strategie eine herausragende Rolle spielt. Die wichtigsten Erkenntnisse dieses Kapitels sind:

- Die Definition von Marktführerschaft ausschließlich über den Marktanteil wird von den meisten Hidden Champions als zu eng angesehen.
- Vielmehr verbinden sie mit diesem Begriff einen umfassenden Anspruch auf Führung gegenüber Marktteilnehmern wie Kunden, Lieferanten bis hin zu Wettbewerbern.
- Die wichtigsten konstitutiven Merkmale des Führungsanspruchs liegen in Technologie, Qualität, Bekanntheit und Prestige, erst danach folgen Umsätze und Stückzahlen.
- Mehr als zwei Drittel der Hidden Champions sind Weltmarktführer.
- Die Hidden Champions konnten ihre schon starken Marktpositionen weiter ausbauen.
- Im Durchschnitt sehen sich die Hidden Champions seit 22 Jahren als Marktführer. Das ist ein sehr langer Zeitraum.
- Formulierung und Kommunikation des Anspruchs, den Markt zu führen, erfolgen bei vielen Hidden Champions explizit und in einem frühen Stadium der Entwicklung. Die Ambition, Marktführer zu werden, ist eine wichtige Antriebskraft, die erheblich zur Motivation der Mitarbeiter beiträgt.
- Die hohen Marktanteile der Hidden Champions wurden durch Leistung verdient und nicht durch aggressive Preise erobert. In diesem Sinne handelt es sich um »gute« Marktanteile, die mit entsprechend hoher Profitabilität einhergehen.

Einen Markt zu führen ist ein hoher Anspruch, der verlangt, besser und anerkannter zu sein als die Konkurrenten. Nur dann wird die Führungsrolle von den anderen Marktteilnehmern akzeptiert. Die behandelten Wachstumsziele und Marktführerschaftsziele ergänzen sich synergistisch. Höhere Marktanteile tragen zum Wachstum bei, und Wachstum erlaubt mehr Investitionen in den Ausbau der Marktposition.

Anmerkungen

1 Vgl. Warren Bennis, *On Becoming a Leader*, Philadelphia: Perseus 2009.
2 Vgl. Michael Porter, *Competitive Advantage, Creating and Sustaining Superior Performance*, New York: The Free Press 1985.

3 Vgl. Hermann Simon und Martin Fassnacht, *Preismanagement*, 3. Auflage, Wiesbaden: Gabler 2008.

4 Vgl. Steffen Kinkel und Oliver Som, *Strukturen und Treiber des Innovationserfolges im deutschen Maschinenbau*, Karlsruhe: Fraunhofer-Institut für System- und Innovationsforschung ISI, Nr. 41, Mai 2007, S. 3.

5 Givaudan.com, Vision, 18. Mai 2012.

6 Eine Spielanleitung ist in 24 Stunden fertig, *Frankfurter Allgemeine Zeitung*, 30. April 2012, S. 17.

7 Vgl. Hermann Simon, *Goodwill und Marketingstrategie*, Wiesbaden: Gabler 1985.

8 Peter F. Drucker, Management and the World's Work, *Harvard Business Review*, 66, September 1988, S. 76.

9 »Simon-Kucher is world leader in giving advice to companies on how to price their products.« *Business Week*, 26. Januar 2004, »Simon-Kucher is the worlds' leading pricing consultancy.« *The Economist*, 2005, »Simon-Kucher is the leading price consultancy in the world.« Eric Mitchell, President Professional Pricing Society, 2003, »In pricing you offer something nobody else does.« Professor Peter Drucker (persönliche Kommunikation), »No one knows more about pricing than Simon-Kucher.« Professor Philip Kotler, »No firm has spearheaded the professionalization of pricing more than Simon-Kucher & Partners.« William Poundstone, *Priceless,* New York: Hill and Wang 2010.

10 Vgl. Henry Mintzberg, *Die Strategische Planung. Aufstieg, Niedergang und Neubestimmung*, München/Wien: Hanser 1995, sowie Henry Mintzberg und James A. Waters, Of Strategies, Deliberate and Emergent, *Strategic Management Journal*, 1985, S. 257–272.

11 Vgl. Clayton M. Christensen, James Allworth und Karen Dillon, *How Will You Measure Your Life,* New York: Harper Collins 2012.

12 Hermann Simon, Frank Bilstein und Frank Luby, *Manage for Profit, not for Market Share. A Guide to Higher Profitability in Highly Contested Markets*, Boston: Harvard Business School Press 2006, deutsche Ausgabe: *Der gewinnorientierte Manager. Abschied vom Marktanteilsdenken*, Frankfurt/New York: Campus Verlag 2006.

13 Vgl. Hermann Simon, *Die heimlichen Gewinner (Hidden Champions)*, Frankfurt/New York: Campus Verlag 1997, S. 29.

14 Hermann Simon, Frank Bilstein und Frank Luby, *Der gewinnorientierte Manager. Abschied vom Marktanteilsdenken*, Frankfurt/New York: Campus Verlag 2006, S. 17–23.

15 Vgl. Robert D. Buzzell und Bradley T. Gale, *The PIMS Principles. Linking Strategy to Performance*, New York: Free Press 1987.

16 Vgl. insbesondere die folgende Anthologie: Paul W. Farris und Michael J. Moore (Eds.), *The Profit Impact of Market Strategy. Restrospect and Prospects*, Cambridge (UK): Cambridge University Press 2003, sowie Richard Miniter, *The Myth of Market Share. Why Market Share is the Fool's Gold of Business*, London: Crown 2002.

17 Hermann Simon, *Beat the Crisis*, New York: Springer 2009, S. 88.

Kapitel 6

Eng fokussieren

Nur mit Fokus wird man Weltklasse. Wer versucht, sowohl im 100-Meter- als auch im Marathonlauf die Goldmedaille zu gewinnen, wird in beiden Disziplinen scheitern. Konzentration ist unverzichtbare Voraussetzung für Spitzenleistung. Die meisten Hidden Champions sind eng fokussiert.

Die Fokussierung kann sich dabei auf unterschiedliche Inhalte beziehen: Kunden, Produkt, Leistungsportfolio, Kompetenzen, Zugang zu Ressourcen, Teile der Wertschöpfungskette, Preissegmente oder Ähnliches. Oft überlappen sich mehrere dieser Fokussierungskriterien.

Natürlich sind diese Inhalte im Zeitablauf Veränderungen unterworfen. Eine Fokussierung muss nicht auf ewig in Stein gemeißelt sein. So ist zu beobachten, dass Hidden Champions, die aufgrund von Marktsättigung, hohen Marktanteilen oder technologischen Umbrüchen an Wachstumsgrenzen stoßen, ihre Schwerpunkte verlagern oder in neue Märkte eintreten. Sie tun das zumeist in Form einer »weichen« Diversifikation, die wir in Kapitel 13 vertieft behandeln.

Auswahl und Definition des Marktes gelten als Ausgangspunkt der Strategie. Wie definieren die Hidden Champions ihre Märkte? Ein auffälliger und wichtiger Befund besteht darin, dass viele Hidden Champions ihre Marktdefinition nicht als extern vorgegeben, sondern als eigenständigen Parameter ihrer Strategie verstehen. Diese Firmen akzeptieren nicht die Marktdefinition, die in ihrer Branche, in Statistiken, bei Wettbewerbern oder Kunden gebräuchlich ist, sondern entwickeln eine eigenständige Auffassung ihres Marktes. Diese Eigenständigkeit der Marktdefinition kann zu entscheidenden Unterschieden in der Strategie führen. »Defining the business – or the market«, um mit Derek Abell zu sprechen[1], ist nicht nur »starting point«, sondern selbst Gegenstand der Strategie.

Enge Märkte

Der klassische Hidden Champion ist ein Einprodukt-Einmarkt-Unternehmen, der seinen Markt eng definiert. Als Folge davon werden die Märkte relativ klein. Abbildung 6.1 veranschaulicht die Verteilung der Größe der Weltmärkte. Etwa ein Viertel der Firmen (exakt 26 %) operieren in ausgesprochenen Nischenmärkten mit weniger als 300 Millionen Euro Volumen. Immerhin 20 % der Märkte sind hingegen größer als 3 Milliarden Euro. Auch dieses Volumen ist im Verhältnis zu wirklich großen Märkten wie Automobil oder Telekommunikation klein. Generell kann man sagen, dass die Hidden Champions eher in kleinen Märkten operieren. Das gilt durchgängig für die kleineren Firmen, tendenziell aber auch für die großen Hidden Champions.

Abb 6.1: Größe der Weltmärkte der Hidden Champions

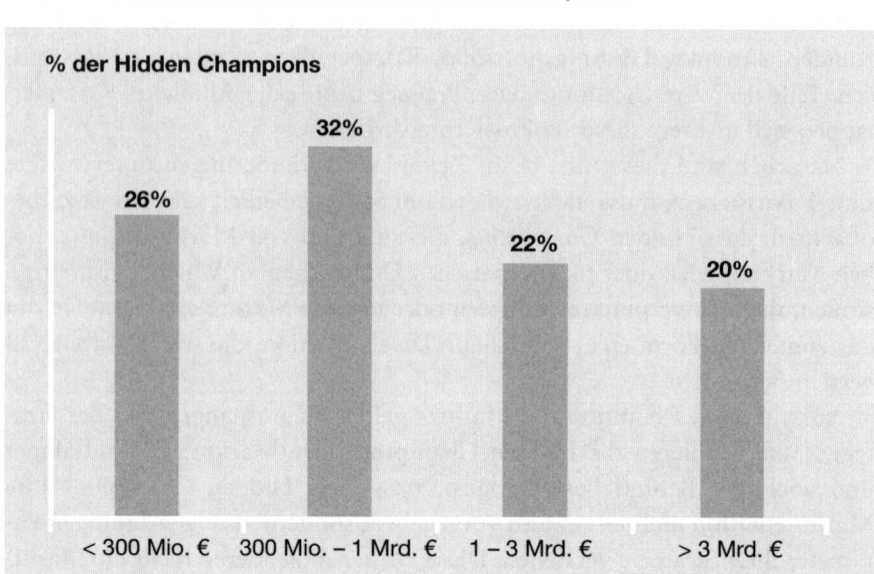

Die typische Weltmarktgröße hat sich im Zehnjahresvergleich mehr als verdoppelt. Insbesondere hat der Anteil kleiner Märkte abgenommen. Früher lagen fast 50 % der Weltmärkte, in denen Hidden Champions tätig waren, unter 300 Millionen Euro, heute sind es 26 %. Fast 80 % der Befragten sagen, dass ihre Märkte gewachsen seien, 42 % bewerten dieses Wachstum sogar als ausgesprochen stark. Immerhin 9 % berichten jedoch, dass ihr Markt stagniert, und 12 %, dass die Marktgröße heute kleiner sei als vor zehn Jahren. Eine differenzierte Betrachtung ist demnach angezeigt. Trotz des insgesamt starken Wachstums der Weltmärkte – und trotz China, Indien etc. – gibt es unter den Hidden-Champions-Märkten wie in jeder dynamischen Wirtschaft auch schrumpfende Segmente.

In vertiefenden Diskussionen haben wir immer wieder festgestellt, dass die Marktabgrenzung und die Einschätzung der Marktgrößen ungewöhnlich schwierig sind. Das lässt sich an unserer eigenen Erfahrung illustrieren. Weiß Simon-Kucher, als weltweit aktiver Pricing-Berater, wie groß der Markt für Preisberatung in Deutschland, Europa oder der Welt ist? Natürlich nicht! Diese Art der Fragmentierung ist nicht untypisch für Hidden-Champions-Märkte. Es ist nicht ungewöhnlich, dass ein Hidden Champion in einzelnen Segmenten mit unterschiedlichen Wettbewerbern konkurriert, die wiederum in ihren jeweiligen Spezialgebieten oder Nischen Marktführer sind. Auch ist die Definition der Märkte meist nicht ein-, sondern mehrdimensional, wie wir gleich sehen werden. Unserem Eindruck zufolge bemühen sich die Firmen um einigermaßen adäquate Definitionen ihrer Märkte. Die Abschätzung der Größe bleibt dennoch mit Unwägbarkeiten behaftet.

Trotz dieser Gegebenheiten zeigen sich die Hidden Champions vergleichsweise gut über ihre Märkte informiert. 72 % machten quantitative Angaben zur Größe ihres Weltmarktes. Die Zahlen resultieren dabei typischerweise aus mehreren Quellen, wobei subjektive Schätzungen mit 46 %, Fremdstatistiken mit 54 % und gründliche eigene Untersuchungen mit 61 % etwa gleichgewichtet einfließen. Aber es existieren auch zahlreiche Unternehmen, die – wie im obigen eigenen Beispiel angedeutet – keine zuverlässigen Angaben über ihre Marktgrößen und damit ihre Marktanteile machen können. In vielen, vor allem in neu entstehenden Märkten gibt es keine Möglichkeit, präzise Daten zur Marktgröße zu erhalten. Auch ist in vielen sich entwickelnden Ländern die Datenlage spärlich und unzuverlässig. Dies bedeutet keineswegs, dass solche Märkte nicht attraktiv sind. Verfügbarkeit von Marktstatistiken darf nicht mit hoher Marktattraktivität verwechselt werden. Manche Märkte, die informationsmäßig schwer fassbar sind, erweisen sich bei näherem Hinsehen als ausgesprochen attraktiv. Intransparenz hat auch Vorteile. Albert Blum, der Gründer von ABS Pumpen, sagte mir einmal: »Wenn man die Marktgröße und den Marktanteil nicht kennt, braucht man keine Angst vor den Japanern zu haben.« Für Chinesen dürfte diese Aussage weniger gelten. Mein Eindruck ist, dass Chinesen sich – anders als Japaner – auch auf Märkte wagen, für die es keine zuverlässigen Statistiken gibt. Ein Mittel gegen Lücken in der objektiven und quantitativen Marktinformation besteht in hoher Markt- und Kundennähe. Diese Nähe, die wir in Kapitel 9 behandeln, bildet eine der ausgeprägtesten Stärken der Hidden

Champions. Insofern sind sie selbst ohne ausgefeilte Statistiken in der Lage, die Trends eines Marktes richtig zu erkennen und sich darauf einzurichten.

Verschiedene Möglichkeiten für Marktdefinitionen

Es gibt zahlreiche Möglichkeiten, einen Markt oder ein Geschäft zu definieren. Die älteste Version basiert auf dem Produkt: »Wir sind auf dem Markt für Geschirrspülsysteme tätig.« Diese produktorientierte Definition wurde von Theodore Levitt in dem bahnbrechenden Aufsatz »Marketing Myopia« aus dem Jahre 1960 heftig kritisiert[2]. Berühmt geworden ist Levitts Kritik der amerikanischen Eisenbahnen. Weil sie ihren Markt als »Eisenbahngeschäft« und nicht als »Personentransport« definiert hätten, so Levitt, sei ihnen die neu entstehende Konkurrenz der Airlines entgangen. Diese hätten die Eisenbahnen letztlich aus dem Markt und in den Bankrott getrieben, weil sie im gleichen Markt, nämlich dem Personentransport, konkurrierten. Bei adäquater, das heißt bedürfnisorientierter Marktdefinition hätten die Eisenbahngesellschaften selbst ins Fluggeschäft einsteigen oder schon damals Hochgeschwindigkeitsstrecken einrichten müssen. Eine Episode am Rande: Die erste Gesetzgebung in den USA zu Fluggesellschaften aus dem Jahr 1934 war im »Railroad Act« enthalten.

Die von Levitt geforderte Marktdefinition basiert auf Kundenbedürfnissen oder Anwendungen. »Wir sorgen für sauberes Geschirr« wäre eine solche anwendungsorientierte Definition für einen Spülmaschinenhersteller. Des Weiteren können Märkte anhand von Kunden- oder Zielgruppen bestimmt werden. Um beim Beispiel zu bleiben: »Wir bedienen mit unseren Geschirrspülsystemen Hotels und Restaurants.« Darüber hinaus kommen ähnliche Preis- oder Qualitätslagen für die Marktabgrenzung infrage: »Wir bieten nur Systeme in der Preisklasse ab 1 000 Euro an« oder »Wir sind nur in der höchsten Qualitätsklasse aktiv«. Nicht zuletzt hat die regionale Marktdefinition in der Praxis große Bedeutung: »Wir bedienen den europäischen Markt.« Abbildung 6.2 veranschaulicht die Bedeutung der Kriterien, die die Hidden Champions bei der Definition ihrer Märkte anwenden.

Mit 63 % steht die Anwendung, man kann auch sagen das Kundenbedürfnis, an erster Stelle. Das hätte Ted Levitt gefallen. Auf der zweiten Position folgt ein weiteres kundenorientiertes Kriterium, die Kunden- oder Zielgruppe. Auch Produkt/Technologie hat mit 42 % beträchtliches Gewicht. Demgegenüber fallen Preisniveau, Qualität und vor allem Region als Marktdefinitionskriterien der Hidden Champions deutlich zurück.

Abb. 6.2: Bedeutung der Kriterien zur Marktdefinition

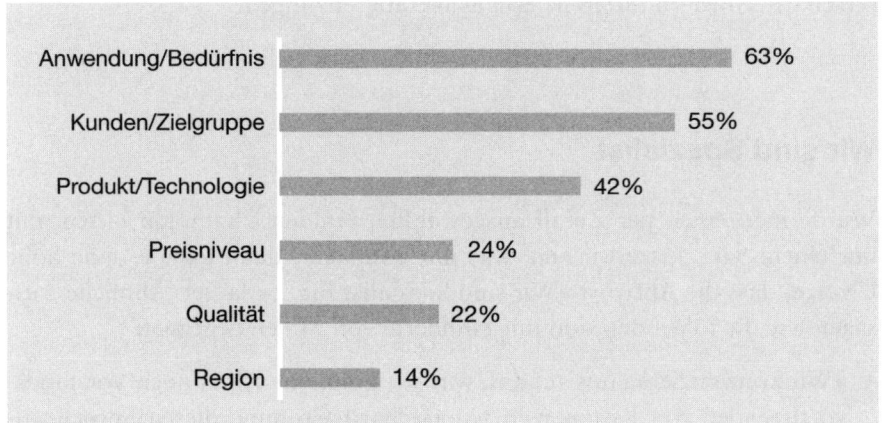

Insgesamt beweisen die Hidden Champions mit ihren Marktdefinitionen ein fortschrittliches Marktverständnis. Kundenbedürfnisse und Zielgruppen stehen klar an der Spitze. Ein großer Teil bezieht zudem Produkt/Technologie und damit die dahinter stehenden Kernkompetenzen in die Marktdefinition ein. Hingegen hat die regionale Marktabgrenzung für diese global agierenden Firmen nur geringe Bedeutung. Die Hidden Champions sind längst über die engen Grenzen ihrer Ursprungsregionen hinausgewachsen. Sie sind im Aufbruch nach Globalia und betrachten die Welt oder zumindest Europa als ihren Markt, nicht ihr Land oder ihre Region.

Die Summe der Prozentsätze in Abbildung 6.2 ist deutlich größer als 100, nämlich 220. Dies bedeutet, dass die Hidden Champions nicht ein Kriterium, sondern im Schnitt 2,2 Kriterien für die Definition ihrer Märkte verwenden. Ihre Marktdefinition ist also nicht ein-, sondern mehrdimensional. So spezialisiert sich die Schweizer Firma Netstal, ein weltweit führender Hersteller von Kunststoffspritzmaschinen[3], in einem ihrer Kernbereiche auf den Markt für PET-Flaschen (Anwendung), hat damit vor allem die Getränkeindustrie im Auge (Kundengruppe) und verkauft nur relativ hochpreisige Maschinen (Preisniveau) mit entsprechender Spitzenleistung (Qualität). Hier kommen also alle Kriterien, außer der Region, bei der Marktabgrenzung zur Geltung. Dieses Beispiel zeigt, wie fragmentiert ein Markt sein kann und wie ein typischer Hidden Champion das von ihm bediente Marktsegment gezielt und aktiv definiert, um dort eine überlegene Position aufzubauen. In einem komplexen Markt wie demjenigen für Kunststoffspritzmaschinen gibt es keine Chance für eine »allgemeine« Marktführerschaft, wie sie etwa Microsoft bei PC-Standardsoftware besitzt. Heterogene, fragmentierte Märkte und eine Strategie der Marktführerschaft erfordern differenzierte Marktabgrenzungen.

Wir sind Spezialist

Würde man einen per Zufall ausgewählten Hidden Champion bitten, mit nur einem Satz auszudrücken, was ihn ausmacht, dann gäbe es eine hohe Chance, dass die Antwort »Wir sind Spezialist für…« lautet. Ähnliche Aussagen wie die folgenden sind mir Hunderte von Malen begegnet:

- »Wir konzentrieren uns auf das, was wir können.« Als er noch Vorstandsvorsitzender von Krupp war, hat Gerhard Cromme diesen Spruch aus dem ersten Hidden-Champions-Buch übernommen und ihn als Motto für Krupp etwas erweitert: »Wir konzentrieren uns auf das, was wir können. Das tun wir weltweit.« Dieses Beispiel zeigt, dass selbst Großunternehmen von den Hidden Champions zu lernen bereit sind. Die Verbindung von Fokussierung und globaler Orientierung erfasst entscheidende Merkmale der Hidden-Champions-Strategie.
- »Wir sind ein Nischenanbieter.« Diese Aussage kommt bei den Hidden Champions sehr häufig vor, nicht selten ergänzt um den Zusatz »… und wollen es bleiben«.
- »Wir sind tief, nicht breit.« Damit ist gemeint, dass eine tiefe Wertschöpfungskette angeboten wird, aber nicht für einen breiten, sondern nur für einen engen Markt.
- »Wir bleiben bei unseren Leisten« oder »Keine Diversifikation«. Nach wie vor gilt diese Maxime für die meisten Hidden Champions. Sie hatten es nicht nötig zu diversifizieren oder haben der Versuchung, dies zu tun, widerstanden. Größere Hidden Champions, die in ihren engen Märkten an Wachstumsgrenzen stoßen, praktizieren allerdings »weiche« Diversifikation.

Aufschlussreich ist auch die folgende Aussage von James Flaws, Finanzvorstand des Spezialherstellers Corning: »We deliberately focus on difficult areas of technology. We feel we are not very good at dealing with non-difficult things.«[4] Wenn man sich auf schwierige Dinge konzentriert, dann steigt in der Tat die Wahrscheinlichkeit, dass die Luft für Konkurrenten dünner wird.

Generell stehen Fokussierung und Konzentration im Vordergrund. Die Treue zu dem jeweiligen Markt und Kompetenzgebiet ist ausgeprägt. Die

Hidden Champions sind im Mittel seit 22 Jahren Marktführer. Die letzte richtungsweisende Entscheidung zum Markt liegt bei zwei Dritteln der Unternehmen mindestens fünf bis zehn Jahre zurück. Ähnlich sieht es bei der letzten Entscheidung zur Basistechnologie aus, sie wurde von mehr als der Hälfte der Hidden Champions vor mehr als zehn Jahren getroffen.[5]

Dieses Festhalten an einem Markt wirft ein Licht auf die hohe Konzentration und Kontinuität der Hidden Champions. Dem Kunden wird so ein starkes Commitment signalisiert. Er kann sich darauf verlassen, dass der Hidden Champion bei der Sache bleibt. »Wir hatten immer nur einen Kunden, und wir werden auch in Zukunft immer nur einen Kunden haben, die Pharmaindustrie«, sagt die Firma Uhlmann, Weltmarktführer für Pharma-Verpackungen, und in ein knappes Motto verpackt wird die Fokussierung zum Ausdruck gebracht: »Nur das, aber das richtig.« Nicht weniger klar ist die Aussage bei Flexi: »Wir werden nur eins machen – aber das machen wir Spitze.« Flexi produziert nur Hunderollleinen, diese allerdings in 300 Varianten, und ist mit weitem Abstand Weltmarkführer.

Zur Strategie gehört auch zu wissen, was man nicht will. Das ist genauso wichtig wie zu wissen, was man will. Microsoft-Gründer Bill Gates hat in Interviews immer wieder auf diese Notwendigkeit der Beschränkung hingewiesen. Andreas Land, geschäftsführender Gesellschafter von Griesson – de Beukelaer, dem europäischen Marktführer bei Süßgebäck, drückt dies pointiert aus: »You can't have it all. Das Nein bestimmt das Bewusstsein. Wir fragen erst, was wir nicht machen wollen. Danach können wir uns besser auf das konzentrieren, wozu wir Ja gesagt haben. Wir müssen haushalten mit unseren Ressourcen, um unsere Unabhängigkeit und Schuldenfreiheit zu erhalten. Die schwäbische Hausfrau ist Teil unserer Gene.«[6] Gerade Mittelständler sollten sich an diese Empfehlung zur Selbstbeschränkung halten, und die meisten Hidden Champions tun dies auf Dauer.

Fokussierung auf eine Wertschöpfungsstufe

Unter den Hidden Champions gibt es Firmen, deren Fokussierung sich auf eine bestimmte Wertschöpfungsstufe bezieht. Ein Beispiel ist die Firma M+C Schiffer aus Neustadt an der Wied, der größte konzernunabhängige Zahnbürstenhersteller der Welt. Schiffer stellt nur Zahnbürsten her, ist also ein Einproduktunternehmen, und beschränkt sich zudem auf eine Wertschöpfungsstufe, nämlich die Produktion.[7] Diese Produktion wird allerdings im Größtmaßstab betrieben. Pro Tag werden eine Million Zahnbürsten hergestellt. Das geschieht in Werken in Deutschland, Österreich und Indien. Die Vermarktung der Zahnbürsten liegt dann bei bekannten Konsumgüterfirmen wie Procter & Gamble, Henkel etc. Ein weiterer Hidden Champion, der sich auf die Wertschöpfungsstufe Fertigung beschränkt, ist Aenova. Diese Firma ist aus dem Zusammenschluss des deutschen Mittelständlers Dragenopharm mit der schweizerischen Swiss Caps entstanden und heute der größte europäische Auftragsfertiger für Pharmazeutika. Pro Jahr stellt Aenova 10 Milliarden Tabletten und 18 Milliarden Kapseln her, doch der Name taucht auf keiner Packung auf, geschweige denn ist er dem Verbraucher bekannt. Aenova beliefert rund 400 Pharmafirmen und erzielt mit 262 Millionen Euro eine Umsatzgrößenordnung, die für Hidden Champions typisch ist. Auch der Hidden Champion Ludo Fact beschränkt sich auf die Produktion und die Logistik von Gesellschaftsspielen, diese werden von Verlagen entwickelt und vermarktet.[8] Ein Auftragsfertiger im Lebensmittelbereich ist die Firma Freiberger, der größte Pizzahersteller in Europa. Auch hier bleibt dem Verbraucher verborgen, wer die Pizza produziert hat. Ein wesentliches Element der Strategie solcher Firmen liegt in der Bündelung der Produktionsmengen von mehreren Endproduktanbietern. Diese Bündelung führt zu riesigen Produktionsmengen und erlaubt damit die Nutzung von Größenvorteilen (Economies of Scale), die dem einzelnen Endproduktanbieter nicht zugänglich wären. Auftragsfertiger wie Schiffer, Aenova, Ludo Fact oder Freiberger sind in anderen Branchen, insbesondere der Elektronik, stark verbreitet. Unter den Hidden Champions bilden sie eher Ausnahmen. Die Beschränkung auf eine Wertschöpfungsstufe zeigt uns aber, dass in der Wertschöpfungskette durch Fokussierung überlegene und lebensfähige Markt- und Wettbewerbspositionen aufgebaut werden können.

Refokussierung

Bei manchen Hidden Champions erleben wir eine Refokussierung, sozusagen das Gegenteil von Diversifikation. So hat der Getriebehersteller Getrag im Jahr 2011 sein Achsengeschäft, das immerhin ein Sechstel des Umsatzes ausmachte, verkauft, um sich voll auf Getriebe zu konzentrieren. »Wir gehen den Weg mit dem Ziel, ein weltweiter, reiner Getriebespezialist zu werden, konsequent weiter«, heißt es in einer Pressemitteilung. Auch der schwedische Hidden Champion Gambro, weltweite Nr. 2 in der Dialyse, hat Randbereiche abgestoßen, um sich voll auf das Kerngeschäft zu konzentrieren. Refokussierung kann bedeuten, dass die Ursprünge eines Unternehmens aufgegeben werden. Der Ursprung von Griesson–de Beukelaer, des führenden europäischen Gebäckherstellers, liegt im Lebkuchengeschäft. Dennoch wurde es wegen unzureichender Profitabilität konsequent aufgegeben.

Ein passender Fall, um Refokussierung vertieft zu illustrieren, ist Winterhalter Gastronom, ein Unternehmen aus dem Bodenseeraum, das Geschirrspülsysteme für gewerbliche Anwender herstellt. Für Geschirrspülsysteme gibt es zahlreiche Submärkte, zum Beispiel Schulen, Krankenhäuser, Kantinen, öffentliche Verwaltungen, Kasernen, Gefängnisse und schließlich Hotels und Restaurants. Das Marktpotenzial in dieser vollen Breite ist entsprechend groß. Die Anforderungen der Kunden in den verschiedenen Marktsegmenten sind jedoch sehr verschieden. Winterhalter kommentierte dies vor Jahren wie folgt: »Wir analysierten den Gesamtmarkt für gewerbliche Geschirrspülmaschinen und fanden heraus, dass unser Weltmarktanteil weit unter 5 % lag. Wir waren ein unbedeutender Mitläufer. Dies veranlasste uns, unsere Strategie vollständig zu überarbeiten. Wir richteten uns ausschließlich auf Hotels und Restaurants aus. Wir änderten sogar den Firmennamen in Winterhalter Gastronom. Unser Weltmarktanteil im Segment Hotels/Restaurants beträgt jetzt 15 bis 20 % und steigt weiter. In diesem Teilmarkt sind wir immer die erste Wahl.« Dieses Zitat sagt alles.

Eine ähnliche Fokussierung wie Winterhalter hat die Firma BHS Tabletop gewählt. BHS steht für die altbekannten Porzellanmarken Bauscher, Hutschenreuther und Schönwald. Mitte der neunziger Jahre setzte die Firma eine radikale Fokussierung um und erklärte die unbekannteste Sparte des Unternehmens zum Kerngeschäft. BHS Tabletop fokussierte sich ausschließlich auf Restaurants, das aber weltweit. Durch diese Fokussierung ist BHS Weltmarktführer für Profi-Porzellan geworden. Ähnlich wie bei Winterhalter ist die gesamte Strategie von der Produktpolitik bis zum Vertrieb nur auf dieses Segment ausgerichtet. Heute essen mehr als 200 Millionen Menschen täglich von Tabletop-Porzellan, und die Produkte werden in mehr als 100 Länder verkauft.

Wie die Fallbeispiele von Winterhalter und BHS illustrieren, bedeutet Fokussierung immer auch Verzicht. Wenn man eng fokussiert und nur einen bestimmten Markt bearbeitet, entgehen einem zwangsläufig Chancen in anderen Märkten, die durchaus attraktiv sein können. Enercon, deutscher Marktführer und globaler Technologieführer in der Windenergie, betreibt einen solchen Verzicht sehr bewusst und in großem Stil. Enercon betätigt sich nämlich nicht im Offshore-Markt und liefert auch keine Anlagen nach China und in die USA.[9] Gerade diese Selbstbeschränkung scheint der Firma bisher gut bekommen zu sein und weder dem Wachstum noch der Profitabilität geschadet zu haben. Die Stärke von Enercon in den bedienten Onshore-

Märkten ist nicht zuletzt eine Reflektion des Verzichts auf die genannten großen Marktsegmente.

Besetzung frei werdender Nischen

Viele Großunternehmen haben sich in den letzten Jahren verstärkt auf ihr Kerngeschäft konzentriert und Randgeschäfte aufgegeben. Diese strategische Neuorientierung hat zu Spin-offs geführt, aus denen neue, selbstständige Hidden Champions entstanden sind. Ein Beispiel ist die Firma Sirona, die früher eine Geschäfteinheit von Siemens war und heute einer der Marktführer bei Ausrüstungen für Zahnärzte ist. Häufig ziehen sich Großunternehmen aus für sie weniger attraktiven Nischen zurück, und die in diesen Märkten tätigen Hidden Champions fokussieren sich noch stärker auf die entstehenden Freiräume. So verkündet Stefan Fuchs, Vorstandsvorsitzender von Fuchs Petrolub, eines in mehreren Segmenten weltmarktführenden Herstellers von Schmierstoffen mit 47 Auslandsgesellschaften, in 2012 eine verstärkte Fokussierung auf Öle und Schmierstoffe für Bergbau und Automobilwirtschaft, da sich die Ölkonzerne aus diesen Nischen zurückzögen. In ähnlicher Weise nennt Liqui Moly den Rückzug der Ölkonzerne und die eigene verstärkte Konzentration auf die belieferten Nischenmärkte als Treiber des eigenen Wachstums, das in den letzten Jahren weit über dem Branchendurchschnitt lag.

Super-Nischenanbieter und Marktbesitzer

Zahlreiche Hidden Champions gehen in der Marktdefinition noch weiter und spezialisieren sich auf extrem enge Nischen. Manche »machen« ihre Märkte in gewisser Weise selbst, sodass es keine wirklichen Konkurrenten gibt und sie 100 % Marktanteil besitzen. Die Liste derartiger Firmen geht in die Hunderte. Wir wollen hier nur wenige beispielhaft und kurz beleuchten.

Die Firma PWM aus Bergneustadt im Bergischen Land hat mit einem Marktanteil von über 90 % nahezu alle deutschen Tankstellen mit elektronischen Preisanzeigen ausgerüstet. »Wir sind Weltmarktführer und der einzige globale Anbieter«, sagt Geschäftsführer Max Ferdinand Krawinkel. Da wir gerade bei Tankstellen sind: Alle Zapfpistolen an deutschen Tankstellen stammen von der Firma Hiby. Auch in Europa ist dieser Hidden Champion klare Nr. 1. Von dem französischen Weltmarktführer in der Lebensmittel- und Umweltanalyse, der Firma Eurofins, wird gesagt, dass sie »in Europa ein derart starker Marktführer sei, dass Konkurrenten kaum eine Chance hätten«[10].

Polar-Mohr spezialisiert sich ausschließlich auf Schnellschneidesysteme für die Papierindustrie. In dieser Marktnische gibt es nur sechs Unternehmen weltweit. Mit Clips für Wurstpellen und den dazugehörigen Maschinen macht Poly Clip aus Frankfurt am Main 90 Millionen Euro Umsatz und ist damit in dieser Spezialität Weltmarktführer. Die Firma Gottschalk ist in Europa der einzige Hersteller von Heftzwecken und einer von zwei Herstellern in der Welt. Hi-Cone hat faktisch ein weltweites Monopol für sogenannte Multipack Carriers, die mehrfachen Plastikringe, die einen Sechserpack Coca-Cola oder Bier zusammenhalten und sich so bequem tragen lassen. Kugler-Womako, ein Unternehmen der Körber-Gruppe, ist Spezialist für Reisepassfertigungslinien. Von Koenig & Bauer stammen 90 % aller Gelddruckmaschinen dieser Welt. Karl Marbach aus Heilbronn ist Weltmarktführer bei Stanzformen für Packmittel. Kolbus konzentriert sich ausschließlich auf Buchbindemaschinen und hat »einen sehr erfreulichen globalen Marktanteil weit jenseits der 50 %«, wie Geschäftsführer Kai Büntemeyer verrät. »Wir sind klein und fokussiert«, bringt er seine Strategie auf den Punkt. Und auf der Homepage heißt es: »Es gibt kaum ein Buch auf der Welt, das in seinem Herstellungsprozess nicht mit Kolbus-Maschinen in Berührung kommt.« Robbe & Berking stellt nur Silberbestecke her, das nur in Deutschland, und hat einen Weltmarktanteil von 40 %. Kässbohrer macht praktisch seinen gesamten Umsatz mit einem Produkt, dem Pistenbully, und ist in dieser Nische klarer Weltmarktführer. Ausufernde Produktentwicklung könne sich das Unternehmen nicht leisten, heißt es. In der Tat hat das Thema Fokus unter dem Entwicklungsaspekt höchste Relevanz. Gerade kleinere Firmen sind gut beraten, ihre knappen Entwicklungsbudgets konzentriert einzusetzen. Das ist der einzige Weg zu Innovationsführerschaft und damit Weltklasse.

Zu den »Marktbesitzern« zählen viele kleinere Hidden Champions, die Produkte herstellen, von deren Existenz man als Laie nichts ahnt oder die gelegentlich auch exotisch-skurriler Natur sind. So präsentiert sich die Mitec-Gruppe als Weltmarktführer bei »Massenausgleichssystemen zur Geräuschverringerung in Verbrennungsmotoren«. Der Schraubenhersteller August Friedberg hat Standardschrauben aus dem Sortiment genommen und ist heute mit seinem Schwerpunkt »Spezialschrauben für die Windenergiebranche« weltmarktführend. Die Firma Tente aus Wermelskirchen konzentriert sich auf Rollen für Krankenhausbetten und ist dort Weltmarktführer. Im

Weltmaßstab kann selbst eine solche Super-Nische ein interessantes Volumen haben. Die schwedische Firma Poc zielt nicht auf den weitaus größeren Markt für Motorradschutzhelme ab, sondern begnügt sich mit dem kleineren Segment der Skischutzhelme. Im Motorradhelmmarkt hätte sie gegen starke Marktführer wie zum Beispiel HJC aus Korea keine Chance, bei Skischutzhelmen ist Poc auf dem Weg zur globalen Nr. 1. Die Firma Rupp + Hubrach Optik konzentriert sich auf Gläser für Sportbrillen und ist dort einer der Weltmarktführer. Auch die in Kapitel 3 erwähnten schweizerischen Hidden Champions Nivarox (90 % Weltmarktanteil bei Regulierungsorganen in Armbanduhren) und Universo (Weltmarktführer bei Uhrzeigern) gehören zur Kategorie der »Marktbesitzer«. BBA, ein englisches Textilunternehmen mit Hidden-Champion-Eigenschaften, hat sogar ein entsprechendes Statement in seiner Unternehmensphilosophie: »Unsere Taktik ist, in unseren Marktnischen marktbeherrschend zu werden, durch Umwandlung allgemeiner Märkte, auf denen wir niemand sind, in Marktnischen, wo wir jemand sind!« Dieses Statement legt überzeugend dar, dass ein Unternehmen, das Marktführer werden will, existierende Marktdefinitionen und -begrenzungen nicht akzeptieren sollte. Die Möglichkeit, einen Markt neu zu definieren oder umzudefinieren, ist von Fall zu Fall verschieden. Die Entschiedenheit, Marktdefinitionen nicht zu akzeptieren, sondern selbst zu gestalten, bildet eine erste gute Voraussetzung für Marktführerschaft.

Super-Nischenanbieter und Marktbesitzer findet man auch bei Konsumgütern. Ein Beispiel ist die Firma Hein, Hersteller der beliebten Pustefix-Seifenblasen. Der Geschäftsführer Gerold Hein erklärt: »Pustefix konkurriert nicht mit anderen Produkten dieser Art, es konkurriert um das Geld der Kinder für Schokoriegel, Süßwaren und sonstige Dinge, die Kinder kaufen können.« Das Produkt wird in mehr als 50 Länder exportiert. Die USA und Japan sind die wichtigsten Märkte. Die geringe Größe einer solchen Super-Nische macht sie für Wettbewerber unattraktiv, und darüber hinaus ist das Produkt durch mehrere Patente geschützt. In ähnliche Muster passen Weltmarktführer wie Pöschl (Schnupftabak), Müller (Rasierpinsel) oder Aeroxon. Das Hauptprodukt dieses Unternehmens, der Honigfliegenfänger, wurde seit 90 Jahren nicht mehr verändert und hat einen Weltmarktanteil von 50 %. Ein interessantes Beispiel für erfolgreiche Super-Nischenpolitik liefert der frühere Weltklassereiter Paul Schockemöhle. Er hat sich auf die Zucht von äußerst hochklassigen Renn- und Turnierpferden spezialisiert und besitzt in diesem Markt eine weltweit einzigartige Position. Während hervorragende Pferde auf Auktionen für 50 000 Euro weggehen, erzielen die Toppferde von Schockemöhle Preise von mehreren 100 000 Euro, in der Spitze sogar bis zu 1 Million Euro.

Zu den Marktbesitzern, im Sinne selbst geschaffener Märkte, gehören oft auch Firmen, die Sammelsysteme anbieten. Die Marsberger Glaswerke Ritzenhoff begannen 1992, einen eigenen Markt zu entwickeln, als der zuständige Milchverband NRW den damaligen Massenglashersteller ansprach, ob man nicht ein Werbeglas für die Milch produzieren könne. Die Dekore der weltweit besten Gestalter sollten der Milch zu mehr Bedeutung verhelfen. Heute werden Ritzenhoff-Gläser in über 50 Ländern der Welt verkauft, und man arbeitet mit über 280 renommierten Designern wie zum Beispiel Alessandro Mendini, Roger und Philippe Petit-Roulet zusammen. Das Sortiment umfasst mittlerweile mehr als 70 Kollektionen. Neben Milchgläsern werden unter anderem Champagnergläser, Uhren, Espressotassen, Weihnachtsschmuck, Aschenbecher, Windlichter und Taschen angeboten. Für die Millionen Ritzenhoff-Fans weltweit hat die Firma eigens eine Tauschbörse auf ihrer Homepage eingerichtet. Auch der österreichische Weltmarktführer bei Kristallschmuck, Swarovski, nutzt den Sammeltrieb zur Festigung seiner Marktposition. Mit der Initiierung der »Swarovski Crystal Society« (SCS) wurde bereits 1957 ein weltweiter Sammlerclub eingerichtet. Heute hat SCS 325 000 Mitglieder in mehr als 125 Ländern. Ebenso sind die Modelleisenbahnen von Märklin begehrte Sammelobjekte. Die Sammler der berühmten Hummel-Figuren sind im M. I. Hummel Club, der von der Herstellerfirma Goebel im Jahre 1977 initiiert wurde, aktiv. Auch beim Plüschfigurenhersteller Margarethe Steiff gibt es den »Steiff-Club« der Sammler.

Die Strategien von Super-Nischenanbietern oder Marktbesitzern, die auf Marktbeherrschung abzielen, sind für normale Firmen nur schwer nachzuahmen. Schließlich macht es für einen normal begabten Geiger auch keinen Sinn, mit Ann-Sophie Mutter zu konkurrieren. Der einfachste Weg, um einen Markt zu besitzen, ist, diesen Markt von Anfang an selbst zu schaffen. Idealerweise existiert ein solcher Markt vorher nicht und wird erst durch das neue Produkt ins Leben gerufen oder definiert. Hinzukommen muss, dass die Einzigartigkeit des Produkts dauerhaft erhalten bleibt. Imitation oder der Aufbau ähnlicher Marken sind unbedingt zu verhindern. Die herausragende Position des Produkts muss zudem über die Zeit ständig erneuert und verteidigt werden. Um diese Einzigartigkeit zu erhalten, können verschiedene Instrumente eingesetzt werden:

- Patentschutz,
- starkes Markenzeichen oder Logo,
- besonders intensive Beziehungen und Vertrautheit mit den Kunden,
- künstlerische Gestaltung mit häufiger Aktualisierung.

Oft ist es zudem notwendig, die Produkte gezielt zu verknappen. Diese Strategie verfolgen bekanntlich auch die Hersteller von Luxusgütern. So stellt die Luxusuhrenmanufaktur A. Lange & Söhne nur etwa 5 000 Uhren pro Jahr her. Limitierte Editionen sind eines der wichtigsten Mittel, den Wert der Produkte hoch zu halten. Der Erwerb dieser Produkte soll bewusst erschwert werden. Knappheit schafft gerade in den Augen der treuesten Kunden einen hohen Wert. Knappheit verlangt aber auch, dass Super-Nischenanbieter oder Marktbesitzer nicht ihr volles Wachstumspotenzial ausschöpfen. Der größte Feind von Exklusivität ist starke oder zu schnelle Volumensexpansion.

Von den Marktbesitzern lässt sich auch einiges in Bezug auf Beziehungsmarketing lernen. Sie haben ihre treuen Kunden jahrelang verwöhnt, sie haben Clubs und Sammlerbewegungen initiiert, lange bevor diese Konzepte von der Marketingliteratur entdeckt wurden. Sie organisieren Börsen, an denen begehrte ältere Exemplare gehandelt werden. Margarethe Steiff listet eine ganze Reihe von Auktionsrekorden auf. Der teuerste Steiff-Teddybär erzielte im Jahr 2000 einen Auktionspreis von 213 720 Euro. Oft besitzen sie eine treue Gefolgschaft von Kunden, die begierig sind, ihre Produkte zu bekommen, und die bereit sind, sehr hohe Preise zu bezahlen. Dauerhaft erfolgreiche Marktbesitzer sind klug genug, spezialisiert und verschlossen zu bleiben sowie ihre Märkte klein zu halten. Das können wichtige Lehren auch für andere Unternehmen sein. Super-Nischen limitieren die Wachstumsmöglichkeiten und legen die »Wachstumsabstinenz« nahe. Größe und Nische können in Konflikt geraten. Gleichzeitig bieten gerade Super-Nischen wirksamen Schutz vor Konkurrenten.

Risiken der Fokussierung

Es ist evident, dass die starke Fokussierung Risiken beinhaltet. Schließlich legt man »alle Eier in einen Korb«. Sind die Hidden Champions nicht in zu hohem Maße abhängig von ihren engen Märkten, von wenigen Kunden, von Konjunkturzyklen, die sie nicht anderweitig abfedern können? Und sind sie aufgrund ihrer Beschränkung auf einen Markt nicht einem hohen Risiko bei technologischen Veränderungen ausgesetzt? Tatsächlich ist die Abhängigkeit der Hidden Champions von ihrem jeweiligen Hauptmarkt ausgeprägt. Sie erzielen auf diesem Markt im Durchschnitt 70 % ihres Umsatzes und einen wesentlich höheren Anteil ihres Ertrags. Da überrascht es nicht, dass 93 % der Befragten die Bedeutung dieses Marktes für ihr Unternehmen als sehr hoch einschätzen. Und 56 % erwarten, dass diese Bedeutung in Zukunft sogar zunehmen wird. Diese Indikatoren der Abhängigkeit fallen höher aus als vor zehn Jahren. Die seinerzeit von mehr als der Hälfte prognostizierte Zunahme der Bedeutung der Kernmärkte ist tatsächlich eingetreten.

Die Hidden Champions sind auf Gedeih und Verderb mit ihren Märkten verbunden. Die hieraus entstehenden Risiken darf man nicht unterschätzen. Die Frage, ob Überspezialisierung vorliegt, lässt sich nur für den Einzelfall beantworten. Die enge Fokussierung kann gleichzeitig Fundament der Stärke und Ursache des Risikos sein.

Im Wesentlichen gibt es drei Arten von Risiken:

- Es besteht eine Abhängigkeit von einem Markt (»alle Eier in einem Korb«).
- Die oft hochpreisige Marktnische kann von Standardprodukten angegriffen werden (»Verlust der Premiumposition«).
- Das geringe Marktvolumen in der Nische oder die Produktion am Hochlohnstandort können zu überhöhten Kosten führen, sodass die Kundenakzeptanz und/oder Wettbewerbsfähigkeit beim Preis verloren gehen (»Herauspreisen aus dem Markt«).

Mit den beiden letztgenannten Risiken befassen wir uns in späteren Kapiteln.

Es ist offensichtlich, dass die Abhängigkeit von einem Markt risikobehaftet ist. Ein Unternehmen mit einem Marktanteil in der Höhe, wie ihn die Hidden Champions üblicherweise haben, gerät durch krisenhafte Entwicklungen im Kernmarkt zwangsläufig in große, möglicherweise existenzbedrohende Schwierigkeiten. Es nutzt wenig, die besten Dampflokomotiven der Welt zu bauen, wenn Kunden Kaufverweigerung betreiben. Schmitz Cargobull oder Putzmeister sind Beispiele.

Ein anderes Risiko besteht in der Bedrohung durch Konkurrenten, die in der gleichen oder einer ähnlichen Technologie wie die Hidden Champions Überlegenheit erringen. Dieses Risiko kann am ehesten durch klare Schwerpunktsetzung reduziert werden. Abbildung 6.3 stellt die beiden Risiken, das Markt- und das Konkurrenzrisiko, im Zusammenhang dar.

Die Darstellung verdeutlicht, dass es nicht ein hohes oder niedriges Gesamtrisiko gibt, sondern dass man zwischen höherem Marktrisiko und niedrigerem Wettbewerbsrisiko wählen muss (et vice versa). In diesem Sinne ist weder eine fokussierte noch eine diversifizierte Strategie grundsätzlich überlegen. Die Hidden Champions neigen mit großer Mehrheit zur fokussierten Strategie. So sagt Hans Riegel, Chef von Haribo, dem Weltmarktführer bei Gummibärchen: »Das Risiko wird tatsächlich reduziert, wenn man sich auf

Abb. 6.3: Alternative Risiken in Abhängigkeit von der Fokussierung

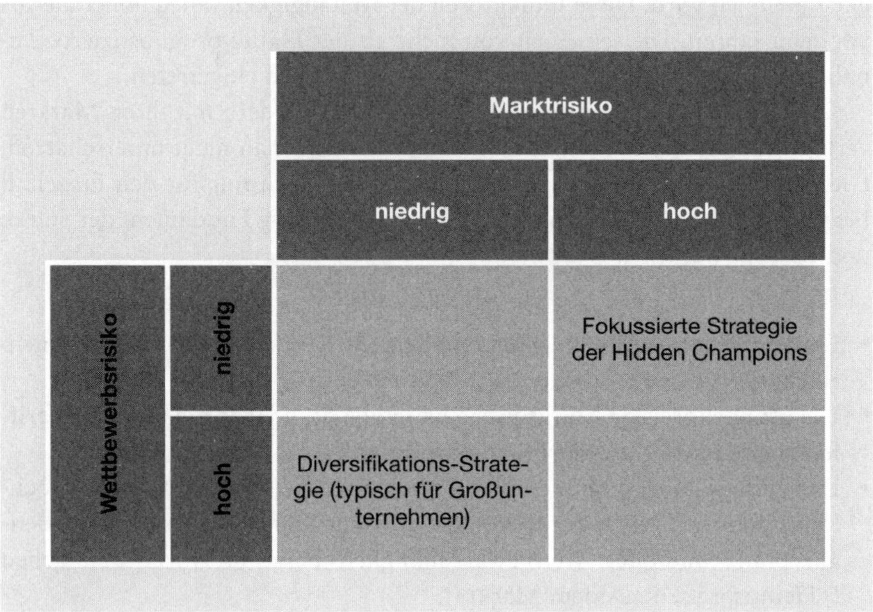

		Marktrisiko	
		niedrig	hoch
Wettbewerbsrisiko	niedrig		Fokussierte Strategie der Hidden Champions
	hoch	Diversifikations-Strategie (typisch für Großunternehmen)	

das konzentriert, was man wirklich gut beherrscht.« Ein anderer Interviewpartner drückte es so aus: »Ist es nicht weniger riskant, ein großer Fisch in einem kleinen Teich zu sein, als ein kleiner Fisch in einem großen Teich mit vielen Haifischen?« Betrachtet man die große Zahl fehlgeschlagener Diversifikationsversuche, liegt die Vermutung nahe, dass eine fokussierte Strategie möglicherweise sogar weniger risikobehaftet ist als eine Strategie der Diversifikation.[11]

Eine Grundlage des Erfolgs der Hidden Champions sind einfache Strukturen, sowohl in Bezug auf Produkte als auch auf Kunden. Die Hidden Champions entgehen damit der Gefahr mangelnder Konzentration auf das Kerngeschäft, die häufig diversifizierten Unternehmen zum Verhängnis wird. Bei den Hidden Champions kommt es folglich nur selten vor, dass Geschäftszweige verkauft werden. Durch die enge Fokussierung auf ihr Kerngeschäft und die damit verbundenen Risiken sind die Hidden Champions gezwungen, ihren Markt stets genau im Auge zu behalten und durch rasche Reaktion auf Veränderungen der Bedürfnisse ihrer Kunden oder technologische Neuentwicklungen ihre Stellung zu behaupten. Die Abhängigkeit von ihrem Markt macht sie zu entschlossenen Verteidigern und Innovatoren.

Ein entsprechender Fall ist Trumpf, der Weltmarktführer für Maschinen zum Schneiden von Blech und Metall. Traditionell wurde Blech mechanisch getrennt. Anfang der achtziger Jahre drang jedoch die Lasertechnologie in dieses Feld vor, eine sehr ernste Herausforderung für Trumpf. Das Unternehmen behielt seinen Schwerpunkt bei und entwickelte eigene Laser. Trumpf verteidigte nicht nur seine führende Marktstellung in der Blechtrennung, sondern wurde sogar eines der Topunternehmen für Industrielaser. Ein zweites Beispiel betrifft die bergische Schloss- und Beschlagsindustrie, die in Velbert und Heiligenhaus konzentriert ist. Dort gibt es rund 150 Unternehmen, die aus einer rein mechanischen Tradition kommen und von denen mehrere Weltmarktführer sind. Die meisten dieser Firmen haben mittlerweile in ihre Schließsysteme Elektronik integriert und so in ihren Märkten die Marktführerschaft verteidigt. Ihnen ist die Integration von Mechanik und Elektronik aufgrund ihrer Fokussierung auf und ihres Verhaftetseins mit dem Thema Schließen gelungen. Man könnte auch sagen, sie hatten keine andere Wahl. Um zu überleben, mussten sie diesen Technologiesprung einfach schaffen. Diese Situation hat ungeahnte Energien mobilisiert und zu zahlreichen Innovationen geführt. Firmen, die eine klare Fokussierung haben, geben nicht vorschnell auf und werden besser mit einer solchen Herausforderung fertig.

Zusammenfassung

Die meisten Hidden Champions bleiben auf dem Weg nach Globalia ihrer Fokussierung treu und definieren ihre Märkte eng. Zur Marktdefinition und der damit verbundenen Fokussierung halten wir folgende Punkte fest:

- Die Hidden Champions definieren ihre Märkte in der Regel eng und bauen in diesen Märkten starke Marktpositionen auf.
- Die enge Marktdefinition führt dazu, dass die Weltmärkte der Hidden Champions relativ klein bleiben.
- Allerdings sind diese Märkte durch die Globalisierung dennoch stark gewachsen und werden weiter wachsen.
- Trotz der Fragmentierung und Unbestimmtheit vieler dieser Märkte zeigen sich die Hidden Champions über ihre Märkte vergleichsweise gut informiert. Dies ist auf ihre Spezialisierung und hohe Marktnähe zurückzuführen.
- Bei der Definition ihrer Märkte wenden die Hidden Champions primär kundenorientierte Kriterien wie Anwendung und Zielgruppe an. Doch auch Produkt und Technologie fließen in die Marktdefinition ein. Typischerweise werden mehrere Kriterien für die Marktdefinition genutzt.

- Hidden Champions akzeptieren oft nicht die in der Branche gebräuchliche Marktdefinition, sondern sehen diese als strategischen Parameter an, den sie eigenständig anwenden.
- Nicht wenige Hidden Champions sind Super-Nischenanbieter, operieren also in kleinsten Märkten mit Weltmarktanteilen von 70 % bis zu 100 %. Das begrenzt das Wachstum, schafft aber gleichzeitig wirksame Markteintrittsbarrieren.
- Die Hidden Champions sind auf Gedeih und Verderb von ihren Kernmärkten abhängig. Diese Abhängigkeit ist jedoch nicht einseitig, sondern gilt auch für die Kunden. Die Abhängigkeit von einem Markt erhöht das Marktrisiko, reduziert aber aufgrund der vollen Konzentration aller Ressourcen das Konkurrenzrisiko. Wie die Balance zwischen beiden Effekten aussieht, lässt sich nur für den Einzelfall bestimmen.
- Wenn die Hidden Champions einen Markt ausgewählt haben, zeigen sie diesem gegenüber ein starkes und langfristiges Commitment. Grundlegende Neudefinitionen des Marktes kommen ähnlich selten vor wie Technologiebrüche, nämlich nur etwa alle 10 bis 15 Jahre.

Die richtige Marktdefinition und Fokussierung zu finden ist eine schwierige Aufgabe. Die Hidden Champions sind mit enger Marktdefinition und Fokussierung Marktführer geworden und geblieben. Weltklasse wird man nicht durch breite Streuung der Ressourcen, sondern durch nachhaltige Konzentration. Jedes Unternehmen sollte dies bei seiner eigenen Strategieentwicklung bedenken. Die Gefahr einer zu großen Spezialisierung ist möglicherweise weniger groß als das Risiko, seine Talente und Energien zu verzetteln. Der Spezialist schlägt meistens den Generalisten.

Anmerkungen

1 Derek F. Abell, *Defining the Business. The Starting Point of Strategic Planning*, Englewood Cliffs (NJ): Prentice Hall 1980.
2 Vgl. Theodore Levitt, Marketing Myopia, *Harvard Business Review*, Juli–August 1960, S. 45–56.
3 Netstal gehört zur MPM-Gruppe (Mannesmann Plastics Machinery), die mit verschiedenen Marken wie Krauss-Maffei, Demag Ergotech, Netstal, Billion insgesamt Weltmarktführer für Kunststoffspritzmaschinen ist. Einige dieser Tochterfirmen sind in ihren Segmenten wiederum Weltmarktführer. Ebenfalls führend sind die Firmen Engel aus Österreich und Arburg aus Deutschland.
4 Zitiert nach Peter Marsh, *The New Industrial Revolution – Consumers, Globalization*

and the End of Mass Production, New Haven/London: Yale University Press 2012, S. 95.

5 Diese Aussagen gelten natürlich nicht für Hidden Champions, die erst in den letzten Jahren gegründet wurden. Doch auch bei diesen zeichnet sich ein langfristiges Festhalten an einer einmal gewählten Marktdefinition ab.

6 Für mich gilt Ferrero als leuchtendes Vorbild, Interview mit Andreas Land, *Absatzwirtschaft*, April 2012, S. 14.

7 Zur Produktion gehört in diesem Fall auch die Verpackung, ähnlich wie bei dem folgenden Beispiel Aenova.

8 Vgl. Eine Spielanleitung ist in 24 Stunden fertig, *Frankfurter Allgemeine Zeitung*, 30. April 2012, S. 17.

9 Zu den Gründen sei auf das Interview mit Enercon-Geschäftsführer Hans-Dieter Kettwig in *Sonne, Wind und Wärme*, November 2009, S. 85–86, verwiesen.

10 *Frankfurter Allgemeine Zeitung*, 5. März 2007, S. 18.

11 Vgl. C. K. Prahalad und G. Hamel, The Core Competence of the Corporation, *Harvard Business Review*, Mai–Juni 1990, S. 79–91; G. Hamel und C.K. Prahalad, *Competing for the Future*, Boston: Harvard Business School Press 1994.

Kapitel 7

Durch Tiefe Einzigartigkeit schaffen

Im Management kommt Tiefe insbesondere im Zusammenhang mit Begriffen wie Wertschöpfungstiefe oder Fertigungstiefe vor. Man spricht auch von tiefem Wissen, einer tiefgründigen Beschäftigung mit einem Problem, tiefem Einblick und von Tiefgang. Den räumlichen Begriff der Tiefe verwenden wir zur Beschreibung einer Eigenschaft, die in mehrfacher Hinsicht zu den Hidden Champions passt. In seinem Buch *Zeit und Freiheit*[1] erklärt der französische Philosoph Henri Bergson, dass wir abstrakte Inhalte mit räumlichen Begriffen belegen, weil nur der Raum unserer Wahrnehmung zugänglich ist. Das gilt auch für die Tiefe der Hidden Champions. Tiefe kann nach vorne in Richtung Kunde oder nach hinten in Richtung Lieferant gerichtet sein. Ähnliche Bedeutung haben die Begriffe Vorwärtsintegration bzw. Rückwärtsintegration. Viele Hidden Champions bieten ihren Kunden ein tiefes Leistungsangebot und praktizieren eine überdurchschnittliche Wertschöpfungs- und Fertigungstiefe. Sie weichen damit von modernen Managementmethoden wie etwa dem Outsourcing ab. Sie verlassen sich eher auf ihre eigenen Kräfte, als strategischen Allianzen zu vertrauen. Oft bauen sie sogar die Maschinen selbst, mit denen sie ihre Produkte fertigen. Der Aspekt der Tiefe hat vielfältige Facetten. In der Tiefe liegen häufig die Wurzeln der Einzigartigkeit der Produkte und der Überlegenheit der Hidden Champions. Gleichzeitig bilden die Tiefe und die mit ihr einhergehende Verschlossenheit einen wirksamen Schutz gegen Know-how-Abfluss und Imitation durch Nachahmer.

Tiefe der Leistung

Ein Aspekt der Marktdefinition, der in engem Zusammenhang mit der Fokussierung steht, bezieht sich auf die Tiefe der angebotenen Leistung. Breite des Angebots meint hingegen die Anzahl verschiedener Produkte im

Sortiment eines Unternehmens. Tiefe in diesem Sinne bezieht sich auf die Vollständigkeit einer Problemlösung oder die abgedeckte Wertschöpfungskette. Hier geht es also darum, welchen Teil der Wertschöpfungskette ein Anbieter beim Kunden abdeckt. Bei den Hidden Champions beobachten wir überwiegend ein tiefes Leistungsangebot verbunden mit einer engen Marktdefinition.

Ein passender Fall, um diese Strategie zu illustrieren, ist Winterhalter Gastronom, ein Unternehmen aus dem Bodenseeraum, das Geschirrspülsysteme für gewerbliche Anwender herstellt. Die Strategie von Winterhalter ist in Abbildung 7.1 dargestellt.

Abb. 7.1: Tiefes Leistungsangebot von Winterhalter Gastronom

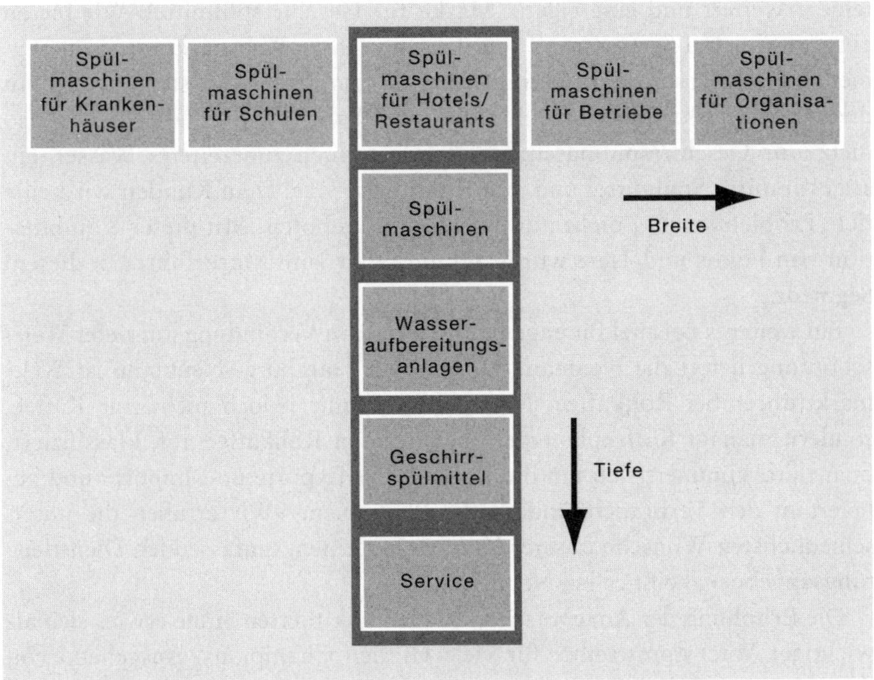

Wie im vorhergehenden Kapitel dargestellt wurde, hat sich Winterhalter im Rahmen der Neuformulierung seiner Strategie vor einigen Jahren konsequent auf den Markt für gewerbliche Geschirrspülsysteme in Hotels und Restaurants ›refokussiert‹ und sogar den Firmennamen in Winterhalter Gastronom geändert. Winterhalter verzichtet damit auf ein erhebliches Markpotenzial in anderen Submärkten für gewerbliche Spülsysteme. Es drängt sich die Frage auf, ob die dadurch entstehenden Umsatzausfälle auf andere Weise kompensiert werden können. Gleichwohl geht es darum, die Wettbewerbsfähigkeit im gewählten Fokussegment zu stärken bzw. Kunden zu binden. Beide Ziele lassen sich durch eine Vertiefung des Angebotes von Winterhalter erreichen. Die Anforderungen an die Kompetenzen ändern sich allerdings durch eine solche Vertiefung erheblich. Das gilt für Technik wie für Vertrieb.

Die Fokussierung ist also nur der erste Schritt in der Strategie von Winterhalter. Denn die Fokussierung auf Hotels und Restaurants wird verbunden mit einer Vertiefung des Angebots. Dazu heißt es bei Winterhalter: »Jetzt definieren wir unser Geschäft als ›Dienstleister für saubere Gläser und Geschirr in Hotels und Restaurants‹ und übernehmen dafür die volle Verantwortung. Wir haben unser Sortiment um Wasseraufbereitungssysteme erweitert und eine eigene Marke für Geschirrspülmittel. Wir bieten ausgezeichneten Service rund um die Uhr. Unser Weltmarktanteil im Segment Hotels/Restaurants beträgt jetzt 15 bis 20 % und steigt weiter. In diesem Teilmarkt sind wir immer die erste Wahl.« Winterhalter liefert also nicht nur Geschirrspülmaschinen, sondern auch zubereitetes Wasser, ein abgestimmtes Spülmittel und den Rundumservice. Dem Kunden wird eine tiefe Problemlösung, nicht nur ein Produkt geboten. Mit dieser Kombination von Fokus und Tiefe wurde Winterhalter zum Marktführer in diesem Segment.

Ein weiteres Beispiel für enge Fokussierung in Verbindung mit tiefer Wertschöpfung liefert die Neumann-Gruppe aus Hamburg. Neumann ist Weltmarktführer bei Rohkaffee. Neumann verkauft jedoch nicht nur Kaffee, sondern managt Kaffeeplantagen, bereitet den Rohkaffee auf, klassifiziert, finanziert, kümmert sich um die Logistik der Exporte und Importe und beliefert in den Verbrauchsländern die Röstereien. »Wir erfüllen die unterschiedlichsten Wünsche unserer Kunden mit einem umfassenden Dienstleistungsangebot«, heißt es bei Neumann.

Die Erhöhung der Angebotstiefe im hier diskutierten Sinne erwies sich als wichtiger Wachstumstreiber für viele Hidden Champions. Ausgehend von ihrem Kernprodukt haben sie weitere vor- oder nachgelagerte Teile der »Value Chain« ihrer Kunden oder Lieferanten übernommen. Dabei spielten Akquisitionen eine große Rolle. So war Krones zunächst auf Etikettiermaschinen für Flaschen spezialisiert, bietet heute aber Komplettanlagen für die Abfüllung an. Wirtgen stellte zunächst nur Straßenfräsen her, verfügt heute jedoch über ein komplettes Leistungsangebot für die Herstellung und das Recycling von Straßenoberflächen, nämlich Fräsen, Fahrbahnfertiger, Walzen und Recyclingmaschinen.

Tiefe Wertschöpfung

Wie organisieren die Hidden Champions ihre Wertschöpfung? Wie steht es um ihre Fertigungstiefe und ihre Präferenzen für Selbermachen oder Outsourcing? In diesen Fragen folgen sie nicht den modernen Lehren, sondern erweisen sich als bemerkenswert »konservativ«. Abbildung 7.2 enthält wichtige Kennziffern zur Wertschöpfungs- und Fertigungstiefe.

Abb 7.2: Kennziffern zu Wertschöpfungs- und Fertigungstiefe

Wertschöpfung in % von Umsatz	42 %
Fertigungstiefe in % der Gesamtfertigung	50 %
Fertigungstiefe > 70 %, Anteil der Firmen	24 %
Fertigungstiefe 40–70 %, Anteil der Firmen	44 %
Fertigungstiefe < 40 %, Anteil der Firmen	32 %

Die Wertschöpfung misst, was ein Unternehmen dem Wert der zugekauften Materialien und Dienstleistungen hinzufügt. Sie entspricht folglich der Summe aus Löhnen, Steuern, Zinsen und Gewinn. Diese Kennziffer wird als Prozentsatz vom Umsatz ausgedrückt. Die Wertschöpfungstiefe der Hidden Champions liegt bei 42 % und weist damit einen für moderne industrielle Unternehmen hohen Wert auf. Der Durchschnitt der deutschen Industrie liegt bei 30 %.[2] Die Hidden Champions haben also eine ungewöhnlich hohe Wertschöpfungstiefe. Dies kann sowohl daran liegen, dass sie weniger outsourcen, als auch daran, dass die Arbeit ihrer Beschäftigten besonders wertschöpfend ist. Beide Ursachen dürften zutreffen.

Fertigungstiefe und Outsourcing

Die Fertigungstiefe drückt aus, welcher Anteil der Produktion im Unternehmen erledigt wird. Die mittlere Fertigungstiefe der Hidden Champions liegt bei 50 %. Dieser Wert ist zwar in den letzten Jahren zurückgegangen, aber dennoch für moderne Unternehmen sehr hoch. Bei fast einem Viertel beträgt die Fertigungstiefe nach wie vor über 70 %, was man etwas flapsig mit »die machen alles selber« umschreiben könnte. Der Anteil der Hidden Champions mit extrem hoher Fertigungstiefe ist insgesamt nur leicht zurückgegangen. Diejenigen Firmen, die traditionell eine Selbermachkultur haben, bleiben bei dieser Einstellung und übertragen sie selbst auf neue Produkte.

Die Resistenz gegen das Outsourcing bestätigt sich in den Antworten auf die Frage, ob die Fertigungstiefe geringer als bei der Konkurrenz sei. Mehr als die Hälfte der Befragten verneinen dies stark, nur 13 % geben eine eindeutige Ja-Antwort. Und 42 % der Befragten sprechen sich dezidiert gegen eine möglichst hohe Fremdvergabe aus. Nur 12 % bejahen ein starkes Outsourcing. Im Gesamtbild zeigen die Hidden Champions also eine ausgeprägte Präferenz für das Selbermachen und gegen das Outsourcing. Das ist eine Welt, die von derjenigen sehr verschieden ist, in der man ständig hört »Wir geben möglichst viel nach außen«. Das sollte zu denken geben.

Outsourcing wird in der modernen Managementlehre und -literatur oft als Allheilmittel gepriesen. Viele Firmen prahlen damit, dass sie kaum noch etwas selber machten und sich auf diese Weise von Lohnkosten einerseits und von Fixkosten andererseits weitgehend befreit hätten. Bei Entscheidungen zum Outsourcing dominieren Kostenaspekte. Der kostengünstigste Anbieter bekommt den Auftrag. Die Hidden Champions denken über diese Dinge anders. Ihr Qualitätsanspruch lässt sie zögern, die Herstellung von Kernkomponenten an andere zu vergeben. Sie fürchten, dass ihre Einzigartigkeit dabei verloren geht. Ein weiteres Risiko des Outsourcing besteht im Know-how-Abfluss. Noch stärker als für die Produktion gilt dies für den Forschung und Entwicklungs-Bereich. Dort zeigen sich die Hidden Champions besonders verschlossen und noch weniger kooperations- oder outsourcing-bereit. Aus all diesen Gründen bevorzugen die Hidden Champions, Kernaktivitäten im Hause zu behalten, selbst wenn damit gewisse Kostennachteile verbunden sind. Zwar ist diese Haltung weniger extrem als vor zehn oder 20 Jahren, aber die Grundeinstellung hat sich nicht geändert. Leichte Rückgänge in der Wertschöpfungs- und Fertigungstiefe sind eher auf die verstärkte Auslagerung von Nichtkernkompetenzen zurückzuführen. Denn bei Nichtkernkompetenzen sind die Hidden Champions seit jeher starke Outsourcer. Viele von ihnen haben zum Beispiel keine eigenen Rechts- oder Steuerabteilungen, sondern lassen solche Nichtkernaufgaben von externen Spezialisten erledigen. Sie tun das auch deshalb, weil sie überzeugt sind, dort die besseren Experten für diese Aufgaben, die eben nicht ihre eigenen Kernkompetenzen bilden, zu finden. Wenn es aber um ihre Kernkompetenzen und das »Eingemachte« geht, dann sind sie überzeugt, dass niemand diese besser beherrscht als sie selbst.

Zur Illustration stellen wir wieder einige Fallbeispiele vor. Die folgende Aussage des Einkaufswagen- und Gepäckkarren-Weltmarktführers Wanzl reflektiert eine typische Einstellung: »Mit einer großen Fertigungstiefe produzieren wir nahezu alle Teile und Komponenten selbst und nach selbst definierten Qualitätsmaßstäben. Mit eigenen Galvanikanlagen erhalten Wanzl-Produkte ihre unübertroffene Oberflächenveredelung.« Wie kann es sein, dass die Japaner ein scheinbar einfaches Produkt wie Flughafengepäckkarren in Deutschland kaufen? Es drängt sich die Erklärung auf, dass die Einzigartigkeit der Wanzl-Produkte in der extrem hohen Fertigungstiefe und in der Einstellung »wir machen alles selbst« bis hin zur Definition der Qualitätsmaßstäbe wurzelt.

In gleicher Weise erledigt die Spedition Hasenkamp, einer der Weltmarktführer bei Kunsttransporten, alles selbst. »Wir geben nichts aus der Hand. Wir übernehmen die volle Verantwortung. Das macht unsere qualitative Überlegenheit gegenüber großen Speditionen aus, die Kunsttransporte nebenher betreiben und vieles outsourcen«, sagt Hasenkamp-Geschäftsführer Hans-Ewald Schneider. Auch bei führenden Luxusgüterfirmen trifft man auf eine ausgeprägte Philosophie des Selbermachens. So werden im Richemont-Konzern, zu dem Cartier, Montblanc und viele Top-Uhrenmarken wie Piaget, IWC, Jaeger-LeCoultre, Lange & Söhne etc. gehören, alle Kernprodukte von den jeweiligen Marken selbst gefertigt. Als Montblanc ins Uhrengeschäft einstieg, legte man sich sofort eine eigene Uhrenmanufaktur zu.

Die Firma Kaldewei ist europäischer Marktführer bei Stahlbadewannen. Kaldewei stellt seine Wannen aus 3,5 mm starkem Stahlblech anstelle des früher üblichen 1,5-mm-Bleches her. Alle Hersteller, die mit 1,5 mm arbeiteten, sind mittlerweile ausgeschieden. Mit der Aussage »Kaldewei macht alles selbst« liegt man nahe an der Wahrheit. Dies gilt für die Formen zum Pressen der Wannen genauso wie für die Emaillemischungen zur Beschichtung der Wannen. Diese bestimmen die Oberfläche und damit die Qualitätswahrnehmung des Kunden. Das Geheimnis von Kaldewei liegt in der eigenen Rezeptur. Mit dem »Perlemaille« bietet Kaldewei als einziger Stahlbadewannenhersteller eine Oberfläche, an der praktisch kein Schmutz haftet. Bei einem Besuch sagte mir Franz Kaldewei, der geschäftsführende Gesellschafter: »Natürlich könnten wir die Emaillemischungen anderswo billiger kaufen. Unsere Einzigartigkeit und Überlegenheit im Wettbewerb liegen jedoch genau darin begründet, dass wir diese Dinge selber machen. Kein Wettbewerber hat das, nur wir.« Treffender kann man die Rolle des Selbermachens für Einzigartigkeit im Wettbewerb nicht beschreiben. Es versteht sich, dass ein Unternehmen wie Kaldewei, das einem harten Wettbewerb ausgesetzt ist, trotz dieser Besonderheiten die Kosten nicht vernachlässigen darf. Höchste

Effizienz und Produktivität sind deshalb die zweite Seite des Erfolgs dieses westfälischen Hidden Champions.

Ein extremer, fast »neurotischer« Selbermacher ist auch Enercon, der Technologieführer in der Windenergiebranche. In Deutschland, dem weltweit anspruchsvollsten Markt, hat Enercon einen Marktanteil von 60 %, obwohl die Preise rund 15 bis 25 % über denjenigen der Konkurrenz liegen. Wie kann das sein? Ein Teil des Geheimnisses liegt wiederum in der sehr hohen Fertigungstiefe, die Experten auf mehr als 75 % schätzen. Enercon selbst spricht von »einer in der Branche beispiellosen Fertigungstiefe«.[3] Während die Konkurrenten das Meiste zukaufen und sich im Wesentlichen auf den Zusammenbau beschränken, macht Enercon praktisch alles selbst. Das gilt nicht nur für die Turbinen, die Türme, die Rotorblätter, sondern selbst für den Transport mit eigenen Schiffen. Enercon geht sogar noch weiter und hat mit dem E-Ship ein eigenes Schiff entwickelt. Wie schon in den vorhergehenden Fällen hat die deutlich überlegene Qualität von Enercon – neben konstruktiven Elementen[4] – eine wesentliche Ursache in dieser umfassenden Kontrolle aller Herstellungsschritte.

Auf eine ähnliche Einstellung trifft man bei Miele, dem führenden Anbieter von Premium-Wasch- und Geschirrspülmaschinen. »Möglichst viele Teile werden selbst hergestellt, das Ganze vorzugsweise in einer überschaubaren Region mit bodenständigen Bewohnern«, heißt es. Das hört sich an wie ein Spruch aus dem Mittelalter. Doch noch im Herbst 2011 bestätigte mir Dr. Reinhard Zinkann, geschäftsführender Gesellschafter von Miele, erneut, dass diese Aussage nach wie vor gilt. Es sei angemerkt, dass die dahinter stehende Einstellung sich ausdrücklich auf die Kernkompetenzen bezieht, bei Nichtkernaktivitäten betreibt Miele hingegen ein durchaus intensives Outsourcing.

Die Firma Braun, auf mehreren Gebieten für Elektrokleingeräte Weltmarktführer, sagt: »Braun fertigt so gut wie alles selbst, bis hin zu Sondermaschinen für die Produktion und allen Schlüsselteilen in den Rasierern. Man habe hohe Qualitätsansprüche, und diese seien auf dem Markt nicht zu günstigeren Konditionen einzulösen.« Braun ist gleich bei sechs Produktgruppen (Herrenrasierer, Mundduschen, Ohrthermometer, Epiliergeräte, elektrische Zahnbürsten, Stabmixer) Marktführer. Das alles sollte zu denken geben. Und ein Manager von Bobcat, dem amerikanischen Weltmarktführer bei Kleinladern, sogenannten Skid Steer Loaders, sagte mir: »Wann immer möglich, behalten wir die Arbeit im Unternehmen. Ich stelle fest, wie viel ein Teil auf dem Markt kostet, und dann fordere ich meine Leute auf, es zu den gleichen Kosten oder billiger herzustellen. Normalerweise schaffen sie es. Und ich weiß genau, wie unsere Qualität ist. Wo immer möglich vermeiden wir es, Arbeit außer Haus zu geben.« Vermutlich spielt dabei auch eine Rolle, dass Bobcat in Gwinner, North Dakota, angesiedelt ist und man in einem solchen ländlichen Umfeld unbedingt vermeiden will, Mitarbeiter entlassen zu müssen. Entlassungen könnten die Folge eines verstärkten Outsourcing sein. Interessanterweise trifft man auch bei Hidden Champions in Schwellenländern auf ähnliche Einstellungen. Der Hidden Champion Shanghai Port Machinery Company (ZPMC), mit 75 % Weltmarktanteil die klare Nummer 1 für Containerkräne, praktiziert eine extreme Fertigungstiefe. Eine wichtige Rolle spielt hierbei die Unabhängigkeit von Zulieferern. So sagt Olaf Plötner: »Instead of focussing on a few value-added activities ZPMC is driven by the objective of being able to do everything itself in order to be as independent as possible from suppliers.« [5]

Tiefe scheint auch eine Auswirkung auf die erzielbare Gewinnspanne zu haben. Dieser Effekt kann zum einen indirekt über die erreichte Einzigartigkeit, aber auch direkt über die bessere Abstimmung in den einzelnen Wertschöpfungsstufen erklärt werden. So sagt Hans-Joachim Boekstegers, Chef von Multivac, Weltmarktführer bei Vakuumverpackungssystemen: »Getragen durch den hohen Marktanteil im Kernprodukt und einem sehr integrierten Design- und Fertigungsprozess konnten wir in den letzten Jahren unsere Fertigungstiefe drastisch erhöhen und damit auch nachhaltig die Voraussetzung für noch bessere wirtschaftliche Ergebnisse legen. Durch den sehr eng verzahnten Prozess von Konstruktion und Fertigungstiefe ist es uns gelungen, Produkte noch deutlicher und insbesondere erkennbar für unsere Kunden abzugrenzen.«

Eigener Maschinenbau

Bei nicht wenigen Hidden Champions geht die Präferenz für Tiefe und Selbermachen noch weiter und schließt vorgelagerte Wertschöpfungsstufen ein. Wie schon in dem Zitat zu Braun erwähnt, betreiben viele dieser Firmen einen eigenen Maschinenbau. Bei der Firma Hoppe, einem der Marktführer für Tür- und Fenstertechnik, wurde mir gesagt: »Ungefähr 10 % unserer Belegschaft bauen eigene Maschinen, die wir äußerst geheim halten. Wir entwickeln und produzieren unsere eigenen Maschinen, und wir verkaufen diese Maschinen nicht an andere. Unser wesentliches Know-how steckt in diesen Maschinen.« Auch bei Brita, dem Weltmarktführer für Tischwasserfilter, gibt es eine Maschinenbauabteilung. Gründer Heinz Hankammer kommentierte: »Warum sollte ein anderer besser sein in der Herstellung dieser Maschinen? Brita ist Weltmarktführer, weil es ein einzigartiges Produkt hat und dieses Produkt auf einzigartigen Maschinen hergestellt wird.« Ähnlich sieht es bei Gardena, dem europäischen Marktführer für Gartengeräte, aus. Die Maschinen werden zeitgleich mit der Produktentwicklung selbst gebaut, sodass als Nebeneffekt eine erhebliche Zeitersparnis entsteht. Die Firma Weidmüller, einer der Marktführer und Mitglied des ostwestfälischen Interface-Clusters, baut ihre eigenen Werkzeuge. Geschäftsführer Ralf Hoppe sagt dazu: »Weidmüller stellt die Werkzeuge sehr bewusst in Eigenregie her. Wir entwickeln Verbindungstechnik und produzieren sie mit eigenen Werkzeugen. Das hat vor allem mit Qualität zu tun. Wir wollen erstklassige Qualität bieten und können nur Topprodukte liefern, wenn die Null-Fehler-Toleranz bereits bei den Werkzeugen beginnt.«[6] Bei Weidmüller sind 200 von 4 400 Beschäftigten im Werkzeugbau tätig. Flexi, der Weltmarktführer bei Hunderollleinen, produziert fast nur auf selbst gebauten Maschinen, mit Ausnahme der Kunststoffspritzmaschinen. Selbstverständlich gilt selbiges auch für die Firma Gottschalk, Weltmarktführer bei Reißzwecken, die ihre Produkte nur auf selbst gebauten Maschinen herstellt.

Ein häufig beobachtetes Muster besteht auch darin, dass zwar Maschinen zugekauft, aber anschließend umgerüstet und verbessert werden. Lorenz Bahlsen Snack-World kauft Anlagen zur Fertigung von salzigem Knabbergebäck bei entsprechenden Spezialherstellern, modifiziert diese Maschinen und die zugehörigen Prozesse jedoch mithilfe eigener Techniker und erzielt so deutliche Verbesserungen. Lorenz Bahlsen sieht darin einen wesentlichen Grund für Wettbewerbsüberlegenheit: »So erreichen wir temporäre Vorsprünge vor der Konkurrenz und nutzen diese zur Stärkung unserer Marke. Eigene Entwicklungen und Verbesserungen der Maschinen schaffen einen Technologievorteil, den wir in einen Markenvorteil transformieren. Der Technologievorteil kann immer nur temporär sein, der daraus entstehende Markenvorteil ist dauerhafter.« Griesson – de Beukelaer geht ähnlich vor. Die zugekauften Maschinen und Anlagen werden nicht so eingesetzt wie von den Herstellern geliefert, sondern bilden laut CEO Andreas Land die Ausgangsbasis für eigene Weiterentwicklungen. Land sagt: »Wir versuchen immer, in der Produktion einen Tick voraus zu sein.«[7] Bei Haribo, Ferrero und vielen anderen Konsumgüterfirmen, die scheinbar einfache Produkte herstellen, trifft man auf ähnliche Einstellungen. Dabei könnte man doch vermuten, dass all diese Produkte sich auf vorgefertigten Universalmaschinen optimal produzieren ließen.

Die hohe Fertigungstiefe, die oft über mehrere Stufen geht, hat zudem einen wichtigen Nebeneffekt. Sie bringt quasi automatisch einen Schutz vor Imitation durch Konkurrenten mit sich. Eine Fallstudie für extreme Geheimhaltung und Selbstmachmentalität bildet die österreichische Firma Glock, Hersteller der Glock 17, der meistverkauften Pistole der Welt. Dazu heißt es: »Glock führte als erster Waffenproduzent eine automatisierte Fertigung ein. Zudem machte er es sich zum Geschäftsprinzip, nicht nur sämtliche Einzelteile für seine Pistolen selbst zu produzieren, sondern auch die Fertigungsmaschinen. So stellt er sicher, dass keine Informationen über Fertigungsprozesse das Firmengelände verlassen.«[8] Zum gleichen Thema heißt es bei Sachtler, dem Weltmarktführer für professionelle Kamerastative: »In einigen Ländern versuchen Wettbewerber, unsere Produkte nachzuahmen. Sie scheitern jedoch, weil sie nicht die gleichen Werkzeuge haben. Wir stellen unsere eigenen Maschinen her, diese können nicht auf dem Markt gekauft werden.« Und immer erziele ich einen starken Aha-Effekt bei meinen Zuhörern, wenn ich ein im Saal filmendes Kamerateam bitte, mit dem Stativ auf die Bühne zu kommen. Natürlich prüfe ich vorher, ob es sich tatsächlich um ein Sachtler-Produkt handelt, aber meistens ist das so. So kommentierte Joon-Hee Cho, der Vorstandsvorsitzende der Industrial Bank of Korea, nach einem Vortrag vor koreanischen Unternehmern im März 2012: »Ich war skeptisch, aber das Sachtler-Stativ hat mich zum Hidden-Champions-Konzept bekehrt.« Seither ist Herr Cho zu einem Missionar der Hidden-Champions-Idee für koreanische Mittelständler, die die Hauptkundschaft der Industrial Bank of Korea darstellen, geworden.

In einer Zeit, in der sich viele Firmen über Nachahmer aus dem asiatischen Raum beklagen, gewinnt der Know-how-Schutz größere Bedeutung denn je. Der Aspekt der Tiefe sollte zum Nachdenken über die Vermeidung voreiligen Outsourcings oder die unbedachte, rein kostengetriebene Stilllegung des eigenen Maschinenbaus anhalten.

Tiefe bei Rohstoffen

Eine Variante der Wertschöpfungstiefe finden wir bei der Firma Lorenz Bahlsen Snack-World. Mit der Marke Lorenz und einer ausgeprägten Premiumpreisposition ist Bahlsen ein führendes Unternehmen bei salzigem Knabbergebäck.[9] Eine der Erklärungen für den Markterfolg liegt in der ausgezeichneten Qualität der Endprodukte. Und diese hat ihre Ursache darin, dass Bahlsen die gesamte Wertschöpfungskette bis hin zu den Rohstoffen kontrolliert. Firmeninhaber Lorenz Bahlsen erklärt: »Eines unserer Geheimnisse liegt darin, dass wir beispielsweise bei den Kartoffeln für unsere Chips den Anbau, die Sortenauswahl, das Saatgut und die Düngung aufs Genaueste überwachen. Ähnlich gehen wir bei anderen Rohstoffen vor, zum Beispiel bei Erdnüssen. Das tun wir sogar international. Die einzigartige Qualität unserer Produkte beginnt mit der einzigartigen Qualität unserer Rohmaterialien.« Jeder, der die Lorenz-Produkte und manche Konkurrenzprodukte kennt, kann nachvollziehen, wovon er spricht. Faber-Castell stellt pro Jahr rund zwei Milliarden Bunt- und Bleistifte her und ist damit Weltmarktführer. Die Wertschöpfungstiefe reicht bis in eigene, gigantische Plantagen von 100 Quadratkilometern Fläche in Brasilien. Dort wächst das spezielle Holz, aus dem die Faber-Castell-Stifte hergestellt werden. Und ähnlich tief gehende Kontrollen oder eigene Erzeugung von Rohstoffen und Zwischenprodukten finden wir bei zahlreichen Hidden Champions.

Tiefe in Forschung und Entwicklung

Am stärksten ausgeprägt ist die Neigung zum Selbermachen in der Forschung und Entwicklung. Mehr als vier Fünftel der Befragten sagen, dass sie nach einer hohen oder sehr hohen Wertschöpfungstiefe im F & E-Bereich streben. Hierfür gibt es zwei entscheidende Gründe: zum einen die Spezialisierung, zum anderen den Schutz des eigenen Know-hows. Die hohe Spezialisierung und die enge Fokussierung führen dazu, dass es einfach niemanden gibt, der tief genug in der Materie steckt, um etwas von Wert beitragen zu können. Es dürfte für Dritte schwer sein, Hauni bei Innovationen für die Tabakverarbeitung oder Baader bei solchen für die Fischverarbeitung oder Karl Mayer bei Neuerungen für Kettenwirkmaschinen auszustechen. Mit Weltmarktanteilen von 80 % und mehr haben diese Hidden Champions in ihren F & E-Teams die kompetentesten Experten und besitzen mehr Spezial-Know-how als alle ihre Konkurrenten, Lieferanten und Kunden zusammen.

Gegenüber F & E-Kooperationen besteht bei den Hidden Champions ausgeprägte Zurückhaltung. Der Geschäftsführer eines Marktführers aus der Zulieferindustrie berichtete: »Einmal gingen wir eine F & E-Kooperation mit einem anderen Unternehmen ein. Selbst haben wir kaum etwas dazugelernt. Die anderen haben jedoch viel von unserem Know-how übernommen. Seitdem sind wir in F & E äußerst zugeknöpft. Wir sehen das als den einzig sicheren Weg, unser überlegenes Wissen zu schützen.« Obwohl diese Art der Zurückhaltung nach wie vor dominiert, beobachten wir eine zunehmende Offenheit, wenn Firmen in Wissensgebiete vorstoßen, auf denen die eigenen Kompetenzen nicht ausreichen. So forscht die Firma Otto Bock, deren klassische orthopädische Produkte auf Mechanik und Elektronik basieren, auf neuen Gebieten gemeinsam mit Partnern, die auf diesen Feldern spezifische Kompetenzen besitzen. In dem Abschnitt »Strategische Allianzen« weiter unten gehen wir vertieft auf solche Kooperationen ein.

Tiefe und Kompetenz

Es bedarf keiner Begründung, dass eine tiefe und dauerhafte Beschäftigung mit einem Geschäft zu hoher Kompetenz auf diesem Gebiet führt. Die Hidden Champions sind auf ihren jeweiligen Spezialgebieten in der Regel die führenden Experten weltweit. Die Erkenntnis, dass es zwischen General-Managementkompetenz und branchenspezifischer Kompetenz ein Konfliktpotenzial gibt, macht sich auch in Großunternehmen breit. In der jüngeren Vergangenheit zeigen sich verstärkt konkrete Auswirkungen dieser Erkenntnis. Hier sind zum einen die Konzentration auf Kerngeschäfte und die damit einhergehende Trennung von Randgeschäften zu nennen. Auch die Karrieremuster in großen Konzernen ändern sich. So kündete General Electric, die Firma, die insbesondere unter Jack Welch General-Managementkompetenz wie kaum eine andere propagierte und entwickelte, in 2012 eine grundlegende Änderung in der Managemententwicklung an: »The shift is a change in philosophy. For years, General Electric wanted its top managers to be experts in managing. Now, it's increasingly looking for them to be deep experts in their fields.«[10] Anstatt alle zwei Jahre in ein neues Betätigungsfeld versetzt zu werden, sollen GE-Manager in Zukunft wesentlich länger im selben Geschäftsfeld bleiben. Susan Peters, die Verantwortliche für Managemententwicklung bei GE, begründet die neue Orientierung wie folgt: »The world is so complex. We need people who are pretty deep.«[11] Der erhöhten Komplexität der Welt mit mehr Tiefe zu begegnen erscheint als überzeugendes Argument, dem sich auch die Hidden Champions anschließen würden.

Strategische Bewertung

Eine umfassende Bewertung der Frage nach der optimalen Wertschöpfungstiefe ist alles andere als einfach. Hinter der Präferenz der Hidden Champions für das Selbermachen steckt eine tiefere, allgemeine Wahrheit: Einzigartigkeit und Überlegenheit im Wettbewerb können nur intern geschaffen werden. Alles, was man auf dem offenen Markt zukauft, ist auch anderen zugänglich und begründet insofern keine Alleinstellung. Diese Einsicht liefert die Erklärung, warum viele Hidden Champions sich nicht auf die Endproduktstufe der Wertkette beschränken, sondern ein oder gar mehrere Stufen tiefer gehen. Dort schaffen sie die einzigartigen Prozesse, Maschinen, Werkzeuge oder Zwischenmaterialien, aus denen letztendlich die Überlegenheit im Endprodukt resultiert. Viele sagten mir, dass sie diese Überlegenheit nie erreichen könnten, wenn sie ihre Aktivitäten auf die Herstellung des Endprodukts beschränkten. Das ist die tiefere und universellere Wahrheit.

Diese Wahrheit hat allerdings eine Kehrseite, die nicht unterschätzt werden sollte und die sowohl für den Produktions- als auch für den F & E-Bereich Relevanz besitzt. In der Produktion können aus einer übertriebenen Selbermach-Philosophie gravierende Kostennachteile entstehen. Das spricht dafür, die Möglichkeit des Outsourcing zumindest bei Nichtkernkomponenten unvoreingenommen zu prüfen. Viele Hidden Champions betreiben bei Aktivitäten, die nicht zur Kernkompetenz gehören, in der Tat intensives Outsourcing. Bei den Kernkompetenzen sollte hingegen der Aspekt der Einzigartigkeit bestimmend bleiben. Hier sollten nicht einseitig Kostenvorteile, sondern die qualitative Überlegenheit im Wettbewerb den Ausschlag geben. Jedenfalls gilt das innerhalb gewisser praxisrelevanter Bandbreiten.

Forschung und Entwicklung sind die wichtigste Quelle der Einzigartigkeit eines Unternehmens. Viele Hidden Champions weisen eine sehr hohe F & E-Effizienz auf und bewältigen die entsprechenden Herausforderungen bravourös. Diese Fähigkeiten sprechen in Verbindung mit der hohen Spezialisierung und dem angestrebten Know-how-Schutz vielfach für den Alleingang. Doch auch hier sollte man relativieren und ein ideologiefreies Urteil anstreben. Wenn man in neue Gebiete vorstößt und damit an die Grenzen der eigenen Kompetenzen gelangt, besteht für Eigenbrötler die Gefahr, Chancen zu verpassen. Wenn umgekehrt neue Technologien, die man nicht beherrscht, das eigene Kerngeschäft bedrohen, muss ebenfalls die rote Lampe aufleuchten. Ob in solchen Fällen Selbermachen oder doch Kooperation die bessere Alternative bietet, ist eine schwierige Frage, die mit offenem Geist angegangen werden muss. Ideologie ist hier fehl am Platze.

Die Hidden Champions zeigen überwiegend eine deutliche Präferenz für das Selbermachen in Produktion und F & E. Outsourcing in den Kernkompetenzen wird vermieden, ist allerdings bei Nichtkernaktivitäten sehr verbreitet. Der F & E-Bereich zeichnet sich nahezu generell durch eine große Verschlossenheit aus. Diese Grundeinstellungen mögen sich in den letzten zehn Jahren etwas verschoben haben, prinzipiell geändert haben sie sich nicht. Vieles spricht dafür, dass diese Grundsätze der Hidden Champions eine wichtige Wurzel ihrer Einzigartigkeit und Überlegenheit bilden. Das Bewusstsein, dass aus einer übertriebenen Anwendung dieser Prinzipien Nachteile erwachsen können, ist heute dennoch stärker ausgeprägt als früher. Als Folge beobachten wir eine etwas größere Offenheit gegenüber Outsourcing und auch strategischen Allianzen. Dennoch bleiben die diesbezüglichen Positionen der Hidden Champions weit von denjenigen entfernt, die in der Literatur propagiert und in vielen Großunternehmen praktiziert werden. Auch die Krise nach 2007 hat im Hinblick auf das Thema Kostenflexibilität für eine gewisse Öffnung gesorgt. Denn die Erfahrungen insbesondere aus dem Krisenjahr 2009, dass Fixkosten vermieden und eine hohe Anpassungsfähigkeit an schwankende Nachfrage sichergestellt werden müssen, sind auch an den Hidden Champions nicht vorübergegangen.

Strategische Allianzen

Strategische Allianzen sind ähnlich wie Outsourcing ein Mittel, größere Teile der Wertschöpfungskette abzudecken oder ein breiteres Leistungsspektrum zu bieten, ohne dass entsprechend hohe Ansprüche an Kapitalbedarf, Investitionen, Marktpräsenz etc. entstehen. Strategische Allianzen können als Weg interpretiert werden, Tiefe zu reduzieren bzw. auf andere Weise zu erreichen. Auf den ersten Blick könnte man vermuten, dass kleine und mittlere Unternehmen wegen ihrer beschränkten Ressourcen stärker zu dieser Methode greifen als große Firmen. Das Gegenteil ist jedoch der Fall. Großunternehmen betreiben oft eine Vielzahl von strategischen Allianzen. Für Hidden Champions sind solche Konstellationen hingegen eher die Ausnahme. Vielmehr bevorzugen diese, Herr im eigenen Hause zu bleiben und das Sagen zu haben. Mehr als drei Viertel der Hidden Champions ziehen beim Eintritt in Auslandsmärkte den Alleingang vor, und nur ein Sechstel geht zu diesem Zweck Allianzen ein. Letztere sind dabei meist als temporäre Eintrittsmethode gedacht. Insgesamt kommen strategische Allianzen bei Hidden Champions eher selten vor. Sie halten es stärker mit Wilhelm Tells Bekenntnis: »Der Stärkste ist am mächtigsten allein« oder dem Spruch »Adler fliegen alleine«.

Dennoch haben Bedeutung und Häufigkeit strategischer Allianzen in den letzten zehn Jahren zugenommen. Für diese Entwicklung sind insbesondere zwei Gründe verantwortlich: zum einen die Neukonfiguration der Supply-Chain in Richtung hierarchischer Liefersysteme, zum anderen die Ausweitung der Geschäftsaktivitäten. Die Rekonfiguration der Lieferkette zeigt ihre stärksten Auswirkungen in der Autozulieferindustrie. Ganze Module oder Subsysteme überschreiten oft die Kompetenzen einer einzelnen Firma. Wenn ein Zulieferer Tier-1-Lieferant bleiben will, ist er zur Zusammenarbeit gezwungen. Als Beispiele seien hier zwei strategische Allianzen genannt, an denen Hella, Weltmarktführer bei Xenon-Autoleuchten, und Behr, Weltmarktführer bei Kühlsystemen, beteiligt sind. Das Joint Venture Behr-Hella Thermocontrol (BHTC) ist einer der Marktführer bei Bedien- und Steuergeräten für die Fahrzeugklimatisierung. Das zweite Joint Venture, in dem zusätzlich die französische Firma Plastic Omnium mitwirkt, firmiert als HBPO und produziert komplette Frontendmodule, die Lichttechnik, Kühlung, Aerodynamik, Fußgängerschutz und Crashmanagement umfassen. Solche komplexen Lösungen lassen sich nur durch strategische Allianzen realisieren.

Der österreichische Hidden Champion Plansee, Weltmarktführer in pulvermetallurgischen Hochleistungswerkstoffen, betreibt zwei seiner drei Divisionen in Form strategischer Allianzen, an denen die Plansee Holding jeweils mit 50 % beteiligt ist. Die Division Ceratizit ist aus einer Fusion mit der luxemburgischen Firma Cerametal entstanden und besitzt eine führende Marktposition bei Hartstoffprodukten. Die auf die Autoindustrie fokussierte Division PMG verkauft Sinterformteile und wird gemeinsam mit Mitsubishi betrieben. Diese strategischen Allianzen haben Plansees Position als Zulieferer der Autoindustrie und des Maschinenbaus gestärkt und für einen Wachstumsschub gesorgt. Nach Aussage von Plansee-CEO Michael Schwarzkopf läuft die Zusammenarbeit mit den Joint-Venture-Partnern reibungslos. Die Fokussierung auf Pulvermetallurgie sei nicht gefährdet, und organisatorisch habe man sich sehr konsequent auf die Zielbranchen ausgerichtet. Dieser Hinweis ist meines Erachtens wichtig: Wenn strategische Allianzen die Prinzipien der Hidden Champions wie enge Fokussierung, hohe Innovation, konsequente Globalisierung nicht gefährden oder gar verstärken, wie es im Fall von Plansee definitiv der Fall ist, können sie durchaus interessant sein. Allerdings erfordert die Teilung der Macht von manchem Hidden-Champion-Chef Überwindung.

Auch im Vertriebsbereich beobachten wir eine Zunahme von strategischen Allianzen, überwiegend in der Form von Kooperationen, seltener als Joint Ventures. Treiber ist hier die weiche Diversifikation in der Form, dass an neue Zielgruppen oder Vertriebskanäle herangegangen wird. Gelita, Weltmarktführer bei Kollagenproteinen, war traditionell ein reiner Industriezulieferer und hatte folglich keine Vertriebskapazitäten für den Endverbraucher- bzw. den Apothekenmarkt. Deshalb ist naheliegend, dass der Vertrieb des von Gelita entwickelten Gelenkschutzmittels CH-Alpha in Zusammenarbeit mit einer etablierten Apothekenvertriebsorganisation wie QUIRIS Healthcare erfolgt. Otto Bock hat traditionell keinen Zugang zu Ärzten, die Schlaganfallpatienten behandeln. Deshalb hat man sich beim

Vertrieb eines neuen Produkts für Schlaganfallpatienten mit der Firma Krauth & Timmermann zusammengetan, die unter anderem auf Elektrostimulation spezialisiert ist und die entsprechende Ärztegruppe anspricht.

Bei der Internationalisierung des Vertriebs setzen insbesondere kleinere Hidden Champions des Öfteren auf die Zusammenarbeit mit etablierten Unternehmen, die die gleiche Zielgruppe ansprechen. Dieses Ansatzes bedient sich zum Beispiel Brainlab, Weltmarktführer bei Positionierungssoftware für die Chirurgie. In den Ländern, in denen die Firma nicht mit eigenen Tochtergesellschaften vertreten ist, kooperiert Brainlab mit Herstellern medizinischer Geräte, die Chirurgen ansprechen und deren Kompetenzen nahe an denjenigen von Brainlab liegen. Stefan Vilsmeier, der CEO von Brainlab, betont allerdings, dass solche Allianzen der ständigen Zuwendung »wie in einer Ehe« bedürften. Langfristig dürfte Brainlab deshalb auf den Eigenvertrieb setzen.

Eine wesentliche Stoßrichtung für Innovationen besteht in der Integration verschiedener Wissensbereiche wie Mechanik und Elektronik (Mechatronik), Chemie/Physik und Nanotechnologie oder Medizintechnik, Pharmazie und Biologie/Gentechnik. Aus diesen Vernetzungen erwachsen gleichermaßen Chancen wie Bedrohungen. Wer es schafft, diese Bereiche zu verknüpfen, dem stehen neue Märkte mit großen Chancen offen. Wer in seinen technologischen Kompetenzen beschränkt bleibt, der kann an den Rand gedrängt werden. In jedem Fall ergeben sich neue und oft weitreichende Anforderungen an die F & E-Kompetenzen, die ein Hidden Champion nicht immer alleine bewältigen kann. Deshalb zeichnet sich seit einigen Jahren und noch stärker für die Zukunft eine höhere Bedeutung von strategischen F & E-Allianzen ab. Die Firma Otto Bock, Weltmarktführer bei Prothesen, beleuchtet diese Entwicklung exemplarisch. Anders als bei klassischen Prothesen geht Otto Bock mit den jüngsten Innovationen »unter die Haut«. Die Umsetzung von Nervensignalen in Bewegung von Prothesen stellt höchste wissenschaftliche Anforderungen.[12] Deshalb geht Otto Bock F & E-Allianzen ein, etwa in Form eines Joint Ventures mit dem österreichischen Unternehmen Med-El, das auf die Verarbeitung von Nervensignalen spezialisiert ist. Zusätzlich akquirierte Otto Bock Firmen mit entsprechenden Kompetenzen, beispielsweise die amerikanische Firma OrthoRehab, Hersteller von Bewegungsschienen mit Vertriebsnetz in ganz USA. Der Hidden Champion KWS aus Einbeck, mit 850 Millionen Euro Umsatz Weltmarktführer bei Zuckerrübensamen und insgesamt viertgrößter Saatguthersteller in der Welt, kooperiert in der Entwicklung von Sorten mit führenden Pflanzenschutzkonzernen wie Bayer Crop Science und Monsanto. Ziel ist es, Sorten zu entwickeln, die gegen bestimmte Herbizide, die von den Konzernen angeboten werden, resistent sind.

Solche Kooperationen werden in Zukunft zunehmen. Eine Kernproblem besteht in der Prioritätensetzung während des F & E-Prozesses. So ist die Batterieallianz von Bosch und Samsung nach vier Jahren an Abstimmungsproblemen gescheitert. Bei Bosch hieß es dazu, dass Entscheidungsprozesse einfach zu lange dauerten.[13] Als ähnlich schwierig darf die Klärung der Frage gelten, wem die F & E-Ergebnisse gehören bzw. wie sie aufgeteilt werden. Die einfachste Lösung besteht in einem auf Dauer angelegten Gemeinschaftsunternehmen, das die Resultate selbst verwertet. Dies bedeutet andererseits, dass man dauerhaft auf die Alleinherrschaft verzichtet und die Früchte teilen muss, was vielen Hidden Champions nicht behagt. Eine zweite Alternative ist die Verwertung der Ergebnisse durch beide Partner. Das impliziert, dass es von Anfang an einen Konkurrenten mit ähnlicher technologischer Ausgangsbasis gibt. Das ist ebenfalls keine Lösung, die einem nach Marktführerschaft strebenden Hidden Champion zusagt. Oft ist die vollständige Übernahme die präferierte Version, die bei entsprechendem Forschungserfolg allerdings teuer werden kann. Kommen all diese Varianten nicht infrage, dann muss man sich in irgendeiner Weise einigen, idealerweise hat man ex ante Vorkehrungen für diesen Fall getroffen.

Auf ein Motiv, das bei Großunternehmen häufig zu strategischen Allianzen führt, sind wir bei Hidden Champions selten gestoßen: Probleme, ein Geschäft alleine profitabel zu betreiben. Ein Beispiel ist das Gemeinschaftsunternehmen Nokia Siemens Networks. Beide Firmen erzielten bei Telekommunikationsausrüstungen keine Gewinne und schlossen sich deshalb zusammen. Ähnlich war es bei Sony Ericsson mit Mobiltelefonen. Doch wie so oft in solchen Fällen blieben auch diese Joint Ventures in der Verlustzone stecken. Hidden Champions trennen sich lieber von einem Geschäft, das sie nicht in den Griff bekommen, als es in eine strategische Allianz einzubringen. Vielleicht liegt die Ursache hierfür in der bewussteren Vermeidung von Ablenkung und der vollen Konzentration auf das Kerngeschäft. Ein Beispiel bietet die Firma Griesson – de Beukelaer, ein führender europäischer Gebäckhersteller. Eines der Prinzipien der Firma lautet »Kein Geschäft ohne Gewinn«. Der Ursprung von Griesson – de Beukelaer liegt im Lebkuchengeschäft. Als man jedoch vor einigen Jahren zu der Einsicht kam, dass in diesem Geschäft wegen der kurzen Saison und des extremen Preiswettbewerbs kein nachhaltiger Gewinn erzielbar sei, wurde der Bereich rigoros geschlossen, obwohl er damals 30 % zum Umsatz beitrug. Die frei werdenden Ressourcen konnten offensichtlich an anderer Stelle wesentlich effektiver eingesetzt werden, denn das Unternehmen wächst seither profitabel und beständig.

Strategische Allianzen sind unter Hidden Champions nach wie vor Ausnahmeerscheinungen, gewinnen jedoch an Bedeutung. Die Integration von Systemen sowie die Überschreitung von traditionellen Kompetenzgrenzen in

F & E können zur Zusammenarbeit mit anderen Unternehmen zwingen. Obwohl strategische Allianzen ein Konfliktpotenzial mit der traditionellen Hidden-Champion-Einstellung aufweisen, sollten sie offen geprüft werden. Allerdings gibt es einen nicht unwesentlichen Anteil von Hidden Champions, für die solche Allianzen aufgrund der Persönlichkeitsprofile der Schlüsselperson(en) auch in Zukunft nicht infrage kommen.

Zusammenfassung

Tiefe ist ein Aspekt, der den Kern und das Herz vieler Hidden Champions berührt. Wir halten folgende Punkte fest:

- Hidden Champions haben in ihren eng definierten Märkten häufig ein tiefes Leistungsangebot, decken also mehrere Stufen in der Value Chain ihrer Kunden ab.
- Diese Ausdehnung entlang der Wertschöpfungskette der Kunden ist ein wichtiger Wachstumstreiber, dabei spielen auch Akquisitionen vor- oder nachgelagerter Anbieter eine Rolle.
- Die Wertschöpfungstiefe der Hidden Champions ist mit 42 % deutlich höher als im Durchschnitt der Industrie. Noch stärker gilt dies für die Fertigungstiefe, die 50 % erreicht, während sie im Durchschnitt der Industrie knapp unter 30 % liegt.
- Viele Hidden Champions sind fanatische Selbermacher mit Fertigungstiefen von über 70 %. Und gerade bei diesen Firmen scheint das Bekenntnis zum Selbermachen nicht schwächer geworden zu sein. Sie übertragen diese Einstellung auch auf neue Produkte.
- Wenn es um die Kernkompetenzen geht, zeigen Hidden Champions generell eine skeptische Haltung gegenüber dem Outsourcing. Hingegen betreiben sie bei Nichtkernkompetenzen in starkem Maße Outsourcing.
- Nicht wenige Hidden Champions bauen sogar die Maschinen, mit denen sie ihre Endprodukte fertigen, selbst oder rüsten gekaufte Maschinen um. Sie sehen diese Tiefe als eine wichtige Wurzel der Einzigartigkeit ihrer Endprodukte wie auch als Know-how-Schutz.
- Ebenso ist bei Rohstoffen und Zwischenmaterialien oft eine große Tiefe zu beobachten. Diese kann sich auf eigene Produktion oder die strikte Kontrolle mehrerer Wertschöpfungsstufen in der Zulieferkette beziehen.
- Noch stärker als in der Produktion achten die Hidden Champions in Forschung und Entwicklung auf Tiefe, Eigenständigkeit und Verschlossen-

heit. Zum einen liegt dies an ihrer starken Spezialisierung, zum anderen spielt der Schutz von Know-how eine herausragende Rolle.

- Hidden Champions vermeiden strategische Allianzen und neigen zum Alleingang. Eine größere Offenheit zeigen sie allerdings dort, wo traditionelle Wissens- und Kompetenzgrenzen überschritten werden. Die partielle Aufgabe von Autonomie fällt den Hidden Champions nicht leicht.

Es ist wichtig, die Tiefe der Hidden Champions im Zusammenhang mit ihrer Fokussierung zu sehen. Beide zusammen bilden die Voraussetzung für Weltklasse. Wer glaubt, ohne Tiefe ein Hidden Champion zu werden, der dürfte sich irren. Zukauf führt selten zur Wettbewerbsüberlegenheit. Die Basis für Einzigartigkeit liegt im Selbermachen und in der Tiefe.

Anmerkungen

1 Vgl. Henri Bergson, *Zeit und Freiheit*, Jena: Verlag Diederichs 1911.

2 Wertschöpfung am Bruttoproduktionswert 2005, Statistisches Bundesamt.

3 Vgl. *Enercon aktuell*, 26. April 2012.

4 Enercon ist der einzige größere Hersteller, dessen Anlagen ohne Getriebe auskommen. Damit entfällt ein wesentlicher Störfaktor, da die Getriebe von Windanlagen besonders störanfällig sind.

5 Olaf Plötner, *Counter Strategies in Global Markets*, Basingstoke: Palgrave Macmillan 2012, S. 9.

6 *VDI-Nachrichten*, 13. April 2007, S. 35.

7 Für mich gilt Ferrero als leuchtendes Vorbild, Interview mit Andreas Land, *Absatzwirtschaft*, April 2012, S. 14.

8 Vgl. Eine Pistole namens Glock 17, *Welt am Sonntag*, 11. März 2012, S. 17–20.

9 Die Marke Lorenz wurde nach der Realteilung der Bahlsen-Gruppe für das von Lorenz Bahlsen übernommene Salzgebäck-Geschäft eingeführt. Das Geschäft mit Süßgebäck wird von seinem Bruder Werner Bahlsen unter der Marke Bahlsen geführt. Beide Firmen sind heute unabhängig voneinander.

10 Kate Linebaugh, The New GE Way: Go Deep, not Wide, *The Wall Street Journal*, 7. März 2012, S. B1.

11 Kate Linebaugh, The New GE Way: Go Deep, not Wide, *The Wall Street Journal*, 7. März 2012, S. B1.

12 Vgl. Stroke Victims Move Objects with Minds, *The Wall Street Journal Europe*, 17. Mai 2012, S. 8.

13 Batterie-Allianz von Samsung und Bosch vor dem Aus, *Frankfurter Allgemeine Zeitung*, 20. März 2012, S. 12.

Kapitel 8

Global vermarkten

Wie dargestellt, bildet die enge Fokussierung in Verbindung mit Tiefe die erste Säule der Hidden-Champions-Strategie. Sie ist Voraussetzung für das Erreichen und Halten von Weltklasse. Doch Fokussierung macht den Markt klein. Wie macht man den Markt groß? Durch globale Vermarktung! Sie stellt deshalb die zweite Säule der Hidden-Champions-Strategie dar. Die Weltmärkte der Hidden Champions sind um ein Vielfaches größer als ihre jeweiligen Heimatmärkte. Ein Unternehmen wird nicht Weltmarktführer, indem es zu Hause bleibt und darauf wartet, dass die Kunden anklopfen. Die Erschließung des Weltmarktes erweist sich als der wichtigste Wachstumstreiber für die Hidden Champions. Die Hidden Champions beschreiten den Weg nach Globalia mit großer Konsequenz. Sie ziehen in die Welt hinaus, errichten in den Zielmärkten eigene Tochtergesellschaften und machen auf diese Weise ihre Produkte und Dienstleistungen überall für ihre Kunden verfügbar. Der Prozess der Globalisierung dauert mehrere Generationen und verlangt ungeheure Ausdauer. In diesem Prozess verschieben sich die Umsatzanteile und die Mitarbeiterzahlen einzelner Regionen massiv. Die Hidden Champions wandeln sich von bisher primär transatlantischen zu wirklich globalen Unternehmen, wobei Asien immer wichtiger wird. Es erweist sich als schwierig, die Prioritäten für die Märkte der Zukunft richtig zu setzen. Das Unternehmensrisiko steigt einerseits durch die Internationalisierung, andererseits findet eine Risikostreuung statt, falls die regionalen Märkte unterschiedliche Zyklen haben. Das Internet erleichtert die Globalisierung, insbesondere für kleine und mittlere Unternehmen.[1] Während Markteintritte früher häufig einem pragmatischen »Haudegen-Ansatz« folgten, setzt die neue Managergeneration verstärkt auf professionelle und systematische Vorbereitung.

Globalisierung: Die zweite Säule

Fokussierung macht einen Markt klein. Der von Winterhalter bearbeitete Markt für Hotelgeschirrspülsysteme ist weitaus kleiner als derjenige für gewerbliche Spülsysteme insgesamt. Wer sich, wie die schwedische Firma Poc, auf Skischutzhelme fokussiert, deckt nur einen winzigen Teil des gesamten Schutzhelmmarktes ab. In ähnlicher Weise machen Enduro-Motorräder, die Spezialität des österreichischen Hidden Champions KTM, weniger als 1 % des Motorradmarktes aus. Für Super-Nischenanbieter und Marktbesitzer fallen solche Wirkungen enger Marktdefinitionen noch schärfer aus. Selbst in einem größeren Land können die Märkte sehr klein werden. Sind die Hidden Champions also dazu verdammt, klein zu bleiben? Das wäre so, wenn nicht die globale Vermarktung als zweite Säule der Strategie hinzukäme. Von dieser zweiten Säule geht ein enormer Wachstumsschub aus.

Die enge Marktdefinition hinsichtlich Anwendung, Technologie, Zielgruppe oder anderer Kriterien wird also verbunden mit einer weiten Marktdefinition in regionaler Hinsicht. Das sind die zwei tragenden Säulen der Hidden-Champions-Strategie: Spezialisierung und Tiefe in Anwendung, Produkt, Know-how kombiniert mit Weite in der regionalen Dimension. Letzteres bedeutet normalerweise globale Vermarktung. Manfred Fuchs von Fuchs Petrolub, weltweit der größte unabhängige Hersteller von Schmierstoffen, beschreibt diese Strategie idealtypisch: »Getrieben wurde die Entwicklung von der frühen Erkenntnis, dass das Unternehmen nur mit Spezialisierungs- und Nischenstrategien wirkliche Wettbewerbsvorteile gegenüber den großen, vertikal integrierten Mineralölkonzernen hatte. Damit verengte sich das Bedarfspotenzial, sodass Internationalisierung zum zwingenden Korrelat der Produktspezialisierung wurde. So sind die Nischen im nationalen und westeuropäischen Maßstab im Volumen begrenzt und brauchen den größeren globalen Rahmen, um die Forschungs- und Entwicklungskosten zu rechtfertigen.«[2] In ähnlicher Weise begründet die Firma Otto Bock, Weltmarktführer in der Orthopädietechnik, ihre globale Strategie: »Otto Bock wird getragen von überragender Innovationskraft und Technologieführerschaft verbunden mit der globalen Präsenz unseres Vertriebs- und Servicenetzes.« Und Heinrich Weiss, CEO von SMS, dem Weltmarktführer für Flachstahlwerke, sagt, dass »ein mittelständisches Unternehmen im Anlagenbau nur erfolgreich sein kann, wenn es sich auf eine schmale Marktnische konzentriert, weltweit tätig ist und versucht, möglichst die Nr. 1 am Markt zu sein«.[3] Abbildung 8.1 veranschaulicht die beiden Säulen.

Abb. 8.1: Die zwei Säulen der Hidden-Champion-Strategie

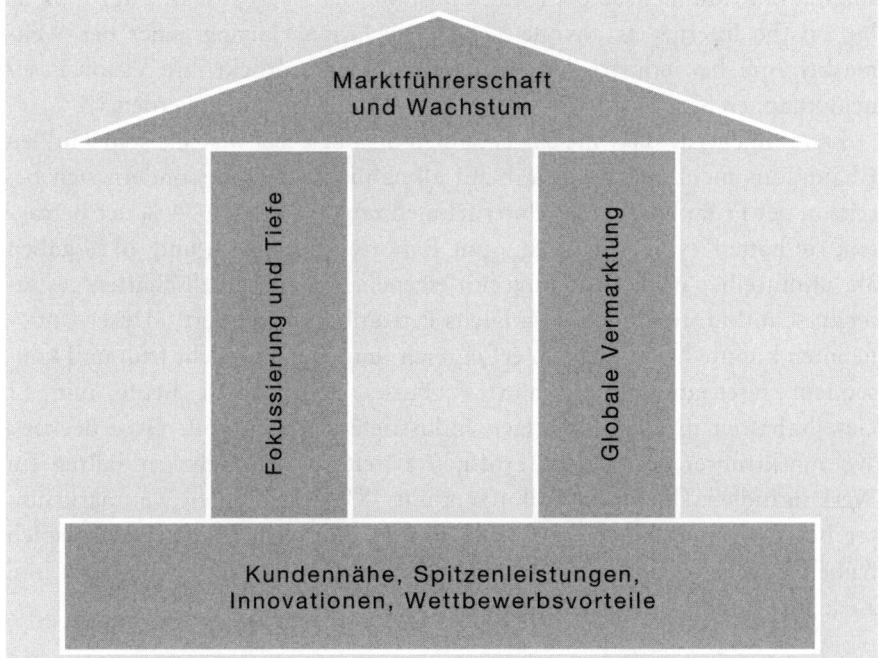

Die beiden Säulen betreffen die Ausrichtung auf Märkte, zum einen in inhaltlicher, zum anderen in räumlicher Sicht. Diese Säulen stehen auf einem soliden Fundament aus Kundennähe, Spitzenleistung, Innovation und Wettbewerbsvorteilen. Diese Grundsteine der Hidden-Champions-Strategie werden wir in den folgenden Kapiteln ausführlich behandeln. Bei erfolgreicher Umsetzung werden die angestrebten Ziele Wachstum und Marktführerschaft erreicht.

Weltmarktführer wird man nur, indem man in die Welt hinaus zieht. In früheren Zeiten kam globaler Vertrieb praktisch nur für Großunternehmen infrage. Handelsbarrieren, komplizierte Rechtssysteme, Schwierigkeiten des Reisens, Finanzierungs- sowie Transportprobleme und eine unzulängliche Telekommunikation erschwerten und verteuerten den Aufbau weltweiter Geschäftssysteme. In der modernen Welt ist globale Vermarktung hingegen eine realistische Option für Unternehmen aller Größenklassen geworden. Das Internet liefert hierzu einen wichtigen Beitrag, aber auch die Bedeutung der modernen Logistik- und Finanzsysteme darf nicht unterschätzt werden. Mike Eskew, CEO des weltgrößten Paketversenders UPS, beschrieb die Entwicklung: »Globalization started as a trend for large multinational companies, but it is increasingly becoming one for small and mediums. We see that small and medium-sized companies push harder to go global. They look as big on the Internet as anyone else.«[4] Die Firma Harting, einer der Weltmarktführer bei industriellen Steckverbindungen, drückt ihre Vision in einem knappen Satz aus: »Wir wollen ein Weltunternehmen werden.«

Erstaunlich ist, dass die Zwei-Säulen-Strategie bei den meisten Hidden Champions nicht erst im Zeitablauf allmählich entstand, sondern sich bereits in der Frühphase dieser Unternehmen zeigte. So sagen 74 % der Befragten, sie hätten »von Anfang an« mit Exporten begonnen, und 40 % gaben an, unmittelbar nach Gründung mit eigenen Auslandsgesellschaften gestartet zu sein. Manfred Fuchs von Fuchs Petrolub kommentiert: »Unser Unternehmen könnte heute nicht so erfolgreich sein, wenn es nicht früh und konsequent internationalisiert hätte.«[5] Fuchs Petrolub ist heute mit 52 Gesellschaften in allen wichtigen Industrieländern präsent. Groz-Beckert, Weltmarktführer bei Nadeln, eröffnete bereits in den sechziger Jahren ein Werk in Indien. Die Firma Volkmann, mit 35 % Marktanteil Weltmarktführer bei Zwirnmaschinen, trat 1981 in den indischen Markt ein. In solch frühen Internationalisierungsschritten zeigen die diskutierten Visionen und Ziele ihre konkreten Auswirkungen.

Globale Präsenz: Status und Prozess

Auf Basis unserer bisherigen Studien und deren Fortschreibung schätzen wir, dass die Hidden Champions heute im Mittel 30 Auslandsgesellschaften besitzen, von denen ein rundes Drittel produziert. Zwei Drittel der Tochtergesellschaften beschränken sich auf Vertrieb und Service. Beim Eintritt in ausländische Märkte bevorzugen die Hidden Champions eindeutig den Alleingang. 77 % lehnen es ab, sich zu diesem Zweck mit anderen Firmen zusammenzuschließen. Nur ein Sechstel der Firmen sagt, dass sie dies regelmäßig tun. Die Auslandsgesellschaften befinden sich fast immer zu 100 % im Eigentum der Muttergesellschaft. Dort, wo es keine eigene Vertriebsgesellschaft gibt, erfolgt die Vermarktung über Distributionspartner. Nicht selten geht diese indirekte Distribution jedoch mit der Absicht einher, den Distributionspartner im Laufe der Zeit zu übernehmen. Zwei Drittel der Hidden Champions sehen sich als denjenigen Anbieter, der in ihrem Markt die höchste globale Präsenz aufweist, das heißt die höchste Zahl von Ländervertretungen hat.

Hinter dieser globalen Präsenz verbergen sich herausragende unternehmerische Leistungen. Wenn ein Unternehmen einmal global aufgestellt ist und reibungslos funktioniert, dann wird dies gerne als mühelos und selbstverständlich angesehen, als könne es nicht anders sein, als sei es immer schon so gewesen. Und in einem Zeitalter, in dem in Märkten wie Informationstechnik, Telekommunikation oder Internet sogenannte »Born global«-Unternehmen oder -produkte[6] wie Pilze aus dem Boden schießen, wird vergessen, welche Anstrengung, Ausdauer und Frustrationstoleranz der Aufbau einer Präsenz in Globalia erfordert.

Um einen solchen Prozess zu illustrieren, veranschaulicht Abbildung 8.2 die internationale Expansion der Firma Kärcher, Weltmarktführer bei Hochdruckreinigern. Das Unternehmen wurde 1935 gegründet, doch die erste Auslandstochter wurde erst 1962, also 27 Jahre nach der Gründung, in Frankreich geschaffen. Auch in den nächsten zehn Jahren tat sich nicht viel in puncto Internationalisierung. Bis 1974 kamen lediglich drei neue Niederlassungen in Österreich, der Schweiz und Italien hinzu.

Nach dem Tod des Gründers im Jahr 1959 übernahm dessen Witwe Irene Kärcher die Leitung der Firma. In diesem Zusammenhang ist bedeutsam, dass Frau Kärcher fünf Sprachen beherrschte und vorher als Sekretärin des Vertriebsvorstandes von Mercedes-Benz gearbeitet hatte. Sie war also mit internationalen Geschäftspraktiken vertraut. Seit 1972 initiierte sie zusammen mit dem neu berufenen Geschäftsführer Roland Kamm, damals 31 Jahre alt, einen konsequenten Globalisierungsprozess. Seither betrat Kärcher nahezu in jedem Jahr einen oder mehrere neue Märkte. Unter dem neuen CEO Hartmut Jenner, der 2001 mit 36 Jahren das Ruder übernahm, hat sich die Expansion ungebremst fortgesetzt. Sogar die nach 2007 einsetzende Krise hat den Globalisierungsprozess von Kärcher nicht gebremst, sondern eher beschleunigt.

Heute hat Kärcher weltweit 75 Tochtergesellschaften. Dennoch ist der Globalisierungsprozess von Kärcher nach 50 Jahren keineswegs zu Ende. Denn die Erde hat mehr als 200 Länder. Und Kärcher-CEO Hartmut Jenner sagt: »Unser Ziel ist und bleibt: Wir werden in jedem Land der Erde irgendwann präsent sein. Wir gehen jedes Jahr in bis zu zehn zusätzliche Länder, in denen wir den Vertrieb selbst übernehmen.«[7] Ein echter Hidden Champion hat langfristig das Ziel, in allen relevanten Ländern präsent zu sein. Die Firma WIKA, Weltmarktführer in der Druck- und Temperaturmesstechnik, verfolgt einen ähnlichen Weg, hat damit aber später als Kärcher begonnen. Mittlerweile ist WIKA allerdings auch schon in über 75 Ländern präsent und plant weiterhin, jedes Jahr neue Auslandsgesellschaften zu gründen, wie CEO Alexander Wiegand betont. Solche Beispiele zeigen, dass der Aufbau einer globalen Marktpräsenz mehrere Generationen dauert und eine nie en-

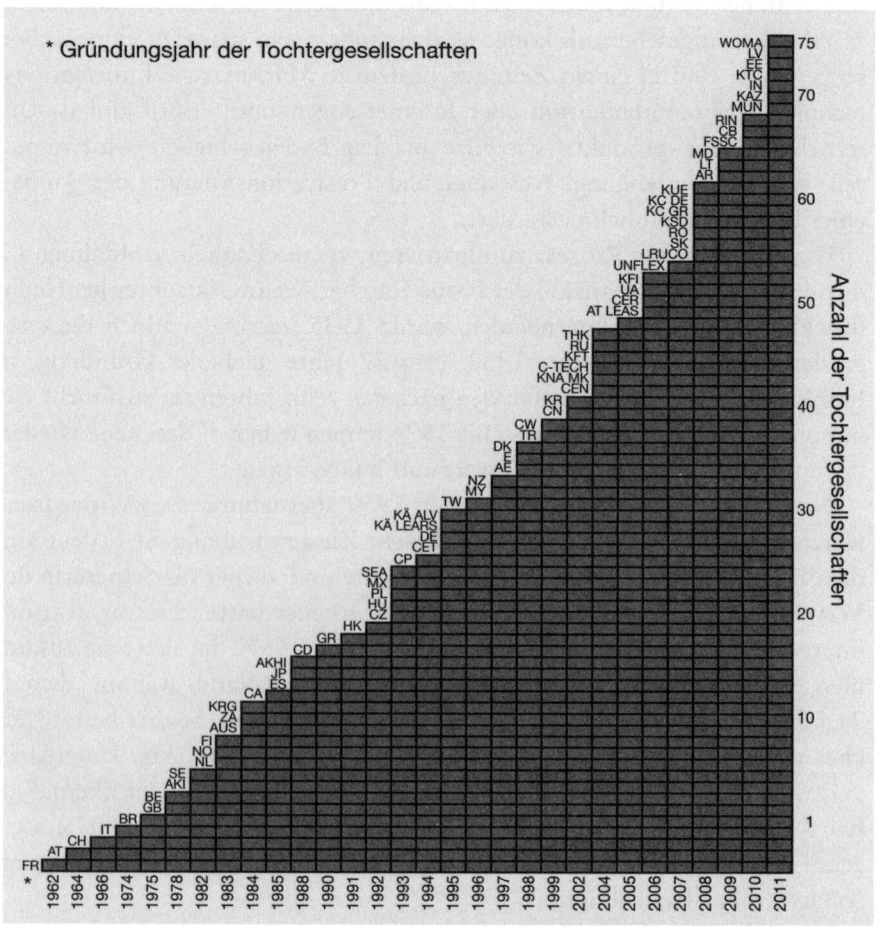

dende Ausdauer erfordert. Zur globalen Marktpräsenz kommt man nur »per aspera«[8], also auf rauen Pfaden und nicht auf glatten Wegen. Rückschläge und Frustrationen, insbesondere an der Personalfront, sind die Regel, nicht die Ausnahme. Wenn selbst Riesenkonzerne, wie beispielsweise Wal-Mart in Deutschland und Korea, die Segel streichen, dann wird verständlich, wie viel schwerer der Aufbau einer globalen Präsenz für ein mittelständisches Unternehmen ist. Grundlage, ja notwendige Voraussetzung für die erfolgreiche Globalisierung über derart lange Zeiträume sind klare Visionen und ambitionierte Ziele.

Die Tatsache, dass die Hidden Champions ausländische Märkte präferiert mit eigenen Tochtergesellschaften erschließen, bildet eine weitere Facette des Themas Tiefe. Die Komplexität ihrer Produkte und Dienstleistungen legt es nahe, direkt mit ihren weltweiten Kunden zu verkehren. Dieser direkte Kontakt fördert die Kundennähe sowie die Innovation und bildet die Basis für Wettbewerbsvorteile in Service, Beratung und Systemintegration. Umgekehrt erweist sich die Delegation solcher Aufgaben an Absatzmittler oder Agenten oft als nachteilig, wie der folgende Fall exemplarisch belegt. In Malaysia sprach ich mit dem Eigentümer des größten Gebäudereinigungsunternehmens. Ich fragte den Unternehmer, ob er die Maschinen eines deutschen Hidden Champions (Anmerkung: es handelte sich nicht um Kärcher) benutze. Er antwortete, früher habe er die Produkte dieser Firma tatsächlich eingesetzt. Der Service sei jedoch von einem Unternehmen aus Malaysia erbracht worden, das nicht zu seiner Zufriedenheit gearbeitet habe. In der Folge habe er die deutschen Produkte durch japanische ersetzt. Vermutlich wäre der deutsche Hersteller bis heute im Geschäft, wenn er den Service durch eine eigene Tochter in Malaysia hätte durchführen lassen und für eine Servicequalität gesorgt hätte, die seiner Produktqualität entspricht. Eberhard Veit, der Chef des Pneumatik-Weltmarktführers Festo, bemerkt dazu: »Die Kunden in Asien erwarten denselben Service und exzellente Belieferung, wie man das von uns aus Europa kennt.«[9]

Nimmt man die Zahl der ausländischen Tochtergesellschaften als Indikator, dann liegt Kärcher auf dem Wege zur Globalisierung zwar deutlich vor dem durchschnittlichen Hidden Champion, der 30 Auslandsgesellschaften hat. Aber Kärcher gehört keineswegs zur Spitzengruppe der Globalisierer. Hidden Champions wie Germanischer Lloyd (Zertifizierung von Containerschiffen), Knauf (Gips), GfK (Marktforschung), Andritz (Papier-/Zellstoffanlagen) oder RHI (Feuerfestsysteme) haben mehr als 100 eigene Auslandsgesellschaften. Der Germanische Lloyd ist von 130 Flaggenstaaten zur Wahrnehmung hoheitlicher Aufgaben bevollmächtigt und hat über 200 Niederlassungen in der ganzen Welt.

Erstaunlich ist auch, welch starke internationale Präsenz selbst kleinere Hidden Champions aufweisen. Die Wirtschaftsprüfungsgesellschaft Roedl & Partner aus Nürnberg hat neben 24 deutschen Büros 63 Niederlassungen in 39 Ländern. Globale Vermarktung beschränkt sich jedoch nicht auf eigene Tochtergesellschaften. Hidden Champions vertreiben ihre Produkte weltweit in vielfacher Weise. Die Bielefelder Firma JAB Anstoetz, der weltweit führende Stoff- und Teppichverlag, hat Showrooms in über 70 Ländern. Hillebrand, die Nr. 1 beim Transport von Wein und Alkoholika, ist mit 73 Büros, davon 56 eigenen, in allen relevanten Ländern vertreten. Zusammenfassend bleibt festzustellen, dass die Hidden Champions im Verhältnis zu ihrer Größe über alle Klassen hinweg eine beachtliche internationale Marktpräsenz aufweisen und ein gutes Stück des Weges nach Globalia zurückgelegt haben. Dennoch bleibt für die meisten noch viel zu tun. Wenn Hidden Champions im Durchschnitt in 30 Ländern vertreten sind, dann bedeutet dies auch, dass sie in mehr als 170 Märkten noch nicht präsent sind. Nicht alle dieser Ländermärkte mögen eine eigene Tochtergesellschaft erfordern. Aber die Prognose ist nicht gewagt, dass das Bestreben der Hidden Champions nach möglichst direktem Zugang zu ihren Kunden letztlich doch zu eigenen Vertriebsarmen in fast allen Ländern führen wird. Viele Hidden Champions sind in Marktpräsenz und Unternehmenskultur näher an Globalia als typische Großunternehmen. Ihr Markt ist die Welt, und auf diesem Markt sind sie immer stärker mit eigenen Tochtergesellschaften vertreten.

Globalisierung als Wachstumstreiber

Eine interessante Frage ist, wie viel die Globalisierung wirklich zum Wachstum der Hidden Champions beiträgt. Es könnte ja auch sein, dass viele der zahlreichen Auslandsgesellschaften eine Kümmerexistenz führen. Welche wirtschaftliche Bedeutung hat die zweite Strategiesäule »globale Vermarktung«, und wie verändern sich die Umsatzportfolios der Hidden Champions in diesem Prozess?

Die Bedeutung der Globalisierung lässt sich schwerlich überschätzen. In Kapitel 1 haben wir anhand zahlreicher Statistiken und Abbildungen dargelegt, welche enormen Wachstumschancen sich ergeben, wenn man im Zug nach Globalia mitreist. Erinnert sei insbesondere an das explosive Wachstum der weltweiten Pro-Kopf-Exporte aus Abbildung 1.1.

Zur Exportposition der deutschsprachigen Länder leisten die Hidden Champions einen unglaublich hohen Beitrag. Mit einer Exportquote von 62 % exportiert der durchschnittliche Hidden Champion Waren im Wert von 202 Millionen Euro. Insgesamt tragen die 1 533 von uns erfassten Hidden Champions aus D/A/CH rund 310 Milliarden Euro zum Export dieser drei Länder bei. Das sind rund ein Viertel der gesamten Exporte von Deutschland, Österreich und der Schweiz.[10] Diese Zahl untermauert, dass die Hidden Champions für die Exportperformance des deutschsprachigen Raumes überragende Bedeutung besitzen.

Wie stark sich die Märkte der Hidden Champions mit der Ausdehnung nach Europa und in die Welt erweitern, zeigt Abbildung 8.3. Die Marktvolumina sind als Index ausgewiesen, wobei der deutsche Markt gleich 100 gesetzt ist.

Abb. 8.3: Die Ausdehnung der Märkte im Rahmen der Globalisierung (deutscher Markt = 100)

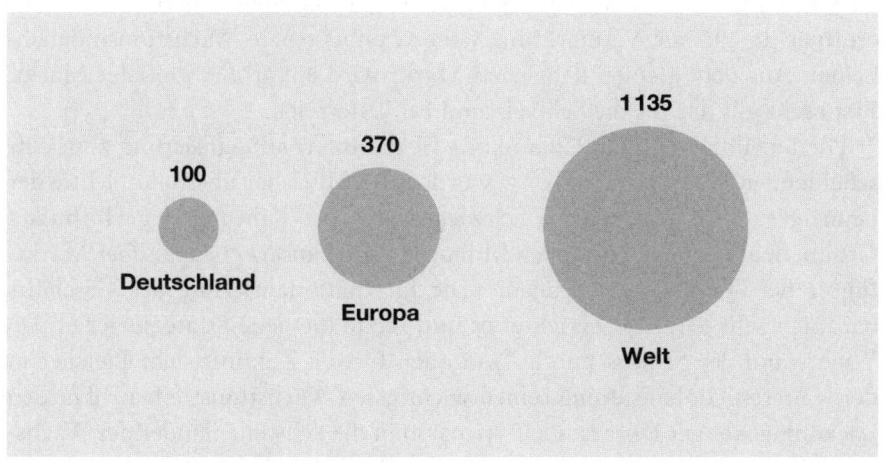

Abb. 8.3 verdeutlicht die enorme Markterweiterung durch Europäisierung und Globalisierung. Der Schritt von Deutschland nach Europa bringt fast eine Vervierfachung der Marktgröße mit sich. Im Weltmarkt steht ein elfmal höheres Marktpotenzial zur Verfügung. Mit dem weiteren überproportionalen Wachstum der Schwellenländer wird sich dieser Faktor kontinuierlich erhöhen. Eindrücklicher lässt sich die These, dass selbst enge Märkte im globalen Maßstab beachtliche Volumina annehmen, nicht untermauern. Hat ein Unternehmen Österreich oder die Schweiz als Heimatmarkt, so fallen die Multiplikatoren entsprechend höher aus. Die geringe Größe des Schweizer Marktes ist ursächlich dafür, dass viele eidgenössische Firmen sehr früh mit der Internationalisierung begonnen haben und diesbezüglich weiter sind als deutsche Firmen. Österreichische Unternehmen litten bis zum Fall des Eisernen Vorhanges an der Randlage sowie der sozialistischen Politik, haben seither aber stark aufgeholt. Eine simple Zahlenbetrachtung erhellt die Bedeutung der Marktexpansion. Nehmen wir an, ein mittelständisches Unternehmen sei bisher nur im deutschen Markt aktiv und erziele dort in einem Markt, der ein Volumen von 200 Millionen Euro aufweist, mit einem Marktanteil von 50 % einen Umsatz von 100 Millionen Euro. Expandiert dieses Unternehmen nun in die europäischen Länder, so sieht es sich einem Marktpotenzial von 740 Millionen Euro gegenüber. Bei dem momentanen Umsatz von 100 Millionen Euro liegt sein Marktanteil nur noch bei 13,5 %, das heißt 86,5 % des Marktes stehen dem Unternehmen für weiteres Wachstum zur Verfügung. Macht es gar den Schritt in die Welt, so steigt das Markt-

volumen auf 2,27 Milliarden Euro, sein rechnerischer Marktanteil sinkt auf winzige 4,4 %. Ist das Unternehmen international wettbewerbsfähig (wofür alles spricht, wenn es in Deutschland einen Marktanteil von 50 % hat)[11], so eröffnet die globale Vermarktung nahezu unbegrenzte Wachstumsmöglichkeiten. Aus dem kleinen deutschen Markt wird ein großer globaler Markt. Erst recht gilt das für die Schweiz und für Österreich.

Für unzählige Hidden Champions ist die Internationalisierung zum entscheidenden Wachstumstreiber geworden. Bert Bleicher übernahm Mitte der neunziger Jahre von seinem Schwiegervater die Führung der Hoffmann Group, heute mit einer knappen Milliarde Euro Umsatz europäischer Marktführer bei Qualitätswerkzeugen. »Die Internationalisierung des Geschäfts hat mich sehr gereizt«, berichtet er und setzte die neue Strategie gegen den Widerstand des Seniors durch. Und auch für die Zukunft sieht Bleicher in der weiteren Globalisierung seinen wichtigsten Wachstumstreiber.[12] Für den Lackanlagenbauer Dürr ist die Expansion in die Schwellenländer der Wachstumsfaktor Nr. 1. Es begann mit Brasilien in den sechziger Jahren und setzt sich mit China, von wo heute 40 % der Aufträge stammen, fort. Der Medicalproduktehersteller Paul Hartmann berichtet von hohem Wachstum in Russland, China, Indien und Südafrika. Da Hartmann transportkostensensitive Produkte wie voluminöse Windeln herstellt, werden weltweit der Vertrieb gestärkt und neue Produktionskapazitäten aufgebaut. Der Landmaschinenhersteller Claas kündigt an, in China und Thailand weitere Standorte zu errichten sowie die schon bestehenden Standorte in Indien und Russland auszubauen.

Regionale Verschiebung der Umsatzanteile

Der Eintritt in neue Märkte und unterschiedliche Wachstumsraten in bestehenden Märkten haben bereits vor dem Beginn der Krise erhebliche regionale Verschiebungen der Umsatzanteile bewirkt. Bis zur Krise konnte man die Hidden Champions des deutschsprachigen Raumes dennoch als primär transatlantische Unternehmen bezeichnen, da Westeuropa und die USA die umsatzstärksten Regionen waren. In den Jahren vor der Krise trugen diese beiden Regionen rund zwei Drittel zu den Umsätzen bei. Das war schon deutlich weniger als Mitte der neunziger Jahre, als noch knapp 80 % der Umsätze aus Westeuropa und Amerika kamen. Schon in den Jahren 1995 bis 2005 waren die prozentualen Anteile von Osteuropa und Asien um 125 % bzw. 67,3 % gewachsen. Diese Tendenz hat sich während und nach der Krise erheblich verstärkt. Das Beispiel des Maschinenbauunternehmens, bei dem der Umsatz in Asien den europäischen Umsatz bereits im Jahr 2012 statt – wie vor der Krise erwartet – erst im Jahr 2020 überflügelt, ist für diese schnelle Verschiebung bezeichnend. Wenn die Entwicklung so anhält, dann werden die Hidden Champions im Jahr 2015 knapp die Hälfte ihres Umsatzes im Osten, das heißt in Asien und Osteuropa, erzielen. Viele sind schon heute in dieser Situation. Bei Heraeus stammen 55 % des Umsatzes aus Asien. Die Hidden Champions wandeln sich von primär transatlantischen zu primär eurasischen Unternehmen.

Das starke Wachstum in Asien kann wegen des Konstantsummeneffekts (Summe = 100) dazu führen, dass der Umsatzanteil anderer Regionen zurückgeht, obwohl auch dort die Umsätze absolut wachsen. Das dürfte jedoch eine vorübergehende Erscheinung sein, denn mittelfristig sollten Regionen wie Afrika und Südamerika Wachstumsraten erreichen, die den asiatischen Raten der vergangenen Jahre entsprechen. Die globale Vermarktung stellt enorme Anforderungen an die Human- und Finanzressourcen der Hidden Champions. Diese gehen an die Grenze dessen, was mittelständische Unternehmen bewältigen können. Die Verlagerungen in Richtung Asien, Afrika und Südamerika und damit weg von Transatlantica werden weitergehen. Zunehmend folgt dem Aufbau der globalen Vermarktung die Verlagerung ganzer Wertschöpfungsketten.

Strategische Bedeutung einzelner Ländermärkte

Größe und Umsatzbeitrag sind nur eine Facette der strategischen Bedeutung von Märkten. Die Art der Kunden, des Wettbewerbs und des Umfelds in den einzelnen Ländermärkten hat einen erheblichen Einfluss auf die Wahl der Märkte und den Ressourceneinsatz. Internationalisierung ist ein Trainingsprozess, in dem ein Unternehmen sich für den globalen Wettbewerb fit macht. Die Firma Otto Bock, Weltmarktführer in der Orthopädietechnik, sagt: »Unsere Globalität ist ein großer Wettbewerbsvorteil, denn sie ermöglicht uns weltweit den Aufbau stabiler Beziehungsnetzwerke, erhöht unsere Flexibilität und balanciert regionale Konjunkturtrends. Auf allen Märkten pflegen wir einen engen, partnerschaftlichen Kontakt mit unseren Kunden. Diese Marktnähe ist für uns wichtig, um regional unterschiedliche Anforderungen unserer Kunden und Bedürfnisse der Anwender unserer Produkte zu verstehen.« In vielen Sektoren sind die Kundenbedürfnisse von Land zu Land verschieden. Globalisierung heißt auch, sich vom reinen Export zu lösen und in den Aufbau von Entwicklungs- und Produktionskapazitäten im Ausland zu investieren. Nur so kann man das Produktprogramm auf die Bedürfnisse der jeweiligen Länder zuschneiden. So gibt es 85 % der Produkte im amerikanischen Katalog der Firma Häfele, einem Weltmarktführer im Bereich für Möbelbeschläge, in Deutschland in derselben Form nicht. Die Firma Trox, führender Hersteller von Komponenten für Klimaanlagen, trimmt ihre Produkte auf minimalen Geräuschpegel. Doch in den USA wurde diese Eigenschaft nicht geschätzt, da man dort gewohnt ist, die Klimaanlage zu »hören«. Trox passte seine Produkte entsprechend an.

Wo sehen die Hidden Champions in diesem Sinne ihre meisten, ihre größten und ihre anspruchsvollsten Kunden? Abbildung 8.4 enthält die Antworten.

Abb. 8.4: Kundenprofile nach Regionen (Ränge)

Rang	Die meisten Kunden	Die größten Kunden	Die anspruchs-vollsten Kunden
1	D/A/CH	USA	D/A/CH
2	Restl. Europa	D/A/CH	Asien, insbes. Japan
3	USA	Asien	Restl. Europa
4	Asien	Restl. Europa	USA

Die zahlenmäßig meisten Kunden sitzen im deutschsprachigen Raum und im restlichen Europa. Ihre größten Kunden finden die Hidden Champions hingegen in den Vereinigten Staaten von Amerika. Bei den qualitativ anspruchsvollsten Kunden liegt der deutschsprachige Raum vorne. Die Kunden in Asien und insbesondere diejenigen in Japan sind ebenfalls sehr anspruchsvoll. In Zukunft wird China in einer solchen Tabelle eine eigenständige Rolle annehmen. Nicht wenige Hidden Champions haben heute schon ihre größten Kunden im Reich der Mitte. Es ist strategisch vorteilhaft, in den verschiedenen Regionen geschäftlich aktiv zu sein. Europa ist wegen der Marktnähe und des Zugangs zu vielen Kunden ohnehin Pflichtübung. Auf die USA sollte man wegen der dort ansässigen großen Kunden nicht verzichten. Japan kann einen wichtigen Beitrag zum Qualitätsmanagement leisten, denn japanische Kunden sind in dieser Hinsicht besonders anspruchsvoll. Diese Aussage trifft noch stärker auf den Service zu. Eine Zulassung als Lieferant von Toyota gilt als Indikator für Weltklasse. Diese nicht direkt umsatz- und wachstumsbezogenen Effekte bilden wichtige Facetten der Globalisierung. Die Kunden in einzelnen Märkten haben unterschiedliche Profile und Anforderungen. Diese begreifen die Hidden Champions nicht nur als Leistungsherausforderung, sondern auch als Lernchance.

Es gibt einen weiteren Grund, warum Hidden Champions in den führenden Märkten der Welt präsent sein sollten. Wenn man Weltmarktführer bleiben will, sollte man tunlichst im wichtigsten Markt der führende Anbieter sein. Diese Einsicht entstand im Zusammenhang mit der Übernahme von Putzmeister durch Sany. Professor Di Deng, ein intimer Kenner des Falles, erklärt, warum Putzmeister letztlich den Kürzeren zog: »Die Leute denken, dass die Finanzkrise der Hauptgrund für die Schwäche von Putzmeister war. Ich sehe das anders. In Wirklichkeit spielte der chinesische Betonmarkt, der in den letzten zehn Jahren regelrecht explodierte, die Hauptrolle. Putzmeisters Verlust der Wettbewerbsfähigkeit und der Marktführerschaft führte zu der Übernahme durch Sany. In den späten neunziger Jahren hatten die deutschen Hersteller Putzmeister und Schwing zwei Drittel des chinesischen Betonpumpenmarktes. Aber bis 2005 sank ihr Marktanteil auf weniger als 5 %. China verbraucht jedoch 60 % des Betons in der Welt. Es ist schwer vorstellbar, dass eine Firma, die in diesem Markt verliert, im Weltmarkt gewinnen kann.«[13] Mit anderen Worten: Wer die Marktführerschaft im größten Markt nicht behaupten kann, der verliert die Weltmarktführerschaft. Jürgen Hambrecht, Ex-CEO der BASF, gab dazu folgenden Kommentar ab: »Genau das passiert, wenn man nicht vor Ort seinen Wettbewerbspfahl in den Boden rammt.« Dem ist nichts hinzuzufügen.

Globalisierung und Risiko

Hier wurden bereits unterschiedliche Aspekte des Risikos diskutiert. So haben wir festgestellt, dass die Fokussierung zwar durch die hohe Abhängigkeit von einem engen Markt das Risiko erhöht, andererseits aber das Wettbewerbsrisiko reduziert. Derartige ambivalente Risikowirkungen resultieren auch aus der Globalisierung. Es ist offensichtlich, dass die Globalisierung eine Vielzahl zusätzlicher Unsicherheiten mit sich bringt und damit risikoerhöhend wirkt. Dazu zählen das generelle Fehlschlagsrisiko in einem Markt und die Gefahr des Know-how-Abflusses und -Diebstahls. Mit höheren Auslandsumsätzen nehmen Währungs- und Finanzrisiken zu. Aus der Globalisierung resultieren andererseits eine breitere Risikostreuung sowie eine Reduktion der Abhängigkeit von einzelnen Ländermärkten. Dies gilt allerdings nur dann, wenn die Geschäftszyklen der regionalen Märkte nicht zeitlich gekoppelt sind. So profitierte die Dürr AG, Weltmarktführer bei Autolackieranlagen, mehrfach davon, dass die Investitionszyklen der Autoindustrie in Europa, Amerika und Asien zeitversetzt verliefen. Während der Krise trug Asien aufgrund solcher Asynchronitäten massiv zur Risikodiversifikation bei. Diejenigen Firmen, die in 2009 in Asien, insbesondere in China, schlagkräftige Vertriebsstrukturen besaßen, kamen wesentlich besser mit der Krise zurecht und schneller aus ihr heraus als Firmen, die dort schwach aufgestellt waren. Es gibt aber auch Märkte, die global synchron verlaufen. Ein Beispiel ist die Elektronikfertigung. Der Markt für Bestückungsautomaten brach Anfang der 2000er Jahre weltweit um fast 70 % ein, sodass selbst eine globale Präsenz nicht als Risikopuffer wirkte. Generell scheinen Elektronikmärkte stärker globalen Zyklen unterworfen als traditionellere Sektoren. Für die Wirkung der internationalen Expansion auf die Risikostreuung sind derartige Zusammenhänge sehr bedeutsam.

Internet und globale Vermarktung

Die Bedeutung des Internets für die globale Vermarktung und damit für die Strategie der Hidden Champions kann schwerlich überschätzt werden. Gerade für mittlere und kleinere Unternehmen eröffnet das weltweite Netzwerk Vermarktungschancen, von denen diese bisher nur träumen konnten. Einerseits kann ein Unternehmen seine aktuellen und potenziellen Kunden unabhängig von Zeitrestriktionen und von Standorten über sein Angebot informieren. Umgekehrt können die Kunden sich zeit- und ortsabhängig Informationen des Unternehmens »pullen«. Im Vergleich zu traditionellen Verfahren sind die Kosten dabei vernachlässigbar. Die Kommunikation wird einfacher und aussagekräftiger. Die Nutzung von Skype oder Videokonferenzen ermöglicht zudem eine weltweite Face-to-Face-Kommunikation und kann mühsame sowie teure Reisen erübrigen. Es ist zu erwarten, dass sich sowohl die Qualität als auch die Kosten medialer Kommunikation in Zukunft noch günstiger gestalten. Effektivität und Effizienz von Marketing und Verkauf erfahren durch das Internet einen Quantensprung.[14] Lennart Evrell, Ex-CEO von Munters, dem Weltmarktführer für industrielle Luftentfeuchter, bringt die vertrieblichen Vorteile des Internets auf den Punkt: »Using the Internet Munters can sell to 100 customers using the same resources that we previously needed to sell to five.«[15]

Jedoch stellt das Internet auch neue Herausforderungen im Hinblick auf Marketing, Verkauf, Search Engine Optimization etc. Im globalen Kontext besteht eine offensichtliche Aufgabe darin, die Homepage und weitere Informationen in den Sprachen der Kunden anzubieten. Die österreichische Firma Blum, einer der globalen Marktführer bei Möbelbeschlägen, führt ihre Homepage in 40 Sprachen. Dorma, Weltmarktführer bei Türsystemen, hat Homepageversionen für 38 Länder. Selbst ein kleinerer Spezialist wie Tente, die Nr. 1 bei Rollen für Krankenhausbetten, ist mit 35 Sprachen im Internet präsent. Selbstverständlich ist Vielsprachigkeit auch bei klassischen Printmedien notwendig und wird dies bleiben. So publiziert die Krones AG, Weltmarktführer bei Flaschenabfüllsystemen, ihr *Krones Magazin*, das viermal pro Jahr in einer Auflage von jeweils 40 000 Exemplaren erscheint, in Deutsch, Englisch, Spanisch, Chinesisch, Russisch und Japanisch. Das Kundenmagazin des führenden Sensorherstellers Sick erscheint in zwölf Sprachen und 27 Ländern. Das Management einer derartigen Sprachenvielfalt ist für mittlere Unternehmen nicht nur eine Fleißaufgabe, sondern eine echte organisatorische Herausforderung.

Am größten sind die Vorteile des Internets im Hinblick auf die globale Vermarktung bei digitalem Content, dessen Verteilung an eine beliebig große Zahl von Kunden weltweit zu Kosten von quasi null möglich ist. Führende Internetfirmen wie Google, Apple oder Amazon nutzen diese Fähigkeit des Internets bereits in großem Umfang. Ein Musikstück oder ein Film, der über iTunes verteilt wird, ist überall in der Welt verfügbar. Das Gleiche gilt für ein elektronisches Buch, das innerhalb von Minuten an den Amazon Kindle gesandt wird. Zahlreiche Dienstleistungen wie Callcenter, Fernwartung oder medizinische Diagnosen können über digitale Kanäle global bereitgestellt werden und eröffnen damit kleinen und mittleren Anbietern neue Vermarktungschancen. Für Internet-Händler, die physische Produkte vertreiben, sind Information und Verkauf ebenfalls global durchführbar, es bleibt allerdings die physische Logistik. Sie ist nur bei Produkten, die im Vergleich zu ihrem Gewicht einen hohen Wert besitzen, ökonomisch tragfähig. Die Welt ist zwar noch nicht völlig flach, aber sie ist durch das Internet ein Stück flacher geworden.

Globalisierung der Wertschöpfung

Immer wieder wird mir die Frage gestellt, wie viele Hidden Champions bereits in China seien. Ich gebe stets die stereotype Antwort: »Alle!« Das entspricht zwar nicht ganz der Wahrheit, kommt ihr aber ziemlich nahe. China ist für die meisten dieser Marktführer zu einem unverzichtbaren Absatzmarkt geworden. Aber China hat für die Hidden Champions nicht nur als Absatzmarkt herausragende Bedeutung, sondern wird auch als Produktionsstandort immer wichtiger. Etwa die Hälfte der in China vertretenen Hidden Champions dürfte dort auch produzieren. Dieser Anteil ist in den letzten zehn Jahren enorm gestiegen und wächst ständig weiter. Karl Mayer, Weltmarktführer bei Kettenwirkmaschinen, erzielt mehr als 50 % seines Umsatzes in China und betreibt dort eine riesige Fabrik. »China ist ein Riese, der die Kleinen anzieht«[16], schrieb die *FAZ* schon vor Jahren. »Im Grunde kann es sich kein Mittelständler mehr leisten, nicht im China-Geschäft aktiv zu sein«[17], sagt der Deutsche Industrie- und Handelskammertag. Die Präsenz deutscher produzierender Unternehmen in China ist beeindruckend. Deutsche Autohersteller fertigen in China an 190 Standorten, diese Zahl hat sich in den letzten 15 Jahren verdreifacht.[18] Aber nicht nur Großunternehmen sind in solchen Dimensionen in China tätig, sondern auch die Hidden Champions. Viele von ihnen haben mehrere Produktionsstandorte und hohe Beschäftigtenzahlen. Die Firma Netzsch aus Selb, einer der Marktführer in der Pump-/Vermahlungs- und Dispergiertechnik, verfügt in China über 16 Standorte. Storopack, ein führender Hersteller von Schutzverpackungen, produziert in China an drei Standorten. Gut 1 000 der 2 600 Beschäftigten von Storopack arbeiten in China. Die IBG aus Köln, führend in der Schweißtechnik, ist in China mit drei Produktionsstandorten vertreten, und die Firma AL-KO Kober, Weltmarktführer bei Anhängerchassis, hat in China vier Produktionsstätten. Es ist zu beobachten, dass zunehmend nicht nur produzierende Firmen, sondern auch Dienstleister und Softwareanbieter nach China vordringen. So hat die Dussmann-Gruppe, ein industrieller Dienstleister, in China fast 3 000 Mitarbeiter an zehn unterschiedlichen Standorten. Bereits 1999 gründete die Deutsche Messe AG in China die Hannover Fairs China Ltd. – Shanghai, um vor Ort Aussteller zu akquirieren und Messen zu organisieren. Andere deutsche Messen sind in ähnlicher Weise in China aktiv.

Der größere Trend hinter diesen Beobachtungen besteht in der Verlagerung ganzer Geschäfte und Wertschöpfungsketten in aufstrebende Länder. In seinem 2012 veröffentlichten Buch *The New Industrial Revolution* illustriert der *Financial-Times*-Korrespondent Peter Marsh diesen revolutionären globalen Trend an zahlreichen Fallstudien, die aber vor allem aus Großunternehmen stammen.[19]

Aber auch Hidden Champions gehen diesen Weg immer stärker. So hat der Darmstädter Hidden Champion Schenck Process, einer der Marktführer in der industriellen Mess- und Verfahrenstechnik, seinen Geschäftsbereich

Mining, der für Bergbau und Aufbereitungsprozesse in Minen zuständig ist, nach Peking verlegt. Im Bergbau spielt die Musik eben in China, deshalb sieht Schenck es als vorteilhaft an, wenn die Zentrale dieser Einheit dort sitzt. Zunehmend sehen wir die Verlagerung von Forschung und Entwicklung in Schwellenländer. Voith, mehrfacher Weltmarktführer, hat in China ein »Corporate Service Center« eingerichtet, das mit Spezialisten für Recht, Personal und Einkauf besetzt ist. Der Vorstandsvorsitzende Hubert Lienhard begründet diesen Schritt wie folgt: »Das erlaubt uns tiefer einzutauchen, um sich dort wie eine lokale Firma verhalten zu können.« Bosch Rexroth, Weltmarktführer in der Hydraulik, betreibt seit 2012 ein Forschungszentrum in Wujin, China. Mit einer Fabrik ist die Firma dort bereits seit den neunziger Jahren vertreten. Rexroth-CEO Karl Tragl kommentiert dazu: »Das ist keine Verlagerung von Kernkompetenzen, sondern ein Entwickeln von Kernkompetenzen.« Doch einzelne Hidden Champions gehen in dieser Richtung noch weiter. So hat Perkin Elmer, ein führender amerikanischer Hersteller von wissenschaftlichen Instrumenten, sogar seinen Chefwissenschaftler in China stationiert, um möglichst viel von den Chinesen zu lernen. Die M & W Group aus Stuttgart, Weltmarktführer für Advanced Technology Facilities, betreibt in Singapur ein zweites Hauptquartier. Volvo hat seine Zentrale für hydraulische Bagger nach Seoul, Korea, verlegt. Element Six, luxemburgischer Weltmarktführer für künstliche Diamanten, betreibt eine Fabrik in China, über die der damalige CEO Christian Hultner 2008 berichtete: »Die meisten Hersteller machen sich Sorgen, dass die Chinesen ihre Ideen klauen. Wir machen es genau umgekehrt. In unserer chinesischen Fabrik haben wir chinesisches Management, chinesische Arbeiter und chinesische Maschinen. Wir haben kein Iota nichtchinesischer Technologie in diese Fabrik gesteckt. Aber wir haben eine Menge von den Chinesen gelernt.« Das ist eine andere Sicht als die übliche, und diese Sichtweise dürfte mit dem weiteren Aufstieg Chinas an Bedeutung gewinnen.

Bekannter und virulenter sind natürlich die Risiken, die aus der Verlagerung ganzer Wertschöpfungsketten entstehen. Die Gefahr der Imitation ist allerdings auch ohne Produktion oder F & E in den Schwellenländern virulent. Gegebenenfalls muss der Imitator das Produkt nur kaufen und reengineeren. Die Einrichtung einer Produktion erhöht das Risiko jedoch beträchtlich, da Werksspionage erleichtert wird und Mitarbeiter abgeworben werden oder sich selbstständig machen können. Die Firma Geobra Brandstätter (Playmobil) hat China als Produktionsstandort für tabu erklärt. Noch höher ist dieses Risiko, wenn F & E in dem jeweiligen Land betrieben wird. Diese Probleme verschärfen sich, wenn dort kein ausreichender Rechtsschutz für Intellectual Property besteht. Schlechte Erfahrungen musste zum Beispiel

Eginhard Vietz machen, der als Konsequenz Hunderte Jobs von China nach Deutschland zurückverlagerte. Der Geschäftsführer des Weltmarktführers für Maschinen zum Pipeline-Bau erlebte in Asien ein Desaster. Der Joint-Venture-Partner in China kopierte die Hightechprodukte und fügte Vietz erheblichen Schaden zu. Auch Enercon machte in Indien unschöne Erfahrungen, den chinesischen Markt betritt Enercon erst gar nicht. Um den Abfluss von Know-how zu verhindern, hat der weltmarktführende Sensorhersteller Sick sein asiatisches F & E-Zentrum in Singapur und nicht in China angesiedelt. Vorstandschef Robert Bauer sagt: »In China ist unser Know-how nicht geschützt.« Singapur biete hingegen ein stabiles Rechtsumfeld. Simon-Kucher & Partners wurde in China eins zu eins kopiert. Ein chinesischer Berater trat unter unserem Namen und mit unserem Logo auf, kopierte unsere Homepage und ging an unsere Kunden heran. Es dauerte einige Jahre, bis wir vor einem Gericht in Peking alle unsere Namensrechte, inklusive Internetdomain, zurückerhielten und dort ein Büro eröffnen konnten. Die sich nur langsam verbessernden Umstände halten nach wie vor zahlreiche Hidden Champions davon ab, ihre Kernkompetenzen in problematische Länder zu transferieren.

Umsetzung der Globalisierung

Wie gehen die Hidden Champions beim Eintritt in neue Märkte konkret vor? Gerade am Anfang der Entwicklung, wenn ein Unternehmen noch wenig internationale Erfahrung besitzt, stellt der Schritt in ein ausländisches und damit in der Regel fremdsprachiges Umfeld eine große Herausforderung dar. Natürlich gibt es kein Patentrezept. Aus eigener Erfahrung kann ich sagen, dass solche Markteintritte jedes Mal ein Abenteuer bleiben, obwohl Simon-Kucher & Partners mittlerweile in rund 20 Ländern Erfahrungen sammeln konnte.

Etwas vereinfacht kann man zwei Arten des Markteintritts unterscheiden. Die erste Art nenne ich den »Haudegen-Ansatz«. Er ist typisch für Gründerunternehmer und kam in der Nachkriegszeit besonders häufig vor. Zwei Fallbeispiele aus den sechziger Jahren illustrieren dieses pragmatische Vorgehen. Hermann Kronseder, der Gründer der Krones AG, des Weltmarktführers für Flaschenabfüllanlagen, beschreibt seinen Eintritt in den amerikanischen Markt wie folgt: »1966 rief mich ein amerikanischer Geschäftsmann an. Vier Wochen später flog ich in die USA, begleitet von meinem Neffen, der Englisch sprach und als Dolmetscher fungierte. Es war mein erster Besuch in den USA, und ich war überwältigt. Wir besuchten New York, Chicago, Detroit und schließlich Milwaukee. Ich kam zu dem Schluss, dass wir unsere eigene Niederlassung in den USA benötigten. Zwei Tage später gründeten wir Krones Inc. in einem Zimmer des Knickerbocker-Hotels in Milwaukee.« Es dauerte einige Jahre, bis diese Niederlassung gut lief, und mehrfach mussten die Mitarbeiter ausgewechselt werden. Der Markteintritt von Brita-Wasserfilter auf dem US-Markt folgte ebenfalls dem »Haudegen-Ansatz«. Der Gründer Heinz Hankammer berichtet: »In Salt Lake City zeigte jemand Interesse an unseren Produkten. Ich flog hinüber, um festzustellen, ob Brita-Wasserfilter in den USA verkauft werden könnten. So ging ich in einen Drugstore und fragte, ob ich einen Tisch aufstellen könnte. Ich begann, Tee mit Brita-gefiltertem Wasser zuzubereiten, und sprach mit den Verbraucherinnen, die vorbeigingen, und verkaufte meine Filter. Nach drei Tagen wusste ich, was in Amerika funktioniert und was nicht. Das war vor zehn Jahren, und heute ist unser Umsatz in den USA 150 Millionen Dollar. Vor vier Wochen war ich in Shanghai und habe es genauso gemacht. Letzte Woche war ich in Tirana, der Hauptstadt von Albanien. Ich will die Märkte hautnah kennen lernen.«

Der entschiedene Wille, das Unternehmen zu internationalisieren, erzeugt einen Zustand des Vorbereitetseins, der zum Ergreifen selbst zufälliger Chancen führt. Heinz Hankammer, Gründer von Brita, schildert ein weiteres Erlebnis: »Ich sponsore einen Fußballverein, der Besuch von einer russischen Mannschaft hatte. Dabei lernte ich die Mutter eines russischen Spielers kennen. Sie sprach Englisch und erschien mir als eine unternehmerische Person. Sie eröffnete unser Geschäft in Russland. Bereits ein Jahr später hatte die Firma 25 Mitarbeiter und setzte über eine Million Dollar um. Kein schlechter Start!«

In der Nachkriegszeit hatten die Gründer der Hidden Champions oft kein Abitur und sprachen kaum Fremdsprachen. Das hielt diese »Haudegen-Typen« jedoch nicht davon ab, die Grenzen ihres Heimatlandes zu überschreiten und weltweite Imperien aufzubauen. Die Ausbildung hat sich in den letzten Jahrzehnten deutlich verbessert. Zum einen besitzen die jüngeren Gründer von Hidden Champions meistens eine akademische Ausbildung und zudem Auslandserfahrung aus Studium, Praktika oder Beruf. Markteintritte in neue Länder werden dementsprechend systematischer und professioneller geplant und umgesetzt.

Dennoch bleibt immer ein Restrisiko, da der Engpassfaktor des Prozesses der Globalisierung in den Menschen liegt. Man muss die richtigen Leute haben oder sie finden. Jim Collins drückt das wie folgt aus: »Excellence in corporations seems to stem less from decisions about strategy than decisions about people.«[20] Diese Aussage trifft für die Internationalisierung den Nagel auf den Kopf. Der Multiplikationsprozess der Hidden Champions von Land zu Land hängt stärker von Schlüsselmitarbeitern ab als von Systemen oder Strategien. Dies erklärt, warum der Prozess so viele Jahre dauert. In der Anfangsphase ist die internationale Erfahrung sehr begrenzt. Das Unternehmen hat wenige Mitarbeiter, die ausschwärmen können, um Auslandsniederlassungen aufzubauen. Allmählich werden mehr Mitarbeiter mit diesen Aktivitäten vertraut, und der Prozess kann beschleunigt werden. Ist ein hohes Erfahrungsniveau erreicht, internationalisieren die Hidden Champions zunehmend schneller. Wenn Kärcher heute in der Lage ist, in einem Jahr fünf oder mehr Tochtergesellschaften zu eröffnen, dann liegt das vor allem an der kumulierten internationalen Erfahrung. Der Prozess der Globalisierung verläuft nicht glatt und ohne Schwierigkeiten. Fast immer erlebt man in einzelnen Ländern ernste Probleme oder sogar Krisen, insbesondere in schwierig zu erobernden Märkten wie USA und Japan.

Es ist also nicht entscheidend, woher der Anfangsimpuls zur Internationalisierung kam. Der Prozess ist letztlich ziel- und willensgetrieben. Was zählt, ist, dass die Hidden Champions, wenn sie einmal Blut geleckt haben, die Globalisierung mit Entschlossenheit und Energie vorantreiben. In der Anfangsphase verläuft der Prozess langsam, weil Managementengpässe und das verfügbare Kapital der Geschwindigkeit der Internationalisierung Grenzen setzen. Im Zeitablauf beschleunigt sich der Prozess. Hidden Champions, die wirklich eine globale Kultur anstreben, stellen an ihre Mitarbeiter hohe Anforderungen. So verlangt die Nürnberger Firma Barth, Weltmarktführer bei Hopfen, dass Führungskräfte drei Fremdsprachen sprechen. Peter Barth sagte, seinerzeit als Geschäftsführer: »Wir haben die Philosophie, dass jeder Manager mindestens drei Fremdsprachen sprechen soll. Dies ist wichtig wegen der Mentalität. Wenn man eine Fremdsprache lernt, fängt man an, die fremde Kultur zu verstehen. Dies ist die wirkliche Grundlage für unsere überlegenen Beziehungen zu unseren Kunden überall auf der Welt – zweifelsohne unser Hauptwettbewerbsvorteil. Zufällig haben wir unseren Standort in Deutschland. Mental sind wir jedoch international.« Hier finden wir den Boden und die Saat, aus denen wahre Globalität erwächst. Thomas Lindner, CEO des Nadelherstellers Groz-Beckert, meint sogar: »Wahrscheinlich bin ich die letzte Managementgeneration, die mit Englisch durchkommt.«[21] Fremdsprachenkenntnisse sollten sich jedoch nicht auf Führungskräfte beschränken. Service- und Wartungsmitarbeiter sind ständig international im Einsatz. Die Firma Balluf, ein weltweit führender Sensortechnikhersteller, hat ein eigenes Sprachprogramm für alle Mitarbeiter entwickelt, das sogar mit Innovationspreisen ausgezeichnet wurde. Nadelhersteller Groz-Beckert geht einen Schritt weiter und finanziert chinesischen Sprachunterricht an der Schlossberg-Realschule an seinem Hauptstandort Albstadt. »Einen richtigen Return haben wir, wenn einer der Schüler zu uns kommt, wir ihn ausbilden und er dann für uns nach China geht«, sagte Nicolai Weidmann, Personalentwickler bei Groz-Beckert. Globalisierung klingt modern und gut. Doch zu ihrer Realisierung braucht man Mitarbeiter, die international denken, fühlen und fremde Sprachen beherrschen. Die mental-kulturelle Globalisierung der Mitarbeiter ist unverzichtbarer Proviant für den Aufbruch nach Globalia und muss diesem um Jahre, manchmal um Jahrzehnte, vorauseilen.

Zusammenfassung

Die Hidden Champions sind mit Entschlossenheit in Richtung Globalia unterwegs. Nicht wenige von ihnen sind zu wahrhaft globalen Unternehmen geworden. Die Welt ist ihr Markt, und sie arbeiten mit großer Ausdauer daran, ihre führenden Marktpositionen auf möglichst viele Länder auszudehnen. Sie haben in diesem Prozess Erfahrungen gesammelt, die für viele Unternehmen wertvoll und nutzbar sind:

- Die Globalisierung ist die zweite Säule der Strategie der Hidden Champions. Sie macht selbst enge Märkte groß. Der Weltmarkt ist im Mittel um den Faktor elf größer als der deutsche Markt. Das globale Marktvolumen lässt die Realisierung von Economies of Scale selbst in engen Märkten zu.
- Die Globalisierung erweist sich als der wichtigste Wachstumstreiber der Hidden Champions. Jedes Unternehmen, das wachsen will, sollte diese Chance nutzen.
- Die inhaltliche Basis für den Erfolg dieser Strategie liegt darin, dass die Kunden in einer Branche über Länder hinweg ähnliche Bedürfnisse haben. Die Erfahrungen der Hidden Champions legen nahe, dass es besser ist, in einem inhaltlich engen Markt regional zu expandieren, als in einer Region in unterschiedliche Märkte einzusteigen.
- Die Hidden Champions beginnen früh mit dem Eintritt in ausländische Märkte und ziehen dabei den Alleingang vor. Sie sehen den Pioniervorteil und die direkte Kundenbeziehung durch eigene Tochtergesellschaften als wichtige Erfolgsparameter.
- Die Globalisierung dauert mehrere Generationen und erfordert sehr langfristige Ziele sowie eine große Ausdauer. Zwischenzeitliche Rückschläge sind die Regel, erhebliche Frustrationstoleranz ist notwendig.

- Im Prozess der Globalisierung findet eine regionale Verschiebung der Umsätze statt. Aus Unternehmen, die bisher den Großteil ihrer Erlöse in Transatlantica erzielten, werden globale Unternehmen mit einem starken Gewicht Eurasiens. Das erfordert eine erhebliche Umorientierung im Hinblick auf Kultur und Personal.

- Die mit dieser Verlagerung einhergehende Neusetzung von Prioritäten bereitet große Schwierigkeiten, da mehrere attraktive Zukunftsmärkte gleichzeitig um knappe Ressourcen konkurrieren. Die Frage, ob man erst in einem Markt eine kritische Größe erreichen sollte, bevor man in den nächsten geht, oder ob man mehrere Märkte gleichzeitig angehen sollte, lässt sich nicht generell beantworten. Eine wohlüberlegte Wahl ist angezeigt.

- Beeindruckend ist die frühe und starke Präsenz der Hidden Champions in China. Nimmt man sie als Maßstab, dann geht es für international agierende Firmen ohne China nicht. Auch Indien wird zunehmend zur Pflichtübung.

- Die globale Vermarktung bringt zusätzliche Risiken mit sich, sorgt aber in der Regel auch für eine Risikodiversifikation, zumindest wenn die Geschäftszyklen über Regionen zeitlich versetzt sind.

- Das Internet erleichtert die Globalisierung insbesondere für kleine und mittlere Unternehmen erheblich. Allerdings bringt das globale Internet-Marketing auch deutlich höhere Anforderungen mit sich.

- Der früher bei der Eroberung neuer Märkte verbreitete »Haudegen-Ansatz« wird vermehrt durch ein professionelles und systematisches Vorgehen ersetzt. Die Internationalisierung selbst muss als Lernprozess verstanden werden.

- Gleichzeitig Voraussetzung und Folge der Globalisierung ist eine Erweiterung der kulturellen und mentalen Kompetenzen. Der Engpass in der Globalisierung liegt in der Regel beim Personal.

Die Welt ist der Markt. Die Hidden Champions haben bewiesen, dass dieser Satz nicht nur für große, sondern gleichermaßen für mittlere und kleine Unternehmen gilt. Die erweiterte Perspektive eröffnet ungeahnte Wachstumschancen, und diejenigen Firmen, die diese ergreifen, stoßen in neue Größenordnungen vor. Die Erfahrungen zeigen aber auch, dass Globalisierung ein langfristiger und Ausdauer erfordernder Prozess ist. In dessen Mittelpunkt stehen Unternehmer und Mitarbeiter, die die Grenzen nationaler Kulturen überwunden haben und Weltbürger geworden sind. Die Hidden Champions dienen als Vorbild und Ermutigung für andere Firmen, den gleichen Weg zu gehen.

Anmerkungen

1 Vgl. Pankaj Ghemawat, *World 3.0*, Boston: Harvard Business School Publishing 2011.

2 Kundennähe auf fünf Kontinenten. Weltmarktführerschaft in strategisch bedeutsamen Nischen, *Unternehmer-Magazin*, September 2006, S. 28.

3 *VDI-Nachrichten*, 22. Dezember 2006, S. 12.

4 What's next, *Fortune*, 5. Februar 2007, S. 26.

5 Kundennähe auf fünf Kontinenten. Weltmarktführerschaft in strategisch bedeutsamen Nischen, *Unternehmer-Magazin*, September 2006, S. 28.

6 Als »born global« bezeichnet man Märkte, Unternehmen oder Produkte, die von Beginn an global sind. Ursachen sind globale Standards, quasi »mühelose« Ausbreitung, zum Beispiel per Internet, oder massiver Kapitaleinsatz zur schnellstmöglichen weltweiten Penetration des Marktes. Beispiele aus der jüngeren Zeit sind Microsoft, Google, Wikipedia oder iPhone und iPad. Die Hidden-Champions-Produkte gehören nur selten zur »Born global«-Kategorie, da sie u. a. erklärungsbedürftig sind, den Aufbau von Distributions- und Servicesystemen erfordern und die finanziellen sowie personellen Ressourcen beschränkt sind.

7 Kärcher expandiert, *Frankfurter Allgemeine Zeitung*, 16. April 2012, S. 16.

8 »Per aspera ad astra« (Auf rauen Pfaden zu den Sternen), bekannter Spruch von Seneca.

9 Georg Giersberg, Der Einzug der Roboter, *Frankfurter Allgemeine Zeitung*, 23. April 2012, S. 13.

10 Die Exporte zwischen den drei Ländern sind bei dieser Betrachtung nicht herausgerechnet worden. Die Rechnung ist insofern etwas spekulativ, als in der angegebenen Exportquote auch Exporte aus weiteren Ländern und nicht nur aus dem Heimatmarkt enthalten sein können. Das ist uns im Einzelnen nicht bekannt.

11 Solche Unternehmen gibt es tatsächlich, meines Erachtens sogar in beträchtlicher Zahl. Vor Jahren hatte ich einen Klienten, der in Deutschland in einem speziellen Segment der Sicherheitstechnik einen Marktanteil von 80 % besaß. Auslandsgeschäft: mit Ausnahme einiger kleiner Umsätze in Österreich Fehlanzeige. Es kostete große Mühe, die Unternehmensspitze zur Internationalisierung zu überreden. Die mentalen Barrieren waren hoch. In wenigen Jahren wurde dieser Hidden Champion die Nr. 1 in Europa. Wer in Deutschland 80 % des Marktes beherrscht, der packt es mit an Sicherheit grenzender Wahrscheinlichkeit auch anderswo. Denn Deutschland zeichnet sich in vielen Märkten durch sehr anspruchsvolle Kunden und intensiven Wettbewerb aus.

12 Werkzeuge haben sehr viel Charme, *Frankfurter Allgemeine Zeitung*, 12. März 2012, S. 17.

13 Persönliche Mail von Dr. Di Deng vom 29. Januar 2012.

14 Vgl. Hermann Simon, *Die Wirtschaftstrends der Zukunft*, Frankfurt: Campus 2011.

15 Vgl. Peter Marsh, *The New Industrial Revolution – Consumers, Globalization and the End of Mass Production*, New Haven/London: Yale University Press 2012, S. 115.

16 *Frankfurter Allgemeine Zeitung*, 6. Februar 2007, S. 16.

17 *Frankfurter Allgemeine Zeitung*, 6. Februar 2007, S. 16.

18 China ist Deutschlands wichtigster Handelspartner, *Frankfurter Allgemeine Zeitung*, 2. Februar 2012, S. 13.

19 Vgl. Peter Marsh, *The New Industrial Revolution – Consumers, Globalization and the End of Mass Production*, New Haven/London: Yale University Press 2012.

20 *Fortune*, 27. Juni 2005, S. 50.

21 Elisabeth Dostert, Chinesisch in Schwaben. Die Ausbilder von Albstadt, *Süddeutsche Zeitung*, 21. April 2007.

Kapitel 9

Kundennähe leben

Die größte Stärke der Hidden Champions ist ihre Kundennähe, noch vor der Technologie. Fünfmal so viele Mitarbeiter wie in Großunternehmen haben regelmäßig Kundenkontakt. Die »organisatorische Distanz« zum Kunden ist bei den Mittelständlern deutlich geringer. Die Beziehungen der Hidden Champions zu ihren Kunden sind ausgesprochen eng. Dafür sind neben der geringeren Größe auch die weniger ausgeprägte Arbeitsteilung sowie die Komplexität der Leistungsangebote verantwortlich. Drei Viertel der Hidden Champions praktizieren Direktvertrieb.

Allerdings sind die Hidden Champions keine Marketingprofis. Marketing- oder Marktforschungsabteilungen und Titel mit Marketing findet man bei ihnen eher selten. Jedoch beobachtet man bei den größeren Hidden Champions eine Entwicklung in Richtung höherer Marketingprofessionalität. Ein beträchtlicher Teil der Hidden Champions hängt von wenigen Kunden ab. Diese Abhängigkeit ist nicht einseitig, sondern gegenseitig. Die anspruchsvollsten Kunden sitzen im deutschsprachigen Raum. Viele Hidden Champions arbeiten eng mit ihren Topkunden zusammen und profitieren von diesen als Leistungstreiber sowie als Referenzen. Die Anforderungen der Kunden sind auf hohe Leistung, weniger auf niedrige Preise ausgerichtet. Dem entsprechen die Hidden Champions, indem sie nicht nur Spitzenqualitäten mit Hightechgehalt, sondern zunehmend umfassende Services und Systemlösungen offerieren.

Das Thema Kundennähe erfordert eine detaillierte und tief gehende Betrachtung. Mit Generalisierungen sollte man vorsichtig sein. Kundennähe ist zwar ein Modethema, aber für eine »modemäßige« Behandlung nicht geeignet, denn die Beziehungen zwischen den Hidden Champions und ihren Kunden sind differenziert und diffizil.

Enge Kundenbeziehungen

Hidden Champions pflegen enge, interaktive Beziehungen zu ihren Kunden. Die Hauptursache hierfür liegt darin, dass sie komplexe Produkte und Leistungsprogramme, oft sogar Systemlösungen, offerieren. Solche Leistungsangebote lassen sich nicht von der Stange verkaufen, sondern erfordern eingehende Abstimmungsprozesse. Vielfach produzieren die Hidden Champions Maßanfertigungen für den einzelnen Kunden. So sagt Katharina Geutebrück, geschäftsführende Gesellschafterin des gleichnamigen Weltmarktführers bei Video-Überwachungssystemen: »Fast 95 % unserer Anlagen sind Maßanfertigungen für einen bestimmten Kunden.«[1] Im Einklang mit den individualisierten Anforderungen dominiert der Direktvertrieb. 83 % der Hidden Champions geben an, Direktvertrieb zu praktizieren. Daneben vertreiben 29 % über Zwischenhändler. Die Summe ist mit 112 % größer als 100, da einige Firmen beide Vertriebsformen nebeneinander anwenden. Man kann aber feststellen, dass etwa 70 % der Hidden Champions ausschließlich direkt vertreiben und mit ihren Kunden intensive und dauerhafte Beziehungen pflegen. Aus diesem Grunde werden insbesondere auch die Auslandsmärkte bevorzugt durch eigene Tochtergesellschaften und nicht durch Importeure oder Agenten erschlossen. Ifm electronic, einer der Marktführer in der Prozessautomation, verkauft 90 % seiner Produkte über eigene Niederlassungen in 70 Ländern, nur rund 10 % werden von Absatzmittlern vertrieben. Der Direktvertrieb ist bei den Hidden Champions ein zentrales Element der Kundennähe, das nicht nur in Richtung Kunde Vorteile bietet, sondern auch den Informationsfluss vom Kunden zum Anbieter fördert. Andreas Starke, Zentralbereichsleiter beim Interface-Hidden-Champion Harting bringt es auf den Punkt: »Harting setzt auf Direktvertrieb. Das Kundenwissen um die Anwendungen wird damit zum Harting-Wissen.«[2]

Aus Sicht der Kunden werfen folgende Indikatoren ein Licht auf die Lieferbeziehung. Jeweils rund zwei Drittel der Kunden

- sehen den Kauf des jeweiligen Produkts als bedeutende Angelegenheit an,
- gehen eine langfristige Bindung mit dem Lieferanten ein,
- zeigen sich mit dem Produkt sehr vertraut,
- haben einen hohen Informationsbedarf.

Hinsichtlich des Merkmals Routinekauf versus Seltenkauf beobachten wir eine ungefähre Gleichverteilung. Dies liegt daran, dass die Produktprogramme der Hidden Champions das ganze Spektrum von regelmäßigen Zulieferungen bis zu selten gekauften Investitionsgütern umfassen. Dieses Spektrum zeigt sich auch in der Lebensdauer der gelieferten Produkte. Fast die Hälfte der Hidden Champions bietet Produkte an, deren Lebensdauer mehr als zehn Jahre beträgt. Nur 13 % verkaufen reine Verbrauchsgüter.

Die Gesamtheit dieser Aspekte spiegelt sich in dem kundenbezogenen Stärkenprofil der Hidden Champions wider, das in Abbildung 9.1 dargestellt ist (jeweils 6/7 auf 7er-Skala).

Abb. 9.1: Kundenbezogenes Stärkenprofil der Hidden Champions

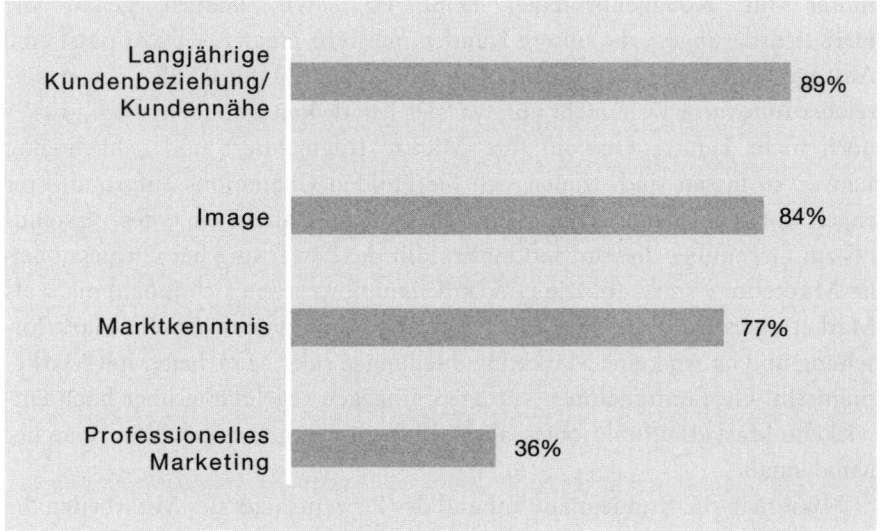

Die Hidden Champions betrachten die langjährige Kundenbeziehung/Kundennähe als ihre größte Stärke. Dies gilt nicht nur innerhalb der hier erfassten marktbezogenen Merkmale, sondern selbst im Vergleich zu internen Stärken wie Technologiekompetenz oder Mitarbeiterqualifikation und -loyalität. Kein Merkmal hat eine höhere Bewertung erhalten. Bei Groz-Beckert, dem Weltmarktführer für Nähnadeln, heißt es: »Unsere Kundenphilosophie: Der Kunde im Mittelpunkt. Wenn wir von Unternehmensphilosophie sprechen, ist eigentlich von unseren Kunden die Rede. Denn wir stellen die Erwartungen und den Erfolg unserer Kunden in den Mittelpunkt.« An zweiter Stelle in Abbildung 9.1 folgt das Image, das als geronnene Wirkung bisheriger Leistungen interpretiert werden kann. Dazu gehört das Thema Marke. Die Hidden Champions sind zwar in der Öffentlichkeit wenig bekannt, bei ihren direkten Kunden haben sie jedoch einen hohen Bekanntheitsgrad und eine ausgezeichnete Reputation. Das gilt meistens sogar weltweit. Viele von ihnen haben in ihren engen Märkten starke Weltmarken aufgebaut.

Ihre Marktkenntnis stufen die Hidden Champions als hoch ein. Marktkenntnis umfasst nicht nur das Wissen zu quantitativen Daten, sondern auch das »Gespür« für den Markt, seine Trends und die Bedürfnisse der Kunden. Die Firma Sick, einer der Weltmarktführer in der Sensortechnik, sagt: »Wir nutzen unser Know-how der Kundenanforderungen, um zukünftige Entwicklungen zu antizipieren. Wir bleiben an der Spitze, weil wir die Erwartungen unserer Kunden vorwegnehmen.« Auch bei Gelita, dem Weltmarktführer für Kollagenproteine, heißt es: »Wir kennen genau die Herausforderungen, die unsere Kunden meistern müssen.« Dazu passt eine Aussage von Jürgen Hambrecht, dem früheren CEO der BASF: »Ein erfolgreicher Innovator weiß nicht nur, was der Kunde kann, sondern auch, was er noch nicht kann.« Obwohl ihre Märkte fragmentiert und zahlenmäßig schwer zu fassen sind, trauen sich die Hidden Champions aufgrund ihrer engen Kundenbeziehungen und ihrer hohen Kundennähe ein tiefes Verständnis zu. Gegenüber diesen Merkmalen fällt die Bewertung bei »Professionelles Marketing« stark ab. Die Hidden Champions sehen sich (noch) nicht als Marketingprofis. Viele von ihnen betreiben keine systematische Marktforschung und haben keine Marketingabteilungen oder Mitarbeiter mit Marketingtiteln. Großunternehmen verfügen hingegen regelmäßig über hoch entwickelte Marketingfunktionen, aber bei ihnen mangelt es gewöhnlich an der Kundennähe.

Misst man die Kundennähe anhand des Prozentsatzes der Mitarbeiter, die regelmäßig Kontakt zu Kunden haben, so ergibt sich folgende Abschätzung. In Großunternehmen liegt dieser Anteil in der Regel zwischen 5 und 10 %. Bei den Hidden Champions bewegt sich der Prozentsatz zwischen 25 und 50 %. Es gibt hierzu Extrembeispiele wie den Big Champion Würth, bei dem mehr als die Hälfte aller Mitarbeiter im Außendienst sind. Beim lokalen Würth-Konkurrenten Berner sind sogar rund zwei Drittel von den 8 500 Beschäftigten im Außendienst tätig. Ähnliches gilt für Direktvertreiber wie Bofrost oder Vorwerk. Beim Essener Hidden Champion ifm electronic, einem der globalen Marktführer in der Prozessautomation, sind 1 600 der insgesamt 4 300 Mitarbeiter Vertriebsingenieure. Zählt man Service- und sonstige außenorientierte Beschäftigte hinzu, so dürften selbst in diesem Hightechunternehmen mehr als die Hälfte aller Mitarbeiter ständige Kundenkontakte haben. Auch serviceintensive Unternehmen haben einen hohen Anteil von Mitarbeitern mit direkten Kundenkontakten. So hat die Servicedivision von Demag Cranes 2 200 Mitarbeiter, was etwa ein Drittel der Gesamtbelegschaft von Demag Cranes ausmacht. Services steuern 31 % zum Umsatz von Demag Cranes bei. Man kann also in diesem Sinne sagen, dass die Kundennähe der Hidden Champions diejenige der Großunternehmen um etwa das Fünffache übertrifft. Dementsprechend stimmt eine deutliche Mehrheit der Befragten, nämlich 61 %, der Aussage »Unsere meistgenutzte Informationsquelle bildet das Gespräch mit Kunden vor Ort« zu.

Eine interessante Frage ist, wie sich Kundennähe und Marketingprofessionalität verändern, wenn die Hidden Champions größer werden. Es ist zu beobachten, dass die Hidden Champions ihr Marketing mit zunehmender Größe professionalisieren. Diese Entwicklung erscheint folgerichtig und unverzichtbar. Im Zuge der rapide fortschreitenden Globalisierung nimmt die Komplexität enorm zu. Es wird schwieriger, den Überblick über die zahlreichen und oft sehr unterschiedlichen Märkte und Marktsegmente zu behalten. Noch stärker gilt dies, wenn im Rahmen einer weichen Diversifikationsstrategie neue Märkte und/oder Produkte hinzukommen. Die erhöhte Komplexität erschwert die intuitive Erfassung der Märkte durch den Unternehmer oder wenige Topmanager. Die Setzung von Prioritäten zwischen verschiedenen Zukunftsmärkten wird schwieriger und kann nicht mehr aus dem Bauch heraus erfolgen. Für solche Entscheidungen braucht man eine solide Daten- und Entscheidungsgrundlage. Gefährdet diese Professionalisierung die traditionelle Stärke der Hidden Champions, die Kundennähe? Ohne Zweifel besteht diese Gefahr, und viele Hidden-Champions-Chefs sind sich dieses Risikos bewusst. Immer wieder betonten sie, dass die enge Beziehung zum Kunden, die schnelle Reaktion, das Eingehen auf Kundenwünsche, das eigene, hautnahe Erleben von Markt und Kunden im Zuge der Expansion nicht aufs Spiel gesetzt werden dürften. Um das zu erreichen, rekurrieren viele auf das richtige und einzig wirksame Mittel, Dezentralisierung. Aber es gibt auch Fälle, in denen nach wie vor alle wichtigen Entscheidungen in der Zentrale oder gar von einer Person gefällt werden und zunehmende Größe die Kundennähe gefährdet.

Bei Großunternehmen erlebt man seit langem eine Gegenbewegung gegen diese Gefahr. Denn deren Chefs sind sich des Mangels an Kundennähe bewusst und versuchen, dagegen vorzugehen. Im Geschäftsbericht 2011 sagt Jeffrey Immelt, der CEO von General Electric: »Deep customer relationships, built on long-term thinking, really count.«[3] In jedem Großunternehmen gibt es Programme für mehr Kundennähe. Doch man muss feststellen, dass solche Programme weitgehend wirkungslos bleiben, wenn sie nicht mit echter Dezentralisierung der Kompetenzen einhergehen. Eine große Organisation ist den Kunden gegenüber zwangsläufig tief gestaffelt aufgestellt. Die durchschnittliche Distanz eines Mitarbeiters zum Kunden ist größer als in mittelständischen Unternehmen. Die weitreichende Arbeitsteilung behindert den Kundenkontakt und die ganzheitliche Betreuung der Kunden. Diesen Fakten müssen Großunternehmen ins Auge sehen. Und die Hidden Champions sollten aufpassen, dass ihr Wachstum sie nicht in die gleiche Falle der »Kundenferne« treibt.

Als Zwischenfazit ist festzuhalten, dass sich zwischen den Hidden Champions und ihren Kunden enge Beziehungen entwickelt haben. Die Hidden Champions leben eine ausgesprochen hohe Kundennähe und sehen die langfristige Beziehung zu ihren Kunden als ihre größte Stärke überhaupt. Das Wachstum bringt als neue Herausforderung, diese Kundennähe trotz zunehmender Größe zu erhalten.

Anforderungen der Kunden

Die Kunden der Hidden Champions haben hohe Ansprüche und weisen ein komplexes Anforderungsprofil auf. Die Wichtigkeiten von 13 Leistungsmerkmalen sind in Abbildung 9.2 dargestellt.

Abb. 9.2: Wichtigkeiten von Kundenanforderungen

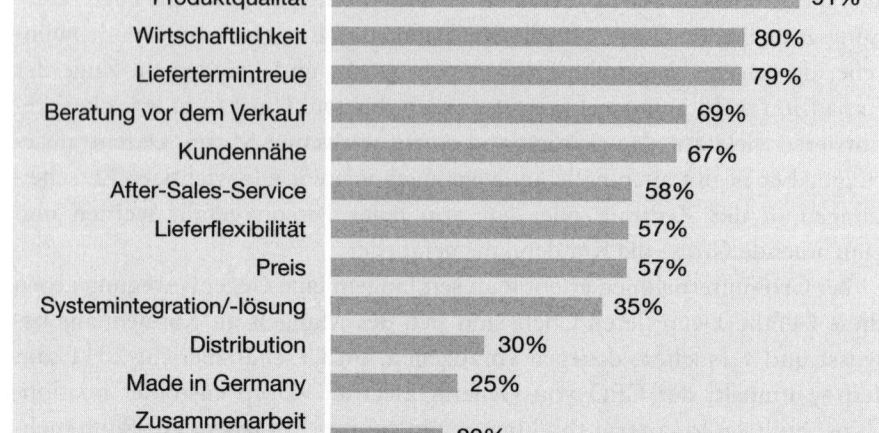

Produktqualität steht mit Abstand an erster Stelle. 91 % der Hidden Champions ordnen das Leistungsmerkmal Produktqualität in die beiden höchsten Stufen ein (6/7 auf 7er-Skala). Dieses Resultat belegt, dass die Kunden der

Hidden Champions extrem anspruchsvoll sind. Das Merkmal Wirtschaftlichkeit folgt an zweiter Stelle, etwa gleichauf mit Liefertermintreue. Ergänzende Dienstleistungen wie Beratung vor dem Verkauf, After-Sales-Service und Lieferflexibilität weisen ebenfalls überdurchschnittliche Gewichte auf. Preis und Systemintegration liegen leicht über dem Mittel aller Merkmale. Das alles deutet darauf hin, dass die Hidden Champions nicht primär über den Preis konkurrieren müssen. Denn ihre Kunden achten deutlich stärker auf Qualität und Wirtschaftlichkeit als auf den reinen Preis. Es überrascht nicht, dass Werbung, Zusammenarbeit mit Zulieferern und Distribution, Letzteres wegen der überwiegend direkten Bedienung der Kunden, keine große Rolle spielen. Den Kunden interessiert, was bei ihm als Leistung ankommt, weniger, wie diese Leistung an ihn herangetragen wird. Insgesamt besitzen viele Merkmale in Abbildung 9.3 hohe Gewichte, sodass die Hidden Champions sich einem nicht leicht zu befriedigenden Anforderungsprofil gegenübersehen. Wie gut sie diesen Anforderungen entsprechen, ist nicht nur eine Frage der absoluten, sondern vor allem der relativen Leistung im Vergleich zum Wettbewerb. Wie wir in Kapitel 12 sehen werden, besitzen Hidden Champions bei den für ihre Kunden besonders wichtigen Merkmalen ausgeprägte Wettbewerbsvorteile. Beim Preis haben sie allerdings einen Wettbewerbsnachteil.

Abhängigkeit von Kunden und Risiko

Wie schon beim Thema Fokussierung deutlich wurde, sind Hidden Champions auf Gedeih und Verderb mit ihren engen Märkten verbunden. Daraus kann ein erhöhtes Marktrisiko erwachsen. Wir haben jedoch darauf hingewiesen, dass die mit der Fokussierung einhergehende Konzentration das Konkurrenzrisiko reduziert. Ebenso hat die Globalisierung Auswirkungen auf das Risikoprofil. Einerseits bewirkt sie eine Risikostreuung (dies gilt jedenfalls, wenn die Marktzyklen in den einzelnen Regionen nicht korreliert sind), andererseits bringt sie zusätzliche Risiken mit sich (Wechselkurse, Fehlschläge, Know-how-Abfluss etc.). Bei allen Risikoeinflussfaktoren ist eine differenzierte Betrachtung angezeigt. Das gilt auch für die Kundenstruktur, die eine weitere wichtige Facette der Abhängigkeit und damit eine Risikodeterminante darstellt. Wenn ein Großteil des Umsatzes auf wenige Kunden entfällt, dürfen eine stärkere Abhängigkeit und ein höheres Risiko vermutet werden, als wenn sich die Umsätze auf viele Kunden verteilen. In Extremfällen kann der Ausfall eines einzigen Kunden eine Firma in Schwierigkeiten bringen.

Bezüglich der Umsatzverteilung nach Kunden zeigen die Hidden Champions ein heterogenes Bild. Abbildung 9.3 gibt die Verteilung der Umsatzanteile, die auf die fünf größten Kunden entfallen, wieder.

Abb. 9.3: Umsätze mit den fünf größten Kunden

Auf die fünf größten Kunden entfallender Umsatzanteil	Anteil der Hidden Champions
mehr als 50 %	10 %
20 – 50 %	28 %
5 – 20 %	37 %
1 – 5 %	19 %
weniger als 1 %	6 %

Bei 10 % der Hidden Champions entfallen mehr als die Hälfte des Gesamtumsatzes auf die fünf größten Kunden. Der Drucktechnikzulieferer Technotrans macht z. B. 60 % seines Umsatzes mit den führenden Druckmaschinenbauern Heidelberg und Koenig & Bauer. Auch bei Aerospace-Zulieferern wie Diehl Aerosystems, Weltmarktführer in Avioniksystemen und Kabinenelementen, stammt der Großteil des Umsatzes von den beiden größten Flugzeugherstellern Airbus und Boeing. Hier muss man eine hohe Abhängigkeit von einzelnen Kunden diagnostizieren, die aber – wie oben angemerkt – nicht notwendigerweise einseitig ist. Bei den Firmen in dieser Gruppe handelt es sich überwiegend um Zulieferer für Branchen mit hohem Konzentrationsgrad wie Autoindustrie, Aerospace, Windenergieanlagen, Kosmetik oder Getränke (Bier, Softdrinks). Die zweite Gruppe, bei der 20 bis 50 % des Gesamtumsatzes auf die fünf wichtigsten Abnehmer entfallen, ist mit 28 % deutlich größer. Die Abhängigkeit von wenigen wichtigen Kunden ist hier ebenfalls als hoch einzustufen. Es fällt auf, dass die Abnehmerbranchen stärker fragmentiert sind als in der ersten Gruppe. Beispiele für typische Kundenbranchen in dieser Gruppe sind Maschinenbau, Industrie generell, Medizintechnik, Elektronik oder Chemie. In dieser Kategorie finden sich auch zahlreiche Konsumgüterhersteller. Das mag überraschen. Doch der direkte Kunde ist in diesen Fällen nicht der Endverbraucher, sondern der Handel. Der Handel ist in vielen Teilgebieten (Lebensmittel, Baumärkte, Drogerien, Konsumelektronik) stark konzentriert. Konsumgüterhersteller weisen deshalb häufig eine hohe Abhängigkeit von wenigen großen Händlern auf.

In der Gruppe der Hidden Champions, die weniger als 20 % ihres Umsatzes mit ihren fünf größten Kunden machen, trifft man auf ein sehr breites Spektrum von Produkten und Dienstleistungen. Diese Firmen sind dadurch gekennzeichnet, dass sie nicht nur eine, sondern mehrere Zielgruppen beliefern. Ihre Fokussierung basiert auf Produkt, Technologie oder Kompetenz, nicht auf der Zielgruppe. Ihre Abnehmermärkte sind oft stark diversifiziert. Beispielhaft für diese Kategorie sind Firmen wie die folgenden:

- GfK AG, europäische Nr. 1 in der Marktforschung, die viele unterschiedliche Branchen bedient.
- Effertz, Europamarktführer bei Brandschutzrolltoren, die in allen Arten von Industrie- und Bürogebäuden installiert werden.
- SGL Carbon, Weltmarktführer bei Carbonprodukten, die in eine Vielzahl unterschiedlicher Endprodukte einfließen.
- Plansee, der Spezialist für pulvermetallurgische Werkstoffe, mit den drei Abnehmerbranchen Automobil, Elektronik und Maschinenbau. Kein Kunde von Plansee steuert mehr als 2 % zum Umsatz bei.

In der Gruppe, in der die fünf größten Kunden weniger als 5 % zum Umsatz beitragen, treffen wir überwiegend auf große bis sehr große Kundenzahlen. Typische Beispiele sind:

- Bruns-Pflanzen-Export, europäischer Marktführer bei Baumschulpflanzen. Kunden sind alle Abnehmer von Pflanzen: Gärtnereien, Blumengeschäfte, Garten- und Baumärkte, Organisationen.
- B. Braun Melsungen, Marktführer bei Infusionsprodukten, die an unzählige Krankenhäuser und Praxen gehen.
- Schenck RoTec, Weltmarktführer bei Auswuchtmaschinen, die nicht nur jede Autowerkstatt und jeder Reifenhändler braucht, sondern die überall, wo es um Rotation von Teilen geht, benötigt werden.
- Smiths Heimann, Weltmarktführer bei Gepäckinspektionssystemen, die in Flughäfen in aller Welt eingesetzt werden.
- Tracto-Technik, die Bohrgeräte für grabenlose Leitungsverlegung dieses Hidden Champions benötigt jede Bauunternehmung, die Leitungen verlegt.
- Hoffmann Group, europäischer Marktführer bei Qualitätswerkzeugen, hat mehr als 125 000 Kunden in 50 Ländern. Der geschäftsführende Gesellschafter Bert Bleicher sieht seine Firma als »Zulieferer für praktisch die gesamte Industrie«.
- ifm electronic, einer der Marktführer in der Prozessautomation, hat rund 100 000 Kunden aus den verschiedensten Industriesektoren in 70 Ländern.

Diese Aufzählungen zeigen, dass sich das Thema Abhängigkeit von den Kunden und die damit verbundenen Risikofolgen bei den Hidden Champions nicht über einen Kamm scheren lassen. Es gibt einen wesentlichen Anteil, der von wenigen wichtigen Kunden abhängt. Aber eine beachtliche Zahl der Hidden Champions weist ein stark diversifiziertes Kundenportfolio auf. Selbst innerhalb einer Firma können sich diese Verhältnisse erheblich unterscheiden. In den zwei Divisions von Demag Cranes stellt sich die Situation wie folgt dar. Gottwald Port Technology, mit einem Marktanteil von 45 % Weltmarktführer bei mobilen Hafenkränen, macht 39 % des Umsatzes mit den zehn wichtigsten Kunden. Dies sind die großen Containerhäfen der Welt sowie sehr große Containerspeditionen. Die für Industriekräne zuständige Division Demag hat über 100 000 Kunden in unterschiedlichen Branchen. Kein Kunde steuert mehr als 3 % zum Umsatz bei, und von den zehn größten Kunden stammen nur 9 % des Umsatzes. Ähnliche Strukturunterschiede zeigen sich bei den beiden Hidden Champions des Dürr-Konzerns. Bei den Autolackieranlagen liegt der Umsatzanteil der fünf größten Kunden in der zweithöchsten Kategorie (20 – 50 %), bei den Auswuchtmaschinen entfallen weniger als 10 % auf die fünf wichtigsten Abnehmer.

Demag Cranes und Konecranes beleuchten eine weitere Facette der Risikoreduktion trotz Fokussierung. Demag bezieht mehr als ein Drittel seines Umsatzes von 1,1 Milliarden Euro aus dem Service. Dahinter steht eine riesige Installed Base von 660 000 Kränen. Wettbewerber Konecranes erzielt sogar 43 % seines Umsatzes aus der Wartung von 300 000 Kränen und ist mit Erlösen von 708 Millionen Euro in diesem Bereich die Nr. 1 in der Welt. Konecranes bezeichnet sich als »Komplettanbieter« und offeriert »Wartungsdienste der Extraklasse« unabhängig vom Hersteller. Die Firma hat an 500 Standorten in 50 Ländern mehr als 3 500 Servicetechniker, die Kräne, Hafenausrüstungen und Werkzeugmaschinen betreuen. Service ist für Konecranes ein Geschäft, das nicht primär als Anhängsel zum Produkt verstanden wird. Ein hoher Anteil derartiger Dienstleistungen kann erheblich zur Risikominderung beitragen, da das Servicegeschäft weniger zyklisch ist als das Neugeschäft mit Produkten. Bei Kränen gilt dies in besonderem Maße, da regelmäßige Inspektionen gesetzlich vorgeschrieben sind. Aus der Tatsache, dass viele Hidden Champions in serviceintensiven Industrien tätig sind, ergeben sich Chancen zur Konjunkturglättung und zur Risikoreduktion. In der Krise nach 2007 hat sich diese Art der Risikodiversifikation massiv ausgezahlt. Firmen mit hohen Serviceanteilen haben weit weniger dramatische Umsatzeinbrüche erlebt als solche mit geringem Serviceanteil.[4]

Risikomindernd kann sich auch das Distributionssystem auswirken. Wenn man seine Produkte über mehrere Vertriebskanäle, die sich nicht im gleichen Zyklus bewegen, verkauft, federt dies Risiken ab. So sagt Hartmut Jenner, CEO von Kärcher: »Anders als etwa ein Autobauer haben wir nicht nur einen Vertriebskanal: Wir haben viele Produkte und viele Vertriebskanäle für unterschiedlichste Märkte und Kundengruppen. Diese breite Basis ist ein Vorteil. Deswegen hat uns die Krise 2009 kaum getroffen.«[5] Solche Multi-Channel-Ansätze spielen bei den Hidden Champions eine zunehmende Rolle. Die Risikodiversifikation ist hierbei eine erwünschte Nebenwirkung, primär geht es jedoch um das tiefere Eindringen in die Zielsegmente.[6] In ähnlicher Weise kann ein dichtes Distributions- und Servicenetz das Kundenrisiko vermindern. Dazu sagt Hans-Joachim Boeksteger, CEO des Vakuumverpackungsmarktführers Multivac: »Wir bauen unser Vertriebs- und insbesondere Servicenetz weiterhin konsequent aus. Nach dem Motto »Ein Markt ist mehr wert als eine Fabrik« betrachten wir dies als Risikobegrenzungsstrategie und erzeugen gleichzeitig einen hohen Kundennutzen.«

Man sollte aber auch die andere Seite der Abhängigkeit nicht vergessen. In vielen Fällen sind die Kunden auf die Hidden Champions als Lieferanten angewiesen. Wenn eine Firma einen sehr hohen Marktanteil hat, dann folgt daraus fast zwangsläufig eine hohe Abhängigkeit der Kunden – und sei diese rein kapazitätsbedingt. Auch das ist eine Art von Risikoabsicherung, da der Abnehmer den Lieferanten nur unter Schwierigkeiten fallen lassen kann.

Als die Firma Schefenacker, der Weltmarktführer für Autorückspiegel, vor einigen Jahren in eine finanzielle Schieflage geriet, war das nicht nur ein Problem für diese Firma und ihre Kapitalgeber, sondern für die gesamte Autoindustrie.[7] Etwa jeder dritte Autorückspiegel in der Welt kam von Schefenacker. Beim Glasteil des Spiegels ist ein anderes deutsches Unternehmen, die Flabeg GmbH in Furth im Bayerischen Wald, mit 60 % Weltmarktführer.[8] Der Rückspiegel mag zwar keine technologisch oder wertmäßig bedeutende Komponente eines modernen Automobils sein, aber ohne Rückspiegel kann man kein Auto ausliefern. Und eine Lücke, die durch den Ausfall eines Drittels der weltweiten Produktionskapazität entsteht, lässt sich nicht kurzfristig schließen. Zu einer Lösung mussten auch die großen Autohersteller beitragen.[9] Es gibt mittlerweile in der Autozulieferindustrie genügend Fälle, in denen die Autohersteller einspringen mussten, um ihre eigenen Bänder am Laufen zu halten. In diesem Sinne kann ein zu starker Druck auf die Preise der Lieferanten zum Rohrkrepierer werden. Diesbezüglich scheint es nach Branchen und Abnehmern Unterschiede zu geben. So hört man immer wieder, dass Aldi sehr hart verhandelt, aber in dem Sinne fair mit seinen Lieferanten umgeht, dass diesen eine lebensnotwendige Marge belassen wird. Wie stark eine ganze Branche von einem einzigen Hidden Champion abhängen kann, zeigte sich im Jahr 2012, als es bei Evonik in Marl einen Brand in einer Fabrik gab, die den feuerfesten Spezialkunststoff PA12 produziert, aus dem Benzinleitungen hergestellt werden. Fast die Hälfte des Bedarfs der Autoindustrie wird von dieser einen Fabrik gedeckt.[10] Wenn solche Kapazitäten ausfallen, sind Engpässe unvermeidbar.

Viele Hidden Champions verfolgen bewusst und mit Erfolg die Strategie, sich bei ihren Kunden, selbst bei großen Kunden, unersetzbar oder »indispensable« zu machen. Flavio Radice, der CEO des italienischen Hidden Champions Pietro Carnaghi, Weltmarktführer bei Vertikaldrehmaschinen, sagt: »A small niche supplier should try to make itself indispensable to the large businesses that are usually its most important customers« und »for our customers our products are strategic tools. They can perform operations on metal that cannot be done in any other way.«[11] Zu diesem Thema erlebte ich bei einem Mittagessen mit den Trumpf-Geschäftsführern Nicola Leibinger-Kammüller und Matthias Kammüller eine aufschlussreiche Diskussion. Jemand fragte, was eigentlich der Unterschied zwischen einem typischen japanischen und einem typischen deutschen Exporteur sei. Als typisch für Japan nahmen wir Toyota, für Deutschland Trumpf. Dann wurde gefragt: »Was wäre, wenn es auf einen Schlag keine Produkte dieser Firmen mehr gäbe?« Die Diskutanten waren sich einig, dass die Verbraucher ihre Toyotas einfach durch eine andere Automarke ersetzen würden, die Autoindustrie habe schließlich gigantische Überkapazitäten. Verschwänden hingegen alle Trumpf-Maschinen auf einen Schlag, dann stünde ein großer Teil der metallverarbeitenden Fabriken dieser Welt still. In diese Kategorie fallen viele Produkte der Hidden Champions, sie sind (zumindest auf kurze bis mittlere Frist) unersetzbar oder »indispensable«. Das schafft Abhängigkeiten aufseiten der Kunden und trägt somit zur Reduktion des Risikos der Hidden Champions bei. Die Unersetzbarkeit zeigte sich auch im Zuge der großen Krise. Die Kunden konnten Käufe zwar aufschieben, aber letztlich mussten sie doch wieder kaufen, weil sie die Produkte der Hidden Champions einfach brauchen.

Zusammenfassend sei zum Thema Abhängigkeit von den Kunden und den damit verbundenen Risiken festgehalten, dass eine sehr differenzierte Betrachtung angezeigt erscheint. Die Hidden Champions weisen hinsichtlich dieser Aspekte eine große Heterogenität auf. Selbst innerhalb eines Unternehmens können die Bedingungen für verschiedene Segmente stark voneinander abweichen. Berücksichtigt man zusätzlich die Abhängigkeit der Kunden, die zur Risikominderung beiträgt, dann kann man nicht generell behaupten, dass die Hidden Champions im Hinblick auf ihre Kundenstruktur größeren Risiken ausgesetzt sind als Großunternehmen oder weniger fokussierte Firmen. Fokussierung und Marktführerschaft bedeuten keineswegs automatisch hohes Risiko. Um das kundenseitige Risiko fundiert beurteilen zu können, muss man tiefer graben und den Einzelfall analysieren.

Realisierung von Kundennähe

Über wenige Begriffe ist seit dem Erscheinen von *In Search of Excellence* mehr geredet und geschrieben worden als über Kundennähe.[12] Doch mit der Umsetzung hapert es nach wie vor in den meisten Unternehmen. Eingangs dieses Kapitels haben wir gesehen, dass Kundennähe eine ausgeprägte Stärke der Hidden Champions ist – vor allem im Vergleich zu Großunternehmen.

Doch wie schaffen es die Hidden Champions, diese hohe Kundennähe zu »leben« und damit näher an ihren Kunden zu sein? Hierzu haben wir Einsichten und Fallbeispiele gesammelt. Offensichtlich haben die Hidden Champions aufgrund ihrer überschaubaren Größe einen natürlichen Vorteil. Zwar ist nicht jedes kleine oder mittlere Unternehmen automatisch kundennah und nicht jedes Großunternehmen kundenfern, aber dennoch lässt sich eine solche Tendenz nicht verleugnen. Größeren, stark arbeitsteilig organisierten Unternehmen fällt es schwerer, Kundennähe zu leben. Kleinere Einheiten tun sich in dieser Hinsicht leichter. Die weiter oben berichteten Prozentsätze der Mitarbeiter, die regelmäßigen Kontakt mit Kunden haben, sind ein klarer Indikator. Doch es ist nicht die Größe allein. Die Hidden Champions setzen darüber hinaus eine ganze Palette organisatorischer, prozessualer und kultureller Instrumente ein, um eine hohe Kundennähe zu erreichen und trotz Wachstums zu erhalten.

Kundennähe durch dezentrale Verantwortung

Besonders wichtig und wirksam ist die Bildung dezentraler Einheiten. Sehr viele Hidden Champions sind nochmals in kleinere Abteilungen gegliedert. Manchmal handelt es sich hierbei sogar um formal eigenständige Firmen, die auf spezielle Kundensegmente ausgerichtet sind. So besteht die Plansee-Gruppe, führend in der Pulvermetallurgie, aus drei Divisions. Diese dienen dazu, organisatorisch möglichst nahe an die Zielgruppen heranzukommen.

Die Exceet Group S.E., ein europäischer Marktführer für Embedded Electronics, ist in drei Business Segments gegliedert. Auf der zweiten Ebene besteht Exceet aus 13 rechtlich eigenständigen Firmen, die auf spezielle Produkte und Zielbranchen wie Medizintechnik, Automation, Energie etc. ausgerichtet sind. Jede dieser Firmen hat eigene Geschäftsführer, die ihre Kunden bestens kennen. Die dezentralen Einheiten werden idealerweise so konzipiert, dass sie viele betriebliche Funktionen umfassen (zum Beispiel Entwicklung, Produktion und Vertrieb). Auf diese Weise soll erreicht werden, dass die gesamte Wertschöpfungskette eine geringe Distanz zum Kunden aufweist und alle Kräfte auf die Bedürfnisse des Kunden ausgerichtet werden. Diese Divisionalisierung findet oft früh in der Entwicklung des Unternehmens statt. Würth hat bereits in den achtziger Jahren Divisionen für Holz, Bau, Metall und Auto gebildet, weil man erkannte, dass die Anforderungen der Kunden in diesen Segmenten unterschiedlich waren. Bei Simon-Kucher wurde zu Beginn der neunziger Jahre, etwa fünf Jahre nach der Gründung, mit der Einführung branchenorientierter Divisions begonnen. Seither gibt es immer wieder Zellteilungen mit dem Ziel, sich noch besser auf eine Kundenzielgruppe auszurichten. Im Kontext des Themas weiche Diversifikation werden in Kapitel 15 zahlreiche Fallbeispiele konsequenter Dezentralisierung beschrieben.

Die Dezentralisierung kann bis auf die Projektebene reichen. Ein Projekt wird wie ein kleines, relativ autonomes Unternehmen geführt. Klaus Grohmann, Gründer und CEO von Grohmann Engineering, einem führenden Hersteller von Produktionssystemen, beschreibt seine Vorgehensweise wie folgt: »Wir haben bewusst keine Verkäufer. Unsere Manager haben die volle Verantwortung für ihre Projekte: Sie verkaufen, sie erstellen Angebote, entwickeln die Lösung und führen das Projekt durch. Diese Projektleiter haben für ihre Projekte alle Kompetenzen eines Geschäftsführers. Für jedes Projekt wird ein Team benannt, und dieses Team handelt wie ein kleines Unternehmen. Jeder soll sich eine ganzheitliche Sicht des Projekts zu eigen machen. Dieses Vorgehen garantiert eine unglaubliche Kundennähe.«

Chemetall, Weltmarktführer bei Cäsium und Lithium, praktiziert ein ähnliches System. Die Verkaufsingenieure erhalten die volle technische und kaufmännische Verantwortung für ihre Verhandlungen mit den Kunden. Bei Simon-Kucher haben wir von solch kundennahen Hidden Champions gelernt und geben unseren Partnern volle Kompetenz für den Umgang mit dem Klienten. Diese Ansiedlung von unternehmerischer Verantwortung an der Schnittstelle zum Kunden schafft nicht nur eine hohe Kundennähe, sondern trägt zudem erheblich zur Prozesseffizienz bei. Zeitraubende Rückfragen in der Zentrale oder bei der Unternehmensleitung werden weitgehend überflüssig. Allerdings ist eine ganzheitlich-unternehmerische Sicht aller Beteiligten unverzichtbare Voraussetzung für das Funktionieren solcher dezentral-kundennahen Systeme.

Die hohe Kundennähe und Detailkenntnis vieler Topmanager der Hidden Champions beeindrucken immer wieder. Der Aussage »Unser Topmanagement hat persönlich intensiven Kontakt zum Kunden« bejahen mehr als drei Viertel der Befragten. Direkte Kundenkontakte werden als wichtige Verantwortung der Führungskräfte verstanden, auch wenn dies mit ständigen Reisen verbunden ist. Martin Kannegiesser, Chef des gleichnamigen Weltmarktführers für Wäscherei-Systeme, ist persönlich über die volle Distanz bei der Fachmesse Texcare präsent. »Die Amerikaner und Franzosen, die über seinen Stand streifen, wollten den Firmenchef sehen«, heißt es.[13] Also ist der Chef da. Ein Hidden-Champions-Manager sagte dazu:»Ich kenne und habe jeden unserer Kunden auf der Welt besucht. Die direkten Beziehungen, die durch diese Besuche aufgebaut werden, sind unschätzbar.« Einst las ich im mittleren Westen der USA in einer Zeitung, dass es Schwierigkeiten in der lokalen Lackierfabrik eines Autoherstellers gab. Die Arbeiter verwendeten ein Haarspray mit Metallpartikeln, die sich auf dem Lack niederließen. Den Artikel schnitt ich aus und sandte ihn an den Vorstandsvorsitzenden von Dürr, Weltmarktführer für Autolackieranlagen. Der CEO antwortete:»Ich kenne dieses Problem, denn ich war vor Ort in der Fabrik. Die jetzige Anlage ist von einem Wettbewerber, der das Metallpartikel-Problem nicht in den Griff bekommt. Wir haben eine Lösung entwickelt. Ich bin optimistisch, dass wir beim nächsten Mal zum Zuge kommen.« Das ist exemplarische Kundennähe des Topmanagements. Der CEO eines Milliardenunternehmens in Stuttgart weiß nicht nur genau, was in der Lackfabrik eines Kunden irgendwo in Amerika Probleme bereitet, sondern er war persönlich vor Ort und hat eine Lösung, obwohl die derzeitige Anlage von der Konkurrenz kommt. »Marke und Vertrauensbildung sind im Mittelstand immer auch Chefsache«, heißt es in einem Artikel zur Kundennähe von Mittelständlern.[14]

In Großunternehmen sind Programme populär geworden, die die Kundenorientierung oder die Kundennähe des Managements verbessern sollen. Von Managern wird beispielsweise verlangt, pro Jahr eine bestimmte Zahl von Tagen mit Kunden zu verbringen oder in einer bestimmten Frequenz Kunden zu sehen. Ein solches Programm führte vor einigen Jahren die Deutsche Telekom ein: Jeder betroffene Manager sollte fünf Tage im Jahr beim Kunden verbringen. Die Ernsthaftigkeit des Programms wurde dadurch unterstrichen, dass die Zahlung des Bonus von der Erfüllung der fünf Tage beim Kunden abhing. ARAL hat vor einigen Jahren die Manager zu einigen

Tagen Dienst an der Tankstelle abkommandiert. Die Deutsche Bahn führte 2012 ein Programm ein, bei dem ein Teil der Entlohnung der Spitzenmanager von der Kundenzufriedenheit abhängt.[15] Solche Programme können sinnvoll sein. Sie dienen im Wesentlichen zwei Zielen. Zum einen sollen Manager, die im Alltag weit vom Kunden entfernt arbeiten, ein besseres Gefühl dafür bekommen, was an der Schnittstelle zum Kunden vorgeht. Ein wichtiger Effekt von Kundenbesuchen ist, dass die unmittelbare eigene Erfahrung das Verhalten stärker beeinflusst als abstrakte Daten oder Marktforschung.[16] So sagt Reinhold Würth, ein großer Verfechter von direkten Kundenkontakten: »Nach meiner Erfahrung ist ein Tag im Außendienst hundertmal wertvoller als eine ganze Woche in gescheiten Konferenzen. Der Kontakt mit dem Kunden bringt eine Unmenge an Ideen und Kreativität.« Ein zweiter Effekt besteht darin, dass die Präsenz des Topmanagements an der Kundenfront positive Signale an die Belegschaft sendet. Die Manager signalisieren durch diesen Einsatz, dass Kundenorientierung und Kundennähe ernst genommen werden, und fördern so die Motivation. Man sollte sich aber auch darüber im Klaren sein, dass Topmanager gerade in diversifizierten Großunternehmen dem einzelnen Kunden gegenüber selten qualifizierte Auskünfte geben können, weil sie mit den Details des Produkts, der Technologie oder des jeweiligen Geschäfts nicht ausreichend vertraut sind.

Aufgrund ihrer wesentlich stärkeren Fokussierung bedarf es bei den Hidden Champions in aller Regel keiner derartigen Kundennähe-Programme. Die meisten Topmanager sind ohnehin in ständigem Kontakt mit den Kunden und besitzen Detailkenntnisse, die solche Kontakte für den Kunden inhaltlich wertvoll machen. Wie wir schon darlegten, ist zudem der Prozentsatz der Mitarbeiter, die regelmäßigen Kundenkontakt haben, etwa um den Faktor fünf höher als in Großunternehmen. Kundennähe auf allen Ebenen ist quasi in den Geschäftsprozess der Hidden Champions eingebaut.

Doch auch bei den Hidden Champions gibt es Ausnahmen von dieser Regel. Ihre Vielfalt lässt sich nicht über einen Kamm scheren. So sagt Michael Schwarzkopf, CEO von Plansee, dass er zu seinem Bedauern selten Kundenkontakte habe. »Wir liefern Produkte wie kleine Bauteile oder Schneidwerkzeuge, die für das Topmanagement unserer Kunden nicht von Interesse sind. Für die Fachleute bei unseren Kunden bin ich hingegen kein technisch kompetenter Gesprächspartner.« Dieses Beispiel belegt einmal mehr, dass es keine Patentrezepte für den Umgang mit den Kunden gibt. Immer ist ein tiefes Verständnis der Geschäftsprozesse notwendig. Selbst bei allgegenwärtigen Themen wie Kundenorientierung und Kundennähe helfen Standardrezepte nicht weiter.

Kundennähe durch Verhaltensregeln

Viele Hidden Champions benutzen speziell auf Kundennähe und kundenorientiertes Verhalten ausgerichtete Regeln und Prinzipien. So gibt es bei der Firma igus, einem zweifachen Marktführer bei Energieketten und Kunststoffkugellagern, eine Regel, die ein Nein gegenüber dem Kunden ohne Zustimmung des Vorgesetzten verbietet. Eine typische Alltagssituation illustriert die Anwendung dieser Regel: Ein Kunde ruft an und bestellt einen Artikel verbunden mit der Forderung nach einer extrem kurzen Lieferzeit, die bei Betrachtung des bestehenden Produktionsplanes nicht einzuhalten ist. Die normale Reaktion eines Mitarbeiters in der Auftragsannahme wäre, dem Kunden zu sagen, dass das Produkt zu diesem frühen Zeitpunkt nicht lieferbar ist, also ein Nein in Bezug auf die Lieferzeit. Bei igus ist dem Mitarbeiter eine solche negative Antwort untersagt. Vielmehr muss er seinen Vorgesetzten konsultieren. Erst wenn auch dieser den Kundenwunsch negativ bescheidet, darf der Mitarbeiter das dem Kunden mitteilen. Allerdings ist es laut dem geschäftsführenden Gesellschafter Frank Blase so, dass 80 % der Kundenwünsche, die auf der Mitarbeiterebene negativ beantwortet werden müssten, von den Vorgesetzten doch befriedigt werden können. Meine Vermutung ist, dass alleine diese Regel bei den Mitarbeitern eine große Bereitschaft schafft, die Probleme selbst zu lösen und erst gar nicht den Vorgesetzten zu konsultieren. So wird echte Kundenorientierung umgesetzt.

Bei der Arnold AG, einem Spezialisten für individuelle Metallbearbeitung, lautet das Unternehmensmotto: »Nicht das Produkt, sondern der Kunde ist das Maß aller Dinge.« Auch »Geht nicht, gibt's nicht« ist dort ein beliebter Slogan. Arnold realisiert Designbauteile, Metallskulpturen, Architekturprojekte und spektakuläre Konstruktionen aus Metall, die in Hochhäusern, Flughäfen und Messen aufgestellt werden. Fast jedes Projekt ist neu und einzigartig. Da kommt es auf die totale Kundenorientierung an.

Stefan Soiné, geschäftsführender Gesellschafter der Firma IREKS, einem der globalen Marktführer für Backzutaten, fordert von seinen Mitarbeitern, dass sie ihre »ganze Kraft auf die Pflege unserer Kundenbeziehungen konzentrieren und sich dabei wohlfühlen«. Ein wichtiges Fundament für die Umsetzung dieser ambitiösen Vorgabe besteht darin, dass die 400 IREKS-Außendienstmitarbeiter (von insgesamt 2 300 Mitarbeitern) allesamt Bäcker- und Konditormeister sind, also von ihrem Werdegang her eine hohe Affinität zu ihren Kunden mitbringen. Aber es kommt nicht darauf an, ob das entsprechende Motto gut klingt (das tut es in vielen Unternehmen), sondern ob Kundennähe wirklich gelebt und im Alltag praktiziert wird.

Vielfältige Interaktion mit Kunden

In vielen Geschäften ist die Beziehung zum Kunden nicht auf zwei Partner, den Lieferanten und den Kunden, beschränkt, sondern es kommen weitere Beeinflusser, Absatzmittler oder Multiplikatoren ins Spiel. Das Management solcher Netzwerke stellt im Hinblick auf die Realisierung von Kundennähe besondere Herausforderungen. Ein Manager beim Weltmarktführer für Beleuchtungstechnik Zumtobel beschrieb diese komplexen Interaktionen: »Wir sind unseren Kunden besonders nah, weil wir auf vielfältige Weise mit ihnen zusammenarbeiten: Ein international anerkannter Architekt entwirft eine Leuchte für uns. Wir vermarkten sie mit dem Hinweis auf den Designer. Wir helfen einem Kunden, sein innovatives Konzept durch eine Speziallösung technisch umzusetzen. Diese Speziallösung führt – falls erfolgversprechend – zu einem Standardprodukt für uns. Wir führen gemeinsam Ausstellungen durch, in denen wir das Konzept des Architekten und unsere technische Umsetzung thematisieren. Ähnlich gehen wir mit anderen Kundengruppen um, abhängig von ihrer spezifischen Situation und ihren Bedürfnissen.« Zumtobel managt solche Netzwerke sehr bewusst. So sind auf der Homepage zahlreiche Partner und Verbände aufgelistet und verlinkt, mit denen dieser Hidden Champion zusammenarbeitet. Eine intensive Zusammenarbeit mit allen am Einkaufsprozess Beteiligten betreibt auch die Firma Hettich, einer der weltweiten Marktführer bei Möbelbeschlägen. Architekten, Planer, Schreiner, Möbelhersteller, Händler und Endverbraucher werden einbezogen. Der Netzwerkcharakter komplexer Märkte wird insbesondere von der schwedischen Schule stark betont und untersucht.[17] Für die komplexen Geschäfte vieler Hidden Champions hat dieser Netzwerkcharakter der Kundennähe große Bedeutung und erfährt entsprechende Beachtung.

Ausrichtung auf Topkunden

In einem Gespräch mit Klaus Grohmann, dem Gründer und CEO von Grohmann Engineering, wurde ich erstmals auf eine spezifische Facette der Kundenorientierung der Hidden Champions aufmerksam: die Ausrichtung auf besonders fordernde und demgemäß schwierige Kunden, mit anderen Worten auf Topkunden. Solche Kunden sind äußerst anspruchsvoll, stellen höchste Anforderungen und treiben ihre Lieferanten zu ständig höheren Leistungen. Sie eignen sich zudem hervorragend als Referenzen. Grohmann

Abb. 9.4: Fallbeispiele zur Ausrichtung auf Topkunden

Firma	Hauptprodukt	Top-Kunden
Grohmann Engineering	Produktionssysteme	Intel, Bosch, Siemens, Tyco Electronics, Boston Scientific, Pfizer
M+C Schiffer	Zahnbürsten	Industrie: Procter & Gamble Händler: DM, Rossmann, Aldi, Plus
Becker Marine Systems	Rudersysteme	führende Werften wie Hyundai, Daewoo, Samsung
Doppelmayr	Seilbahnen Cable Cars	Las Vegas Casinos, Venedig, Mexico-City, Toronto
BWT	Reinstwasseraufbereitung	Intel, AMD, Infineon
Qiagen	Molekularanalysesets	US-Armee (Schutz vor biologischen Angriffen)
Stengel	Achterbahnen	Disney World, Six Flags, Phantasialand
Lantal	Innenausstattung von Flugzeugen	Singapore Airlines, Lufthansa, Boeing, Airbus
Scherdel	Ventil-/Kolbenfedern	Toyota, Porsche, BMW, Honda, Audi
Winterhalter	Spülsysteme für Hotels, Restaurants	McDonald's, Burger King, Häagen Dazs, Tchibo, Hilton Hotels, Maredo
Exceet	Embedded Electronics	CERN, Siemens, General Electric
Hero-Glas	Glasbaukonstruktionen	Harrod's London, CNN-Studio New York, Schiffe der Meyer-Werft, Jacht von Bill Gates
Arnold	Individuelle Metallbearbeitung	Edelstahlskulpturen für Künstler Jeff Koons, Zwillingstürme der Deutschen Bank, Flughafen Moskau-Sheremetyevo, Allianz-Hauptverwaltung, Neue Börse Zürich, Messe Dubai
Geutebrück	Hochwertige Kamera-Überwachungssysteme	Europ. Zentralbank Frankfurt, Kreml Moskau, Weltraumbahnhof Kourou, Bundeswehrlager in Afghanistan

selbst verfolgt stets explizit das Ziel, Lieferant der weltweiten Topkunden in seinen Zielbranchen zu sein, unabhängig von den Standorten dieser Kunden. Wenn man durch eine dauerhafte Lieferbeziehung beweist, dass man die anspruchsvollsten Kunden in der Welt zufriedenstellen kann, dann erleichtert dies den Zugang zum Rest des Marktes erheblich. Grohmann konzentrierte sich früher auf die Elektronikindustrie und gewann dort praktisch alle führenden Firmen als Kunden. Grohmann zählt zu den wenigen europäischen Firmen, die den »Continuous Quality Improvement Award« von Intel erhalten haben. Die kundenspezifischen Produktionssysteme, die Grohmann baut, kommen heute auch in der Automobil-, der Consumer-Electronics- und der Biotechnik-Branche zum Einsatz.

In Abbildung 9.4 sind weitere Hidden Champions aufgelistet, die Topkunden bedienen, obwohl sie selbst vergleichsweise klein sind.

Es sind nicht die leichten, sondern eher die unangenehmen Kunden, die nie ganz zufrieden sind, die immer bessere Leistung fordern, aber die auch Input für die Verbesserung dieser Leistung liefern. Der letztgenannte Aspekt gehört dazu. Topkunden sind Innovationspartner. Ein Manager beschrieb diese Kunden so: »Wir lieben sie nicht, aber wir wissen, dass sie uns ständig zu höheren Leistungen antreiben.« Die bewusste Nutzung von Kunden als Leistungstreiber nach innen ist ein Aspekt, der Beachtung verdient. Es ist zwar leichter, die weniger schwierigen Kunden zu beliefern. Doch der Weg zur Spitze ist das nicht. Weltmarktführer wird oder bleibt man nur, wenn man die Topkunden als Abnehmer gewinnt und hält. Dann kommt man auch mit den weniger fordernden Kunden ins Geschäft oder kann sogar auf diese verzichten. Die Ausrichtung auf Topkunden schließt ein, dass man diesen Kunden überallhin folgt. Wenn sie nach China gehen, muss man ebenfalls nach China gehen.

Zusammenfassung

Hidden Champions leben eine hohe Kundennähe und pflegen enge Beziehungen mit ihren Kunden. Die Kundennähe bildet ein zentrales Element ihrer Strategie. Im Einzelnen ergeben sich folgende Befunde und daraus abgeleitete Empfehlungen:

• Die enge Kundenbeziehung spiegelt sich durchgängig in allen Indikatoren wider. Komplexe Produkte, die für die Hidden Champions typisch sind, erfordern eine solch enge und interaktive Beziehung zum Kunden.

- Diese Anforderung erfüllt am besten der Direktvertrieb. Diese Vertriebsform wird von mehr als drei Vierteln aller Hidden Champions praktiziert.
- Im Vergleich zu Großunternehmen ist der Prozentsatz der Mitarbeiter mit regelmäßigem Kundenkontakt etwa fünfmal höher. Hingegen sind die Hidden Champions, anders als Großunternehmen, keine Marketingprofis. Mit zunehmender Größe gewinnt die Professionalisierung des Marketings jedoch an Bedeutung, wobei der Erhaltung der Kundennähe weiterhin große Aufmerksamkeit gewidmet werden sollte. Großunternehmen sollten sich umgekehrt um mehr Kundennähe bemühen.
- Die Realisierung der Kundennähe profitiert natürlicherweise von der geringeren Größe der Hidden Champions und der damit verbundenen weniger ausgeprägten Arbeitsteilung. Zusätzlich dezentralisieren viele Hidden Champions, um ihre Zielgruppen besser zu erreichen.
- Das Topmanagement legt hohen Wert auf direkte regelmäßige Kundenkontakte. Dieses Verhalten erzeugt positive Effekte sowohl für die eigene Information als auch für die Motivation der Mitarbeiter.
- Das Risikoprofil in Bezug auf die Kunden erfordert eine differenzierte Betrachtung. Zwar gibt es bei vielen Hidden Champions eine Abhängigkeit von wenigen Kunden, aber diese ist nicht einseitig. Auch die Kunden hängen von den Hidden Champions ab. Man kann von einer Symbiose sprechen.
- Die Anforderungen der Kunden sind primär auf hohe Leistungen, weniger auf niedrige Preise ausgerichtet.
- Wenn man Marktführer werden oder bleiben will, muss man die Topkunden gewinnen, dauerhaft zufriedenstellen und halten. Viele Hidden Champions richten sich deshalb gezielt auf Topkunden aus. Das hat zwei Vorteile. Zum einen fungieren die Topkunden als Leistungstreiber nach innen. Zum Zweiten haben sie einen hohen Referenzwert. Marktführerschaft verlangt, dass man Lieferant der Topkunden ist.

Diese Einsichten und Empfehlungen entsprechen dem gesunden Menschenverstand. Dennoch ist ihre Umsetzung in der Praxis alles andere als einfach. Im Umgang mit den Kunden, in Kundenbeziehung und Kundennähe zeigen sich die vielleicht größten Unterschiede zwischen mittleren und großen sowie zwischen guten und schlechten Unternehmen. Die Hidden Champions schaffen es dank ihrer überschaubaren Größe und gezielter Maßnahmen, die Kundenbeziehung in einer für die Kunden und für sich selbst vorteilhaften Weise zu gestalten. Das gilt durchgängig für Mitarbeiterverhalten, Führung und Organisation. Die Hidden Champions sind beim Thema Kundennähe große Vorbilder.

Anmerkungen

1 Technik aus Windhagen für den Kreml, *General-Anzeiger Bonn*, 12. November 2011, S. 9.

2 Andreas Starke, Das Original ist mehr als ein Patent, *Frankfurter Allgemeine Zeitung*, 16. April 2012, S. 12.

3 General Electric, Annual Report 2011, Fairfield, CT, 2012, S. 4.

4 Vgl. Hermann Simon, *33 Sofortmaßnahmen gegen die Krise*, Frankfurt: Campus 2009.

5 Kärcher expandiert, *Frankfurter Allgemeine Zeitung*, 16. April 2012, S. 16.

6 Robert Friedmann, Sprecher der Konzernführung von Würth, misst hybriden Vertriebs- bzw. Multi-Channel-Konzepten für die Zukunft große Bedeutung zu, Brief vom 17. Januar 2012.

7 Die Firma heißt heute Samvardhana Motherson Reflectec (SMR).

8 Flabeg steht für Flachglasbearbeitungsgesellschaft, die Firma produziert Autospiegel in Deutschland, Brasilien, UK, USA und China. Auch bei Solarspiegeln hat Flabeg eine führende Marktposition, weltweit ist die Firma der einzige Lieferant für gekrümmte Solarspiegel.

9 Vgl. *Frankfurter Allgemeine Zeitung*, 10. Februar 2007, S. 16.

10 Vgl. In der Autoindustrie werden Benzinleitungen knapp, *Frankfurter Allgemeine Zeitung*, 21. April 2012, S. 19, und Frank Wiebe, Die Grenzen der Globalisierung und der Arbeitsteilung, *Handelsblatt*, 9. Mai 2012, S. 12.

11 Zitiert nach Peter Marsh, *The New Industrial Revolution – Consumers, Globalization and the End of Mass Production*, New Haven/ London: Yale University Press 2012, S. 100.

12 Thomas J. Peters und Robert H. Waterman, *In Search of Excellence. Lessons from America's Best-Run Companies*, New York: Harper & Row 1982.

13 Hendrik Ankenbrand, Der Versöhner, *Frankfurter Allgemeine Sonntagszeitung*, 20. Mai 2012, S. 42.

14 Annette Mühlberger, Erfolgsmotor Mittelstand, *Sales Business*, März 2012, S. 8–11.

15 Vgl. *Welt am Sonntag*, 29. April 2012, S. 37.

16 Edward F. McQuarrie, *The Customer Visit. A Tool to Build Customer Focus*, San Francisco: Sage Publications 1993.

17 Vgl. Hakan Hakansson und Jan Johanson (eds.), *Business Network Learning*, Kildington, UK: Elsevier 2001; Mats Forsgren und Jan Johanson (eds.), *Managing Networks in International Business*, Langhorne, PA: Gordon & Breach 1994.

Kapitel 10

Spitzenleistung bieten

Wie wir gesehen haben, sind die Anforderungen der Kunden der Hidden Champions auf hohe Qualität in Produkt und Service, weniger auf niedrige Preise ausgerichtet. Die zweite Seite der Medaille, die wir in diesem Kapitel behandeln, besteht in den Leistungsangeboten, welche die Hidden Champions ihren Kunden offerieren. Diese sind gekennzeichnet durch Topqualitäten mit Hightechgehalt, dazu gehören auch ausgezeichnete Dienstleistungen vor und nach dem Kauf.

Die wichtigste Entwicklung der jüngeren Vergangenheit besteht darin, dass eine zunehmende Zahl von Hidden Champions immer umfassendere Systemlösungen offeriert. Aus ehemaligen Produktgeschäften entstehen so komplexe Problemlösungsangebote, die eine engere Bindung von Lieferaten und Kunden mit sich bringen.

Zum Leistungsangebot der Hidden Champions gehört auch das Thema Marke. Es ist vielen dieser Firmen gelungen, in ihren engen Märkten starke Weltmarken aufzubauen.

Die Preise der Hidden Champions liegen in der Regel deutlich über dem Marktniveau. Diese Preispositionierung erscheint angesichts der gebotenen Spitzenleistung konsistent und akzeptabel, muss aber aufgrund der zunehmenden Konkurrenz (zum Beispiel von chinesischen Firmen) ständig überprüft und kritisch hinterfragt werden. Auch die Entstehung neuer niedrigpreisiger Segmente sollten die Hidden Champions im Auge behalten. Das Leistungsangebot sollte nie isoliert oder im absoluten Sinne, sondern stets relativ zur Konkurrenz beurteilt werden.

Dem Thema Wettbewerbsvor- und -nachteile widmen wir das nächste Kapitel. Wir betrachten im folgenden jeweils in Unterabschnitten die Aspekte Produkt, Service, Systemintegration, Marke und Preis.

Produkt

Bei Hidden Champions erwartet man quasi als Selbstverständlichkeit Hightechprodukte. Stimmt diese Vermutung? Wie sind die Produkte der Hidden Champions auf der Dimension Lowtech – Hightech einzuordnen? Die Antwort könnte in der Tat kaum eindeutiger ausfallen und entspricht der Erwartung: 79 %, also rund vier von fünf Befragten, rechnen ihre Produkte dem Hightechsegment zu. Allerdings überrascht, dass 70 % den Entwicklungsstand der Technik als ausgereift einstufen. Die typischen Hidden-Champions-Produkte zeichnen sich also durch ein hohes technisches Niveau aus, sind aber nicht neu in dem Sinne, dass die zugrunde liegende Technologie sich noch im Experimentierstadium befände. Eine Korrektur der weit verbreiteten Vorstellung, dass Hightech gleichzusetzen sei mit »neuer Technologie« oder Durchbruchsinnovation, ist hier angebracht. In der Realität gilt meistens das Gegenteil. Darauf weist auch Peter Marsh, Korrespondent der *Financial Times*, in seinem 2012 erschienenen Buch *The New Industrial Revolution* nachdrücklich hin: »Most new ideas in technology have evolved from products and processes that have existed for a long time. Systematic improvements with successive generations of new ideas are built on what has gone before.«[1] Die Kombination Hightech und ausgereifte Technologie ist für die Wirtschaftspraxis eher die Regel als die Ausnahme und kann als solide Basis für die Zukunft qualifiziert werden.

Die Einschätzung, in welchem Stadium des Lebenszyklus sich das Produkt befindet, ist mit dieser technischen Einordnung konsistent. Abbildung 10.1 zeigt die Prozentsätze der Produkte nach Lebenszyklusphasen.

Die beiden Extremphasen Einführung und Niedergang sind nur schwach besetzt. Mehr als 90 % der Produkte befinden sich in der Wachstums- und der Reifephase. Das besagt einerseits, dass relativ wenige Hidden Champions in völlig neuen Märkten aktiv sind. Beispiele hierfür sind etwa Invers bei Carsharing-Systemen und auf Cloud Computing ausgerichtete Unternehmen wie Scopevisio oder doo.net. Der geringe Anteil in dieser Kategorie resultiert auch aus der Definition der Hidden Champions. Denn in sehr neuen Märkten gibt es meistens noch keine klaren Marktführer oder gar Weltmarktführer. Und manchmal lassen sich solche radikal neuen Märkte nicht einmal sinnvoll definieren oder eindeutig abgrenzen. Des Weiteren zeigt Abbildung 10.1, dass Hidden Champions nicht vom Verschwinden ihrer Märkte bedroht sind. Anders als in der Literatur üblich, sollte man das Produktlebenszyklus-Konzept nicht als Gesetz des unvermeidlichen Niedergangs interpretieren. Die in der Reifephase befindlichen Produkte der Hidden Champions stehen keineswegs vor dem baldigen Eintritt in die Phase des

Abb. 10.1: Position der Produkte im Lebenszyklus

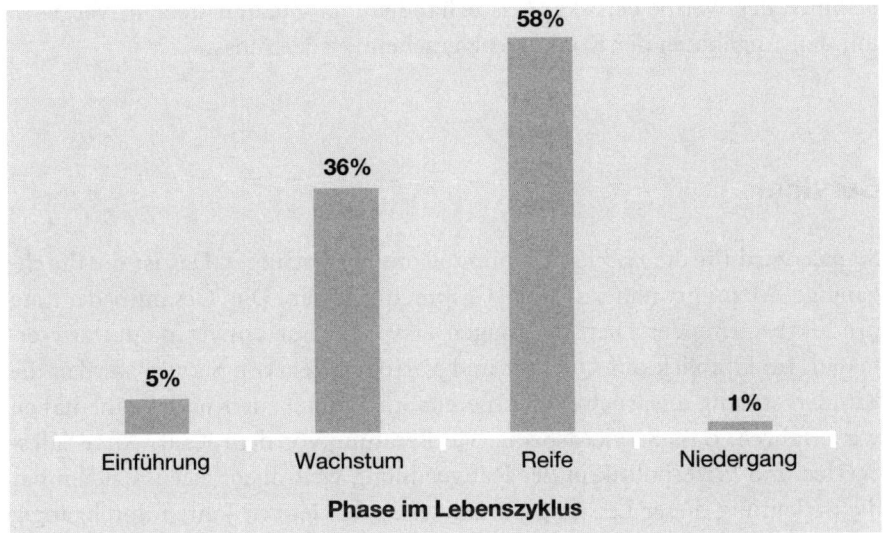

Abschwungs. Sieht man sich die Liste der Produkte an, dann sind nur wenige davon entbehrlich. Sehr viele Produkte bleiben auf Dauer im Markt und treten nicht in die Niedergangsphase ein. Bei der BASF nennt man solche Produkte »Immortals«, das sind Produkte, die immer gebraucht werden und nicht »sterben«. Das schließt nicht aus, dass das jeweilige Kundenproblem oder -bedürfnis eines Tages durch eine andere Technologie gelöst wird. Hier stellt sich dann die Frage, ob der etablierte Hidden Champion den Übergang zu dieser neuen Technologie schafft. Trumpf gelang dies beim Übergang von der Mechanik zur Lasertechnologie vorbildlich. Andere sind an solchen Technologiebrüchen gescheitert, etwa die Firma Reflecta, der frühere Weltmarktführer bei Diaprojektoren.

Eine wichtige Konsequenz der sich beschleunigenden Globalisierung besteht darin, dass sie selbst in Märkten, die technologisch ausgereift und in den Industrieländern nahezu gesättigt sind, anhaltende Wachstumschancen mit sich bringt. In Globalia gibt es kaum gesättigte Märkte. Das Lebenszyklus-Portfolio in Abbildung 10.1 erweitert die Risikobetrachtungen aus früheren Kapiteln, indem es auf vergleichsweise geringe Lebenszyklusrisiken hinweist. Der Anteil der Produkte in der Niedergangsphase ist mit 1 % verschwindend klein. Die Hidden Champions sind einerseits nicht vom Niedergang ihrer Märkte bedroht und andererseits nur in geringem Maße den hohen Risiken der Einführungsphase ausgesetzt. Die Mehrzahl operiert auf einer vergleichsweise stabilen Basis. Mehr als ein Drittel sieht sich in einer

Phase ausgeprägten Wachstums. Das Thema Produktqualität werden wir im Rahmen des Wettbewerbskapitels behandeln, da Qualität stets im Vergleich mit den Angeboten der Konkurrenz gesehen werden muss.

Service

Service wird für die Hidden Champions immer wichtiger. Das ist die durchgängige Meinung nahezu aller Gesprächspartner. Die Gesamtbedeutung produktbegleitender Dienstleistungen lässt sich nur schwer quantitativ erfassen. Im Hinblick auf Qualität und Verfügbarkeit von Service werden die Kunden ständig anspruchsvoller. Bereits im Kapitel zur Kundennähe haben wir erfahren, dass Serviceaspekte wie Beratung vor dem Kauf, After-Sales-Service und Lieferpolitik in der Rangordnung weit oben liegen. Zudem hat die Bedeutung dieser Leistungsparameter in den letzten Jahren durchgängig zugenommen. Service gewinnt nicht zuletzt deshalb an Bedeutung, weil die Differenzierung beim Produkt selbst schwieriger wird. Zudem bilden Services einen integralen Bestandteil von Systemlösungen, mit denen wir uns im nächsten Abschnitt befassen.

Ein Indikator für das Gewicht der Services ist ihr Umsatzbeitrag. Allerdings werden viele Services nicht getrennt in Rechnung gestellt und schlagen sich insofern nicht als Serviceumsätze nieder. Schließt man die etwa 10 % der Firmen aus, die keine Serviceumsätze verbuchen, dann tragen die gesondert ausgewiesenen Umsätze aus Services und Ersatzteilen im Mittel 15 % zum Gesamtumsatz der Hidden Champions bei. Bei 326 Millionen Euro mittlerem Gesamtumsatz sind das immerhin knapp 50 Millionen Euro. Wichtig ist dabei, dass Services erfahrungsgemäß eine deutlich höhere Rendite als der Verkauf der Produkte erbringen.

Ein Musterbeispiel für modernen Service liefert wiederum Enercon, einer der Weltmarktführer bei Windenergieanlagen. Das Enercon Partner Konzept (EPK) garantiert dem Kunden für die ersten zwölf Jahre eine gleichbleibend hohe Anlagenverfügbarkeit. Von der Wartung über Sicherheitsleistungen bis hin zur Instandhaltung und Reparatur werden alle Eventualitäten über nur einen Vertrag abgesichert. Enercon beschäftigt weltweit mehr als 3 000 seiner insgesamt 13 000 Mitarbeiter im Service. Und mit jeder neu verkauften Anlage wächst die Installed Base, aus der sich zukünftige Serviceumsätze speisen.

Die Firma Hako, Nr. 2 in der Welt und Nr. 1 in Europa bei Profi-Reinigungsmaschinen, erzielt nur noch 20 % ihres Umsatzes mit dem Verkauf von

Maschinen. Der weitaus größere Umsatzanteil kommt aus einem umfassenden Dienstleistungspaket aus Leasing, Service, Objektplanung und Beratung. So offeriert Hako seinen Kunden Programme für die objektbezogene Kalkulation und garantiert die ermittelten Kosten, geht also mit ins unternehmerische Risiko. Wie Geschäftsführer Bernd Heilmann sagt, ist Hako im Grunde kein Industrieunternehmen mehr, sondern »Dienstleister für Dienstleister«.

Training wird als Servicebestandteil ständig wichtiger. Dies liegt einerseits an der erhöhten Komplexität von Produkten und andererseits am Vordringen in Länder, in denen der Ausbildungsstand der Mitarbeiter, die mit dem Produkt arbeiten, vergleichsweise niedrig ist. Hidden Champions offerieren jedes Jahr unzählige Kurse und betreiben weltweit Tausende von Trainingszentren. Einige Firmen haben solche Bildungsaktivitäten ausgegliedert und zu eigenständigen Geschäftseinheiten gemacht. Festo, Weltmarktführer für Pneumatik in der industriellen Automation, hat schon 1967 die Firma Festo Didactic gegründet, die sich heute »als weltweit führend in der industriellen Aus- und Weiterbildung« bezeichnet, wobei die Schwerpunkte auf der Fertigungs- und Prozessautomatisierung liegen. Festo Didactic ist in mehr als 70 Ländern präsent. Die Lehrinhalte sind breit gefächert, nicht auf Festo-Produkte beschränkt und richten sich auch an Nichtkunden von Festo. Ähnlich geht Hansgrohe, einer der Marktführer in der Sanitärtechnik vor. In einer alten Villa nahe der Prachtmeile Avenida Paulista in São Paulo hat Hansgrohe ein Trainings- und Ausstellungszentrum namens »Aquademie« eröffnet. Jährlich werden alleine in Lateinamerika mehr als 10 000 Kunden und Vertriebspartner geschult.

Immer stärker zum Muss werden die weltweite Servicepräsenz sowie die Fähigkeit, Serviceangebote international zu vernetzen. Schon in den siebziger Jahren gab es Musterbeispiele für ausgezeichneten Service in anspruchsvollen Märkten. So bauten der Weltmarktführer Heidelberger Druckmaschinen oder die Weinig AG, Weltmarktführer bei Holzbearbeitungsmaschinen, in Japan sehr früh flächendeckende Servicenetze auf, die sich einen ausgezeichneten Ruf erwarben. Groz-Beckert, Weltmarktführer bei Nadeln, verspricht im Service »schnell, direkt und zuverlässig zu sein. Und zwar auf allen Kontinenten. Wo immer unsere Kunden auch arbeiten, wir sind vor Ort.« Heute sind solche Servicenetze Conditio sine qua non für Erfolg in hoch entwickelten Märkten. In China und Indien werden selbst Großunternehmen, nicht nur Hidden Champions, allerdings noch Jahre brauchen, diesen Zustand zu erreichen. Das Beispiel der Firma Demag Cranes, die in China 24 Serviceniederlassungen betreibt, setzt Maßstäbe. Doch die Anforderungen an Service im 21. Jahrhundert gehen über die Präsenz in den jeweiligen Ländern hinaus. Kritisch ist es, die Ansprechbarkeit für Servicekunden überall sicherzustellen. Die Vertriebspartnerschaft von Häfele, einem der Weltmarktführer bei Möbelbeschlägen, und Dorma, Weltmarktführer bei Türschließanlagen, erhielt den Auftrag für die Türschließsysteme im Burj Chalifa in Dubai, dem mit mehr als 800 Metern höchsten Gebäude der Welt. Dorma lieferte die Schließanlagen, Häfele »brachte die internationale Problemlösungskompetenz seines weltweit aufgestellten und herstellerneutral beratenden Objektservice ein«. Weil die koreanische Firma Samsung der Generalunternehmer für dieses Hochhaus ist, wurde die Realisierung des Auftrags parallel von Häfele Korea sowie den Häfele-Niederlassungen in Dubai und Hongkong koordiniert. Ein Unternehmen, das solche länderübergreifenden Services anbieten kann, hat im globalen Wettbewerb einfach die besseren Karten.

Multinationale Unternehmen erwarten, dass sie bestimmte Services in der ganzen Welt zu einheitlichen Standards abrufen können. Werbeagenturen und Wirtschaftsprüfungsgesellschaften sind mit solchen Erwartungen seit langem vertraut. Zunehmend gilt dies auch für andere Märkte. Hinzu kommen Netzwerkvorteile, die daraus entstehen, dass ein Anbieter Dienstleistungen überall in Globalia anbieten und vernetzen kann. Die folgenden Beispiele beleuchten solche neuen Angebote und die sich daraus für Kunden ergebenden Nutzen, aber auch die Eintrittsbarrieren für den Wettbewerb.

- Weil ihre Kunden Büros oft in mehreren Ländern mieten, arrangiert die Firma Regus, Weltmarktführer mit 1 200 Büroservice-Zentren in 95 Ländern, Rahmenverträge für die ganze Welt.
- International SOS, der in Singapur beheimatete Weltmarktführer für medizinische Rettungseinsätze, hilft seinen Kunden überall in der Welt in Notfällen oder evakuiert sie per Flugzeug.
- Belfor, Weltmarktführer bei der Sanierung von Feuer-, Wasser- und Sturmschäden, ist das einzige Unternehmen, das eine solche Leistung weltweit durchführen kann.
- Micros Fidelio liefert die global führende Software für die Hospitality-, Einzelhandels-, Reise- und Kreuzfahrtbranche. Es versteht sich, dass IT-Komplettlösungen und eine Standardisierung in diesem Bereich von den Kunden und deren Mitarbeitern geschätzt werden.
- Netjets, Weltmarktführer bei sogenannten Fractional-Ownership-Flugzeugen, offeriert seinen Kunden weltweit den Zugriff auf 750 Privatjets. Mit dieser Flotte ist Netjets dreimal größer als die vier größten Wettbewerber zusammen. Netjets gehört zum Berkshire-Hathaway-Konzern des Investors Warren Buffett. Die Vorteile eines privaten Jets werden etwa

zum Preis eines First-Class-Fluges verfügbar. Pro Jahr werden mehr als 350 000 Flüge in über 170 Ländern durchgeführt. Weltweit werden 5 000 Flughäfen angeflogen, in Deutschland sind es 88. Seit 2012 ist Netjets auch in China vertreten.

All diese Angebote verbinden neuartige Leistungsinhalte mit globaler Abdeckung und nutzen Netzwerkökonomien, um Kundennutzen und Kosten zu optimieren. Service im 21. Jahrhundert muss nicht nur qualitativ hochstehend und inhaltlich umfassend, sondern auch global vernetzt sein. Daraus ergibt sich ein Zwang zur Globalisierung und zur Präsenz in allen wichtigen Märkten.

Die Bereitstellung eines weltweit einheitlichen und schnellen Service ist für mittelständische Unternehmen eine gigantische Herausforderung. Im Gegensatz zu Großunternehmen können sie es sich nicht immer leisten, in jedem Land ein komplettes und kompetentes Serviceteam zu unterhalten. Diesen Nachteil müssen sie gegebenenfalls durch Schnelligkeit und Flexibilität ausgleichen. Hermann Kronseder, der Gründer von Krones, hat diese Herausforderung sehr anschaulich beschrieben: »Zu jeder Zeit haben wir 250 Kundendienst- und Installationstechniker auf der Welt im Einsatz. Manchmal können sie wochen- oder monatelang nicht heimkommen. Sie alle zu koordinieren ist eine fast unlösbare Aufgabe für die Kundendienstabteilung und ihren Leiter. Ich bin jedoch stolz, sagen zu können, dass ich die ganze Zeit höre, dass unser Kundendienst der beste der Welt sei. Das ist eine Säule unseres Erfolgs, und wir verdanken ihn unseren 250 Kundendienst-Spezialisten.« Kronseder fährt fort, sein Ersatzteilliefersystem zu beschreiben: »Wir haben die Daten jeder Maschine auf unserem Zentralrechner gespeichert. An jeder Stelle auf der Welt sind diese Daten verfügbar. Diese Daten werden direkt in die numerisch gesteuerten Maschinen eingegeben, und die Ersatzteile werden sofort hergestellt, bei Tag und bei Nacht. Ersatzteile, die vor sieben Uhr bestellt werden, gehen normalerweise am Nachmittag per Lastwagen zum Frankfurter Flughafen, von wo sie per Luftfracht am gleichen Abend in ihr Bestimmungsland fliegen, sodass sofort die Zollabfertigung für die Lieferung vorgenommen werden kann.« Diese Leistungen mögen heute Standard sein, aber diese Aussage des längst verstorbenen Unternehmensgründers Hermann Kronseder stammt aus dem Jahre 1993 und bezieht sich auf bereits damals bei Krones etablierte Systeme.[2] Kronseder war mit diesem Serviceangebot seiner Zeit weit voraus. Heute sind Servicesysteme mit weltweiter Ferndiagnose und -wartung der Standard. Das modernste System, das ich selbst bisher gesehen habe, hat die chinesische Firma Sany. In der Zentrale in Changsha, Hauptstadt der chinesischen Provinz Hunan, verfügt diese Firma über einen Saal, der an eine Kommandozentrale für Weltraummissionen erinnnert. Auf einer riesigen elektronischen Weltkarte wird der Standort der Maschine, mit der der Serviceingenieur gerade verbunden ist, sichtbar. Zu allen Maschinen, die am Servicesystem teilnehmen, gibt es eine Online-Verbindung, die Diagnosen und teilweise die Behebung der Probleme erlaubt.

Solche technischen Möglichkeiten bieten nicht nur Großunternehmen, sondern gerade auch den Hidden Champions enorme Servicechancen. Denn selbst kleinste Unternehmen müssen heute in der Lage sein, ihren Service weltweit anzubieten. Erinnert sei an Klais Orgelbau. Obwohl diese Firma nur 65 Mitarbeiter hat, ist sie in der Lage, an jedem Ort der Welt ihre Orgeln zu installieren, zu warten und zu renovieren. Je nach Auftragslage ist jeder vierte oder fünfte Mitarbeiter – oft für mehrere Monate – irgendwo in der Welt im Einsatz. Und ein globales Unternehmen sollte immer im Auge behalten, dass es den Kunden nicht interessiert, wo der Standort des Lieferanten ist. Die Kunden verlangen Service, und zwar genau dort, wo sie ihn brauchen. Mit moderner Informations- und Kommunikationstechnologie wird es einfacher und kostengünstiger, diesen hochgesteckten Kundenanforderungen zu entsprechen.

Systemintegration

Die Systemintegration bildet einen der wichtigsten Trends in der Veränderung der Leistungsangebote der Hidden Champions. Dabei ist Systemintegration ein eher schwammiger Begriff, unter dem eine große Vielfalt von Ausprägungen subsumiert wird. Als Alternative käme der Begriff »umfassende Problemlösung« in Betracht. Hinter der ansteigenden Bedeutung von Systemintegration stehen zahlreiche Ursachen:

- Reduktion der Lieferantenzahl: Diese wird erreicht, indem Module oder Subsysteme statt Einzelprodukte bezogen werden. Als Folge ergibt sich ein hierarchischer Aufbau der Supply-Chain (Tier 1, Tier 2 usw.). Wer Tier 1-Zulieferer werden will, muss Systeme anbieten. Dies ist das heute dominierende Modell in der Automobilindustrie und zunehmend auch in anderen Sektoren wie Aerospace, Maschinenbau oder Energie.
- Neuorganisation von Produktion und Supply Chain: Firmen, die in der Vergangenheit selbst produziert haben, wandeln sich zu reinen Engineering-Dienstleistern, die eine Rolle als Systemintegrator übernehmen, die Herstellung aber anderen Unternehmen überlassen. Anlagenbauer wie Achenbach

Buschhütten, Weltmarktführer bei Aluminiumwalzwerken, oder SMS, Weltmarktführer bei Stahlwerken, haben diesen Weg längst beschritten.

- Alles (oder mehr) aus einer Hand: Groz-Beckert, Weltmarktführer bei Nadeln, hat sich, wie es auf der Homepage heißt,»vom reinen Hersteller von Strick- und Wirkmaschinennadeln zum bedeutendsten Systemanbieter von Präzisionsteilen entwickelt. Schritt für Schritt wurden die Geschäftsfelder Nähmaschinen-, Filz- und Strukturierungs- sowie Tuftingnadeln erschlossen, zuletzt ergänzt durch das wichtige Segment Webmaschinenzubehör.« Im letztgenannten Bereich wurden der schweizerische Weltmarktführer für Webmaschinenzubehör, die Grob Horgen AG, sowie die deutsche Firma Schmeing erworben, um Systemlösungen bieten zu können.

- Erhöhte Komplexität: Hier kann es sich um höhere technische Komplexität, wie etwa die Abstimmung von Hardware und Software, handeln. So bietet der IT-Dienstleister Bechtle eine beide Komponenten umfassende Problemlösung an. Es kann aber auch sein, dass erhöhte technische Komplexität zu Folgewirkungen in anderen Bereichen führt. So induziert industrielle Automation einen größeren Ausbildungsbedarf, dem Festo mit seinem Systemangebot von Produkt und Ausbildung entspricht. Ähnliches ist bei reinen Dienstleistern zu beobachten. Die Neumann-Gruppe, Weltmarktführer bei Rohkaffee, betreibt Kaffeeplantagen, bereitet Rohkaffee auf und kümmert sich um die Logistik der Exporte und Importe.

- Höherer Kundennutzen: Durch eine bessere Abstimmung der Komponenten eines Systems entsteht ein höherer Kundennutzen. So bietet Winterhalter seinen Kunden in der Gastronomie nicht nur spezielle Spülmaschinen an, sondern hat auch Wasseraufbereitungssysteme, eine eigene Spülmittelmarke und Service im Angebot. Gelita, die weltweite Nummer 1 bei Gelatine, versteht sich »nicht nur als Lieferant, sondern als ganzheitlichen Lösungsanbieter, der seine Kunden umfassend bei der Entwicklung, Realisierung und Vermarktung von Produktinnovationen unterstützt«. Das Systemangebot von Gelita umfasst Innovation Support, anwendungstechnische Beratung, Prozessanalyse und Produktionsoptimierung, weltweite Unterstützung bei Zulassung und Umgang mit Behörden. Kannegiesser, Weltmarktführer in der Wäschereitechnik, begann bereits in den achtziger Jahren,»die Wäscherei als Gesamtsystem« zu verstehen, und läutete damit das Ende einer Ära ein, in der die Hersteller von Bügel- und Zusatzmaschinen getrennt operierten. Stattdessen entwickelte Kannegiesser ein aufeinander abgestimmtes Komplettprogramm für industrielle Waschtechnik und stieg damit zum Weltmarktführer auf. M + C Schiffer, der größte Zahnbürstenhersteller der Welt, bietet seinen Kunden eine komplette Problemlösung für die Zahnbürste. Dazu zählen nicht nur die sichere hygienische Verpackung, sondern auch die Sekundärverpackung, die Entwicklung von Verpackungslösungen und werbewirksamen Displays. Lantal, Weltmarktführer in der Kabinenausstattung von Verkehrsflugzeugen, offeriert den Fluggesellschaften ein umfassendes Systemangebot. Die Leistungen umfassen das Design des gesamten Interieurs nach den spezifischen Kundenwünschen sowie die Produktion der Sitzbezüge, Vorhänge, Wandverkleidungen, Kopfschoner und Teppiche.[3] Roedl & Partner basierte die Globalisierung auf einem integrierten Angebot von Wirtschaftprüfung, Steuer- und Rechtsberatung und hat sich damit weltweit etabliert. Insbesondere mittelständische Unternehmen schätzen bei ihrer eigenen Globalisierung das Angebot aus einer Hand.

- Lösung bisher nicht oder schlecht gelöster Kundenprobleme: Biomet ist ein weltweit führender Orthopädie-Konzern für künstliche Gelenke und innovativen Gelenkersatz. Das Einsetzen künstlicher Gelenke ist mit Operation, Klinikaufenthalt und Rehabilitation verbunden. Mit dem »Joint Care«-Programm, das europaweit als Dienstleistungsmarke eingetragen ist, bietet Biomet Krankenhäusern und -versicherungen einen optimierten Prozess an. Alle Therapie- und Reha-Schritte werden im Vorfeld genau geplant. Der durchschnittliche Klinikaufenthalt reduziert sich mit »Joint Care« von 14 auf 7 Tage, die Reha-Zeiten fallen ebenfalls kürzer aus. Kliniken können so die Operationszahlen steigern, mit entsprechenden Auswirkungen auf Kapazitätsauslastung und Wirtschaftlichkeit. Da die Kosten niedriger liegen als bei traditionellen Verfahren, sparen auch die Krankenkassen. Und die Patienten müssen nur die Hälfte der sonst üblichen Klinikzuzahlungen leisten. Biomet bietet den Kliniken das Programm kostenlos an, sofern sie Knie- und Hüftprothesen dieses Hidden Champions einsetzen. Solche Systemlösungen können einen Win-win-Effekt für alle Beteiligten erzeugen.

- Zertifizierung und Haftung: Auch hier passt das Lantal-Beispiel. Denn an Flugzeuginnenverkleidungen werden höchste Sicherheitsanforderungen gestellt. Lantal ist von der European Aviation Safety Agency (EASA) und der amerikanischen Aufsichtsbehörde FAA autorisiert, offizielle Testzertifikate für Stoffe und Teppiche auszustellen. Auch der Germanische Lloyd, Weltmarktführer bei der Zertifizierung von Containerschiffen, bietet eine sehr umfangreiche Systemlösung an. Es heißt dazu: »Der Germanische Lloyd bietet Reedern, Werften und Zulieferbetrieben die gesamte Bandbreite technischer Dienstleistungen: von der Klassifikation über Beratungs- und Ingenieursdienstleistungen, Zertifizierungen und Schulungen bis hin zu Softwarelösungen.« Gerade auf einem so sensiblen Gebiet wie der Zertifizierung und den damit verbundenen Haftungsfragen zieht es jeder Kunde vor, wenn er es nur mit einem Lieferanten statt mit mehreren zu tun hat und eine Lösung aus einer Hand erhält.

- Sicherheit und Effizienz: Wenn Lösungen aus einer Hand geliefert werden, kann das mehr Sicherheit und Effizienz für den Kunden bedeuten. Die australische Firma Orica, Weltmarktführer für kommerzielle Sprengmittel, offeriert Steinbruchbetreibern eine Problemlösung aus einer Hand. Orica liefert nicht nur die Sprengmittel, sondern analysiert das Gestein und führt Bohrungen sowie Sprengungen aus. In diesem Systemmodell versorgt Orica den Kunden mit gebrochenen Steinen und berechnet seine Leistung danach. Da es sich um eine kundenspezifische Lösung handelt, wird der Preis weniger transparent, der Umsatz pro Kunde, die Effizienz und die Sicherheit steigen. Der Kunde kümmert sich nicht mehr um den Sprengprozess und kann deshalb nur schlecht abspringen. Ein Wechsel zu einem anderen Anbieter wird schwieriger.

- Neue Geschäftsmodelle: General Electric Aircraft Engines, Weltmarktführer bei Düsentriebwerken, hat als erstes Unternehmen ein Geschäftsmodell praktiziert, bei dem den Fluggesellschaften Schubleistung zur Verfügung gestellt und nach Betriebsstunden abgerechnet wird. GE kümmert sich dabei um alles. In eine ähnliche Kategorie fallen Modelle, bei denen nur die zu erbringende Leistung berechnet wird. So offeriert Dürr, die weltweite Nr. 1 bei Autolackieranlagen, in Zusammenarbeit mit BASF, Weltmarktführer bei Autolacken, Autoherstellern die Lackierung eines Autos zu einem festen Preis. Solche »Pay per use«-Modelle haben in den letzten Jahren in vielen Branchen stark zugenommen.

Wie diese Triebkräfte und die Fallbeispiele zeigen, können der Systemintegration eine Kombination mehrerer Produkte, eine solche von Produkt und Service, Verschiebungen in der Wertschöpfungskette oder völlig neue Geschäftsmodelle zugrunde liegen. All diese Optionen werden von den Hidden Champions genutzt. Die strategische Bedeutung dieser Erweiterung des Leistungsangebots kann schwerlich überschätzt werden:

- Mit der Systemintegration ist in der Regel eine Vertiefung der Wertschöpfung verbunden. Eine offensichtliche Implikation bilden die daraus entstehenden Wachstumspotenziale. »Wir decken die gesamte Wertschöpfungskette ab«, sagt Neumann-Geschäftsführer Peter Sielmann.

- Die Systemintegration eröffnet die Chance, den Nutzen für den Kunden und vor allem die Bindung des Kunden fühlbar zu steigern. Es ist bekannt und vielfach nachgewiesen, dass Kunden, die mehrere Produkte oder gar ganze Systeme von einem Lieferanten beziehen, weniger leicht und weniger oft wechseln als solche, die nur ein Produkt kaufen.

- Die Eintrittsbarrieren für neue Wettbewerber sind bei Systemangeboten deutlich höher als bei Einzelprodukten. Die Systemintegration ist ein sehr wirksames Mittel zur Erhöhung der Markteintrittsbarrieren und damit zur Absicherungg der eigenen Marktposition.
- Es kommt hinzu, dass der Marktführer prädestiniert erscheint, ein Systemangebot zu machen. Systemintegration erfordert von der Organisation hohe Fähigkeiten im Hinblick auf Koordination und Komplexitätsbewältigung. Dem Marktführer traut man eher als kleineren Wettbewerbern zu, die erhöhte Komplexität in den Griff zu bekommen.

Systemintegration und Systemangebote bilden aus diesen Gründen einen lukrativen Weg für die Hidden Champions, ihre starken Marktpositionen zu sichern oder sogar weiter auszubauen. Es sei aber ausdrücklich und durchaus warnend darauf hingewiesen, dass die Systemintegration Kehrseiten und Risiken mit sich bringt. Immer wieder muss man feststellen, dass die Realisierung von Systemangeboten große organisatorische Schwierigkeiten bereitet. Ein Unternehmen, das divisional aufgestellt ist und seinen Kunden bereichsübergreifende Angebote machen will, gerät zwangsläufig in die Problematik der Matrixorganisation, wie immer auch Strukturen, Prozesse oder Incentivierung konkret aussehen mögen. Produktgeschäft und Servicegeschäft unterliegen unterschiedlichen Prozessen, etwa im Hinblick auf den Grad der Zentralisierung oder die Planbarkeit. Hako, Marktführer bei professionellen Reinigungs- und Pflegegeräten, ist kein typisches Industrieunternehmen mehr, sondern hat den Großteil seiner Beschäftigten in den Niederlassungen, die den Service für die Kunden erbringen. Systems- und Cross-Selling scheitern oft an mangelnder Ausbildung oder Motivation der Mitarbeiter. Im Fazit besteht gerade für Hidden Champions durchaus ein Risiko, dass Systemangebote die klare Fokussierung und die daraus erwachsenden Stärken gefährden. Es ist also dringend anzuraten, nicht naiv einer Mode zu folgen, sondern den Schritt in Richtung Systemangebot sorgfältigst zu bedenken und der organisatorischen Umsetzung höchste Aufmerksamkeit zu widmen.

Marke

Verborgen und unbekannt sind die Hidden Champions nur außerhalb ihrer engen Märkte. In den relevanten Zielgruppen erfreuen sich ihre Namen und Marken hingegen hoher Bekanntheit und Reputation. Im Zuge der Globalisierung steigen die Anforderungen an Markenpolitik und Kommunikation um ein Vielfaches an. Es ist eine Sache, im Stammland als Marke zu gelten, hingegen ein ganz anderes Thema, diese Position in Globalia einzunehmen. Die Ambition, Weltmarktführer zu werden und zu bleiben, schließt das Ziel ein, eine oder sogar mehrere globale Marken aufzubauen. Bei der Diskussion dieses Aspekts muss man die Märkte differenziert betrachten. Für Hidden Champions, in deren globalem Markt es nur wenige Kunden gibt (zum Beispiel die Auto- oder die Flugzeugindustrie), stellt die Globalisierung der Marke kein großes Problem dar. Sie haben ohnehin direkten Kontakt mit den wenigen Kunden, und diese können die Leistung ihres Lieferanten fundiert beurteilen. Zeitbedarf und finanzieller Aufwand für den globalen Markenaufbau halten sich in Grenzen. Je größer und fragmentierter hingegen die Zielgruppe, je indirekter der Absatz, desto schwieriger, teurer und zeitraubender wird der Aufbau einer globalen Marke. Auch hier hilft wieder die Fokussierung. Ein Konsumgüterhersteller, der nicht im Massenmarkt, sondern in einem eng abgegrenzten Segment tätig ist, tut sich leichter mit dem globalen Markenaufbau. Es ist beeindruckend, welche Positionen selbst Konsumgüterhersteller im globalen Maßstab bereits erreicht haben. So sagt Reinhard Zinkann, Geschäftsführer von Miele: »Uns ist es gelungen, die Werte der Marke in Märkte zu exportieren, in denen uns niemand kannte. Miele steht heute weltweit für Premium. Wir sind ein Zeichen für Qualitätsbewusstsein und auch für einen gewissen Status.« Immer öfter trifft sich Zinkann heute mit australischen, chinesischen oder japanischen Projektentwicklern, die ihre Luxus-Apartmenthäuser mit Miele-Elektrogeräten ausstatten. Es sei daran erinnert, dass Miele mit einem Umsatz von 3,0 Milliarden Euro im großen Hausgerätemarkt vergleichsweise klein ist (zum Vergleich: Whirlpool setzt 13,4 Milliarden Euro um, Electrolux 11,3 Milliarden Euro, Bosch-Siemens Hausgeräte 9,1 Milliarden Euro). Firmen wie Kaldewei, Villeroy & Boch, Grohe oder Hansgrohe besitzen global oder europaweit hohe Bekanntheitsgrade in der Sanitärbranche. Kärcher hat heute schon einen weltweit hohen Bekanntheitsgrad, nicht zuletzt hat die Formel-1-Werbung den Aufbau der globalen Marke gefördert. Luis Weiler, Lateinamerikachef von Hansgrohe, sagt in Bezug auf seine Region: »Die Marke ist unser größtes Kapital.« Tetramin ist für Freunde der Aquaristik überall in der Welt ein Begriff. Und jedes professionelle Kamerateam ist mit ARRI-Kameras und Sachtler-Stativen vertraut. Ebenso kennt jeder Sänger oder Tontechniker die Mikrofone von Sennheiser und Neumann. Kaum einem Landwirt wird die Marke Claas unbekannt sein. Ebenso dürften die Kartoffelanbauer dieser Welt Grimme, den Weltmarktführer bei Kartoffelrodern, kennen. Und jeder Zahnarzt hat konkrete Vorstellungen von Markennamen wie Sirona, Kavo (Dentaleinrichtungen) oder Comet (Dentalbohrer).

Auch für Zulieferer gewinnt die Marke an Bedeutung, insbesondere gilt das für das Ersatzteilgeschäft. Sachs ist eine der wenigen Autozulieferfirmen, die im Publikum einen hohen Bekanntheitsgrad besitzt. Dies wirkt sich beim Ersatzteilgeschäft sehr vorteilhaft aus. Dort haben die Meister in den Werkstätten einen starken Einfluss auf die Produktauswahl, bei dieser Zielgruppe besitzt Sachs ein ausgezeichnetes Image. Überall dort, wo große Zahlen von Absatzmittlern, Handwerkern oder Service-Dienstleistern eingeschaltet sind, ist die Marke sehr wichtig. Es ist festzustellen, dass manche Hidden Champions beim Aufbau ihrer globalen Marken weit fortgeschritten sind. Dass Zeit und die im Schnitt bereits seit 22 Jahren verteidigte Marktführerschaft entscheidende Ingredienzien einer starken Marke sind, versteht sich. Marke und Image sind letztlich »geronnene Zeit«.

Eine effektive Methode zur Absicherung hoher Marktanteile besteht in einer Mehrmarkenstrategie. Dieses Verfahren erfreut sich bei Hidden Champions großer Beliebtheit. Zum einen können Zweit- oder Drittmarken zur Bedienung unterschiedlicher Preislagen dienen. So vermarktet die iwis-Gruppe ihre anspruchsvollen Steuerketten, die in Premiumautomobile eingebaut werden, unter dem Markennamen iwis. Für weniger anspruchsvolle Anwendungen (etwa bei Landmaschinen) gibt es eine zweite Marke namens Eurochain, die in Herstellkosten und Preis deutlich günstiger positioniert ist. Zumtobel, einer der weltweiten Marktführer in der Beleuchtungstechnologie, tritt am Weltmarkt mit den vier Marken Thorn, Zumtobel, Tridonic und Ledon auf, die jeweils spezifische Kompetenzen repräsentieren. Die JK-Gruppe, Weltmarktführer bei professionellen Sonnenbräunern, führt neben ihrer Hauptmarke Ergoline die Zweitmarke Soltron, die jünger und preiswerter positioniert ist. Die Tuttlinger Firma Binder, Weltmarktführer bei Thermoschränken für die medizinische und biologische Forschung, hat sich gegen Billigkonkurrenz durch Gründung einer Tochter namens Advantage Lab gewappnet. Einen vielversprechenden neuen Ansatz fährt Grohe, Weltmarktführer bei Sanitärarmaturen. In China hat sich Grohe mehrheitlich an dem chinesischen Marktführer Joyou beteiligt. Das schafft einerseits eine starke Position im chinesischen Markt. Grohe will die Marke Joyou zudem als günstigere Zweitmarke in Europa nutzen, wobei eine strikte Trennung der Markenführung angestrebt wird.[4]

Zweitmarken zielen nicht immer auf andere Preislagen ab, sondern können durchaus in frontalen Wettbewerb zur Erstmarke treten. Diese Positionierung ist ein wirksames Mittel, um insgesamt einen höheren Marktanteil zu erreichen. So sind Media Markt und Saturn, die beide zur Media Saturn Holding und indirekt zur Metro gehören, preislich ähnlich positioniert und oft sogar am gleichen Standort vertreten. Wenn ein Kunde mehrere Geschäfte besucht, um Angebote und Preise zu vergleichen, steigt mit diesem Doppelauftritt die Wahrscheinlichkeit, dass sein Kauf in einem Laden der Muttergesellschaft Media Saturn Holding stattfindet. Eine ähnliche Mehrmarkenstrategie verfolgt auch Kion, die weltweite Nummer 2 bei Gabelstaplern. Die beiden Premiummarken Linde und Still stehen in engem Wettbewerb miteinander. Daneben offeriert Kion weitere Marken wie OM (Schwerpunkt Italien), Fenwick (Schwerpunkt Frankreich) und Baoli (China), die preiswerter oder nur regional vertreten sind.

Den immensen Wert von Marken belegt am überzeugendsten die Schweizer Uhrenindustrie. Auf in der Schweiz gefertigte Uhren entfallen nur 2 % aller in der Welt hergestellen Zeitmesser. Nach dem Wert machen diese Uhren aber 53 % des Weltumsatzes aus. Der Durchschnittspreis einer Schweizer Uhr liegt bei 430 Euro, für die »Weltuhr« (inklusive aller Kopien) dürften es etwa 10 Euro sein. Die Schweizer Uhrenindustrie erwirtschaftet im Ausland einen Umsatz von 16 Milliarden Euro. Damit ist die Uhrenindustrie, die überwiegend aus Unternehmen vom Hidden-Champions-Typ besteht, nach Pharma/Chemie und Maschinenbau der drittgrößte Industriezweig in der Schweiz. Ein Großteil des wahrgenommenen Kundennutzens und der daraus resultierenden Preisbereitschaft wird durch die Markenpolitik erzeugt. »Swiss made« spielt dabei eine große Rolle, Voraussetzung für dieses Siegel ist, dass mindestens 60 %, bei mechanischen Uhren sogar 80 % der Herstellungskosten in der Schweiz anfallen.[5]

Ein weiterer Markentrend, der für Hidden Champions an Bedeutung gewinnt, bildet das sogenannte Ingredient Branding. Das bekannteste Beispiel für diese Taktik ist »Intel inside«, das auf allen Computern mit Intel-Prozessoren prangt. Da viele Hidden Champions Produkte herstellen, die als Komponenten oder Ingredientien in anderen Endprodukten verschwinden, verdient Ingredient Branding ihr besonderes Interesse. Eine über Jahrzehnte aufgebaute und sehr erfolgreiche Marke ist Gore-Tex. Es handelt sich hierbei um eine Membrane aus Teflon, die ein Kleidungsstück von außen wasserdicht, von innen aber atmungsaktiv macht. Gore hat es geschafft, dass seine Marke fast immer bekannter ist als die Marken der Endprodukthersteller der jeweiligen Kleidungsstücke oder Schuhe. Diese Markenstärke schlägt sich sowohl im Marktanteil als auch in den durchsetzbaren Preisen positiv nieder.

Ein Indiz dafür, dass Hidden Champions starke Marken besitzen, ist darin zu sehen, dass diese Marken nach Übernahmen durch andere, in der Regel größere Unternehmen weitergeführt werden. So führt Bosch einen Teil seiner Geschäfte weiter unter den Marken Rexroth, Buderus und Junkers. Bosch hat erkannt, dass diese Marken bei ihren speziellen Zielgruppen eine herausragende Reputation besitzen, und sie klugerweise beibehalten.

Preis

Die Angebotsstrategie der weitaus meisten Hidden Champions ist im Einklang mit den Kundenanforderungen auf hohen Kundennutzen und nicht auf niedrige Preise ausgerichtet. Diese Positionierung wurde von den Gesprächspartnern mit nur wenigen Ausnahmen als integraler Bestandteil der Strategie ihrer Unternehmen betont. »Wir verkaufen über hohe Leistung, nicht über niedrige Preise« oder »Bei uns zählt die Qualität, nicht der Preis« sind typische Äußerungen.

Der extreme Preisdruck, der in vielen Märkten (zum Beispiel Automobilzulieferer, Elektronik, Lebensmitteleinzelhandel) herrscht und der zu kontinuierlichen Preisrückgängen führt, scheint für viele Hidden Champions nicht in gleichem Maße zu gelten. Bei der Frage nach Preisänderungen in den letzten zehn Jahren sagte eine deutliche Mehrheit von 63 %, dass das Preisniveau im Wesentlichen gleich geblieben sei. Ein knappes Viertel von 24 % berichtet von fühlbaren Preissenkungen. Der Prozentsatz jener, deren Preise fühlbar gestiegen sind, fällt mit 13 % niedriger aus, dennoch bedeutet dies, dass jedes achte Unternehmen deutlich höhere Preise durchsetzen konnte.

Verständlicherweise möchten die Hidden-Champions-Chefs nicht mit Aussagen zu konkreten Preispremia zitiert werden. Zusammenfassend lässt sich das Folgende feststellen. Die Preise der Hidden Champions liegen in der Regel 10 bis 15 %, nicht selten 20 % über dem Durchschnittsniveau der jeweiligen Märkte. Der Technologieführer bei Windenergieanlagen Enercon kann beispielsweise Preise durchsetzen, die 15 bis 25 % über den Preisen der Konkurrenten liegen. Trotzdem hält Enercon seinen hohen Marktanteil (in Deutschland rund 60 %). Diese enorme Preisdifferenz in einem hart umkämpften Markt ist wirtschaftlich begründet und hat ihre Wurzeln letztlich in der technisch-konstruktiven Überlegenheit der Enercon-Windturbinen. Die Preise von Miele liegen in ähnlicher Größenordnung über dem Marktdurchschnitt, gleichwohl erreichen die Wiederkaufraten mehr als 90 %. Die Qualität und die Lebensdauer der Miele-Produkte werden eben von keinem anderen Wettbewerber erreicht.

Selbst bei preisempfindlichen Produkten oder Zielgruppen beträgt das Preispremium 5 bis 10 %. Die Beobachtung, dass der Marktführer preislich über dem Durchschnitt liegt, ist nicht neu. In den meisten Märkten konkurrieren nicht Commodities, sondern differenzierte Produkte gegeneinander. Demgemäß unterscheiden sich die Zahlungsbereitschaften der Kunden, und Preisdifferenzen sind normal. Überlegenheit im Leistungsangebot spiegelt sich in höheren Preisen wider. Wenn nun die Kunden hoher Qualität ein größeres Gewicht als niedrigen Preisen zumessen (oder die Mehrheit der Kunden dies tut), dann gehen hohe Marktanteile mit hohen Preisen einher. Dies ist die typische Situation, in der sich die Hidden Champions befinden. Diese Beobachtung steht nicht im Widerspruch zur negativ geneigten Preis-absatzkurve.

Das über dem Durchschnitt liegende Preisniveau besagt keineswegs, dass die Hidden Champions nicht dem Preiswettbewerb ausgesetzt seien. Sie verfügen zwar im Sinne Gutenbergs über ein »akquisitorisches Potenzial« bzw. einen »monopolistischen Bereich« in ihrer Preisabsatzfunktion, aber wenn sie diesen Bereich verlassen, setzt der übliche Preismechanismus ein. In einer früheren Studie zu den Hidden Champions haben wir bei-spielsweise festgestellt, dass die Hälfte der Kunden bei einer Preisdifferenz von 28 % abspringen würde. In diesem Bereich beträgt die Preiselastizität also 1,78 (= 50/28), das heißt, der prozentuale Absatzrückgang ist 1,78-mal so hoch wie die prozentuale Preisdifferenz. Das ist eine mittelhohe Preiselastizität. Trotz der berichteten Preispremia kann man sagen, dass die Hidden Champions ihre Preisspielräume nicht überstrapazieren. Ver-mutlich schöpfen sie ihre Preisspielräume sogar nur unzulänglich aus. Ver-besserungspotenziale bestehen vor allem in einer besseren Quantifizierung des Kundennutzens, der stets die Basis für die Preissetzung darstellt, sowie einer verfeinerten Preisdifferenzierung. Eine stärkere Beachtung verdienen auch die Pricing-Prozesse. Da die meisten Hidden Champions in Business-to-Business-Geschäften aktiv sind, kommen die Transaktionspreise viel-fach durch Verhandlungen zustande. In diesem Bereich bestehen erhebli-che Verbesserungspotenziale im Hinblick auf Argumentation, Information, Quantifizierung relativer Machtpositionen, Anwendung der Spieltheorie sowie Incentivierung des Verkaufspersonals.

Es gibt eine kleine Gruppe von Hidden Champions, die nicht auf die so-eben beschriebenen Premiumpreise ausgerichtet sind, sondern mit niedrigen, teilweise sogar aggressiven Preisen vorgehen. Fielmann, europäischer Markt-führer in der Brillendistribution, fährt eine Preisstrategie, die zumindest im Verhältnis zu klassischen Optikern aggressive Züge trägt, und ist damit nachhaltig erfolgreich. Der Autodienstleister A.T.U. sagt von sich: »Wir zäh-len zu den preisgünstigsten Qualitätsanbietern auf dem Auto-After-Sales-Markt« und wirbt mit dem Spruch »Alles außer teuer«. Die Firma Suspa, ein führender Hersteller von Gasfedern insbesondere für Bürostühle, stellt »günstige Preise« und »Preisvorteile« in den Vordergrund. Ebenso wirbt die Firma 3B Scientific, Weltmarktführer bei anatomischen Lehrmitteln, mit ih-rem »äußerst wettbewerbsfähigen Preis-Leistungs-Verhältnis«. Kaldewei, europäischer Marktführer bei Stahlbadewannen, ist stolz auf seine hohe Effizienz und niedrigen Kosten. Auch Böllhoff, ein führender Schraubenhersteller, hält sich dank hoher Automatisierung bei Kosten und Preisen mit asiatischen Anbietern für voll wettbewerbsfähig. Die Firma Binder, Hersteller von Thermoschränken für die medizinische Forschung, sieht sich mit ihrer Zweitmarke Advantage Labs für scharfen Preiswettbewerb gerüstet. »Es darf niemanden geben, der in der Lage ist, solche Geräte deutlich billiger herzustellen«, sagt Firmenchef Peter Michael Binder.

Doch insgesamt bleiben Hidden Champions, die zu niedrigen Preisen anbieten oder mit solchen werben, Ausnahmen. Mit niedrigen Preisen lässt sich eben nur Geld verdienen, wenn ein Unternehmen seine gesamte Leistung dauerhaft zu günstigeren Kosten als die Konkurrenten erbringen kann. Diese Bedingung erfüllen generell nur wenige Firmen, und unter den Hidden Champions sind es sogar ganz wenige.

Das Thema Preiskrieg ist für die weitaus meisten Hidden Champions tabu. Simon-Kucher hat im Jahr 2011 in einer globalen Pricingstudie knapp 4000 Manager befragt. 46 % von diesen gaben an, dass sich ihre Firma in einem Preiskrieg befindet.[6] Nicht so die typischen Hidden Champions. Sie vermeiden selbst ein preisaggressives Vorgehen, übertriebene Rabatte oder ähnliche Aktionen, die Vergeltungsmaßnahmen der Konkurrenten auslösen und die Margen ruinieren. Der auf Leistung statt auf ruinöse Preisschlachten ausgerichtete Wettbewerb ist ohne Zweifel eine der Ursachen für die überdurchschnittliche Profitabilität der Hidden Champions. Denn Preiskriege sind der Profitkiller par excellence.[7] Andererseits können sich selbst Hidden Champions Preisattacken, die von der Konkurrenz ausgehen, nicht völlig entziehen.

In dieser Hinsicht gilt es, die Preise und ihre Dynamik verschärft im Auge zu behalten. Dies ist teilweise eine Konsequenz der Krise. Deren vielleicht wichtigste Folge besteht im Verlust von Vertrauen und einer daraus resultierenden höheren Risikoaversion. Dieser Veränderung kann durch Kommunikation, durch verbesserte Garantien sowie durch preispolitische Maßnahmen, die zu einer Neuverteilung der Risiken zwischen Verkäufer und Käufer führen, Rechnung getragen werden. Enercon liefert ein Musterbeispiel für eine innovative Preispolitik, die diese Gegebenheiten als Chance nutzt. Im Rahmen des Enercon Partner Konzepts (EPK) können Verträge für Wartung, Sicherheitsleistungen und Reparaturen abgeschlossen werden, bei denen die Entlohnung für Enercon vom Ertrag der Windenergieanlage abhängt. Enercon teilt also das unternehmerische Risiko mit dem Betreiber der Windanlage. Mit diesem Angebot werden die objektiven Risiken für den Kunden erheblich reduziert. Offensichtlich kommt dieses Angebot bei den Kunden hervorragend an, denn 85 % von diesen schließen einen EPK-Vertrag ab.

Wie bei allen Risikoübernahmen und Garantien sind die Kosten zu bedenken. Diese bleiben für Enercon beherrschbar. Der Grund liegt in der herausragenden Qualität, die ihrerseits technische Ursachen hat. Enercon ist der einzige größere Hersteller von Windanlagen ohne Getriebe. Getriebe sind in hohem Maße störanfällig und wartungsintensiv. Da die Störquelle Getriebe wegfällt, kann Enercon seinen Kunden eine sehr hohe Anlagenverfügbarkeit von 97 % garantieren, erreicht aber tatsächlich mehr als 98 %. Faktisch kostet die hohe Verfügbarkeitsgarantie von 97 % Enercon also kein Geld. Dies ist ein idealtypisches Beispiel für eine optimierte Risikoaufteilung zwischen Lieferanten und Kunden, die Kaufwiderstände in der Nachkrisenzeit fühlbar reduzieren kann.

Im Rahmen der Globalisierung gewinnen zwei Aspekte Bedeutung für die Preispolitik der Hidden Champions. Zum einen haben in den letzten Jahren Konkurrenten aus Schwellenländern bei Kompetenzen, Produktqualität, Lieferfähighkeit und Service aufgeholt. Beispiele wie die chinesischen Telekommunikationsausrüster Huawei und ZTE oder der Betonpumpenhersteller Sany, der den früheren Weltmarktführer Putzmeister übernahm, sprechen diesbezüglich eine deutliche Sprache. Je näher die Leistungsangebote dieser neuen Konkurrenten an diejenigen der Hidden Champions heranrücken, desto geringer werden die durchsetzbaren Preisdifferenzen und -spielräume. Dagegen gibt es nur zwei Maßnahmen. Entweder es gelingt, durch Innovation den Leistungsabstand zu halten bzw. wiederherzustellen, dann lassen sich auch die bisherigen Preisdifferentiale verteidigen. Dieser Verteidigung der Marktführerschaft im oberen Preissegment sollte für die meisten Hidden Champions die erste Priorität gehören. In vielen Fällen dürfte dieser Weg alleine jedoch nicht zum dauerhaften Erfolg führen, da die neuen Konkurrenten einfach zu schnell aufholen und zu kompetent werden. Dann bleibt nur der Weg zu niedrigeren Kosten, was in der Regel ein Abspecken der Produkte und eine Verlagerung der Produktion in kostengünstigere Standorte erfordert. Um mit den Chinesen auf Dauer erfolgreich konkurrieren zu können, müssen die Hidden Champions eben selbst zu Chinesen werden, das heißt unter ähnlichen Wettbewerbsbedingungen konkurrieren wie diese Newcomer. Man kann sogar noch einen Schritt weitergehen und vorschlagen, dass Hidden Champions überlegen sollten, die Chinesen bei den Kosten anzugreifen. Das kann durchaus gelingen, wenn man an Standorte geht, an denen die Arbeitskosten deutlich niedriger liegen als in China (zum Beispiel Indien, Bangladesch oder Vietnam).

Diese Überlegungen führen uns zu der zweiten wichtigen Entwicklung im globalen Markt, die Auswirkungen auf die Preispositionierung der Hidden Champions hat. Es handelt sich um die Entstehung eines Ultra-Niedrigpreis-

Segments in den Schwellenländern. Auf die Entstehung dieses neuen Segments haben zwei amerikanische Professoren, die beide aus Indien stammen, hingewiesen. Professor Vijay Mahajan von der University of Texas in Austin spricht in seinem Buch *The 86 % Solution* von diesem Segment als der »Biggest Market Opportunity of the 21st Century«.[8] Die 86 % im Buchtitel beziehen sich darauf, dass die jährlichen Familieneinkommen von 86 % der Menschheit unter 10 000 Dollar liegen. Menschen in dieser Einkommensklasse können sich die typischen Produkte hoch entwickelter Länder (zum Beispiel Autos, Körperpflegemittel etc.) nicht leisten. Vertieft geht der 2010 verstorbene Strategieexperte C. K. Prahalad in seinem Buch *The Fortune at the Bottom of the Pyramid* auf die Chancen ein, die sich in stark wachsenden unteren Preissegmenten ergeben.[9] Das anhaltende Wachstum in Ländern wie China, Indien und weiteren aufstrebenden Ländern führt dazu, dass sich die Einkommen vieler Millionen von Verbrauchern nach oben bewegen und diese damit zu relevanten Zielgruppen für industrielle Produkte in allerdings niedrigsten Preislagen werden. Bernhard Steinrücke, Chef der deutschen Handelskammer in Mumbai, weist nachdrücklich auf die sehr niedrigen Preise in Indien hin: »Mit europäischen Preisen kommt man nicht weit.«[10] In der Ultra-Niedrigpreislage entsteht ein neues Segment, das deutlich höheres Wachstum als die höheren Preissegmente der Hidden Champions aufweist und in den nächsten Jahren zahlenmäßig sehr groß werden dürfte. Jedes Unternehmen muss für sich selbst entscheiden, ob und wie es an diesem Segment partizipieren will. Das geht nur mit radikal anderen Strategien, um trotz der extrem niedrigen Preise Geld zu verdienen.

Entsprechende Entwicklungen zeigen sich nicht nur in Asien, sondern auch in Osteuropa. So ist Renault mit den in Rumänien gefertigten Billigautos der Marke Dacia sehr erfolgreich. Diese Autos gibt es ab 7 200 Euro, und Renault verkauft mittlerweile unter verschiedenen Modellnamen im Jahr über eine Million Stück von diesen Billigfahrzeugen.[11] Der Preis für einen typischen VW Golf ist mehr als doppelt so hoch. In Frankreich spricht man von der »Loganisation« in ähnlichem Sinne, wie man in Deutschland den Begriff »Aldisierung« gebraucht. Ultra-Niedrigpreis-Autos in aufstrebenden Ländern liegen jedoch preislich weit unter dem Dacia Logan. Insbesondere der Kleinwagen Nano des indischen Herstellers Tata hat weltweit große Aufmerksamkeit erregt. Sein Preis liegt bei etwa 2 500 Dollar. Heute werden weltweit bereits 10 Millionen unterschiedlichster Ultra-Niedrigpreis-Kleinfahrzeuge verkauft. In den nächsten zehn Jahren soll diese Zahl auf 27 Millionen Autos steigen. Das Segment wächst doppelt so schnell wie der Automarkt insgesamt. Selbst die für ihre Premiumprodukte bekannten deutschen Autohersteller und -zulieferer können sich kaum erlauben, das Ultra-Niedrigpreis-Segment zu ignorieren. Im Einklang mit dieser Notwendigkeit spielen deutsche Zulieferer beim Nano eine herausragende Rolle. Bosch entwickelte in Indien für den Nano eine radikal vereinfachte, extrem billige Common-Rail-Technologie und ist mit einem Lieferanteil von mehr als 10 % des Autowerts vertreten. Insgesamt sind mit Bosch, Continental, Freudenberg, Schaeffler, Mahle, ZF, Behr, BASF und FEV neun deutsche Zulieferer im Nano präsent. Dies zeigt, dass deutsche Unternehmen im Ultra-Niedrigpreis-Segment mithalten können. Die große Herausforderung besteht allerdings darin, nicht nur Umsatz, sondern auch Gewinn zu machen.

Das gilt auch für den japanischen Hersteller Honda. Der folgende Fall beleuchtet die Frage, ob Weltfirmen wie Honda in der Lage sind, Billigstkonkurrenten (zum Beispiel aus China) auszustechen. Honda ist bei Motorrädern Weltmarktführer und globale Nr. 1 bei Verbrennungsmotoren (Produktion mehr als 20 Millionen Stück, überwiegend Kleinmotoren). In den neunziger Jahren dominierte Honda den Motorradmarkt in Vietnam mit einem Marktanteil von 90 %. Das Hauptmodell Honda Dream wurde zu einem Preis, der 2 100 Dollar entsprach, angeboten. Chinesische Wettbewerber drangen mit Ultra-Niedrigpreis-Produkten in den vietnamesischen Markt ein. Sie verkauften ihre Maschinen zu 550 bis 700 Dollar, also zu einem Viertel bis einem Drittel des Preises von Honda. In der Folge setzten die Chinesen eine Million Motorräder ab, während der Absatz von Honda auf 170 000 Stück zurückfiel. Die meisten Unternehmen hätten in dieser Situation das Handtuch geworfen oder sich in die Premiumnische zurückgezogen. Nicht so Honda. Als kurzfristige Reaktion wurde der Preis des Modells Dream von 2 100 auf 1 300 Dollar abgesenkt. Dieser Preis lag jedoch immer noch beim Doppelten der chinesischen Preise. Deshalb vollzog Honda eine radikale Repositionierung und entwickelte ein stark vereinfachtes, äußerst kostengünstiges Modell, das die Bezeichnung Wave erhielt. Es verband akzeptable Qualität mit extrem niedrigen Herstellkosten. Zu dem neuen Modell heißt es bei Honda: »The Honda Wave has achieved low price, yet high quality and dependability, through using cost-reduced locally made parts as well as parts obtained through Honda's global purchasing network.« Das neue Produkt wurde zum Ultra-Niedrigpreis von 732 Dollar (das entspricht 35 % des früheren Preises der Dream-Maschine) eingeführt und eroberte den vietnamesischen Markt für Honda zurück. In den Folgejahren verließen die meisten chinesischen Anbieter Vietnam. Dieser Fall belegt, dass Premiumfirmen wie Honda mit chinesischen Niedrigstpreisanbietern konkurrieren können. Das funktioniert allerdings nicht mit den bisherigen Produkten, sondern verlangt radikale Neuorientierung, Vereinfachung, lokale Produktion und äußerstes Kostenbewusstsein.

Der Einstieg in die niedrig- und niedrigstpreisigen Segmente muss auch von deutschen Herstellern ernsthaft erwogen werden. Das bedeutet, dass man in China oder anderen Emerging Markets nicht nur Produktion, sondern auch Entwicklung aufbauen muss. Professor Holger Ernst von der WHU Vallendar weist dezidiert darauf hin, dass es eine Illusion ist, die niedrigstpreisigen Produkte in Deutschland zu entwickeln.[12] Ernst gibt in seinem Buch zahlreiche Beispiele von Unternehmen unterschiedlicher Branchen, die diese Schritte bereits vollzogen haben. Olaf Plötner von der European School of Management and Technology (ESMT) in Berlin analysiert die Herausforderungen in seinem 2012 erschienenen Buch *Counter Strategies in Global Markets* vertieft.[13] Govindarajan und Tremble gehen noch weiter. Sie sehen »Reverse Innovations«, also Innovationen, die aus den weniger entwickelten in die höher entwickelten Länder zurückfließen, als eine der größten Bedrohungen für etablierte Firmen, auch für Großunternehmen wie Siemens oder General Electric. Vijay Govindajaran sagt:»Mittelständische Unternehmen sollten sich auf Kunden in den armen Ländern konzentrieren und Innovationen für sie entwickeln.«[14] Die Verlagerung der Wertschöpfung in die aufstrebenden Zielmärkte ist für viele Hidden Champions der einzige Weg, um in den deutlich niedrigeren Preislagen konkurrieren zu können. Die effektivste Verteidigungsstrategie für das Premium- und das Mittelpreissegment besteht oft darin, in den Segmenten darunter wettbewerbsfähig zu werden. Ein alternativer Weg zum Eintritt in das Ultra-Niedrigpreis-Segment besteht in der Übernahme lokaler, kostengünstig operierender Anbieter. So hat der Schweizer Hidden Champion Bühler, Weltmarktführer in der Vermahlungstechnik, mehrere chinesische Firmen übernommen, um in China in niedrigen Preislagen und auch im Hinblick auf das Thema Einfachheit mithalten zu können. Laut CEO Calvin Grieder ist auf diese Weise eine bessere Abstimmung von Angebot und Kundenerwartung gelungen, als sie mit den teureren und komplexeren Schweizer Originalprodukten möglich gewesen wäre. Selbst ein herausragender Hidden Champion wie Otto Bock, globale Nummer 1 bei Orthopädieprodukten, beschritt diesen Weg mit Akquisitionen in Brasilien und China. Nach den Worten von Otto Bock-Chef Hans-Georg Näder verspricht sich das Unternehmen durch diese Maßnahmen eine verbesserte Absicherung der Marktführerschaft. Auch KSB, einer der Weltmarktführer bei Pumpen, betont per 2012 die Notwendigkeit, »den Fokus deutlich stärker auf das Massengeschäft mit Standardpumpen und –armaturen zu richten«.[15] Letztlich steht hinter diesem Vorgehen fast immer eine Doppelstrategie. Es geht darum, die Position im obersten Leistungs- und

Preissegment zu halten, gleichzeitig aber die enormen Wachstumschancen in den entstehenden Niedrigpreissegmenten zu nutzen und damit die aufstrebende Konkurrenz auf Distanz zu halten.

Sehr explizit setzte der Hidden Champion Karl Mayer, mit 75 % Weltmarktanteil der dominierende Hersteller von Kettenwirkmaschinen, in den letzten Jahren auf eine solche Doppelstrategie. Ziel war es, die Marktpositionen sowohl im Premiumsegment als auch im niedrigpreisigeren Standardsegment, in dem sich Karl Mayer verschärfter chinesischer Konkurrenz ausgesetzt sah, abzusichern. Dazu wurde folgender Entwicklungsauftrag vergeben: Im Standardsegment die gleiche Leistung zu 25 % niedrigeren Kosten zu erbringen und im Premiumsegment zum gleichen Preis eine 25 % höhere Leistung bereitzustellen. Laut CEO Fritz Mayer sind diese äußerst ambitiösen Ziele erreicht worden. Karl Mayer hat dadurch sein preisliches und leistungsmäßiges Wettbewerbsspektrum nach unten wie nach oben massiv ausgeweitet. Mit dieser Produktentwicklung ging eine massive Erweiterung der Produktionskapazitäten in China einher. Mit der erneuerten Produktpalette und einer hochmodernen Fabrik konnte Karl Mayer in den letzten zwei Jahren Marktanteile von chinesischen Konkurrenten zurückerobern.

Schon vor vielen Jahren hat der 2010 verstorbene Nicolas Hayek, Schöpfer der Swatch-Uhr und frühere CEO von Swatch, davor gewarnt, die unteren Preissegmente Wettbewerbern aus Niedriglohnländern zu überlassen. Auch der Innovationsforscher Clayton Christensen von der Harvard Business School wies in seinem Buch *The Innovation Dilemma* nachdrücklich auf die Gefahr von unten hin.[16] Und die Geschichte sollte gerade die deutschen Unternehmen lehren, die von unten angreifende Konkurrenz ernst zu nehmen. Die folgenden Beispiele unterstreichen diese Empfehlung, die sich auch jeder Hidden Champion zu Herzen nehmen sollte:

- 1957 stand die größte Motorradfabrik der Welt in Neckarsulm (NSU).
- Vor 100 Jahren betrieb Junghans in Schopfloch im Schwarzwald die weltgrößte Uhrenfabrik.
- Bis in die 1960er Jahre hinein war die deutsche Kameraindustrie weltweit führend. Rollei, Voigtländer, Agfa waren Weltmarken.
- Deutsche Schreibmaschinenhersteller wie Triumph Adler oder Olympia waren bis in die 1970er Jahre führend.

Zu jenen Zeiten gab es in diesen Branchen zahlreiche deutsche Hidden Champions. Heute spielt die deutsche Industrie in allen vier Märkten keine Rolle mehr, ganz anders als die Uhrenindustrie. Nicht zuletzt aufgrund der Swatch-Strategie von Hayek hat man dort die Vormachtstellung erhalten.

Zusammenfassung

Hidden Champions bieten Spitzenleistungen und richten ihr Leistungsangebot konsequent auf die Bedürfnisse ihrer Kunden aus. Folgende Einsichten seien festgehalten.

- Die hohen Anforderungen der Kunden in Bezug auf Produktqualität und Service werden von den Hidden Champions gezielt bedient.
- Die Produkte der Hidden Champions weisen ein hohes technologisches Niveau mit ausgereifter Technik auf. Mehr als 90 % der Produkte befinden sich in der Wachstums- und der Reifephase. Das spricht für weiterhin gute Wachstumsperspektiven und Stabilität. Ein Eintritt in die Niedergangsphase befürchten nur 1 % der Befragten.
- Der Service gewinnt für die Hidden Champions ständig an Bedeutung. Erweiterte Angebote wie umfassende Servicepakete, Training, weltweite Präsenz und Vernetzung werden zunehmend unverzichtbar. Einige Hidden Champions haben sich in diesem Prozess von Industrie- zu Serviceunternehmen gewandelt.
- Zahlreiche, vor allem jüngere Hidden Champions nutzen Netzwerkökonomien, indem sie Leistungen anbieten, deren Nutzen durch globale Präsenz steigt. Solche flächendeckenden Serviceangebote werden von den selbst global operierenden Kunden der Hidden Champions vermehrt gefordert. Für Mittelständler bildet der Aufbau eines globalen Servicenetzes eine große organisatorische und finanzielle Herausforderung.
- Der markanteste Trend ist derjenige zur Systemintegration. Dieser Trend ist bei vielen Hidden Champions zu beobachten. Systemlösungen verbessern in der Regel den Kundennutzen und erhöhen die Eintrittsbarrieren für Wettbewerber. Der Marktführer scheint für ihre Einführung prädestiniert. Man sollte aber nicht vergessen, dass der Übergang zu Systemangeboten die organisatorische Komplexität erhöht und die Fokussierung der Hidden Champions gefährden kann. Jede Angebotserweiterung dieser Art sei daher wohlbedacht.
- In ihren engen Märkten verfügen die Hidden Champions über starke Marken. Vielen von ihnen ist es gelungen, globale Marken aufzubauen, andere stehen noch vor dieser Aufgabe. Um ihre hohen Marktanteile abzusichern oder mehrere Preissegmente abzudecken, wenden Hidden Champions verstärkt Mehrmarkenstrategien an. Da viele dieser Firmen Zulieferer sind, gewinnt Ingredient Branding an Bedeutung.
- Hidden Champions konkurrieren in aller Regel nicht über den Preis. Im Einklang mit den gebotenen Spitzenleistungen liegen ihre Preise deutlich

über dem Marktniveau. Allerdings müssen sie verstärkt darauf achten, dass Konkurrenten aus Schwellenländern bei der Leistung aufholen und herkömmliche Preisdifferentiale gefährden. Zudem entsteht in den aufstrebenden Regionen ein Ultra-Niedrigpreis-Segment, das sehr groß zu werden verspricht und das die Hidden Champions nicht ignorieren dürfen. Die Bedienung dieses Segments erfordert völlig neue Strategien in Produktpolitik, Forschung und Entwicklung, Produktion und Marketing.

Zusammenfassend sei festgehalten, dass die Leistungsangebote der Hidden Champions einem ständigen Wandel unterworfen sind. Einerseits befinden sie sich insofern in einer relativ komfortablen Lebenszyklussituation, als 90 % der Produkte in der Wachstums- und Reifephase sind, ohne dass ein Eintritt in die Niedergangsphase erwartet wird. Andererseits verschieben sich die Gewichte zwischen Produkt und Service/Systemintegration. Die Markenpolitik gewinnt an Bedeutung. An der Preisfront gibt es zunehmenden Druck seitens neuer Wettbewerber, insbesondere aus Schwellenländern. Die Verteidigung hoher Preispremia ist eine der schwierigsten Herausforderungen und kann letztlich nur auf der Leistungsseite erfolgen. Nur wenn es gelingt, bei der Leistung genügend Abstand zu halten, werden die Preispremia Bestand haben. Neue Chancen ergeben sich in den entstehenden Ultra-Niedrigpreis-Segmenten. Allerdings betreten die Hidden Champions dort in vielfacher Hinsicht Neuland und müssen Kompetenzen entwickeln, die von ihren bisherigen Stärken verschieden sind. Relative Spitzenleistung wird auch in Zukunft und in allen Segmenten das effektivste Rezept zur Verteidigung der Marktführerschaft bleiben.

Anmerkungen

1 Peter Marsh, *The New Industrial Revolution – Consumers, Globalization and the End of Mass Production*, New Haven/London: Yale University Press 2012.

2 Hermann Kronseder, *Mein Leben*, Neutraubling: Krones AG 1993.

3 Vgl. Wohnlichkeit in der Flugzeugkabine, *Neue Zürcher Zeitung*, 5. Februar 2007, S. 7.

4 Vgl. Grohe profitiert von Design und deutscher Technik, *Frankfurter Allgemeine Zeitung*, 19. März 2012, S. 14.

5 Vgl. Große Pläne mit kleinen Pretiosen, *Frankfurter Allgemeine Zeitung*, 12. März 2012, S. 14.

6 Vgl. Simon, Kucher & Partners, *Global Pricing Study 2011*, Bonn: Simon, Kucher & Partners 2011.

7 Vgl. Hermann Simon und Martin Fassnacht, *Preismanagement*, Wiesbaden: Gabler 2008.

8 Vijay Mahajan, *The 86% Solution – How to Succeed in the Biggest Market Opportunity of the 21st Century*, New Jersey: Wharton School Publishing 2006.

9 C. K. Prahalad, *The Fortune at the Bottom of the Pyramid*, Upper Saddle River, N.J.: Pearson 2010.

10 Bernhard Steinrücke, Ich sehe Quantensprünge für Firmen in Indien, *Absatzwirtschaft*, Oktober 2010, S. 9.

11 Renault's Low-Cost Cars Take Front Seat, *The Wall Street Journal Europe*, 16. April 2012, S. 19–20.

12 Vgl. Holger Ernst, *Industrielle Forschung und Entwicklung in Emerging Markets – Motive, Erfolgsfaktoren, Best Practice-Beispiele*, Wiesbaden: Gabler 2009.

13 Vgl. Olaf Plötner, *Counter Strategies in Global Markets*, London: Palgrave Macmillan 2012.

14 Der Innovations-Tango, *Frankfurter Allgemeine Zeitung*, 30. April 2012, S. 12.

15 Pumpenhersteller KSB steckt ambitionierte Ziele nicht zurück, *Frankfurter Allgemeine Zeitung*, 31. März 2012, S. 16.

16 Clayton M. Christensen, *The Innovator's Dilemma*, Boston: Harvard Business School Press 1997.

Kapitel 11

Beharrlich innovieren

Weltmarktführer wird man durch Innovation, nicht durch Imitation. Und nur durch Beharrlichkeit in der Innovation, durch ständige Verbesserungen bleibt man an der Spitze. Die Hidden Champions sind herausragende Innovatoren. Sie investieren doppelt so viel wie normale Unternehmen in Forschung und Entwicklung. Worauf es jedoch ankommt: die Patentzahl (pro 1 000 Mitarbeiter) ist bei den Hidden Champions fünfmal höher als in patentintensiven Großunternehmen. Pro Patent fallen dabei nur ein Fünftel der Kosten an. Setzt man den Ausstoß und die Kosten in Beziehung zueinander, so sind die Hidden Champions in der Innovation 25-mal effizienter als Großunternehmen.

Es geht dabei weniger um Durchbruchsinnovationen, diese kommen nur etwa alle zehn bis 15 Jahre vor. Im Vordergrund stehen vielmehr ständige Verbesserungen, die einzeln betrachtet klein sein mögen, aber in der Summe zu den beschriebenen Spitzenleistungen führen. Die Innovationsprozesse der Hidden Champions sind von denjenigen der Großunternehmen verschieden. Kundenbedürfnisse und Technologie werden besser integriert. Statt großer Budgets werden kleine, dedizierte Teams auf Probleme angesetzt. Das Topmanagement kümmert sich selbst um Forschung und Entwicklung. Ein Resultat der andersartigen Prozesse sind kürzere Entwicklungszeiten. In einer Zeit, in der die Verkürzung der »Time to Market« großen Wert besitzt, ist das ein entscheidender Vorteil. Die Innovationen der Hidden Champions beschränken sich keineswegs auf Technologien und Produkte, sondern auch bei Prozessen, Systemen, Marketing und Dienstleistungen demonstrieren diese Firmen ihre hohe innovative Kraft. Sie dürfte auch der bestimmende Grund dafür sein, dass die Hidden Champions ihre Wettbewerbsposition – gemessen in absoluten und relativen Marktanteilen – in den letzten Jahren stark verbessern konnten.

Was bedeutet Innovation?

Innovationen müssen entweder den Kundennutzen erhöhen oder einen gegebenen Nutzen zu niedrigeren Kosten bereitstellen. Im Idealfall tragen Innovationen zu beiden Effekten bei. Im allgemeinen Sprachgebrauch wird der Begriff Innovation primär mit Technologie und neuen Produkten assoziiert. Für die meisten Hidden Champions bildet die Technologie in der Tat den Schlüsselfaktor ihrer innovativen Fähigkeiten. Bei RUD, Weltmarktführer für Industrieketten, heißt es: »Die technologische Innovationsführerschaft ist seit jeher ein entscheidendes Element unserer Geschäftsstrategie und unserer Vision.« Nicht selten geht die Technologieführerschaft mit einem erheblichen Zeitvorsprung vor den Wettbewerbern einher. So schätzt Günther Blaschke, CEO von Rational, mit mehr als 54 % Weltmarktanteil die Nr. 1 in der Gartechnik für Großküchen, dass die Konkurrenten sechs bis sieben Jahre brauchen, um den technischen Vorsprung seines Unternehmens aufzuholen. Norbert Nold, CEO von Omicron, Weltmarktführer bei Raster-Tunnel- und Raster-Sonden-Mikroskopen, sagt: »Die Wertschöpfung liegt nicht in der Produktion, sondern in Innovation und Entwicklung. Unsere Kunden honorieren den technischen Vorsprung.« Damit Omicron dieser auch zukünftig erhalten bleibt, sind rund 40 % der Mitarbeiter direkt oder indirekt in Forschung und Entwicklung beschäftigt. Die Fischerwerke haben gar als Unternehmensmotto: »Wer Innovation sucht, wird Fischer finden.« Mehr als 2 000 Patente untermauern, dass dieses Motto keine hohle Phrase ist.

Innovationen beschränken sich jedoch nicht auf Technologie und Produkte, sondern umfassen bei den Hidden Champions alle Facetten der Geschäftstätigkeit. Prozessinnovationen kommt eine hohe Bedeutung zu. Hierbei steht nicht allein der Kostenaspekt im Mittelpunkt, sondern Prozessinnovationen führen oft zu Qualitätsverbesserungen, kürzeren Durchlaufzeiten oder größerer Bequemlichkeit und damit zu höherem Kundennutzen. Bei vielen Hidden Champions sind Prozessinnovationen sogar wichtiger als Produktinnovationen. Jürgen Thumann beschreibt die Rolle von Prozessinnovationen für den Hidden Champion Thumann & Heitkamp, Weltmarktführer bei Batteriehülsen: »Mein Unternehmen ist prozessgetrieben. Unser Know-how liegt eher in der Weiterentwicklung der Prozesse als in der Produkttechnologie.«

Innovationen, die die Kosten der Kunden senken, haben am Markt gute Erfolgschancen. Ein Großteil der Innovationsaktivitäten von Igus, Marktführer bei Energieketten und Kunststoff-Gleitlagern, zielt auf solche Kostensenkungen. Und Igus ist hoch innovativ. Jedes Jahr entwickelt Igus 1 500 bis 2 500 neue Produkte bzw. Produkterweiterungen. Dass Igus selbst äußerst kostenbewusst arbeitet, versteht sich beinahe von selbst und reflektiert sich in dem Satz »Der beste Chinese kommt aus Köln«, den sich die Firma sogar markenrechtlich schützen ließ.

Ebenfalls wichtig sind Innovationen in Distribution, Vertrieb oder Marketing. Eine erkleckliche Zahl von Hidden Champions ist aus solchen Innovationen entstanden oder hat sein Wachstum darauf gebaut. Den Kern von Würth bildet ein hocheffizientes Vertriebs- und Logistiksystem. Ein Faktor ist dabei ein Gerät namens ORSYMAT, das Würth in den Werkstätten seiner größeren Kunden aufstellt (der Name ist aus Ordnung, System und Automat abgeleitet). Der ORSYMAT ist online mit der Würth-Niederlassung verbunden und mit den Artikeln gefüllt, die der Kunde braucht. Zieht dieser eine Schublade, so werden automatisch Bestellung und Fakturierung ausgelöst. Beim nächsten Besuch füllt der Würth-Mitarbeiter das entsprechende Fach wieder auf. Der Kunde braucht sich nicht mehr um Hunderte von Kleinteilen zu kümmern. Würth erledigt mit dieser Innovation das Bestandsmanagement für ihn. Bofrost, europäischer Marktführer im Direktvertrieb von Tiefkühlkost, garantiert mit seiner Lieferung direkt in die Kühltruhe des Verbrauchers, dass die Kühlkette nicht unterbrochen wird, und bietet so ein Maximum an Bequemlichkeit.

Eine bahnbrechende Innovation wurde von Aenne Burda initiiert. Ab 1952 legte sie dem zwei Jahre zuvor gegründeten Magazin *Burda Moden* Schnittmuster bei, die es den Leserinnen erlaubten, die im Magazin gezeigten Modelle in Heimarbeit nachzuschneidern. Schnittmuster sind seit dem 19. Jahrhundert bekannt, aber erst die Kombination von Magazin und Schnittmuster brachte den Durchbruch. Bereits 1961 wurde *Burda Moden* die größte Modezeitschrift der Welt. Heute erscheint das Burda Modemagazin in über 17 Sprachen und in mehr als 90 Ländern.

Festo, Weltmarktführer in der Pneumatik, ist nicht nur in der Technik, sondern auch im Marketing sehr innovativ. So wurde der allgemeine Katalog im Zuge der Errichtung einer zielgruppenorientierten Organisation durch branchenspezifische Kataloge ersetzt. Die Ansprache der Unternehmen in der jeweiligen Branche erweist sich als wesentlich effektiver, da die Kunden Festo als Branchenspezialisten wahrnehmen. Heute bietet Festo sogar kundenspezifische Kataloge an, die das bisherige Bestellverhalten und den Bedarf des jeweiligen Abnehmers berücksichtigen. Mithilfe der modernen Informationstechnologie lassen sich solche Lösungen ohne großen Aufwand realisieren. Und das Internet eröffnet vielfältige Chancen für Marketinginnovationen dieser Art.

Oft dienen Innovationen einer Verlängerung der Wertkette. So hat Bosch Power Tools, die weltweite Nr. 1 bei Elektrowerkzeugen, in großen Baumärkten das Shop-in-Shop-Konzept eingeführt und betreibt mittlerweile mehr als 700 dieser Läden. Der Bosch-Umsatz in diesen Läden wuchs 2011 um 14 %, während er in Baumärkten ohne dieses innovative Modell nur um 6 % stieg. Das Konzept wurde auf den E-Commerce ausgeweitet, und Bosch betreibt seit 2011 auch Online-Shop-in-Shops. Vertriebs- und Produktinnovationen trugen massiv zum Wachstum von Bosch Power Tools bei. Der Akkuschrauber IXO von Bosch ist heute das meistverkaufte Elektrowerkzeug der Welt. In 2011 kamen 16 der 20 in europäischen Baumarkten meistverkauften Elektrowerkzeuge von Bosch, in Deutschland waren es sogar 19 von 20. Der Marktanteil in Europa stieg von 25 % im Jahr 2002 auf 35 % in 2011.[1] Auch der Hidden Champion Globetrotter zeigt sich als ein sehr innovatives Unternehmen. Der europaweit führende Händler für Outdoor-Ausrüstung hat in seinen Läden neuartige Abenteuerlandschaften aufgebaut, die den Kunden die Vorwegnahme der Abenteuer suggerieren. Globetrotter stellt nur Mitarbeiter ein, die ihre Leidenschaft für Outdoor-Aktivitäten zu ihrem Beruf machen.

Bei Innovationen denkt man normalerweise nicht an die Preispolitik. Doch auch dort gibt es Neuerungen. So hat Ryanair, der europäische Marktführer bei Billig-Airlines, als erste Fluggesellschaft eine Gebühr pro aufgegebenem Gepäckstück eingeführt. Zunehmend haben auch traditionelle Airlines diese Preispolitik übernommen, und in den letzten Jahren sind die Preise kontinuierlich gestiegen. Enercon ist nicht nur in Technik und Service, sondern ebenso in der Preispolitik ein ungewöhnlicher Innovator. Der Preis für den Servicevertrag im Rahmen des Enercon Partner Konzeptes (EPK) hängt vom Ertrag der Windenergieanlage ab. Zudem übernimmt Enercon die Hälfte der Servicegebühr für die ersten sechs Jahre des Zwölfjahresvertrages.

Für manche Hidden Champions bildet das Design den wichtigsten Innovationsparameter. Die Integration von Funktionalität und Aussehen ist dabei eine besondere Herausforderung. Klaus Grohe, Aufsichtsratsvorsitzender des führenden Armaturenherstellers Hansgrohe, sagt: »Unsere Aufgabe ist es, die Technik ins Design zu integrieren.« Hansgrohe engagiert Spitzendesigner wie Philippe Starck, Antonio Citterio oder die Gebrüder Bouroullec. Im Jahr 2010 hat Hansgrohe 295 Patente, Geschmacksmuster und Warenzeichen angemeldet, eine sehr hohe Zahl für ein Unternehmen mit 3 200 Mitarbeitern und 693 Millionen Euro Umsatz.

Die Systemintegration bietet ebenfalls Ansatzpunkte für ungewöhnliche Innovationsleistungen. Das Gemeinschaftsunternehmen zwischen Behr, dem Lichtspezialisten Hella und der französischen Firma Plastic Omnium, HBPO, ist weltweit der einzige Systemintegrator für die Entwicklung, den

Zusammenbau und die Logistik kompletter Frontendmodule. Solche Innovationen zeichnen sich durch die funktionale Verknüpfung der Bereiche Lichttechnik, Kühlung, Aerodynamik, Fußgängerschutz und Crashmanagement aus. Sie vereinen höheren Kundennutzen, vereinfachte Prozesse und niedrigere Kosten. Im Jahr 2004 gegründet, überschritt HBPO bereits in 2011 mit 4,4 Millionen produzierten Modulen die 1-Milliarden-Euro-Umsatzgrenze. Ein weiteres Joint Venture, Behr-Hella Thermocontrol (BHTC), ist Innovationsführer bei Bedien- und Steuergeräten für die Fahrzeugklimaregelung. Das umfassende Regelkonzept brachte eine bis dato unbekannte Individualisierung des Klimakomforts. Die Firma ist mit ihren innovativen Lösungen heute in Europa, USA, China, Indien und Japan vertreten. Hier steht höherer Kundennutzen im Mittelpunkt. Hella selbst gehört zu den innovativsten Unternehmen Deutschlands. In der Statistik des Deutschen Patentamtes belegte Hella in 2010 mit 115 Patentanmeldungen/erteilten Patenten den 44. Platz.

Vereinfachung ist ein weiterer Weg zur Innovation mit vielerlei möglichen Ausprägungen. Ikea hat seine Produkte derart vereinfacht, dass sie vom Verbraucher selbst zusammengebaut werden können. Damit entstehen Kostenvorteile in der Produktion, die an den Endkunden weitergegeben werden. Trotz aggressiver Preise erreicht Ikea eine im Handel außergewöhnlich hohe Umsatzrendite von fast 10 %. Bei Photovoltaikanlagen achten Investoren bisher primär auf den Wirkungsgrad und den Preis der Solarzellen. Weniger Aufmerksamkeit finden hingegen Aufbau- und Montageprobleme, obwohl diese einen erheblichen Teil der Gesamtkosten und der Prozesskomplexität verursachen. Die Firma RBB Aluminium AG aus Wallscheid in der Vulkaneifel, ein innovatives Unternehmen für Komplettmanagement rund um das Aluminiumprofil, hat in Zusammenarbeit mit der RWTH Aachen und dem TÜV Rheinland ein System entwickelt, dass den Aufbau auf Flachdächern radikal vereinfacht. Die unter dem Markennamen »quickFix« vermarktete Innovation nutzt aerodynamische Effekte zur Stabilisierung. Das Anbohren des Daches und Schraubverbindungen werden überflüssig. Für die gesamte Montage wird nur ein einziges Werkzeug benötigt. Das alles führt zu einer erheblichen Vereinfachung der Montage sowie zu einer Verkürzung der Montagezeit. »Seit der Markteinführung im Jahr 2010 und der Vorstellung auf der weltgrößten Photovoltaik-Messe, Intersolar, steigt die Nachfrage kontinuierlich«, sagt Unternehmensgründer Reiner Beu.

Die Vereinfachung von Problemlösungen gewinnt generell an Bedeutung. In unseren Studien stellen wir vermehrt fest, dass die Einfachheit der Bedienung ständig wichtiger wird. Professor Günther Schuh, Leiter des Werkzeugmaschinenlabors der RWTH Aachen, hat ein »Lean Engineering«-Programm initiiert. In Analogie zum »Lean Manufacturing« besteht das Ziel darin, radikal vereinfachte Produkte zu konstruieren, die vergleichbare Leistungen wie kompliziertere Anlagen bringen, jedoch weniger kosten, weniger störanfällig sowie einfacher zu bedienen und zu warten sind. Hier bietet sich den Hidden Champions ein weites Feld von Innovationschancen. Die Firma Karl Mayer, dominanter Weltmarktführer bei Kettenwirkmaschinen, hat diesen Weg mit Entschiedenheit beschritten und ist damit gerade in China, ihrem wichtigsten Markt, sehr erfolgreich. Einen Engpass bei der Umsetzung des »Lean Engineering« bildet die deutsche Ingenieurkultur, die eher zu komplexen statt zu simplen Problemlösungen neigt (Stichwort »Overengineering«).[2]

Auch im Dienstleistungsbereich haben Innovationen große Bedeutung, selbst wenn sie sich nur schwer durch Patente schützen lassen. Belfor hat ein weltweites System zur Beseitigung von Brand-, Wasser- und Sturmschäden aufgebaut und ist heute Weltmarktführer. Der Hidden Champion International SOS aus Singapur ist das größte medizinische Assistance-Unternehmen und betreibt ein globales Netzwerk von Ambulanzflugzeugen, Alarmzentralen und Krankenhäusern. Netjets, Weltmarktführer in der »Private Aviation«, hat das Teileigentum an Privatjets eingeführt und so einen neuen Markt geschaffen. Services, wie sie die Hidden Champions Belfor, International SOS oder Netjets anbieten, sind als bahnbrechende Innovationen zu klassifizieren.

Die dargestellten Fallbeispiele belegen, dass die Hidden Champions vielfältige und sehr unterschiedliche Ansatzpunkte für ihre Innovationen nutzen. Die Innovationsaktivitäten der Hidden Champions sind ausgesprochen heterogen. Diese Marktführer befinden sich seit Jahren in einer Phase hoher innovativer Aktivitäten. Es gibt keinen Anlass, an der Fortsetzung dieses Trends zu zweifeln.

Die Innovationsmaschine läuft

Die Innovationsleistung eines Unternehmens lässt sich anhand unterschiedlicher Indikatoren wie Ausgaben für Forschung und Entwicklung, Zahl der Patente oder Anteil neuer Produkte am Umsatz messen. Vermutlich bestehen selbst bei Wirtschaftskundigen falsche Vorstellungen über die Innovationsaktivitäten von Unternehmen. Eine Studie des Instituts der Deutschen Wirtschaft (IW) ist in dieser Hinsicht erhellend.[3] Befragt wurden 3 171 Unternehmen aus allen Branchen. Die Stichprobe wurde in Innovatoren und Nicht-Innovatoren unterteilt. Kriterium für den Innovatoren-Status war die

Einführung neuer Produkte oder Prozesse in den vorangegangenen drei Jahren. Rund 30 % der beteiligten Firmen fielen in die Kategorie der Nicht-Innovatoren. Nur 70 % führten in dem Dreijahreszeitraum neue Produkte oder Prozesse ein, qualifizierten sich somit als Innovatoren. Das ist ein aufrüttelnder Befund: In der Breite der Wirtschaft ist Innovation keineswegs selbstverständlich. Etwa ein Drittel der Wirtschaft innoviert nicht, sondern führt die Geschäfte nach alten Mustern und mit herkömmlichen Produkten weiter. Drei Viertel der Nicht-Innovatoren haben keinerlei F&E-Aktivitäten. Selbst unter den sogenannten Innovatoren betreiben 26 % nur gelegentlich Forschung und Entwicklung, lediglich 40 % tun dies kontinuierlich.

F&E-Intensität

Die durchschnittlichen F&E-Aufwendungen als Prozentsatz vom Umsatz für alle Unternehmen lagen in der IW-Studie bei 1,8 %. Sinnvoller ist es, diese sogenannte F&E-Intensität nur für Unternehmen zu berechnen, die tatsächlich F&E betreiben, für diese beträgt der Wert 3 %. Für den deutschen Maschinenbau berichtet eine Studie des Fraunhofer Instituts eine ähnlich hohe F&E-Intensität von 3,5 %.[4] Die Unternehmensberatung Booz&Company hat im Jahr 2011 in einer weltweiten Studie die 1 000 börsennotierten Aktiengesellschaften untersucht, die absolut am meisten für F&E aufwenden.[5] Im Durchschnitt setzten diese 1 000 Firmen 3,6 % vom Umsatz für Forschung und Entwicklung ein.

Solche Zahlen bilden eine relevante Vergleichsbasis für die Hidden Champions. Diese wenden im Mittel 6 % vom Umsatz für Forschung und Entwicklung auf, das heißt doppelt so viel wie der Durchschnitt der Innovatoren in der deutschen IW-Studie und das 1,66-fache der Top-1 000-F&E-Firmen in der Welt. Abbildung 11.1 illustriert diese Relationen.

Es ist festzuhalten, dass die F&E-Intensitäten der Hidden Champions sich stark vom Durchschnitt der Wirtschaft abheben. Im Mittel investieren die mittelständischen Marktführer in Forschung und Entwicklung

- einen doppelt so hohen Anteil vom Umsatz wie deutsche Unternehmen, die F&E betreiben,
- 68 % mehr als der deutsche Maschinenbau,
- 66 % mehr als die globalen Top 1 000.

Bei nicht wenigen Hidden Champions liegt die F&E-Intensität über 10 %. Allerdings sollte man im Auge behalten, dass die absoluten F&E-Budgets

Abb. 11.1: F&E-Investitionen der Hidden Champions im Vergleich

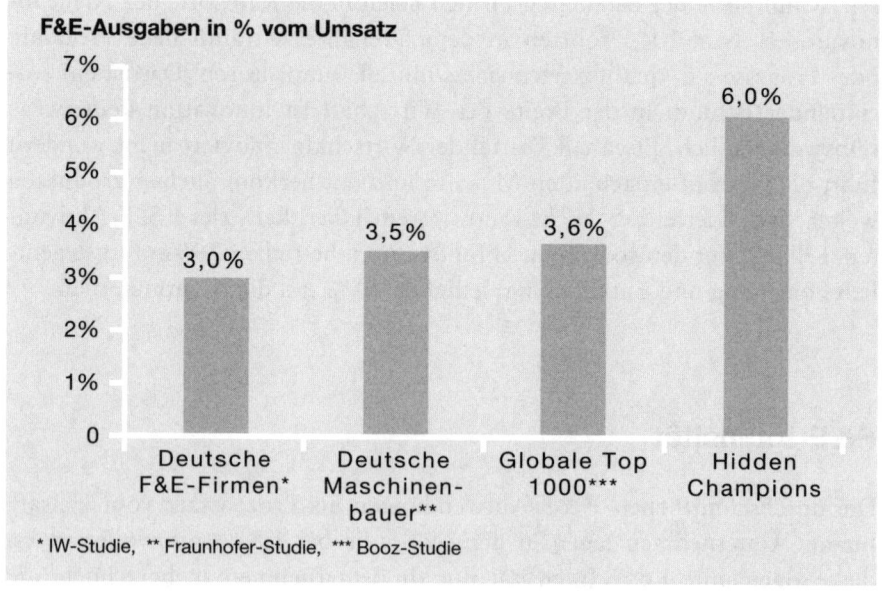

dennoch überschaubar bleiben, da die dahinter stehenden Umsätze deutlich kleiner sind als bei Großunternehmen.

Patente

F&E-Aufwendungen reflektieren eine inputorientierte Sicht. Wichtiger ist die Frage, wie der Ausstoß an Innovationen aussieht. Ein relevantes Maß bildet die Zahl der Patente. Der Analyse der Patentstatistik sei vorausgeschickt, dass Patente je nach Branche völlig unterschiedliche Bedeutung haben. Laut IW-Studie verfügt nur ein Drittel aller Unternehmen überhaupt über Patente, wobei drei von vier Patenten wirtschaftlich genutzt werden. Selbst in technikdominierten Branchen unterscheidet sich die Nutzung von Patenten beträchtlich. Nach einer Studie des Europäischen Patentamtes schützen zwei Drittel der kleinen und mittleren Firmen, die aktiv Forschung und Entwicklung betreiben, ihre Innovationen nicht durch Patente.[6] Gerade kleinere Unternehmen schrecken oft vor der Bürokratie, den Kosten oder dem Zeitbedarf zurück, die mit der Erlangung von Patenten verbunden sind. Weitere Motive für die Zurückhaltung liegen darin, dass man an der Durchsetzbarkeit der Patente gegenüber großen Wettbewerbern bzw. in fremden

Jurisdiktionen zweifelt oder das Know-how nicht offenlegen will. Die folgende Aussage von Klaus Grohmann von Grohmann Engineering, einem sehr innovativen Unternehmen, steht exemplarisch für diese Einstellung: »Wir melden keine Patente an. Dafür haben wir keine Leute. Und wir verabscheuen die Bürokratie. Ohnehin ist die Innovationsgeschwindigkeit in unserer Branche im Verhältnis zur Dauer von Patentverfahren sehr hoch. Patente würden uns nicht helfen. Wir könnten sie nicht durchsetzen. Und bevor wir das Patent erhalten würden, sind wir in unserer Entwicklung ohnehin schon weiter. Patente sind wie Pferde, wir aber fliegen mit Düsengeschwindigkeit.« Viele kleinere und mittlere Hidden Champions teilen diese Einstellung, selbst dann, wenn sie sehr innovativ sind. Das Thema Geschwindigkeit von Patentanmeldungen ist für manche Hidden Champions enorm wichtig. So beträgt die mittlere Wartezeit für eine Patententscheidung beim amerikanischen Patentamt 2,1 Jahre, beim deutschen Patentamt sogar 2,3 Jahre.

Patente werden bekanntlich nicht nur zur eigenen Nutzung angemeldet, sondern auch um die Konkurrenz zu blockieren. Diese beiden Motive haben in einer deutschen Studie ähnliche Gewichte. 60,2 % der Befragten bezeichneten die exklusive eigene kommerzielle Nutzung als wichtig, 56,4 % sahen die Blockade von Konkurrenzunternehmen als relevantes Motiv für ihre Patentpolitik.[7] Als Patentziele spielen auch die Erzielung von Lizenzeinnahmen und – vermutlich für Hidden Champions wichtiger – die Kreuzlizenzierung eine Rolle. Eine relativ neue Facette ist insbesondere in den USA zu beobachten. Patente werden nicht mit der Absicht, sie in Produkten zu verwerten, beantragt oder gekauft, sondern um mit ihrer Hilfe Regressansprüche gegen »Patentverletzer« durchzusetzen. Firmen, die diese Geschäfte systematisch betreiben, werden als »Trolls« bezeichnet.

In der Gegenwart spielen sich erbitterte Patentschlachten zwischen den führenden IT- und Internetfirmen ab (Samsung, Microsoft, Apple, Google etc.). Aber auch auf anderen Gebieten geht es zur Sache, beispielsweise in der Windenergie, wo General Electric und Mitsubishi aufeinander eindreschen. Hinter vielen aktuellen Akquisitionen wie dem Kauf von Motorola durch Google oder des AOL-Patentpaketes durch Microsoft steckt immer häufiger das Motiv, für solche Schlachten um IP-Rechte besser gerüstet zu sein. In den Jahren 2010–11 hat alleine die Smartphone-Industrie 15 bis 20 Milliarden Dollar für den Kauf von Patenten ausgegeben, und die Honorare für Patentanwälte, die diese Schlachten austragen, erreichten 500 Millionen Dollar.[8] Als kleinere und weniger finanzkräftige Unternehmen sind Hidden Champions auf diesem Gebiet erpressbarer und anfälliger als Großunternehmen. Das gilt jedoch nicht generell. Vor einigen Jahren ist General Electric gegen Enercon vorgegangen und hat ein Patent geltend gemacht. Daraufhin hat Enercon mit 18 Patenten zurückgeschlagen und das Geschäft von GE in Europa um den Faktor neun reduziert. Heute kommt niemand mehr auf die Idee, sich mit dem Hidden Champion Enercon an der Patentfront anzulegen.

Interessant ist auch, dass derartige Streitigkeiten in Branchen zunehmen, in denen Patente bisher keine große Rolle spielten. So gewann Nestlé in 2012 vor dem Europäischen Patentamt einen Patentstreit gegen drei namhafte Angreifer, die Kapseln für das Nespresso-System herstellten.[9] In Dienstleistungsbranchen spielen Patente traditionell eine eher untergeordnete Rolle. Daran hat die Einführung von Dienstleistungspatenten wenig geändert. Diese relativierenden Anmerkungen zur Rolle von Patenten sollen verdeutlichen, dass eine differenzierte Sicht angebracht ist. Diese Heterogenität spiegelt sich in den Antworten auf die Frage nach der Bedeutung von Patenten in unserer Umfrage wider. Während 17 % der Befragten Patenten eine geringe Bedeutung beimessen, sehen 29 % Patente als eine ausgesprochene Stärke ihres Unternehmens an.

Es gibt eine beträchtliche Zahl von Hidden Champions, für die Patente eine herausragende Bedeutung besitzen und die demzufolge eine sehr hohe Patentintensität aufweisen. Der Anteil dieser Unternehmen liegt etwa bei einem Drittel. Ein Beispiel ist die Firma Claas, die von sich sagt: »Seit Gründung des Unternehmens 1913 haben wir durchschnittlich jede Woche ein Patent angemeldet.« Der Südtiroler Hidden Champion Durst, heute Marktführer in der Inkjet-Technologie, hat seit seiner Gründung vor 76 Jahren 1 400 Patente erhalten, also rund 20 pro Jahr, eine bei heute gut 200 Mitarbeitern extrem hohe Zahl. Unter den 50 größten Patentanmeldern beim Deutschen Patent- und Markenamt (DPMA) des Jahres 2010 finden sich alleine 18 Hidden Champions.

Es ist aufschlussreich, die Patentintensität von Hidden Champions mit derjenigen der absolut größten Patentanmelder zu vergleichen. Setzt man die Patentanmeldungen für ausgewählte patentintensive Hidden Champions und Großunternehmen in Beziehung zur Größe der Belegschaft und zum F & E-Aufwand des jeweiligen Unternehmens, so ergeben sich die Zahlen in Abbildung 11.2.[10]

Diese Zahlen belegen die herausragende Innovationsleistung der Hidden Champions im Vergleich zu technologisch führenden Großunternehmen. Der Befund, dass kleine Unternehmen eine höhere Pro-Kopf-Patentintensität aufweisen als Großunternehmen, ist nicht grundsätzlich neu. Das Ausmaß der Differenz ist allerdings erstaunlich. Die aufgeführten Großunternehmen erreichen sechs Patentanmeldungen pro 1 000 Mitarbeiter, der Wert für die Hidden Champions liegt bei 31 Anmeldungen. Die Patentintensität der Hidden Champions ist also um den Faktor fünf höher. Natürlich gibt es einzelne

Abb. 11.2: Kennzahlen zu Patenten für ausgewählte Hidden Champions und Großunternehmen

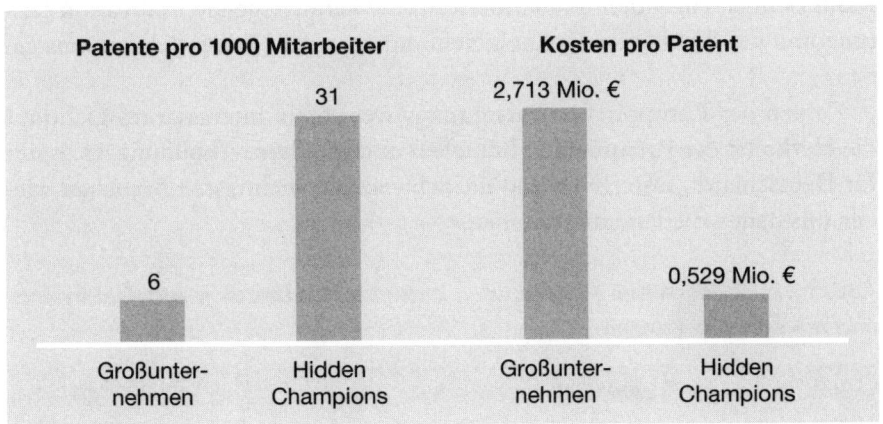

Hidden Champions, die weit höhere Patentzahlen pro 1000 Mitarbeiter aufweisen. Ifm electronic, eines der führenden Unternehmen in der Prozessautomation, hat bei 4300 Mitarbeitern 580 Patente, also 135 pro 1000 Beschäftigten. Emitec aus Lohmar bei Köln, Weltmarktführer bei Metallträgern für Abgas-Katalysatoren, hat weltweit 1800 Patente bei 1000 Beschäftigten.

Auch der F&E-Aufwand pro Patent ist sehr verschieden. Er liegt für die ausgewählten Hidden Champions bei 529000 Euro, für die großen Firmen hingegen bei 2,7 Millionen Euro, also rund dem Fünffachen. Welches Marktpotenzial in den jeweiligen Patenten steckt, ist nicht bekannt. Die Vermutung, dass die Patente der Großen ein höheres Marktpotenzial besitzen, wird allerdings in der Literatur nicht bestätigt. So stellte Koppel fest, »dass größere Unternehmen keineswegs, wie vielleicht vermutet, über wertvollere Patente verfügen«.[11]

Interessant ist ein Vergleich der Hidden Champions mit den Patentanmeldungen der deutschen Großforschungseinrichtungen und Hochschulen. Diese haben im Jahr 2010 folgende Zahlen von Patenten angemeldet:

- Helmholtz-Gemeinschaft (18 Großforschungseinrichtungen): 365
- Fraunhofer-Gesellschaft (85 Forschungseinrichtungen): 368
- Deutsches Zentrum für Luft- und Raumfahrt 241
- Alle deutschen Hochschulen zusammen 661

Einzelne Hidden Champions wie LuK (allein in 2010 392 Patentanmeldungen), Voith Paper (294 Patentanmeldungen) und Krones (237 Anmeldungen) melden größenordnungsmäßig ähnlich viele Patente an wie diese Großforschungseinrichtungen, die fünfstellige Mitarbeiterzahlen beschäftigen. Kann es überzeugendere Indikatoren für die herausragende Innovationsleistung und die Weltklasse-Technologiekompetenz der Hidden Champions geben?

Zahlen des Europäischen Patentamtes werfen ein interessantes Licht auf die Herkunft der Patente nach Branchen und Ländern. Abbildung 11.3 gibt für Deutschland, Österreich und die Schweiz die wichtigsten Branchen wieder, aus denen die Patente stammen.

Abb. 11.3: Herkunft der Patente nach Branchen für Deutschland, Österreich und die Schweiz (2010)[12]

Land	Branche	Zahl der Patente
Deutschland	Automobil	1 468
	Elektrische Maschinen	868
	Mechanische Bauteile	798
	Messtechnik	643
	Antriebe, Pumpen, Turbinen	624
	Werkzeugmaschinen	616
	Lager-/Transporttechnik	569
	Bautechnik	512
	Medizintechnik	495
	Organische Feinchemie	488
	Spezialmaschinen	485
Schweiz	Medizintechnik	294
	Messtechnik	244
	Organische Feinchemie	229
	Lager-/Transporttechnik	205
	Elektrische Maschinen	115
	Pharmazeutika	114
Österreich	Bautechnik	53
	Lager-/Transporttechnik	52
	Autombil	49

Im Fall Deutschlands und der Schweiz erkennt man, dass sehr viele Patente aus den Branchen stammen, die von Hidden Champions dominiert werden. Beispiele sind Mess- und Medizintechnik, mechanische Bauteile oder Antriebe, Pumpen, Turbinen. Zwar sind auch einige Sektoren, für die Großunternehmen typisch sind, vertreten, aber außer bei der Automobilindustrie halten sich die Patentzahlen dieser Großbranchen in Grenzen (z.B. Chemie, Pharmazie). Österreich weist keine so ausgeprägte Branchenstruktur in den Patenten auf, auch ist deren Zahl deutlich kleiner (Deutschland: 12 553 Patente, Schweiz 2 389, Österreich 667). Diese Sektorbetrachtung liefert eine zusätzliche Bestätigung, dass die Hidden Champions gemessen an der Zahl ihrer Patente äußerst aktive Investoren sind.

Manche Hidden Champions betrachten Innovationen und deren Absicherung durch Patente als eine Kernkompetenz. Ein Beispiel ist Enercon. Aloys Wobben, der Gründer von Enercon, hat sich seit Gründung des Unternehmens im Jahr 1984 voll auf Innovationen konzentriert. Obwohl Enercon mittlerweile 13 000 Mitarbeiter hat, beteiligt sich Wobben nach wie vor persönlich an der Verbesserung und Entwicklung von Produkten. Die Homepage von Enercon erinnert an ein technisches Handbuch. Enercon besitzt die meisten aller Patente weltweit auf dem Gebiet der Windenergieerzeugung und ist unbestrittener Technologieführer. Selbst Firmen wie der Weltmarktführer Vestas oder Großunternehmen wie Siemens und General Electric sind auf Lizenzen von Enercon angewiesen. Bezeichnend – und für viele Hidden Champions typisch – ist, dass Enercon in seinen technischen Lösungen einen eigenständigen Weg geht, indem es – anders als der Wettbewerb – Anlagen entwickelt, die ohne Getriebe auskommen. Das bedeutet kürzere Hochfahrzeiten sowie geringere Stör- und Verschleißanfälligkeit. Die Enercon-Produkte gelten deshalb als der »Mercedes« unter den Windenergieanlagen. Für den Transport seiner Windenergieanlagen betreibt Enercon eine eigene Flotte von Spezialschiffen. Auch auf diesem Gebiet setzt die Firma ihre hohe technologische Kompetenz ein. Ein Beispiel ist das sogenannte E-Ship, das derzeit im Testeinsatz auf Alltagstauglichkeit überprüft wird. Enercon wird das E-Ship vorrangig für den weltweiten Transport seiner Windenergieanlagenkomponenten einsetzen. Das E-Ship erhält zusätzlich zum herkömmlichen Dieselantrieb vier von Enercon entwickelte Flettner-Rotoren mit einer Höhe von 27 Metern und einem Durchmesser von vier Metern, in denen innen liegende Zylinder rotieren.[13] Ein Flettner-Rotor erzeugt 10- bis 14-mal mehr Schub als ein Segel gleicher Fläche. In puncto Umwelt und Emissionen setzt das E-Ship neue Dimensionen. »Mit dem E-Ship wird ein neues Kapitel in der Frachtschifffahrt aufgeschlagen«, sagt Torsten Westphal, Geschäftsführer der Arkon-Shipping GmbH, mit der Enercon beim Betrieb dieses revolutionären Schiffes kooperiert.

Ein extrem innovatives Unternehmen, das eine sehr professionelle Patentstrategie betreibt, ist Sennheiser, der Weltmarktführer bei Bühnenmikrofonen.

Bei Sennheiser stammt der weitaus größte Teil des Umsatzes von Produkten, die durch mindestens ein, oft sogar durch fünf oder mehr Patente geschützt sind. Demgegenüber haben große Hersteller wie Philips oder Sony, die nicht das Topsegment, sondern die Massenmärkte bedienen, eine Quote der patentgeschützten Produkte von unter 20 %. Solche Produkte können dann von Nachahmern leicht kopiert werden, denn ohne Patente ist ein wirksamer Schutz schwierig durchsetzbar. Sennheiser geht rigoros gegen Patentverletzer vor, wie sich an einem Konflikt mit Tchibo vor einigen Jahren zeigte. Tchibo bot einen Kopfhörer an, bei dem Sennheiser eine Patentverletzung sah. Sennheiser ließ nicht nur den Verkauf sofort untersagen, sondern auch 50 000 Kopfhörer beschlagnahmen. Tchibo hatte dem rigorosen und professionellen Vorgehen der Leute aus der niedersächsischen Provinz wenig entgegenzusetzen. Hätten die Tchibo-Manager diesen Hidden Champion näher gekannt, dann wären sie weniger überrascht worden. Denn dort agieren Weltklasse-Patentprofis, die an der Technologiefront keinen Millimeter nachgeben.

Die große Rolle, die Patente bei technologieaffinen Hidden Champions spielen, zeigt sich auch in den Zuständigkeiten. Bei vielen dieser Firmen liegt die Zuständigkeit für Patente beim CEO. Nach Auskunft des Patentanwaltes Klaus Goeken benennt hingegen keine einzige der großen deutschen Aktiengesellschaften »Intellectual Property Rights« oder »Gewerbliche Schutzrechte« als Vorstandsressort. In großen Unternehmen wird dieses Thema in aller Regel in Stabsabteilungen bearbeitet. Nach Einschätzung von Goeken erhalten selbst die Leiter der Patentabteilungen nur selten direkten Zugang zum Vorstand. Patente haben eine maximale Laufzeit von 20 Jahren. Das ist ein Zeitraum, der eher dem Planungs- und Gestaltungshorizont eines Hidden Champions als dem eines Großunternehmens entspricht.

Patente sind ein Indikator, der das technische Resultat der Innovationsanstrengungen, jedoch nicht den ökonomischen Erfolg misst. Denn die Anzahl der Patente sagt nichts über deren tatsächliche Nutzung und erst recht nichts über die wirtschaftliche Bedeutung aus. Erfindung oder Invention sind nicht gleich Innovation. Laut der Studie von Koppel werden 76 % der Patente genutzt.[14] Den Wert eines Patents beziffert Koppel auf rund 150 000 Euro. Amerikanische Experten nennen eine ähnliche Größenordnung, nämlich 100 000 bis 200 000 Dollar, als typischen Wert von Industriepatenten.[15] Wenn Patente nicht genutzt werden, was immerhin auf ein knappes Viertel zutrifft, sind bei kleineren Unternehmen finanzielle Engpässe der wichtigste Grund. Bei größeren Firmen sind eher mangelnde Produkt- oder Marktreife die Ursache für die Nichtnutzung. Erfahrene Patentanwälte schätzen, dass die Nutzungsquote in kleinen Unternehmen deutlich höher liegt als in großen Firmen. Diese Zahlen stützen die Vermutung, dass kleinere Firmen wie die Hidden Champions nicht nur im Hinblick auf Patentintensität und -kosten, sondern auch hinsichtlich des wirtschaftlichen Wertes von F&E bzw. Patentwesen effektiver und effizienter arbeiten als große Firmen.

Neue Produkte

Eine Innovation kann erst dann als Erfolg gewertet werden, wenn sie sich am Markt durchgesetzt hat. Hohe F&E- und Patentintensitäten sind keine Garantie für wirtschaftlichen Erfolg. Drastisch zeigt sich dies am Vergleich von Sony und Apple. So gibt Sony 5,9 %, Apple hingegen nur 2,2 % vom Umsatz für F&E aus. Sony hat im Zeitraum 1993 bis 2011 rund 7 500, Apple hingegen nur circa 800 Patente erhalten. Apple hat im Geschäftsjahr 2011 108 Milliarden Dollar umgesetzt und einen Gewinn von 34 Milliarden erzielt. Sony musste bei einem Umsatz von 87 Milliarden Dollar einen Verlust von 6,4 Milliarden Dollar hinnehmen.[16] Wie schneiden die Hidden Champions mit ihren neuen Produkten am Markt ab? Die Bedeutung neuer Produkte lässt sich nur schwer quantitativ und vergleichbar erfassen. Verbreitet sind in der Praxis Angaben, dass ein bestimmter Prozentsatz des Umsatzes mit Produkten erzielt wird, die je nach Fall weniger als drei, vier oder fünf Jahre alt sind. Im Hinblick auf dieses Kriterium erweisen sich viele Hidden Champions als extrem innovativ. Während die IW-Studie für den Querschnitt deutscher Unternehmen feststellte, dass 23 % der Umsätze mit neuen Produkten erzielt werden, liegen entsprechende Prozentangaben bei innovativen Hidden Champions weit höher. So berichtet Kärcher, dass 85 % der Umsätze von Produkten stammen, die jünger als fünf Jahre sind. Die Wittenstein AG, ein Marktführer für mechatronische Antriebssysteme, erreicht denselben Prozentsatz mit neuen Produkten aus den letzten vier Jahren. Bei Durst, dem europäischen Marktführer in der Inkjet-Technologie, sind 68 % der Produkte jünger als drei Jahre, ein Drittel sogar jünger als ein Jahr. Bosch Power Tools, Weltmarktführer bei Elektrowerkzeugen, erzielt 48 % seines Umsatzes mit Produkten, die weniger als zwei Jahre auf dem Markt sind. David Haines, CEO von Grohe, dem Weltmarktführer bei Sanitärarmaturen, nennt sein Portfolio das »frischeste« in der Branche, 67 % des Umsatzes stammten von Produkten, die jünger als fünf Jahre seien. Mehr als die Hälfte der Produkte von Vitronic, führend in der industriellen Bildverarbeitung, sind in den letzten drei Jahren auf den Markt gekommen.

Die Vergleichbarkeit solcher Innovationsindikatoren ist nicht eindeutig, da unklar bleibt, was als »neues Produkt« definiert wird. Wenig Sinn machen Prozentsätze zu neuen Produkten bei Firmen, die keine Serien-, sondern Einzelfertigung betreiben, wie zum Beispiel bei Anlagenbauern. Dort ist jedes Projekt per definitionem neu in dem Sinne, dass es sich von seinen Vorgängern mehr oder minder stark unterscheidet. In aller Regel finden ständige Verbesserungen statt, sodass man begründet von einem neuen Produkt sprechen kann. Demgemäß kämen 100 % des Umsatzes von »neuen« Produkten, was aber dem Geist der Sache nicht gerecht wird. Trotz dieser Schwierigkeiten in der Messung des Neuproduktbeitrags darf man feststellen, dass die Hidden Champions auf der Produktseite sehr innovativ sind. Dies gilt sowohl für Märkte, die sich in der Wachstumsphase befinden, wie auch für reife Märkte.

Die folgenden Beispiele beleuchten ausgewählte Innovationen in Märkten unterschiedlicher Entwicklungsphasen. Die Carl Zeiss SMT AG beliefert Chip-Fabriken mit Lithographieoptik und betreibt die modernste Fabrik der Welt für Lithographiesysteme. Mit ihren Innovationen hat sie zusammen mit dem niederländischen Hidden Champion ASML, in dessen Maschinen die Zeiss-Produkte eingebaut werden, in den letzten Jahren die Weltmarktführerschaft errungen. Die Marktanteile der japanischen Firmen Nikon und Canon, die früher marktführende Positionen besaßen, sind stark zurückgegangen.

Mit überlegenen Innovationen hat sich Sennheiser bei Mikrofonen, Kopfhörern und drahtlosen Übertragungssystemen die Weltmarktführerschaft gegen den vielfältigen Wettbewerb aus Amerika und Asien erobert. Heute liegt der Weltmarktanteil von Sennheiser bei etwa 25 %.[17]

Eine bahnbrechende Innovation sind die sogenannten Lightweight Laufräder von Carbon Sports. Sie wurden von dem gelernten Werkzeugmacher Heinz Obermayer, der bei MTU beschäftigt war, und einem Partner entwickelt. Auf der Homepage von Carbon Sports heißt es: »Sie fertigten ihre Laufräder unter strikter Geheimhaltung. Alle Fenster waren abgedunkelt, niemals hätte eine Tür so einfach offen gestanden. Die Werkstatt war nach außen hermetisch abgeschlossen, wenngleich niemand am bloßen Äußeren jemals eine ›Waffenschmiede für den Radsport‹ hinter diesen Gemäuern vermutet hätte. Gleichwohl ist diese Werkstatt als Produktionsstätte absoluter High-Tech-Produkte Anlass zahlreicher Legenden geworden.« Nachdem 1996 der erste Straßenweltmeister seinen Titel auf Lightweights holte und Jan Ullrich 1997 mit diesen Laufrädern die Tour de France gewann, konnten sich die Erfinder vor Nachfrage seitens der Radprofis kaum noch retten. Weiter geht es auf der Homepage: »… rannten ihnen nun die besten Radfahrer der Welt die Tür ein. Lieferzeiten von einem Jahr und die Tatsache, dass auch ein Profi, selbst ein Weltmeister oder Tour-de-France-Sieger, seinen

Laufradsatz voll bezahlen muss, konnten die Käufer aus aller Welt nicht stoppen.« Nur der Vollständigkeit halber sei angemerkt, dass selbstverständlich alle Tour-de-France-Sieger der letzten Jahre mit Carbon-Sports-Laufrädern gefahren sind. Und die Innovationen gehen weiter. Zu dem neuen, in 2012 eingeführten Rad mit dem Namen AUTOBAHN heißt es: »Fangen wir mit ein paar Stichworten an: Vortrieb, Speed, Aerodynamik, Leichtigkeit, Steifigkeit, Agilität. Ja, Kompromisslosigkeit. Eigentlich könnten wir jetzt aufhören, denn AUTOBAHN ist keine Scheibe. AUTOBAHN ist eine Waffe. Eine Waffe im Kampf gegen die Uhr.« Auch in Zukunft dürften die besten Radfahrer der Welt auf die bahnbrechenden Innovationen von Carbon Sports aus Friedrichshafen setzen.

Neue Möglichkeiten für die Nutzung von Gebäuden zu Werbezwecken erschließt eine Innovation des Weltmarktführers bei Metallgeweben, der Firma GKD Kufferath aus Düren. In das an der Fassade befestigte Gewebe aus Edelstahl sind Licht emittierende Dioden (LEDs) eingesetzt, die jeweils einzeln angesteuert werden. So können rund um die Uhr Videos oder Grafiken gezeigt werden. Das Edelstahlgewebe dient gleichzeitig als Schutz vor Wind und Sonne, es bietet volle Transparenz und ist nicht brennbar. Glasbau Frerichs aus Verden an der Aller spricht mit der Innovation »Onlyglass Mediafacade« ähnliche Kundenbedürfnisse an. Für diese Weltneuheit wurde eine eigene Firma gegründet. Diese durchsichtige Medienfassade wurde in Zusammenarbeit mit der Technischen Universität Braunschweig entwickelt. Das Werbemedium ist in das Glas integriert, eine vorgehängte Medienfassade erübrigt sich. Bereits kurz nach der Einführung im Jahr 2012 gibt es Projekte auf allen fünf Kontinenten.[18]

Das Entwicklungstempo in der Orthopädietechnik hat sich rapide beschleunigt. Die Nr. 1 im Weltmarkt, die Firma Otto Bock aus Duderstadt in Niedersachsen, hat in der jüngsten Vergangenheit zahlreiche bahnbrechende Innovationen wie myoelektrisch gesteuerte Armprothesen oder ein neues Beinprothesensystem auf den Markt gebracht. Myoelektrik befasst sich mit der Frage, wie der Mensch eine Prothese mit seinem Willen steuern kann.

Selbst in reifen Märkten beobachten wir eine Welle von Innovationen, die Maßstäbe setzen. Claas hat mit dem Modell »Lexion« den innovativsten und leistungsfähigsten Mähdrescher der Welt eingeführt. Mit einer Schnittbreite von 12 Metern erntet der Lexion in einer Stunde den Tagesbedarf einer Großstadt von 350 000 Einwohnern. Die Maschine ist mit Hightech vollgepackt und wird von Bordcomputern per Satellitennavigation selbstständig gesteuert. Der Fahrer hat nur noch Überwachungsaufgaben. Dieses Produkt zeugt außerdem von der globalen Ausrichtung einer Innovation. Es ist für die riesigen Anbauflächen in Nordamerika und Osteuropa konzipiert.

Für deutsche Felder ist die Maschine zu groß. Allein Russland hat mehr landwirtschaftliche Nutzfläche als die gesamte Europäische Union. Innovationen, die Claas auf den Markt bringt, setzten häufig neue Maßstäbe. Das gilt gleichermaßen für Feldhäcksler, bei denen Claas Weltmarktführer ist, wie für Mähwerke und Strohpressen. Die bei Claas beobachtete Ausrichtung der Produktentwicklung auf internationale Märkte gilt für die Mehrheit der Hidden Champions. 56 % sagen, dass sie ihre Entwicklungen sehr stark auf ausländische Märkte ausrichten, nur 10 % orientieren sich primär am Inlandsmarkt.

Eine beeindruckende Innovationsbilanz weist auch die Firma Herrenknecht auf. Diese 1975 von Martin Herrenknecht gegründete Firma stieg innerhalb von 25 Jahren zum unangefochtenen Weltmarkt- und Technologieführer für Tunnelvortriebsmaschinen auf. Ständig werden neue Maßstäbe im maschinellen Tunnelbau gesetzt, so beim Bau des Gotthardtunnels, der 2015 vollendet werden soll, oder mit der weltgrößten Tunnelbohrmaschine bei der Yangtse-Querung in Shanghai. Die Tochterfirma Herrenknecht Vertical fokussiert sich mit innovativen Konzepten auf Tiefbohrungen bis zu 6 000 Metern für die Geothermie. Diesem neuen Markt wird weltweit ein hohes Wachstumspotenzial zugetraut.

Hidden Champions aus dem deutschsprachigen Raum treten aber keineswegs nur auf traditionellen Gebieten wie Maschinen- und Anlagenbau, Autozulieferung, Medizintechnik oder Chemie als erfolgreiche Innovatoren auf. Wir erkennen einen dahin gehenden Trend, dass junge Firmen sich auch in neuen Märkten Führungspositionen erkämpfen. So hat IP Labs auf dem noch jungen Markt für digitale Fotobücher durch schnelle und benutzerfreundliche Innovationen eine führende Position errungen. Invers aus Siegen ist durch seine Pionierinnovationen zum Weltmarktführer für Carsharing-Systeme aufgestiegen. Die erst 2011 von Frank Thelen, Marc Sieberger und Alexander Koch gegründete Firma doo.net tritt mit der Ambition an, ein revolutionäres neues System zur Beseitigung von Papier im Büro zu entwickeln und dieses weltweit als Standard zu etablieren. Bereits nach wenigen Monaten schaffte doo.net den Eintritt in die Welten von Apple, Google (Android) und Microsoft (Windows 8).

Die ausgewählten Beispiele, die sich durch viele weitere ergänzen ließen, bestätigen den Eindruck, dass sich die Hidden Champions in einer Phase massiver Innovationen befinden. Nichts spricht dagegen, dass diese Innovationsdynamik anhält. Die Geister der Innovation scheinen seit einigen Jahren neu entfesselt. In vielen Feldern haben sich die Hidden Champions die Technologieführerschaft – zum Beispiel von japanischen und teilweise auch von amerikanischen Firmen – zurückerobert. Umgekehrt entstehen vor allem in China neue Konkurrenten, wie die Übernahme von Putzmeister durch Sany zeigt. Ein Nachlassen bei den Innovationsanstrengungen wäre äußerst gefährlich.

Die enormen F&E-Anstrengungen seit den neunziger Jahren haben im Markt Früchte getragen. Innovationen liefern die Schlüsselerklärung für die Zuwächse in den absoluten und relativen Marktanteilen der Hidden Champions. Die Krise nach 2007 hat teilweise zu Rückschlägen geführt, den generell positiven Trend jedoch nicht gebrochen. Die Hidden Champions sind sehr innovativ und für Globalia optimal gerüstet. Ihre technologischen Kompetenzen sind ein Grund, mit Optimismus in die Zukunft zu schauen.

Antriebskräfte der Innovation

Die einfachste Aufteilung möglicher Antriebskräfte von Innovationen unterscheidet danach, ob die Anregung von außen oder von innen kommt. Die wichtigsten Anreger von außen sind die Kunden. Auch Lieferanten, Wettbewerber oder Kooperationspartner steuern – manchmal ungewollt – Innovationsideen bei. Von innen kommen das Topmanagement, die F&E-Abteilung oder andere Bereiche als Ideengeber in Betracht. Das Institut der deutschen Wirtschaft hat erhoben, wie wichtig diese verschiedenen Stellen als Impulsgeber sind.[19] Die Befunde sind in Abbildung 11.4 wiedergegeben.

Abb. 11.4: Wichtigkeiten von Impulsgebern für Innovationen

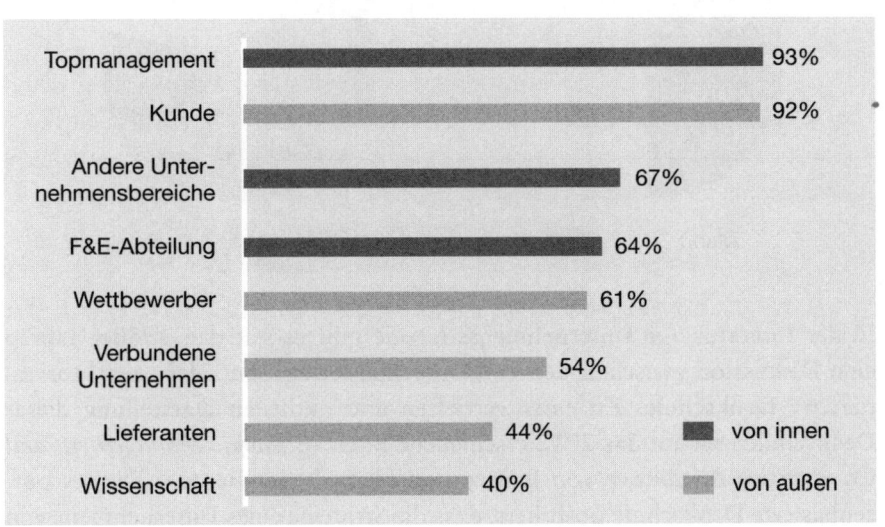

Diese Resultate belegen, dass beide Seiten eine unverzichtbare Rolle als Impulsgeber für Innovationen spielen. In unserer eigenen Studie fragten wir, ob Innovationen eher von der Technik oder vom Markt/den Kundenbedürfnissen getrieben werden oder ob beide Antriebskräfte etwa gleich wichtig seien. Zum Vergleich stellten wir diese Frage auch ausgewählten Großunternehmen. Die oben diskutierten Indikatoren wie F & E-Intensitäten oder Patentstatistiken könnten zu der Vermutung führen, dass die Hidden Champions vor allem technologiegetrieben seien. Abbildung 11.5 zeigt, dass diese Hypothese nicht zutrifft.

Bei den Großunternehmen antwortet genau die Hälfte, dass sie marktgetrieben seien. Das klingt nach »politisch korrekter« Antwort. Ein knappes Drittel (31 %) der Großen sieht hingegen die Technologie als dominierende Antriebskraft. Nur 19 % sagen, dass beide Antriebskräfte gleich stark seien. Für die Hidden Champions ergibt sich ein völlig anderes Bild. Rund zwei Drittel sehen in Markt und Technik gleich starke, ausgewogene Antriebskräfte. Nur 21 % bezeichnen sich als primär marktgetrieben und lediglich 14 % als technologiegetrieben.

Abb. 11.5: Antriebskräfte von Innovationen in Großunternehmen und bei Hidden Champions

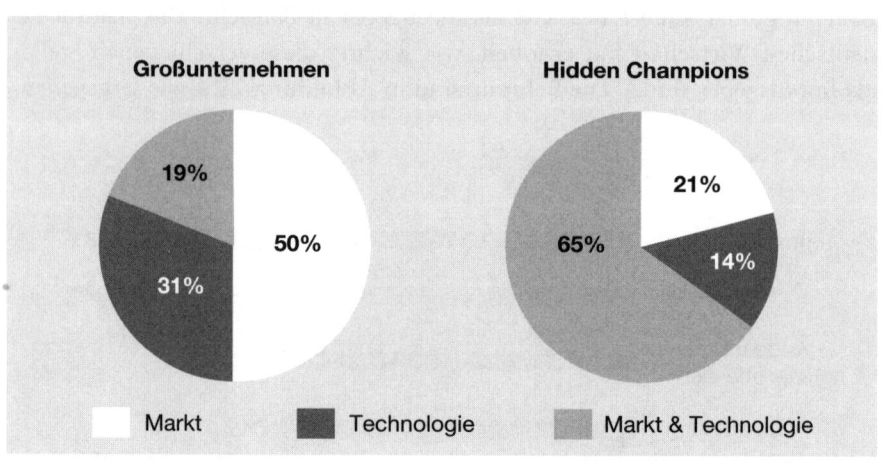

In der Literatur zur Unternehmensstrategie gibt es seit den 1950er Jahren eine Diskussion zwischen der »ressourcenbasierten« und der »marktorientierten« Denkschule. Zu einer vertieften und aktuellen Darstellung dieser Denkschulen sei auf das 2012 erschienene Buch »*Strategic Management and Competitive Advantage* von Barney und Hesterly verwiesen.[20] Die ressourcenbasierte Denkschule postuliert, dass die Strategie eines Unternehmens von innen, das heißt von seinen Ressourcen getrieben werden sollte. Im Mittelpunkt des Interesses stehen demgemäß Kompetenzen und Fähigkeiten sowie deren Aufbau und Weiterentwicklung.[21] Die marktorientierte Denkschule fasst hingegen die Gelegenheiten, die sich am Markt bieten, ins Auge und fordert, die Strategie vom Markt her zu entwickeln. Die Erkennung von Marktchancen, die bessere Befriedigung von Kundenbedürfnissen und die Schaffung von Wettbewerbsvorteilen stehen im Vordergrund. Was lehren uns die Hidden Champions bezüglich dieser konkurrierenden Denkschulen? Anders als Großunternehmen, die ihr Verhalten zu 81 % einer der konkurrierenden Denkschulen zurechneten, lehnen zwei Drittel der Hidden Champions das polare Entweder-oder-Denken ab. Stattdessen praktizieren sie eine Sowohl-als-auch-Strategie, die Markt und Technik als gleichwertige Antriebskräfte integriert. Die Firma Wanzl, Weltmarktführer bei Einkaufswagen, bringt dieses Sowohl-als-auch-Denken idealtypisch zum Ausdruck: »Für unsere Expansion und unser Wachstum setzen wir auf Produktorientierung und Kundenorientierung.« Alberdingk Boley, europäischer Marktführer bei wasserbasierten Beschichtungen, sagt: »Durch die Integration von Markt und Technik erreichen wir optimale Synergien von internen Kompetenzen und externen Marktchancen.« Vieles spricht dafür, dass solche integrativen Sichtweisen jeder einseitigen Markt- oder Technikorientierung überlegen sind. Markt- bzw. Technikorientierung sollten nicht als sich ausschließende Gegensätze, sondern als komplementäre Dimensionen interpretiert werden.[22] Norbert Gebhardt von der Firma Netzsch, einem Marktführer in der Pump- und Mahltechnik, hat diese Balance treffend beschrieben: »Wir benötigen sowohl Markt- als auch Technikorientierung, wenn wir mit dem Kunden Geschäfte machen. Der Verkäufer allein ist verloren, was die technischen Einzelheiten anbelangt. Der Techniker ist umgekehrt kein Spezialist für Kommunikation. Wir zielen auf die goldene Kombination zwischen beiden ab.«

Die einseitige Ausrichtung entweder am Markt oder an den internen Ressourcen bzw. das Fehlen der integrativen Sichtweise sind die Mütter unendlich vieler Strategiedesaster. Aus heutiger Sicht lässt sich kaum nachvollziehen, wie die BASF ins Musikgeschäft, Kodak in den Pharmamarkt, Volkswagen ins Computergeschäft oder Daimler in die Elektronik einsteigen konnten. Das Problem dabei waren nicht die Märkte. Diese wuchsen, und die dort erfolgreichen Firmen verdienten viel Geld. Die Schwäche lag in den fehlenden Kompetenzen. In keinem dieser Fälle gelang es, das Kompetenzniveau der führenden Wettbewerber zu erreichen.

Genauso gefährlich ist die einseitige Orientierung an den internen Ressourcen oder Kompetenzen. Auf dem Unternehmensfriedhof wimmelt es von Firmen, die herausragende Kompetenzen besaßen, für die aber dummerweise der Markt verschwand. Selbst wenn man die beste und gleichzeitig kostengünstigste Dampflokomotive baut, nutzt einem das wenig, denn wer kauft heute noch Dampfloks. Ob NSU bei Motorrädern[23], Faber-Castell bei Rechenschiebern, Reflecta bei Diaprojektoren, Durst bei Vergrößerungsgeräten: eine Kompetenz, egal wie herausragend sie sein mag, hat immer nur Wert in Bezug auf einen Markt. Diese einfachen Überlegungen untermauern, dass die von den Hidden Champions praktizierte integrative Sichtweise notwendig und überlegen ist.

Allerdings macht die integrative Sichtweise die Strategieentwicklung komplizierter. Während man bei einseitiger Orientierung quasi linear vom Markt oder den Kompetenzen her kommend vorgehen kann, muss man in der integrativen Strategie häufig die Seite wechseln. Das schließt nicht aus, dass der Startpunkt der Strategieentwicklung auf der einen oder der anderen Seite liegt. Aber es ist jeweils in einem frühen Stadium der Analyse zu fragen:

- Haben wir die Kompetenzen für diesen möglicherweise attraktiven Markt oder können wir diese entwickeln? Bzw. beim umgekehrten Vorgehen:
- Ist ein Markt für unsere Kompetenzen vorhanden oder können wir einen solchen entwickeln?

Wenn wir im Folgenden ausgewählte Beispiele von Innovationen betrachten, so werden wir feststellen, dass typischerweise eine bestimmte Ausgangsperspektive im Vordergrund stand, die integrative Sichtweise aber jeweils schnell zur Geltung kam. Einige der Beispiele betreffen die Gründungsidee. Die Frage, wie Hidden Champions entstehen, ist von hohem Interesse.

Entstehung von Innovationen

Die Entstehungsgeschichten von Innovationen und der Hidden Champions selbst sind so vielfältig, dass sie sich jeder Klassifikation entziehen. Nicht selten spielten Glück oder Zufall mit. Manchmal stand das Erkennen eines ungelösten Kundenbedürfnisses am Anfang. In anderen Fällen gab es zunächst eine Technologie oder eine Kompetenz, die ein Problem suchten, das sie lösen konnten. Immer aber kamen bei den Hidden Champions Markt und Technik letztendlich und ziemlich schnell zusammen. Oft bildet gerade diese Verbindung den Kern der innovativen unternehmerischen Leistung.

Bei einem privaten Besuch einer Fabrik der Kosmetikfirma Avon im Jahr 1972 fiel dem Ingenieur Peter Weckerle, der damals für die amerikanische Werkzeugmaschinenfirma Cincinnati Millacron arbeitete (wie einige Jahre zuvor auch Berthold Leibinger von Trumpf), der hohe Anteil von Handarbeit in der Lippenstiftproduktion auf. Er war davon überzeugt, dass er diese Produktion besser organisieren könne, und konstruierte eine Lippenstiftmaschine. Diesen Prototyp kaufte Avon. Der Durchbruch kam, als die Russen die Lippenstiftproduktion für die Moskauer Olympiade 1980 hochfahren wollten und die Avon-Fabrik besichtigten. Dort sahen sie die Weckerle-Maschine und bestellten über 20 davon. Heute werden 85 % der Lippenstifte weltweit auf Weckerle-Anlagen hergestellt. Auch produziert Weckerle seit geraumer Zeit selbst Lippenstifte in hoher Stückzahl. Dieser Fall beleuchtet idealtypisch das Aufeinandertreffen von Kundenproblem-Erkenntnis und technischer Kompetenz, beides vereint in der Person des Unternehmers Peter Weckerle und heute fortgeführt von seinem Sohn Thomas Weckerle.

In den sechziger Jahren wurde im Chemiekonzern Bayer ein Ionenaustauscher entwickelt, für den man dort aber keinen Markt sah. Durch einen Bekannten erfuhr Heinz Hankammer, der damals als Möbelverkäufer arbeitete, von dieser Innovation. Er begann, das Produkt an Tankstellen zur Herstellung von Wasser für Batterien zu verkaufen. Das war der Anfang von Brita-Wasserfilter, heute Weltmarktführer bei Tischwasserfiltern. Hier stand zu Beginn eine technische Innovation, für die der Unternehmer Hankammer schrittweise unterschiedliche Märkte fand und erschloss. Auch bei der Firma Gore bildeten technische Kompetenzen bzw. Produkte den Startpunkt. Der Gründer Bill Gore arbeitete im Labor des großen Chemieunternehmens DuPont und war an der Entwicklung von Teflon (PTFE) beteiligt. Im Jahr 1958 gründete er seine eigene Firma mit dem Ziel, Märkte und Anwendungen für PTFE zu erschließen. Seither zeichnet sich die Firma Gore durch einen ununterbrochenen Strom von PTFE-basierten Innovationen in Feldern wie Freizeitkleidung (Marke Gore-Tex), Elektronik, Umwelt- und Medizintechnik aus und ist auf mehreren dieser Gebiete Weltmarktführer. Gore beschäftigt heute 9 500 Mitarbeiter in über 30 Ländern weltweit und setzt 3 Milliarden Dollar im Jahr um.

Viele Hidden-Champions-Innovationen sind aus Situationen entstanden, in denen der Gründer in seinem privaten Bereich ein Problem erlebte, für das es keine befriedigende Lösung gab. So berichtet Claus Hipp vom gleichnamigen Babykosthersteller und deutschen Marktführer, wie der Betrieb aus der Not geboren wurde: »Meine Großmutter konnte ihre Zwillinge nicht stillen. Da fackelte ihr Mann, der Pfaffenhofener Konditormeister Josef Hipp, nicht lange und mixte einen Brei aus Milch, Zwieback und Wasser. Die Zwillinge überlebten, und die Zwiebackmischung fand Anklang bei den Kunden. Dass aus diesem Zufallsprodukt einmal der Babykosthersteller Nr. 1 werden würde, damit haben die beiden wohl kaum gerechnet.«[24] Ähnlich klingt die Entstehungsgeschichte von Tetra, dessen Gründer Ulrich Baensch seine Dissertation über tropische Fische schrieb. Er musste erfahren, dass es äußerst schwierig war, diese Fische zu züchten, da es auf dem Markt kein geeignetes Futter gab. Deshalb entwickelte er sein eigenes gebrauchsfertiges Fischfutter. Die Tetra-Werke gründete er 1955. Heute ist das Unternehmen Weltmarktführer in der Aquaristik mit einem Weltmarktanteil, der 3,6-mal so groß ist wie der des größten Konkurrenten. Bei Hipp wie bei Tetra stand am Anfang ein ungelöstes Problem, für das die Unternehmensgründer auf der Basis ihrer Kompetenzen als Konditor bzw. Biologe eine innovative Lösung fanden. Wieder kamen Kundenbedürfnisse und Kompetenzen zusammen.

Ähnlich war es bei Manfred Bogdahn, Gründer und bis heute geschäftsführender Gesellschafter von Flexi. Bogdahn störte es, dass er seinen Hund nur an einer starren Leine ausführen konnte oder ihn unkontrolliert laufen lassen musste. Warum sollte man nicht beides in Form einer flexiblen Leine kombinieren? Das war die Erkenntnis des Bedürfnisses. Bogdahn, ein ausgebildeter Ingenieur, arbeitete damals bei dem Motorsägenhersteller Dolmar.[25] Dort fand er die Lösung in den Starterseilen der Motorsägen, die von einer Spiralfeder zurückgezogen werden. Aus dieser Kombination von Bedürfniserkennung und Technologie entstand Flexi, heute mit rund 70 % Weltmarkanteil die Nr. 1 für Hunderollleinen.

Die wohl schwierigste Herausforderung für das Innovationsmanagement bilden Technologieumbrüche. In diesen Fällen haben die Unternehmen den Markt, aber die neuen technologischen Kompetenzen müssen erst entwickelt werden. In vorangegangenen Kapiteln haben wir bereits an mehreren Beispielen (z. B. Trumpf, Otto Bock, bergische Hersteller von Schlössern) illustriert, wie solche Herausforderungen erfolgreich gemeistert wurden. Einen dramatischen Strukturbruch erlebte auch CEWE Color, Europas führender Fotodienstleister. Das traditionelle Geschäft bestand in der Herstellung von Fotoabzügen. Mit dem Vordringen der Digitalfotografie ließen jedoch immer weniger Verbraucher ihre Fotos drucken oder erledigten das zu Hause auf eigenen Druckern. In 2005 wurden 4,3 Milliarden Fotos von Filmen gedruckt, in 2010 waren es gerade noch 800 Millionen. Dieser Einbruch von 81 % war für CEWE existenzbedrohend. Mit einer Fülle von Innovationen, bei denen auch der Hidden Champion IP Labs eine Rolle spielte, errang CEWE die Marktführerschaft bei digitalen Fotobüchern, Fotokalendern und ähnlichen Neuheiten. Der Absatz von Fotobüchern stieg von praktisch null in 2005 über 530 000 in 2006 auf 4,3 Millionen Stück im Jahr 2010, in dem auch erstmals wieder der bisherige Rekordumsatz des Jahres 2005 von 431 Millionen Euro leicht übertroffen wurde.

Der Südtiroler Hidden Champion Durst machte in den letzten 30 Jahren sogar mehrere solcher Metamorphosen durch. Dieses 1936 gegründete Unternehmen stieg zum Weltmarktführer für Fotovergrößerungsgeräte auf. Mit dem Aufkommen von Minilabs und der Digitalfotografie brach der Umsatz ähnlich wie bei CEWE um 70 % ein. Die durch 1400 Patente dokumentierte Innovationsfähigkeit von Durst rettete das Unternehmen. Durst brachte 1995 das erste digitale Vergrößerungsgerät, das noch heute von Unternehmen, Regierungen und Geheimdiensten in aller Welt genutzt wird, auf den Markt. Mit diesem Gerät kann man ein Auto aus 70 Kilometern Entfernung fotografieren und das Kennzeichen lesen. Später konzentrierte sich Durst auf Innovationen in der Inkjet-Technologie von Keramik, Holz, Kunststoffen und Textilien. Heute ist die Firma auf diesem Gebiet die Nr. 1 in Europa und weltweit auf Platz drei. Die Innovationsrate ist weiterhin extrem hoch. Die durchschnittliche Lebensdauer eines Produkts beträgt 18 Monate. In einem laufenden Innovationsprojekt arbeitet Durst daran, Solarzellen mit einer Farbe zu bedrucken, sodass die Zellen unsichtbar in Dachziegeln, Fliesen und Wänden integriert werden können. Ähnlich wie Trumpf ist Durst ein Musterbeispiel für die Bewältigung gravierender Technologiebrüche durch Innovationskompetenz. Durst sagt: »Wir bedauern die konstanten Veränderungen in unseren Märkten durch technologische Innovationen nicht – im Gegenteil, wir lieben diese, weil sie uns die Chance geben, an der technischen Veränderung der Welt als aktive Player mitzuwirken. Das Risiko, zu langsam oder zu wenig innovativ zu sein, ist für uns Treiber, ja nicht stehen zu bleiben.«[26]

Die Geschichte dürfte allerdings mehr Fälle bereithalten, in denen der Übergang auf die neue Technologie nicht gelang. Die Schwarzwälder Firma Welte & Söhne führte 1904 das sogenannte Mignon-Reproduktionspiano ein, das zur Weltsensation wurde. Es heißt dazu: »Das Instrument wurde ein beispielloser Erfolg bei Künstlern und Publikum. Es erfüllte die kühnsten Träume, war es tatsächlich gelungen, das Klavierspiel eines Künstlers festzuhalten und wiederzugeben. Und das zu jeder Zeit, an jedem Ort. Viele Berühmtheiten der Musikwelt wie Richard Strauss, Edvard Grieg, Claude Débussy oder Gustav Mahler waren überwältigt und voll des Lobes.«[27] 1912 startete Welte sogar eine Produktion in USA. Doch mit dem Aufkommen der Schallplatte näherte sich der Niedergang. Verschiedene Innovationsversuche schlugen fehl. 1952 wurde der Betrieb endgültig eingestellt. Heute erinnert in Freiburg nur noch eine Gedenktafel an die einstige Weltfirma. Weitere prominente Beispiele für frühere Hidden Champions, die Technologiebrüche nicht überlebt haben, sind die Firma Reflecta, bis in die neunziger Jahre Weltmarktführer bei Diaprojektoren, sowie die deutschen Schreibmaschinenhersteller Olympia und Triumph Adler. Die beiden Letzteren besaßen in den 1960er Jahren führende Positionen im Weltmarkt, bewältigten aber den Übergang auf die Elektronik bzw. den Personal Computer nicht. Der Markt war vorhanden, die Firmen hatten eine starke Stellung im Markt, aber die Kompetenzen in der Elektronik fehlten. Diese Fallstudien belegen, dass für eine erfolgreiche Innovation immer interne Kompetenzen und externe Marktchancen zusammenkommen müssen.

Keine Firma kann ausschließen, dass es in ihrem Markt Technologiebrüche gibt, die sie nur mit radikalen Innovationen bewältigen kann. Richard Piock, Geschäftsführer von Durst, gibt hierzu folgende Empfehlung: »Immer wieder kommen wir zu einem Punkt, an dem ein Bereich abgeschlossen ist. Das geschah mit den Fotografie-Geräten, mit den Vergrößerungsgeräten, und es wird auch mit den Inkjet-Produkten passieren. Dann müssen wir wieder ein völlig neues Geschäft aufbauen. Dazu brauchen wir einerseits neue Leute mit viel Elan, Begeisterung und Kraft, die die anderen Mitarbeiter mitziehen. Und wir benötigen Flexibilität und Beweglichkeit im Denken von unseren langjährigen Mitarbeitern.«[28]

Ständige Verbesserung versus Durchbruchsinnovationen

Oft werden mit dem Innovationsgedanken radikal neue Produkte oder Verfahren assoziiert. Solche Durchbrüche stehen im Zentrum der Aufmerksamkeit und werden in den Medien kolportiert. Doch in Wirklichkeit sind Durchbruchsinnovationen selten. Berthold Leibinger von Trumpf sieht sie in seiner Branche beispielsweise nur ungefähr alle 15 Jahre. Der typische Innovationsprozess besteht eher aus kleineren Verbesserungen, die nicht in die Schlagzeilen geraten. Obwohl sich das zahlenmäßig nur schwer belegen lässt, setzen die meisten Hidden Champions stärker auf kontinuierliche Verbesserungen als auf bahnbrechende Innovationen, was wir auch mit dem Titel dieses Kapitels »Beharrlich innovieren« zum Ausdruck bringen wollen. Wenn die Firma Wanzl, Weltmarktführer bei Einkaufs- und Gepäckwagen, sagt: »Die Geschichte von Wanzl ist eine Geschichte der permanenten Innovationen«, dann meint sie damit genau diesen Prozess ständiger Verbesserung. Denn Durchbruchsinnovationen sind bei Einkaufswagen oder Gepäckkarren die Ausnahme. Über Sennheiser heißt es: »Evolution, nicht Revolution hat die Firma stark gemacht, denn auch viele technische Durchbrüche waren Ergebnis einer Entwicklungspolitik der kleinen Schritte.«[29] Bis heute hält sich die Tiroler Firma Swarovski, Weltmarktführer für geschliffenes Kristall, an das Motto ihres Gründers: »Das Gute ständig verbessern.« Gelita, Weltmarktführer bei Kollagenproteinen, spricht ausdrücklich von einer »Leidenschaft« und bringt diese in dem Satz »Wir alle wollen immer nur das Beste erreichen« zum Ausdruck. Die Maxime von Miele heißt »Immer besser« und soll den Anspruch ausdrücken, auf allen Märkten der Welt als das absolute Spitzenprodukt zu gelten. Fortwährende Innovation ist bei Miele Grundlage des unternehmerischen Handelns. Die Wiederkaufrate der Marke Miele liegt bei sensationellen 90 %. Ähnliche Ambitionen hat die Firma M. Braun aus Garching, Weltmarktführer bei Inert-Glovebox-Systemen. M. Braun ist in der hoch innovativen OLED-Technologie führend und hat 2011 eine in der Welt einzigartige Anlage im Auftrag des britischen National Printable Technology Centre gebaut.[30] Die Firma hat nur wenig Konkurrenz in der Welt. Ihr Motto lautet: »Jeden Tag besser werden.«

Vieles spricht dafür, dass kontinuierliche, beharrliche Innovation in der Praxis das dominierende Muster ist. So hat der Technologieforscher Nathaniel Rosenberg bereits 1976 beobachtet, dass industrielle Forschung und Entwicklung sich überwiegend damit beschäftigt »making small improvements on technologies that already exist.«[31] Das scheint kein schlechtes Vorgehen bei der Innovation zu sein. Und so ist die Überlegenheit der Hidden Champions nicht selten darauf gegründet, dass sie viele kleine Dinge etwas besser erledigen als ihre Konkurrenten. Ihre Produkte und Leistungen sind näher an dem Zustand, den man als perfekt bezeichnet. Dieser Zustand ist das Ergebnis einer nie endenden Reihe von Verbesserungen und nur selten das Resultat einer einzelnen Durchbruchsinnovation.

Führungs- und Organisationsaspekte der Innovation

Die Innovationsaktivitäten der Hidden Champions zeichnen sich durch zahlreiche führungsmäßige und organisatorische Besonderheiten aus, die wir im Folgenden kurz diskutieren und jeweils an Fallbeispielen illustrieren.

Rolle des Topmanagements

Das Topmanagement spielt als Impulsgeber von Innovationen eine herausragende Rolle. Dies gilt für die Hidden Champions in ganz besonderem Maße. Innovation ist in vielen dieser Firmen Chefsache, und zwar nicht nur in der Start- und Frühphase, sondern auf Dauer. Am stärksten zeigte sich das in fokussierten Einproduktunternehmen. Manfred Bogdahn ist bei Flexi, dem Weltmarktführer für Hunderollleinen, der erste Innovationstreiber und steckt in allen Details drin. Das Gleiche gilt für Rolf Gottschalk bei der gleichnamigen Nr. 1 für Reißzwecken. Aber auch bei größeren Multiprodukt-Hidden-Champions stecken die Chefs tief im Innovationsprozess. So war bei Miele der geschäftsführende Gesellschafter Peter Zinkann über Jahrzehnte der Innovationsantreiber par excellence. Hans Riegel, der Haribo seit mehr als 66 Jahren führt, ist nach wie vor ein wichtiger Impulsgeber von Innovationen. Aloys Wobben hat Enercon zum Technologieführer in der Windenergiebranche gemacht und steuert nachhaltig neue Ideen bei. Die folgende Passage aus der Biografie von Hermann Kronseder, dem Gründer der Krones AG, des Weltmarktführers für Flaschenabfüllanlagen, beschreibt diese Rolle auf idealtypische Weise: »Die Monteure können oft sehr unangenehm sein, wenn sie dem Konstrukteur in aller Schärfe sagen, was er für einen Mist gebaut hat. Bei uns ist es seit Jahren eingeführt, dass bei der Rückkehr der Monteure die aufgetretenen Schwierigkeiten an den Maschinen in meiner Anwesenheit dem Konstrukteur und mir erzählt werden müssen, und zwar welche Mängel auftraten, was geändert werden müsste, wie die Maschine verbessert werden kann. Der Monteur hat in der Regel eine klare Vorstellung, er kann sie nur schwer in die Tat umsetzen, d. h. er kann kaum die Zeichnungen erstellen, aber er weiß in der Regel, wo der Hase im Pfeffer liegt. Dieser Punkt ist in vielen Betrieben ein Manko. Die Monteure haben kaum Gelegenheit, den Konstrukteuren einmal über ihre Erfahrungen zu berichten. In vielen Betrieben kommen sie in der Regel gar nicht zum Konstrukteur. Bei uns bin ich grundsätzlich bei solchen Besprechungen mit dabei, denn sonst würde der Monteur rücksichtslos an die Wand gedrückt. Der Konstrukteur hat eine wesentlich stärkere Stellung als der Monteur, ist in der Regel auch viel redegewandter. Nicht selten zieht dann der Monteur ab, ohne das zu sagen, was er eigentlich sagen wollte, und denkt sich: ›Macht doch, was ihr wollt.‹ Nicht bei der Krones AG! Die Monteure schreiben auch ungern lange Montageberichte. Warum? Weil sie oft Schwierigkeiten mit der Rechtschreibung haben. Liefern sie dann ihre Berichte bei der Montageleitung ab, werden sie zuerst von den Damen gelesen und auf Rechtschreibfehler korrigiert, genau wie vom Lehrer in der Schule, meistens noch mit Rotstift. Das ist Gift für die Monteure und bringt sie in Wut und gleichzeitig in Verlegenheit. Die Folge ist, dass sie keine Montageberichte mehr schreiben wollen.« Der Teufel steckt im Detail. Die Erfahrung von Kronseder beweist, dass der Kommunikationsprozess zwischen den an der Kundenfront Tätigen und den F & E-Leuten voller Tücken ist. Der Weg, den Kronseder gewählt hat, nämlich sich als Chef in diesen Prozess einzuschalten, kann den Unterschied zwischen erfolgreichen und nicht erfolgreichen Innovatoren ausmachen.

Häufig kommt die innovative Idee, wenn man beobachtet, wie der Kunde arbeitet. Reinhold Würth, der Guru für Schrauben, Verbindungs- und Befestigungstechnik, stieß bei einem Besuch auf einer Baustelle auf eine solche Idee. Dort hörte er einen Arbeiter murren, wie schwierig es sei, die Größennummern der Werkzeuge und der zugehörigen Schrauben zu lesen. Diese Nummern waren traditionell in das Metall gestanzt und damit schlecht lesbar. Würth ersetzte anschließend die Nummern durch passende Farbmarkierungen, sodass die Arbeiter einfach Schrauben und Werkzeuge nach der Farbe aussuchen können. Dieses System ist als Gebrauchsmuster geschützt und wurde ein großer Erfolg. Würth beobachtete auch bei Betriebsbesuchen, dass die Arbeiter sich über die Belastung bestimmter Muskeln und Sehnen beschwerten. Niemand hatte darüber nachgedacht, ob Standardwerkzeuge wie Zangen oder Schraubenzieher ergonomisch optimiert waren. Würth fand heraus, dass einige dieser Werkzeuge seit mehr als 100 Jahren die gleiche Form hatten. Es war daher sehr unwahrscheinlich, dass sie ergonomisch optimal waren. Er initiierte ein Forschungsprojekt mit der Universität Stuttgart und entwickelte einen kompletten Satz neuer Werkzeug-Designs. Einige der neuen Werkzeuge reduzieren die kritische Belastung um mehr als 30 %. Sie wurden ein großer Erfolg.

Das aktive Einklinken der Unternehmensführer in den Innovationsprozess setzt eine profunde Detailkenntnis und ein langjähriges Vertrautsein mit den Problemen voraus. Nur Fokussierung und Tiefe ermöglichen diese Nähe zum Kunden und zur Technologie. In Großunternehmen mit vielerlei unterschiedlichen Geschäften ist eine solche Rolle des CEO schwer vorstellbar. Es lässt sich wohl nicht vermeiden, dass diese Einbeziehung des CEO mit zunehmender Größe eines Hidden Champions und fortschreitender Geschäftsverbreiterung abnimmt. Dieser Tendenz setzen die Hidden Champions eine bewusste Dezentralisierung entgegen. Die Chefs der dezentralen Einheiten können sich wieder ausreichend fokussieren und so wichtige Impulsgeber für Innovationen bleiben.

Köpfe wichtiger als Budgets

Es ist immer wieder beeindruckend, welche Innovationen Hidden Champions mit kleinen F & E-Budgets und -Teams zustande bringen. Während Großunternehmen dazu neigen, »Geld nach dem Problem zu werfen«, sind kleine Firmen meist darauf angewiesen, mit eingeschränkten Mitteln und wenigen Personen auszukommen. Diese Stärke kleiner Unternehmen wird zunehmend erkannt. So sagt Thomas Strüngmann, Gründer des Pharmaunternehmens Hexal und heute breit aufgestellter Investor: »An die große Dinosaurier Forschungsabteilung glaube ich nicht mehr. Aus den großen Organisationen kommen keine Innovationen. Produktiv sind nur die kleinen Einheiten.«[32]

Selbst wenn Hidden Champions hohe Prozentsätze vom Umsatz für Forschung und Entwicklung aufwenden, fallen die dahinter stehenden absoluten Budgets vergleichsweise bescheiden aus. Die Firma Vitronic ist eines der führenden Unternehmen auf dem Gebiet der industriellen Bildverarbeitung und hat beispielsweise die Brücken von TollCollect, dem Mautsystem für LKW, mit ihren Systemen ausgerüstet. Obwohl Vitronic mehr als 10 % des Umsatzes von 55 Millionen Euro für F & E investiert, ergibt dies nur ein bescheidenes Budget von 6 Millionen Euro. Doch Vitronic verfügt nach den Worten des Gründers Norbert Stein über die »vermutlich größte Konzentration von Spezialisten für unsere Arbeitsgebiete«. Die Patentanalyse hat gezeigt, dass die Hidden Champions pro F & E-Euro wesentlich mehr Innovationen herausholen als Großunternehmen. Die Qualität der Mitarbeiter hat nicht nur Auswirkungen auf das Endergebnis, sondern auch auf die Innovationsgeschwindigkeit. Die Unternehmensberatung Booz kommt zu folgendem Schluss: »Superior results seem to be a function of the quality of an organization's innovation process rather than the magnitude of its innovation spending.«[33]

Innovation ist bei den Hidden Champions stärker eine Frage der Qualität von Personen und Teams als der Höhe von Budgets. Wie können einzelne oder wenige Menschen ein Unternehmen zum weltweiten Technologieführer machen? Die Erklärung liegt in der Fokussierung und Tiefe einerseits sowie der Kontinuität andererseits. Berthold Leibinger, langjähriger Chef von Trumpf, nennt drei Erfolgsfaktoren für sein Unternehmen: »Innovation, Internationalisierung und Kontinuität.« In Großunternehmen ist die Arbeit im Labor oft ein Zwischenschritt zu höheren Weihen in der Karriere. Bei den Hidden Champions findet man häufig »Gurus«, die sich ihr ganzes Leben lang der Weiterentwicklung und beharrlichen Verbesserung ihres Produkts widmen. Der Ersatz eines solchen Schlüsselinnovators kann allerdings, ähnlich wie die Nachfolge an der Unternehmensspitze, Probleme bereiten.

Von allen akzeptierte Strategie

Wenn die Mannschaft geschlossen hinter einer Strategie steht, minimiert das Reibungsverluste. Stellt man in mittelständischen Unternehmen Führungskräften die Frage, wie viel Prozent ihrer Energie sie auf die Überwindung interner Widerstände verwenden, so erhält man in der Regel 20 bis 30 % als Antwort. Auf dieselbe Frage werden in Großunternehmen typischerweise 50 bis 70 % genannt. Der ehemalige Entwicklungsleiter von Sennheiser, Wolfgang Niehoff, bemerkt zu diesem Thema: »Eitelkeiten und Machtspielchen zwischen Abteilungen sind nicht erlaubt. Wir müssen mit Sony oder Philips konkurrieren. Da können wir uns einen solchen Quatsch nicht leisten.« Wenn es zutrifft, dass Umsetzung 90 % des Erfolges einer Strategie ausmacht, dann haben die Hidden Champions hier eine Stärke, die für die Innovationsfähigkeit sehr bedeutsam ist. Der Patentanwalt Klaus Goeken, der umfangreiche Erfahrungen sowohl mit Hidden Champions als auch Großunternehmen besitzt, sagt: »Die Hidden Champions wissen meist besser als andere Unternehmen, was sie wirklich mittel- und langfristig wollen. Diese Gleichorientierung macht es leichter, sich eine für das Unternehmen passende Innovationsstrategie zuzulegen. Dies bringt eine deutliche Effizienzsteigerung mit sich und erhöht den Abstand zu den Mitbewerbern nachhaltig.«

Wenn die Strategie von allen Mitarbeitern in Technik und Vertrieb verstanden und akzeptiert wird, entsteht eine größere Offenheit gegenüber den Anregungen der jeweils anderen Seite. Das Gleiche gilt für das Verhältnis von Zentrale und dezentralen Einheiten. Oft beobachtet man in stark arbeitsteilig organisierten Großunternehmen, dass sich Abteilungen regelrecht bekämpfen. Technik, Produktion und andere interne Funktionen werden vom Vertrieb als Feinde angesehen – et vice versa. Zwischen Zentrale und ausländischen Töchtern herrschen nicht selten kriegsähnliche Verhältnisse. Es bedarf keiner Erklärung, dass solche Gegebenheiten der Innovation nicht förderlich sind. Eine von allen akzeptierte Strategie führt demgegenüber nicht nur zu inhaltlich besseren Lösungen, sondern diese werden zudem schneller umgesetzt.

Zusammenarbeit mit anderen Funktionen

Immer wieder wird von den Chefs der Hidden Champions betont, wie stark der Innovationserfolg von der Zusammenarbeit zwischen der Forschung und Entwicklung und den anderen betrieblichen Funktionen abhängt. Das gilt insbesondere für Innovationen zu Produktions- und Vertriebsprozessen. Das »oberste Kern-Liebers Gebot« lautet: »Erfolg ist kein Zufallsprodukt, sondern entsteht durch die Zusammenarbeit aller Beteiligten.« Kern-Liebers hat 6 000 Mitarbeiter und ist Weltmarktführer bei Federn für Sicherheitsgurte.

Jürgen Thumann von Thumann & Heitkamp, dem Weltmarktführer für Batteriehülsen, sagt: »Um Weltmarktführer bleiben zu können, benötigen wir ständig das Zusammenspiel der Produktion mit der Forschung und Entwicklung. Nur in Einzelfällen kann man im stillen Kämmerlein forschen. In der Regel benötigt man die Nähe zur Produktion.« Ähnliches gilt für die Zusammenarbeit zwischen Technik und Vertrieb, um die optimale Ausrichtung der Innovation auf die Kundenbedürfnisse sicherzustellen. Susanne Seidel, ehemalige Marketingchefin bei Sennheiser, kommentiert: »Bei der Übergabe von Forschung zu Entwicklung zu Produktion zu Marketing zu Vertrieb darf es keine Verzögerungen geben.« Frau Seidel kann vergleichen, denn sie war früher bei General Electric. Wolfgang Niehoff sekundiert: »Dazu braucht es eine enge Verzahnung von Forschung und Entwicklung mit Vertrieb und Marketing.«[34] Stihl, Weltmarktführer bei Motorsägen, entwickelt jedes Jahr eine solche Fülle von Innovationen, dass sich der frühere Vertriebschef Robert Mayr außerstande sah, sie alle einzuführen. Er sagte: »Wir haben so viele Innovationen, dass ich wirklich nicht weiß, ob die Kunden sie benötigen, wünschen oder akzeptieren. Gerade weil wir technisch so innovativ sind, müssen wir noch kundenorientierter werden. Dies zu erreichen, ist in einem Hightechunternehmen keine leichte Aufgabe.« Die Studie von Booz bestätigt die Wichtigkeit der interfunktionalen Zusammenarbeit für den Innovationserfolg: »Successful innovation requires an exceptional level of cross-functional cooperation among R & D, marketing, sales, service, and manufacturing. Collaboration failures can have a devastating impact on the success of the innovation process.«[35]

Aufgrund ihrer überschaubaren Größe und der geringeren Arbeitsteilung haben Hidden Champions für diese Zusammenarbeit einen natürlichen Vorteil gegenüber großen Firmen. Die erwähnte größere Kundennähe und Einsätze von Produktions- oder Entwicklungsmitarbeitern beim Kunden vor Ort tragen zu dieser Integration wesentlich bei.

Entwicklung mit Kunden

Der Kunde kann eine äußerst wertvolle Ideenquelle für Innovationen sein. Diese Botschaft predigt der MIT-Professor Eric von Hippel seit Jahrzehnten.[36] Sein Mantra lautet: »Listen carefully to what your customers want and then respond with new products that meet or exceed their needs.« Für viele Hidden Champions besitzt die gemeinsame Entwicklung mit ihren Kunden herausragende Bedeutung. In Branchen wie Anlagenbau oder Industriezulieferung beinhaltet fast jedes Projekt gemeinsame Entwicklungsaktivitäten. Für diese Zusammenarbeit wirken sich die hohe Kundennähe, die langjährigen Beziehungen und das aus ihnen erwachsene Vertrauen sehr förderlich aus. Die enge F&E-Zusammenarbeit ist nicht nur für den Lieferanten vorteilhaft, sondern auch für den Kunden, da sie die Qualität seiner Endprodukte verbessert und seine eigene Entwicklungszeit verkürzt. Nach einer Studie von J. D. Power treten in der Praxis genau diese Wirkungen ein.[37] Siltronic, Weltmarktführer für Wafer aus Reinstsilizium, stellt dazu fest: »Bei der Entwicklung neuer Produkte sind wir von Anfang an mit unseren Kunden verzahnt. Die enge Kooperation setzt sich bis in die Serienfertigung der Wafer fort.« Der Schweizer Hidden Champion Diametal lädt seine Kunden ein, in einem möglichst frühen Entwicklungsstadium »anzuklopfen«. Diametal ist der Technologieführer für höchst präzise Zerspanungswerkzeuge, mit denen Zahnradantriebe für Uhren gefertigt werden. Kommt die Kundenanfrage rechtzeitig, so kann Diametal innovative Lösungen für die Konstruktion der Uhr, das Design oder den Produktionsprozess einbringen. In diesen Fällen übernimmt Diametal sogar die Prozessverantwortung für die mit dem Werkzeug erreichbaren Taktzeiten und Standmengen. Givaudan, Weltmarktführer bei Aromen und Riechstoffen, formuliert als Vision »to be our customers' essential partner in developing sustainable fragrance and flavour creations by engaging with our customers in collaborative dialogues during the development, creation and refinement of their products«.[38] Beim österreichischen Hidden Champion Pöttinger, mit 60 % Marktanteil die globale Nummer 1 bei Heuladewagen, heißt es: »Wir setzen voll auf Kundennähe und beziehen unsere Kunden in die Entwicklung ein.« Da viele Mitarbeiter von Pöttinger selbst eine Landwirtschaft haben, ist der Kunde sozusagen ständig im Betrieb.[39] Bei der Deutschen Mechatronics, die Module oder ganze Baugruppen für den Maschinenbau entwickelt, heißt es: »Wenn wir früh bei der Entwicklung unserer Baugruppen eingebunden sind, können wir die Kosten für den Kunden um über 20 % senken.« Ein Schlüsselfaktor ist hierbei die Integration von Entwicklung und Produktion, die engste Zusammenarbeit zwischen dem Lieferanten und dem Kunden erfordert. Schott ist mit dem Produkt Ceran Weltmarktführer für keramische Kochplatten. Ceran gibt es in mehreren Tausend Varianten. Ein F&E-Team von Schott arbeitet kontinuierlich mit den Herstellern von Elektrohausgeräten, von Kochtöpfen und von Reinigungsmitteln sowie mit Designern an Verbesserungen. Die Geschichte von Ceran ist eine ununterbrochene Kette von Innovationen, zu denen alle Beteiligten beigetragen haben.

Der österreichische Europamarktführer in der Beleuchtungstechnik, Zumtobel, positioniert seine gleichnamige Hauptmarke (die Firma hat drei weitere Marken) als »Anbieter ganzheitlicher Lichtlösungen, die das Zusammenspiel von Licht und Architektur erlebbar machen«. Dieser Maxime gemäß kooperiert Zumtobel sehr eng mit Architekten. Beispielsweise wurde im Rahmen einer solchen Zusammenarbeit ein System entwickelt, das eine möglichst hohe Flexibilität in der Gestaltung der Beleuchtung erlaubt. Bei modernen Objekten geht es darum, die Räume äußerst flexibel zu halten, da zum Bauzeitpunkt oft noch nicht klar ist, ob sie als Büro, als Einzelhandelsladen oder als Fitness-Center genutzt werden. Die Bautechnik hatte sich durch Module seit langem auf diese Kundenbedürfnisse eingestellt, außer bei Licht. Zumtobel erkannte dieses Problem als Chance und entwickelte in gemeinsamen Workshops mit Planern und Architekten eine Lösung, die den Namen »Dimming on Demand« erhielt. Dahinter verbergen sich Lichtsteuerungsmodule, die zahlreiche unterschiedliche Bedürfnisse befriedigen können. Freigeschaltet wird nur die Basisfunktion, was einen vertretbaren Preis zulässt. Die Hinzuschaltung zusätzlicher Lichtfunktionen für die spätere spezifische Raumnutzung ist technisch unkompliziert und kann jederzeit gegen einen Aufpreis erfolgen. Hako, Nr. 2 in der Welt für Reinigungsmaschinen, unterstützt seine Kunden, professionelle Reinigungsfirmen, bereits in der Projektierungs- und Angebotsphase und garantiert – ähnlich wie Diametal – die veranschlagten Kosten. Gemeinsame Entwicklung mit Kunden setzt ein hohes Vertrauensniveau zwischen den Partnern voraus, um einem Abfluss von Know-how vorzubeugen. Hier schließt sich für die Hidden Champions der Kreis zu ihrer größten Stärke, den langjährigen Kundenbeziehungen und der hohen Kundennähe.

Schnelligkeit von F & E

Viele Hidden Champions betonen, dass sie in der Innovation schneller sein müssen als größere Wettbewerber – und dies tatsächlich schaffen. Gründe liegen in der angesprochenen reibungslosen Zusammenarbeit mit anderen betrieblichen Funktionen, der Fokussierung, geringerer Arbeitsteilung, kürzeren Abstimmungsprozessen und schnellerer Entscheidung an der Spitze. Die Qualifikation der Mitarbeiter spielt ebenfalls eine große Rolle. Bezug nehmend auf seine Halbleitersparte Carl Zeiss SMT sagte Dieter Kurz, der langjährige CEO von Carl Zeiss: »Wir profitieren von den langjährigen Erfahrungen unserer Feinoptiker. Eine wahnsinnige Innovationsgeschwindigkeit wie in der Chip-Ausrüstung kann man nur mit exzellenten Leuten bewältigen. Neue Märkte eröffnen stets die Chance, eine Marktführerposition aufzubauen.« Oft sind dabei die Schnelligkeit und das Treffen des richtigen Zeitpunkts entscheidend. So hat die Firma Westfalia Separator aufgrund ihrer Schnelligkeit auf dem neuen Markt für Biodiesel-Zentrifugen einen Weltmarktanteil von 80 % errungen, der deutlich über ihrem Marktanteil in anderen Märkten liegt. In ihren eigenen Worten liegt der Erfolg darin begründet, »die richtige Innovation zum richtigen Zeitpunkt für den Markt zur Verfügung zu haben«. Bosch Power Tools, Weltmarktführer bei Elektrowerkzeugen, hat die Entwicklungszeit für neue Produkte von 24 Monaten in 2004 auf zwölf Monate in 2011 halbiert. Auch Gardena, europäischer Marktführer bei Gartenbewässerung und -geräten, ist stolz auf die schnelle Entwicklung. Eine Besonderheit besteht darin, dass Gardena die Fertigungsmaschinen zeitgleich mit der Produktentwicklung selbst baut. Das spart Zeit.

Zusammenfassung

Innovationen sind eines der Fundamente, auf denen die Marktführerschaft der Hidden Champions beruht. Die Hidden Champions zeichnen sich durch eine anhaltend hohe Innovationskraft aus. Sie innovieren mit großer Beharrlichkeit. Innovationen sind die Hauptursache für die Steigerung der Marktanteile in der jüngeren Vergangenheit. Die hohe F & E-Intensität verbunden mit hoher Effektivität gibt auch für die Zukunft Anlass zu Optimismus. Wir halten folgende Erkenntnisse fest:

- Weltmarktführer wird und bleibt man nur durch Innovation. Reine Imitation reicht dazu nicht aus.
- Eine Innovation muss entweder höheren Kundennutzen und/oder niedrigere Kosten beisteuern. Um dies zu erreichen, dürfen sich Innovationsaktivitäten nicht auf Produkt und Technologie beschränken, sondern müssen die Prozesse beim Kunden einbeziehen. Alle Facetten der Geschäftstätigkeit bieten Ansatzpunkte für Verbesserungen und werden von den Hidden Champions tatsächlich genutzt.
- In den Branchen, in denen Produktinnovationen und damit einhergend F & E sowie Patente eine große Rolle spielen, belegen die Kennzahlen der Hidden Champions im Vergleich zur Gesamtindustrie und zu Großunternehmen eine herausragende Innovationsperformance.
- Auch in Prozessindustrien und im Dienstleistungsbereich treten die Hidden Champions vielfach als Innovatoren auf. Hier gibt es allerdings keine ähnlich eindeutigen Indikatoren wie bei der Produktinnovation.

- Erfolgreiche Innovation erfordert die Integration der Antriebskräfte Markt und Technik. Zwei Drittel der Hidden Champions erreichen diese Integration, bei den Großunternehmen schaffen das nur 20 %.
- Nicht nur spektakuläre Durchbruchsinnovationen sollten angestrebt werden. Viele Hidden Champions sind gerade deshalb so erfolgreich, weil sie ständig und mit großer Beharrlichkeit kleinere, stufenweise Verbesserungen einführen, die in ihrer Summe zu Spitzenleistung und Überlegenheit führen.
- Technologiebrüche stellen extreme Anforderungen an die Innovationsfähigkeit eines Unternehmens. Es gibt Unternehmen, die solche Klippen bravourös und teilweise mehrfach bewältigt haben. Viele sind jedoch an Technologiebrüchen gescheitert.
- Innovationen sollten Chefsache sein. Das Topmanagement sollte als aktiver Impulsgeber für und Durchsetzer von Innovationen auftreten. Das gelingt nur, wenn Fokus und Tiefe zusammenkommen. Nur dann stecken die Chefs tief genug in den Details, um Innovationen effektiv voranzutreiben.
- Eine von allen akzeptierte Strategie sowie eine reibungslose Zusammenarbeit zwischen Funktionen erleichtern und beschleunigen den Innovationsprozess und führen insbesondere bei Prozessinnovationen zu besseren Resultaten.
- Für den Innovationserfolg sind Köpfe und Kompetenzen wichtiger als Budgets. Kontinuität ist für die Erreichung von ständigen Verbesserungen und letztendlich von Perfektion unverzichtbar.
- Kunden sind eine sehr wichtige Ideenquelle und sollten deshalb in möglichst hohem Maße in den Innovationsprozess eingebunden werden. Das setzt vertrauensvolle Beziehungen voraus.

Trotz ihrer beschränkten personellen und finanziellen Kapazitäten erweisen sich die Hidden Champions als herausragende Innovatoren. Ihre Innovationseffizienz ist um ein Vielfaches höher als in Großunternehmen. Sie erreichen dies, weil sie ihre Innovationsprozesse anders gestalten. Während der wichtigste Treiber ihres Wachstums in der Globalisierung zu suchen ist, fußt die Stärkung ihrer Wettbewerbsposition vor allem auf Innovationen. Die Hidden Champions sind für den Innovationswettbewerb in Globalia bestens aufgestellt.

Anmerkungen

1 Vgl. GfK-Panel DIY Superstores EU, 2011.
2 Günther Schuh, Thomas Friedli und Michael A. Kurr, *Reengineering ist einfach nicht tot zu kriegen*, München: Hanser 2006.

3 Vgl. Institut der Deutschen Wirtschaft, Forschung und Innovation, Panel Report 2/2006, Köln: IdW-Verlag. Vgl. auch Oliver Koppel, *Das Innovationsverhalten der technikaffinen Branchen. Gutachten für den VDI*, Köln: IdW-Verlag, April 2006.

4 Vgl. Steffen Kinkel und Oliver Som, Strukturen und Treiber des Innovationserfolges im deutschen Maschinenbau, Karlsruhe: Fraunhofer-Institut für System- und Innovationsforschung ISI, Nr. 41, Mai 2007.

5 Vgl. Barry Jaruzelski, John Loehr und Richard Holman, The Global Innovation 1000 – Why Culture is Key, *Booz & Company – Strategy + Business magazine*, Winter 2011, S. 1 ff., vgl. auch die ältere Studie Barry Jaruzelski, Kevin Dehoff und Rakesh Bordia, Money Isn't Everything, *Booz Allen Hamilton – Strategy + Business*, Winter 2005, S. 54 ff. In der älteren Studie gaben die führenden 1 000 4,2 % vom Umsatz für F & E aus.

6 Vgl. *Frankfurter Allgemeine Zeitung*, 2. Dezember 1994, S. 15.

7 Oliver Koppel, *Das Innovationsverhalten der technikaffinen Branchen. Gutachten für den VDI*, Köln: IdW-Verlag, April 2006.

8 Vgl. The Curse of Innovation, *Financial Times*, 10. Mai 2012, S. 7.

9 Vgl. For Nestlé, a Coffee Win, *The Wall Street Journal Europe*, 20. April 2012, S. 22.

10 Ausgewählte Großunternehmen: Siemens, Bosch, Daimler, Volkswagen, BASF; ausgewählte Hidden Champions: Voith Paper, Behr, Koenig & Bauer, Giesecke & Devrient, Sick, Heidenhain, Brainlab, Qiagen, Tracto-Technik.

11 Oliver Koppel, *Das Innovationsverhalten der technikaffinen Branchen. Gutachten für den VDI*, Köln: IdW-Verlag, April 2006, S. 22.

12 Europäisches Patentamt: Erteilte Patente 2001–2010 nach Gebiet der Technik und (Wohn-)Sitzstaat des Anmelders.

13 Der Flettner-Rotor ist ein alternativer aerodynamischer Antrieb in Form eines der Windströmung ausgesetzten rotierenden Zylinders, der eine Kraft quer zur Anströmung entwickelt. Als Schiffsantrieb besteht ein Flettner-Rotor aus einem senkrecht stehenden, hohen, rotierenden Zylinder aus Blech, dessen größere Endscheiben die Strömung am Rohr halten und dadurch eine sonst deutliche Verringerung des Wirkungsgrades am Ende des Rotors verhindern. Der Rotor wird durch elektrischen Antrieb mit einer an die herrschende Windgeschwindigkeit angepassten Geschwindigkeit gedreht.

14 Oliver Koppel, *Das Innovationsverhalten der technikaffinen Branchen. Gutachten für den VDI*, Köln: IdW-Verlag, April 2006.

15 Shira Ovide und John Letzing, Patents Soar in Value, *The Wall Street Journal*, 11. April 2012, S. 21. Für spezielle Patentportfolios (wie beispielsweise in der Informations- und Internettechnologie) werden allerdings deutlich höhere Preise gezahlt. So hat Microsoft im April 2012 für 1 100 AOL-Patente 1,1 Milliarden Dollar, also 1 Million Dollar pro Patent, gezahlt.

16 Vgl. Japans müde Riesen, *Frankfurter Allgemeine Zeitung*, 14. April 2012, S. 15, sowie Mobi-Test.de, 15. April 2012.

17 Vgl. *Frankfurter Allgemeine Zeitung*, 3. Januar 2007. (http://www.promedianews.de/Audio/Business/Business-Sales/Sennheiser-Bilanz-2009-Optimismus-trotz-Weltwirtschaftkrise)

18 Vgl. Michael O. Kröher, Ein Schlüssel für den Weltmarkt, *Manager-Magazin*, März 2012, S. 104–105.

19 Vgl. Institut der Deutschen Wirtschaft, Forschung und Innovation, Panel Report 2/2006, Köln: IdW-Verlag. Eine Studie der *Wirtschaftswoche* kam zu ähnlichen Ergebnissen, vgl. *Wirtschaftswoche*, 26. März 2007, S. 94.

20 Vgl. Jay B. Barney und William S. Hesterly, *Strategic Management and Competitive Advantage*, 4th Edition, Upper Saddle River: Pearson 2012. Vgl. auch Rudi K. F. Bresser und Christian Powalla, Practical Implications of the Resource-Based View, *Zeitschrift für Betriebswirtschaft*, April 2012, S. 335–359.

21 Eine facettenreiche Darstellung kompetenzorientierter Strategien findet sich in Robert Zaugg (Hrsg.), *Handbuch Kompetenzmanagement. Durch Kompetenz nachhaltig Werte schaffen*, Bern: Haupt 2006.

22 Vgl. dazu Barry Johnson, *Polarity Management, Identifying and Managing Unsolvable Problems*, Amherst, MA: HRD Press 1992.

23 NSU besaß 1957 die größte Motorradfabrik der Welt, aber der Markt brach in Europa weg. Das Auto verdrängte das Motorrad als primäres Transportmittel.

24 Vgl. *Frankfurter Allgemeine Zeitung*, 27. Januar 2007, S. C3.

25 Dolmar bezeichnet sich als »eines der weltweit führenden Unternehmen in der Motorgeräteindustrie«. Die Firma führte 1927 die erste benzingetriebene Motorsäge ein. Seit 1991 gehört sie zur japanischen Makita-Gruppe.

26 Homepage Durst.it, 15. April 2012.

27 Vgl. Siegfrieds-Musikkabinett.de sowie den Wikipedia-Eintrag »M. Welte & Söhne«, beide 15. April 2012.

28 Eva Fischer, Pioniere damals wie heute, *Wirtschaft im Alpenraum*, 14. April 2011.

29 Thomas Ramge, Klingt gut!, *brand eins*, 7/2006.

30 OLED steht für Organic Light Emitting Diodes und hat das Potenzial, die Beleuchtungstechnologie der Zukunft zu werden.

31 Nathaniel Rosenberg, *Perspectives on Technology*, Cambridge: Cambridge University Press 1976, S. 24.

32 Die Pharmabranche geht durch ein blutiges Tal, *Frankfurter Allgemeine Zeitung*, 10. April 2012, S. 15.

33 Barry Jaruzelski, Kevin Dehoff und Rakesh Bordia, Money Isn't Everything, *Booz Allen Hamilton – Strategy + Business*, Winter 2005, S. 54 ff.

34 Thomas Ramge, Klingt gut!, *brand eins*, 7/2006.

35 Barry Jaruzelski, Kevin Dehoff und Rakesh Bordia, Money Isn't Everything, *Booz Allen Hamilton – Strategy + Business*, Winter 2005, S. 54 ff.

36 Eric von Hippel, *The Sources of Innovation*, Oxford/New York: Oxford University Press 1994; vgl. auch Stephan Thomke und Eric von Hippel, Customers as Innovators. A New Way to Create Value, *Harvard Business Review*, April 2002, S. 74–81; vgl. auch Eric von Hippel, *Democratizing Innovation*, Cambridge: The MIT Press 2005.

37 Vgl. *Harvard Business Review*, November-Dezember 1994, S. 177.

38 Givaudan.com, Vision, 18. Mai 2012.

39 Vgl. Robert Wiedersich, Österreichs unbekannte Weltmarktführer, *Gewinn*, Juni 2010, S. 70–74.

Kapitel 12

Wettbewerbsvorteile durchsetzen

Es überrascht nicht, dass die Hidden Champions ausgeprägte Wettbewerbsvorteile schaffen und diese im Markt durchsetzen. Ohne diese Überlegenheit im Vergleich zu ihren Konkurrenten wären sie nicht in die Spitzenpositionen gekommen und hätten sich dort nicht halten können. Welchen Wettbewerbssituationen und -strukturen sehen sich die Hidden Champions gegenüber? Wie gehen die Hidden Champions im Wettbewerb vor? Welche Wettbewerbsstrategien wenden sie an? Was sind ihre strategischen Wettbewerbsvorteile?

Die Hidden Champions operieren vorwiegend auf oligopolistischen Märkten. Selbst im Weltmaßstab bleibt die Zahl ihrer Wettbewerber überschaubar. Dennoch ist die Wettbewerbsintensität sehr hoch. Der Wettbewerb wird aber vor allem auf der Leistungs- und Innovationsebene, weniger auf der Preisebene ausgetragen. Wie wir in Kapitel 10 erfahren haben, ist ihre Strategie auf Spitzenleistung, nicht auf niedrige Preise ausgerichtet. Neben dem angestammten Wettbewerbsvorteil Produktqualität, der nach wie vor den Kern ihrer Marktführerschaft bildet, haben die Hidden Champions überlegene Leistungspositionen bei »weicheren« Parametern wie Beratung, Systemintegration oder Mitarbeiterqualifikation aufgebaut. Da diese Parameter nicht im Produkt integriert sind, sondern auf internen Kompetenzen beruhen, lassen sie sich nur schwer imitieren und bilden hohe Eintrittsbarrieren für neue Konkurrenten. Trotz ihrer starken Wettbewerbsposition müssen die Hidden Champions verschärft auf die Kosten achten. Die Balance zwischen höherer Leistung und Preispremium erweist sich als delikat. Konkurrenten aus Schwellenländern holen auf der Leistungsseite auf. Wie mehrfach angedeutet, müssen für neu entstehende Ultra-Niedrigpreis-Segmente einfachere und radikal billigere Produkte entwickelt werden. Und obwohl sich der Wettbewerb zunehmend auf die globale Ebene verlagert, bleibt der nahe Konkurrent für viele Hidden Champions ein wichtiges Element in der eigenen Strategie. Denn nach wie vor beobachten wir (im Rahmen der Clusterdiskussion in Kapitel 2 haben wir zahlreiche Beispiele dargestellt), dass ein intensiver Wettbewerb mit starken Konkurrenten in regionaler Nähe leistungssteigernd wirkt. Dennoch sei vor übertriebener Konkurrenzorientierung, die es unter den Hidden Champions gelegentlich auch gibt, gewarnt.

Marktstrukturen und Wettbewerbsverhalten

Der typische Hidden Champion steht einer eingeschränkten Zahl von Wettbewerbern gegenüber. Abbildung 12.1 gibt wichtige Kennzahlen zur Wettbewerbssituation wieder. Im Mittel haben die Hidden Champions im Weltmarkt sechs, in Europa vier und in Deutschland drei ernst zu nehmende Konkurrenten.[1]

Abb. 12.1: Markt- und Wettbewerbsstruktur der Hidden Champions

	Markt-führer	Markt-anteil	Zahl ernst zu-nehmender Wettbewerber	Weniger als 10 Wettbe-werber haben	Mehr als 20 Wettbe-werber haben
Welt	66%	33%	6	60%	13%
Europa	79%	38%	4	79%	7%
Deutschland	90%	47%	3	89%	3%

Die weitaus meisten Hidden Champions operieren also in oligopolistischen Märkten, in denen man eine Verhaltensinterdependenz zwischen den Konkurrenten erwarten kann. Nur ein geringer Anteil der Hidden Champions hat mehr als 20 Wettbewerber, bewegt sich demnach in polypolistischen Märkten. Die Oligopolsituation ist in der Realität nicht außergewöhnlich. Selbst in großen Märkten wie bei Automobilen, Flugzeugen, Kraftwerken, Telekommunikationsausrüstung oder Computern gibt es selten mehr als zehn oder 20 ernst zu nehmende Bewerber weltweit.

Die herausgehobene Wettbewerbsposition der Hidden Champions spiegelt sich auch in den folgenden Befunden wider:

- 84% melden eine Zunahme ihrer Marktanteile in den letzten zehn Jahren, nur 12% eine Abnahme.

- Stark schwankende Marktanteile sehen nur 8 %, hingegen berichten 30 % von einer stabilen Marktanteilssituation.
- 62 % der Hidden Champions begegnen immer wieder den gleichen Konkurrenten.
- Knapp die Hälfte (46 %) ist deutlich länger im Markt als ihre wichtigsten Konkurrenten.
- Ein sehr häufiges Auftreten neuer Wettbewerber haben lediglich 8 % der Hidden Champions erfahren.
- Für die nähere Zukunft sehen 28 % einen Eintritt neuer Anbieter als wahrscheinlich bzw. sehr wahrscheinlich an.
- Etwa jeder 13. Hidden Champion (8 %) betrachtet einen solchen Eintritt als Bedrohung für das eigene Unternehmen. 38 % nehmen hingegen keine derartige Bedrohung wahr.

Interessant ist die Frage, in welchen Ländern die Hidden Champions ihre schärfsten Konkurrenten sehen. Zwei Drittel von ihnen sagen, dass es sich dabei um ausländische Firmen handelt. Der Wettbewerb dieser Marktführer ist tatsächlich global und keineswegs auf Deutschland beschränkt. Abbildung 12.2 gibt die Daten nach Regionen wieder.

Abb. 12.2: Die schärfsten Konkurrenten der Hidden Champions nach Regionen

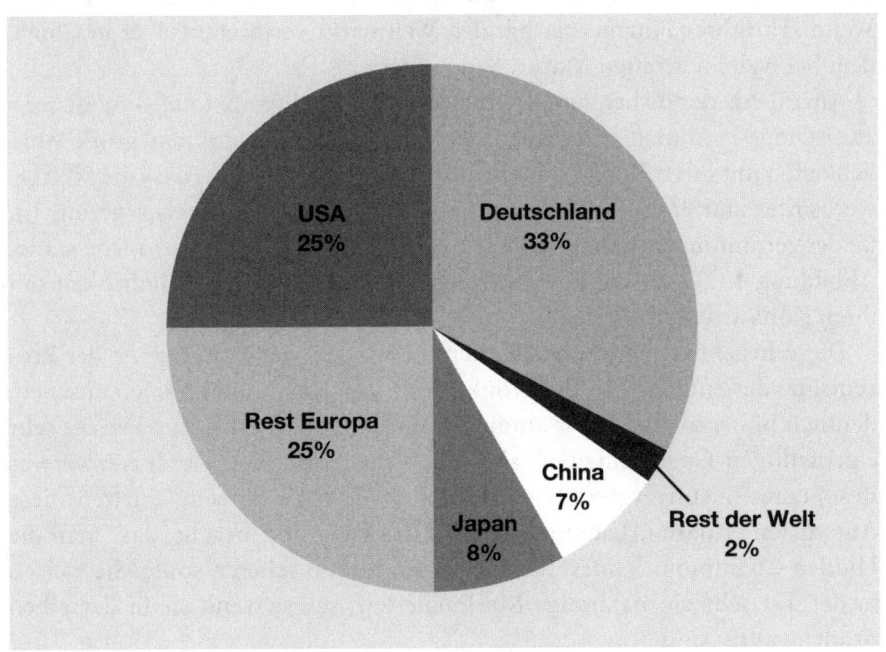

Ein Drittel der Hidden Champions sieht seine schärfsten Konkurrenten in Deutschland. Wie wir in Kapitel 2 ausgeführt haben, führt das zu hoher Konkurrenzintensität und ist gleichzeitig (nach Michael Porter) eine gute Voraussetzung für globale Wettbewerbsfähigkeit.[2] Die USA und Resteuropa spielen als Standorte scharfer Konkurrenten ebenfalls eine bedeutende und etwa gleichwertige Rolle. Die Amerikaner sind als Wettbewerber keinesfalls abzuschreiben. Zum einen internationalisieren amerikanische Mittelständler verstärkt und treten damit in engeren Wettbewerb mit den Hidden Champions. Zum Zweiten dringen die Hidden Champions selbst vermehrt in Hightechmärkte ein und treffen dort auf amerikanische Firmen. Die USA sind nicht nur wegen ihrer Marktgröße, sondern auch als Konkurrenztrainingsfeld unverzichtbar. Nach wie vor kneifen hier manche Hidden Champions, nicht zuletzt wegen des scharfen Wettbewerbs. Japanische Unternehmen spielen hingegen keine große Rolle, stattdessen sind die Chinesen wichtiger geworden. Dieser Trend wird anhalten. Im Rest der Welt finden sich führende Konkurrenten nur in Ausnahmefällen, im Wesentlichen in den Ländern Australien, Südafrika und Brasilien. Die Hidden Champions müssen ihre Wettbewerbsperspektive zunehmend auf Globalia ausrichten. Wie man den Topkunden überallhin in die Welt folgen muss, so muss man sicherstellen, dass nirgendwo in der Welt ein Konkurrent unbehelligt eine Bastion aufbaut, von der aus er anschließend den Weltmarkt erobern kann. Der Fall Sany-Putzmeister sendet diesbezüglich eine warnende Botschaft. Der einstige Weltmarktführer Putzmeister hat den Weltmarkt verloren, weil er in China, dem bei weitem größten Markt, Sany unterlag.[3]

Angesichts der bisher zum Wettbewerb dargestellten Befunde könnte man zwei Dinge vermuten: zum einen, dass die Hidden Champions große Ähnlichkeiten mit ihren Konkurrenten aufweisen; zum anderen, dass die Wettbewerbsintensität in den Märkten der Hidden Champions eher gering ist. Beide Vermutungen halten jedoch den empirischen Befunden nicht stand. Abbildung 12.3 gibt die Einschätzungen der Befragten zur Ähnlichkeit mit ihren Konkurrenten wieder.

Diese Ergebnisse sind überraschend. Bei allen vier Kriterien ist der Prozentsatz derjenigen, die die Konkurrenz als »sehr unähnlich« ansehen, deutlich höher als bei »sehr ähnlich«. Wie ist das zu erklären? Die oft sehr eigenwilligen Gegebenheiten, aber auch die Präferenz, »anders«, »etwas Besonderes«, »unvergleichbar« oder »einzigartig« zu sein, dürften diese Antworten erklären. Jedenfalls scheint das Fazit angebracht, dass man die Hidden Champions keinesfalls über einen Kamm scheren sollte. Sie weisen in der Tat sehr eigenständige Merkmale auf, selbst wenn sie in derselben Branche aktiv sind.

Abb. 12.3: Vergleich mit wichtigen Konkurrenten

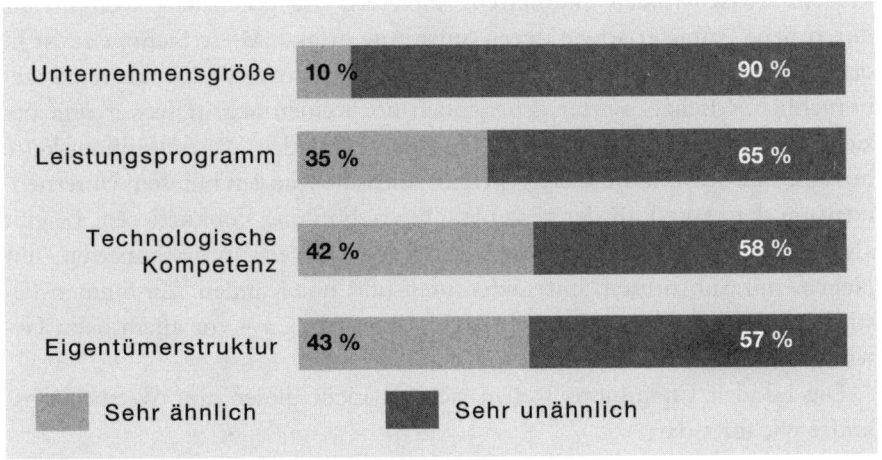

Unternehmensgröße	10 %	90 %
Leistungsprogramm	35 %	65 %
Technologische Kompetenz	42 %	58 %
Eigentümerstruktur	43 %	57 %

☐ Sehr ähnlich   ■ Sehr unähnlich

Die Befunde zur Wettbewerbsintensität überraschen ebenfalls. Trotz der überschaubaren Zahl von Wettbewerbern und der geringen Bedrohung durch neue Konkurrenten herrscht auf den Märkten der Hidden Champions ein ausgesprochen intensiver Wettbewerb. Zwei Drittel von ihnen berichten von einer sehr hohen Wettbewerbsintensität. Nur ein verschwindend geringer Prozentsatz von 5 % beurteilt die Wettbewerbsintensität als sehr niedrig. In meinen Gesprächen wurde immer wieder betont, dass die Konkurrenten ebenfalls stark, häufig sogar hervorragend seien und dass es sehr gefährlich sei, die eigene Marktführerschaft für die Zukunft als gesichert anzusehen. Die Firma Windmöller & Hölscher, die bei Maschinen zur Produktion von Papiersäcken einen Weltmarktanteil von ca. 70 % hat, sagt: »Die Zahl der Wettbewerber ist überschaubar klein, der Kampf um Marktanteile deshalb aber nicht weniger hart.« Selten traf ich auf Hybris bezüglich der eigenen Marktmacht. Bei Großunternehmen mache ich oft andere Erfahrungen. Das Bewusstsein, dass Marktführerschaft jeden Tag neu erkämpft und verteidigt werden muss, ist bei den Hidden Champions verbreitet.

Die Hidden Champions im Lichte von Porters »Five Forces«

Es ist aufschlussreich, die Wettbewerbsstrategie der Hidden Champions im Lichte der »Five Forces« von Michael Porter zu bewerten.[4] Porter legt seinem Konzept eine Wettbewerbsperspektive zugrunde, die neben der Konkurrenz zwischen den etablierten Anbietern die potenzielle Konkurrenz durch neue Anbieter sowie durch Substitute erfasst. Diese Sichtweise ist in der Industrieökonomik unter dem Stichwort »potenzielle Konkurrenz« gebräuchlich. Michael Porter geht jedoch noch einen Schritt weiter und bezieht auch die »Konkurrenz« entlang der vertikalen Wertschöpfungskette mit ein, weil sowohl die Lieferanten als auch die Kunden mit dem Unternehmen um den Anteil an der gesamten Wertschöpfung konkurrieren. Es gibt also insgesamt fünf Wettbewerbskräfte: Wettbewerb mit Etablierten, mit Neuen, mit Substituten, mit Lieferanten und mit Kunden. Zusammen bestimmen diese fünf Kräfte, wie gut ein Unternehmen – vor allem beim Gewinn – abschneidet.

Die Hidden Champions stellen sich im Licht dieser fünf Wettbewerbskräfte wie folgt dar:

- Der Wettbewerb zwischen etablierten Anbietern ist sehr intensiv.
- Neue Konkurrenten und Substitute spielen keine ausschlaggebende Rolle.
- Ebenso sind Lieferanten in den meisten Fällen keine dominierende Kraft.
- Bezüglich der Kunden stellt sich das Bild differenziert dar. Wie in Kapitel 9 ausführlich diskutiert, sind Hidden Champions durchaus von ihren Kunden abhängig, aber diese Abhängigkeit ist nicht unbedingt einseitig.

Dies ist das grobe Bild, das typische Hidden Champions im Lichte der »Five Forces« beschreibt und das mit der guten Gewinnlage konsistent ist. Es gibt aber auch systematische Abweichungen von diesem positiven Bild. Ein Beispiel sind die Autozulieferer. Sie haben es mit sehr mächtigen Kunden zu tun, und zwischen den etablierten Wettbewerbern tobt ein harter Wettbewerb, der vor allem durch Überkapazitäten angeheizt wird. Zudem dringen neue Konkurrenten aus Japan und den Schwellenländern in westliche Märkte vor. Lieferengpässe und Preissteigerungen bei Rohstoffen und Zwischenprodukten wie Stahl oder Aluminium haben den Druck seitens der Lieferanten verschärft. Angesichts dieses Zusammentreffens mehrerer negativer Einflüsse verwundert es nicht, dass viele Autozulieferer trotz starker Marktpositionen deutlich niedrigere Renditen als der Schnitt der Hidden Champions aufweisen. Eine Besserung dieser Situation kann nur erreicht werden, wenn die Autozulieferer, als Branche insgesamt, ihre Kapazitäten besser kontrollieren und ein Einstellungswandel weg von der Volumen- hin zur Gewinnorientierung stattfindet.[5] Am anderen Ende des Porter'schen Kräftespiels finden sich Branchen, in denen die etablierten Anbieter sich im Hinblick auf Kapazitäts- und Preispolitik klug verhalten, der einzelne Kunde und der einzelne Lieferant schwach sind und neue Konkurrenten oder Substitute keine Bedrohung darstellen. Viele der Märkte, in denen Hidden Champions Weltmarktanteile von über 50 % haben, gehören in diese Kategorie. Die Marktführer verdienen entsprechend gut und sind so in der Lage, in F & E zu investieren und ihre führende Position auszubauen. Das bedeutet nicht, dass der Wettbewerb in solchen Märkten gering ist, sondern dass er vor allem auf der Leistungsseite ausgetragen wird. Margenruinierende Aggressionen und Preiskriege bleiben Ausnahmeerscheinungen.

Als Zwischenfazit sei festgehalten, dass die typischen Hidden Champions weltweit nur eine überschaubare Zahl von Wettbewerbern haben. Ihre Märkte sind selbst im globalen Maßstab in der Regel oligopolistisch. Der Wettbewerb ist trotzdem sehr intensiv, allerdings weniger preis- als vielmehr leistungs- und innovationsbezogen. Zunehmend verteilen sich die schärfsten Konkurrenten auf die ganze Welt. Die lokale Wettbewerbssituation dürfte dadurch zwar etwas an Bedeutung verlieren. Aber dennoch wirkt die enge Konkurrenz in regionaler Nähe vielfach als Leistungstreiber. Wer eine Spitzenposition im Weltmarkt erringen will, muss den Wettbewerb mit den besten Unternehmen der Welt aktiv suchen und nicht meiden. Weltklasse wird und bleibt man nur, indem man gegen die Besten antritt – egal, wo diese ihren Standort haben.

Wettbewerbsvorteile

Ein Wettbewerbsvorteil muss drei Kriterien erfüllen:[6]

1. für den Kunden wichtig sein,
2. vom Kunden tatsächlich wahrgenommen werden,
3. dauerhaft/nicht leicht imitierbar sein.

Wenn beispielsweise die Verpackung eines Produkts für den Kunden unwichtig ist, dann eignet sie sich nicht zum Aufbau eines Wettbewerbsvorteils. Wenn ein Produkt eine besonders lange Lebensdauer hat, der Kunde diesen Vorteil jedoch nicht wahrnimmt, dann zählt dieser Vorteil bei seiner Kaufentscheidung nicht und hilft dem Anbieter wenig. Falls ein Unternehmen den Preis senkt und dabei die Marge opfert, dann kann es den niedrigen Preis nicht auf Dauer aufrechterhalten.[7] Die gleichzeitige Erfüllung der drei Kriterien »wichtig – wahrgenommen – dauerhaft« bildet eine große Herausforderung.

Häufigkeit von Wettbewerbsvorteilen

Wie steht es um die Wettbewerbsvorteile der Hidden Champions? Hierzu haben wir sowohl eine geschlossene als auch eine offene Frage gestellt. In Abbildung 12.4 sind die Prozentsätze der Firmen veranschaulicht, die angaben, bei dem jeweiligen Leistungsmerkmal einen Wettbewerbsvorteil zu besitzen. Die Leistungsmerkmale waren dabei vorgegeben (geschlossene Frage). Die Produktqualität wird von 58 % der Befragten mit Abstand am häufigsten als Wettbewerbsvorteil genannt. Dieser Befund ist konsistent mit dem in Kapitel 5 formulierten Anspruch auf »Qualitätsführerschaft«, als einem der konstituierenden Merkmale des Selbstverständnisses der Hidden Champions. Auf den nächsten Positionen folgen Leistungsparameter, die nicht direkt auf das Produkt, sondern auf den Dienstleistungs- und Softwarekranz um das Produkt herum bezogen sind. Die Marketinginstrumente Werbung und Preis stehen mit weniger als 10 % als Wettbewerbsvorteile an letzter Stelle. Nur wenige Hidden Champions glauben, bei diesen beiden Parametern besser zu sein als die Konkurrenz.

Abb. 12.4: Häufigkeit von Wettbewerbsvorteilen der Hidden Champions

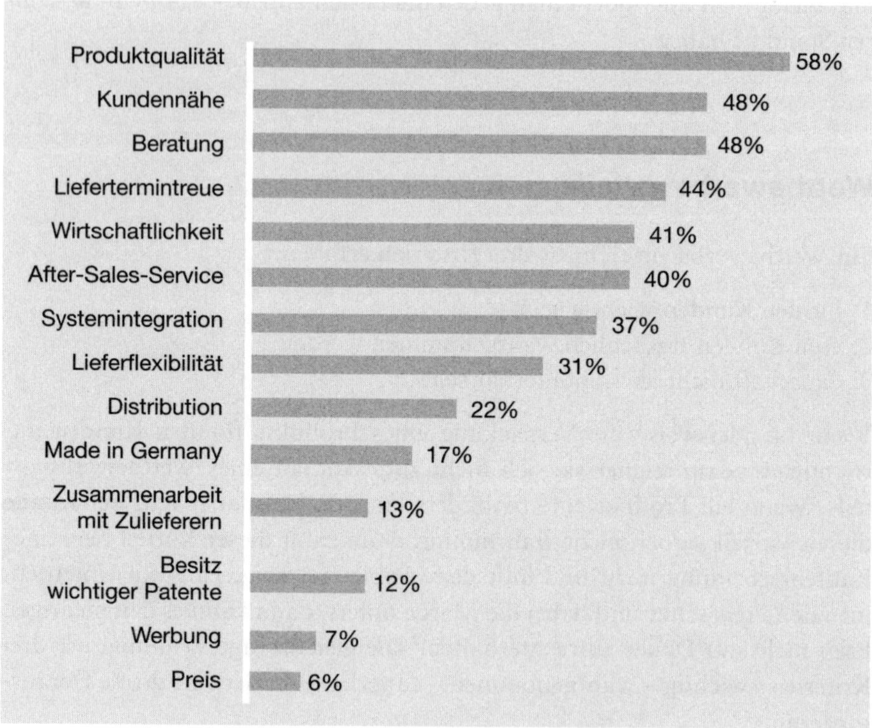

Produktqualität — 58%
Kundennähe — 48%
Beratung — 48%
Liefertermintreue — 44%
Wirtschaftlichkeit — 41%
After-Sales-Service — 40%
Systemintegration — 37%
Lieferflexibilität — 31%
Distribution — 22%
Made in Germany — 17%
Zusammenarbeit mit Zulieferern — 13%
Besitz wichtiger Patente — 12%
Werbung — 7%
Preis — 6%

Aufschlussreich sind ebenfalls die Antworten auf die offene Frage (das heißt ohne Vorgabe von Leistungsmerkmalen) nach Wettbewerbsvorteilen und insbesondere deren Bedeutungsveränderung in den letzten zehn Jahren. Die Leistungsmerkmale mit der stärksten Bedeutungszunahme in zehn Jahren sind in Abbildung 12.5 wiedergegeben.

Abb. 12.5: Bedeutungszunahme von Leistungsparametern (offene Frage)

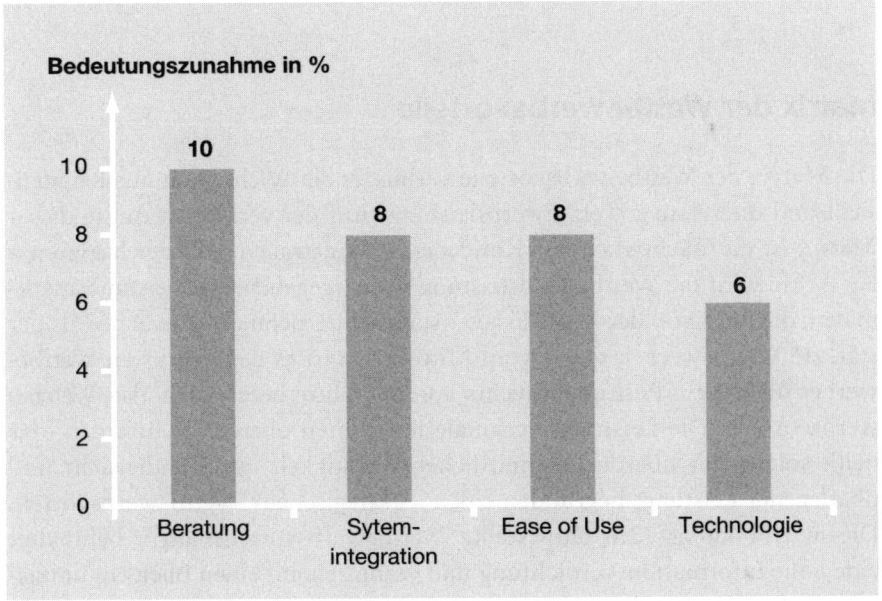

Die stärkste Bedeutungszunahme verzeichnet »Beratung« mit zehn Prozentpunkten. Die Gewichte von »Systemintegration« und »Ease of Use« (Bedienungsfreundlichkeit) sind jeweils um acht Prozentpunkte angestiegen. Die Bedeutung von Technologie nahm um sechs Punkte zu. Levitt hat in den achtziger Jahren das Konzept des »augmented product« vorgeschlagen.[8] In Deutsch würde man vom erweiterten Produkt oder besser vom erweiterten Leistungsangebot sprechen. Dieses schließt produktbegleitende Dienstleistungen, Software und Information ein. Auch Systemintegration bedeutet eine Erweiterung des Produkts. Diese Verschiebungen sind höchst relevant. Sie besagen, dass sich die Wettbewerbsvorteile vom engeren Produkt auf das »augmented product« verlagern. Das bedeutet nicht, dass engere Produktmerkmale wie Qualität weniger wichtig werden, sie bleiben Conditio sine qua non für die Kundenakzeptanz (Muss-Kriterien). Jedoch offerieren die um das Produkt herum gelagerten, meist intangiblen Parameter neue Differenzierungschancen. Sie haben zudem den Vorteil, schwerer imitierbar zu sein als Leistungsmerkmale, die im Produkt selbst »embedded« sind und deshalb nachgebaut werden können. Zudem dauert es länger, bei solchen Leistungsmerkmalen aufzuholen (z.B. bei Mitarbeiterqualifikation). Die Eintrittsbarrieren sind durch die Schaffung zusätzlicher intangibler Wettbewerbsvorteile wie Beratung, Systemintegration oder Ease of Use höher geworden.

Matrix der Wettbewerbsvorteile

Die Matrix der Wettbewerbsvorteile verbindet die Wichtigkeit aus Kundensicht und die relative Wettbewerbsleistung. Auf der vertikalen Achse dieser Matrix ist die Wichtigkeit aus Kundensicht eingetragen. Auf der horizontalen Achse wird die Wettbewerbsleistung wiedergegeben. Bei Leistungsmerkmalen, die links von der Mitte liegen, ist das Unternehmen schwächer als der stärkste Wettbewerber, rechts vom Mittelstrich ist es dem stärksten Wettbewerber überlegen. Positionen rechts von der Mitte bezeichnen also Wettbewerbsvorteile. Die Leistungsmerkmale im rechten oberen Quadranten, das heißt solche mit überdurchschnittlicher Wichtigkeit aus Kundensicht und überlegener Leistung, begründen einen »strategischen« Wettbewerbsvorteil. Die in Abbildung 12.6 dargestellte Wettbewerbsvorteilsmatrix beinhaltet eine hohe Informationsverdichtung und vermittelt auf einen Blick ein umfassendes Bild der Wettbewerbsposition der Hidden Champions. Es sei angemerkt, dass es sich hier um Durchschnittswerte für alle erfassten Hidden Champions handelt. Für jedes einzelne Unternehmen hat diese Matrix natürlich eine jeweils spezifische Ausprägung.

Die Wettbewerbsposition der Hidden Champions kann als herausragend beurteilt werden. Diese Marktführer besitzen nicht nur einen, sondern gleich mehrere strategische Wettbewerbsvorteile. Dazu sagt Hans-Joachim Boekstegers, CEO von Multivac: »Es ist meistens nicht ein Wettbewerbsvorteil, sondern es sind eine Vielzahl von solchen Vorteilen, die den Unterschied zum Wettbewerb für den Kunden erkennbar deutlich machen.«

Zumindest fünf von diesen, nämlich Produktqualität, Kundennähe, Termintreue, Beratung und Wirtschaftlichkeit, zeichnen sich durch eine Kombination von deutlich überdurchschnittlicher Wichtigkeit und deutlich stärkerer Wettbewerbsleistung aus. Auch bei Service und Systemintegration rangieren die Hidden Champions weit vor der Konkurrenz, allerdings liegt die Wichtigkeit dieser Merkmale etwas niedriger. Die »Ease of Use«-Position

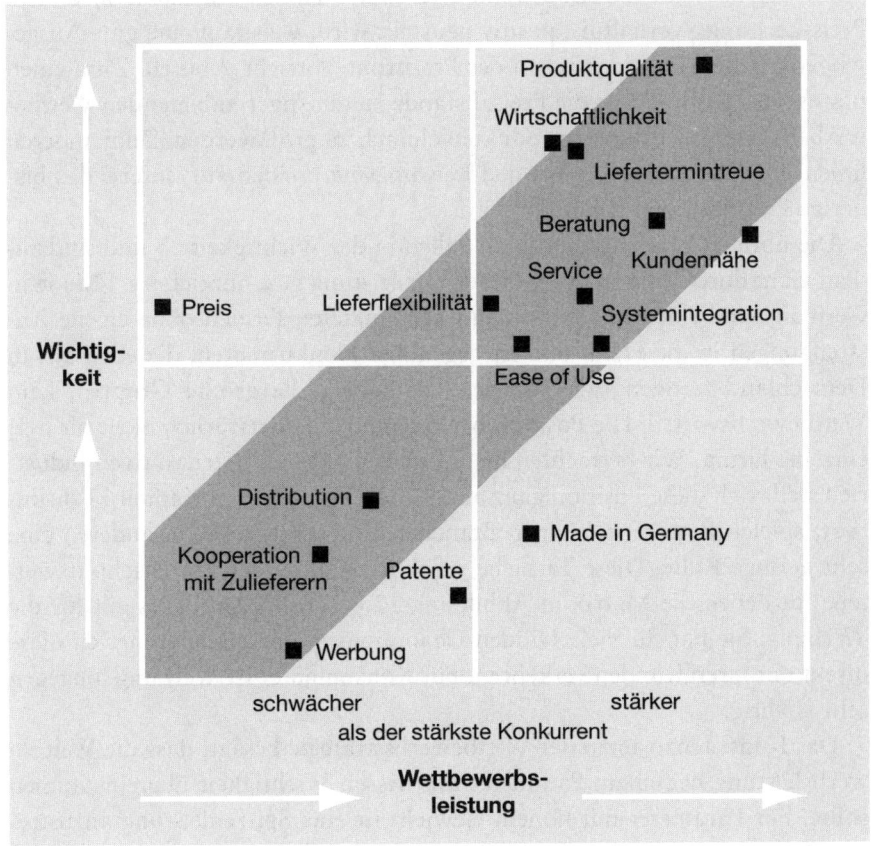

beruh auf einer Schätzung.[9] Dieses Merkmal wird mit zunehmender technologischer Komplexität weiter an Bedeutung gewinnen und hier besteht noch Verbesserungspotenzial. Der Erfolg von Apple bei iPod, iPhone und iPad beruht in wesentlichen Teilen auf der höheren Bedienungsfreundlichkeit. Diese Lehre sollten auch die Hidden Champions berücksichtigen.

Die Hidden Champions haben nur einen wichtigen wettbewerblichen Schwachpunkt, den Preis. Bei leicht überdurchschnittlicher Wichtigkeit fällt die Wettbewerbsperformance beim Preis extrem schwach aus. Der »strategische« Wettbewerbsnachteil der Hidden Champions liegt also im Preis. Wie schon berichtet verfolgen die Hidden Champions überwiegend Premiumstrategien und konkurrieren nicht über den Preis. Die schwache Wettbewerbsposition beim Preis ist grundsätzlich – wenn auch nicht unbedingt im gegebenen Ausmaß und in jedem Einzelfall – akzeptabel, da ihr eine Fülle von leistungsbezogenen Wettbewerbsvorteilen gegenübersteht. Auch die Tatsache, dass die Position beim Merkmal Wirtschaftlichkeit, also dem Preis-Leistungs-Verhältnis, positiv beurteilt wird, weist auf eine gute Ausgewogenheit hin. Dennoch ist an der Preisfront Vorsicht geboten. Zum einen besteht das Risiko, dass die Preisabstände zu günstiger anbietenden Wettbewerbern oder Niedrigpreisprodukten einfach zu groß werden. Zum anderen holen neue Wettbewerber bei den Leistungsmerkmalen auf, sodass das bisherige Preispremium gefährdet wird.

Die übrigen Leistungsmerkmale fallen in der Wichtigkeit ab und sind zudem nicht durch eine starke Wettbewerbsleistung gekennzeichnet. »Made in Germany« fällt den in Deutschland beheimateten Firmen ohne eigene Anstrengungen in die Hand und ist gegenüber Konkurrenten, die ebenfalls in Deutschland fertigen (wie wir gesehen haben, die größte Gruppe), kein Wettbewerbsvorteil. Die Position bei Patenten gilt so natürlich nicht für jede einzelne Firma. Wir betrachten hier Durchschnitte. In patentaktiven Industrien stellt sich diese Position ganz anders dar. Wie schon in Kapitel 11 diskutiert, spielen Patente in einigen Branchen eine sehr große, in anderen eine sehr geringe Rolle. Diese Tatsache reflektiert sich in den Durchschnittswerten, auf denen die Matrix in Abbildung 12.6 beruht. Ähnliches gilt für die Werbung. Sie hat für viele Hidden Champions geringe Bedeutung, da diese direkt mit ihren Kunden verkehren. Für Konsumgüter ist Werbung hingegen sehr wichtig.

Das Konsistenzprinzip der Wettbewerbsstrategie besagt, dass die Wettbewerbsleistung bei einem Parameter mit dessen Wichtigkeit übereinstimmen sollte. Für Parameter mit hohem Gewicht ist eine Spitzenleistung anzustreben. Wenn ein Parameter für die Kunden hingegen geringere Bedeutung hat, ist eine geringere Wettbewerbsleistung akzeptabel. Es wäre in diesem Fall sogar kontraproduktiv, viel Geld in diesen Parameter zu investieren, um ihn auf eine Spitzenposition zu bringen. Besser steckt man dieses Geld in einen Leistungsparameter mit überdurchschnittlicher Wichtigkeit. Die schattierte Diagonale in Abbildung 12.6 veranschaulicht das Konsistenzprinzip. Es fällt auf, wie gut dieses Prinzip von den Hidden Champions beachtet wird. Wichtigkeit und Wettbewerbsleistung sind insgesamt sehr gut aufeinander abgestimmt. Die einzige starke Abweichung findet sich beim Preis. Wie erklärt, stellt dies aufgrund der hohen Leistung kein grundsätzliches Problem dar, allerdings fällt das Ausmaß der Abweichung vom Konsistenzkorridor ins Auge. Dies muss als Warnsignal interpretiert werden. Der Wettbewerbsnachteil beim Preis sollte von den Hidden Champions auf die permanente »Watch List« gesetzt werden.

Zur Dauerhaftigkeit der Wettbewerbsvorteile

Neben Wichtigkeit aus Kundensicht und wahrgenommener überlegener Leistung bildet Dauerhaftigkeit das dritte Kriterium für einen strategischen Wettbewerbsvorteil. Wie steht es in dieser Hinsicht um die Wettbewerbsposition der Hidden Champions? Abbildung 12.7 verknüpft die Dauerhaftigkeit von Wettbewerbsvorteilen mit deren Wurzeln.

Abb. 12.7: Dauerhaftigkeit von Wettbewerbsvorteilen und deren Wurzeln

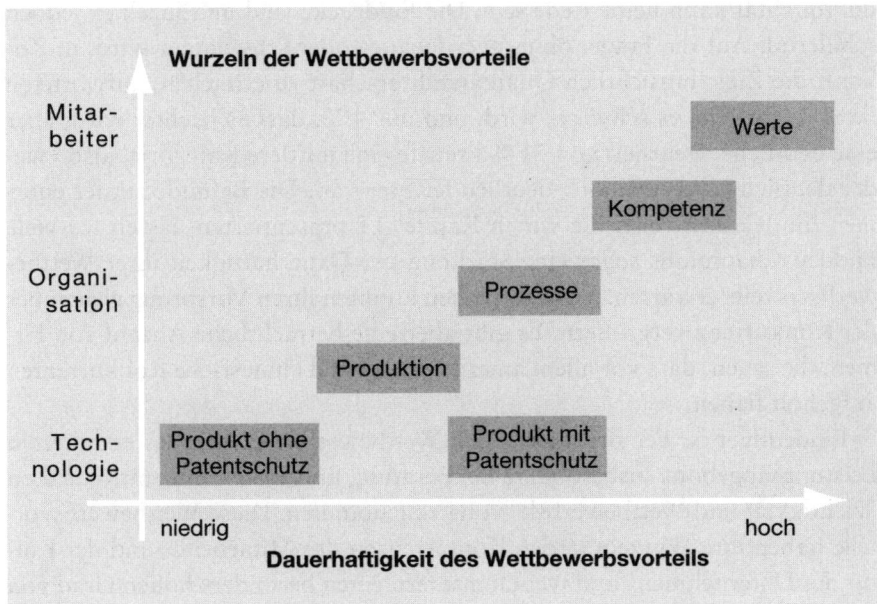

Wettbewerbsvorteile, die in das Produkt »embedded« und nicht patentgestützt sind, lassen sich am leichtesten nachahmen. Oft brauchen Wettbewerber nur wenige Wochen oder Monate für ein »Reverse Engineering« und den Nachbau. Wenn das Produkt hingegen patentgeschützt und das Patent durchsetzbar ist, lässt sich ein Vorteil wesentlich länger verteidigen. Einen noch dauerhafteren Schutz bieten geheim gehaltene Produktions- und Organisationsprozesse. Für einen Wettbewerber von Caterpillar würde es beispielsweise viel mehr Zeit und Geld erfordern, das Leistungsniveau von Caterpillars weltweiter Ersatzteillogistik zu erreichen, als die neueste Caterpillar-Planierraupe nachzubauen. Die Wettbewerbsvorteile, die am schwierigsten nachgeahmt werden können und die insofern die höchste Dauerhaftigkeit aufweisen, sind jene, die in den Qualifikationen und Wertesystemen der Mitarbeiter wurzeln. Interne Fähigkeiten und Wertesysteme lassen sich nur schwer kopieren. Zu dieser Kategorie gehören die neuen, oben beschriebenen Wettbewerbsvorteile der Hidden Champions wie Beratung oder Systemintegration, da sie auf besserer Qualifikation der Mitarbeiter bzw. organisatorischen Fähigkeiten beruhen.

Beurteilt man die Wettbewerbsvorteilsmatrix in Abbildung 12.6 und ihre Veränderungen im Lichte der Dauerhaftigkeit, so ist Folgendes festzustellen. Bei der Produktqualität konnte die Position gehalten werden. Von einer generellen Gefährdung der Dauerhaftigkeit des Wettbewerbsvorteils Produktqualität kann keine Rede sein. Die Eindrücke sind im Einzelnen jedoch schillernd. Auf die Frage, ob es eher leichter oder schwieriger wird, in Zukunft die Ziele hinsichtlich Qualitätsführerschaft zu erreichen, antworteten zwar 25 %, dass es schwerer wird, und nur 4 %, dass es leichter wird, aber eine deutliche Mehrheit von 71 % kreuzte eine mittlere Kategorie, also »weder deutlich schwerer noch deutlich leichter« an. Die Befunde zu der enormen Innovationswelle, die wir in Kapitel 11 präsentierten, lassen für viele Hidden Champions sogar eine Stärkung der Dauerhaftigkeit ihrer Wettbewerbsvorteile erwarten. Viele von ihnen konnten ihren Vorsprung gegenüber der Konkurrenz vergrößern. Es gibt aber eine beträchtliche Anzahl von Firmen, die sagen, dass vor allem amerikanische und chinesische Konkurrenten aufgeholt haben.

Eindeutiger ist der Befund bei den Wettbewerbsvorteilen des erweiterten Leistungsangebots. Insbesondere bei Beratung und Systemintegration haben Wichtigkeit und Wettbewerbsleistung zugenommen. Diese Wettbewerbsvorteile haben ihre Wurzeln in den Kompetenzen der Mitarbeiter und der Kultur des Unternehmens und weisen insofern einen besonders hohen Grad von Dauerhaftigkeit auf. Auch die Steigerung der Wettbewerbsleistung bei Liefertermintreue und bei Kundennähe lässt auf eine höhere Dauerhaftigkeit der Wettbewerbsvorteile schließen. Durch die bessere Leistung bei diesen intangiblen Faktoren haben die Hidden Champions die Eintrittsbarrieren für neue Konkurrenten angehoben. Insgesamt dürfte es heute schwerer sein, in die Märkte der Hidden Champions einzudringen, als vor zehn Jahren.

Der verbreiteten Meinung, dass die Wettbewerbspositionen der Hidden Champions stärker gefährdet sind als in der Vergangenheit, können wir also nicht folgen. Wir kommen im Gegenteil zu dem Schluss, dass die Dauerhaftigkeit der Wettbewerbsvorteile bei vielen Hidden Champions zugenommen hat. Stärker als früher gründet ihre Überlegenheit auf Faktoren, die Konkurrenten nur schwer nachahmen können.

Demonstration von Wettbewerbsüberlegenheit

Weltmarktführerschaft erzeugt hohe Erwartungen an ein Unternehmen. Vom »Weltmeister« erwartet man die Demonstration von Wettbewerbsüberlegenheit, Spitzenleistungen, Pioniertaten und die Lösung bisher unbewältigter Probleme. Eher als andere Unternehmen erhält der Champion die Chance, sich an Leuchtturmprojekten zu beteiligen und so seine herausragenden Kompetenzen unter Beweis zu stellen. Gelingt es, diese Herausforderungen mit Bravour zu meistern, so resultiert daraus eine sehr effektive Demonstration von Wettbewerbsüberlegenheit. Im Idealfall wird das Unternehmen als »one and only«-Anbieter für Leuchtturmprojekte wahrgenommen, und eine einzigartige Kommunikationsbotschaft steht zur Verfügung. Man sollte sich allerdings bewusst sein, dass spektakuläre Projekte auch Risiken beinhalten, denn sie stehen im Mittelpunkt der Aufmerksamkeit der Branche und der Kunden. Wenn solche Leuchtturmprojekte schiefgehen, droht erheblicher Imageschaden. Das ist die Kehrseite des Ruhms.

Die Hidden Champions demonstrieren ihre Wettbewerbsüberlegenheit durch eine große Zahl von Leuchtturmprojekten. Der Beste, die Nr. 1, der Marktführer zu sein, das sind hervorragende Kommunikationsbotschaften sowohl an den Markt wie an die Mitarbeiter. Die Aussage »Wir sind die Nr. 1« ist eindeutig und für jeden verständlich. Gegenüber der Zielgruppe belegen solche Leuchtturmprojekte, dass man einfach der Beste ist. Die Mitarbeiter erfüllen sie mit Stolz. Und nur dem oder den besten Anbietern stehen solche Chancen offen. Kein anderer kann die Nr.-1-Botschaft verwenden. Die Demonstration überlegener Leistung und die Effektivität der Kommunikation bilden einen Circulus virtuosus. Nur aufgrund der Leistung erhält man Zugang zu den Prestigeprojekten. Diese wiederum verstärken die Kommunikationswirkung und die wahrgenommenen Wettbewerbsvorteile, woraus sich neue Chancen eröffnen. Dieser Leistungs-Kommunikations-Chancen-Zyklus bleibt so lange erhalten, wie ein Hidden Champion seine Überlegenheit im Wettbewerb verteidigen kann. Abbildung 12.8 listet eine Auswahl von Fallbeispielen derartiger Demonstrationen von Wettbewerbsüberlegenheit durch Leuchtturmprojekte auf.

Allerdings erzielen solche Leuchtturmprojekte nur die erwünschte Kommunikationswirkung, wenn die zugrunde liegende Leistung und Marktposition stimmen. Nehmen diese Schaden, so bleiben die Leuchtturmprojekte wirkungslos. Der Fall Putzmeister ist in dieser Hinsicht illustrativ. Nach der Tsunamikatastrophe in Japan im März 2011 kamen die größten Putzmeister-Betonpumpen zum Einsatz, um die überhitzten Atommeiler in Fukujima zu kühlen.[10] Doch auch dieses Prestigeprojekt konnte wie die übrigen Re-

Abb. 12.8: Demonstration von Wettbewerbsüberlegenheit durch Leuchtturmprojekte

Unternehmen	Hauptprodukt	Leuchtturmprojekte
Orgelbau Klais	Orgelbau	Die einzige Bambusorgel der Welt/Philippinen, Petronas Concert Hall Kuala Lumpur, Kölner Dom, Nationaltheater Peking, Concert Hall Kyoto, Kölner und Münchner Philharmonie
Josef Gartner	Hochhausfassaden	Taipeh 101, Burj Chalifa (828 m hoch), Commerzbank-Zentrale
Putzmeister	Betonpumpen	Rekord bei 600 m Leitungslänge im Gotthard-Tunnel, Rekordweitförderung von 1661 m im Trinkwasser-Tunnel bei Barcelona, Weltrekord bei Betonhochförderung (532 m), Einsatz bei Reaktorkatastrophen in Tschernobyl (1986) und Fukujima (2011)
Belfor	Beseitigung von Feuer- und Wasserschäden	Sanierung von 100000 Büchern nach Großbrand Universität Wien, Beseitigung der Schäden durch die Hurrikane Katrina und Rita in Mississippi und Louisiana
Herrenknecht	Tunnelbohrmaschinen	Gotthardtunnel mit 2 x 57 km ab 2015 längster Verkehrstunnel der Welt, weltgrößte Tunnelbohrmaschine mit 15,43 m Durchmesser für Yangtse-Querung
Sennheiser	Bühnenmikrofone	Beyoncé, Nena, Grönemeyer, Superbowl, Weltausstellung Lissabon, Olympische Winterspiele Turin, Technischer Oscar, Emmy Award, Technical Grammy Award
Glasbau Hahn	Vitrinen für Museen	Alle berühmten Museen der Welt
Sport-Berg	Sportgeräte: Diskus, Hammer	Lieferant für Olympische Spiele und Weltmeisterschaften
Von Ehren	Große lebende Bäume	Trafalgar Square und National Gallery in London, Euro-Disneyland, Flughafen München, Kurfürstendamm Berlin
Gerriets	Bühnenvorhänge, -ausstattung	Metropolitan Opera New York, Opéra Bastille Paris, Opern in Instanbul und Taipeh, Wang Center Boston
Otto Bock	Prothesen	Paralympics, Service für alle Marken
Kärcher	Hochdruckreiniger	Spektakuläre Reinigungsaktionen: Christus-Statue Rio de Janeiro, Freiheitsstatue New York, Präsidentenköpfe am Mount Rushmore, Küste von Alaska nach Exxon-Valdez-Unglück
Dorma, Häfele	Türschließsysteme	Burj Chalifa, höchstes Gebäude der Welt
Sick	Sensoren	Sick-Sensoren schützen die Mona Lisa im Louvre
Robbe & Berking	Silberbestecke	Sultan von Brunei, Bundeskanzleramt, Nobelrestaurants/-hotels
Rexroth	Hydraulik	Nationaltheater Peking, Bolschoi-Theater Moskau, Westlake-Bühne Hangzhou, China
Carbon Sports	Leichtlaufräder	Zahlreiche Tour de France- und Weltmeisterschaftssiege

korde Putzmeister nicht vor der Übernahme durch Sany schützen. Wenn die Marktposition oder die Wettbewerbsfähigkeit geschwächt sind, nützen spektakuläre Aktionen wenig.

Namen als Gattungsbegriffe

Als ungewöhnlicher Indikator für Überlegenheit im Wettbewerb und hohe Bekanntheit ist anzusehen, wenn ein Produkt- oder Firmenname zum festen Bestandteil einer Sprache oder zum generischen Begriff für eine Produktkategorie wird. Im Deutschen ist das Verb »röntgen« ein solches Beispiel, in England sagt man »to hoover« für Staubsaugen. In der Internetwelt spricht man von »googeln«. Kärcher, Weltmarktführer bei Hochdruckreinigern, hat es sogar offiziell in die französische Sprache geschafft. Das Verb »karcher« wurde von den strengen Sprachhütern der Académie Française anerkannt. Nicolas Sarkozy kommentierte (vor seiner Zeit als französischer Präsident) Krawalle in Paris dahingehend, dass man die Straßen der Vorstädte »kärchern« müsse – ein zweifelhaftes Kompliment für Kärcher, aber ein Beleg für die Bekanntheit der Marke. In der professionellen Tontechnik ist »Harting Stecker«, ein Produkt des ostwestfälischen Interface-Herstellers Harting, zu einem Gattungsbegriff geworden.[11] Ein bekanntes historisches Beispiel für die Entstehung einer generischen Bezeichnung aus einem Markennamen ist auch die Inbus-Schraube. Der Name Inbus geht zurück auf Innensechskantschraube Bauer und Schaurte. Bauer und Schaurte war ein führender Schraubenhersteller mit Sitz in Neuss, der in den letzten Jahren eine wechselvolle Geschichte durchlief und heute unter dem Namen RUIA Global Fasteners firmiert. In den USA heißen diese Sechskantschrauben übrigens Allen Screws, benannt nach dem amerikanischen Schraubenhersteller Allen Manufacturing Company. Wenn der eigene Namen zum Gattungsbegriff wird, ist dies einerseits ein untrügliches Zeichen für innovative Leistung und eine dominierende Marktstellung, andererseits auch ein Risikofaktor. Denn wenn ein Kunde im Geschäft nach Tempo, Tesafilm oder Post-it fragt, dann ist nicht sicher, ob er wirklich die Marke oder nur ein Produkt aus der entsprechenden Kategorie meint. So spricht heute jeder von Fön, obwohl genau genommen außer den Rechteinhabern von AEG niemand diesen Namen verwenden darf, sondern das Produkt »Haartrockner« oder, in Anlehnung an den Wind, Föhn nennen müsste.

Ein ähnlich zuverlässiger Indikator wie die Verwendung als Gattungsbegriff sind Bezugnahmen auf den Marktführer durch Konkurrenten oder

Kunden. Das vielleicht berühmteste Beispiel für dieses Phänomen ist die Marke »Mercedes«. Wenn man ausdrücken will, dass ein Produkt das beste in seinem Markt ist, dann sagt man »Miele ist der Mercedes unter den Waschmaschinen« oder »Enercon ist der Mercedes unter den Windanlagen«. Von Seiten der Konkurrenten heißt es auch Bezug nehmend auf Paradeprodukte »wir sind so gut wie …« oder »… fast so gut wie …, aber etwas billiger«. So erfreut sich die Hamburger Eppendorf AG, ein führender Hersteller von Laborsystemen und -produkten für die Biotechnologie, nicht selten anerkennender Worte von Verkäufern der Konkurrenz »wir sind so gut wie Eppendorf«. Im Markt des Interfaceherstellers Harting wird von Kundenseite häufig spezifiziert: »Harting oder vergleichbar.« Das erinnert an das Prädikat »IBM-kompatibel« in der alten Computerwelt des letzten Jahrhunderts. Die Beispiele zeigen, dass es nicht nur Großunternehmen gelingt, solche Standards, Gattungsbegriffe, Benchmarks durchzusetzen, sondern dass auch Hidden Champions dies in ihren – wenn auch kleineren – Märkten schaffen.

Preise und Auszeichnungen

Eine ähnliche Kommunikationswirkung in Richtung Wettbewerbsüberlegenheit entfalten Preise und Auszeichnungen. Sie dokumentieren die Anerkennung, die ein Unternehmen in seiner Branche genießt, auf formelle Weise und untermauert durch die Urteile von Experten. Und viele Hidden Champions sind mit Preisen reich gesegnet. Arnold & Richter hat für seine Filmkameras und weitere Innovationen 16 technische Oscars erhalten. Rational, der Weltmarktführer bei Garautomaten, ist in den Jahren 2003 bis 2012 in der ganzen Welt mit 59 Preisen ausgezeichnet worden. Ludo Fact, der führende europäische Produzent von Gesellschaftsspielen, ist in den letzten 16 Jahren 13-mal mit dem »Spiel des Jahres« geehrt worden. Lobo Electronic, Marktführer in Laser-Shows, hat in seiner dreißigjährigen Geschichte mehr als 130 Auszeichnungen erhalten und ist die weltweite Nr. 1 in der Awards-Rangliste der International Laser Display Association. Auch Phoenix Contact, einer der ostwestfälischen Interface-Hidden-Champions, kann sich mit zahlreichen Auszeichnungen schmücken. Neben renommierten Preisen wie dem Hermes Award, dem höchstdotierten Technikpreis der Welt, den Phoenix bei der Hannover Messe 2012 für eine bahnbrechende Innovation im Blitzschutz erhielt[12], hat die Firma viele Preise als bester Arbeitgeber sowie für Leistungen im betrieblichen Gesundheitsmanagement und der Mitarbeiterbildung eingeheimst. Flexi, Weltmarktführer bei Hunderollleinen, hat zahlreiche Auszeichnungen in Europa, Amerika und Asien erhalten. Eppendorf bemüht sich besonders um die Förderung junger Biotechnologieforscher und ist dafür vielfach geehrt worden. Solche Auszeichnungen belegen, dass sich die Hidden Champions in ihren Branchen von ihren Konkurrenten abheben.

Tradition kann ebenfalls eine starke Wirkung als Wettbewerbsvorteil entfalten. Faber-Castell, Weltmarktführer bei Bleistiften und im Jahr 1761 gegründet, kann eine lange Liste prominenter Kunden präsentieren. Bismarck schrieb mit Bleistiften von Faber-Castell, Vincent van Gogh pries ihr »berühmtes Schwarz«, und Max Liebermann nannte sie einfach »die Besten«. Kein Marketing- oder Werbegeld kann solche Einzigartigkeit im Wettbewerb kaufen. Der folgende Streit zwischen Faber-Castell und Staedtler-Mars, dem schärfsten Konkurrenten, wirft ein Licht auf den Wert solcher Tradition. Die Firma Staedtler-Mars wurde 1835 gegründet. Im Jahr 1994 veranstaltete Staedtler einen Händlerwettbewerb, um an den 333. Jahrestag der Produktion des ersten Bleistifts durch Friedrich Staedtler zu erinnern. Faber-Castell erhob Einspruch, um seine Position als ältestes Unternehmen in diesem Gewerbe zu verteidigen. Die Lyra Bleistift-Fabrik, gegründet im Jahr 1806, beansprucht ebenfalls, älter zu sein als Staedtler-Mars. Schaut man sich führende Luxusmarken an, so fällt deren hohes Alter auf. Richemont, der zweitgrößte Luxuskonzern der Welt, hat in seinem Portfolio etwa 20 berühmte Marken. Die meisten davon sind sehr alt. Um nur einige zu nennen: A. Lange & Söhne (gegründet 1845), Baume & Mercier (1803), Cartier (1847), Montblanc (1906), Vacheron Constantin (1755). Nur drei Richemont-Marken sind jünger als 100 Jahre. Die Besonderheit des Wettbewerbsvorteils Tradition besteht in der Nichtimitierbarkeit. Egal wie viel Geld man in die Werbung steckt, man kann damit keine hundertjährige Tradition kaufen. Marke ist geronnene Zeit. Und da 38 % der Hidden Champions älter als 100 Jahre sind, ist Tradition für viele von ihnen ein einzigartiges Wettbewerbsprädikat.

Wettbewerbsfähigkeit und Kosten

Im System der generischen Strategien von Porter fallen die Wettbewerbsstrategien der Hidden Champions in aller Regel in die Kategorie »differenzierte Fokussierung«, das heißt, sie praktizieren eine Kombination von engem Zielmarkt und überlegenen Leistungen in einem oder mehreren

Parametern.[13] Oftmals liegen die Preise höher als bei den Konkurrenten. Generelle Kostenführerschaft im Porter'schen Sinne, also ein auf den Gesamtmarkt ausgerichtetes Angebot zu niedrigsten Kosten bzw. Preisen, kommt bei den Hidden Champions selten vor. Fielmann als europäischer Marktführer in der Distribution von Brillen passt in dieses Muster. Etwas häufiger ist die fokussierte Kostenführerschaft, bei der man für einen Teilmarkt die kostengünstigsten Produkte bereitstellt. Heiner Hoppman, CEO von Aenova, einem führenden Pharma-Auftragsfertiger, sagt: »Wir sind der Kostenführer in Europa.«[14] Mit hoher Automation und bestens qualifizierten Mitarbeitern lässt sich selbst mit einem deutschen Standort die Kostenführerschaft erreichen. Kohlpharma, Europas führender Parallelimporteur von Pharmazeutika, strebt in seinem Kerngeschäft explizit die Kostenführerschaft an. Schmitz Cargobull (Sattelauflieger), 3B Scientific (anatomische Lehrmittel), Suspa (Gasfedern) oder Böllhoff (Schrauben) betonen immer wieder ihre kostenmäßige und preisliche Wettbewerbsfähigkeit. Doch selbst in diesen Fällen kann man hinterfragen, ob reine Kostenführerschaft vorliegt, da stets auch der Qualitätsanspruch hervorgehoben wird. Vergleicht man damit radikal kostenorientierte Strategien, wie sie von Aldi, Ikea oder Ryanair angewandt werden, dann muss man zu dem Schluss kommen, dass kaum ein Hidden Champion eine Strategie der reinen Kostenführerschaft fährt.

Daraus folgt jedoch keinesfalls, dass die Kosten in der Wettbewerbsstrategie der Hidden Champions vernachlässigbar wären. Das Gegenteil ist der Fall. Erstens zwingt die Schärfe des Wettbewerbs die Hidden Champions, verstärkt auf die Kosten zu achten und ständig zu rationalisieren. Zum Zweiten besteht stets eine latente Gefahr, sich mit der Premiumpositionierung im Hinblick auf Economies of Scale und absolutes Preisniveau aus dem Markt zu manövrieren. Leistung, Preise und Kosten müssen immer in Relation zueinander gesehen werden. Der folgende Kommentar eines holländischen Kunden gegenüber dem CEO eines deutschen Anlagenbauers beleuchtet diese Problematik: »Ihr Preis liegt bei 1,25 Millionen Euro. Der Preis eines italienischen Anbieters beträgt 750 000 Euro. Ich erkenne zwar an, dass Ihr Produkt besser ist. Aber es ist keine 60 % besser. Also zahle ich nicht 60 % mehr.« Der holländische Kunde kaufte das italienische Produkt.

Die besten Hidden Champions arbeiten ständig und massiv an den Kosten. Bernd Hoffmann, der frühere CEO von Schmitz Cargobull, sagte: »Wegen unseres Lohnniveaus in Deutschland sind wir zur Produktivitätssteigerung verdammt. Die Stückkosten sinken, wir können günstigere Preise anbieten. Auf diese Weise werden wir wettbewerbsfähiger und steigern die Absatzmenge und unseren Marktanteil. Dies schlägt sich unmittelbar im Gewinn und in der Rendite nieder.« Hoffmann betonte jedoch ausdrücklich, dass Schmitz Cargobull keine »Billigstrategie« verfolge. Vielmehr sprach er von einer »hybriden Wettbewerbsstrategie«, die »Innovationen, höchste Produktqualität und starke Kundenorientierung« einerseits mit »Kostenführerschaft, Economies of Scale, Effizienz und strenger Fixkostenkontrolle« andererseits verbindet. Eine sehr ambitionierte Kombination von Leistungsdifferenzierung und günstigen Kosten strebt auch Trumpf, Weltmarktführer bei Lasermaschinen, an. CEO Nicola Leibinger-Kammüller kommentiert: »Wir müssen in allen Bereichen schneller, besser und kostengünstiger werden. Die Produktionsdauer einer Maschine verkürzte sich von zwölf auf fünf Wochen. Wir sind einer der wenigen Maschinenbauer, die sämtliche Endmontagen komplett auf Fließbandfertigung umgestellt haben.« Wie schon in Kapitel 10 berichtet, wendet eine zunehmende Zahl von Hidden Champions Zweitmarkenstrategien an, um in unteren Segmenten preislich wettbewerbsfähig zu sein. Wer weiter in Hochlohnländern wie Deutschland, Österreich oder der Schweiz produzieren will oder muss, weil nur hier das benötigte Know-how vorhanden ist, kommt an ständigem, hartem Kostenmanagement nicht vorbei. Trotzdem verlagert sich der Wettbewerbsvorteil nicht auf die Kosten- und Preisseite. Aufgabe der Rationalisierung ist es vielmehr zu verhindern, dass man sich trotz überlegener Leistung wegen zu hoher Kosten aus dem Markt herauspreist.

In Märkten mit weniger hohen Qualitätsansprüchen verschärfen sich die Kostenerfordernisse. Premiumposition und hohe Kosten beinhalten in solchen Märkten zwei Risiken. Zum einen besteht die Gefahr, einen Großteil des Marktes zu verpassen, zum anderen können Anbieter mit niedrigeren Kosten und Preisen ihre Qualität verbessern und von unten angreifen. In Kapitel 10 haben wir darauf hingewiesen, dass in den Schwellenländern ein sogenanntes Ultra-Niedrigpreis-Segment entsteht, das einerseits Chancen bietet, aber langfristig auch neue Konkurrenz bringen kann. Da wir die Handlungsoptionen dort ausführlich diskutiert haben, erübrigt sich im vorliegenden Kapitel eine erneute tiefere Betrachtung.

Die von Porter postulierte Entweder-oder-Entscheidung zwischen Leistungsdifferenzierung und Kostenführerschaft hat zwar den Charme der Einfachheit und scheinbaren intellektuellen Klarheit, aber so simpel ist die reale Welt nicht immer. Trotz aller Überlegenheit auf der Leistungsseite dürfen die Hidden Champions die Kosten nicht vernachlässigen. Und in dem sich verschärfenden Wettbewerbsumfeld Globalias sollten unkonventionelle Strategien nicht ausgeschlossen werden, um die Weltmarktführerschaft zu verteidigen.

Trainingspartner für Fitness im Wettbewerb

In Kapitel 2 dieses Buches wurde die These von Porter zum Zusammenhang zwischen »rigorous domestic rivalry and the creation and persistence of competitive advantage in an industry«[15] diskutiert. Dort haben wir gesehen, dass es in Deutschland zahlreiche Industriecluster gibt, innerhalb derer Hidden Champions ihre Geschäfte betreiben. Wettbewerber sind zwar in erster Linie Gegner, die um die gleichen Aufträge kämpfen und in diesem Sinne in einem Nullsummenspiel gefangen sind. Sie agieren aber gewollt oder ungewollt auch als »Trainingspartner für Wettbewerbsfitness«. Das bedeutet nicht, dass sie zueinander auf gutem Fuße stehen müssen. Aber Unternehmen, die miteinander konkurrieren, können einfach nicht vermeiden, besser zu werden, wenn sie überleben und profitabel wirtschaften wollen. Diese Beziehung ist vergleichbar mit Topathleten, die gegeneinander antreten. Selbst wenn sie nicht zusammen trainieren, treiben sie sich zu neuen Leistungshöhen, solange sie ehrgeizig genug bleiben. Im Sport findet sich eine weitere Parallele zu den Hidden Champions. Die besten Sportler in einer Disziplin kommen häufig aus einer Region. Ich besuchte einmal ein Leichtathletiksportfest in Köln, bei dem neue Weltrekorde über 800 Meter und über 3 000 Meter Hindernis aufgestellt wurden. Im 3 000-Meter-Lauf blieben vier Läufer unter dem alten Weltrekord. Sie kamen alle aus Kenia. Insgesamt waren zwölf Athleten aus Kenia am Start. Eine solche Wettbewerbsdichte führt zu Höchstleistungen. Eines der eindrucksvollsten Beispiele für hohe Wettbewerbsdichte, die zur Weltmarktführerschaft führt, findet sich in Warsaw im US-Bundesstaat Indiana. Dort sitzen die drei führenden Unternehmen der Welt für künstliche orthopädische Produkte, Zimmer, DePuy und Biomet. Das muss man sich vorstellen: Ein Städtchen von 12 000 Einwohnern im mittleren Westen der USA beherbergt drei Hidden Champions auf einem technologisch äußerst anspruchsvollen Gebiet und wird insofern zutreffend als »Orthopedic Capital of the World« bezeichnet. Solche lokale Nähe der stärksten Wettbewerber ist keineswegs die Ausnahme, sondern kommt bei den Hidden Champions häufig vor.

Die Beziehungen unter den in engem Wettbewerb stehenden Hidden Champions können dabei von freundschaftlich bis feindselig variieren. Nicht selten war der neue Konkurrent ein früherer Mitarbeiter des Pioniers wie im Fall von Albert Berner, der bei Würth arbeitete, bevor er sich selbstständig machte. In 2011 knackte Berner zum ersten Mal die Umsatzmilliarde und ist die Nr. 2 in der Welt. Reinhold Barlian, der Gründer von BARTEC, war vorher Entwicklungsleiter bei R. Stahl.

Hidden Champions beurteilen den Wettbewerb heute unter globalen Aspekten. Dennoch darf man die Bedeutung eines regional nahen starken Konkurrenten unter dem Aspekt der Wettbewerbsfitness nicht unterschätzen. Wären Mercedes, BMW und Audi heute in der Topform, wenn es den harten und nahen Wettbewerb zwischen ihnen nicht gäbe? Hätte die Basler pharmazeutische Industrie ihre Weltgeltung ohne die scharfe Konkurrenz zwischen Roche und Novartis errungen? Wäre Adidas ohne Puma zur gleichen Weltgeltung aufgestiegen? Ist es langfristig für ein Unternehmen besser, in seinem Umfeld starke, statt schwache Konkurrenten zu haben? Der einsame Spitzenathlet gewinnt wahrscheinlich nicht die Goldmedaille. Dies schafft eher der junge Leistungsträger, der ständig gegen Topkonkurrenten ankämpfen muss. Und häufig trainieren die Spitzenathleten in einer Disziplin tatsächlich an einem Ort, weil sie diese Gesetzmäßigkeiten kennen. Warum sollte Ähnliches nicht für Unternehmen gelten? Entscheidend ist dabei, dass der Wettbewerb auf der Leistungs- und Innovationsebene ausgetragen wird. Verlagert sich die Konkurrenz rein auf die Preisebene, dann endet ein solcher Wettbewerb oft für einen oder gar beide Wettbewerber mit dem Untergang bzw. der Übernahme. Auch das kommt zwischen eng konkurrierenden Hidden Champions vor. So übernahm der Weltmarktführer bei Industrieketten RUD (Rieger und Dietz) 1988 nach 100 Jahren intensiven Wettbewerbs den Konkurrenten Erlau, beide Firmen sitzen in Aalen. Erlau existiert als Firma bzw. Marke weiter und ist selbst Weltmarktführer bei Reifenschutzketten. In ähnlicher Weise schluckte GKD Kufferath, Weltmarktführer bei Metallgeweben, seinen lokalen Wettbewerber Dürener Metalltuch. Bei Aromen vereinigten sich die Firmen Dragoco und Haarmann & Reimer, beide aus Holzminden, zum neuen Hidden Champion Symrise. Abbildung 12.9 listet zahlreiche Beispiele von Wettbewerbern auf, deren Standorte nicht weit voneinander entfernt liegen.

Es kommt sicher eher selten vor, dass sich ein Unternehmer über zu wenig Wettbewerb beklagt. Doch bei Hidden Champions ist manches anders. So sagte mir der CEO eines sehr erfolgreichen Maschinenbauers, der in den letzten Jahren seinen Weltmarktanteil von 40 auf 75 % gesteigert hat: »Mein Problem ist mittlerweile, dass unsere Konkurrenten zu schwach sind und meine Leute zu arrogant werden. Bei einigen Aufträgen habe ich den Preis bewusst hochgesetzt, damit die Konkurrenten besser abschneiden und meine Mitarbeiter wieder Bescheidenheit lernen. Es wäre mir lieber, wenn wir stärkere Wettbewerber hätten.« Und in einem Gespräch mit einem CEO aus dem Schwarzwald klang Bedauern darüber durch, dass der lokale Konkurrent nicht mehr so stark sei wie früher und somit eine wichtige Antriebsquelle für die Mitarbeiter verloren gegangen sei. In der Tat, vielleicht sollte man sich ausreichend starke (wenn auch nicht zu starke) Wettbewerber

Abb. 12.9: Hidden Champions in engem Wettbewerb mit regionalen Konkurrenten

Produkt	Wettbewerber	Ort	Anmerkungen
Rollen	Tente Rhombus	42907 Wermelskirchen 42908 Wermelskirchen	Tente weltweit Nr. 1
Einkaufswagen	Wanzl Siegel	89340 Leipheim 89341 Jettingen	Wanzl Weltmarktführer Siegel starker Wettbewerber
Aromen/ Dufstoffe	Givaudan Firmenich	CH 1214 Vervier CH 1211 Genf	Nr. 1 in der Welt Nr. 2/3 in der Welt
Aromen für Getränke	Döhler Wild	64295 Darmstadt 69214 Eppelheim	beide führend in Europa
Sattelauflieger	Schmitz Krone	48612 Horstmar 49757 Emsdetten	Nr. 1 in Europa Nr. 2 in Europa
Bürstenherstel- lungsmaschinen	Zahoransky Ebser	79674 Todtnau 79674 Todtnau	Zahoransky Nr. 1 in der Welt
Erfassung von En- ergie-/Wasserver- brauch	Techem Ista	65760 Eschborn 45131 Essen	beide ca. 700 Mio. € Umsatz, führend in der Welt
Windenergie	Enercon Vestas	26605 Aurich 8900 Randers (DK)	Nr. 1 in D, Nr. 3/4 weltweit Nr. 2 in D, Nr. 1 weltweit
Verbindungs-/ Befestigungs- material	Würth Berner	74653 Künzelsau 74653 Künzelsau	Würth Nr. 1 in der Welt Berner Nr. 2 in der Welt
Explosionsschutz	Stahl Bartec CEAG Sicherheits- technik	75638 Waldenburg 97980 Bad Mergentheim 69412 Eberbach	alle drei führende Unternehmen
Flexible Verpackungen	Windmöller & Hölscher Bischof + Klein	49252 Lengerich 49525 Lengerich	beide führende Unternehmen
Gewerbliche Spül- technik	Winterhalter Meiko Hobart	88074 Meckenbeuren 77652 Offenburg 77656 Offenburg	alle drei führende Unternehmen
Dentaltechnik	Sirona Kavo	64652 Bensheim 88400 Biberach	beide führende Unternehmen
Interfacetechnik	Phoenix Contact Harting Weidmüller Wago Kontakttechnik	32825 Blomberg 32339 Espelkam 32758 Detmold 32423 Minden	alle vier führende Unternehmen
Schweißtechnik	Binzel Cloos	35418 Buseck 35708 Haiger	beide führende Unternehmen

wünschen – obwohl das unbequem ist. Zusammenfassend sei festgehalten, dass die enge Konkurrenz zwischen benachbarten Hidden Champions wirksam zur Wettbewerbsfitness beitragen kann. Die Nachbarn sind eben nicht nur Konkurrenten, sondern auch Sparringspartner. Das gilt selbst im Zeitalter der Globalisierung.

Übertriebene Wettbewerbsorientierung

Es ist notwendig, seine Wettbewerber zu kennen, und es kann vorteilhaft sein, ihre Rolle als Trainingspartner für Wettbewerbsfitness zu nutzen. In eine »Wettbewerbsbesessenheit« sollte man jedoch nicht verfallen. Gerade in Oligopolen, in denen die meisten Hidden Champions operieren, ist die Gefahr zu starker Orientierung am Wettbewerb und aggressiven Verhaltens groß. In der globalen Pricing-Studie von Simon-Kucher sagten 46 % der rund 4 000 Befragten, dass sich ihr Unternehmen in einem Preiskrieg befände. Und 83 % davon behaupteten, die Konkurrenz und nicht das eigene Unternehmen habe den Preiskrieg ausgelöst.[16] Aggression ist in der Wettbewerbspraxis weitverbreitet. In dem Buch *Der gewinnorientierte Manager. Abschied vom Marktanteilsdenken* sprechen wir von »einer Kultur der Aggression«.[17] Angesichts der Leidenschaft, mit der manche Unternehmer und Manager gegen ihre Konkurrenten vorgehen, könnte man meinen, Wettbewerb sei Krieg. Diese Stimmung wird durch martialische Buchtitel wie *Business Warfare*[18], *Business Wargames*[19] oder *Guerrilla Marketing*[20] angeheizt. Die Sammlung von Informationen über die Konkurrenz nennt man »Competitive Intelligence«, ebenfalls ein Ausdruck aus dem Militärjargon. Doch Wettbewerb ist nicht Krieg. Ein Krieg endet irgendwann, der Wettbewerb endet nie. Auf dem militärischen Schlachtfeld gibt es keine Kunden. Militärische Missionen haben mit dem Tagesgeschäft nur wenig gemeinsam. Im Geschäft versucht man, Kunden zu gewinnen und zu halten – nicht Gegner zu besiegen oder Flüchtige einzufangen. Eine zu starke Orientierung am oder gar eine ausgesprochen aggressive Einstellung gegenüber dem Wettbewerb kann schädlich sein.

Dies alles sind keine neuen Erkenntnisse. Schon 1958 wies Lanzilotti eine negative Korrelation zwischen übertriebener Wettbewerbsorientierung und der Rendite von Unternehmen nach.[21] Eine neuere Abhandlung fasst Indizien aus unterschiedlichen Quellen zusammen und kommt zu dem Schluss, dass wettbewerbsorientierte Ziele schaden, wenn man sie überzieht. Diese Beobachtungen haben jedoch bislang nur geringen Einfluss auf die akademische Forschung und finden bei den Führungskräften in Unternehmen kaum Beachtung.[22] Die Autoren von *Blue Ocean Strategy* plädieren für eine Strategie, die dem Wettbewerb möglichst aus dem Wege geht.[23] Dieser Ansatz kommt der Strategie vieler Hidden Champions nahe. Hermut Kormann, der frühere CEO des mehrfachen Weltmarktführers Voith, bezieht entschieden Position gegen eine extreme Wettbewerbsorientierung und spricht sich dezidiert für eine Dominanz der Kundenorientierung aus.[24]

Es sind mir zwar auch Hidden Champions begegnet, die von einer »competitive obsession« befallen waren. Aber diese bleiben Ausnahmen. Die weitaus meisten Hidden Champions starren nicht auf ihre Konkurrenten, sondern fokussieren sich auf ihre Kunden und gehen ihren eigenen Weg. Einige Gesprächspartner erklärten, dass sie auf die systematische Sammlung von Wettbewerbsinformationen verzichten, weil sie sich nicht mit ihren Konkurrenten vergleichen. Einer sagte: »Wir vergleichen uns nicht mit dem Wettbewerb, der Wettbewerb schaut auf uns.« Ein anderer drückte eine ähnliche Einstellung wie folgt aus: »Der Wettbewerb ist nicht unser Standard. Wir setzen unsere eigenen Standards.« Marktführerschaft erreicht man nicht durch Nachahmung der Konkurrenten. Professor Hans-Jürgen Warnecke, der frühere Präsident der Fraunhofer-Gesellschaft, sagte dazu: »Wenn Sie einmal in den Teufelskreis geraten sind, bei Ihren Konkurrenten nach Problemlösungen zu suchen und nicht in Ihrem Unternehmen, beginnen Sie, sich auf die Nachahmung bereits bestehender Problemlösungen zu konzentrieren, und Sie werden für immer der Zweite bleiben.«[25] Jemand, der in die Fußstapfen eines anderen tritt, wird diesen bekanntlich nicht überholen. Natürlich sind Wettbewerbsbeobachtung/-orientierung einerseits und Nachahmung andererseits nicht dasselbe. Aber eine übertriebene Ausrichtung am Wettbewerb ist nicht der Weg, der an die Spitze führt. Besser ist es, seine primäre Aufmerksamkeit den eigenen Kompetenzen und den Kunden zu widmen. Auf diese Weise sind die Hidden Champions an die Spitze ihres Marktes gelangt, und so haben sie die besten Chancen, ihre Marktführerschaft zu verteidigen.

Zusammenfassung

Die Wettbewerbsstrategien der Hidden Champions folgen nicht den Patentrezepten, wie sie in der Literatur vielfach angeboten werden, sondern zeichnen sich durch ausgeprägte Eigenständigkeiten aus:

- Die Märkte der Hidden Champions sind überwiegend oligopolistisch strukturiert. Selbst im Weltmaßstab gibt es im Mittel nur sechs relevante Konkurrenten. Nur wenige Hidden Champions sehen sich global mehr als 20 Wettbewerbern gegenüber.
- Wettbewerbsstruktur und -verhalten zeichnen sich durch eine vergleichsweise hohe Stabilität aus.
- Im Lichte von Michael Porters System der »Five Forces« stellt sich die Situation der meisten Hidden Champions insgesamt als günstig dar. In Branchen mit ungünstiger »Five Forces«-Beurteilung liegen die Ursachen in einem teilweise selbst verschuldeten kapazitäts- und preisgetriebenen Kampf zwischen etablierten Anbietern sowie in starken Machtpositionen der Kunden. Letztere lassen sich nur schwer verändern. Hingegen sollten

die Kapazitäten in solchen Branchen intelligenter gesteuert werden. Auch eine Orientierung, die zu stark auf Marktanteile oder Volumina statt auf Gewinn ausgerichtet ist, kommt in solchen Märkten vor

- Die Intensität des Wettbewerbs zwischen den etablierten Anbietern ist hoch. Der Wettbewerb wird primär auf der Leistungs- und Innovationsebene, weniger auf der Preisebene ausgetragen.
- Erstaunlicherweise beurteilen die Hidden Champions ihre Konkurrenten als dem eigenen Unternehmen eher unähnlich. Dieses Urteil reflektiert einen starken Eigensinn.
- Das Wettbewerbsprofil der Hidden Champions ist komplex. Sie besitzen in der Regel mehrere strategische Wettbewerbsvorteile und setzen diese am Markt konsequent durch.
- Die Produktqualität hat ihre herausragende Bedeutung als Wettbewerbsvorteil behalten. Der Preis ist hingegen ein Wettbewerbsnachteil.
- Die Wettbewerbsposition der Hidden Champions hat sich bei den Parametern des erweiterten Leistungsangebots stark verbessert. Neue Wettbewerbsvorteile wurden insbesondere bei Beratung und Systemintegration geschaffen. Auch Ease of Use gewinnt als Wettbewerbsvorteil an Bedeutung.
- Die neuen Wettbewerbsvorteile sind schwerer kopierbar und erhöhen damit die Eintrittsbarrieren für den Wettbewerb. Es ist zu vermuten, dass die Dauerhaftigkeit der Wettbewerbsvorteile eher zu- als abgenommen hat.
- Ihre Überlegenheit im Wettbewerb demonstrieren die Hidden Champions anhand zahlreicher Leuchtturmprojekte in der ganzen Welt. Jedes Unternehmen, dem sich solche Chancen bieten, sollte diese ergreifen und als Kommunikationsbotschaft nach außen wie nach innen nutzen.
- Weitere Indikatoren der Wettbewerbsüberlegenheit sind die Transformation von Firmen- oder Markennamen zu Gattungsbegriffen, vielfache Auszeichnungen, die Nutzung des Namens durch andere als Benchmark (wir sind so gut wie…) sowie lange Tradition.
- Selbst die Hidden Champions müssen beständig an den Kosten arbeiten und rationalisieren. Ziel ist es nicht, Kosten und Preise zu strategischen Wettbewerbsvorteilen zu machen, sondern zu verhindern, dass man sich aus dem Markt herauskalkuliert.
- Trotz aller Globalisierung dürfte es vorteilhaft bleiben, starke Wettbewerber in regionaler Nähe zu haben, denn diese üben eine nützliche Funktion als »Trainingspartner für Wettbewerbsfitness« aus.
- Von einer übertriebenen Wettbewerbsorientierung und aggressivem Verhalten ist abzuraten. Die höchste Aufmerksamkeit sollte den Kunden und

den Kompetenzen, nicht den Konkurrenten gelten. Wer an der Spitze eines Marktes marschieren will, muss eigene Maßstäbe setzen und diese nicht vom Wettbewerb übernehmen.

Wettbewerb ist permanenter Überlebenskampf. Die Hidden Champions sind den gleichen Gefährdungen ausgesetzt und kämpfen mit den gleichen Mitteln wie andere Unternehmen. Ihr Arsenal enthält keine Geheim- oder Wunderwaffen. Sie beachten aber möglicherweise einige Regeln des gesunden Menschenverstandes besser als andere. Sie setzen ihre Wettbewerbsvorteile mit Konsequenz durch. Sie liefern dem Kunden überlegene Produkt- und Servicequalität. Bei Leistungsparametern wie Beratung, Systemintegration und Ease of Use, die an Bedeutung gewinnen und schwer zu imitieren sind, haben sie ihre Wettbewerbsposition gestärkt. Für solche besseren Leistungen sind Kunden bereit, ein angemessenes Preispremium zu zahlen. Jedoch gibt es diesbezüglich Grenzen, sodass die Kosten stets unter Kontrolle zu halten sind. Die Wettbewerbsüberlegenheit der Hidden Champions ruht nicht auf einer Säule, sondern sie tun viele Dinge etwas besser. Wenn ein Unternehmen diese einfachen Prinzipien beachtet und konsequent umsetzt, dann braucht es vor dem Wettbewerb keine übertriebene Angst zu haben.

Anmerkungen

1 Wir verwenden hier den Median, um Ausreißereffekte zu eliminieren.
2 Vgl. Michael Porter, *The Competitive Advantage of Nations*, London: Macmillan 1990.
3 In den Jahren ab 2000 machte China etwa 60 % des globalen Betonmarktes aus.
4 Vgl. Michael Porter, *Competitive Advantage, Creating and Sustaining Superior Performance*, New York: The Free Press 1985.
5 Vgl. Hermann Simon, Frank Bilstein und Frank Luby, *Der gewinnorientierte Manager. Abschied vom Marktanteilsdenken*, Frankfurt/New York: Campus 2006.
6 Vgl. zum Konzept der Wettbewerbsvorteile auch Jay B. Barney und William S. Hesterly, *Strategic Management and Competitive Advantage*, 4th Edition, Upper Saddle River: Pearson 2012. Backhaus und Voeth sprechen im gleichen Sinne vom »komparativen Konkurrenzvorteil«, vgl. Klaus Backhaus und Markus Voeth, *Industriegütermarketing*, München: Vahlen 2009.
7 Vgl. dazu und zu weiteren Prinzipien des Managements strategischer Wettbewerbsvorteile Hermann Simon, *Strategie im Wettbewerb*, Frankfurt: FAZ-Buch 2002.
8 Vgl. Theodore Levitt, *The Marketing Imagination*, New York: Free Press 1983.
9 Das »Ease of Use«-Merkmal verzeichnete in der offenen Frage die berichtete, starke Bedeutungszunahme, war aber in der geschlossenen Frage nicht enthalten. Die Position in der Wettbewerbsvorteilsmatrix wurde deshalb geschätzt.

10 Die Betonpumpen, die von Putzmeister in den USA stammten, wurden dabei zum Pumpen von Wasser eingesetzt.

11 Vgl. Andreas Starke, Das Original ist mehr als ein Patent, *Frankfurter Allgemeine Zeitung*, 16. April 2012, S. 12.

12 Blitzeinschläge erkennen und messen, *Frankfurter Allgemeine Zeitung*, 23. April 2012, S. 12.

13 Vgl. Michael Porter, *Competitive Advantage, Creating and Sustaining Superior Performance*, New York: The Free Press 1985.

14 Vgl. Aenova stärkt die Tablettenfertigung in Deutschland, *Frankfurter Allgemeine Zeitung*, 13. Februar 2012, S. 12.

15 Vgl. Michael Porter, *The Competitive Advantage of Nations*, London: Macmillan 1990.

16 Vgl. Simon, Kucher & Partners, *Global Pricing Study*, Bonn: Simon-Kucher 2011.

17 Vgl. Hermann Simon, Frank Bilstein und Frank Luby, *Der gewinnorientierte Manager. Abschied vom Marktanteilsdenken*, Frankfurt/New York: Campus 2006.

18 Vgl. Quek Swee Lip, *Business Warfare. Management for Market Conquest*, Lewes: Temple House Books 1995.

19 Vgl. Benjamin Gilad, *Business Wargames*, Franklin Lakes: Career Press 2009, und Barrie G. James, *Business Wargames*, Turnbridge Wells: Kent 1984.

20 Vgl. Jay Conrad Levinson, *The Best of Guerilla Marketing*, New York: Entrepreneur Press 2011.

21 Vgl. Robert F. Lanzilotti, Pricing Objectives in Large Companies, *American Economic Review*, 1958, S. 921–940.

22 Vgl. J. Scott Armstrong und Kesten C. Green, Competitor-Oriented Objectives. The Myth of Market Share, *International Journal of Business*, 2007, S. 411–415.

23 Vgl. W. Chan Kim und Renée Mauborgne, *Blue Ocean Strategy. How to Create Uncontested Market Space and Make the Competition Irrelevant*, Boston: Harvard Business School Press 2005.

24 Hermut Kormann, *Nachhaltige Kundenbindung. Gegen den Mythos nur wettbewerbsorientierter Strategien*, Frankfurt: VDMA 2005.

25 Hans-Jürgen Warnecke, *Die fraktale Fabrik*, Heidelberg/New York: Springer 1992.

Kapitel 13

Weich diversifizieren

In früheren Kapiteln dieses Buches wurde dargelegt, dass Hidden Champions Fokussierung und Tiefe miteinander verbinden. Auf diese Weise schaffen sie einzigartige Produkte und erreichen ungewöhnlich starke Marktstellungen. Doch neben den Risiken, die aus der Fokussierung erwachsen und auf die bereits eingegangen wurde, tritt bei manchen Hidden Champions ein weiteres Problem auf. Die Kombination von engen Märkten und hohen Marktanteilen kann die Wachstumsmöglichkeiten begrenzen. Wenn der enge Markt, auf den der Hidden Champion fokussiert ist, nur noch schwach wächst und der Marktanteil bereits so hoch ist, dass er sich kaum weiter steigern lässt, entsteht eine Wachstumsbarriere. Um weiter mit ambitionierten Raten zu wachsen, bleibt dann nur das Ausweichen auf neue Geschäfte. Unsere früheren Studien ergaben, dass in den 1990er Jahren nur wenige Hidden Champions diesen Weg gingen. Die weit überwiegende Mehrheit war und blieb fokussiert. Doch in den Folgejahren konnte man verstärkt Geschäftserweiterungen und Diversifikationen beobachten. Mit weiter gewachsenen Marktanteilen und teilweise zunehmender Marktsättigung hat sich dieser Trend in den letzten Jahren verstärkt. Etwa 15 % der Hidden Champions dürften einen Strategiewechsel in Richtung weiche Diversifikation eingeleitet und neue Geschäftsfelder betreten haben.

Werden sie damit zu normalen Konzernen mit komplexen Strukturen, oder gelingt es ihnen, die traditionellen Stärken der Hidden Champions wie Fokus und Tiefe zu bewahren? Wie gehen sie bei diesen Geschäftserweiterungen vor? Insbesondere interessiert, wie weit sich die Hidden Champions von ihrer bisherigen Fokussierung entfernen und wie sie sich dabei organisatorisch aufstellen. Solche Fragen werden uns in diesem Kapitel beschäftigen.

Weiche Diversifikation

Der Begriff Diversifikation wurde Mitte der sechziger Jahre von Igor Ansoff eingeführt.[1] Ansoff unterscheidet als Dimensionen für Geschäftserweiterungen »Produkte« und »Markt/Kunden«, jeweils mit den Ausprägungen »alt« oder »neu«. So ergibt sich eine Vierfeldermatrix, die auch als »Ansoff-Matrix« bezeichnet wird. Von Diversifikation im eigentlichen Sinne spricht man, wenn sowohl Produkt als auch Markt/Kunden neu sind. Bei dieser Kombination sind die Risiken am größten, da man weder mit dem Produkt noch dem Markt vertraut ist. Die übrigen Wachstumsoptionen werden mit Marktdurchdringung (Produkt und Markt alt), Marktentwicklung (Produkt alt, Markt neu) und Produktentwicklung (Produkt neu, Markt alt) bezeichnet. Im Kontext dieses Buches wird nicht die rein regionale Expansion, also der Eintritt in neue Ländermärkte bei gleicher Kundengruppe, analysiert, wenn wir von neuen Märkten oder Kunden sprechen. Der Eintritt in neue Ländermärkte wird im Rahmen des Globalisierungsprozesses der Hidden Champions nicht als eine Besonderheit, sondern quasi als Routineelement der Strategie angesehen. Im Kapitel »Global vermarkten« ist dies deutlich geworden. Die Diversifikationsversuche der Hidden Champions lassen sich nicht immer eindeutig in die Ansoff-Matrix einordnen, sondern weisen Überschneidungen zwischen den Feldern auf. Wir sprechen deshalb von »weicher« Diversifikation.

Konzernzugehörige Hidden Champions

Bevor wir auf Fallbeispiele zu weichen Diversifikationen eingehen, werden einige Hidden Champions betrachtet, die zu Konzernen gehören, sich also seit jeher in einer diversifizierten Struktur bewegen. Vermutlich fallen heute gut 10 % der Hidden Champions in diese Kategorie. Der Anteil derartiger konzernzugehöriger Hidden Champions ist allerdings seit Jahren rückläufig. Mitte der 1990er Jahre lag der Prozentsatz noch bei knapp über 20 %. Die Haupttriebkraft für diese Veränderung liegt in der Konzentration der Großunternehmen auf ihre Kerngeschäfte. Im Zuge dieser Neuorientierung, die sich ab dem Jahr 2000 verstärkte, stießen viele Konzerne kleinere Geschäfte ab. Dies geschah in so unterschiedlichen Formen wie Verkauf an Private Equity- oder strategische Investoren, Verselbstständigung als börsennotiertes Unternehmen oder Management-Buy-outs. Solche Spin-offs trugen zur Entstehung neuer Hidden Champions bei. Denn häufig hat die Herauslösung aus dem Konzernverbund bei den verselbstständigten Einheiten neue

Wachstumsimpulse ausgelöst. Ein Beispiel ist der Gabelstaplerhersteller Kion, der früher eine Geschäftseinheit im Linde-Konzern war. Kion hat sich als selbstständiges Unternehmen das sehr ambitiöse Ziel vorgenommen, den Weltmarktführer Toyota von der Spitze des globalen Gabelstaplermarktes zu verdrängen. Dazu heißt es: »Ausgehend von der starken Marktposition will die Kion Group größter Anbieter der Branche nach Marktanteilen und mittelfristig unangefochtener Marktführer werden.« Das Ziel ist sehr ambitiös, da per 2011 China zum größten Einzelmarkt für Gabelstapler geworden ist und chinesische Konkurrenten stärker werden. Allerdings sieht sich Kion mit der eigenen chinesischen Marke Baoli in China gut aufgestellt.[2]

Ein zweites Beispiel liefert die Firma Sirona aus Bensheim. Sie entstand 1997 durch den Verkauf des Dentalbereichs der Siemens AG an Private-Equity-Investoren und entwickelte sich durch eine »erfolgreiche Transformation von der Konzern-Tochter zum eigenständigen Weltmarktführer im Bereich der Dentaltechnik«.[3] Hier handelt es sich also um Fallbeispiele von Refokussierung, sozusagen dem Gegenstück der Diversifikation, die zur Bildung neuer, eigenständiger Hidden Champions führten.

Unter dem in diesem Kapitel im Mittelpunkt stehenden Diversifikationsaspekt interessieren uns jedoch primär Konzerne, deren Portfolios teilweise, manchmal sogar überwiegend aus Hidden-Champions-Einheiten bestehen. Wir wollen anhand solcher Fallbeispiele prüfen, ob die Hidden-Champions-Strategie auch im Rahmen eines Konzerns oder eines diversifizierten Unternehmens praktikabel und erfolgreich sein kann. Die Firma Heraeus besitzt seit jeher eine ausgeprägte Präferenz für Nischenmärkte und versucht, in diesen die Marktführerschaft zu erringen. Bei Heraeus heißt es: »Wenn wir merken, dass ein Geschäft in die Masse geht, dann weichen wir aus und suchen womöglich die Nische in der Nische.« Und Heraeus hat zahlreiche Geschäfte, in denen die Firma weltmarktführende Positionen besetzt. Dazu gehören der Geschäftsbereich Heraeus Electro-Nite, die Nr. 1 weltweit bei Sensoren und Messsystemen für die Stahlindustrie. Heraeus Dental ist ein weltweit führender Dentalhersteller. Heraeus Noblelight gehört zu den globalen Technologie- und Marktführern bei Speziallampen. Und Heraeus Medical ist weltführend bei Knochenzementen. Die einzelnen Heraeus-Geschäftsbereiche agieren wie Hidden Champions, können sich also auf ihre jeweiligen Märkte fokussieren. Die Voraussetzung dafür ist die im Heraeus-Konzern kulturell tief verankerte und tatsächlich praktizierte Dezentralisierung. Jürgen Heraeus war Pionier auf diesem Gebiet. Bereits 1985 gründete er die Heraeus Holding als strategische Führungsgesellschaft, unter der heute sieben Geschäftsbereiche in großer Selbstständigkeit arbeiten. »Wir waren das erste Familienunternehmen, das diesen Schritt gewagt hat«, sagt er.

Ein weiteres Paradebeispiel für einen diversifizierten Hidden-Champion-Konzern bildet die Hamburger Körber-Gruppe. Körber begann früh mit der Diversifikation und blieb dabei dem Hidden-Champions-Gedanken treu. Ausgehend von der sehr starken Weltmarktposition ihres Hauptunternehmens Hauni (Weltmarktanteil für Hochleistungszigarettenmaschinen jenseits von 80 %, einziger Komplettanbieter für Tabakverarbeitungsanlagen) und der Erkenntnis, dass der Zigarettenmarkt irgendwann stagnieren würde, wurde bereits ab den siebziger Jahren diversifiziert. Dabei verfolgte Körber eine dezidierte Hidden-Champions-Strategie, die zu zahlreichen Weltmarktführerschaften führte, neben der Tabakverarbeitung in Gebieten wie Papierbearbeitung, Schleifmaschinen und Verpackung.[4] Dezentrale Organisation und Führung bildeten die Voraussetzung, dass sich die Körber-Unternehmen jeweils nach Hidden-Champions-Manier voll auf ihre Märkte ausrichten und dort überlegene Marktpositionen aufbauen konnten. Es dürfte nur wenige Unternehmen geben, die die Hidden-Champions-Strategie in einem diversifizierten Konzern mit ähnlicher Konsequenz verfolgen wie die Körber-Gruppe. Falls sich die Märkte entsprechend segmentieren lassen, dann ist dies ein effektiver Weg, trotz zunehmender Größe die Kultur und die Stärken eines Hidden Champions zu erhalten.

Ein drittes Beispiel für einen Hidden-Champions-Konzern bildet Saria Bio-Industries aus Selm in Westfalen. Diese Gruppe mit mehr als 4 000 Mitarbeitern und etwa einer Milliarde Euro Umsatz ist an 110 Standorten in zehn Ländern aktiv. Die Saria-Unternehmen befassen sich mit Zusatzstoffen für Lebens- und Futtermittel, insbesondere der Entsorgung von Lebensmitteln und tierischen Nebenprodukten. Abbildung 13.1 zeigt die Struktur der Saria-Gruppe.

Abb. 13.1 Struktur von Sario Bio-Industries

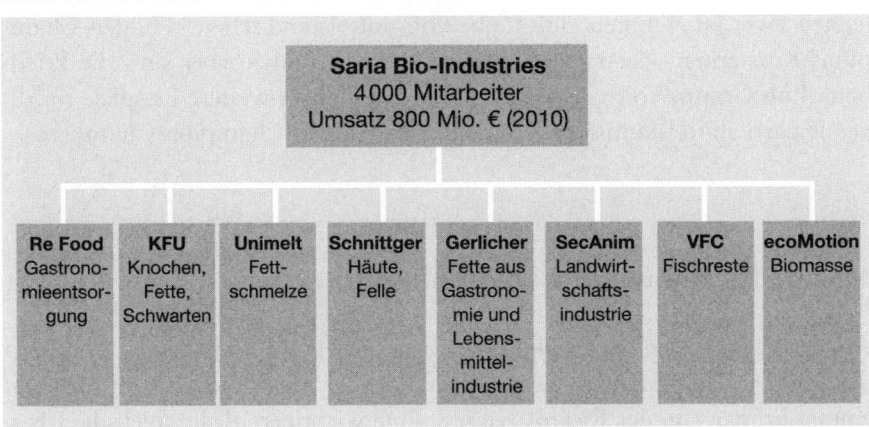

Mehrere der Saria-Unternehmen besitzen in Europa marktführende Positionen. Da disjunkte Zielgruppen angesprochen und unterschiedliche Technologien eingesetzt werden, ist Saria dezentral organisiert. Jedes der Unternehmen kann im Hinblick auf Fokussierung, Kundennähe etc. wie ein Hidden Champion agieren.

Wie diese Fallbeispiele belegen, ist Diversifikation bei den Hidden Champions also kein neues Phänomen. Als historische Reminiszenz sei angemerkt, dass die vermutlich umfassendste Ansammlung von Hidden Champions im Industriebereich des ehemaligen Mannesmann-Konzerns zu finden war. Rexroth, Weltmarktführer Hydraulik; Mannesmann Plastics Machinery mit gleich mehreren Weltmarktführern im Bereich Kunststoffspritzmaschinen; Stabilus, Weltmarktführer bei Gasdruckfedern; Demag Cranes, globale Nr. 1 bei Industriekränen; Gottwald, weltweit größter Anbieter von mobilen Hafenkränen; Sachs, einer der führenden Kupplungshersteller, sind nur einige der mittelgroßen Marktführer aus dem früheren Mannesmann-Konzern. Dazu gehörten auch renommierte Luxusuhrenhersteller wie Jaeger-Le-Coultre und IWC, die später Teile des Luxusgüterkonzerns Richemont wurden und in diesem neuen Konzernverbund bis heute sehr erfolgreich sind. Nach der Übernahme von Mannesmann durch Vodafone wurde der Industriebereich aufgeteilt, was den betroffenen Hidden Champions durchweg nicht schlecht bekam. Viele der genannten Firmen sind – teilweise unter anderen Namen oder in neuen Konzernverbünden – nach wie vor Weltmarktführer und haben ihre Positionen kräftig ausgebaut. So wurde Rexroth von der Firma Bosch übernommen, mit deren Automatisierungssparte vereinigt und ist heute mit einem Umsatz von 6,4 Milliarden Euro und fast 40 000 Mitarbeitern ein Big Champion mit weltweit führenden Marktpositionen in der Hydraulik sowie in der industriellen Antriebs- und Regeltechnik (»The Drive & Control Company«). Im Zuge weicher Diversifikationen ist in den letzten zwei Jahrzehnten eine Reihe von mittelständischen »Hidden-Champions-Konzernen« entstanden. Neben Heraeus und Körber sind die Friedhelm Loh Group, Voith, Schäfer-Werke und Plansee weitere Beispiele für diversifizierte mittelständische Konzerne mit Hidden-Champion-Charakter.

Motive für die weiche Diversifikation

Anders als bei vielen Diversifikationen liegt das Hauptmotiv für das Vortasten der Hidden Champions in neue Geschäftsfelder nicht allein – und oft nicht einmal primär – in der Risikostreuung. Eine wichtigere Rolle spielt die Überwindung bestehender oder erwarteter Wachstumsbarrieren. Wenn ein Unternehmen einen sehr hohen Marktanteil in einem engen Markt besitzt, dann wird es zunehmend schwieriger, diesen weiter zu steigern. Denn die Widerstände der Konkurrenten wachsen. Zudem befürchten manche Hidden Champions gerade in den letzten Jahren einen verstärkten Druck seitens neuer Konkurrenten (insbesondere aus China), sodass selbst das Halten der hohen Marktanteile eine Herausforderung darstellt. Der entstehende Preisdruck gefährdet die gewohnte Profitabilität und kann ebenfalls zum Motiv für ein Ausweichen auf weniger wettbewerbsintensive Segmente werden. Wenn ein hoher Marktanteil zusammen mit geringem Wachstum des Marktes auftritt (Beispiel Körber/Hauni mit Zigaretten), können die verdienten Mittel im angestammten Kernmarkt nicht profitabel reinvestiert werden. Es bleibt dann nur das Ausweichen auf andere Märkte oder Produkte, um auch weiterhin ambitionierte Wachstumsraten und angemessene Renditen zu erzielen.

Die bessere Ausschöpfung vorhandener Kompetenz- und Know-how-Potenziale bildet ein weiteres Motiv für die Diversifikation. Oft können technische oder vertriebliche Kompetenzen auf andere Geschäftsfelder oder Kundengruppen übertragen werden. So hat die Firma Metrica, einer der weltweit führenden Innenausbauer, ihr Geschäft von Luxusjachten auf private Flugzeuge und zuletzt auf Residenzen ausgeweitet. Die Zielgruppen überlappen sich teilweise, die technischen Anforderungen in den Segmenten sind jedoch verschieden. Solche Geschäftserweiterungen können die Fokussierung gefährden, eröffnen aber zusätzliche Wachstumchancen. In diese Kategorien fällt auch der Verkauf von Komponenten, die ursprünglich nur für die eigenen Endprodukte verwandt wurden. Beispielsweise nutzt die Firma Trumpf, Weltmarktführer bei Lasermaschinen, ihre Laser nicht nur in den eigenen Maschinen, sondern hat einen eigenständigen Geschäftsbereich Lasertechnik aufgebaut, der im Geschäftsjahr 2010/11 bereits 26 % zum gesamten Trumpf-Umsatz von 2,0 Milliarden Euro beitrug. Die Firma Gottschalk, Weltmarktführer bei Heftzwecken, verfügt über ein ausgefeiltes Logistiksystem für ihre Reißzwecken, die es in zahlreichen Varianten und Marken gibt. Gottschalkt nutzt diese Logistikkompetenz zum Vertrieb anderer kleinteiliger Artikel.

In einer Reihe von Fällen haben Hidden Champions den eigenen Werkzeug- oder Maschinenbau verselbstständigt. So ist die Firma Boy, ein führender Hersteller von Kunststoffspritzmaschinen für kleine Produkte, aus dem Maschinenbau von M+C Schiffer, dem weltweit führenden Produzenten von Zahnbürsten, entstanden. Einen ähnlichen Ursprung hat die Firma Teepack aus Meerbusch. Sie ist aus dem Maschinenbau der Firma Teekanne, der zunächst für den eigenen Bedarf fertigte, hervorgegangen und heute Weltmarktführer für Teebeutelverpackungsmaschinen. Auch die Sycor AG entstand 1998 als Ausgründung aus der EDV-Abteilung von Otto Bock, dem Weltmarktführer bei Prothesen. Heute ist Sycor ein auf drei Kontinenten aktiver IT-Dienstleister mit 440 Mitarbeitern, der 6 % zum Umsatz der Otto-Bock-Gruppe beiträgt.

Manchmal ist bei Diversifikationen ein weiteres, nicht unproblematisches Motiv im Spiel. Unternehmer, die in einem Markt sehr erfolgreich waren, neigen gelegentlich zu der Ansicht, diesen Erfolg in anderen Märkten wiederholen zu können. Gerade erfolgreiche Menschen sind gegen solche Anflüge von Alleskönner-Hybris nicht gefeit. Sie stürzen sich dann in neue, durchaus attraktive Märkte in der Hoffnung, es dem Rest der Welt auch dort zeigen zu können. Doch nur äußerst selten schafft es jemand, in zwei Disziplinen Weltmeister zu werden. Das Fehlschlagsrisiko wird dabei umso größer, je weiter die neue Aktivität technologisch oder marktlich vom Kerngeschäft entfernt ist. Zudem besteht die Gefahr der Ablenkung vom angestammten Geschäft.

In Abbildung 13.2 haben wir ausgewählte Fallbeispiele für weiche Diversifikationen von Hidden Champions zusammengestellt. Echte Diversifikationen im Ansoff'schen Sinne, also die Kombination von neuem Produkt und neuem Markt, bilden nach wie vor die Ausnahme. Die meisten Hidden Champions ziehen es vor und sind klug genug, nahe an ihren technologischen oder marktbezogenen Kompetenzen zu bleiben, wenn sie neue Geschäftsfelder betreten.

Abb. 13.2: Ausgewählte Fallbeispiele für weiche Diversifikationen

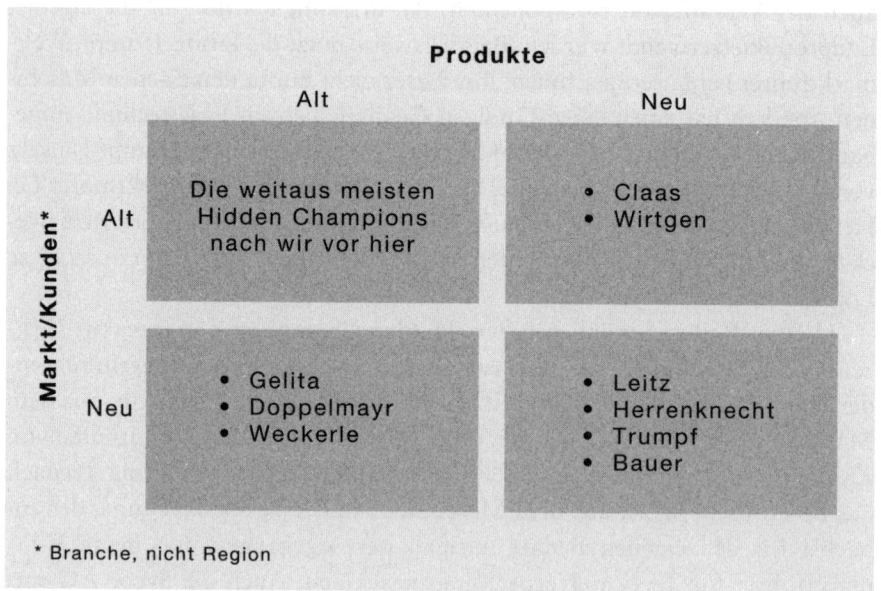

Die Firma Claas ist traditionell auf Erntemaschinen fokussiert, bei Feldhäckslern Weltmarktführer, bei Mähdreschern die Nr. 1 in Europa und weltweiter Technologieführer. Die Wachstumspotenziale in diesem Teilmarkt sind jedoch beschränkt. Zudem sah Claas ein Risiko darin, den Abstand zu den führenden Landmaschinenherstellern John Deere, Case New Holland und Agco zu groß werden zu lassen. Nachdem eine gemeinsame Aktivität mit Caterpillar bei Traktoren nicht den erwünschten Erfolg gebracht hatte, übernahm Claas das Traktorengeschäft von Renault mit dem Ziel der vollen Integration. Diese ist in den letzten Jahren vollzogen worden, die Traktoren werden heute unter der Marke Claas verkauft. Die Zielgruppe besteht unverändert aus Landwirten und Lohnunternehmern. Das Produkt Traktor ist jedoch für Claas neu. In der Terminologie Ansoffs handelt es sich also um Produktentwicklung (neues Produkt, alte Kunden). Diese Geschäftserweiterung hat Claas einen starken Wachstumsschub beschert. Claas hat sich aber in der Folge auch von Randgeschäften getrennt. So verkaufte Claas Anfang 2012 die Firma Brötje, den weltweit führenden Experten für Produktionsprozesse in der Luft- und Raumfahrtindustrie. Ebenso wurde 2012 die Claas Fertigungstechnik, die Schweiß- und Montageanlagen für die Automobilindustrie herstellt, abgestoßen. Dieses Unternehmen firmiert heute unter MBB Fertigungstechnik. Traktoren sind näher am Kerngeschäft und der Kernkundschaft von Claas als diese beiden abgestoßenen Bereiche.

Auf ähnliche Weise ist die Firma Wirtgen vorgegangen. Das traditionelle Kerngeschäft von Wirtgen sind Straßenfräsen, hier ist die Firma aus Windhagen im Westerwald mit 70 % Marktanteil Weltmarktführer. Die Kunden von Wirtgen, in der Regel Bauunternehmen, brauchen für die Straßenerneuerung jedoch nicht nur Fräsen, sondern auch Fahrbahnfertiger und Walzen. Wirtgen erwarb die auf diesen Gebieten renommierten Firmen Vögele und Hamm. Später kam die Firma Kleemann, die Maschinen zur Aufbereitung und zum Recycling von Baumaterialien herstellt, hinzu. Die Wirtgen Group kann mit diesen weichen Diversifikationen jetzt ein Komplettprogramm für Straßenbau und -erneuerung anbieten. Anders als bei Claas operieren die akquirierten Firmen weiter unter ihren angestammten Markennamen. Abbildung 13.3 zeigt, dass unter der gemeinsamen Führung alle vier Firmen eine erfolgreiche Wachstumsstrategie realisieren konnten. Die Wirtgen Group steigerte den Umsatz von 180 Millionen in 1995 auf 1,76 Milliarden Euro im Jahr 2011.[5] Der unvermeidliche Einbruch im Krisenjahr 2009 wurde schnell überwunden. Wirtgen hätte dieses kontinuierliche Umsatzwachstum ohne die Produkterweiterungen nicht erreichen können.

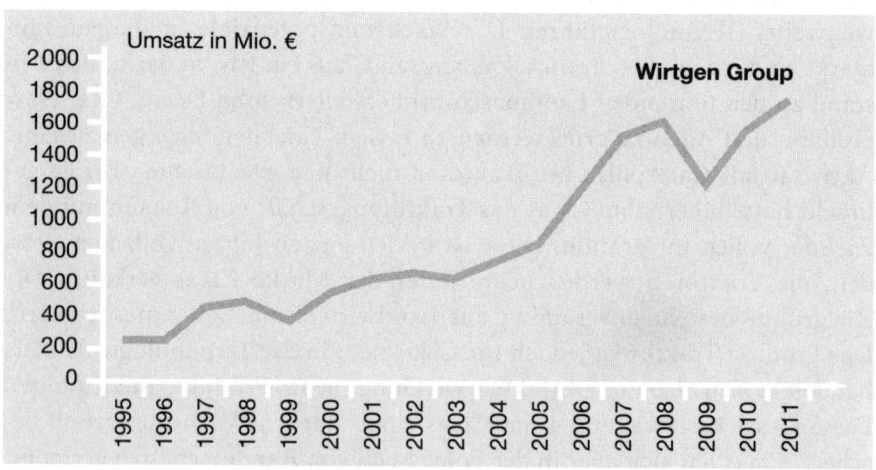

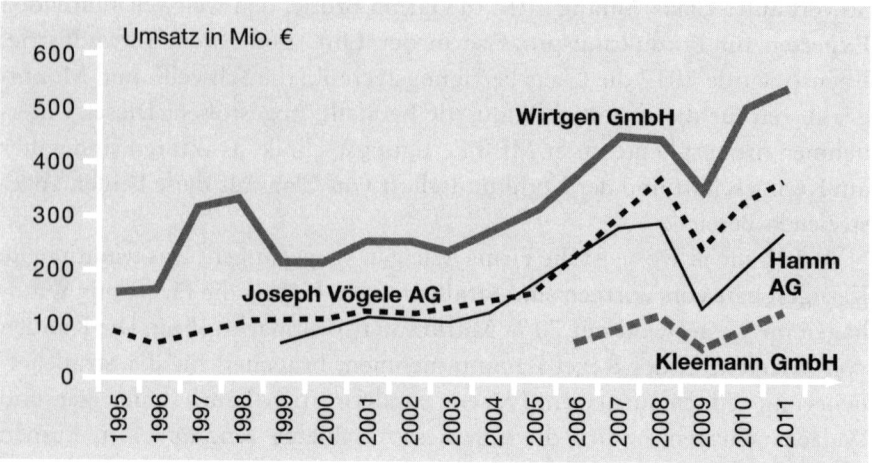

Huf Haus wendet sich ebenfalls mit neuen Produkten und Dienstleistungen an die bestehenden Kunden. Traditionell erstellte Huf nur das moderne Fachwerkhaus und ist auf diesem Gebiet Marktführer. Seit mehreren Jahren bietet Huf zusätzlich die Finanzierung der Häuser über einen eigenen Finanzdienstleister an. Zudem hat Huf systematisch weitere Gewerke ingesourct, indem man sich an bisherigen Zulieferern beteiligte oder eigene Unternehmen für den jeweiligen Zweck gründete. Alleine die Haustechnik-Tochtergesellschaft Red Blue Energy beschäftigt 14 % der Mitarbeiter der Gruppe.[6] Solche Geschäftserweiterungen trugen wesentlich zum Wachstum der letzten Jahre bei.

Die Fälle in der rechten unteren Box von Abbildung 13.2 betreffen echte Diversifikationen im Ansoff'schen Sinne. Die Firma Leitz aus Oberkochen ist seit langem Weltmarktführer bei Holzbearbeitungswerkzeugen. Da der Holzmarkt jedoch nur beschränkte Wachstumspotenziale bietet, wurde die Leitz Metalworking Technology Group als zweite Säule aufgebaut. »Wir wollten eine größere Diversifizierung«, kommentierte Leitz-Chef Dieter Brucklacher. Die Flexibilität des Mittelständlers sollte dabei unbedingt erhalten bleiben. Man beachte, dass Leitz – anders als Claas und Wirtgen – eine neue Zielgruppe, nämlich die Metallverarbeiter, anging. Sowohl die Produkte (für die Metallbearbeitung werden andere Werkzeuge verwendet als für die Holzbearbeitung) als auch die Kunden sind neu. Bei den Metallverarbeitern war der Name Leitz wenig bekannt. Deshalb wurden renommierte Spezialisten wie Fette, Boehlerit, Kininger und Bilz erworben. Alle diese Firmen operieren im Systemverbund der Leitz-Gruppe weiter unter eigenem Namen.

Ebenfalls eine echte Diversifikation, allerdings auch hier weicher Art, finden wir im Falle Herrenknecht. Herrenknecht ist Weltmarktführer in der Tunnelvortriebstechnik. Allerdings zeigen sich in diesem Markt Wachstumsgrenzen. Die Zahl großer Tunnels, die jährlich in der Welt neu gebaut werden, ist überschaubar. Und jeder neu gebaute Tunnel reduziert das Potenzial für die Zukunft. Bei einem Weltmarktanteil von 70 % werden Marktanteilssteigerungen zunehmend schwieriger. Herrenknecht befand sich also in der klassischen Situation, in der man an Diversifikaiton denken sollte. Beim Tunnelbau wird horizontal oder allenfalls mit leichten Steigungen gebohrt. Herrenknecht sah eine Chance, seine Kompetenzen aus der horizontalen Bohrtechnologie auf das vertikale Bohren zu transferieren. Der größte Markt für vertikales Bohren findet sich in der Ölindustrie, dort gibt es aber starke, etablierte Konkurrenten. Ein neues Feld sind hingegen Tiefstbohrungen für geothermische Zwecke, das heißt für die Gewinnung von Wärme aus dem Erdinneren. Hierzu werden Bohrungen bis 6 000 Meter Tiefe ausgeführt. Die technischen Herausforderungen sind enorm. Dieser neuen Energiequelle wird jedoch eine große Zukunft zugetraut, da sie, anders als Wind- und Solarenergie, grundlastfähig ist. Herrenknecht trat mit neu entwickelten Vertikalbohrgeräten in diesen Markt ein. Hier sind sowohl die Produkte als auch die Kunden andere als im Tunnelgeschäft. Dennoch liegt dieses neue Geschäft vergleichsweise nahe an den Kompetenzen aus dem Tunnelbereich, sodass man von weicher Diversifikation sprechen kann. Das neue Geschäft wird von der eigens gegründeten Gesellschaft Herrenknecht Vertical betrieben.

Eine echte Diversifikation bildet auch der Eintritt von Trumpf in den Medizintechnikmarkt. Trumpf nutzt seine Metallbearbeitungskompetenz zur

Fertigung von Operationstischen und sein Laser-/Licht-Know-how für Leuchten in Operationssälen. Sowohl die Produkte als auch die Kunden (Krankenhäuser) sind andere als im traditionellen Geschäft von Trumpf. Heute stammen 176 Millionen Euro oder 7,3 % des Umsatzes von Trumpf aus diesem neuen Geschäftsfeld.

Der österreichische Hidden Champion Doppelmayr ist Weltmarktführer bei Seilbahnen (mit 14 200 Installationen in 86 Ländern). Da die Wachstumsmöglichkeiten in diesem Geschäft beschränkt sind, sah man sich bereits in den neunziger Jahren nach neuen Geschäftsfeldern um. Dabei baute man auf die vorhandene Technikkompetenz. »Wir machen nur Dinge mit dem Seil. Das ist unsere Kernkompetenz – und alles, was darüber hinausgeht, ist nicht unser Geschäft. Davon verstehen wir nichts«, sagt Firmenchef Michael Doppelmayr. Für den Einsatz von Seilbahnen im innerstädtischen Verkehr wurde die Tochtergesellschaft Doppelmayr Cable Car (DCC) gegründet. In Las Vegas kam es zur Realisierung des ersten Referenzprojekts, einer Verbindung zwischen drei Casinos. Insgesamt hat Doppelmayr bis 2011 zahlreiche Cable-Liner-Anlagen verkauft. Ein weiteres neues Geschäftsfeld sind Systeme für den Transport von Schüttgütern. Hierfür wurde die Tochtergesellschaft Doppelmayr Transport Technology gegründet, die den Markteintritt ebenfalls mit Erfolg bewältigt hat. In beiden neuen Geschäftsfeldern trifft Doppelmayr auf neue Kundengruppen, bleibt aber bei seiner Seilbahnkompetenz. »Im Seilbahnbau haben wir einen Namen, in den anderen Geschäftsfeldern noch nicht«, formuliert Michael Doppelmayr die Herausforderung, die nach Ansoff in die Kategorie Marktentwicklung fällt.

Als besonders herausfordernd erweisen sich Übergänge vom B2B-Markt auf den B2C-Markt oder umgekehrt.[7] Ein Fallbeispiel für den Eintritt in einen neuen Markt mit einem im Prinzip alten Produkt liefert die Firma Gelita, der Weltmarktführer bei Gelatine. Gelita agierte traditionell nur als Zulieferer von Lebensmittel- und Pharma-Firmen. Vor einigen Jahren lancierte die neu gegründete Gelita Health Products mit dem Gelenkschutzmittel CH-Alpha ein Endverbraucherprodukt. Man begab sich damit vom angestammten B2B-Markt auf den B2C-Markt. Da Gelita keinen eigenen Vertriebszugang zu diesem Markt besaß, wird CH-Alpha von dem Kooperationspartner Quiris Healthcare an Apotheken vertrieben. CH-Alpha wurde in zahlreichen europäischen Ländern, in den USA sowie in mehreren Ländern des Mittleren Ostens und Asiens eingeführt und ist auf gutem Wege, ein globales Produkt zu werden.

In die Kategorie Marktentwicklung von B2B zu B2C passt auch die Geschäftserweiterung der Firma Weckerle, die zunächst nur Lippenstiftmaschinen herstellte, später dann in die Auftragsproduktion von Lippenstiften einstieg und schließlich selbst Lippenstifte vermarktete. Im weiteren Verlauf dehnte Weckerle zudem die Branchen aus, die mit Abfüllmaschinen beliefert werden. Neben der tradionell bedienten Kosmetik sind dies heute Lebensmittel-, Pharma- und Verbrauchsgüterhersteller. Dabei blieb man aber auf die Abfüllung von Stiften und Tuben fokussiert.

Eine vertikal orientierte Form der Geschäftserweiterung betreibt die Bauer AG. Diese Firma stellt nicht nur die Spezialtiefbaugeräte her, sondern bietet auch die entsprechende Tiefbau-Dienstleistungen an. Diese trugen im Jahr 2010 47 % zum Umsatz von 1,3 Milliarden Euro bei. Diese Vorwärtsintegration bringt also eine wesentliche Markt- und Umsatzausweitung. Eine interessante Facette besteht darin, dass die eigene Bauunternehmung als Ideengeber für die Produktentwicklung fungieren kann. Der Kunde sitzt im eigenen Haus. Eine ähnliche Ausdehnung der Wertschöpfung hat die schwedische Firma Munters, Weltmarktführer bei industriellen Luftentfeuchtern, vollzogen. Munters ist heute die Nummer 2 weltweit nach Belfor in der entsprechenden Dienstleistung. Das Produkt- und das Dienstleistungsgeschäft werden konsequenterweise in zwei getrennten Gesellschaften betrieben.

Nicht trennscharf in die Ansoff-Matrix einordnen lässt sich eine Diversifikation von Kärcher, dem Weltmarktführer bei Hochdruckreinigern. Im Jahr 2011 kaufte Kärcher die Duisburger Firma WOMA, deren Slogan »Wasserkraft als Werkzeug« lautet. Die Maschinen von WOMA nutzen Wasser zum Abtragen, Reinigen und Schneiden, allerdings mit weit höheren Drücken von bis zu 4 000 bar als die Kärcher-Aggregate. Wasser ist das beiden Firmen gemeinsame Element, die Technologien und die Kunden von WOMA sind hingegen verschieden. Weich diversifizieren kann auch heißen, sein Produkt-Portfolio immer wieder zu überprüfen und mit dem Produkt-Portfolio gerade in saturierten Märkten neue Anwendungsgebiete zu erschließen. Multivac, Weltmarktführer bei Vakuumverpackungsmaschinen, hat beispielsweise mit seiner Diversifikationsstrategie in Richtung kleinerer Maschinen völlig neue Märkte für das Unternehmen erschließen können, die heute ganz wesentlich zum Wachstum beitragen.

Fallbeispiele wie Claas, Wirtgen und Leitz könnten die Vermutung nahelegen, die Übernahme von Firmen, die das Sortiment oder den Markt erweitern, sei ein risikoärmerer Weg als der Neuaufbau eines Geschäfts. Diese Schlussfolgerung ist jedoch nicht gerechtfertigt. So hatte die Firma Dürr, in ihrem Stammgeschäft Autolackieranlagen Weltmarktführer, die Ambition, zum Systemausrüster für die Autoindustrie aufzusteigen, um so ihr Wachstum zu beschleunigen. Zu diesem Zwecke wurde die Darmstädter Firma Carl Schenck übernommen, die auf verschiedenen Gebieten der Automations- und Prozesstechnik tätig war und ihre Produkte auch an andere Branchen als die Autoindustrie vertrieb. Die Übernahme von Schenck katapultierte Dürr in eine neue Größenordnung. Doch in der Folge verschlechterte sich die Ertragssituation, sodass Dürr insgesamt in Gefahr geriet. Es kam zu mehreren Wechseln im Topmanagement. Schließlich trennte Dürr sich wieder von einem Großteil der erworbenen Geschäfte. Behalten wurde lediglich die Schenck RoTec GmbH, die ihrerseits Weltmarktführer im Bereich der Auswuchtungs- und Diagnosetechnik für die Autoindustrie und andere Branchen ist. Unter der Leitung von CEO Ralf Dieter ist Dürr mit Erfolg in den angestammten Automobilmarkt zurückgekehrt und hat in 2011 mit 1,9 Milliarden Euro einen neuen Umsatzrekord erzielt. Schenck RoTec trägt weniger als 10 % zum Dürr-Umsatz bei, der heute wieder zu 90 % aus der Automobilindustrie kommt.

Ebenfalls gemischte Erfahrungen mit Diversifikation hat die Jenoptik AG gemacht. Jenoptik ist führend in photonischen Technologien, das heißt der Nutzung von »Licht als Werkzeug«. Dazu gehören die Segmente Laser & optische Systeme, Messtechnik und Verteidigung & zivile Systeme. Unter der Leitung von Lothar Späth schlug Jenoptik in den 1990er Jahren einen rasanten Expansionskurs ein und erwarb die Suttgarter Firma M + W Zander, Weltmarktführer bei schlüsselfertigen Reinraumsystemen (sogenannten Clean Systems). Im Jahr 2004 erreichte der Umsatz mehr als 2,5 Milliarden Euro, 85 % davon entfielen auf den Bereich »Clean Systems«. Jedoch geriet das Unternehmen im Zuge dieser extremen Expansion in die Verlustzone. Im Jahr 2005 machte Jenoptik einen radikalen Schnitt und trennte sich vom Bereich Clean Systems. Der Umsatz ging von 1,9 Milliarden Euro im Jahr 2005 auf 490 Millionen Euro in 2006 zurück. »Im Mittelpunkt unserer Aktivitäten steht profitables Wachstum, nicht jedoch Wachstum um jeden Preis«[8], hieß es damals im Geschäftsbericht. Die Refokussierung auf das Kerngeschäft sicherte das Überleben von Jenoptik. Im Jahr 2011 wurden ein Umsatz von 543 Millionen Euro sowie ein Gewinn vor Steuern von 49 Millionen Euro erzielt, zudem wurde die Verschuldung seit 2006 massiv zurückgeführt. Jenoptik hat den Diversifikationsfehltritt überlebt. Per 2012 sagt Jenoptik-Vorstandschef Michael Mertin: »Ziel in den nächsten fünf Jahren ist es, aus einem guten Unternehmen ein sehr gutes zu machen.«[9]

Fehlgeschlagene Diversifikationen wie diejenigen von Dürr und Jenoptik sind nicht nur im Hinblick auf die vergeblich erhofften neuen Geschäfte gefährlich, sondern behindern aufgrund der verminderten Finanzkraft zusätzlich die Entwicklung des Stammgeschäfts. Diese schwer zu quantifizierende Nebenwirkung lässt sich drastisch am Beispiel von Daimler beleuchten.[10] Wo würde Daimler heute stehen, wenn man die vielen Milliarden, die über die Jahre in AEG, Fokker, den Aufbau eines umfassenden Technologiekonzerns, Mitsubishi und Chrysler versenkt worden sind, in das Kerngeschäft investiert hätte? Stellt man diese Frage langjährigen Mercedes-Mitarbeitern, dann leuchten die Augen. Für Hidden Champions verdient diese Problematik wegen ihrer beschränkten finanziellen Ressourcen noch höhere Aufmerksamkeit als für Großkonzerne.

Die Diversifikation beinhaltet einen tiefen Einschnitt in die traditionelle Strategie und verändert den Charakter eines Hidden Champions. Aus hoch fokussierten Einprodukt-Einmarkt-Unternehmen werden kleine »Konzerne«, die auf verschiedenen Feldern tätig sind. Daraus erwächst die Gefahr, dass die Stärken und die Faszination der Hidden Champions, die ja gerade auf der Fokussierung und der Tiefe in einer einzigen Wertschöpfungskette beruhen, verloren gehen. Das größte Risiko besteht in der Ablenkung vom Kerngeschäft, also im Verlust der Fokussierung. Weltklasse auf mehreren Feldern zu sein oder zu bleiben, ist alles andere als einfach. Die diversifizierenden Hidden Champions sind sich dieses Risikos bewusst. Und sie reagieren darauf, indem sie den Hidden-Champions-Gedanken eine Ebene tiefer realisieren. Die im Prozess der weichen Diversifikation neu entstehenden Geschäftseinheiten werden dabei wie Hidden Champions geführt. Das erfordert eine konsequente Dezentralisierung. Offensichtlich ist genau dies das Erfolgsrezept von Gruppen wie Heraeus, Körber und Saria. Die organisatorischen Konsequenzen der weichen Diversifikation behandeln wir im Kapitel »Schlank organisieren«. Der Kern ist eine entschiedene Dezentralisierung, mit der die Hidden Champions ihre Diversifikation untermauern.

Zusammenfassung

Wenn sich in den etablierten Märkten Wachstumsgrenzen abzeichnen, bleibt selbst Hidden Champions nur der Weg in die Diversifikation. Die wichtigsten Einsichten und Befunde dieses Kapitels fassen wir wie folgt zusammen:

- Die meisten Hidden Champions sind und bleiben Einprodukt-Einmarkt-Unternehmen.
- Zunehmend treffen aber Hidden Champions aufgrund von Marktsättigung in Verbindung mit hohen Marktanteilen auf Wachstumsgrenzen. Wenn sie ihre ambitiösen Wachstumsziele weiter realisieren wollen, müssen sie in neue Geschäftsfelder vorstoßen.

- Sie ziehen es dabei in der Regel vor, nahe an den angestammten Kompetenzen zu bleiben. Diese können sich auf Produkte, Technologien oder Märkte/Kunden beziehen. Wir sprechen deshalb von weicher Diversifikation.
- Die Motive für weiche Diversifikationen liegen nicht primär im Streben nach Risikostreuung, sondern in der Überwindung von Wachstumsbarrieren, im Wunsch nach besserer Nutzung vorhandenen Know-hows sowie in weiterreichenden unternehmerischen Ambitionen.
- Die meisten Hidden Champions, die ihre Geschäfte ausweiten, erkennen, dass sie sich damit eine größere organisatorische Komplexität einhandeln, die ihre traditionellen Stärken gefährdet. Sie reagieren auf diese Gefahr früh und konsequent mit Dezentralisierung.
- Insgesamt scheinen Firmen am erfolgreichsten zu diversifizieren, wenn sie dem Hidden-Champions-Gedanken treu bleiben. Die neuen Einheiten sollten möglichst selbstständig agieren dürfen und wiederum die Führerschaft in ihren Märkten anstreben.
- Es gibt eine Reihe von mittelständischen Konzernen, die das Hidden-Champions-Konzept mit großer Konsequenz auf ihre Unternehmenseinheiten anwenden. Sie zeigen, dass man auf diese Weise eine Gruppe von Hidden Champions mit Erfolg führen kann.
- Ob die Diversifikation besser über eigenen Aufbau oder über Akquisitionen erfolgt, lässt sich nicht generell sagen. Viele Hidden Champions nutzen beide Methoden, um kontinuierlich weiter zu wachsen.

Bäume wachsen nicht in den Himmel. Selbst einem Hidden Champion kann es passieren, dass er in seinem angestammten Markt an Wachstumsgrenzen stößt. Will er weiter wachsen, so bleibt ihm nur die Diversifikation. Er scheint dann gut beraten, möglichst nahe an seinen bisherigen Geschäften zu bleiben, also weich zu diversifizieren, und dabei die neue Einheit möglichst eigenständig agieren zu lassen. Auf diese Weise bestehen die besten Chancen, dass das neue Unternehmen ebenfalls zum Hidden Champion aufsteigt.

Anmerkungen

1 Vgl. Igor Ansoff, Checklist for Competitive and Competence Profiles; *Corporate Strategy*, S. 98–99. New York: McGraw-Hill 1965.
2 Kion lässt die Börse noch auf sich warten, *Frankfurter Allgemeine Zeitung*, 20. März 2012, S. 12.
3 Ministerpräsident Koch zu Besuch bei Sirona, *Sidexis Online*, Bensheim, 21. August 2003.

4 Beispiele für Weltmarktführer in der Körber-Gruppe: E.C.H. Will, die globale Nr. 1 bei sogenannten Kleinformatschneidern. Mehr als die Hälfte aller Schulhefte dieser Welt werden auf E.C.H. Will-Maschinen produziert. Kugler-Womako aus Nürtingen, führender Anbieter von Reisepassfertigungslinien. Winkler + Dünnebier aus Neuwied, globaler Marktführer bei Maschinen zur Fertigung von Briefumschlägen, Tissue-Fold- und Hygieneprodukten. Schleifring-Gruppe, die wiederum mehrere Firmen umfasst, ist Weltmarktführer für Hartfeinbearbeitung. Im Jahr 2012 trennte sich Körber von der Paperlink-Division.

5 Die Umsätze von Wirtgen GmbH, Vögele AG, Hamm AG und Kleemann GmbH addieren sich nicht zum totalen Umsatz der Wirtgen Group, da Erlöse der ausländischen Tochtergesellschaften hinzukommen.

6 Vgl. Verschwendung von Land ist ein Thema, Unternehmergespräch mit Georg Huf, *Frankfurter Allgemeine Zeitung*, 7. Mai 2012, S. 17.

7 B2B steht für Business-to-Business (im Deutschen spricht man in etwa ähnlichem Sinne von Industriegütergeschäft), und B2C steht für Business-to-Customer, also Konsumgütergeschäft.

8 *Frankfurter Allgemeine Zeitung*, 30. Januar 2007, S. 15.

9 *Frankfurter Allgemeine Zeitung*, 24. März 2012, S. 18.

10 Vgl. dazu Peter Brors, Michael Freitag und Dietmar Student, Die Quittung von Daimler, *Manager Magazin*, April 2007, S. 34–48. Die Summe der Verluste aus fehlgeschlagenen Diversifikationen und Akquisitionen wird in diesem Artikel auf mindestens 60 Milliarden Euro geschätzt.

Kapitel 14

Solide finanzieren

Die Finanzierung ist ein tragender Eckpfeiler der Strategie jedes Unternehmens. Solide Finanzierung gilt als eine der wichtigsten Voraussetzungen für die Überlebensfähigkeit von Unternehmen – et vice versa.[1] Die beste Finanzierung ist die Selbstfinanzierung. Sie setzt eine ausreichende Profitabilität voraus. In dieser Hinsicht glänzen die Hidden Champions. Sie weisen hohe Eigenkapitalquoten auf, die auch gegen die Krise einen wirksamen Schutz darstellten. Angesichts des starken Wachstums sind die Anforderungen an die Finanzierungskapazitäten ständig hoch. Sehen die Hidden Champions Finanzkraft im Wettbewerb als Stärke oder als Schwäche? Bildet die Finanzierung einen Engpassfaktor oder besteht genügend Spielraum für die Realisierung der ambitionierten Wachstums- und Marktführerschaftsziele? Wie werden sich die Gewichte unterschiedlicher Finanzierungsformen in der Zukunft verschieben? Wie stehen die Hidden Champions zu Themen wie Private Equity und Börsengang? Dies sind die Fragen, die wir in diesem Kapitel behandeln.

Profitabilität

In unserer Studie fragten wir nach der durchschnittlichen Gesamtkapitalrendite in den letzten zehn Jahren. Der resultierende Wert lag bei 14 %. Verknüpft man diese Gesamtkapitalrendite mit der Eigenkapitalquote der Hidden Champions von 42 % und nimmt Fremdkapitalkosten von 6 % an, so ergibt sich eine Eigenkapitalrendite von 25 %. Macht man die für Industrieunternehmen halbwegs realistische Annahme, dass das Kapital einmal pro Jahr umgeschlagen wird,[2] dann bleibt nach Abzug der Fremdkapitalkosten (Annahme: 6 % auf 58 % Fremdkapital) eine Umsatzrendite vor Steuern von rund 11 %. Wendet man darauf einen Körperschaftssteuersatz von knapp 30 % an, so erhält man eine Umsatzrendite nach Steuern von 8 %. Diese Gewinnkennzahlen sind in Abbildung 14.1 zusammengefasst.

Abb. 14.1: Gewinnkennzahlen der Hidden Champions (Zehnjahreszeitraum)

Kennzahl	Wert
Gesamtkapitalrendite vor Steuern	14 %
Eigenkapitalrendite vor Steuern	25 %
Umsatzrendite vor Steuern	11 %
Umsatzrendite nach Steuern	8 %

Die Profitabilität der Hidden Champions stellt sich in relevanten Vergleichen als hervorragend dar. Im Durchschnitt der Jahre 2003 bis 2010, für die solche Daten vorliegen, erzielten deutsche Industrieunternehmen eine Umsatzrendite nach Steuern von 3,3 %.[3] Die Hidden Champions sind mehr als doppelt so profitabel wie das typische deutsche Industrieunternehmen. Das gilt größenordnungsmäßig auch im Vergleich mit österreichischen Firmen, die für die Jahre 2003 bis 2010 auf 4,5 % Nachsteuer-Umsatzrendite kamen. Die Schweizer Industrieunternehmen sind allerdings mit einer Nachsteuerrendite von 9,4 % in diesem Zeitraum noch profitabler als die Hidden Champions. Die 500 größten deutschen Familienunternehmen erzielten in den Jahren 2007 bis 2010 eine durchschnittliche Nachsteuer-Umsatzrendite von 6,6 %.[4] Die Hidden Champions liegen mit ihren 8 % deutlich darüber. Auch gegenüber den größten Unternehmen der Welt brauchen sich die Hidden Champions gewinnmäßig nicht zu verstecken. In den Jahren 2004 bis 2010 haben die Fortune Global 500 eine Nachsteuer-Umsatzrendite von 4,7 % erreicht, die Hidden Champions lagen gut 40 % über diesem Wert. In Abbildung 14.2 sind diese Gewinnkennziffern zum besseren Überblick zusammengestellt.

Es bleibt festzuhalten, dass die Hidden Champions im langjährigen Vergleich eine ausgezeichnete Profitabilität aufweisen. Diese liegt, gemessen als Nachsteuer-Umsatzrendite, bei mehr als dem doppelten des deutschen Durchschnittswerts und übertrifft auch die Rendite der größten deutschen Familienunternehmen und der größten Firmen der Welt deutlich. Lediglich Schweizer Unternehmen sind noch profitabler. Die Gewinne der Hidden Champions beruhen auf kontinuierlicher Innovation und Spitzenleistung,

Abb. 14.2: Nachsteuer-Umsatzrenditen im Vergleich

Vergleichsgruppe	Erfasster Zeitraum in Jahren	Umsatzrendite nach Steuern
Hidden Champions	10	8,0 %
Deutsche Industrieunternehmen	8	3,3 %
Österreichische Industrie- unternehmen	8	4,5 %
Schweizer Industrieunternehmen	8	9,4 %
500 größte deutsche Familien- unternehmen	4	6,6 %
Fortune Global 500	7	4,7 %

auch das den Mittelstand prägende Kostenbewusstsein trägt wesentlich zu der hohen Profitabilität bei. Gute Gewinne bilden die Basis für die Bildung von Eigenkapital.

Eigenkapital

Allenthalben wird beklagt, dass die Eigenkapitalquote eine Schwäche mittel- ständischer Unternehmen sei. Nach den Zahlen des Instituts der deutschen Wirtschaft (IW) rangieren deutsche Unternehmen mit einer Eigenkapital- quote von 24,6 % an drittletzter Stelle von 22 führenden Wirtschaftsnatio- nen.[5] Demgegenüber wiesen amerikanische, britische und japanische Unter- nehmen Quoten von 37,4 bzw. 35 % auf. Lediglich Firmen in Portugal und Spanien hatten eine noch niedrigere Eigenkapitalquote als deutsche Unter- nehmen. Die schwache Eigenkapitalausstattung ist im Mittelstand beson- ders gravierend. Die Eigenkapitalquoten des Mittelstands werden in Deutschland je nach Quelle auf 6 % bis 22 % geschätzt, in Österreich auf 16 bis 33 %.[6] Allerdings ist die Spreizung in Österreich besonders groß.[7] Mittelständler in England, USA und Japan erreichen Eigenkapitalquoten von 35 bis 38 %.[8] Die Krise nach 2007 hat in manchen Firmen zu einer wei- teren Erosion der Eigenkapitalbasis geführt

Die Hidden Champions spielen hinsichtlich der Eigenkapitalausstattung in einer anderen Liga. Ihre durchschnittliche Eigenkapitalquote beträgt

42 %. Das ist ein sehr hoher Wert. Mit 36 % berichtet eine INTES/WHU-Studie von Familienunternehmen eine ähnliche Größenordnung.[9] Eine Untersuchung von Rödl & Partner nennt sogar eine Eigenkapitalquote von 54 % für die 500 größten Familienunternehmen.[10] Ein Drittel der Hidden Champions erreicht ebenfalls eine Eigenkapitalquote von 50 % oder mehr. Nur jedes 16. Unternehmen ist zu weniger als 20 % eigenfinanziert. Keine einzige Firma in unserer Stichprobe liegt unter einer Eigenkapitalquote von 10 %. Der Getriebe-Hidden-Champion SEW Eurodrive verfügt beispielsweise über eine Eigenkapitalquote von mehr als 70 %.[11] Die gleiche Quote weist die Werhahn-Gruppe auf, und bei Vorwerk sind es 61 %.[12] Stihl hat eine Eigenkapitalquote von 68 %.[13] Da stets ein Teil des Fremdkapitals auf Lieferantenverbindlichkeiten entfällt, bedeuten Quoten in dieser Größenordnung praktisch komplette Eigenfinanzierung und demgemäß Unabhängigkeit von Banken oder anderen Kreditgebern. »Wir sind komplett eigenfinanziert«, sagt auch Reinhard Zinkann, geschäftsführender Gesellschafter von Miele. Enercon hat seine Eigenkapitalquote trotz deutlich höherer Bilanzsumme sogar von 40 % in 2007 auf 55 % in 2011 gesteigert.[14]

Die solide Eigenkapitalfinanzierung hat sich in den Krisenjahren nach 2007 als große Stärke der Hidden Champions erwiesen. Dazu darf ich aus eigenen Erfahrungen berichten. Per Februar 2010, also auf dem Höhepunkt der Krise, konnte ich zusammen mit zwei Partnern im Rahmen einer sogenannten Special Purpose Acquisition Company (SPAC) 200 Millionen Euro Eigenkapital einsammeln.[15] Ziel unseres börsennotierten SPAC Helikos S.E. war es, ein Unternehmen zu erwerben, das dann mit dem SPAC fusioniert und somit in einem Schritt an der Börse gelistet ist. Unser Ziel war, einen Hidden Champion zu akquirieren. Wir waren optimistisch, mit den 200 Millionen Euro Eigenkapital angesichts der zu Anfang 2010 dramatischen Krisensituation zu einem schnellen Abschluss zu kommen. Doch wir mussten feststellen, dass nicht wenige Hidden Champions trotz der drastischen Auftragseinbrüche keine Eigenkapitalzufuhr benötigten. Und die Firmen, die neues Eigenkapital brauchten, gefielen uns nach näherer Prüfung nicht immer. Sogar auf dem Höhepunkt der Krise war die Eigenkapitalsituation der Hidden Champions deutlich besser, als wir erwartet hatten. Im Sommer 2011 brachten wir das SPAC-Projekt zu einem erfolgreichen Abschluss. Am 27. Juli 2011 wurde die Exceet Group, einer der europäischen Marktführer für Embedded Electronics und Sicherheitslösungen, erworben und an der Frankfurter Börse gelistet.

Wie sich in der Folgezeit bestätigte, wurde die Eigenkapitalbasis der meisten Hidden Champions durch die Krise erstaunlich wenig tangiert. Im Gegenteil, der seit etwa 2000 begonnene Trend der Eigenkapitalstärkung »hat sich im Mittelstand trotz Krise fortgesetzt«, wie Creditreform schreibt.[16] Die solide Eigenkapitalfinanzierung der Hidden Champions hat unmittelbare Auswirkungen auf die Kapitalkosten. Diese gewinnen ständig an Bedeutung, da die Bonitätsbeurteilung sich stärker als in der Vergangenheit in den Kreditzinsen niederschlägt. Hidden Champions weisen demnach bei den Fremdkapitalkosten einen spürbaren Vorteil auf. Zudem sind sie von der angeblichen »Kreditklemme« weniger betroffen als andere Unternehmen. Ob es allerdings eine solche Kreditklemme gibt und in welchem Ausmaß, bleibt umstritten. Einer Analyse des Bankhauses Sal. Oppenheim aus dem Jahr 2012 zufolge lässt »die Datenlage nicht auf das Vorliegen einer generellen Kreditklemme schließen«.[17] Auch der vom IFO-Institut regelmäßig abgefragte Prozentsatz der Firmen, die eine restriktive Kreditvergabe beklagen, bestätigt diesen Trend. Diese sogenannte Kredithürde ist für Mittelständler von mehr als 40 % in 2009 auf etwa 20 % in 2012 gesunken. Dabei spielt auch die gute Bonität Deutschlands eine Rolle. Dazu sagt IFO-Präsident Hans-Werner Sinn: »Die günstigen Finanzierungsbedingungen stellen weiterhin einen Pfeiler für die positive wirtschaftliche Entwicklung Deutschlands dar.«[18] Ähnlich urteilt Wilfried Verstraete, der CEO des weltgrößten Kreditversicherers Euler Hermes: »Aufgrund des guten Wachstums 2010 und 2011 stehen die deutschen Unternehmen heute viel besser da als 2009. Die Unternehmen haben aus der Krise gelernt; damals war die Kreditklemme das größte Problem. In den letzten zwei, drei Jahren sind die Unternehmen mit ihrem Cash vorsichtiger umgegangen und haben ihre Finanzierungsquellen diversifiziert. Sie gehen an den Markt oder verhandeln mit zwei oder drei Banken, nicht nur einer.«[19] Bundesbank-Vizepräsidentin Sabine Lautenschläger pflichtet diesen Aussagen bei: »Die Kreditversorgung der deutschen Realwirtschaft ist nicht in Gefahr. Eher scheint das Gegenteil der Fall.«[20]

Bei dem heiß diskutierten Thema Kreditklemme ist in der Tat eine differenzierende Beurteilung nach Ländern, Branchen und Unternehmen angezeigt. Die Hidden Champions scheinen jedenfalls von der seit Ausbruch der Krise vermuteten Kreditklemme kaum betroffen. Das wird mir in Gesprächen immer wieder bestätigt. Die folgende Aussage von Hans-Georg Näder, Chef des Prothesen-Weltmarktführers Otto Bock, ist symptomatisch: »Die Banken rennen uns die Türen ein. Wir brauchen bei weitem nicht so viel Fremdkapital, wie uns derzeit angedient wird.« SEW Eurodrive-Vorstand Hans Sondermann sagt zum gleichen Thema: »Anfragen von Banken wären Zeitverschwendung.« Die sogenannte Kreditklemme spiegelt die Finanzierungsprobleme schwächerer Unternehmen, aber nicht diejenigen der Hidden Champions wider.

Strategische Finanzkraft

Wie stellen sich die längerfristigen Perspektiven der Finanzierung für die Hidden Champions dar? Schränkt die Finanzierung die strategischen Spielräume der Hidden Champions ein? Wie stufen die Hidden Champions ihre Finanzkraft als Strategiedeterminante ein? Das sind im Vergleich zum Status quo die strategisch relevanteren Fragen. In Phasen starken Wachstums, in denen sich die meisten Hidden Champions über Jahre befanden und auch in Zukunft befinden werden, wird die Finanzierung nicht selten zum Engpassfaktor. Viele, insbesondere junge Unternehmen sehen in der Finanzierung eine das Wachstum begrenzende Ressource. Internationale Expansion, der Aufbau eines weltweiten Vertriebs, Forschung und Entwicklung sowie Investitionen in Produktionsanlagen stellen hohe Ansprüche an die Finanzierungskapazitäten. Die Finanzkraft bestimmt in solchen Situationen entscheidend mit, welche Strategie sich realisieren lässt. Dazu gehört die Frage, ob und wie Marktführerschaft aufgebaut oder verteidigt werden kann – für die Hidden Champions ein Schlüsselaspekt. Unter der langfristigen Perspektive stehen nicht die Finanzierungskosten, sondern der strategische Spielraum eines Unternehmens an erster Stelle des Interesses.

Auf die Frage, ob die Hidden Champions ihre Finanzkraft eher als strategische Stärke denn als Schwäche einstufen, ergab sich ein klares Bild. 69 % der Befragten sahen ihre Finanzkraft als eine Stärke im Wettbewerb, 40 % sogar als eine herausragende Stärke. Gut zwei Drittel antworteten auf die Frage, ob die Firma in ihrer Strategie geringe oder hohe finanzielle Spielräume habe, dass die Spielräume hoch bis sehr hoch seien. Eine sehr deutliche Mehrheit der Hidden Champions sieht demnach in der Finanzierung keinen Engpassfaktor für ihre Strategien. Es ist wohl nicht übertrieben, wenn man daraus schließt, dass sich die Hidden Champions in diesem Aspekt von normalen Unternehmen und dem in der Presse für Mittelständler regelmäßig gezeichneten Bild deutlich abheben.

Finanzierungsquellen der Zukunft

Die Do-it-yourself-Mentalität der Hidden Champions erstreckt sich auch auf die Finanzierung. Selbstfinanzierung war in der Vergangenheit die mit Abstand wichtigste Finanzierungsquelle und wird das auch in Zukunft bleiben. Während im Hinblick auf die Vergangenheit 79 % der Befragten dies bestätigten, ist es mit 78 % ein nahezu identischer Prozentsatz für die zukünftige Finanzierung.[21] Hingegen erwarten die Hidden Champions, dass Bankkredite deutlich an Bedeutung verlieren. Während in der Vergangenheit 62 % der Befragten dieser Finanzierungsform große Bedeutung zumaßen, sind es im Hinblick auf die Zukunft nur noch 44 %. Dem steht eine stark wachsende Bedeutung des Kapitalmarktes gegenüber. In der Vergangenheit gingen nur wenige Mittelständler direkt an den Kapitalmarkt. Doch in den letzten Jahren ist die Zahl der Mittelständler, die sich direkt am Markt Fremdkapital beschaffen, stark gestiegen. Selbst kleinere Mittelständler beschreiten diesen Weg. Dabei geht es nicht primär um niedrigere Kapitalkosten, die Gesamtkosten dürften sogar oft höher sein als bei klassischen Bankkrediten. Im Vordergrund steht das Streben nach größerer Unabhängigkeit von den Banken.[22]

Umstritten bleibt die Rolle von Private Equity und Börsengang als Finanzierungsformen. Heute sind gut 10 % der Hidden Champions im Besitz von Private-Equity-Investoren. Das ist eine starke Zunahme gegenüber den neunziger Jahren, als es Private Equity in Deutschland praktisch noch nicht gab. Dennoch müssen wir immer wieder feststellen, dass viele Hidden-Champion-Chefs Private-Equity-Investoren mit Skepsis betrachten und strategische Investoren, die aus der gleichen Branche kommen oder sich dort langfristig engagieren wollen, vorziehen. Die »Heuschrecken-Diskussion« hat solche Einstellungen noch verstärkt. Hier zeigt sich das grundlegende Spannungsverhältnis zwischen längerfristig orientierten Familienunternehmen und kürzerfristig orientierten Private-Equity-Investoren. Sehr treffend kommt dieses Konfliktpotenzial in dem folgenden Kommentar zum Ausdruck: »Beteiligungsgesellschaften haben in der Regel eine Exit-Strategie mit einer Dauer von fünf Jahren. Das kollidiert mit dem längerfristigen Horizont der Familienunternehmen. Die dynastische Betrachtung im Familienunternehmen verträgt sich nicht mit der kurzfristigen Renditeerwartung von Private-Equity-Fonds.«[23]

Ein kontroverses Thema für Hidden Champions bleibt die Börse, obwohl sich die Verhältnisse seit 1995 erheblich verändert haben. Damals waren nur etwa 2 % dieser Unternehmen börsennotiert. Heute sind es gut 10 %, ein ähnlicher Prozentsatz wie bei Private Equity. Dennoch dominiert Zurückhaltung. Zum einen gab es in den letzten 15 Jahren zahlreiche Enttäuschungen, die die Skepsis gegenüber dem Börsengang verstärkt haben. Dazu zählt das Scheitern des mit großen Hoffnungen im Jahr 1997 gestarteten Neuen Marktes, der dem Vorbild der amerikanischen Technologiebörse NASDAQ nachgebildet war. Am 31. Dezember 1997 notierte der Neue-Markt-Index NEMAX bei 1 000, nur gut zwei Jahre später, am 10. März 2000, bei 9 666, also bei mehr als dem Neunfachen. Dann platzte die Internet-Blase, und bis zum 9. Oktober 2002 rutschte der NEMAX auf 319 Punkte ab, verlor also in gut zwei Jahren mehr als 95 % seines Wertes. Im Juni 2003 wurde der Neue Markt geschlossen. Nach 2010 erfuhren Photovoltaik-Hersteller wie Conergy, Q-Cells oder Solarworld, deren Börsenkapitalisierung zeitweise bei mehreren Milliarden Euro lag, ähnlich dramatische Wertverluste. Neben diesen negativen Erfahrungen mit Werten, die an der Börse nicht zu den Schwergewichten zählen, sind es grundlegende Einstellungen, die Hidden Champions zur Zurückhaltung gegenüber der Börse veranlassen. Dazu gehören Themen wie Transparenz, Berichtspflichten, generell der Verdacht, Aktionäre seien nur auf schnellen Gewinn aus, Abneigung gegen Spekulanten, Angst vor Hedgefonds und ähnliche Motive. Im Zusammenhang mit dem weiter vorne in diesem Kapitel erwähnten SPAC-Projekt ergaben sich diesbezüglich aufschlussreiche Erfahrungen. Wie berichtet, standen Anfang 2010 auf dem Höhepunkt der Krise 200 Millionen Euro frisches Eigenkapital zur Verfügung. Für eine solche Kapitalstärkung gab es durchaus Interesse, wenn auch nicht immer bei unseren Wunschkandidaten. Als ich jedoch anmerkte, dass diese Eigenkapitalzufuhr mit einem Börsengang verbunden sei, ließ das Interesse bei vielen schlagartig nach. Anders als in anderen Ländern, in denen der Börsengang der große Traum von Unternehmern ist, gibt es in Deutschland eine tief sitzende Skepsis, ja Abneigung, gegenüber dieser Methode, Eigenkapital zu beschaffen.

Ein spezieller Punkt, den viele Hidden-Champions-Chefs als Folge eines Börsengangs fürchten, ist die Transparenz gegenüber Kunden und auch der Belegschaft. Stellvertretend steht der folgende Kommentar des CEOs eines börsennotierten Hidden Champions aus dem Elektronikbereich: »Wenn ich zu meinen großen Kunden komme, liegt unser Geschäftsbericht dort auf dem Tisch. Als Erstes wird mir unsere hohe Rendite um die Ohren gehauen. Das macht die Durchsetzung von auskömmlichen Preisen nicht gerade einfacher.« Es gibt aber auch gegenteilige Stimmen. So berichtete Hermann Kronseder im Zusammenhang mit dem Börsengang der Krones AG, dass der IPO die Position gegenüber den Kunden gestärkt habe.[24] Gerade die gute Profitabilität habe signalisiert, dass Krones nicht auf jeden Auftrag angewiesen sei. Und eine gute Rendite sei für den Kunden nicht zuletzt eine Versicherung für die Zukunft. Natürlich stehen auch die mit der Börsennotierung verbundenen Berichts- und Publizitätspflichten der Präferenz der Hidden Champions für ein Wirken im Stillen diametral entgegen. Doch selbst bei diesem Thema gibt es unter den Hidden Champions ernst zu nehmende Gegenpositionen. So sagte mir Siegfried Meister, der Gründer der Rational AG, gerade die Transparenz und die damit verbundene regelmäßige, professionelle Berichterstattung seien für ihn ein Grund gewesen, Rational im Jahr 2000 an die Börse zu bringen. Zudem wollte Meister mit diesem Schritt das Unternehmen von seiner Person unabhängiger machen. Rational ist einer der erfolgreichsten deutschen Börsengänge der jüngeren Geschichte. Im Jahr 2012 weist das Unternehmen bei einem 2011er Umsatz von 350 Millionen eine Börsenkapitalisierung von mehr als 2 Milliarden Euro auf.

Häufig und teilweise begründet trifft man auf Zweifel, ob sich an der Börse für einen typischen Hidden Champion eine adäquate Bewertung erreichen lässt. Die weitaus meisten Hidden Champions sind gerade nicht in Branchen tätig, die im Rampenlicht des Interesses der Öffentlichkeit und der Investoren stehen. In Nischen- und Spezialsektoren bestehen geringe Chancen, auf die Radarschirme der Analysten zu gelangen, sodass Hidden-Champions-Aktien nicht selten ein Kümmerdasein fristen. Einige Firmen haben genau aus diesem Grunde die Börse wieder verlassen. Wie das Beispiel Rational belegt, hat dieser Einwand jedoch keineswegs generelle Gültigkeit. Vielleicht kann man sagen, dass ein Hidden Champion – im Vergleich zu Großunternehmen – einen zusätzlichen Schlag Sahne drauflegen muss, um sich an der Börse aus der Masse herauszuheben. Schließlich muss man nüchtern feststellen, dass viele Hidden Champions aufgrund ihrer starken Selbstfinanzierungskraft und der hohen Eigenkapitalquoten nicht auf die Börse angewiesen sind. Ohne Börse wachsen sie vielleicht etwas langsamer, aber offenbar werten sie ihre Unabhängigkeit höher als den Vorteil schnelleren Wachstums. Trotz dieser Einschränkungen ist langfristig mit einem höheren Anteil an börsennotierten Hidden Champions zu rechnen. Dafür spricht das Wachstum in Dimensionen, die eher zu börsennotierten Gesellschaften als zu Familienunternehmen passen. Die Börse wird zudem für Private-Equity-Investoren als Exit-Option wichtiger. Und auch der Trend von Großunternehmen, Geschäftseinheiten an die Börse zu bringen (Beispiel Siemens – Osram), dürfte anhalten.

Zusammenfassung

Zusammenfassend halten wir fest, dass die Hidden Champions äußerst solide finanziert sind. Selbst die Krise konnte den meisten in dieser Hinsicht kaum zusetzen. Und auch für die Zukunft scheint die Finanzierung nicht zum Engpass zu werden.

- Basis der hohen Finanzkraft der Hidden Champions ist die weit überdurchschnittliche Profitabilität, die bei mehr als dem Doppelten des deutschen Durchschnitts liegt.

- Selbstfinanzierung ist und bleibt die wichtigste Finanzierungsquelle. Sie setzt ausreichende Profitabilität voraus, ein erneuter Hinweis auf die überragende Bedeutung des Gewinns. So entsteht ein finanzieller Circulus virtuosus.
- Trotz des starken Wachstums ist die Finanzierung solide. Die Eigenkapitalquote der Hidden Champions fällt mit einem Durchschnittswert von 42 % sehr hoch aus. Das wirkt sich zukünftig noch positiver als bisher auf Bonitätsbeurteilung und Kapitalkosten aus.
- Die Finanzierung bildet keinen Engpass für die zukünftige Strategie. Im Gegenteil, die Hidden Champions sehen in ihrer ausgeprägten Finanzkraft eine strategische Stärke.
- Die Gewichte der Finanzierungsformen werden sich verschieben. Traditionelle Bankkredite nehmen zugunsten der direkten Kapitalmarktfinanzierung ab.
- Der Anteil von Private-Equity-Investitionen hat zwar in den letzten zehn Jahren stark zugenommen, dennoch trifft diese Finanzierungsform bei den Hidden Champions überwiegend auf Skepsis bis Ablehnung.
- Auch beim Thema Börsengang sind die Einstellungen der Hidden Champions von Zurückhaltung geprägt. Für die meisten von ihnen kommt ein Börsengang nicht infrage. Dennoch erwarten wir einen Anstieg der Börsennotierungen.

Die vielfach konservativen Einstellungen der Hidden Champions schlagen sich sehr sichtbar in der Finanzierung nieder. Sie achten auf diesem Gebiet, das qua Natur stark risikobehaftet ist, in besonders hohem Maße auf Solidität. Diese Vorsicht bremst das Wachstum wegen der hohen Selbstfinanzierungskraft allerdings nur geringfügig.

Anmerkungen

1 Vgl. Christian Stadler und Philip Wältermann, *Die Jahrhundert-Champions*, Düsseldorf: Handelsblatt-Bücher 2012.
2 Bei den Fortune Global 500 liegt der durchschnittliche Kapitalumschlag immer nahe an 1.
3 Errechnet aus den jährlich vom Institut der Deutschen Wirtschaft veröffentlichten Zahlen.
4 Vgl. Finanzkraft von Familienunternehmen, Nürnberg-Hamburg: Rödl & Partner, Oktober 2011.
5 Vgl. Institut der Deutschen Wirtschaft, *Standort Deutschland*, Köln 2010, S. 18.

6 Andreas Georgi gibt die EK-Quoten für deutsche Mittelstandsunternehmen mit 8 %, für österreichische Mittelständler mit 16 % an. In einer anderen Studie wird eine EK-Quote von 16 % für die deutsche gewerbliche Wirtschaft genannt. Ernst & Young nennt 18 % für deutsche und 33 % für österreichische Unternehmen. Dun & Bradstreet nennt für mittelgroße Firmen in Deutschland EK-Quoten zwischen 10,8 % (Baugewerbe) und 28,7 % (Chemie). Schauer et al. führen 19 % für österreichische Unternehmen an. Vgl. Andreas Georgi, Notwendigkeit und Instrumente eines ganzheitlichen Risikomanagements für Mittelständler, Gewerbetreibende und Freiberufler, *Zeitschrift für Betriebswirtschaft*, Januar 2007, S. 7–18; Ernst & Young, *Wege zum Wachstum*, Stuttgart 2005, Dun & Bradstreet, *Konkrete Orientierungshilfen für Unternehmen*, Düsseldorf: Juli 2005. Der BVR-Mittelstandsspiegel vom 2. November 2011, herausgegeben vom Bundesverband Deutscher Volks- und Raiffeisenbanken, weist eine durchschnittliche Eigenkapitalquote von 22 % aus, für Unternehmen mit weniger als 500 000 Euro Umsatz allerdings nur von 6,2 %. Reinbert Schauer, Norbert Kailer und Birgit Feldbauer-Durstmüller (Hrsg.), *Mittelständische Unternehmen*, Linz: Trauner Verlag 2005. Für schweizerische Unternehmen konnten wir keine Angaben zu EK-Quoten finden.

7 Vgl. Wirtschaftslage Mittelstand in Österreich, *Creditreform*, Frühjahr 2011.

8 Vgl. Stefan Orthsiefen, Eigenkapitalbasis deutlich gestärkt, *VDI-Nachrichten*, 18. Mai 2007, S. 27.

9 Matthias Redlefsen und Jan Eiben, *Finanzierung von Familienunternehmen*, Bonn: INTES Akademie für Familienunternehmen/WHU 2007. Der Durchschnittsumsatz in der INTES-Stichprobe lag bei 272 Millionen Euro, also in einer ähnlichen Größenordnung wie unser Durchschnittsumsatz von 326 Millionen Euro. Das spricht für eine gewisse Vergleichbarkeit beider Stichproben.

10 Vgl. *Finanzkraft von Familienunternehmen*, Nürnberg-Hamburg: Rödl & Partner, Oktober 2011.

11 Vgl. SEW Eurodrive investiert, *Frankfurter Allgemeine Zeitung*, 26. April 2012, S. 14.

12 Vgl. Georg Giesberg, 40 Prozent Eigenkapital sind das Ziel, *Frankfurter Allgemeine Zeitung*, 11. November 2011.

13 Vgl. Presseportal.de, 23. April 2012.

14 Vgl. Nicole Weinhold, Ruhiges Rad, *Neue Energie*, Juni 2012, S. 78–83.

15 Die Partner waren das französische Investitionshaus Wendel sowie der Kapitalmarktexperte Roland Lienau. Die Helikos S.E. wurde am 4. Februar 2010 an der Frankfurter Börse eingeführt.

16 Kriseneffekte beim Eigenkapital – Die Folgen der Rezession für die Kapitalausstattung des Mittelstandes, *Creditreform*, Beiträge zur Wirtschaftsforschung, März 2011, S. 1.

17 Vgl. Oppenheim Spezial, *Eurozone vor einer Kreditklemme*, Köln: Sal. Oppenheim, März 2012, S. 3.

18 Kredithürde für deutsche Firmen auf Allzeittief, *Börsen-Zeitung*, 27. April 2012, S. 7.

19 Vg. Für Spanien und Portugal sind wir pessimistisch, *Frankfurter Allgemeine Zeitung*, 13.4.12, S. 8.

20 Kreditversorgung nicht in Gefahr, *Börsen-Zeitung*, 27. April 2012, S. 7.

21 Den Vorrang der Selbstfinanzierung in Familienunternehmen bestätigen auch andere Studien, vgl. *Finanzkraft von Familienunternehmen*, Nürnberg/Hamburg: Rödl & Partner, Oktober 2011.

22 Vgl. Laura de la Motte, Der aufwendige Weg an den Bondmarkt, *Handelsblatt*, 9. Mai 2012, S. 44.

23 BDI Forum Familienunternehmen »Familienunternehmen im Zeitalter der Globalisierung«, Berlin, 21./22. September 2006.

24 IPO steht für Initial Public Offering und ist ein Standardausdruck für Börsengang.

Kapitel 15

Schlank organisieren

Structure follows Strategy – Diese berühmte Maxime von Alfred Chandler dient auch den Hidden Champions als Leitlinie für ihre Organisation.[1] Die meisten Hidden Champions sind Einprodukt-Einmarkt-Unternehmen, zu denen eine funktionale Organisation passt. Innerhalb der funktionalen Ausrichtung gibt es jedoch ausgeprägte Multifunktionalitäten, das heißt, die Mitarbeiter sind in der Lage, mehrere Aufgaben zu erledigen, und somit vielfältig einsetzbar. Mit zunehmender Bedienung unterschiedlicher Zielgruppen oder Anwendungen treten divisionale Organisationsformen stärker in den Vordergrund. Falls Hidden-Champions-Firmen in neue Geschäftsfelder eintreten, was wir als »weiche Diversifikation« bezeichnen, dezentralisieren sie konsequent, um Stärken wie Fokussierung, Tiefe und Kundennähe zu erhalten. Die Prozessorganisationen der Hidden Champions sind einfacher und weniger geregelt als in Großunternehmen. Dabei bedienen sich diese Firmen in hohem Maße der modernen Informationstechnologie. Hohe Motivation und Identifikation der Mitarbeiter wirken teilweise als »Organisationsersatz«. Hidden Champions kommen oft mit erstaunlich wenig Organisation aus.

Funktionale Organisation

Der typische Hidden Champion fokussiert sich auf ein Produkt und einen engen Markt, ist also ein Einprodukt-Einmarkt-Unternehmen.[2] Im Median erzielen die Hidden Champions 80 % ihres Umsatzes auf ihrem Hauptmarkt. Knapp ein Drittel realisiert mehr als 90 % auf dem Hauptmarkt, und bei mehr als einem Viertel trägt dieser eine Markt sogar 100 % zum Umsatz bei. Dabei kann das Produkt durchaus in vielen Varianten erscheinen, die aber auf derselben technischen und produktionsmäßigen Plattform basieren.

Hidden Champions, auf die diese Beschreibung zutrifft, sind beispielsweise Brasseler (Zahnbohrer), Gottschalk (Reißzwecken), Multivac (Tiefzieh-Verpackungsmaschinen), Bruns-Pflanzen-Export (Baumschulpflanzen), GfK (Marktforschungsdienstleistungen), Flexi (Hunderollleinen), Omicron (Tunnel-Raster-Mikroskope für die Nanotechnologie) und viele, viele andere. Im Hinblick auf die Aufbauorganisation beinhaltet diese Fokussierung den großen Vorteil, dass die Komplexität überschaubar bleibt. Fast alle »Einprodukt-Einmarkt-Hidden-Champions« haben deshalb eine klassische funktionale Organisation. Diese Form zeichnet sich durch klare Zuordnung der Verantwortlichkeiten und durch Einfachheit aus. Vor einigen Jahren bat mich Hans Peter Stihl, damals CEO der Firma Stihl und heute Beiratsvorsitzender des Weltmarktführers bei Motorsägen, um eine Überprüfung der Organisation seiner Firma. Es ging darum, die Zuständigkeiten der Vorstände im Rahmen des anstehenden Generationswechsels für die Zukunft neu zu ordnen. Es bedurfte nur weniger Analysen und Gespräche, um den Auftrag zu erfüllen. Es wurde eine funktionale Organisation mit fünf Vorständen und den üblichen Ressorts empfohlen und umgesetzt. Bei Stihl, als einem mit 2,6 Milliarden Euro Umsatz und 12 000 Beschäftigten relativ großen Hidden Champion, wurde die funktionale Arbeitsteilung auf der ersten Leitungsebene installiert. Bei mittleren und kleineren Firmen findet die Funktionsteilung nicht unbedingt schon auf der ersten Führungsebene statt, da diese meist sehr dünn besetzt ist. Oft haben solche Firmen nur ein oder zwei Personen auf der obersten Leitungsebene. In unserer Stichprobe waren 21 % der Antwortenden alleinige Geschäftsführer. Die volle funktionale Arbeitsteilung kommt dann auf der zweiten Leitungsebene zum Tragen. Zur funktionalen Organisation, als quasi natürlicher Form für Einprodukt-Einmarkt-Unternehmen, braucht man ansonsten nicht viel zu sagen. Diese Aussage sollte getrost als Indikator für Einfachheit, unkomplizierte Prozesse, Schnelligkeit und organisatorische Schlagkraft der Hidden Champions verstanden werden.

Multifunktionalität

In vielen Märkten besteht eine der größten Managementherausforderungen darin, die Schwankungen der Marktnachfrage mit der Starrheit der internen Ressourcen in Einklang zu bringen. Diese Starrheit entsteht zum Teil aus staatlich auferlegten Rahmenbedingungen wie Kündigungsschutz und anderen Regeln, die die Anpassungsfähigkeit des Unternehmens einschränken (z. B. Versetzung, Einsatz für andere Aufgaben, Lohnanpassung). Ein Teil der Erstarrung beruht aber auf Gegebenheiten, die vom Unternehmen selbst zu verantworten sind (z. B. Tarifverträge, Betriebsvereinbarungen, Politik und Kultur des Unternehmens, strikte Organisationsregeln und Arbeitsteilung, »Dienst nach Vorschrift«). Mein Eindruck ist, dass die Hidden Champions innerhalb der gegebenen Rahmenbedingungen eine ungewöhnlich hohe Flexibilität erreichen. Eines der auffälligsten Merkmale, das eng mit der funktionalen Organisationsform zusammenhängt, ist die multifunktionale Einsetzbarkeit der Mitarbeiter. Anders ausgedrückt, die funktionale Arbeitsteilung ist bei den Hidden Champions weniger ausgeprägt und weniger starr als in Großunternehmen. Die Mitarbeiter sind vielmehr für unterschiedliche Aufgaben ausgebildet und entsprechend vielseitig einsetzbar. Southwest Airlines hat, als Pionier des Billigfliegens, von Beginn an auf eine solche Multifunktionalität gesetzt. Southwest-Mitarbeiter übernehmen bis zu 14 verschiedene Funktionen, vom Ticketverkauf bis zur Gepäckverladung. Europäische Billig-Airlines wie German Wings oder Ryanair arbeiten ebenfalls nach diesem Konzept, das nicht nur zu schnelleren Prozessen beiträgt, sondern auch die Kosten massiv senkt. Derartige multifunktionale Einsätze sind bei Hidden Champions gang und gäbe. Rolf Gottschalk, der geschäftsführende Gesellschafter des gleichnamigen Reißzwecken-Weltmarktführers, spricht von seinen Beschäftigten als »Allround-Mitarbeiter«, die die verschiedensten Funktionen im Betrieb beherrschen. Bei Maestro Badenia, einem führenden Hersteller hochwertiger Akustiksysteme, müssen die Mitarbeiter für alle Positionen in der Produktion qualifiziert sein. Nur so lasse sich eine ausgeglichene Arbeitsbelastung erreichen, zudem trage dieses Job-Enrichment zur Förderung der Mitarbeitermotivation bei, sagt Maestro-Geschäftsführer Thomas Sauer. Auch Winterhalter, Weltmarktführer bei Spülsystemen für die Gastronomie, verlangt von seinen Mitarbeitern ausdrücklich, dass sie in der Lage sein müssen, mehrere Funktionen auszuüben. Bei Hidden Champions kommt es häufig vor, dass beispielsweise Produktionsmitarbeiter bei Engpässen im Service einspringen. Arbeitsteilung und Detailregelung der Aufgaben, etwa in Form von Stellenbeschreibungen, sind weniger ausgefeilt, gesamthaftes Verständnis und breite Einsetzbarkeit der Mitarbeiter entsprechend ausgeprägter. Auch im Krisenjahr 2009 haben gerade mittelständische Unternehmen diesbezügliche Flexibilität gezeigt.[3] So setzte der führende Designmöbelhersteller Vitra Innendienstler im Telefonverkauf ein. »Einige haben dabei sogar dauerhaft Spaß am Verkaufen gewonnen«, sagt Deutschland-Geschäftsführer Rudolf Pütz. Dass eine solche Flexibilität selbst in größeren Unternehmen möglich ist, hat Würth während einer Krisenphase bewiesen. Um die Vertriebskraft zu stärken, wurden innerhalb weniger Monate knapp 10 % der Belegschaft vom Innen- in den Außendienst versetzt. In einer Studie wurde festgestellt, dass erfolgreiche Firmen etwa fünfmal häufiger Versetzungen zwischen Funktionen vornehmen als weniger erfolgreiche Unternehmen.[4]

Ein spezieller Aspekt der Multifunktionalität besteht in der Flexibilität und Verfügbarkeit der Mitarbeiter für Auslandseinsätze. Eine breite internationale Einsetzbarkeit wird im Zuge der Globalisierung immer wichtiger. Sie ist gleichermaßen eine Frage der Organisation wie der Unternehmenskultur. Viele Hidden Champions verfügen heute über einen Stamm von international erprobten Mitarbeitern, die überall in der Welt zurechtkommen. Das ist in Globalia ein nicht zu unterschätzender Wettbewerbsvorteil. Selbst kleinste Firmen, die weltweit aktiv sind (wie etwa Klais Orgelbau), sind ständig darauf angewiesen, dass ihre Mitarbeiter in jedes Land der Welt entsandt werden können und dort oft monatelang bleiben.

Divisionale Organisation

Das starke Wachstum und die Erschließung neuer Marktsegmente stellen die Hidden Champions vor komplexere organisatorische Herausforderungen. Eine typische Dynamik besteht darin, dass das Unternehmen mit zunehmender Abdeckung und Ausdifferenzierung der Märkte Zielgruppen bedient, die sich in ihren Anforderungen unterscheiden. Wie bewahren die Hidden Champions ihre traditionelle Stärke, insbesondere im Hinblick auf die Kundennähe? Die Antwort darauf lautet, dass sie divisionalisieren. Es ist beeindruckend, mit welcher Konsequenz und Schnelligkeit die Hidden Champions organisatorisch auf solche Geschäftserweiterungen reagieren. Die Marktdefinitionen der Hidden Champions orientieren sich primär an Anwendungen und Zielgruppen. Wenn Hidden Champions von der funktionalen auf die divisionale Organisation übergehen, dann folgen sie genau diesen Kriterien, das heißt, die neuen organisatorischen Einheiten werden in erster Linie auf Zielgruppen bzw. Anwendungen ausgerichtet. Produkte bzw. Technologien hingegen kommen als Organisationskriterien typischerweise erst bei echten Diversifikationen zum Tragen. Nicht selten fallen beide Aspekte allerdings zusammen, da andere Zielgruppen modifizierte Produkte verlangen.

Die Firma Würth war einer der Pioniere in der Einführung einer auf Zielgruppen ausgerichteten divisionalen Organisation. Mitte der 1980er Jahre wurden in den großen Ländern getrennte Divisionen für Handwerksbetriebe in den Bereichen Holz, Metall, Bau, Auto sowie Industrie eingerichtet. Würth erreichte so eine verbesserte Ausrichtung auf die Bedürfnisse der Kunden, höhere Kompetenzen des Außendienstes, spezifischere Informationsmaterialien wie Kataloge und Broschüren und zahlreiche weitere Vorteile. Die Divisionalisierung brachte für Würth einen enormen Wachstumsschub und führte zu einer deutlich höheren Penetration in den einzelnen Segmenten.

Ein Beispiel für eine divisionale Organisation liefert die österreichische Semperit Holding AG. Diese Firma, die seit Mitte der 1980er Jahre nichts mehr mit der gleichnamigen Reifenmarke zu tun hat, ist ein Spezialhersteller von Gummiprodukten und auf mehreren Gebieten Weltmarktführer. So kommt weltweit jeder zweite Handlauf für Rolltreppen von Semperit. Und in jedem zweiten Ski und Snowboard befinden sich Gummibänder aus der Semperit-Produktion. Jeder zehnte medizinische Gummihandschuh stammt von diesem Wiener Hidden Champion. Am Markt agieren die vier Divisions Sempermed, Semperflex, Sempertrans und Semperform. Abbildung 15.1 zeigt die Organisationsstruktur.

Abb. 15.1: Semperit Holding – Beispiel für zielgruppenorientierte Divisionalisierung

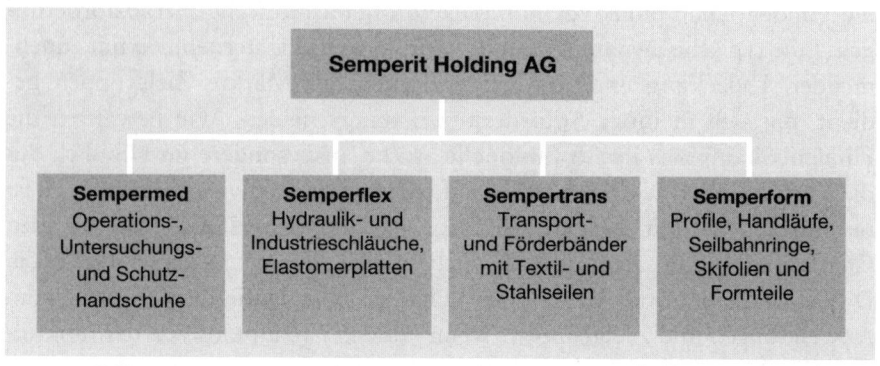

Zahlreiche Hidden Champions haben in den letzten Jahren solche zielgruppenorientierten Organisationen eingeführt. Beispiele sind Plansee (Hochleistungswerkstoffe), Hoerbiger (Antriebs- und Kompressortechnik), IBG (Schweißtechnik) und viele andere. Eine sehr konsequente Dezentralisierung betreibt auch Kern-Liebers. Beim Hauptprodukt, Federn für Sicherheitsgurte, ist Kern-Liebers dominierender Weltmarktführer. Zwei von drei produzierten Autos weltweit sind mit Produkten von Kern-Liebers ausgestattet.

Doch Kern-Liebers besitzt auch bei anderen Produkten starke Marktpositionen, so zum Beispiel bei Platinen für Strick- und Wirkmaschinen mit dem weltweit größten Lieferprogramm oder bei Lanzetten für medizinische Einsätze. Kern-Liebers hat insgesamt 49 Tochtergesellschaften. Diese sind in 23 organisatorische Einheiten, die als »Kompetenzzentren« bezeichnet werden, gegliedert. Dahinter steht ein Gesamtumsatz von »nur« 525 Millionen Euro, im Mittel sind das also 23 Millionen Euro pro Kompetenzzentrum. Bei dieser Größe sind Kundennähe sowie Integration von Markt und Technik quasi garantiert.

Organisationsdynamik

Die anwendungs- oder zielgruppenorientierte Organisationsform passt nicht in jedem Fall. Insbesondere kann die Globalisierung neue organisatorische Lösungen erfordern. Mit zunehmender Internationalisierung zeigen sich häufig Probleme. Betrachtet man die Geschäfte aus der Perspektive der Divisionen, dann ist es konsequent, diesen Divisionen den weltweiten Aufbau ihrer Geschäfte zu überlassen. Das Festhalten am Divisionsprinzip führt nahezu zwangsläufig zu mehreren Divisionszentralen oder gar Gesellschaften in einzelnen Ländern, zu Doppelarbeiten und damit zu Kostennachteilen. Wie diese sich gegenüber den Vorteilen der Fokussierung, der höheren Flexibilität, der größeren Kundennähe verhalten, lässt sich nur im Einzelfall beurteilen. Selbst dort fällt die Analyse schwer, da die Kostenaspekte sich anhand eher »harter« Daten abschätzen lassen, während die Vorteile auf eher »weichen« Daten beruhen. Folglich findet man in der Praxis der Hidden Champions unterschiedliche Einstellungen. Heraeus geht konsequent nach dem Divisionsprinzip vor und überlässt den Divisions die Bearbeitung ihrer Märkte, selbst wenn im Einzelfall Kosteneinsparungen oder Synergien möglich wären. Bei Würth hingegen erwies sich die divisionale Organisation mit zunehmender Globalisierung als Komplexitätstreiber. Die Geschäftsführer der Würth-Landesgesellschaften sollten nicht nur als formale Statthalter fungieren, sondern die Geschäfte in ihrem Land koordinieren. Damit gelangte man zu einer Matrixorganisation und den mit ihr verbundenen bekannten Nachteilen wie zweifache Unterstellung, zeitraubende Abstimmungsprozesse etc. Eine Organisationsüberprüfung, mit der uns Würth beauftragte, führte zu dem überraschenden Ergebnis, dass die handwerklichen Zielgruppen traditionsbedingt innerhalb eines Landes relativ ähnlich sind, sich über Länder hinweg jedoch stark unterscheiden. Ein spanischer Schreiner ist einem spanischen Schlosser ähnlicher als einem deutschen Schreiner. Ein weiterer Befund bestand darin, dass es für den Divisionsleiter in der Zentrale schwierig ist, in einem entfernten Land auftretende Probleme fundiert zu beurteilen und eine Lösung zu finden. Der Würth-Landesleiter ist wesentlich näher an diesen Problemen, versteht die Mentalität seiner Mitarbeiter und Kunden besser und kann deshalb vor Ort wirksamer eingreifen. Diese Einsichten führten dazu, dass Würth von einer divisionalen auf eine regionale Organisation umstellte. Die Divisionen üben in diesem System primär koordinierende Funktionen aus, sind aber nicht direkt weisungsbefugt. Die große Stärke von Würth liegt im persönlichen Verkauf, der per definitionem orts- und kulturgebunden ist. Insofern leuchtet es ein, dass eine regionale Organisation in diesem Fall die bessere Lösung darstellt. Die Aufbauorganisation erfasst immer nur einen Teil der organisatorischen Realität eines Unternehmens, das aus zahlreichen Einheiten besteht. Bei Würth kommt Abstimmungsprozessen, Zusammenkünften der Führungskräfte und divisionsübergreifenden Aktivitäten höchste Bedeutung zu. Das Topmanagement verwendet auf diese Prozesse, die ein wesentlicher Bestandteil der Würth-Kultur sind und diese wiederum formen, viel Zeit und Energie. Neben ihrer Linienverantwortung übernehmen Führungskräfte zudem im »Nebenjob« divisionsübergreifende Aufgaben und üben so eine Klammerfunktion aus.

Doch auch die umgekehrte Transformation kommt vor, wie der folgende Fall verdeutlicht. Die Firma Era-Elektrotechnik, die kleine Transformatoren herstellt, belieferte Kunden in den Bereichen Automobil, Heizungs-/Klimatechnik sowie weiße Ware und hatte traditionell einen regional organisierten Vertrieb. Ein Vertreter besuchte also unabhängig von der Branchenzugehörigkeit alle Kunden in seinem Gebiet. Der seinerzeitige CEO Erich Aichele hatte das Gefühl, dass die Anforderungen der Kunden differenzierter und anspruchsvoller geworden waren, und bat uns um eine Organisationsprüfung.[5] Diese führte zur Reorganisation des Vertriebs nach Branchen. Auf diese Weise konnte ein die Kunden besser zufriedenstellendes Know-how- und Kompetenzniveau der Verkäufer erreicht werden. Zwangsläufig hat diese Organisationsform nicht nur Vorteile, denn die Distanzen zwischen den Kunden werden größer und damit die Reisezeiten länger. Die Netto-Verkaufszeit der Verkäufer sinkt. Jedoch zeigte sich, dass die bessere Performance diesen Nachteil überkompensierte. Solche Abwägungen sind bei der Entscheidung zwischen Organisationsformen unvermeidbar.

Frühe Dezentralisierung

Im Kapitel »Weich diversifizieren« wurde die Frage aufgeworfen, wie die Hidden Champions ihre Stärken, die auf Fokussierung, Tiefe und einfacher Organisation beruhen, erhalten, wenn sie neue Geschäftsfelder betreten. Hierauf gibt es eine klare Antwort: Dezentralisierung. Im Zuge der Entwicklung eines neuen Geschäfts oder einer neuen Zielgruppe setzen die Hidden Champions früh auf dezentrale, kundennahe Organisationsformen. Das Beispiel der Firma Herrenknecht steht stellvertretend für ähnliche Fälle. Das neue Vertikalbohr-Geschäft wurde nicht in die bestehende Herrenknecht AG eingegliedert, sondern mit der Herrenknecht Vertical GmbH wurde eine eigene Firma gegründet. Dieses neue Unternehmen kann sich voll auf das neue Geschäft, das eine andere Zielgruppe anspricht und andere technologische Herausforderungen beinhaltet, konzentrieren. In ähnlicher Weise hat sich Weckerle, Weltmarktführer bei Lippenstiftmaschinen, in die Firmen Weckerle Machines, die das traditionelle Maschinengeschäft betreibt, und Weckerle Cosmetics, die Lippenstifte produziert und weitere Services für Lippenstiftvermarkter erbringt, aufgespalten. Ähnlich ging die Firma Doppelmayr, Weltmarktführer bei Seilbahnen, vor. Für die neuen Geschäftsfelder Verkehr und innerbetrieblicher Transport wurden bereits vor Realisierung der ersten Projekte die Tochtergesellschaften Doppelmayr Cable Cars und Doppelmayr Transport Technology gegründet. Allerdings nutzt Doppelmayr seine weltweiten Vertriebskapazitäten für alle Geschäfte. Dies sind Musterbeispiele für frühe, proaktive Dezentralisierungen.

Häufig sagten mir die Chefs weich diversifizierender Hidden Champions, dass neue Geschäfte Waisenkinder bleiben, wenn sie in den bestehenden Organisationseinheiten angesiedelt werden. Per definitionem ist ein neues Geschäft am Anfang klein und hat deshalb ohne organisatorische Trennung einen schweren Stand gegen das viel größere Hauptgeschäft. Das Thema Kundennähe ist in diesem Zusammenhang von zentraler Bedeutung. Hohe Kundennähe zählt zu den größten Stärken und Wettbewerbsvorteilen der Hidden Champions. Im allgemeinen Verständnis wird Kundennähe als Konstrukt gesehen, das vor allem mit dem Verhalten der Mitarbeiter zu tun hat. Dies ist ein Missverständnis. Kundennähe ist zumindest in gleichem, wenn nicht in höherem Maße eine Frage der Organisation als des Verhaltens. Nur kleine, dezentrale Einheiten gewährleisten eine optimale Kundennähe und bilden damit eine Basis für die erfolgreiche Umsetzung der Hidden-Champions-Strategie. Die Gründung eines eigenständigen Unternehmens ist aus diesen Gründen oft der erste und entscheidende Schritt zur zukünftigen Marktführerschaft, da eine solche Einheit alle Facetten der Hidden-Champion-Strategie konsequent umsetzen kann.

Prozessorganisation

Bisher hatten wir vornehmlich aufbauorganisatorische Aspekte im Auge. Doch wie funktionieren Hidden Champions im Hinblick auf die Prozessorganisation? Wie werden solche im Vergleich zu Großunternehmen kleinen und dennoch komplexen Gebilde gesteuert? Generell zeigt sich bei der Frage nach der Formalisierung von Abläufen ein mittleres Bild. Nur wenige der Befragten kreuzten die Extremwerte 1 (für sehr geringe Formalisierung) oder 7 (für sehr hohe Formalisierung) an. Zwei Drittel der Antworten lagen in der Mitte. Auf der 7er-Skala betrug der Durchschnitt 3,76, lag also knapp unter dem mittleren Skalenwert 4. Das kann man als eine leichte Tendenz zu weniger formalisierten Prozessen werten. Die Prozessorganisation ist nicht zuletzt insofern von Interesse, als die personelle Besetzung an der Führungsspitze in der Regel sehr dünn ausfällt. Mehr als ein Fünftel der Hidden Champions haben nur einen Geschäftsführer. »Lean Management« hätte man nicht neu erfinden müssen, sondern bei den Hidden Champions abschauen können. Einige Beispiele mögen dies illustrieren.

- Ein Verbrauchsgüter-Hidden-Champion hat allein in Europa 25 Vertriebsgesellschaften. Diese werden alle von einem Vorstand gesteuert, der daneben zahlreiche andere Aufgaben wahrnimmt.
- Die Werbeabteilung eines Hidden Champions, der intensiv Werbung betreibt, besteht aus zwei Führungskräften und wenigen Assistenten. Auf die Zwischenschaltung einer Werbeagentur wird verzichtet.
- Zahlreiche Hidden Champions sind sehr innovativ. Manchmal besteht die F & E-Abteilung aus einer Person und einer Hilfskraft. Die F & E-Budgets und damit die Personenzahl dieser Abteilungen sind im Verhältnis zu ihrem Ausstoß an Innovationen extrem klein.

Die geringe Zahl von Personen bringt zwar für diese eine hohe Arbeitsbelastung mit sich, reduziert aber die Kommunikationskomplexität entscheidend. Das macht man sich am einfachsten anhand der Tatsache klar, dass die Zahl der bilateralen Beziehungen quadratisch mit der Zahl der Beteiligten steigt.[6] Bei vier Beteiligten gibt es sechs mögliche Kommunikationsbeziehungen, bei zehn Beteiligten sind es schon 45, und bei 20 Beteiligten werden es 190 Beziehungen. Die dünne Besetzung der Hidden Champions wirkt als Prozessvereinfacher. Komplexitätsreduktion ist eine der wirksamsten Methoden zur Verbesserung von organisatorischer Effizienz. Das ist mittlerweile überall bekannt. Dennoch tun sich große Unternehmen und Bürokratien auf diesem Gebiet extrem schwer. Die Hidden Champions hingegen leben die Organisationsvereinfachung täglich vor.

Großen Wert auf eine schlanke und effiziente Prozessorganisation legt auch Bodo Kuhnhenn, Geschäftsführer von Metrica, einem der weltweiten Marktführer im Luxusinnenausbau. Ziel von Metrica sei es, Projekte möglichst als Generalunternehmer (GU) abzuwickeln, da man nur dann die Unwägbarkeiten des Terminplans und des Budgets minimieren könne. Als GU handele man sich jedoch Komplexität ein. Kuhnhenn sagt: »Intern haben wir die Prozesse und den Prozessfluss mit dem ganzen Team überarbeitet, um einen reibungsarmen Projektdurchlauf zwischen Baustelle, Projektleitung und Backoffice zu schaffen. Das ist uns gut gelungen, doch wir lernen jeden Tag hinzu.«[7]

Dennoch bleibt aufgrund von Divisionalisierung und Internationalisierung genügend viel Komplexität, die bewältigt werden muss. Wir zeigen hier an zwei Fallbeispielen, wie hochmoderne Lösungen, die sich gezielt neuer Kommunikationstechnologien bedienen, aussehen können. Die IBG-Gruppe,[8] ein Weltmarktführer in der Schweißtechnik, hat eine divisionale Organisation mit den drei Divisions Schweißtechnik, Components und Bauchemie. Components produziert und vertreibt Komponenten für die Schweißtechnik. In 2010 betrug der Umsatz 175 Millionen Euro, und es wurden 2 085 Mitarbeiter beschäftigt. Unter dem Dach der IBG gibt es heute 70 Gesellschaften in mehr als 40 Ländern. Die IBG fungiert als operative Holding, als solche ist sie mit zwölf Personen sehr dünn besetzt.

Um diese global aufgestellte Gruppe zu steuern, bedient sich die Holding einer Netzwerkorganisation, deren wichtigste Merkmale sind:

- Die 500 wichtigsten Mitarbeiter (also etwa ein Viertel aller Mitarbeiter) werden mit ihren Kompetenzen (»Skills«) in einer Datenbank erfasst.
- Alle wichtigen Entscheidungen laufen nach einem sogenannten Generic Decision Process (GDP) ab, für den einfache Regeln gelten.
- Der Initiator einer Entscheidung orientiert sich an Schlüsselwörtern, anhand derer ein Programm unter Nutzung der Skills-Datenbank das Team für den GDP vorschlägt.
- Bis zu einem vorab festgelegten Zeitpunkt muss dieses Team zu einer Entscheidung kommen.
- Ein neutraler Schiedsrichter überwacht den Prozess, der zudem sorgfältig dokumentiert wird.

Die Informationstechnologie ist für die Funktionsfähigkeit dieser Netzwerkorganisation kritisch. IBG hat an allen Standorten Videokonferenz-Studios eingerichtet. Von diesen lassen sich mehrere simultan zusammenschalten. Auf diese Weise können die Entscheidungsteams unabhängig von Ort und Division nach der jeweiligen Kompetenz zusammengesetzt werden und effizient kooperieren. Neben der weltweiten Vernetzung der für das jeweilige Problem kompetentesten Entscheidungsträger bildet die Versachlichung der Entscheidungen einen großen Vorteil.

Ein Anlagenbauer benutzt eine ähnlich moderne Prozessorganisation. Es heißt dort: »Wir wollen das Unternehmen ähnlich steuern, wie ein Flughafen über einen Tower gesteuert wird. Vereinfacht gesagt, bekommen alle unsere Kunden Anschluss zu einer Videoanlage, und alle unsere Tochterfirmen sind an diese Anlage angeschlossen. Alle Führungskräfte sind mit speziell ausgerüsteten PCs weltweit über Internet mit diesem Tower verbunden, und wir wollen die gesamte Abwicklung unserer Aufträge und die gesamte Steuerung des Unternehmens über diesen Tower abwickeln. Das bedeutet, die Aufträge stehen fest, und die einzelnen Arbeitsschritte und Aufgaben sind im Unternehmen auf Personen verteilt. Jegliche nun erfolgende Änderung oder Neuerung wird ausschließlich über den Tower kontrolliert und führt zu einer Neudefinition von Aufgaben. Wir wollen damit verhindern, dass unser Unternehmen an den nunmehr möglichen, sehr schnellen Kommunikationstechniken zu leiden beginnt und nicht nur deren Vorteile ausnützen kann. Die Schnelligkeit der Kommunikation und die Offenheit der Kommunikation, speziell über E-Mails, bedingt, dass jeder Mitarbeiter des Kunden mit jedem Mitarbeiter im Unternehmen und alle Mitarbeiter unter sich ständig kommunizieren und man sehr leicht die Kontrolle über diese Kommunikation verliert. In diesem Sinne zentralisieren wir die gesamte Abwicklung in diesem Tower, in welchem das wesentliche Abwicklungsmanagement des Unternehmens täglich sitzt und sämtliche Informationen und Aufgaben steuert.«

Große Bedeutung für die Funktionsfähigkeit dezentraler Organisation hat die Identifikation mit dem Unternehmen, die ohne Zweifel eine Stärke der Hidden Champions bildet. Wir werden uns in den folgenden Kapiteln vertieft mit diesem Thema beschäftigen. Es hat auch generelle Bedeutung für die Organisation. Wenn eine Mannschaft gemeinsame Werte und Ziele teilt, somit als Team funktioniert,[9] dann braucht man einfach »weniger« Organisation, als wenn dies nicht der Fall ist. In diesem Sinne kommen die meisten Hidden Champions mit erstaunlich »wenig Organisation« aus. So berichtet mir der CEO eines Hidden Champions im Chemiebereich, der bei einem Umsatz von etwa einer Milliarde Euro einen Vorsteuergewinn von 250 Millionen Euro erzielt und stark wächst, dass es in seinem Unternehmen keine Systeme zur Überwachung des Außendienstes gibt, man aber extreme Sorgfalt auf die Auswahl der Verkäufer verwende. Sein Vertrieb werde über die Menschen und nicht über organisatorische Systeme gesteuert. Es bedarf in diesem Fall keiner Frage, dass der Erfolg diesem CEO Recht gibt. Weitere organisatorische Probleme wurden bereits in anderen Kapiteln angesprochen. Das gilt beispielsweise für Aspekte wie Organisation der Wertschöpfung, Fertigungstiefe, Forschung und Entwicklung oder strategische Allianzen, sodass sich eine erneute Behandlung an dieser Stelle erübrigt.

Zusammenfassung

Die Strategie bestimmt die Organisation. Umgekehrt übt die Organisation einen starken Einfluss auf die Umsetzung der Strategie, auf Handlungsfähigkeit, Flexibilität, Geschwindigkeit, Kundennähe und Kosten aus. Die Organisation umfasst das Gerüst und die Prozesse, mit deren Hilfe das Unternehmen seinen Kunden Werte liefert. In der Gestaltung und der Nutzung dieser Rahmenbedingungen und Prozesse weisen die Hidden Champions eigenwillige Züge auf, und andere Unternehmen können von ihnen lernen:

- Fokussierte Geschäfte erlauben einfache Organisationen. Das ist kein gering zu schätzender Vorteil. Zum Einprodukt-Einmarkt-Unternehmen, das nach wie vor für die Hidden Champions typisch ist, passt die funktionale Organisation.
- Die Arbeitsteilung fällt bei den Hidden Champions geringer aus als in Großunternehmen. Multifunktionalität der Mitarbeiter ist die Regel. Das fördert Flexibilität und gleichmäßige Auslastung.
- Wenn die Geschäfte durch die Ansprache unterschiedlicher Zielgruppen komplexer werden, gehen Hidden Champions häufig auf divisionale Organisationsformen über. Das Thema Kundennähe spielt hierbei eine zentrale Rolle. Sie vermeiden Matrixkonstruktionen und orientieren sich bei der Divisionalisierung vornehmlich an Kundengruppen, wobei diese nach Anwendungen, Branchen oder Regionen definiert sein können.
- Die Hidden Champions, die weiche Diversifikation betreiben und sich damit eine größere organisatorische Komplexität einhandeln, wissen, dass diese ihre traditionellen Stärken gefährdet. Sie reagieren auf diese Gefahr früh und konsequent mit Dezentralisierung.
- Oft werden die neuen Geschäfte in eigenständige Firmen ausgegliedert. Matrixkonstruktionen werden möglichst vermieden. Wenn man bereit ist, konsequent zu dezentralisieren, lassen sich die Stärken der Fokussierung trotz komplexerer Geschäfte erhalten.
- An der Spitze sind die Hidden Champions sehr dünn besetzt. Sie steuern ihre globalen Geschäfte mithilfe von Prozessorganisationen, die moderne Informationstechnologien in höchstmöglichem Umfange nutzen. Diese

neuen Formen der Prozessorganisation können zu Vorbildern für kleinere wie für größere Unternehmen werden.

Zusammenfassend sei festgehalten, dass typische Hidden Champions Einprodukt-Einmarkt-Unternehmen sind, für die die funktionale Organisation die quasi natürliche Form ist. Komplexere Hidden Champions zeichnen sich dadurch aus, dass sie früh und mit Konsequenz divisionalisieren. So gelingt es selbst komplexeren Gebilden, Stärken wie Fokussierung, Kundennähe und Unternehmertum zu bewahren. Hidden Champions praktizieren zudem innovative Formen der Prozessorganisation und nutzen dabei die Chancen der modernen Informationstechnologie. Die hohe Identifikation der Führungskräfte und Mitarbeiter bewirkt, dass Hidden Champions mit vergleichsweise »wenig Organisation« auskommen.

Anmerkungen

1 Vgl. Alfred D. Chandler, Jr., *Strategy and Structure: Chapters in the History of the American Industrial Enterprise*, Cambridge, MA: MIT Press 1969.
2 Mit »einem« Markt meinen wir hier den inhaltlich abgegrenzten Markt. Wenn ein Produkt also in mehreren Ländern an die gleiche Zielgruppe vertrieben wird, so wäre das in diesem Sinne »ein« Markt.
3 Vgl. dazu und für weitere Fallbeispiele Hermann Simon, *33 Sofortmaßnahmen gegen die Krise*, Frankfurt: Campus, S. 99 ff.
4 Vgl. Günter Rommel, Felix Brück, Raimund Diederichs und Rolf-Dieter Kempis, *Simplicity Wins*, Boston: Harvard Business School Press 1995.
5 Era-Elektrotechnik wurde später von der amerikanischen Firma Pulse Electronics übernommen, deren globales Headquarter in San Diego beheimatet ist, und firmiert heute unter Pulse Electronics GmbH in Herrenberg. Ein Teil des früheren Unternehmens ist bei Erich Aichele geblieben und firmiert heute unter dem Namen Aichele Group. Ein Unternehmen dieser Gruppe, Era-Contact, gehört zu den weltweit führenden Herstellern von elektrischen Bahnkupplungen und Fahrzeugverkabelung.
6 Die Zahl der bilateralen Beziehungen zwischen den Beteiligten ergibt sich als $n(n-1)/2$.
7 Persönliche Kommunikation vom 2. Mai 2012.
8 IBG steht für Industrie-Beteiligungs-Gesellschaft mit Sitz in Köln.
9 Es sei daran erinnert, dass Team auf deutsch Gespann heißt. In einem Team ziehen alle Beteiligten in eine Richtung.

Kapitel 16

Mitarbeiter inspirieren

Im Titel dieses Kapitels wird das Wort inspirieren verwendet. Dieses Wort beschreibt den Einsatz, die Motivation und das Rollenverständnis der Hidden-Champions-Mitarbeiter treffender als »Mitarbeiter motivieren«, »Mitarbeiter begeistern« oder ähnliche Begriffe. Die Erkenntnis, dass Mitarbeiterinspiration, -identifikation und -motivation den Unternehmenserfolg maßgeblich beeinflussen, ist ein Allgemeinplatz. Der Unterschied bei den Hidden Champions liegt in der Konsequenz, mit der diese Erkenntnis tatsächlich befolgt wird. Die Beschäftigten der Hidden Champions sind »inspiriert«, wie wir an zahlreichen Indikatoren belegen werden. Aufgrund ihres kontinuierlichen Wachstums schaffen Hidden Champions ständig neue Arbeitsplätze. Die Schwerpunkte des Zuwachses liegen dabei nicht im Heimatmarkt, sondern im Ausland sowie in Positionen, die höhere Qualifikationen erfordern. Wie gehen die Hidden Champions mit Themen wie Leistung, Krankenstand und Fluktuation um? Knapp gehaltene Personalstände sorgen für hohe Produktivität und Leistungstransparenz. Die überwiegend ländlichen Standorte schaffen eine gegenseitige Abhängigkeit von Arbeitgeber und Arbeitnehmern. Die Rekrutierung hoch qualifizierter Mitarbeiter im Kontext Globalias stellt die Hidden Champions vor neue Herausforderungen.

Beschäftigung und neue Arbeitsplätze

Die Hidden Champions spielen als Arbeitgeber eine herausragende Rolle. Die 1 540 Hidden Champions des deutschsprachigen Raumes beschäftigen weltweit insgesamt 3,2 Millionen Mitarbeiter. Pro Firma sind es im Durchschnitt mehr als 2 000. In Deutschland haben die deutschen Hidden Champions 1,4 Millionen Beschäftigte. Das sind kaum weniger als die 1,6 Millionen Arbeitnehmer, die in Deutschland bei den 30 DAX-Konzernen arbeiten.

Noch wichtiger ist die Rolle der Hidden Champions als Arbeitsplatz-schaffer. Mit ihrem kontinuierlichen Wachstum entstehen ständig neue Jobs. Ein exemplarisches Beispiel liefert die Kölner Firma Igus, Marktführer bei Kunststoffgleitlagern und Energieketten. Im Jahr 1983 beschäftigte Igus 40 Mitarbeiter, per 2011 sind es 1 900, davon arbeiten 950 in Deutschland und 850 in 28 Tochtergesellschaften in der ganzen Welt. Bei Betrachtung eines Zehnjahreszeitraumes stieg die Mitarbeiterzahl im Durchschnitt pro Hidden Champion und Jahr um 75. Rechnet man diese Zahl auf die 1 307 deutschen Hidden Champions hoch, so entstehen in diesen Firmen pro Jahr 98 025 zusätzliche Jobs. In zehn Jahren haben die deutschen Hidden Champions demnach knapp eine Million neue Arbeitsplätze geschaffen. Für die 116 österreichischen Hidden Champions ergeben sich entsprechend 8 700 neue Stellen pro Jahr oder 87 000 in zehn Jahren. Für die 110 Schweizer Champions sind es jährlich 8 250 oder pro Jahrzehnt 82 500. Abbildung 16.1 stellt diese Zahlen zur Schaffung neuer Arbeitsplätze im Überblick dar.

Abb. 16.1 Die Hidden Champions als Arbeitsplatzschaffer

Herkunftsland	Zahl der Hidden Champions	Insgesamt geschaffene Arbeitsplätze pro Jahr	Insgesamt geschaffene Arbeitsplätze pro Jahrzehnt
Deutschland	1 307	98 025	980 250
Österreich	116	8 700	87 000
Schweiz	110	8 250	82 500
Luxemburg	7	525	5 250
Summe	1 540	115 500	1 155 000

Insgesamt haben die 1 540 Hidden Champions des deutschsprachigen Raumes in zehn Jahren mehr als 1,1 Millionen Menschen zusätzlich Arbeit gegeben. Die DAX-Unternehmen haben demgegenüber in den Jahren 2005 bis 2010 rund 100 000 Jobs abgebaut.[1] Man beachte, dass es sich hier um weltweite neue Arbeitsplätze, nicht nur um solche im Heimatmarkt handelt. Die Antwort auf die Frage, wo die neuen Arbeitsplätze entstanden sind, fällt eindeutig aus: überwiegend nicht in den Heimatmärkten, sondern im Ausland! Und zwar entstanden gut zwei Drittel (im Durchschnitt 52 von

75 neuen Stellen pro Firma und Jahr) in ausländischen Tochtergesellschaften. Das bedeutet dennoch, dass die Hidden Champions in ihren deutschsprachigen Heimatmärkten in zehn Jahren 358 000 neue Stellen geschaffen haben, davon gut 300 000 in Deutschland. Diese Zahlen bestätigen die Erkenntnis, dass die Neuschaffung von Stellen im Ausland keineswegs nur zulasten inländischer Arbeitsplätze geht. Die Hidden Champions haben sowohl in ihren Heimatmärkten als auch im Ausland in erheblichem Umfange für neue Arbeitsplätze gesorgt. Das belegt, dass die Auslandsinvestitionen den Heimatstandort stärken und nicht schwächen.

Die Verschiebungen zwischen Inlands- und Auslandsbeschäftigung sind gravierend. 1995 waren noch 61 % der Mitarbeiter der Hidden Champions im Inland beschäftigt. Bis 2005 war dieser Prozentsatz bereits auf 51 % gesunken. Die Inlandsbeschäftigung machte aber immer noch die – wenn auch knappe – Mehrheit aus. Mit der Krise, insbesondere nach 2009, verschoben sich die Anteile schneller und massiver, da die Schwellenländer weiter wuchsen, während die europäischen Heimatmärkte gleichzeitig einbrachen. Per 2012 schätzen wir den Anteil der im Inland Beschäftigen auf 45 % der Gesamtbelegschaften. Eine Mehrheit von 55 % des Personals arbeitet in den ausländischen Tochtergesellschaften der Hidden Champions. Dieser Prozentsatz wird weiter steigen. Bis 2020 dürften es zwei Drittel werden.

Im Prozess der Internationalisierung des Personals verändern sich zwangsläufig Kultur und Charakter der Hidden Champions. Hinsichtlich der Mitarbeiterschaft wandeln sie sich von nationalen zu globalen Unternehmen. Wie wir gesehen haben, ist dieser Wandel beim Umsatz längst vollzogen. Oft kommen 80 oder 90 % des Umsatzes aus ausländischen Märkten. Bei der Belegschaft war dies in der Vergangenheit deutlich anders. Die Globalisierung des Personals und der Wertschöpfung folgte der Globalisierung der Umsätze über Jahrzehnte hinaus mit deutlicher Verzögerung. Das hat sich durch die beschleunigte Globalisierung und die Krise mit ihren regional sehr ungleichen Wachstumsraten geändert. Die regionalen Verteilungen der Umsätze und der Mitarbeiter gleichen sich zunehmend an. Schon heute gibt es zahlreiche Hidden Champions, die mehr als drei Viertel ihrer Belegschaft im Ausland beschäftigen. RHI bei Hochtemperatursystemen, Elektroisola Dr. Schildbach, GfK oder Gelita sind Beispiele. Solche Hidden Champions und viele andere sind schon heute globale Arbeitgeber. Als letzter Aspekt im Geleitzug folgt – wiederum mit erheblicher Verzögerung – die Internationalisierung des Managements. Auf diesen Aspekt gehen wir im folgenden Kapitel vertieft ein.

Die quantitative Betrachtung in Form des Anteils ausländischer Mitarbeiter beleuchtet nur einen Teilaspekt des Phänomens Globalisierung. In diesem Prozess entstehen Teams von Personen, die sehr unterschiedliche nationale und kulturelle Hintergründe haben. Porsche beschäftigt in Stuttgart-Zuffenhausen 55 Nationalitäten, und Porsche-CEO Matthias Müller freut sich auf noch mehr chinesische Ingenieure.[2] Bei Adidas arbeiten Menschen aus 42 Nationen, und in der Marketingabteilung von Braun finden sich 15 verschiedene Nationalitäten. Selbst in einem kleinen Unternehmen wie Simon-Kucher & Partners haben wir 32 unterschiedliche Nationalitäten. Solche Gebilde gab es noch vor wenigen Jahrzehnten nicht. Doch in Globalia werden sie zur Normalität. Auch in Funktionen wie Forschung und Entwicklung, die traditionell nahe an der Zentrale bzw. im Heimatland angesiedelt waren, nimmt die Internationalisierung zu. So hat die Firma Sick, ein Weltmarktführer in der Sensortechnik, 13 F&E-Standorte in sechs Ländern. Givaudan, der Weltmarktführer für Aromen und Riechstoffe, betreibt weltweit 39 Flavor Creation Centers und 23 Fragrance Creation Centers an Standorten wie Paris, Bangalore, New York, Cincinnati, Shanghai, São Paulo, Singapur und Johannesburg.

Was bedeutet es, wenn ein Unternehmen die überwiegende Mehrheit seiner Beschäftigten im Ausland hat? Kann man eine solche Firma noch sinnvollerweise als deutsches, österreichisches oder schweizerisches Unternehmen bezeichnen? Oder kommt hier nicht besser die von Naisbitt vorgeschlagene Einteilung der Wirtschaftswelt in sogenannte Domains statt in Nationalstaaten zur Geltung?[3] Wird die Zugehörigkeit des Unternehmens zu einer global aufgestellten Industrie nicht wichtiger als seine nationale Herkunft? Diese Frage löst kontroverse Diskussionen aus. Wir sprechen zwar immer noch von amerikanischen, japanischen oder deutschen Unternehmen, aber, wie wir im Kapitel »Global vermarkten« vielfach erfuhren, entfernt sich die Realität von dieser historisch bestimmten Kategorisierung. Wir befinden uns in einer Zeit des Übergangs vom nationalen zum globalen Unternehmen. Die große Herausforderung für die Hidden Champions besteht darin, ihre traditionellen Stärken während und trotz dieser Transformation zu bewahren. Die Veränderungen, die sich in diesem Prozess ergeben, sind derzeit kaum abzusehen. Wohin führt es langfristig, wenn mehr als drei Viertel der Mitarbeiter in anderen Ländern und Kulturen beschäftigt werden? Wenn Firmen wie Danfoss oder Audi China zu ihrem »zweiten Heimatmarkt« erklären und man dies ernst nimmt, dann kann sich »zweite Heimat« ja nicht nur auf Absatz und Produktion beziehen, sondern wird langfristig alle Aspekte der Unternehmensführung inkludieren. Wird aus Danfoss eine dänisch-chinesische Firma? Und aus Audi ein deutsch-chinesisches Unternehmen? Und was heißt das konkret? Werden solche Firmen »heimatlos«?

Als Zwischenfazit halten wir fest, dass die Bedeutung der Hidden Champions als Arbeitgeber in Deutschland mit derjenigen der DAX-Unternehmen vergleichbar ist. Die Hidden Champions des deutschsprachigen Raumes haben in zehn Jahren mehr als eine Million neue Arbeitsplätze geschaffen, etwa ein Drittel davon im Heimatmarkt, zwei Drittel im Ausland, vor allem in Asien. Der Beschäftigungszuwachs bewirkt massive Verschiebungen in der internationalen Allokation der Arbeitsplätze und in den Wertschöpfungsstrukturen. Seit 2009 beschäftigen die Hidden Champions mehr Arbeitnehmer im Ausland als im Inland.[4] Die Internationalisierung der Arbeitsplätze beinhaltet neuartige Herausforderungen im Hinblick auf die Erhaltung der Stärken und der Unternehmenskulturen. Auf dem Weg nach Globalia entwickeln die Hidden Champions eine neue Identität weg von einer primär nationalen zu einer stärker globalen Orientierung.

Krise und Beschäftigung

Die Krise nach 2007, die ihren Höhepunkt im Jahr 2009, in spätzyklischen Branchen sogar erst in 2010 erreichte, stellte selbst die Hidden Champions vor eine bisher nicht gekannte Bewährungsprobe. Aus der Sicht des Jahres 2012 darf man sagen, dass sie diese Probe bravourös bewältigt haben und zu weltweit bewunderten Vorbildern geworden sind. Bei Umsatzeinbrüchen, die 30, 40 oder gar über 50 % erreichten und damit existenzgefährdend waren, kam schnellen Kostensenkungen oberste Priorität zu. Die Kunst bestand darin, die Kosten zu senken, ohne größeren langfristigen Schaden anzurichten. Dazu erfanden die Hidden Champions eine Fülle flexibler Lösungen. Bereits in der Frühphase der Krise wurden erste Maßnahmen eingeleitet. Zuerst traf es die Leiharbeiter. Dann wurden Feiertage und Jahreswechsel für verlängerte Betriebsferien genutzt. Damit schlug man gleich zwei Fliegen mit einer Klappe. Mengendruck wurde aus dem Markt genommen und partielle Lohnkürzungen brachten Kosteneinsparungen. Arbeitszeitkonten, die in den Boomjahren stark angewachsen waren, wurden abgebaut. Viele Betriebe gingen im zweiten Schritt auf Kurzarbeit über. Immer war das Bestreben, Entlassungen möglichst zu vermeiden. Der kritische Aspekt bei allen Kostenmaßnahmen bestand in der Fristigkeit bzw. der vermutlichen Dauer der Krise. Schnelle und radikale Aktionen wie Stilllegungen und Entlassungen können kurzfristig sinnvoll sein, aber sich langfristig als gravierende Fehler erweisen. Die Hidden Champions waren bemüht, eine möglichst flexible Anpassung der Kosten zu erreichen und irreversible Extreme zu vermeiden. Sie haben stattdessen an möglichst vielen Rädchen gedreht, um die notwendigen Einsparungen zu erreichen.[5] So wurden eine Vielzahl von Parametern eingesetzt, um die Kosten zu drücken: Zahl der eingesetzten Arbeitnehmer, Stundenlöhne, Zahl der Arbeitsstunden pro Tag, Zahl der Arbeitstage pro Woche usw. Hinzu kamen situative Vereinbarungen zu Urlaub, unbezahlte oder teilbezahlte Sonderurlaube, Sabbaticals, Teilzeitvarianten, differenzierte Angebote für einzelne Arbeitnehmer oder Gehaltsgruppen. Solche Maßnahmenkombinationen erwiesen sich als weniger einschneidend als »eindimensionale« Entlassungsprogramme. Eine weitere Methode bestand darin, die Produktionsprozesse zu verlangsamen. Autofirmen und deren Zulieferer ließen die Bänder in der Krise langsamer laufen. Die Unterstützung von Kurzarbeit durch den Staat spielte ebenfalls eine wichtige Rolle.

Es hat viele erstaunt, dass solche Maßnahmen in der Krise ohne große Reibungen durchsetzbar waren. Arbeitgeber, Arbeitnehmer und die Gewerkschaften hatten den Ernst der Lage erkannt und waren zu bemerkenswerten Konzessionen bereit. Vor allem im Mittelstand war schon seit Jahren eine zunehmende Flexibilität in den Arbeitsbedingungen zu beobachten, auf denen die Krisenmaßnahmen aufbauen konnten. Der Reißzwecken-Weltmarktführer Gottschalk hat seit mehr als zehn Jahren Arbeitszeitkonten. »Die Mitarbeiter kloppen mal drei Tage richtig durch und feiern das später wieder ab. Nach dem Motto: Wir müssen tun, was der Kunde will«, sagt Geschäftsführer Rolf Gottschalk. Das gute Verhältnis zu den Gewerkschaften erwies sich in der Krise als Segen. Exemplarisch kommt dies in folgendem Zitat von Joachim Kienzle, Geschäftsführer des Arbeitgeberverbandes Südwestmetall, zum Ausdruck. Es betrifft die Situation beim Sensortechnikhersteller Balluf Ende 2008: »Gewerkschaften und Arbeitgeber haben an einem Strang gezogen, was viel mit der mittelständischen Struktur und persönlichem Vertrauen zu tun hat. Deutschland ist flexibler, als wir gedacht haben. In nur drei Wochen stand der neue Tarifvertrag.«[6]

Der Landmaschinenhersteller Claas, dessen Geschäft durch starke Saisonzyklen geprägt ist, variiert die wöchentliche Arbeitszeiten ohne Zuschläge zwischen 24 und 51 Stunden. Bei Wacker Neuson, einem Baumaschinenhersteller, wird in der Hochkonjunktur bis zu 48 Stunden pro Woche gearbeitet. Hidden Champions wie Trumpf oder Hermle waren Pioniere bei der Einführung flexibler Arbeitszeitkonten und nutzten diese zeitlichen Ausgleichsmechanismen in hohem Maße. Diese Beispiele zeigen, dass in Deutschland bereits vor der großen Krise flexible Arbeitszeitmodelle praktiziert wurden. Trumpf hat sogar neuerdings ein flexibles Arbeitszeitmodell eingeführt, bei dem jeder Mitarbeiter selbst bestimmen kann, wie viel er pro Woche arbeitet. Die Festlegung muss allerdings für zwei Jahre erfolgen, damit das Unternehmen Planungssicherheit erhält. Die flexiblen Modelle und die im internationalen Vergleich konstruktiv-friedlichen Arbeitsbeziehungen bewährten sich in der Krise in unerwartetem Ausmaße. Wenn ich solche Erfahrungen bei Vorträgen im Ausland berichtete, traf ich meist auf ungläubiges Erstaunen. Oft war die Reaktion der Zuhörer: »So etwas ist in unserem Land unmöglich.«

Die Hidden Champions vermieden Entlassungen, weil sie ihre qualifizierten Mitarbeiter nicht verlieren wollten. Der seinerzeitige Porsche-CEO Wendelin Wiedeking sagte: »Unsere Mitarbeiter sind hoch qualifiziert und überdurchschnittlich engagiert. Da geht man nicht leichtfertig mit Fragen der Arbeitsplatzsicherheit um.« Matthias Pithan, geschäftsführender Gesellschafter des Schraubenherstellers Tweer & Lösenbeck, pflichtete ihm bei: »Unser größtes Kapital sind die Mitarbeiter. Ich kann es mir nicht leisten, jetzt versierte Kollegen zu entlassen, die nach der Krise vielleicht bei der Konkurrenz anfangen.«[7] Trumpf-Chefin Nicola Leibinger-Kammüller bringt es noch knapper auf den Punkt: »Wenn Spezialisten einmal weg sind, sind sie weg.«[8] Viele Hidden Champions überbrückten die Durststrecke mit Qualifizierungs- und Weiterbildungsmaßnahmen. Selbst Amerikaner, die eher zum »hire and fire« neigen, scheinen in dieser Hinsicht gelernt zu haben. So sagte Mark Hurd, der damalige CEO von Hewlett-Packard: »We think that eliminating talent and then quickly rehiring talent is an expensive and risky proposition.«[9]

Die Hidden Champions erwiesen sich in der Krisenbewältigung als Vorbilder. Mein Eindruck ist, dass sie Ähnliches auch an ausländischen Standorten praktizierten. So besuchte ich auf dem Höhepunkt der Krise die kurz zuvor neu bezogene Fabrik eines deutschen Hidden Champions in China. Auch dort brach die Nachfrage seitens der Textilindustrie katastrophal ein. Die neue Fabrik wurde genau zum falschen Zeitpunkt fertig. Der Hidden Champion kam um Entlassungen nicht herum, versprach den Entlassenen aber, sie sofort wieder einzustellen, wenn Arbeit komme. Und 80 % von diesen kehrten nach dem Abflauen der Krise zum Unternehmen zurück. Die Vermeidung von Entlassungen bzw. die Avisierung der Weiterbeschäftigung bildeten das Fundament für den schnellen Wiederaufstieg vieler Hidden Champions und der deutschen Wirtschaft nach der Krise. Die Notwendigkeit hoher Kostenflexibilität ist die wichtigste Lehre aus der Krise. Sie ist heute allen Hidden Champions sehr bewusst.[10]

Unternehmenskultur

Die wirklichen Unterschiede zwischen guten und schlechten Firmen liegen in den Unternehmenskulturen, nicht jedoch in Maschinen, Anlagen, Prozessen oder der Organisation. Reinhold Würth drückte dies einmal wie folgt aus:

»Mit einer hoch motivierten Mannschaft, die auf alten Maschinen in einer Bruchbude arbeitet, erreicht man mehr als mit einer unmotivierten Gruppe, die über modernste Maschinen und Gebäude verfügt.« Peter Drucker hat die Herausforderung an die Führung treffend formuliert: »Es geht darum, Menschen in die Lage zu versetzen, als Gruppe Leistungen zu erbringen, indem man ihnen gemeinsame Ziele und Werte sowie kontinuierliche Lern- und Entwicklungsmöglichkeiten gibt.« Sonova, einer der beiden Weltmarktführer bei Hörgeräten, bringt das Thema Unternehmenskultur auf gut Schweizerisch mit dem Motto »Ooni Lüüt gaat nüüt« (Ohne Leute geht es nicht) auf den Punkt. Unter Unternehmenskultur versteht man die Gesamtheit der Ziele und Werte eines Unternehmens, die im Idealfall alle Mitarbeiter akzeptieren und denen sie sich verpflichtet fühlen. Die Ausrichtung der Anstrengungen aller auf gemeinsame Ziele und Prioritäten ist die fundamentale Funktion von Unternehmenskultur.

Die Bedeutung von Unternehmenskultur hat zugenommen und wird weiter zunehmen. Die Menschen sind immer weniger bereit, nur des Geldes wegen zu arbeiten. Sie suchen in der Arbeit vermehrt Sinn, Spaß, die Erfüllung übergeordneter Ziele und Werte. In hoch entwickelten Gesellschaften muss die Arbeitsmotivation eine höhere Ebene der Bedürfnispyramide ansprechen. Dies gilt am stärksten in modernen Dienst- und Geistesleistungsunternehmen. Je anspruchsvoller die Tätigkeit, desto wichtiger wird die Unternehmenskultur! Die Leistung hoch qualifizierter Wissensarbeiter ist kaum direkt mess- und kontrollierbar. Letztlich lassen sich diese Experten nur über Motivation und Zielvorgaben, hingegen nicht mit klassischen Kontrollmechanismen führen. In gewisser Weise »ersetzt die Unternehmenskultur die Stechuhr«.

Wie steht es um Unternehmenskultur und Leistung bei den Hidden Champions? Auf die Frage nach den inneren Stärken des Unternehmens erhielten wir die Antworten in Abbildung 16.2. Es handelt sich jeweils um die Prozentsätze der starken Zustimmer (6/7 auf 7er-Skala).

Die Mehrheit der Hidden Champions sieht die mitarbeiterbezogenen Merkmale durchgängig als Stärken ihres Unternehmens. Insbesondere gilt dies für Firmentreue, Qualifikation und Motivation der Mitarbeiter, wie Abbildung 16.2 belegt. Es kann keinen Zweifel daran geben, dass wesentliche Wurzeln der Überlegenheit der Hidden Champions in den Unternehmenskulturen und den Einstellungen ihrer Mitarbeiter liegen.

Zum Thema Unternehmenskultur gab es in unseren Gesprächen und in Broschüren eine Vielzahl von Aussagen zu Eigenverantwortung, Freiräumen, Teamgeist (Axel Barten, CEO von Achenbach Buschhütten, sagt: »Wir leben den Teamgeist wirklich, er hat Vorrang vor hierarchischem Denken.«),

Abb. 16.2: Innere Stärken der Hidden Champions

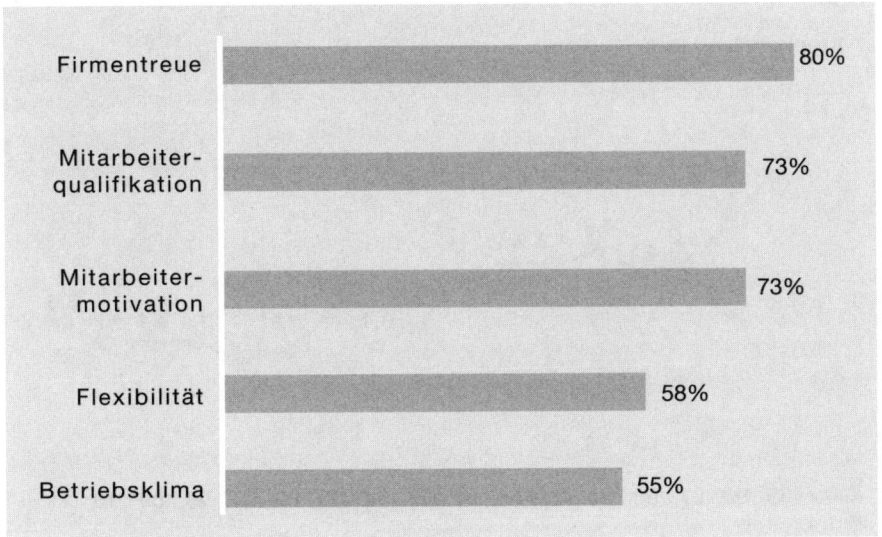

Vertrauen, familiärer Atmosphäre, Dialog, Offenheit, Spaß an der Arbeit, zu eigenständigem Denken der Mitarbeiter (Brainlab-CEO Stefan Vilsmeier sagt: »Ich will mich nicht mit Klonen abgeben«) und zu vielen anderen Kulturaspekten. Frank Straub, Vorsitzender des Verwaltungsrates von Blanco, Weltmarktführer bei Küchenspülen, bringt solche Werte in einem kurzen Satz auf den Punkt: »Wir drücken nicht, wir ziehen.« Man mag solche Aussagen als große Worte abtun. Doch wenn man die Hidden Champions kennt, dann weiß man, dass dies keine hohlen Worthülsen sind, sondern dass es tatsächlich diese innere Kraft gibt. Und dass sie reale Auswirkungen hat, zeigt sich an konkreten Indikatoren wie Krankenstand und Fluktuation.

Krankenstand

Unternehmenskultur und Engagement der Mitarbeiter sind keine »Nice to have«-Attribute, sondern schlagen sich in knallharten Produktivitätskennziffern nieder. Abbildung 16.3 zeigt die langjährige Entwicklung der Krankenstände der Arbeitnehmer in Deutschland. Die Durchschnittsquote für den Zeitraum 1995 bis 2011 liegt bei 3,9 % mit bis 2007 fallender Tendenz und seither einem leichten Anstieg.

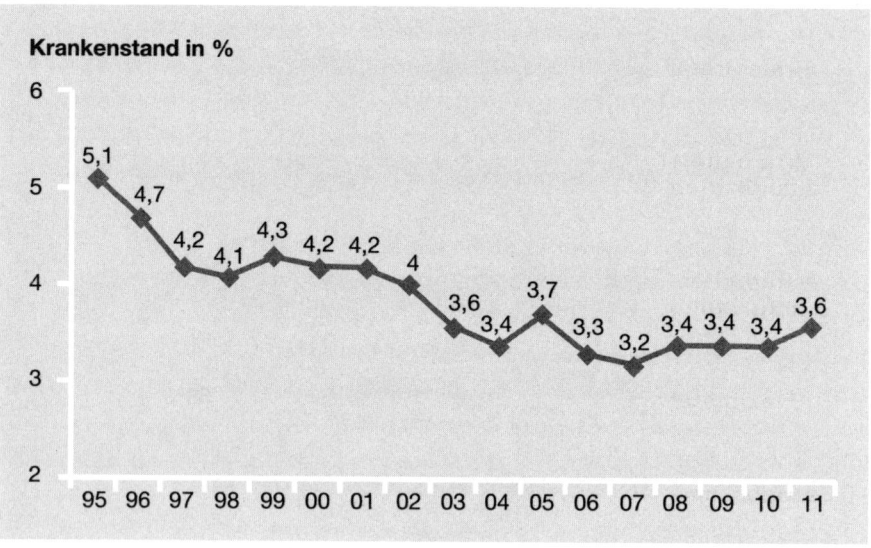

Abb. 16.3: Krankenstand der Arbeitnehmer in Deutschland 1995 – 2011

Die Hidden Champions erreichen im langjährigen Mittel mit 3,2 % einen deutlich niedrigeren Krankenstand. Diesen Wert hat die deutsche Wirtschaft nur in einem von 17 Jahren geschafft. Nur drei von 100 Hidden Champions geben eine Krankheitsquote von über 5 % an. Jeder zehnte Hidden Champion berichtet sogar einen langjährigen Krankenstand von weniger als 2 %. Der Krankenstand ist das Resultat einer Vielzahl von Einflussfaktoren wie Branche, Arbeitsbedingungen, Führungsstil und Incentivesystemen. Aus Unterschieden im Krankenstand ergeben sich quantifizierbare wirtschaftliche Folgen. Wenn die Hidden Champions im langjährigen Mittel um 0,7 % niedriger liegen als der deutsche Durchschnitt, so bedeutet dies bei 2 000 Mitarbeitern, dass an jedem Tag 14 Mitarbeiter weniger krankheitsbedingt fehlen. Bei einem Umsatz pro Mitarbeiter von 160 000 Euro ergibt sich aus dem geringeren Krankenstand ein jährlicher Mehrumsatz von 2,2 Millionen Euro. Bei einer Umsatzrendite von 11 % resultiert daraus ein Mehrgewinn von knapp 250 000 Euro.

Fluktuation

Strategisch noch wichtiger als der Krankenstand ist die Fluktuationsrate.[11] Fluktuation erweist sich insbesondere dann als nachteilig, wenn die Arbeitnehmer spezifische Qualifikationen aufweisen, die am Arbeitsmarkt schwer zu beschaffen sind. Handelt es sich hingegen um allgemeine Qualifikationen, wie etwa die eines Buchhalters, so lassen sich die Lücken, die durch Abgänge entstehen, leichter schließen. Immer wieder wurde in unseren Gesprächen betont, dass die Mitarbeiter der Hidden Champions Spezialqualifikationen auf höchstem Niveau aufwiesen und eine starke Fluktuation insofern äußerst nachteilig sei. Es ist deshalb naheliegend, dass die Hidden Champions alles tun, ihre qualifizierten Mitarbeiter zu halten. Und sie sind in dieser Hinsicht sehr erfolgreich. Die langjährige Fluktuationsrate der Hidden Champions fällt mit 2,7 % extrem niedrig aus. Manche Firmen sprechen von »Null-Fluktuation«. So sagt Stephan Lange von der Firma Probat, mit mehr als 50 % Weltmarktführer bei Kaffeeröstanlagen: »Wer vom Kaffee-Virus infiziert ist, kommt davon nicht mehr los.« Trumpf hat in Deutschland eine Fluktuationsrate von 1,7 %, weltweit eine solche von 2,6 %. Noch eindrucksvoller wird das Bild, wenn man solche Werte mit Fluktuationsquoten ganzer Länder vergleicht. Zur Veranschaulichung haben wir in Abbildung 16.4 die Raten für die deutschsprachigen Länder, zudem die Quote für Daimler und für die Hidden Champions eingetragen.

Abb. 16.4: Fluktuationsraten im Vergleich

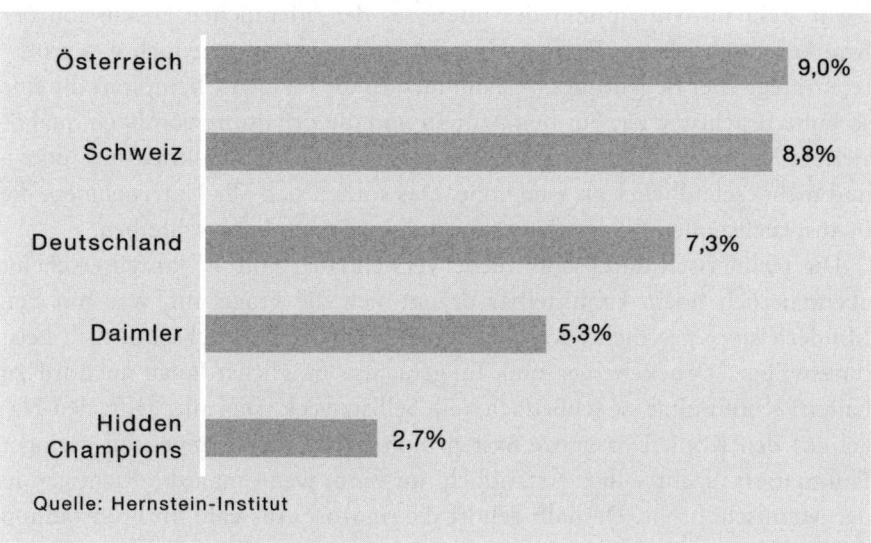

Quelle: Hernstein-Institut

Es ist bekannt, dass die Fluktuationsrate mit zunehmender Größe des Unternehmens steigt. So berichtet das Hernstein-Institut für Unternehmen mit weniger als 250 Mitarbeitern eine Rate von 6,7 %, für solche mit mehr als 1 000 Beschäftigten hingegen 10,3 %. Die Hidden-Champions-Fluktuationsrate von 2,7 % impliziert eine durchschnittliche Betriebszugehörigkeit von 37 Jahren (= 100/2,7). Bei einer Fluktuation von 8 % bleiben die Mitarbeiter hingegen im Schnitt nur 12,5 Jahre, also 25 Jahre weniger. Die Differenz zwischen der Rate der Hidden Champions und den Durchschnittsraten der deutschsprachigen Länder beträgt größenordnungsmäßig 5 %. Was bedeutet das? Zum einen heißt es, dass pro Jahr jeder 20. Mitarbeiter verloren geht – und mit ihm alles Know-how, das dieser Mitarbeiter angesammelt hat. Die andere Konsequenz ist, dass Jahr für Jahr wesentlich mehr neue Mitarbeiter gesucht, eingestellt und eingearbeitet werden müssen. Bezieht man diese Überlegungen auf die durchschnittliche Mitarbeiterzahl der Hidden Champions von gut 2 000, so heißt das im Vergleich:

- Jedes Jahr bleibt das Know-how von 100 Mitarbeitern dem Unternehmen erhalten bzw. es geht nicht verloren.
- Man spart jedes Jahr den Aufwand, der mit der Einstellung und Einarbeitung von 100 neuen Mitarbeitern verbunden ist.
- Bei der Durchschnittsfirma ist die halbe Belegschaft nach acht Jahren weg, bei den Hidden Champions sind nach acht Jahren noch 80 % der ursprünglichen Mannschaft an Bord.

Zwar steht im Mittelpunkt des Interesses der öffentlichen Diskussion der Krankenstand. Meines Erachtens ist die Fluktuationsrate jedoch von größerer strategischer Bedeutung. Deshalb messen die Hidden Champions ihr eine so hohe Beachtung zu. Für den Aufbau und die Erhaltung von hoch qualifiziertem Know-how ist nichts wichtiger als eine niedrige Fluktuationsquote – und nichts schädlicher als eine hohe. Das sollten sich alle Unternehmen, die in anspruchsvollen Geschäften tätig sind, ins Stammbuch schreiben.

Die rechnerisch durchschnittliche Verweildauer von 37 Jahren erscheint abenteuerlich hoch. Unmittelbar drängt sich die Frage auf, was mit den Minderleistern geschieht? Kann es sinnvoll sein, unterdurchschnittlich Leistungswillige, Drückeberger und Taugenichtse möglichst lange an Bord zu halten? Kontinuität ist schließlich kein Selbstzweck. Das alles trifft den Nagel auf den Kopf. Das ganze System hoher Mitarbeitertreue und geringer Fluktuation macht selbstverständlich nur Sinn, wenn man die Richtigen in der Mannschaft hat. Deshalb gehört die rigorose Auswahl im Frühstadium der Beschäftigung als konstituierendes Merkmal zum System der auf Dauer angelegten Betriebstreue. Vor Jahren hatte ich in einem Gespräch mit Heinz Hankammer, dem Gründer des Hidden Champions Brita-Wasserfilter, ein Aha-Erlebnis. Er sagte zunächst: »Bei uns gibt es praktisch keine Fluktuation.« Doch nach einigem Überlegen fügte er hinzu: »Aber am Anfang ist die Fluktuation hoch.« Er erklärte weiter, dass nicht er als Chef auf die Auswahl der Richtigen während der Probezeit achten müsse, sondern dass die Mannschaft dies von sich aus tue. Die Mitarbeiter seien sich, ähnlich wie eine Fußballmannschaft, bewusst, dass sie das Unternehmen und sich selber schädigten, wenn sie leistungsunwillige oder -unfähige Kollegen im Team duldeten. Dietmar Hermle, Chef des Werkzeugmaschinenherstellers Hermle, drückt sich ähnlich aus: »Wenn einer nicht zu uns passt, dann muss er gehen.« Das ist genau der Punkt! Schon vor mehr als 100 Jahren betonte Frederick Taylor, der Erfinder des Taylorismus, dass die Auswahl der richtigen Mitarbeiter wichtiger sei als alle Organisations-, Prozess- und Ausbildungsmaßnahmen. Die Einsicht, dass es auf die Auswahl der richtigen Mitarbeiter ankommt, ist bei Globetrotter, dem europäischen Marktführer für Outdoor-Ausrüstung, Programm. Globetrotter stellt nur Mitarbeiter ein, die ihr Hobby zum Beruf machen. Sie sind jeweils begeisterte Bergsteiger, Kanuten oder Radfahrer. Die meisten von ihnen waren vorher tatsächlich Kunde von Globetrotter. Schon die Gründer Klaus Denart und Peter Lechhart waren Outdoor-Fans. Und auch ihre Nachfolger Thomas Lipke und Andreas Bachmann testen persönlich Globetrotterausrüstungen bei Expeditionen in Kanada oder Norwegen.[12] Es verwundert nicht, dass so der Funke leicht auf den Kunden überspringt. Und der CEO eines Berliner Hidden Champions, der eine Umsatzrendite von 25 % aufweist, sagte mir, sein Hauptaugenmerk liege auf der Auswahl der Bewerber. Man unternehme ungeheure Anstrengungen, in dieser Phase zum richtigen Urteil zu kommen. Man lasse sich sogar die Namen der Lehrer von Bewerbern geben und hole sich dort Referenzen ein. Hohe Kontinuität, geringe Fluktuation und rigorose Mitarbeiterauswahl am Anfang gehören untrennbar zusammen. Das haben die Hidden Champions erkannt und handeln danach – mit der ihnen eigenen Konsequenz.

Mehr Arbeit als Köpfe

Viele Hidden Champions zeichnen sich durch höchste Produktivität und Effizienz aus. Der Vertriebsleiter eines sehr erfolgreichen Hidden Champions aus Niedersachsen sagte mir: »Ich arbeitete vorher bei einem großen Handelsunternehmen. In der Zentrale hatten wir mehrere Tausend Beschäftigte. Während des Tages konnte man in den Großraumbüros immer wieder Kollegen beobachten, die Zeitschriften lasen, weil sie nichts zu tun hatten. Das störte niemanden. So etwas wäre in meinem jetzigen Unternehmen undenkbar.« Die Geschäftsführerin einer süddeutschen Firma stellte fest: »Wir haben 120 Mitarbeiter. Jeder muss mit vollem Einsatz dabei sein und die Ärmel hochkrempeln. Keiner kann faulenzen. Drückeberger mögen in Großunternehmen durchkommen. Bei uns halte ich das für sehr unwahrscheinlich.« Wie schaffen die Hidden Champions die Bedingungen für Höchstleistung? Wie erklären sich die diesbezüglichen Unterschiede zwischen großen und kleineren Unternehmen? Im Wesentlichen sehe ich drei Ursachen: die Zahl der Mitarbeiter, die Unternehmenskultur und die Organisation.

Meine erste, immer wieder gemachte Beobachtung betrifft die Zahl der Mitarbeiter: Die Hidden Champions haben zu wenig Leute. Sie sind nicht nur an der Spitze »lean«, sondern die »Leanness« durchzieht alle Ebenen. Ein Gesprächspartner beschrieb seine Situation wie folgt: »Wir haben stets mehr Arbeit als Köpfe. Und so soll es sein. Dies ist nicht nur gut für die Produktivität, sondern es macht die Mitarbeiter tatsächlich zufriedener. Wenn die Mitarbeiter nicht herausgefordert sind, hart zu arbeiten, verfallen sie auf unproduktive Tätigkeiten wie das Schreiben von Aktennotizen und E-Mails, das Abhalten unnötiger Besprechungen, entwerfen überflüssige Vorschriften usw. Die meisten Intrigen und der bürokratische Zirkus, die Großunternehmen plagen, werden vermieden, wenn es mehr Arbeit als Köpfe gibt.« Treffender lässt sich die produktivitätssteigernde Wirkung einer knappen Besetzung nicht ausdrücken.

Das Umgekehrte gilt genauso: Überbesetzung wirkt als Produktivitätskiller und verursacht Unzufriedenheit. Das Gesetz von Parkinson wird nur wirksam, wenn zu viele Leute an Bord sind.[13] Die überschüssige Arbeitskapazität sucht sich ihre Beschäftigung. Die Mitarbeiter sind sehr kreativ in der Erfindung neuer Arbeit. Diese neue Arbeit bezieht sich gewöhnlich auf interne Aktivitäten, die keine oder allenfalls geringe Wertschöpfung bringen. Mit der Größe einer Organisation wächst die Gefahr solcher »Blindleistung«. Die Bedingung »mehr Arbeit als Köpfe« dürfte der effektivste Produktivitätstreiber überhaupt sein. Selbstverständlich ist das Verhältnis zwischen Arbeitslast und Arbeitskapazität heikel und darf nicht überzogen werden. Insofern sollte man die Bedingung in Richtung »etwas mehr Arbeit als Leute« präzisieren, wobei das »etwas« nicht exakt zu quantifizieren ist. Wie lässt sich die Bedingung »mehr Arbeit als Köpfe« erreichen? Der einfachste Weg besteht darin, zu wachsen. Wenn ein Unternehmen wächst, gerät es nahezu automatisch in die Situation, dass die Mitarbeiterkapazität dem Arbeitsvolumen hinterherhinkt, eine vorsichtige Einstellungspolitik vorausgesetzt. Jürgen Heraeus beschreibt das wie folgt: »Wir stellen den zweiten Mitarbeiter erst ein, wenn wir den dritten brauchen.« Sehr viel schwieriger lässt sich die Bedingung herbeiführen, wenn der Absatz eines Unternehmens schrumpft. Dann ist ein Überhang von Arbeitskräften nur durch frühzeitigen Abbau vermeidbar. Im Fall von Produktivitätssteigerungen führt sogar ein gleich bleibender Absatz zum Personalüberhang. Dieses Problem beschrieb der Vertriebsvorstand eines Hidden Champions wie folgt: »Unsere Produktivität steigt jedes Jahr um rund 5 %. Wir wollen die Belegschaft zumindest stabil halten. Das bedeutet, dass ich jedes Jahr 5 % mehr verkaufen muss. Wenn ich das nicht schaffe, haben wir automatisch einen Personalüberhang. Um diesen zu vermeiden, müssen wir wachsen.«

Kultur der Hochleistung

Die zweite Bedingung für Hochleistung liegt in der Unternehmenskultur. Wie wir im Zusammenhang mit der Auslese während der Probezeit ausführten, darf die Intoleranz gegenüber Minderleistung und Drückebergerei kein Thema sein, das sich nur die Führungskräfte zu eigen machen, sondern es muss ein Anliegen der ganzen Mannschaft sein. Die Mitarbeiter sollten ähnlich wie eine Fußballmannschaft wissen, dass Minderleistung das ganze Unternehmen und damit auch den eigenen Arbeitsplatz gefährdet. In einer Fußballmannschaft wird ein Spieler, der deutlich schwächer ist als die anderen Fußballer, normalerweise nicht akzeptiert. Denn jeder weiß, dass ein solcher Spieler die Mannschaft schwächt und den Abstieg bewirkt. Das Gleiche gilt für Unternehmen. Zustände, wie sie oben für das große Handelsunternehmen beschrieben wurden, dürfen von den Mitarbeitern nicht geduldet werden. Wer sich mit dem Unternehmen identifiziert, der muss dazu beitragen, dass solche Missstände unterbleiben. An dieser Identifikation der Mitarbeiter gibt es bei den meisten Hidden Champions keinen Zweifel. Eine Kultur der Intoleranz gegenüber schlechter Leistung und Drückebergerei ist Voraussetzung für Weltklasse. Zur Ehre der Großunternehmen sei angemerkt, dass es unter ihnen natürlich auch solche gibt, die eine Unternehmenskultur der Hochleistung besitzen. In Deutschland haben mich beispielsweise Bosch und Linde in dieser Hinsicht stets beeindruckt.

Ländliche Standorte

Die überwiegend ländlichen Standorte tragen wesentlich zum Commitment der Hidden-Champions-Mitarbeiter bei. Wo sitzen die führenden Experten dieser Welt? Am MIT oder an der Harvard University in Boston, am California Institute of Technology, an der Universität von Tokio, der École Polytechnique in Paris oder dem Imperial College in London? Und wenn wir den deutschsprachigen Raum betrachten, finden wir die Spitzenleute dann an der ETH Zürich, am Karlsruher Institut für Technologie (KIT) oder den TUs in München und Wien? Sicherlich gibt es an all diesen Orten eine Vielzahl herausragender Wissenschaftler. Doch die Experten der Praxis finden sich an anderen Plätzen, an Orten, deren Namen nur wenige kennen. Die Koryphäen für Prothesen arbeiten in Duderstadt, Niedersachsen. Die weltführenden Techniker für Windenergie basteln an ihren Innovationen in Aurich, Ostfriesland. Und keiner weiß mehr über Aluminiumwalzanlagen als gewisse Leute in Buschhütten im Siegerland. Der leistungsfähigste Mähdrescher der Welt wird in Harsewinkel, irgendwo in Westfalen, gebaut. Falls Sie den Yangtse unterqueren oder in Los Angeles eine U-Bahn bauen wollen, dann rufen Sie am besten in der baden-württembergischen Gemeinde Schwanau an. Beim Thema Pulvermetallurgie kauft niemand weltweit den Forschern von Plansee in Reutte, Tirol, den Schneid ab. Wenn es um Skibindungen geht, wende man sich an die Firma Fritschi in Reichenbach in der Schweiz, sie stellt rund zwei Drittel aller Skibindungen der Welt her. Gilt Ihr Interesse der Wellpappe, dann sollten Sie nach Weiherhammer im Bayrischen Wald fahren, wo sich alljährlich die Wellpappenexperten dieser Welt bei der Kundentagung von BHS Corrugated, dem Weltmarktführer für Wellpappenanlagen, treffen. Und aus der ganzen Welt pilgern Tausende von Experten für Wäscherei-Systeme alle zwei Jahre zur Hausmesse von Kannegiesser, der Nr. 1 in diesem Markt, nach Vlotho in Ostwestfalen.

Tatsache ist, dass rund zwei Drittel der Hidden Champions ihren Hauptsitz an ländlichen Standorten haben. An diesen ruhigen Plätzen gehen die von ihrer Mission besessenen Hidden-Champions-Chefs und -Mitarbeiter ihrem Handwerk mit höchster Konzentration und Energie nach. Die ländlichen Standorte prägen die Unternehmen, und diese wiederum prägen ihre Standorte. Diese Interdependenz hat wichtige Auswirkungen auf Unternehmenskultur und Mitarbeiterbeziehungen. Meistens ist der Hidden Champion der größte Arbeitgeber am Standort. Die Beschäftigten haben weniger Alternativen als in der Großstadt, einen anderen Arbeitsplatz zu finden. Andererseits ist das Reservoir an qualifizierten Arbeitskräften auf dem Lande begrenzt, sodass das Unternehmen auf seine Arbeitnehmer und deren Goodwill angewiesen ist. Diese Bedingungen schaffen eine gegenseitige Abhängigkeit zwischen Arbeitgeber und Arbeitnehmern. Das Unternehmen benötigt die Arbeitskräfte, und die Beschäftigten brauchen die Arbeitsplätze, die das Unternehmen bietet. Beide Seiten sind aufeinander angewiesen. Aus diesem Angewiesensein entsteht ein Arbeitsverhältnis, das durch Identifikation und die Vermeidung von Konfrontationen gekennzeichnet ist. Die Arbeitnehmer wissen, dass es sie trifft, wenn es dem Unternehmen schlecht geht. Und der Unternehmer weiß, dass er von der Motivation seiner Beschäftigten abhängt. So sagt Alfons Veer, Geschäftsführungsvorsitzender der Krone Gruppe in Emsdetten: »Der Standort Emsland ist für uns ideal. Wir finden hier fleißige, engagierte Mitarbeiter in ausreichender Zahl – zu vertretbaren Kosten. Wir produzieren mitten im ländlichen Raum, was besonders unserer Landtechnik zugute kommt. Auch das weltweite Vertriebsnetz lässt sich aus dem Emsland heraus problemlos steuern.«[14]

Oft ist der Eigentümer-Manager im gleichen Ort geboren und aufgewachsen wie die Mitarbeiter. Daraus entsteht ein Beziehungsgeflecht, das in dieser Form in der Großstadt selten vorkommt. Es ist nicht ungewöhnlich, dass mehrere Generationen einer Familie im Unternehmen gearbeitet haben. Mathias Häfner, Personalleiter bei Neenah Gessner, einem führenden Hersteller von technischen Papieren zum Filtern, Kleben und Schleifen im bayrischen Bruckmühl, berichtet: »Es gibt Mitarbeiter, die bereits in der dritten Generation bei uns arbeiten. Unsere Mitarbeiter sind auch unsere Nachbarn.« 90 % der Belegschaft von Neenah Gessner kommen aus dem näheren Umkreis, die Firma liegt im Wohngebiet. Die Distanz zwischen Führungskräften und Mitarbeitern ist unter solchen Umständen gering. Bei Fabrikrundgängen mit den Chefs habe ich immer wieder festgestellt, dass diese viele ihrer Beschäftigten mit Namen kennen und nicht selten mit diesen per Du sind.

Die Beziehungen zwischen dem Hidden Champion und der örtlichen Gemeinschaft zeichnen sich ebenfalls durch Besonderheiten aus. Die örtliche Bevölkerung ist stolz darauf, einen Weltmarktführer am Ort zu haben. Für die Gemeinde ist die Firma oft der größte Steuerzahler, sodass sie an dessen Wohlergehen interessiert ist. »Wenn Zeiss hustet, bekommen wir eine Lungenentzündung«, sagt der Bürgermeister von Oberkochen. Der Ort hat 7 800 Einwohner, und Zeiss hat rund 4 000 Beschäftigte. Die Kommunen geben sich Mühe, ihren größten Steuerzahler bei Laune zu halten. Dieser revanchiert sich als Sponsor von Vereinen, Museen und kulturellen Aktivitäten. So kommentiert Otto Kirchner, geschäftsführender Gesellschafter der Fränkischen Rohrwerke in Königsberg/Bayern, dem Weltmarktführer bei Wellrohren: »Nicht zuletzt sehe ich meine Verantwortung hier für den Ort; wir sind der mit Abstand größte Arbeitgeber.« Die örtliche Nähe sorgt für Bodenständigkeit. Frank Stührenberg sagt über Phoenix Contact aus dem ostwestfälischen Blomberg: »Phoenix Contact ist ein inhabergeführtes Unternehmen, das auch bei ständigem Wachstum und einer langen Erfolgsgeschichte nie seine Bodenständigkeit verloren hat.« All diese Faktoren tragen zur Identifikation der Mitarbeiter mit ihrem Unternehmen bei.

Ein weiterer Effekt des ländlichen Standorts besteht in der Vermeidung von Ablenkung und Zerstreuung. Auf diesen Vorteil machte mich erstmals Klaus Grohmann, Gründer und Chef von Grohmann Engineering, aufmerksam: »Ich stamme aus der Großstadt Düsseldorf, und meine erste Firma hatte dort ihren Sitz. Wir betrieben damals mit Erfolg ein weltweites Engineeringgeschäft. Aber das, was wir heute für die Elektronikindustrie und andere Branchen machen, könnten wir in dieser Form nicht aus Düsseldorf heraus tun. In der Großstadt gäbe es einfach zu viel Ablenkung für unsere Topspezialisten. Wir brauchen eine tiefe Konzentration und finden diese nur in einer ruhigen Umgebung. Ich habe mich bewusst entschieden, den Standort von Düsseldorf in die Kleinstadt Prüm in der Eifel zu verlegen. Ich wollte eine permanente Bindung zwischen den Mitarbeitern und dem Unternehmen schaffen. Es hat tatsächlich funktioniert. Unsere Fluktuation ist jetzt unter 1 %. Wir verlieren keine Zeit im Stau. Wir leben nahe an Feld und Wald. Wenn wir nach Hause kommen, können wir uns entspannen. Unsere Mitarbeiter können sich ein eigenes Haus leisten, denn Bauland ist hier billig. Zugegeben, wir haben Probleme, Mitarbeiter aus Großstädten zu gewinnen. Aber diese Probleme sind nicht allzu ernst.« Im Eifel-Mosel-Gebiet stieß ich auf zwei weitere Hidden Champions, die ihre Hauptstandorte aus dem Rhein-Ruhr-Raum in das ländliche Gebiet verlagert haben. Die Firma Benninghoven, europäischer Marktführer bei Asphaltmischanlagen, saß früher in Hilden bei Düsseldorf und verlegte Ende der 1960er Jahre den Hauptsitz nach Mülheim/Mosel. In den achtziger Jahren kam ein zweites Werk im nahe gelegenen Wittlich hinzu. Gründe waren damals die günstigen Landpreise und niedrige Arbeitskosten. Heute sieht man bei Benninghoven in dem ländlichen Standort einen klaren strategischen Vorteil. Ähnliches gilt für SUKI International, europäischer Marktführer bei Kleinartikeln für Baumärkte. SUKI zog 1973 von Dortmund in das Dorf Landscheid in der Eifel. Hohe Mitarbeitertreue, relativ günstige Lohnkosten und eine zentrale Lage im neuen Europa werden als Standortvorteile genannt. Auch Erwin Sick, der Gründer des gleichnamigen Weltmarktführers in der Sensortechnik, hat 1956 den Hauptsitz seines Unternehmens von München zunächst nach Oberkirch in Baden und später in das nahe gelegene Waldkirch verlegt. Sick sah den hohen Freizeitwert Südbadens als Attraktivitätsfaktor für Mitarbeiter und Führungskräfte. Die Thematik des ländlichen Standorts sollte man nicht im Sinne einer heilen Welt oder eines idyllischen Arkadiens glorifizieren. Der ländliche Standort hat wie alles Vor- und Nachteile. Für die Kultur und die Mitarbeiteridentifikation ergeben sich positive Wirkungen. Bei der Rekrutierung von Fach- und Führungskräften kann das anders aussehen. Diesen Aspekt werden wir im nächsten Kapitel vertiefen. Doch alleine die

Tatsache, dass derart viele Weltmarktführer in kleinen Städten und Dörfern sitzen, sollte als Anregung zum Nachdenken verstanden werden.

Qualifikation und Ausbildung

Die Erfolgsfaktoren im Wettbewerb unterscheiden sich von Markt zu Markt. Wenn ein Unternehmen undifferenzierte Standardprodukte anbietet, dann kommt es vor allem auf niedrige Kosten an. Die Kernkompetenzen müssen unter diesen Umständen auf kostengünstige Beschaffung, Produktion und Distribution ausgerichtet sein. Das schließt den Zugriff auf billige Arbeitskräfte oder aber eine hohe Automatisierung ein. Gleichwohl muss selbst in Märkten mit scharfem Preiswettbewerb ein Mindestniveau an Qualität sichergestellt werden. Aldi ist nicht erfolgreich, weil die Preise niedrig sind, sondern weil das niedrige Preisniveau mit einer akzeptablen und konsistenten Qualität einhergeht. Wie wir in diesem Buch gelernt haben, liegen die Wettbewerbsvorteile der Hidden Champions weniger in niedrigen Kosten und Preisen als vielmehr in überlegenen Leistungen bei Produktqualität, Beratung, Service und Systemintegration. Um diese Leistungen zu erbringen, werden nicht billige, sondern qualifizierte Mitarbeiter benötigt. Auf hoch entwickelten Märkten sind Kompetenzen wie Bildungsniveau und Lernfähigkeit Voraussetzung für die Erhaltung der Marktführerschaft. Gemäß Abbildung 16.2 wurde die Mitarbeiterqualifikation von 73 % der Hidden Champions als ausgeprägte Stärke eingestuft. Dieser Erkenntnis entsprechend rüsten die Hidden Champions bei der Qualifikation ständig auf. Fast 20 % ihrer Mitarbeiter haben einen akademischen Abschluss. Das sind mehr als doppelt so viele wie Mitte der neunziger Jahre. Damals beschäftigte ein Hidden Champion im Mittel gut 100 Akademiker. Der gestiegene Prozentsatz und das Beschäftigungswachstum zusammen bewirken, dass die absolute Zahl der Hochschulabsolventen heute bei rund 400 liegt – eine Vervierfachung. Diese Entwicklung kommt nicht überraschend. Die Avantgarde unter den Hidden Champions hatte bereits 1995 einen Akademikerprozentsatz von mehr als 20 % (z. B. Hauni 25 %, Trumpf 22 %). Die Hidden Champions haben in der Breite nachvollzogen, was diese Avantgarde-Unternehmen vorexerzierten. Jeder zehnte Hidden Champion beschäftigt heute sogar 50 % oder mehr Akademiker, die meistens auf ihren Gebieten hoch spezialisiert sind. In diesen Unternehmen gibt es eine massive Konzentration von Wissen und Geisteskraft. Und der Wettbewerb in Globalia wird immer stärker über hohe Qualifikationen und weniger über niedrige Kosten ausgetragen.

Neben Akademikern bilden gut geschulte Facharbeiter ein gleichermaßen wichtiges Fundament der Hidden-Champions-Kompetenzen. Auch der Anteil der Auszubildenden ist heute höher als vor zehn Jahren. Der Anteil der Auszubildenden liegt bei über 5 %. Rechnet man auf absolute Zahlen hoch, so hatte der durchschnittliche Hidden Champion Mitte der neunziger Jahre circa 60 Lehrlinge, heute liegt diese Zahl bei deutlich über 100 und hat sich damit fast verdoppelt. Bei einzelnen Hidden Champions fallen diese Zahlen wesentlich höher aus. So hat der Interface-Hersteller Weidmüller aus Detmold bei 4 400 Beschäftigten 500 Auszubildende, also eine Quote von 11 %.[15] Bei Kannegiesser, dem in Vlotho beheimateten Weltmarktführer für Wäscherei-Systeme, sind es 10 %. Eine hohe eigene Ausbildungsintensität ist auch deshalb wichtig, weil an den ländlichen Standorten oft keine anderweitigen Fachkräfte verfügbar sind. Kai Büntemeyer, Geschäftsführer von Kolbus, dem Weltmarktführer bei Buchbindemaschinen, erklärt dazu: »Da wir in einer Provinzstadt leben, bleibt uns keine andere Möglichkeit, als selbst viel auszubilden, weil sonst ein Mangel an Fachkräften entstehen würde.« Und auf der Homepage heißt es: »Der Standort des Unternehmens schließt die Rekrutierung von Mitarbeitern aus anderen Betrieben praktisch aus.«

Givaudan, die weltweite Nr. 1 bei Aromen und Duftstoffen, betreibt eine eigene Parfümerie-Schule. Die Firma sagt über diese Schule: »A constant source of top-notch talent, the Perfumery School is considered one of the cornerstones of Givaudan's success.« Und weiter: »The Givaudan's Perfumery School nurtures and inspires tomorrow's leading fragrance artisans with generations of knowledge, passion and expertise. The school has established a new standard of perfumery training – a structured technique that enables perfumers to systematically learn the entire spectrum of the olfactive genealogy and develop an olfactive memory of over 1 200 ingredients.«

Viele Hidden Champions übertragen das duale deutsche Berufsbildungssystem auf ihre ausländischen Niederlassungen, weil sie nur so den dortigen Bedarf an Facharbeitern sicherstellen können. So setzt Stihl, Weltmarktführer bei Motorsägen, das deutsche Konzept in den USA, in Brasilien und in China ein. Kern-Liebers, Weltmarktführer bei Federn für Sicherheitsgurte, und Fischerwerke, Nr. 1 bei Dübeln, beide Hidden Champions aus dem Schwarzwald, haben in China das »Deutsche Ausbildungszentrum für Werkzeugtechnik« (DAWT) eingerichtet und bilden dort Facharbeiter nach dem dualen System aus. In zahlreichen Ländern, insbesondere in Indien, gibt es ähnliche Initiativen.[16] Der Mangel an qualifizierten Facharbeitern bildet weltweit einen Engpassfaktor für die Entwicklung der Hidden Champions. Da es auf dem Markt keine brauchbaren Facharbeiter gibt, ziehen die Hidden Champions sich diese selbst heran. Ähnliches gilt für die Weiterbildung.

Die hohen Investitionen für diese Aktivitäten lohnen sich jedoch nur, wenn die Mitarbeiter anschließend lange genug im Unternehmen bleiben. Die Ausbildungsintensität muss deshalb im Zusammenhang mit der geringen Fluktuation beurteilt werden. Hohe Ausbildungsinvestitionen in Kombination mit geringer Fluktuation sichern einen kontinuierlichen Zufluss von Fachkräften und dauerhaft hohes Know-how.

Es ist festzuhalten, dass der Anteil der Akademiker an den Beschäftigten der Hidden Champions sich in zehn Jahren mehr als verdoppelt hat. Diese Firmen haben in Sachen Wissen und Qualifikationsniveau massiv aufgerüstet. Auch die Auszubildendenquoten und -zahlen liegen höher als vor zehn Jahren. Die hohen Investitionen in Ausbildung sichern in Kombination mit der geringen Fluktuation dauerhaft das hohe Kompetenzniveau. Es bedarf keiner gesonderten Begründung, dass ein solches Kompetenzniveau angesichts der zunehmenden Komplexität des Leistungsportfolios der Hidden Champions größere Bedeutung als jemals zuvor hat.

Gewinnung von Mitarbeitern

Wenn die Qualifikation der Mitarbeiter eine Schlüsselressource der Hidden Champions ist, werden die Gewinnung und das Halten der besten Talente äußerst wichtig. Das Halten ist offensichtlich nicht der Engpass. Die Mitarbeitertreue ist sehr hoch. Wie aber steht es um die Gewinnung von Toptalenten? Hier zeichnen sich für die Hidden Champions Probleme ab. Diese beruhen auf mehreren Ursachen. Die erste ist der generelle Mangel an Ingenieuren. »Wir haben große Not, genügend Ingenieure zu bekommen«[17], sagt Carl Martin Welcker, Geschäftsführer der Firma Schütte, eines führenden Anbieters von Mehrspindel-Drehautomaten. Der Ingenieurdienstleister Ferchau aus Gummersbach sucht bei 5 000 Beschäftigten 800 Ingenieure. »Unser Wachstum wird eindeutig im Rekrutierungsbereich gebremst«, kommentiert Geschäftsführer Frank Ferchau.[18]

In dem verschärften Wettbewerb um Technikabsolventen erweist sich geringe Bekanntheit als Wettbewerbsnachteil. In Umfragen bei Studenten zeigt sich immer wieder eine Präferenz für große, wohlbekannte Unternehmen, idealerweise mit klingenden Markennamen. Beispielhaft beschreibt das folgende Zitat die Situation: »Was BMW macht, weiß jedes Kind. In den Ranglisten der beliebtesten Arbeitgeber liegt der Autohersteller weit vorne. Firmen wie Groz-Beckert und viele andere Maschinenbauer tauchen darin gar nicht erst auf.«[19] Dennoch ist die Situation nicht allzu schlecht. Auf die

Frage: »Wie schätzen Sie die Attraktivität Ihres Unternehmens bei der Rekrutierung von hoch qualifizierten Mitarbeitern ein?« kreuzten eine deutliche Mehrheit von 74 % die obersten drei Stufen auf der 7er-Skala mit 7 = sehr attraktiv an, aber nur 8 % gaben sich die höchste Stufe 7. Die Attraktivität ist somit insgesamt als akzeptabel, jedoch nicht als überragend zu bewerten. Angesichts des enormen Bedarfs an hoch qualifizierten Kräften und des verschärften Wettbewerbs können die Hidden Champions mit dieser Situation nicht zufrieden sein.

Mittelgroße Unternehmen tun sich generell schwer, eine überregionale Attraktivität bei High Potentials aufzubauen. Im Wettbewerb mit bekannteren Großunternehmen haben Hidden Champions bessere Chancen, wenn sie ihre Rekrutierungsaktivitäten auf bestimmte Hochschulen konzentrieren. Das werden im Regelfall Hochschulen in der Nähe des Unternehmenssitzes bzw. der -standorte sein. Hidden Champions müssen dabei ihre Vorteile gezielter ausspielen und sich bewusster positionieren. Neben Stärken wie Weltmarktführerschaft, technologischer Kompetenz und Internationalität sollten sie vor allem die schnellere Karriere und die frühere Übernahme von Verantwortung ins Feld führen. Givaudan spricht selbstbewusst vom »Stolz, für den Weltmarktführer zu arbeiten«. Solche Argumente haben das Potenzial, einen Arbeitgeber bei unternehmerisch eingestellten jungen Menschen attraktiv zu machen.

Die ländlichen Standorte fördern zwar die Identifikation mit dem Unternehmen und damit auch die Firmentreue. Im Hinblick auf die Gewinnung von High Potentials erweist sich die ländliche Umgebung allerdings als Wettbewerbsnachteil. Hidden Champions machen vermehrt die Erfahrung, dass es schwierig, oft sogar unmöglich ist, bestimmte Absolventen oder Führungskräfte für ihren ländlichen Standort zu gewinnen. Carl Zeiss berichtet, dass dieses Problem bei Kaufleuten gravierender sei als bei Naturwissenschaftlern. Letztere seien mehr an der Aufgabe als am Standort interessiert. Was kann man in dieser Situation tun? Die Einsicht in die unabänderliche Realität ist der erste Schritt zu einem zielgerichteten Umgang mit dem Problem. Wenn man auswärtige Talente nicht bewegen kann, in eine bestimmte Gegend zu ziehen, dann ist eine Option, auf Talente aus der Region zu setzen. Mit dieser Methode haben viele Hidden Champions gute Erfolge erzielt. Denn in ihrem engeren Umfeld besitzen diese Firmen meist ein ausgezeichnetes Image als Arbeitgeber. Und überall gibt es High Potentials. Man muss diese allerdings frühzeitig ausfindig machen und ihnen das Unternehmen durch Praktika oder ähnliche Formen der Zusammenarbeit nahebringen. Nicht wenige kehren nach dem Studium in ihre Heimat zurück. Die Firma Witron, ein internationaler Marktführer für Logistik- und Kommissioniersysteme mit 1250 Mitarbeitern und einem Umsatz von mehr als 200 Millionen Euro, sitzt in Parkstein in der Oberpfalz. Zu diesem ländlichen Standort passt das Unternehmensmotto »Bodenständigkeit als Grundlage für Glaubwürdigkeit und Erfolg«. Der Gründer Walter Winkler erläutert die angesprochene Rekrutierungsproblematik: »Die allermeisten unserer Mitarbeiter kommen hier aus der Gegend. Viele Oberpfälzer wollen nach ihrem Studium wieder daheim leben und arbeiten. Bodenständige Mitarbeiter sind stark engagiert.« Solche jungen Mitarbeiter, die aus der Region stammen, sollten im frühen Karrierestadium für einige Jahre ins Ausland entsandt werden, um sie mit den Führungsaufgaben in Globalia vertraut zu machen. Diese Führungskräfte vereinigen danach globale Orientierung mit Heimatverbundenheit und bleiben dem Unternehmen in aller Regel langfristig treu.

Als noch größerer Nachteil kann sich die ländliche Umgebung bei der Rekrutierung von ausländischen Fach- und Führungskräften erweisen. Ein spezielles Problem bildet hierbei die Erreichbarkeit von internationalen Schulen. Wenn ausländische Kräfte ihre Familie mitbringen, dann legen sie Wert darauf, dass ihre Kinder, die in der Regel nicht Deutsch sprechen, passende Schulen besuchen können. Solche Schulen sind aber praktisch nur in Großstädten und Ballungsgebieten vorhanden. Laut *Financial Times* ist die Verfügbarkeit von Schulen eines der wichtigsten Kriterien für die Gewinnung internationaler Topkräfte.[20]

Einige Hidden Champions reagieren auf die Rekrutierungsprobleme mit einer Standortverlagerung aus dem ländlichen Gebiet in größere Städte – sozusagen die Gegenbewegung zu den oben beschriebenen Fällen des Umzugs von der Stadt aufs Land. Grohe, Weltmarktführer in der Sanitärtechnik, hat seine Zentrale von Hemer im Sauerland nach Düsseldorf verlegt. Nach den Worten von CEO David Haines war die Rekrutierung von Führungskräften dabei ein entscheidender Aspekt. Die Firma SER, Marktführer für sogenanntes Enterprise Content Management, hat 2012 den Umzug von Neustadt an der Wied nach Bonn angekündigt. Auch hier wurden bessere Rekrutierungschancen als Umzugsgrund angeführt.

Ein spezielles Problem liegt bei den Lebenspartnern der Führungskräfte (nach wie vor dominieren männliche Führungskräfte, deshalb geht es hier primär um Lebenspartnerinnen). Während die Führungskraft selbst sich primär an den Herausforderungen des Berufs und der Attraktivität des Unternehmens orientiert, sind für Lebenspartner und Familie Aspekte wie soziales Umfeld, Freizeitwert und Region von großer Bedeutung. Wie behandeln die Hidden Champions dieses Thema? Michael Schwarzkopf, CEO von Plansee in Reutte, Tirol, erläutert, wie er mit diesem Problem umgeht: »Wir haben gelernt, dass es keinen Zweck hat, eine Führungskraft zu uns zu holen, wenn sich die Familie hier nicht wohlfühlt. Wir laden deshalb die Lebenspartnerin mit zu den Gesprächen ein. Wir verschaffen uns einen möglichst fundierten Eindruck. Nur wenn wir überzeugt sind, dass es allen Beteiligten in der Region gefallen wird, machen wir ein Angebot.« Auch Jenoptik praktiziert dieses Verfahren, um Vorurteile gegenüber dem ostdeutschen Standort abzubauen.[21]

Wenn es aber gelingt, die Führungskraft zum Umzug zu bewegen, dann hat der ländliche Standort wiederum einen Vorteil. Christopher Friedrich von der Wampfler AG in Weil am Rhein, Weltmarktführer für mobile Energie- und Datenübertragung, sagt: »Wir haben eine sehr niedrige Fluktuation. Wer einmal das Leben hier kennen gelernt hat, der will nicht mehr zurück.« Auch bei Carl Zeiss in Oberkochen heißt es: »Wenn sie mal da sind, wollen sie nicht mehr weg.« Hier schließt sich der Kreis zu den niedrigen Fluktuationsraten, die wir weiter oben diskutiert haben. Noch schwieriger als im Heimatmarkt ist die Rekrutierung von Talenten im Ausland. So sieht Stephanie Heydolph, VDMA-Repräsentantin in China, Personalfindung und -bindung als die größte Herausforderung für deutsche Unternehmen in China.

Zusammenfassung

Die Leistung eines Unternehmens wird vor allem von den Mitarbeitern erbracht. Die Führungskräfte leiten nur an. Die Bedeutung weicher Faktoren wie Unternehmenskultur, Mitarbeiteridentifikation und -motivation kann schwerlich überschätzt werden. Die Kulturen der Hidden Champions sind oft eigenwillig und folgen nicht der Political Correctness unserer Zeit. Vielmehr zeichnen sie sich durch Facetten wie langjährige Treue, Intoleranz gegenüber Faulenzern, strenge Auslese während der Probezeit und ländliche Orientierung aus. Wir fassen die wichtigsten Einsichten zusammen:

- Die Hidden Champions haben als Arbeitgeber in Deutschland eine ähnliche Bedeutung wie die DAX-Unternehmen.
- Aufgrund ihres kontinuierlichen Wachstums schaffen die Hidden Champions ständig neue Arbeitsplätze. Die Zahl summiert sich im deutschsprachigen Raum in zehn Jahren auf über eine Million.
- Etwa ein Drittel der neuen Jobs sind im Inland und zwei Drittel im Ausland entstanden.
- Seit 2009 ist die Mehrzahl der Hidden-Champions-Mitarbeiter im Ausland beschäftigt. Damit wird die globale Verteilung der Umsätze in der

Beschäftigung nachvollzogen. Die Hidden Champions werden auch im Personal zu globalen Unternehmen.

- Durch eine kluge und flexible Politik während der Krise haben die Hidden Champions größere Verluste qualifizierter Mitarbeiter vermieden und konnten ab 2010 schnell durchstarten.
- Das Wachstum geht mit einer Höherqualifizierung der Beschäftigten einher. Der Anteil der Akademiker ist in zehn Jahren um mehr als das Doppelte auf über 20 % gestiegen, ihre absolute Zahl hat sich nahezu vervierfacht.
- Das Commitment ihrer Mitarbeiter wird von den Hidden Champions als große Stärke im Wettbewerb gesehen. In den internen Kompetenzen liegen die Wurzeln für die externen Wettbewerbsvorteile bei Produktqualität, Service, Beratung und Systemintegration.
- Krankenstand und Fluktuation sind gering. Die Hidden Champions verstehen, dass eine niedrige Fluktuation strategisch noch wichtiger ist als ein niedriger Krankenstand. Ihre Fluktuationsrate liegt bei etwa einem Drittel der nationalen Durchschnittswerte. Geringe Fluktuation bewahrt das Know-how, reduziert Kosten für Neueinstellungen und macht Investitionen in Aus- und Weiterbildung rentabel.
- Die Hidden Champions haben »mehr Arbeit als Köpfe«. Diese Bedingung minimiert unproduktive Tätigkeiten und Blindleistung und erweist sich als äußerst effektiver Produktivitätstreiber.
- Die Hidden Champions haben eine Kultur der Hochleistung und der Intoleranz gegenüber Drückebergern. Die Wahrscheinlichkeit, dass Minderleistung unentdeckt bleibt, ist geringer als in Großunternehmen. Primär sorgt die soziale Kontrolle durch das Team, nicht so sehr die Überwachung durch Führungskräfte, für dieses Ergebnis.
- Rund zwei Drittel der Hidden Champions sitzen an ländlichen Standorten. Diese Situation erzeugt eine gegenseitige Abhängigkeit von Arbeitgeber und Arbeitnehmern und fördert eine konstruktive Zusammenarbeit.
- Die Gewinnung hoch qualifizierter Mitarbeiter ist für die Hidden Champions eine große Herausforderung, da sich der ländliche Standort in dieser Hinsicht als Nachteil erweist. Eine lokale oder regionale Fokussierung der Rekrutierungsaktivitäten erscheint angezeigt.

Die Hidden Champions inspirieren ihre Mitarbeiter durch konservative Werte wie Fleiß, strikte Auslese, Intoleranz gegenüber Minderleistung, niedrigen Krankenstand und hohe Betriebstreue – das überwiegend an ländlichen Standorten. Das alles klingt, als sei es weit entfernt von der modernen Welt. Doch genau auf diese Weise schaffen diese Firmen viele neue hoch qualifizierte Arbeitsplätze. Und gerade mit diesen Prinzipien scheinen die Hidden Champions bestens für den zukünftigen Wettbewerb in Globalia gerüstet.

Anmerkungen

1 Vgl. DAX-Konzerne stellen wieder mehr Beschäftigte ein – Zuvor jahrelang Jobabbau in größten Unternehmen, *AFP*, 26. März 2012.

2 Vgl. Wir freuen uns auf chinesische Ingenieure, *Frankfurter Allgemeine Zeitung*, 24. April 2012, S. 15.

3 John Naisbitt, *Mind Set! Reset your Thinking and See the Future*, New York: Harper Collins 2006.

4 Auch die DAX-Unternehmen haben im Ausland mehr Mitarbeiter als im Inland. Im Inland sind es 1,6 Millionen, im Ausland 2,2 Millionen, insgesamt 3,8 Millionen Beschäftigte. In 2011 war der Zuwachs im Ausland mit 60 000 deutlich größer als im Inland mit 16 000 neuen Arbeitsplätzen. Vgl. DAX-Firmen stellen Tausende ein, *Manager-Magazin.de*, 26. März 2012, und DAX-Konzerne stellen wieder mehr Beschäftigte ein – Zuvor jahrelang Jobabbau in größten Unternehmen, *AFP*, 26. März 2012.

5 Vgl. für eine vertiefte Behandlung dieser Thematik: David W. Young, *A Manager's guide to Creative Cost Cutting: 101 ways to Build the Bottom Line*, New York: Mc-Graw-Hill 2002; Christoph Walter Gabath, *Gewinngarant Einkauf: Nachhaltige Kostensenkung ohne Personalabbau*, Wiesbaden: Gabler 2008; Andrew Wileman, *Driving Down Cost: How to Manage and Cut Costs-Intelligently*, London: Nicholas Brealey Publishing 2008; Helmut Elben und Martin Handschuh, *Handbuch Kostensenkung: Methoden, Fallstudien, Konzepte und Erfolgsfaktoren*, Wiley VCH: Weinheim 2004; vgl. z.B. zur Kurzarbeit: Friedhelm Nyhuis, Krisenpille Kurzarbeit – So wird sie richtig angewendet, *Produktion*, 29. Januar 2009, S. 10; Hermann Simon, *33 Sofortmaßnahmen gegen die Krise*, Frankfurt: Campus 2009.

6 *BKU-Journal-Quartalszeitschrift des Bundes Katholischer Unternehmer*, 2. Quartal 2012.

7 Ein Schräubchen im Getriebe: Arbeitszeit kürzen, Mitarbeiter qualifizieren, Kontakte knüpfen – wie ein Familienbetrieb im Sauerland der Weltwirtschaftskrise trotzen will, *Berliner Zeitung*, 5. Februar 2009, S. 3.

8 Schwäbisches Werkzeugwunder, *Süddeutsche Zeitung*, 26. Januar 2012, S. 22.

9 Mark Hurd's Moment, *Fortune*, 16. März 2009, S. 51ff.

10 Moderne Fabriken müssen flexibel sein, Gespräch mit Thomas Bauernhansl, Leiter des Fraunhofer-Instituts für Produktionstechnik und Automatisierung, *Frankfurter Allgemeine Zeitung*, 21. April 2012, S. C4.

11 Die Fluktuationsrate ist eine Kennzahl, die die Fluktuation in einer Firma zum Ausdruck bringt, und sie wird wie folgt berechnet: Zahl der Mitarbeiter, die ein Unternehmen in einem Jahr verlassen, im Verhältnis zur Gesamtzahl von Mitarbeitern.

12 Es geht um Natur und Abenteuer, *Frankfurter Allgemeine Zeitung*, 20. Februar 2012, S. 17.

13 Vgl. Cyril Northcote Parkinson, *Parkinson's Law or the Pursuit of Progress*, 1957. Das Gesetz besagt, dass sich Arbeit genau in dem Maße ausdehnt, wie Zeit für ihre

Erledigung zur Verfügung steht, bzw. in einer Variante: Mitarbeiter schaffen sich gegenseitig Arbeit, die die Zeit ausfüllt.

14 *VDI Nachrichten*, 16. März 2007.
15 Vgl. Jeder zehnte Mitarbeiter in Lehre, *Frankfurter Allgemeine Zeitung*, 25. April 2012, S. 16.
16 Vgl. Hermann Simon, Trained by Germany, *Manager-Magazin*, Oktober 2010, S. 32.
17 *Frankfurter Allgemeine Zeitung*, 7. Februar 2007, S. 14.
18 Vgl. Ferchau sucht 800 Ingenieure, *Frankfurter Allgemeine Zeitung*, 25. Apirl 2012, S. 16.
19 *Süddeutsche Zeitung*, 21. April 2007. Groz-Beckert, Weltmarktführer bei Nadeln, ist ein Hidden Champion mit knapp 7 000 Mitarbeitern und rund 500 Millionen Euro Umsatz.
20 Vgl. Footlose Pupils Can Get Lost in Translation, *Financial Times*, 10. Mai 2012, S. 4.
21 Vgl. Bastian Berbner, Lockrufe aus dem Hinterland, *Die Zeit*, 5. September 2008.

Kapitel 17

Effektiv führen

Die Hidden Champions werden von Individuen geführt, die sich nicht in ein Standardmuster pressen lassen. Dennoch gibt es Gemeinsamkeiten, die viele von ihnen auszeichnen. Die fünf wichtigsten dieser Merkmale sind Identität von Person und Mission, fokussierte Zielstrebigkeit, Furchtlosigkeit, Ausdauer und Inspiration für andere. Die jüngeren Führer[1] unterscheiden sich von den älteren durch größere internationale Erfahrung und die daraus resultierende Weltgewandtheit sowie akademische Ausbildung. Die Führungsstile sind ambivalent, nämlich autoritär-top-down, wenn es um die Prinzipien geht, aber partizipativer und flexibler als in Großunternehmen, wenn Abläufe und Details der Ausführung betroffen sind. Etwa zwei Drittel der Hidden Champions sind mehrheitlich im Familienbesitz, jedoch ist der Anteil familienfremder Manager stark gestiegen und wird weiter zunehmen. Beförderungen in Führungspositionen erfolgen vor allem von innen, wobei ein Trend zu mehr Quereinsteigern zu beobachten ist. Eine der großen Stärken der Hidden Champions besteht in ihrer Führungskontinuität. Die Führer bleiben im Durchschnitt 20 Jahre an der Spitze, der entsprechende Wert für deutsche Großunternehmen liegt bei sechs Jahren. Die Führer der Hidden Champions kommen jung an die Macht, bei Männern gilt das auch für familienfremde Manager. Frauen spielen als Führerinnen eine weit größere Rolle als in Großunternehmen, allerdings gehören die meisten weiblichen Chefs zur Familie. Die Internationalisierung der Führungsetage steht bei den deutschen Hidden Champions, anders als bei ihren schweizerischen und skandinavischen Pendants, noch im Anfangsstadium. Es gibt einige türkisch- und asienstämmige CEOs, das sind aber bisher Ausnahmen. Die Regelung der Nachfolge bildet die größte Herausforderung, die sich den Führern der Hidden Champions stellt. Das Bild dazu ist gemischt. Nicht wenige scheitern an dieser Herausforderung.

Es gibt keine monokausale Erklärung für die großen und dauerhaften Erfolge der Hidden Champions. Doch die wichtigste Wurzel der Erfolge liegt ohne Zweifel in den Führern dieser Weltklasseunternehmen. Das gilt nicht nur für die Gründer, sondern auch nachfolgende Führergenerationen haben Herausragendes geleistet.

Die Führer der Hidden Champions

Das Wort »Führer« ist in der deutschen Sprache historisch belastet, ganz anders als im Englischen, wo der Begriff »Leader« einen ausgesprochen positiven Klang besitzt. Den Journalisten vieler deutscher Medienhäuser war die Benutzung von »Führer« über Jahrzehnte untersagt, vermutlich ist es bei einigen bis heute so.[2] Es wird jedoch Zeit, dass wir die positive Konnotation dieses Terms auch in Deutschland wieder nutzen. Wie so vieles im Leben (beispielsweise Intelligenz, Wissen, Technologie) kann Führung zum Guten wie zum Schlechten eingesetzt werden. Die Fähigkeit, Menschen effektiv zu führen, ruht zutiefst im Individuum, in der Persönlichkeit desjenigen, der führt. Die herausragende Bedeutung der Person an der Spitze wird durch die Verwendung weniger belasteter Synonyme wie Führungspersönlichkeit, Führungskraft oder Führender verwässert. Wer effektiv führt, ist ein Führer. Und diese Typen finden sich bei den Hidden Champions in großer Zahl. Die Aussage von Swatch-Gründer Nicolas Hayek: »Die rarste Ressource, die wir haben, sind Unternehmertypen im Topmanagement« gilt jedenfalls für die Hidden Champions nicht.

Wer sind die Führer der Hidden Champions? Welche Persönlichkeitsmerkmale zeichnen diese Menschen aus? Warum sind sie so erfolgreich? Aus Hunderten von Begegnungen habe ich gelernt, dass sich die Chefs der Hidden Champions nicht in ein Schema pressen lassen. Es gibt unter ihnen extrovertierte Typen, die dem Stereotyp des dynamischen Unternehmers entsprechen, aber auch ausgesprochen Introvertierte. Einige sind begnadete Kommunikatoren, andere verabscheuen Auftritte in der Öffentlichkeit und agieren lieber im Stillen. Bei meinen Besuchen waren manche stets von ihrer Entourage umgeben, während andere sich in ihren Büros regelrecht versteckten.

Der folgende Versuch einer Charakterisierung beschränkt sich demnach auf Gemeinsamkeiten, die ich an diesen Führern beobachten konnte. Nicht jeder von ihnen erfüllt alle Merkmale, und die einzelnen Eigenschaften sind individuell unterschiedlich ausgeprägt. Abbildung 17.1 stellt die Persönlichkeitsmerkmale der Hidden-Champions-Führer in Form eines fünfzackigen Sternes dar.

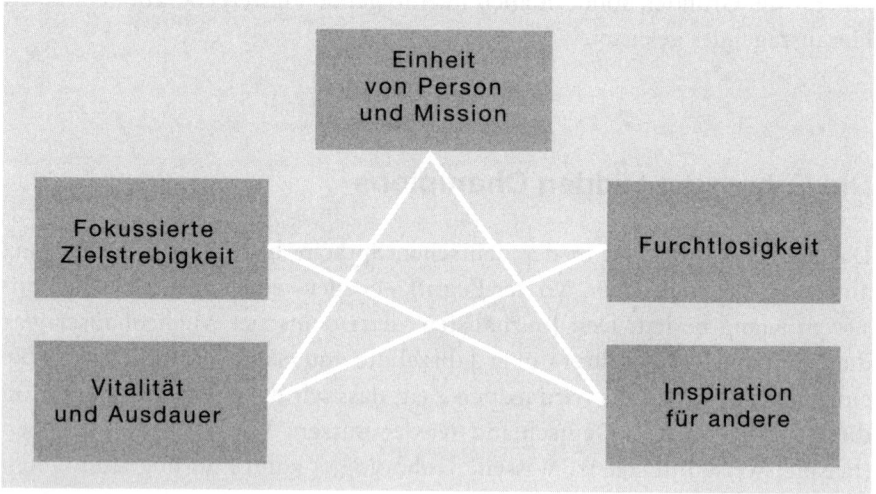

Im Folgenden beschreiben wir diese Eigenschaften und ihre Auswirkungen auf die Führung in knapper Form.

Einheit von Person und Mission

Unternehmensführer wie Hans Riegel, Reinhold Würth, Heinz-Horst Deichmann, Berthold Leibinger, Günther Fielmann oder Hans-Georg Näder bilden mit ihren Unternehmen eine Einheit. Person und Mission sind untrennbar miteinander verbunden. Über Hans Riegel von Haribo wird gesagt: »Seine Person und sein Unternehmen waren immer eine Einheit.« Heinz-Horst Deichmann, dessen Vater eine Schuhmacherwerkstatt betrieb, aus welcher der europäische Marktführer für Schuhe hervorging, sagt: »Ich habe den Duft von Leder parallel zur Muttermilch genossen. Ich liebe die Menschen, und ich liebe die Schuhe.« Solche Bindungen erinnern an das Verhältnis von Künstlern zu ihrer Arbeit: »Für viele kreative Menschen ist die Arbeit das Leben. Sie integrieren privates Leben und Arbeit nahezu vollständig und trennen diese beiden Lebensbereiche nicht.«[3] Das Gleiche kann man für viele Führer der Hidden Champions sagen. Im Gegensatz zu manchen angestellten Managern vor allem in Großunternehmen üben sie nicht nur eine Funktion aus, sondern leben, was sie sind und was sie sein wollen.

Diese Einstellung zur Arbeit impliziert, dass Geld nicht die Hauptantriebskraft dieser Menschen ist. Die Hauptmotivation resultiert aus der

Identifikation mit der Mission des Unternehmens und aus der Befriedigung durch ihre Arbeit. Ökonomischer Erfolg spielt demgegenüber eine sekundäre Rolle. Robert Bosch sagte einmal: »Ich würde lieber Geld verlieren als Vertrauen. Es war für mich immer ein unerträglicher Gedanke, dass jemand meine Produkte testen und sagen könnte, dass ich schlechte Qualität liefere.« Henry Ford schlägt in die gleiche Kerbe: »Wenn eines meiner Autos nicht funktioniert, bin ich schuld.« Die volle Hingabe und Verantwortung verleiht diesen Führern bei Mitarbeitern und Kunden enorme Glaubwürdigkeit und Überzeugungskraft. Sie haben keine Vorbehalte gegenüber ihrer Arbeit, und sie fühlen sich voll verantwortlich. Effektive Führung kann nie ein Rollenspiel sein, sondern kommt stets aus dem inneren Kern einer Person.

Fokussierte Zielstrebigkeit

Peter Drucker schreibt über zwei Menschen, die er persönlich kannte und die in die Geschichte eingegangen sind, den Physiker Buckminster Fuller und den Kommunikationswissenschaftler Marshall McLuhan: »They exemplify to me the importance of being single-minded. The single-minded ones, the monomaniacs, are the only true achievers. The rest, the ones like me, may have more fun, but they fritter themselves away. The Fullers and the McLuhans carry out a ›mission‹; the rest of us have interests. Whenever anything is being accomplished, it is being done by a monomaniac with a mission.«[4] Diese Aussage trifft auch für viele Hidden-Champions-Führer den Nagel auf den Kopf: Es handelt sich um »Monomaniacs«, die von ihrer Aufgabe besessen sind. Im Deutschen nenne ich diese Eigenschaft »fokussierte Zielstrebigkeit«. Unter den Führern der Hidden Champions trifft man Massen von fokussiert Zielstrebigen. Am ausgeprägtesten findet sich dieses Persönlichkeitsmerkmal bei Einproduktfirmen. Manfred Bogdahn ist von Hunderollleinen begeistert. Rolf Gottschalk »liebt« Reißzwecken. Mit Frank Thelen von doo.net kann man stundenlang über modernste Software diskutieren. Solche »Besessenen« arbeiten überall in diesen Firmen. Hüten Sie sich vor Ihnen als Konkurrenten! Ich habe eine Unzahl von ihnen kennen gelernt. Wenn man sie nachts um zwei weckt und fragt, woran sie denken, dann gibt es mit Sicherheit nur eine Antwort: ihr Produkt, wie sie es noch besser machen und noch effektiver an den Mann bringen können. Wie Drucker sagt: Hinter jedem großen Erfolg steht ein fokussiert Zielstrebiger mit einer Mission. Das gilt definitiv für die Hidden-Champions-Führer. Sie mögen nicht intelligenter sein als andere, aber sie sind besessener von ihrer Idee. Ihre fokussierte Zielstrebigkeit macht sie unschlagbar.

Furchtlosigkeit

Mut ist eine Eigenschaft, die man allgemein Unternehmern zuschreibt. Berthold Leibinger hält den »Mut zum Risiko« sogar für die wichtigste unternehmerische Eigenschaft. Auf die Führer der Hidden Champions passt der Ausdruck Furchtlosigkeit besser als aktiver Mut. Sie scheinen das chinesische Sprichwort »The Ignorance of your freedom is your captivity« verstanden zu haben und zu beherzigen. Sie haben nicht die gleichen Hemmungen und Befürchtungen, die normale Menschen empfinden. Daher können sie ihre Fähigkeiten wirkungsvoller einsetzen. Es ist beeindruckend, wie viele dieser Führer ohne höhere Ausbildung oder Sprachkenntnisse die Märkte der Welt erobert haben. Sie sind jedoch keine Glücksspieler, die zu viel auf einmal auf eine Karte setzen.

Vitalität und Ausdauer

Die Führer der Hidden Champions scheinen eine unerschöpfliche Energie, Vitalität und Ausdauer zu besitzen. Aus welcher Quelle wird diese Energie gespeist? Vermutlich aus der Identifikation mit der Mission. Ein amerikanischer Manager drückte dies wie folgt aus: »Nothing energizes an individual or a company more than clear goals and a grand purpose.«[5] Das Feuer brennt in den Gründern der Hidden Champions, oft bis ins Pensionsalter und darüber hinaus. Viele arbeiten jenseits ihres siebten Lebensjahrzehntes aktiv weiter, getrieben von ihrer unerschöpflichen Energie. Jeder kennt das Gefühl, dass eine Person »einen Raum füllt«. Diesem Gefühl begegnete ich bei meinen Treffen mit Hidden-Champions-Führern häufig. Fast körperlich spürte ich die Vitalität und Energie, die diese Führer ausstrahlen. Es muss eine Art unbekannter Energie geben, die nur wenige Menschen besitzen.

Inspiration für andere

Einem Künstler mag es gelingen, als Einzelkämpfer Weltruhm zu erlangen. Aber niemand kann alleine ein weltmarktführendes Unternehmen schaffen. Hierzu braucht man vielmehr die Unterstützung zahlreicher Mitstreiter. Bei kleinen Hidden Champions sind das vielleicht nur einige Dutzend. Bei größeren Weltmarktführern sind es Tausende. Es reicht nicht, wenn die Flamme nur im Führer selbst brennt. Er muss das Feuer in anderen entzünden, und zwar in vielen anderen. Der Führungsexperte Warren Bennis sollte eigentlich wissen, wie Führung funktioniert und was sie ausmacht. Doch selbst er weist darauf hin, dass wir bis heute nicht verstehen, warum Menschen bestimmten Personen folgen und anderen nicht.[6] Die vielleicht wichtigste Fähigkeit der Hidden-Champions-Führer besteht darin, andere für ihre Mission zu begeistern und zu Höchstleistungen zu bewegen. In dieser Hinsicht sind sie sehr effektiv und erfolgreich. Das liegt sicher nicht an Äußerlichkeiten wie dem Auftritt oder der Kommunikation. Denn viele von ihnen sind keine großen Kommunikatoren – zumindest nicht beim Anlegen oberflächlicher Kriterien. Persönlich glaube ich, dass die genannten Eigenschaften – die Einheit von Person und Mission, die Zielstrebigkeit, die Vitalität, die Energie – die ausschlaggebenden Ursachen für die Fähigkeit sind, andere zu inspirieren.

Die beschriebenen Persönlichkeitsmerkmale spiegeln sich detaillierter in zahlreichen Biografien oder Lebensbeschreibungen von Hidden-Champions-Führern wider. Ich selbst habe aus solchen Lebensberichten stets wertvolle Einsichten gewonnen und kann sie zur Lektüre empfehlen.[7]

Die neuen Führer der Hidden Champions

Während die vorbeschriebenen Eigenschaften eine Art gemeinsamen Nenner darstellen, gibt es bei den Führern der jüngeren Generation einige spezifische Unterschiede zu den älteren Unternehmern, die ihre Firmen in den fünfziger bis achtziger Jahren gründeten und internationalisierten. Bis vor zehn Jahren standen noch zahlreiche Angehörige der Kriegsgeneration an der Spitze der Hidden Champions. Diese Gründer besaßen zumeist keine akademische Ausbildung. Beispiele sind Reinhold Würth, Hermann Kronseder von der Firma Krones, Reinhard Wirtgen vom gleichnamigen Weltmarktführer für Straßenfräsen oder Heinz Hankammer vom Filterhersteller Brita. Die nächste Generation von Führern übernahm oft Firmen, die in ihrer Internationalisierung bereits fortgeschritten waren. Ihnen oblag die Schließung der verbleibenden Lücken in der globalen Präsenz sowie das Management des weiteren Wachstums. Natürlich stellen sich auch in dieser Phase Herausforderungen, die es in sich haben. Dazu gehören der Aufbau ausländischer Produktionsstandorte und weltweiter Logistiksysteme sowie in den letzten Jahren zunehmend die Errichtung von F & E-Zentren in anderen Ländern.

Der augenfälligste Unterschied zwischen älterer und jüngerer Führergeneration besteht in der besseren Ausbildung der jüngeren. Während viele der älteren nur eine praktische Berufsausbildung genossen hatten, haben die jüngeren Chefs nahezu alle an einer Hochschule studiert. Auch die Gründer der letzten 20 Jahre sind überwiegend Akademiker, oft sogar mit Promotion. Dr. Norbert Stein, der Gründer von Vitronic, einem der Marktführer in der industriellen Bildverarbeitung, studierte Elektrotechnik; genauso wie Dr. Aloys Wobben, der 1984 Enercon gründete. Norbert Nold, der Gründer des Raster-Tunnel-Mikroskop-Herstellers Omicron, studierte Betriebswirtschaft. Vor der Gründung von EOS, Weltmarktführer im Digital Direct Manufacturing, arbeitete Dr. Hans J. Langer am Max-Planck-Institut für Plasmaphysik und promovierte an der Ludwig-Maximilians-Universität München.

Der zweite wichtige Unterschied besteht in der internationalen Erfahrung. Viele jüngere Führer absolvierten ihr Studium ganz oder teilweise an ausländischen Hochschulen. Hinzu kommen Praktika und Einsätze im Ausland. Aus diesen Erfahrungen erwachsen Weltgewandtheit und perfekte Beherrschung zumindest der englischen Sprache, nicht selten auch weiterer Sprachen. Solche Erfahrungshintergründe fehlten den Unternehmern der Nachkriegsgeneration. Die neuen Führer bewegen sich mit größerer Selbstverständlichkeit und Gelassenheit auf der internationalen Geschäftsbühne als ihre Vorgänger. Sie sehen es als normal an, dass das von ihnen geführte Unternehmen ein globaler Player ist, denn sie kennen nichts anderes. Das ist die im Zeitalter Globalias markanteste Erweiterung des Profils der Hidden-Champions-Führer. Dass die oben beschriebenen Merkmale wie Identität von Person und Mission, fokussierte Zielstrebigkeit usw. nicht an Bedeutung verlieren und auch bei jüngeren Führern anzutreffen sind, sei vermerkt. Die jüngere Führergeneration ist sich bewusst, dass sie die Stärken des Hidden Champions bewahren muss. Themen wie ambitionierte Ziele, Marktführerschaft, Fokussierung, globale Präsenz, Innovation, Mitarbeiterenergetisierung bleiben bei den jüngeren Führern oben auf der Prioritätsskala. Sie verbinden diese mit den Kompetenzen, die von einem Unternehmer in Globalia gefordert werden, nämlich internationaler Erfahrung, Weltläufigkeit und die Beherrschung fremder Sprachen.

Führungsstile

Es ist nicht einfach, die Führungsstile der Hidden-Champions-Führer zu beschreiben. Führung bewegt sich immer zwischen den zwei Polen der Autorität des Führers und der Eigenverantwortung des Geführten. Betont der Führungsstil zu stark die Autorität des Führers, so spricht man von »autoritärer

Führung«, Kommandowirtschaft oder Ähnlichem. Lässt der Führer zu viel freien Lauf und gibt keine klaren Ziele vor, dann endet das Ganze in mangelnder Koordination und im schlimmsten Fall im Chaos. Überbetont autoritäre Führung führt zu Demotivation, zu Dienst nach Vorschrift, zur inneren oder äußeren Kündigung durch die Mitarbeiter, denen dieser Führungsstil nicht behagt. Hidden Champions sind Höchstleistungsorganisationen. Höchstleistung lässt sich nur mit einem Führungsstil erreichen, der einerseits klare Zielausrichtung und Leistungserfordernis beinhaltet, andererseits aber eine anhaltend hohe Motivation sicherstellt. Wie erreichen die Hidden-Champions-Führer diese scheinbar widersprüchliche Kombination?

Die Antwort lautet, dass die Führungsstile ambivalent sind. Die Führung ist sowohl autoritär als auch partizipativ. Berthold Leibinger nannte seinen Führungsstil »aufgeklärte Patriarchie«. Von Dietmar Hopp, dem Mitgründer von SAP, sprachen die Mitarbeiter als »strengem, aber fürsorglichem Patriarchen«. Ein Hidden-Champion-Führer sagte mir, dass seine Führung sowohl gruppenorientiert als auch autoritär sei. Wenn es um die Prinzipien, die Werte, die Ziele des Unternehmens gehe, dann wende er einen autoritären Führungsstil an, dann gebe es keine Diskussion, und die Befehlslinien liefen eindeutig von oben nach unten. Ganz anders sehe es jedoch im Hinblick auf die Ausführung und die konkrete Arbeit aus. Hier gebe er den Ausführenden große Spielräume und Einflussmöglichkeiten. Die Mitarbeiter von Hidden Champions sehen sich in der Tat mit weit weniger Regeln und formalisierten Prozessen konfrontiert als die Beschäftigten in großen Firmen.

In diesem Kontext ordnet sich die Dezentralisierung ein, die wir in vorangegangenen Kapiteln dieses Buches behandelt haben. Diejenigen Hidden Champions, die unterschiedliche Marktsegmente ansprechen oder den Weg der »weichen« Diversifikation beschreiten, dezentralisieren konsequent. Sie lassen den jeweiligen Einheiten große Spielräume. Dezentralisierung funktioniert jedoch nur, wenn die Freiheit mit einer ebenso klaren Verantwortung für die Resultate verknüpft wird. Reinhold Würth drückt dies wie folgt aus: »Je größer der Erfolg, desto größer die Freiheitsgrade.« Dezentralisierung und Rechenschaft/Verantwortlichkeit (Tom Peters spricht von »Decentralization and Accountability«) gehören untrennbar zusammen.

Ein weiterer Aspekt kommt hinzu: Wer kontrolliert? Nach Lenin gilt bekanntlich: »Vertrauen ist gut, Kontrolle ist besser.« Die Kontrolle kann von oben und/oder von der Gruppe kommen. Bei den Hidden Champions spielen die soziale Kontrolle durch die Gruppe und die Selbstkontrolle auf der Basis von Werten eine weit größere Rolle als in stärker anonymisierten Großunternehmen. Der Gründer des Hunderollleinen-Weltmarktführers

Flexi, Manfred Bogdahn, setzt in der Fertigung beispielsweise voll auf Qualitätskontrolle durch die Kollegen. Diese Kontrolle sei Bestandteil des normalen Produktionsprozesses und laut Bogdahn wesentlich effektiver als jedes nachgeschaltete Kontrollsystem. Die Fehler würden nämlich bei der Entstehung und nicht erst am Ende entdeckt. Die Kontrolle durch die Gruppe ist bei vielen Hidden Champions ein unverzichtbarer Bestandteil der Führung.

Die Ambivalenz der Führungsstile spiegelt sich in den Einstellungen der Mitarbeiter wider. Nicht selten besteht gegenüber dem obersten Führer eine gespaltene Haltung. So hört man einerseits Beschwerden über den autoritären Führungsstil, die Strenge oder die Unberechenbarkeit des Chefs. Andererseits drücken dieselben Mitarbeiter ihre Bewunderung für die Person an der Spitze aus und betonen, für kein anderes Unternehmen arbeiten zu wollen. Dieses Gespaltensein erinnert an die Einstellung von Schülern zu strengen, fordernden Lehrern. Die Schüler mögen diese Lehrer nicht besonders, aber gleichzeitig wissen sie, dass sie bei solchen Lehrern mehr lernen als bei denjenigen, die weniger fordern. Dazu sagt Ron Chernov, Biograf von George Washington: »A leader should be neither too remote nor too familiar. They don't need to like you – much less love you – but they need to respect you.«[8] Effektiv führen heißt, genau diese beiden Elemente zu vereinen. Das ist die Polarität, die man bei vielen Hidden-Champions-Führern vorfindet.

Führungsstrukturen

Eigentum und Führung

In mittelständischen Unternehmen sind Eigentums- und Führungsstrukturen eng miteinander verbunden. Etwa zwei Drittel der Hidden Champions befinden sich im primären Eigentum von Familien, das heißt, die Familie hat die Mehrheit und damit das Sagen. Wie im Kapitel »Solide finanzieren« berichtet, zeigt der Anteil der Familienunternehmen eine längerfristig leicht sinkende Tendenz. Dies liegt unter anderem daran, dass junge Hidden-Champions-Unternehmer eine höhere Affinität zu Börsengang, Private Equity oder strategischen Investoren haben. Ungelöste Nachfolgeprobleme tragen ebenfalls dazu bei, dass sich Familien von ihren Unternehmen trennen.

Die Mehrheit der Hidden Champions wird heute von familienfremden Managern geführt. Allerdings sollte man beachten, dass die Manager in Private-Equity- und Börsenunternehmen oft wesentliche Beteiligungen halten, also Miteigentümer sind. Insgesamt ist in den Eigentums- und Führungsstrukturen ein Rückgang des Einflusses der Familie festzustellen. Kapitalorientierte Eigentümer und angestellte Manager spielen eine größere Rolle als in der Vergangenheit. Wie die in früheren Kapiteln dargestellten Resultate zu Wachstum, Marktposition und Profitabilität zeigen, scheinen diese Verschiebungen den Hidden Champions nicht schlecht bekommen zu sein. Das Phänomen und der Erfolg der Hidden Champions sind weniger eine Frage des Eigentums, es kommt vielmehr auf die richtige Strategie und Führung an.

Ausbildung

Hinsichtlich der Ausbildung der Unternehmensführer ergibt sich folgendes Bild: Etwa je die Hälfte hat eine kaufmännische oder eine technische Ausbildung. Ungefähr 10 % haben eine Ausbildung in anderen Fächern erfahren. Nicola Leibinger-Kammüller, CEO von Trumpf, hat beispielsweise in Philologie promoviert. Stella Ahlers, die Chefin der Ahlers AG, des zweitgrößten Herrenmodeherstellers in Europa, hat Theologie studiert. Knapp 20 % der Hidden-Champions-Führer besitzen einen doppelten Abschluss, wobei es sich in der Regel um eine Kombination von Technik und Betriebswirtschaft handelt. Generell ist festzustellen, dass die Chefs der Hidden Champions sowohl kaufmännisch als auch technisch versiert sind. Neben der Ausbildung ist die geringe Arbeitsteilung an der Unternehmensspitze hierfür verantwortlich. So sind mehr als ein Fünftel alleinige Geschäftsführer, tragen also Verantwortung für alle Funktionen in ihrem Unternehmen.

Beförderung von innen oder außen

Die meisten Hidden Champions ziehen es vor, ihre zukünftigen Führer von innen zu befördern. Rund drei Viertel bestätigen dieses Verhalten. Nur jeder zehnte Befragte sagt, dass Beförderungen in Führungspositionen primär von außen erfolgen. Die Integration externer Führungskräfte wird allerdings nur von einer Minderheit von 14 % als problematisch angesehen. Knapp 40 % vertreten die Meinung, dass diese Integration kein ernsthaftes Problem darstelle. Ob das wirklich stimmt, muss man hinterfragen. So stellten die Autoren der Booz & Company-Studie zur »CEO Succession« fest, dass die durchschnittliche Amtsdauer von CEOs, die aus dem Unternehmen aufsteigen, 7,1 Jahre beträgt. Bei quereinsteigenden Chefs liegt dieser Wert mit 4,3 Jahren signifikant niedriger.[9]

Langfristig zeichnet sich auch bei den Hidden Champions ein leichter Trend in Richtung stärkerer Beförderung von außen ab. Einige Hidden Champions haben dazu, ähnlich wie Großunternehmen, explizite Leitlinien entwickelt. Die Firma Plansee, Weltmarktführer bei pulvermetallurgischen Hochleistungswerkstoffen, will acht von zehn Führungskräften von innen entwickeln. Nur ein Fünftel der zukünftigen Manager soll von außen kommen. Die Andritz AG, führend in der Papier-/Zellstofftechnologie, betont in ihren Strategiegrundsätzen ebenfalls die Innenbeförderung: »Most of the managers come from the company's own ranks.«

Meine eigenen Eindrücke zu diesem Thema sind gemischt. Generell gilt, dass die Integration von Führungskräften, die von außen eintreten, aufgrund der sehr eigenständigen Unternehmenskulturen der Hidden Champions nicht einfach ist. Für die potenziellen Schwierigkeiten sind mehrere Ursachen verantwortlich. Deren wichtigste ist die enge persönliche Beziehung zu den Eigentümern. Wenn der extern eintretende Manager mit den Schlüsselpersonen zurechtkommt, dann läuft es gut, und die Basis für eine langfristige Zusammenarbeit ist gelegt. Gibt es Reibungen, was keineswegs der Ausnahmefall ist, dann findet meist eine schnelle Trennung statt. Insofern gilt auch für von außen eintretende Führungskräfte, was im Kapitel »Mitarbeiter inspirieren« gesagt wurde: hohe Fluktuation in der Anfangsphase der Beschäftigung, sehr geringe Fluktuation nach dieser Phase. Bei der Integration tun sich Manager, die vorher in ähnlichen Unternehmen gearbeitet haben, normalerweise leichter als Führungskräfte, die aus Großunternehmen kommen. Dies ist nicht überraschend, da die Führungsprozesse und -strukturen zwischen den stärker personenbestimmten Hidden Champions und den mehr formal geführten Großunternehmen sehr unterschiedlich sind. Aber auch das muss nicht generell gelten, wie die Erfahrung im Hause Stihl belegt. Nach einem nicht erfolgreichen Versuch mit einem ersten familienfremden CEO läuft die Zusammenarbeit zwischen dem zweiten familienfremden CEO Bernd Kandziora, der vorher im Großkonzern Bosch gearbeitet hat, und dem Beirat unter dem Vorsitz von Hans-Peter Stihl reibungslos. Der Mittelstandsexperte Peter May sagt dazu: »Dass der erste Versuch schiefgeht, ist ganz normal.«[10]

Ein weiteres Problem nicht nur für die Gewinnung, sondern auch für die Integration externer Führungskräfte kann die ländliche Umgebung darstellen. Dieses Thema haben wir in Bezug auf die Mitarbeiterrekrutierung schon diskutiert. Bei Führungskräften ist die Problematik noch gravierender. Gewöhnt sich die Familie nicht an den Standort, dann ist der Manager einer ständigen Spannung ausgesetzt. Einen Stressfaktor kann zudem die Distanz zwischen Wohn- und Arbeitsort darstellen. Manche Führungskräfte ziehen es vor, weiter in der Großstadt oder im Ballungsraum zu wohnen und zum ländlichen Arbeitsort zu pendeln – nicht selten als Wochenpendler. Solche Konstruktionen erweisen sich tendenziell als labil, da sie einer über die reine Arbeitswelt hinausgehenden Integration im Wege stehen. Bei Führungskräften aus dem Ausland kommt oft die Schwierigkeit hinzu, am ländlichen Standort passende Schulen für ihre nicht deutschsprachigen Kinder zu finden.[11] Insgesamt dürften die Hidden Champions und ähnliche Firmen gut beraten sein, für ausreichenden Führungsnachwuchs aus den eigenen Reihen zu sorgen. Trotzdem sollte stets etwas frisches Blut von außen zugeführt werden. Die 80:20-Regel der Firma Plansee erscheint unter Beachtung aller Aspekte eine vernünftige Zielvorgabe.

Führungskontinuität

Themen wie Beständigkeit, Kontinuität, langfristige Orientierung sind uns in diesem Buch immer wieder begegnet. Sie betrafen die Ziele zu Wachstum und Marktführerschaft, sie zeigten sich in der geringen Fluktuation, in relativ seltenen Strukturbrüchen und in unveränderlichen Werten. Das Fundament für Kontinuität im Unternehmen ist Kontinuität an der Spitze. Für den Fall des Familienunternehmens kommentiert Hermut Kormann, der ehemalige Vorstandsvorsitzende des mehrfachen Weltmarktführers Voith: »Die Langfristigkeit der Strategie ergibt sich aus der Konstanz der Strategieträger und deren Amtsdauer.«[12] Es sei angemerkt, dass Kontinuität an sich weder gut noch schlecht ist. Eine lange Amtsdauer eines schwachen Chefs ist offensichtlich nachteilig. Ein guter Unternehmensführer, der lange Zeit am Ruder bleibt, erweist sich hingegen als Segen. In der jährlich durchgeführten Studie von Booz & Company, die die 2500 größten börsennotierten Unternehmen der Welt erfasst, stellen sich die Dinge wie folgt dar. In 2010 betrug die durchschnittliche Amtsdauer der CEOs weltweit 6,6 Jahre, ein Jahrzehnt früher waren es noch 8,1 Jahre.[13] Die Verweildauer weist über die letzten Jahre eine deutlich sinkende Tendenz auf. Im deutschsprachigen Raum, der für den Vergleich mit den Hidden Champions relevanter ist, lag die mittlere CEO-Amtsdauer in 2010 mit 6,1 Jahren etwas niedriger als im Weltmaßstab.[14]

Eklatanter könnte der Unterschied zu den Hidden Champions nicht ausfallen. Die Hidden-Champions-Führer bleiben im Schnitt 20 Jahre an der

Spitze, also mehr als dreimal so lange wie die CEOs der börsennotierten Aktiengesellschaften. Allein der Unterschied zwischen 20 und 6,1 Jahren sagt mehr als alle Worte zum Thema Langfristigkeit und Kontinuität. Erstaunlicherweise wird das Thema Kontinuität in der Managementliteratur eher selten erforscht. Eine Ausnahme bilden Collins und Porras, die in ihrem Buch *Built to Last* die Amtsdauern der CEOs erfolgreicher, sogenannter visionärer Unternehmen mit denjenigen einer Kontrollgruppe von weniger erfolgreichen Firmen vergleichen.[15] In den »visionären« Unternehmen, die von den Autoren als »best of the best« bezeichnet werden, erreichten die CEOs eine durchschnittliche Amtsdauer von 17,4 Jahren, in der Kontrollgruppe waren es nur 11,7 Jahre.

Geht man auf die Ebene einzelner Hidden Champions, so trifft man vielfach auf extrem lange Amtszeiten der Führer. Hans Riegel leitet Haribo seit 1946, also seit 66 Jahren. Heinrich Dräger war 56 Jahre Chef des gleichnamigen Herstellers von Medizin- und Sicherheitstechnik. Horst Brandstätter hat Geobra, bekannt durch die Playmobil-Figuren, 53 Jahre lang geführt. Walter Bach, geschäftsführender Gesellschafter der Firma Scherdel aus Markredwitz, des Weltmarktführers für Ventilfedern, ist seit 51 Jahren im Amt und immer noch Chef. Martin Kannegiesser leitet den gleichnamigen Wäschereisysteme-Weltmarktführer seit 42 Jahren und ist zudem Präsident des Arbeitgeberverbandes Gesamtmetall. Diese Liste ließe sich fortsetzen. Betrachtet man Unternehmen, die bereits mehrere Führergenerationen hinter sich haben, so trifft man ebenfalls auf sehr hohe durchschnittliche Amtsdauern. Bei Scherdel, gegründet 1889, sind es bei drei Führungsgenerationen 41 Jahre. Der Getriebe-Hidden-Champion SEW Eurodrive, 1931 gegründet, kommt auf den gleichen Durchschnittswert. Mit den Brüdern Rainer und Jürgen Blickle, die gleichberechtigt das Unternehmen leiten, ist erst die zweite Führungsgeneration am Ruder. Carl Jäger, Marktführer bei Räucherstäbchen und -kerzen, hatte in 110 Jahren drei Chefs, die somit im Schnitt 37 Jahre im Amt blieben. Die Firma Witzenmann, europäischer Marktführer für flexible metallische Elemente, blickt auf das stattliche Alter von 158 Jahren zurück und hatte in dieser Zeit nur vier Chefs. Solche langen Amtsdauern über mehrere Führungsgenerationen hinweg sind keineswegs Ausnahmen.

Erfolg und Kontinuität weisen eine positive Korrelation auf. Selbstverständlich darf die lange Amtsdauer des Führers nicht als monokausale Ursache für den Unternehmenserfolg betrachtet werden. Und natürlich können extrem lange Amtszeiten im Hinblick auf das Alter des Amtsinhabers und die Nachfolge zum Problem werden. Die Weigerung des Seniors, rechtzeitig an die nächste Generation zu übergeben, kann die Existenz eines Unternehmens gefährden. Ist eine Firma langfristig erfolgreich, weil sie über lange

Zeit von derselben Person geführt wird? Oder bleibt eine Person lange an der Spitze, weil das Unternehmen erfolgreich ist? Beide Kausalbeziehungen gelten. Allerdings hat die Führungskontinuität (der Erfolg ist das Resultat) gegenüber der Erfolgskontinuität (die Führungskontinuität ist das Resultat) als Kausalfaktor ohne Zweifel das höhere Gewicht.

Das Thema Kontinuität muss im Zusammenhang mit den langfristigen Zielen gesehen werden. Wenn der Chef einer jungen, noch kleinen Unternehmung sich das Ziel setzt, Weltmarktführer zu werden, dann muss er in Jahrzehnten denken. Denn dieses Ziel erreicht man nicht in wenigen Jahren. Es mag Märkte geben (z. B. im Internet oder in neuen Technologien, sogenannte born global markets), auf denen eine weltweite Marktpenetration innerhalb weniger Jahre gelingt. Aber in normaleren Märkten dauert es Jahrzehnte, bis man eine globale Präsenz aufgebaut hat. Der Engpassfaktor ist hierbei meistens nicht finanzieller oder technologischer, sondern personeller Art. Kontinuität ist unter solchen Gegebenheiten eine unverzichtbare Bedingung für dauerhaften Erfolg. In Verbindung mit Ausdauer kann sie zur Weltmarktführerschaft führen. Diskontinuität ist andererseits ein ziemlich sicheres Mittel, nicht Weltmarktführer zu werden. Wenn die Richtung und die Prioritäten häufig geändert werden, wenn die Personen an der Spitze alle paar Jahre wechseln, dann ist es unwahrscheinlich, dass man das Leistungsniveau und die Marktposition eines Hidden Champions erreicht. In der Kontinuität besteht der größte Unterschied zu den Geschäftseinheiten großer Konzerne, bei denen die Führungspositionen oft nur Durchgangsstationen auf dem Weg zu höheren Aufgaben sind und der momentane Inhaber unruhig wird, wenn es nicht schnell genug vorangeht und er zu lange auf einem Posten bleibt.

Jung an die Macht

Lange Amtsdauern und damit hohe Kontinuität kommen nur zustande, wenn die Chefs in vergleichsweise jungem Alter auf die Führungsposition gelangen. Die theoretisch mögliche Variante, dass man in hohem Alter an die Spitze berufen wird und dann bis in ein noch viel höheres Alter dort bleibt, gibt es auch, aber sie ist selten. Die frühe Berufung in eine Führungsposition ist nicht nur im Hinblick auf Kontinuität und langfristige Orientierung von Interesse, sondern betrifft auch den Aspekt der unternehmerischen Energie und Dynamik. Betrachtet man Gründer, so fällt auf, dass diese ihre Unternehmen meist in jungem Alter in Gang gesetzt haben. Das gilt definitiv für die Hidden Champions der Nachkriegszeit. Reinhold Würth war 19, als sein Vater starb und er die Firma, die damals einen Mitarbeiter hatte, führen musste. Reinhard Wirtgen startete sein eigenes Unternehmen mit 18 Jahren. Genauso alt war Lothar Bopp, der Gründer von LOBO electronic, einem in 60 Ländern aktiven Marktführer für Lasershows. Da die späteren Gründer meistens studiert haben, beginnen sie typischerweise erst in ihren späten Zwanzigern oder frühen Dreißigern. Stefan Vilsmeier gründete Brainlab mit 22 Jahren. Ralf Dommermuth startete United Internet im Alter von 25 Jahren. Jörg Haas und Rüdiger Wilbert waren ebenfalls beide 25, als sie die Firma GWI, die zum europäischen Marktführer für Krankenhaussoftware aufstieg, gründeten. Frank Thelen entwickelte IP Labs, den Weltmarktführer für Fotoservice-Software, mit 28 Jahren. Uwe Latsch lancierte Invers, die globale Nr. 1 für Carsharing-Systeme, aus der Universität Siegen heraus im Alter von 30 Jahren. Manfred Bogdahn war 32, als er seinen Job beim Motorsägenhersteller Dolmar aufgab und Flexi startete. Aloys Wobben gründete Enercon mit 34 Jahren. Gründerunternehmer sind typischerweise jung. Das ist nicht überraschend.

Überraschender ist hingegen, dass die Führer von Hidden Champions auch in nachfolgenden Generationen in jungem Alter an die Spitze berufen werden. Führungskräfte in großen Firmen gelangen meistens erst nach Vollendung ihres 50. Lebensjahres auf die Position des CEOs. So lag das durchschnittliche Antrittsalter für CEOs im Jahr 2010 in der Booz-Studie bei 52,2 Jahren.[16] Die Führer der Hidden Champions hingegen steigen nicht selten in ihren Zwanzigern, oft in den Dreißigern und spätestens in den frühen Vierzigern in die Toppositionen auf. Stefan und Jürgen Wirtgen waren 26 bzw. 30 Jahre alt, als sie in die Fußstapfen ihres Vaters, der bei einem Autounfall tödlich verunglückte, treten mussten. Hans-Georg Näder übernahm die Führung von Otto Bock mit 28 Jahren. Ein Jahr älter war Heiner Weiss, als er Chef von SMS, des Weltmarktführers für Kaltwalzwerke, wurde. Ebenfalls mit 29 Jahren übernahm Martin Kannegiesser die Leitung des von seinem Vater gegründeten heutigen Weltmarktführers für Wäschereisysteme. In aller Regel sind die in ihren Zwanzigern Berufenen Familienangehörige. Doch unter denjenigen Führern, die in ihren Dreißigern an die Spitze kommen, gibt es viele, die nicht zur Familie gehören. Hartmut Jenner war 34, als er CEO von Kärcher wurde. Kay Fischer übernahm die Führung der Schwartauer Werke mit 36. Und Robert Friedman trat mit 38 an die Spitze von Würth, eines damals schon großen Unternehmens. Hidden Champions berufen auch familienfremde Manager in vergleichsweise jungem Alter zum CEO. Natürlich gibt es beim Antrittsalter des obersten Führers – ähnlich wie bei der Kontinuität – eine Ambivalenz. Jünger bedeutet dynamisch, energiegeladen, langfristiger Horizont, aber auch weniger Erfahrung, mögliche Überforderung, Fehlen von Gelassenheit. Umgekehrt liegen die typischen Stärken älterer Führungskräfte in der größeren Erfahrung, der souveräneren Führung, der gereiften Persönlichkeit. Diese Vor- und Nachteile entziehen sich einer generellen Abwägung. Es kommt auf die individuelle Führungskraft an. Ich bin allerdings der Meinung, dass Topmanager in großen Unternehmen oft zu spät in die oberste Führungsverantwortung kommen und dass die Hidden Champions aus der frühen Berufung ihrer Topführungskräfte per saldo Vorteile ziehen. Gerade unter dem Aspekt des Wachstums und der Globalisierung ist die Energie, die diese jungen Kräfte einbringen, von großer Bedeutung. Das Risiko, nicht den Richtigen zu treffen, mag größer sein, aber die Positiva für die langfristige Entwicklung des Unternehmens dürften insgesamt überwiegen. Jedenfalls bestätigen die Führungskräfte, die hier genannt wurden, und die vielen anderen, die ich kennen gelernt habe, diese These.

Die Führerinnen der Hidden Champions

Der Ausdruck »Führerin« mutet ungewohnt an. Und in der Tat ist das Wort weit weniger gebräuchlich als das männliche Pendant. Gibt man in Google »Führerin« ein, so erscheinen 842 000 Einträge, bei »Führer« sind es 21,4 Millionen, das 25-fache. Chancengleichheit für Frauen in Führungspositionen ist ein heiß diskutiertes Thema. In kleineren Unternehmen spielen Frauen als Führerinnen eine große Rolle. Bei 29 % der 3,8 Millionen deutschen Firmen mit weniger als 50 Beschäftigten steht eine Frau an der Spitze, bei Betrieben mit mehr als 50 Mitarbeitern sind es immerhin noch 17 %.[17] Ganz anders stellte sich bis vor kurzem die Situation in deutschen Großunternehmen dar. Noch 2007 gab es in den 30 DAX-Unternehmen kein einziges weibliches Vorstandsmitglied. Das hat sich in jüngster Zeit radikal geändert. Siemens hat mit Barbara Kux und Brigitte Ederer gleich zwei weibliche Vorstandsmitglieder. Die Vorstandsberufungen von Claudia Nemat und Marion Schick bei der Telekom, Margret Suckale bei der BASF, Simone Menne bei der Lufthansa, Angela Titzrath bei der Deutschen Post, Christine Hohmann-Dennhardt bei Daimler oder Katrin Menges bei Henkel sind Zeichen einer regelrechten Revolution. Allerdings sucht man Frauen in der CEO-Rolle in deutschen Großunternehmen nach wie vor vergeblich. In Ländern wie USA und Frankreich ist das anders. Dort stehen zahlreiche Frauen an der Spitze von Großunternehmen.

Bei den Hidden Champions ist das ebenfalls anders – und zwar schon seit langem. Frauen übernehmen hier vielfach Schlüsselpositionen sowohl in der operativen Führung als auch der Corporate Governance. Man kann drei typische Situationen unterscheiden, in denen Frauen die Geschicke von Hidden-Champions-Firmen entscheidend beeinflussen und steuern:

- Übernahme der Führung nach Ableben des Ehegatten,
- Aufsichtsrats- bzw. Beiratsfunktionen,
- operative Führung als CEO.

Es gibt zahlreiche Beispiele von Frauen, die die Führung des Unternehmens nach dem Ableben ihres Ehegatten übernommen haben. Maria-Elisabeth Schaeffler führt den weltweit zweitgrößten Wälzlagerhersteller INA-Schaeffler als Eigentümerin seit dem Tode ihres Mannes Georg Schaeffler im Jahr 1996. Damals setzte die Firma rund 1,5 Milliarden Euro um, in 2011 sind daraus 10,7 Milliarden Euro geworden. Frau Schaeffler hat diesen Big Champion auch mit Bravour durch die Krise und das Continental-Desaster geführt. Nach dem Tod ihres Mannes Konrad Wiegand übernahm Ursula Wiegand 1967 die operative Führung der Firma WIKA, heute Weltmarktführer in der Druck- und Temperaturmesstechnik. Damals lag der Umsatz von WIKA bei etwa 10 Millionen Euro. Bis zum Tod Ursula Wiegands im Jahr 1996 verzwanzigfachte sich diese Zahl auf 200 Millionen Euro. Per 2011 waren es 650 Millionen Euro. Im Jahr 1959 übernahm Irene Kärcher nach dem Ableben ihres Gatten die Führung. 1972 berief sie den damals 30-jährigen Roland Kamm in die Geschäftsführung und verfolgte nach einer strategischen Neuausrichtung einen konsequenten Wachstumskurs. Im Jahr 1974 erzielte Kärcher einen Umsatz von rund 19 Millionen Euro, im Jahr 2011 war der Umsatz mit 1,7 Milliarden Euro 89-mal so hoch. Nach dem Tod des Unternehmensgründers Wilhelm Harting im Jahr 1962 übernahm zunächst seine Witwe Marie Harting die Leitung, bis 1967 ihr Sohn Dietmar, damals 28 Jahre alt, an ihre Seite trat. Er leitet diesen Marktführer für industrielle Steckverbindungen zusammen mit seiner Gattin Margrit Harting sowie den Kindern Philip Harting und Maresa Harting-Hertz bis heute. Als Peter Pilz 1975 bei einem Flugzeugabsturz ums Leben kam, zog seine Frau Renate Pilz zunächst ihre zwei Kinder groß, gründete einen Beirat, dessen Vorsitz sie innehatte, überließ die Geschäftsleitung aber externen Geschäftsführern. 1994 stieg sie in die operative Führung ein und entwickelte das Familienunternehmen Pilz zu einem weltweit agierenden Anbieter von Sicherheitstechnik. Binnen weniger Jahre erhöhte sich die Zahl der Mitarbeiter von 400 auf über 1 400 und die Zahl der Auslandsniederlassungen von 7 auf 28. Bis heute bildet Renate Pilz zusammen mit ihrer Tochter Susanne Kunschert sowie ihrem Sohn Thomas Pilz die Geschäftsführung. Der Gründer des Sensorikherstellers Sick, Erwin Sick, verstarb 1988. Seine Witwe Gisela Sick führte das Unternehmen als Hauptgesellschafterin fort und ist nach wie vor Ehrenvorsitzende des Aufsichtsrats der Sick AG. Die Sick AG wurde auch operativ von einer Frau geführt: Anne-Kathrin Deutrich fungierte seit 2002 bis zu ihrer Verabschiedung in den Ruhestand im September 2006 als Vorstandssprecherin, nachdem sie bereits seit 1992 Mitglied des Vorstands war. Völlig unerwartet verstarb Reinhard Wirtgen 1997 bei einem Unfall. Seine Witwe Gisela Wirtgen führte zusammen mit ihren Söhnen Jürgen und Stefan, die damals 30 bzw. 26 Jahre alt waren, das Unternehmen weiter und entwickelte die Firma Wirtgen von seinerzeit 400 Millionen Euro Umsatz zur heutigen Wirtgen Group mit rund 1,8 Milliarden Euro Umsatz im Jahr 2011. Eine langfristig prägende Wirkung auf ihr Unternehmen hatte auch Martina Hörbiger. Nach dem Ableben ihres Mannes 1945 baute sie die Firma Hoerbiger über mehrere Jahrzehnte zu einem weltführenden Anbieter in der Kompressor-, Automatisierungs- und Antriebstechnik aus. Die Hoerbiger-Gruppe kann man als österreichisch-deutsch-schweizerisches Unternehmen bezeichnen, da die wichtigsten Standorte in diesen drei Ländern liegen. Mit 7 600 Mitarbeitern wurde im Jahr 2010 ein Umsatz von 948 Millionen Euro erzielt. In den meisten dieser Notfallsituationen hat die Führerin an der Spitze entscheidend zum Aufbau der Hidden-Champions-Position beigetragen. In nicht wenigen Fällen begann die Globalisierung erst mit der Übernahme der Führung durch die Witwe. Diese Leistungen sind denjenigen von Gründern ebenbürtig.

Die aufsichtsführenden und die ausführenden Funktionen sind in familienbestimmten Unternehmen nicht immer scharf trennbar. So finden sich in den Beiräten der Hidden Champions Frauen, die diese Aufgaben in vergleichsweise jungem Alter übernommen haben und starken Einfluss im Unternehmen ausüben. Bettina Würth übernahm im Jahr 2006 mit 44 Jahren von ihrem Vater den Vorsitz des Beirats der Würth Group, nachdem sie vorher fünf Jahre lang Erfahrung als Mitglied der Konzernführung gesammelt hatte. Cathrina Claas-Mühlhäuser trat 2001 mit Mitte 20 in den Gesellschafterausschuss von Claas ein und lässt an ihrem Einfluss auf die Ausrichtung des Unternehmens keine Zweifel aufkommen. 2006 holte Heinz Dürr seine mittlere Tochter Alexandra in den Aufsichtsrat des Weltmarktführers von Lackieranlagen. Die zweifache Mutter, die über zwei Doktortitel in Medizin und Humangenetik verfügt und in Paris die Neurogenetische Klinik Hôpital de la Salpêtrière leitet, wurde 2011 von der Hauptversammlung der Dürr AG für weitere fünf Jahre als Aufsichtsratsmitglied bestätigt.

Wenige Hidden Champions wurden von einer Frau gegründet. Ein Beispiel stellt das von Eva-Maria Roer 1978 gegründete Unternehmen DT & Shop dar, das innerhalb weniger Jahre vom Newcomer zum Marktführer im Versandhandel mit zahntechnischen Produkten wurde und in 70 Länder expandierte. Eva-Maria Roer bietet nicht nur mehr als 350 Mitarbeitern einen Arbeitsplatz, sondern engagiert sich auch als Vorsitzende des Vorstands von Total E-Quality in einer Organisation, die die Chancengleichheit von Frauen im Beruf fördert. Mehrere der berühmten Spielwarenhersteller wurden von Frauen gegründet oder mitgegründet. Margarethe Steiff (1847 – 1909) begann mit der Produktion von Plüschtieren im Jahr 1879. Der »Teddybär« kam 1902 ins Sortiment und erlebte indirekt durch Präsident »Teddy« Roosevelt in den USA einen kometenhaften Aufstieg. Im Jahr 1907 wurden bereits 974 000 Teddybären verkauft. »Steiff Knopf im Ohr« ist bis heute eine starke Marke. Zapf Creation, der europäische Marktführer für Spiel- und Funktionspuppen, wurde 1932 von Rosa und Max Zapf ins Leben gerufen. Am gleichen Ort in Rödenthal bei Coburg ist die Firma Goebel ansässig, Hersteller der berühmten Hummel-Figuren, die auf die Franziskanernonne Maria Innocentia Hummel zurückgehen. Als Quasi-Gründerin kann man auch Aenne Burda bezeichnen. Sie übernahm 1949 einen existierenden kleinen Verlag und baute diesen zu einem weltweit operierenden Haus aus. Bereits 1961 war *Burda Moden* die größte Modezeitschrift der Welt, heute wird das Magazin in 17 Sprachen publiziert und in über 90 Ländern vertrieben.

In den Positionen des CEO finden wir bei den Hidden Champions zahlreiche Frauen. Die bekannteste Führerin eines deutschen Hidden Champions dürfte heute Nicola Leibinger-Kammüller sein. Im Jahr 2005 übernahm sie die Führung des Lasermaschinenherstellers Trumpf von ihrem Vater Berthold Leibinger. Sie hat Trumpf bravourös und mit sicherer Hand durch die extrem schwere Krise von 2009 geführt. Frau Leibinger-Kammüller ist zudem Mitglied der Aufsichtsräte von Siemens und Lufthansa. Sybill Storz, Tochter des Gründers Karl Storz, führt den Endoskopiegeräte-Marktführer seit 1996 auf einem Pfad kontinuierlichen Wachstums. 2006 wurde sie vom Conseil Européen Femmes, Entreprises et Commerce (CEFEC) zur europäischen Unternehmerin des Jahres gewählt. Mit 44 Jahren übernahm Dorothee Stein-Gehring, die Enkelin des Gründers des Weltmarktführers in der Hontechnologie, das Unternehmen in dritter Generation. Horst Brandstätter, Alleininhaber des Playmobil-Herstellers Geobra Brandstätter, betraute die familienfremde Managerin Andrea Schauer mit seiner Nachfolge. Als Vorstandsvorsitzende der SKW Metallurgie leitet Ines Kolmsee den Weltmarktführer für industrielle Fülldrähte. Beim Bekleidungshersteller Ahlers ist seit 2005 Stella Ahlers Vorstandschefin. 2002 übernahm Kristina Strenger von ihrem Vater das gleichnamige Familienunternehmen, Europas größten Riegelhersteller. Das 1884 von August Friedberg gegründete Gelsenkirchener Familienunternehmen führt seine Enkeltochter Ingrid Brand-Friedberg. 1999 wurde die damals 32-jährige Katharina Geutebrück von ihrem Vater Thomas zur Geutebrück-Geschäftsführerin ernannt. Dieser zog sich sukzessive zurück und übergab das Tagesgeschäft dieses führenden Unternehmens für Videoüberwachung und Bewegungsmelder in die Hände der zweifachen Mutter. Seit 1977 lenkt Hannelore Leimer als Vorsitzende der Geschäftsführung die Geschicke von Erhard und Leimer, dem weltweit führenden Anbieter von Mess- und Regelungstechnik an laufenden Bahnen und Bändern. Nebenbei bekleidete sie als Präsidentin der Industrie- und Handelskammer Augsburg und Schwaben zwei Wahlperioden lang das oberste Amt einer Kammer. Ebenso übernahm Renate Schimmer-Wottrich 1988 die Leitung des von ihrem Vater gegründeten Unternehmens TRUMA. TRUMA ist Europamarktführer bei gasbetriebenen Heizungen und Warmwasseraufbereitern, die insbesondere in Reisemobilen eingesetzt werden. Ilona Jäger-Schimpf, die Urenkelin des Gründers, führt seit 2007 Carl Jäger, den europäischen Marktführer für Räucherkerzen. Und Michaela Aurenz, Tochter des Firmengründers Helmut Aurenz, ist seit 2008 Geschäftsführerin von ASB Grünland, einem der weltweiten Marktführer für Blumenerde.

Wiederum ließe sich die Liste fortsetzen. Frauen haben als Führerinnen von Hidden Champions weit größere Bedeutung als ihre Geschlechtsgenossinnen in Großunternehmen. Es ist allerdings anzumerken, dass es sich bei den Führerinnen – anders als bei den Männern – zum überwiegenden Teil um Familienmitglieder handelt. Doch es gibt auch familienfremde Chefinnen wie Andrea Schauer und Ines Kolmsee. Die weiblichen Führungskräfte beweisen, dass Frauen große Leistungen in global agierenden Unternehmen zustande bringen. Offensichtlich hatten Frauen zumindest bisher in Hidden-Champions-Firmen bessere Chancen, ins Topmanagement aufzusteigen, als in Großunternehmen. Definitiv gilt diese Aussage für familienangehörige weibliche Führungskräfte. Diese Befunde deuten auch an, dass gerade in Deutschland durch die mangelnde Berücksichtigung von Frauen in der obersten Führungsposition große Potenziale ungenutzt bleiben.

Internationalisierung der Führung

In großen multinationalen Konzernen beobachten wir eine zunehmende Internationalisierung des Managements. Per Mitte 2011 sind von den Vorständen der 30 DAX-Unternehmen 28 % Nichtdeutsche. In einzelnen Großunternehmen sind die Verhältnisse noch wesentlich internationaler. Die Allianz hat Vorstandsmitglieder aus sechs Nationen. Am vielfältigsten sieht es bei Fresenius Medical Care mit sieben Vorständen aus fünf Nationen aus. Die 13 Mitglieder des obersten Managementgremiums von Nestlé stammen aus neun verschiedenen Ländern. Die Hidden Champions erzielen oft 80 oder 90 % ihrer Umsätze außerhalb ihrer Heimatmärkte. Sie beschäftigen die Mehrheit ihrer Mitarbeiter in anderen Ländern. Im Hinblick auf diese Indikatoren sind sie sehr international aufgestellt. Auch im mittleren Management zeigt sich eine starke Internationalisierung. Ich habe an vielen Führungskräftekonferenzen von Hidden Champions teilgenommen. Die typische Teilnehmerzahl liegt dabei im Bereich 50 bis 100, das sind etwa 2,5 bis 5 % der Belegschaften. Diese erweiterten Managementteams sind heute stark international zusammengesetzt. Fast immer ist Englisch die Konferenzsprache, meistens ohne Simultanübersetzung.

Hinsichtlich der Besetzung von Führungspositionen ist das Bild jedoch gespalten. Manche Hidden Champions verfolgen die Politik, die Chefs ihrer Ländergesellschaften mit Personen aus dem jeweiligen Land zu besetzen. Die österreichische Andritz AG, Marktführer in Papier-/Zellstoffanlagen, sagt dazu: »The Andritz Group relies upon a divisional organization with local management. The nationalities of the business area managers and managing directors of Andritz affiliates reflect the geographic distribution of the companies and their employees. Whenever a company is acquired, great attention is paid to integrating the local management.« Auch der Interface-Weltmarktführer Phoenix Contact lässt Auslandsgesellschaften von lokalen Managern führen. Der Schweißtechnik-Hidden-Champion IBG setzt im Ausland ebenfalls keine deutschen Manager ein. In China stehen häufig Chinesen, die in Deutschland studiert haben und Deutsch sprechen, an der Spitze. Es gibt einzelne Hidden Champions, die in der Führungsspitze bereits stark internationalisiert sind. Ein Beispiel ist der Weltmarktführer im Transport von Wein und Alkoholika, die Mainzer Hillebrand AG. Im sechsköpfigen Vorstand von Hillebrand finden sich keine Deutschen, dafür aber zwei Franzosen, ein Holländer, ein Engländer, ein Amerikaner und ein Südafrikaner. Die Schweizer Hidden Champions sind in der Internationalisierung des Topmanagements weiter als die deutschen. So besteht das sechsköpfige Executive Committee von Givaudan, dem Schweizer Weltmarktführer für Aromen und Duftstoffe, aus drei Franzosen, einem Schweizer, einem Mexikaner und einem Kanadier. Im 13-köpfigen Management Board von Richemont, weltweit Nr. 2 bei Luxusgütern mit Sitz in Genf, trifft man auf acht Nationalitäten, mit dem Südafrikaner Johan Rupert als CEO. Das Führungsgremium der Sonova AG, globale Nr. 1 bei Hörgeräten, hat Mitglieder aus der

Schweiz, den USA, Kanada, Finnland, Deutschland, Spanien und den Niederlanden. Auch skandinavische Hidden Champions verfügen über sehr international besetzte Managementteams. Der schwedische Dialysespezialist Gambro, Nr. 2 weltweit hinter dem Big Champion Fresenius Medical Care, hat in seinem zehnköpfigen Managementteam sechs Nationalitäten.

Bei deutschen Hidden Champions sind Ausländer bzw. aus dem Ausland stammende Führer eher noch Ausnahmen und auch seltener vertreten als in den Topetagen der Großunternehmen. Ein Beispiel ist Cem Peksaglam, der türkischstämmige CEO von Wacker Neuson, Weltmarktführer bei sogenanntem Light und Compact Equipment. Er hat eine steile Karriere bei Bosch absolviert und führt Wacker Neuson seit 2011. Nedim Cen, der ebenfalls türkische Wurzeln hat, ist seit März 2010 CEO von Q-Cells in Bitterfeld. Er konnte allerdings die Insolvenz des früheren Weltmarktführers bei Solarzellen nicht verhindern. Murat Günak, früher Chefdesigner bei Volkswagen, leitet heute die Firma Mia Electric, die ein innovatives Elektromobil produziert. Auch Asiaten steigen zunehmend in Führungspositionen von Hidden Champions auf. Der Getriebe-Hidden-Champion Getrag, der mehr als 12 500 Mitarbeiter beschäftigt und 3 Milliarden Euro umsetzt, wird von dem indischstämmigen CEO Mihir Kotecha geführt. Aus Bangladesh stammt Joy Rahman, bis zu seiner Pensionierung Geschäftsführer von ifm electronic, einem weltführenden Unternehmen in der Automation. Der in Indien geborene Shri Gupta leitet beim Hidden Champion Windmöller & Hölscher den weltweiten Service. Insgesamt sind Inder jedoch im Vergleich etwa zu den USA oder England sehr dünn in den deutschen mittelständischen Topetagen vertreten.

Die Tatsache, dass deutsche Hidden Champions in der Internationalisierung des Topmanagements hinterherhinken, hat mehrere Ursachen. So hat knapp die Hälfte der Hidden Champions familienangehörige Topführungskräfte. Zudem sind die Führungsteams in der Regel sehr klein, typischerweise handelt es sich um zwei bis drei, an der Obergrenze um fünf Personen. Es stehen also weniger Posten als in Großunternehmen zur Verfügung. Diese kleinen Führungsteams sind aufeinander eingespielt, ihre Zusammenarbeit basiert auf gemeinsamen Kulturfundamenten. Wie erwähnt, mag die ländliche Umgebung ein Weiteres dazu tun, die Ansiedlung und Integration von Ausländern und deren Familien zu erschweren. In diesen Verhältnissen sind keine sehr schnellen Änderungen zu erwarten. Allenfalls im Vergleich mit den Schweizer Hidden Champions drängt sich die Frage auf, warum diese in der Internationalisierung des Topmanagements so viel weiter sind. Dies dürfte sich aus dem weit kleineren Heimatmarkt und der stärkeren Abhängigkeit von Auslandsmärkten sowie dem generell höheren Ausländeranteil in der Schweiz erklären. Man mag zwar angesichts der zunehmend globalen Natur der Geschäfte dazu neigen, eine entschiedenere und schnellere Internationalisierung des Topmanagements zu fordern, aber die Medaille hat – wie stets – zwei Seiten. Die Vorteile eines kleinen Führungsteams, das eine gemeinsame Kultur- und Wertebasis teilt und sich blind versteht, sollte man auf keinen Fall unterschätzen. Bei Groz-Beckert, dem Weltmarktführer für Nadeln, werden selbst Führungspositionen im Ausland (im Gegensatz zu den vorhin erörterten Beispielen) am liebsten mit Leuten besetzt, die lange am Standort Albstadt gearbeitet haben. CEO Thomas Lindner begründet diese Politik: »Sie müssen Stallgeruch haben. Wir legen Wert darauf, dass unsere Firmenphilosophie eins zu eins auf alle Standorte übertragen wird. Bis ein Erwachsener die Firmenkultur verinnerlicht hat, dauert es 15 Jahre.«[18]

Die Internationalisierung der Geschäfte, der Mitarbeiter und des Managements verläuft nicht synchron, sondern zeitversetzt. Die Umsätze internationalisieren sich als Erstes, dann folgen die Mitarbeiter, danach kommt die erweiterte Managementgruppe, und erst am Schluss, mit einer Verzögerung von durchaus ein bis zwei Generationen, werden die Topmanagementpositionen mit Personen aus verschiedenen Kulturen und Ländern besetzt. In den ersten drei Phasen sind die Hidden Champions weit fortgeschritten. Die Vollendung der vierten Phase wird noch lange dauern und von Firma zu Firma verschieden ausfallen.

Führungsnachfolge

Die Regelung ihrer Führungsnachfolge bildet für die Hidden Champions wie generell für Familienunternehmen die größte Herausforderung.[19] Und nicht wenige scheitern an ihr.[20] Aus vielen Begegnungen habe ich den Eindruck, dass die Übergabe der Macht an die nächste Führungsgeneration umso schwerer fällt, je stärker die Persönlichkeit des heutigen Führers ist. Michael Stoschek, der den Weltmarktführer Brose selbst 34 Jahre geleitet hat, sagte dazu: »Die Geschichte starker Unternehmensführer endet leider häufig mit einer missglückten Nachfolge.« Bei Gründern ist diese Problematik am stärksten ausgeprägt. Hier zeigt sich das Dilemma zwischen Kontinuität der Führung einerseits und der letztlich unvermeidlichen Machtabgabe andererseits am prägnantesten. Drei anonymisierte Fallbeispiele beleuchten die typische Situation. Der Gründer und Alleinvorstand eines erfolgreichen Dienstleisters, der seinen Sitz in Niedersachsen hat, ist 73 Jahre alt. Auf meine Frage, wie es um die Nachfolge stehe, lautet seine Antwort: »Ich fühle mich sehr fit. Ich denke, ich kann noch zehn Jahre aktiv in der Unternehmensleitung mitarbeiten. Wir haben mehrere Leute im Mittelmanagement, die in der Lage sind, die Führung zu übernehmen, wenn ich ausscheide.« Vor 15 und nochmals vor fünf Jahren stellte ich diesem Unternehmensleiter die gleiche Frage und erhielt die gleiche Antwort. In einem anderen Gespräch mit einem Vorstandsvorsitzenden eines Hidden Champion, der mehr als 1 Milliarde Euro umsetzt, klang es ähnlich. Dieser Herr war ebenfalls in den Siebzigern. Er erklärte mir, die Nachfolgeregelung sei unterwegs, aber solange noch kein wirklich geeigneter und erprobter Mann zur Verfügung stünde, müsse er die Aufgabe weiter wahrnehmen. In einem dritten Fall warf ich nach mehreren Gesprächen das Handtuch und sagte zu dem Protagonisten, der über 80 war: »Wir sollten aufhören, über Nachfolge zu sprechen. Sie können die Macht nicht abgeben. Das ist Fakt. Wir müssen einfach warten, bis es nicht mehr geht.« Er antwortete: »Vermutlich haben Sie Recht.« Seither führt der Betroffene sein Unternehmen munter weiter.

Für jedes Unternehmen beinhaltet die Führungsnachfolge an der Spitze eine entscheidende Weichenstellung. Für Familienunternehmen, die die Führung in Familienhand halten wollen, ist diese Problematik besonders gravierend. Einer Studie der Deutschen Bank zufolge wünschen sich mehr als 90 % aller Familienunternehmer, dass das Unternehmen und seine Führung in Familienhand bleiben. Doch nur eine kleine Minderheit von weniger als 10 % schafft es in die vierte Generation. Ein Drittel scheitert bereits beim ersten Generationswechsel, zwei Drittel der übrig gebliebenen Firmen beim zweiten.[21] Wie wir anfangs dieses Kapitels erfahren haben, ist der Anteil der Hidden Champions mit Familienmanagement von über 60 % Mitte der neunziger Jahre auf weniger als 50 % heute zurückgegangen. In den meisten Fällen lag es am Fehlen geeigneter Nachwuchskräfte in der Familie. In anderen Unternehmen wollten potenziell geeignete Familienangehörige entweder die Führung nicht übernehmen oder es entstand Streit um die Nachfolge. Interessenkonflikte zwischen der älteren und der jüngeren Generation oder Konflikte zwischen Erben sind selbst bei Hidden Champions keineswegs Ausnahmefälle. Die ältere Generation, insbesondere wenn es sich um Gründer handelt, will typischerweise das Unternehmen und seine Leitung in Familienhand behalten. Diese Einstellung ist verständlich, aber aus zwei Gründen problematisch. Zum einen sollte man nicht annehmen, dass Sohn oder Tochter automatisch die Fähigkeit besitzen oder ererbt haben, ein Unternehmen zu leiten. Die Tatsache, dass viele Hidden Champions zu mittelgroßen, ziemlich komplexen Unternehmen geworden sind, verschärft diesen Aspekt. Zur Führung solcher Gebilde gehört eine Kombination von Kompetenzen, die nur wenige Menschen besitzen. Falls die Kinder es können, umso besser. Falls nicht, sollte die Familie vorbereitet und gewillt sein, die Leitung familienfremden Managern zu übertragen. Wie die Zahlen zeigen, passiert dies zunehmend, ob dahinter Zwang oder Einsicht stehen, wissen wir nicht.

Ein zweiter Aspekt bezieht sich auf die eigene Lebensplanung der Kinder. In traditionellen Gesellschaften war es selbstverständlich, dass der älteste Sohn den Bauernhof oder das Handwerk seines Vaters fortführte. Es gab diesbezüglich für den Erstgeborenen keine Wahlmöglichkeiten oder Freiheiten. Die Tradition der Familie musste fortgesetzt werden. Bei vielen Unternehmern herrscht dieses traditionelle Weltbild bis heute vor. Damit ist der Konflikt mit den Kindern vorprogrammiert, wenn diese ihre Berufsentscheidung und ihren Lebensweg selbst gestalten wollen.

Viele Gründer unterschätzen zudem, wie viel Zeit es erfordert, fähige Nachfolger zu entwickeln und aufzubauen. Das »optimale« Rückzugsalter hängt sicherlich von der individuellen Konstitution des Unternehmensführers ab. Wenn ich mit Chefs, die Anfang 50 sind, spreche, so stelle ich immer wieder fest, dass viele glauben, noch Jahrzehnte für die Lösung des Nachfolgeproblems vor sich zu haben. Spätestens ab Mitte 50 sollte man wissen, wer als Nachfolger infrage kommt. In unserer Umfrage gaben tatsächlich 80 % der Befragten an, dass sie sich Gedanken um die Nachfolge machen. Die letzte Nachfolgeregelung bezeichneten 58 % als erfolgreich. Sind 58 % viel oder wenig? Bedeutet dieser Prozentsatz, dass es in 42 % der Fälle nicht geklappt hat?

Die faktische Machtübergabe selbst ist ein weiteres ernsthaftes Problem. Viele Chefs halten sich für unersetzlich und tun daher unbewusst alles, um sich tatsächlich unersetzlich zu machen. Der Wunsch nach Kontinuität wird unter diesen Umständen zur Ursache der Nachfolgekrise. Und selbst wenn die formale Übergabe der Macht an einen Nachfolger stattgefunden hat, zieht sich der Senior oft nicht wirklich zurück, sondern greift weiter ein. So habe ich häufig beobachtet, dass der Senior nach wie vor täglich ins Büro kommt oder den Standort seines Büros so legt, dass er im wörtlichen Sinne am Ball bleibt. Eine häufige Reaktion des Nachfolgers besteht dann darin, den Job hinzuwerfen – aus Sicht des Seniors ist das der ultimative Beweis, dass er selbst tatsächlich unersetzlich ist.

Eine interessante und in der jüngeren Zeit zunehmend genutzte Option besteht darin, den Nachfolger, auch wenn er nicht Familienmitglied ist, am Unternehmen zu beteiligen. Auf diese Weise wird der Manager zum echten Mitunternehmer und hat intern wie extern eine stärkere Position als ein Nur-Angestellter. Mit Erfolg hat diesen Weg Heinz Gries, Gründer von Griesson–de Beukelaer, beschritten. Er beteiligte seinen Nachfolger Andreas Land am Unternehmen, und diese Liaison bewährte sich bestens.[22] Auch Klaus Fassin, der Gründer des Süßwarenherstellers Katjes, beteiligte seinen Nachfolger als CEO, Tobias Bachmüller, mit 10 % am Unternehmen. Heute führt Bachmüller das Unternehmen zusammen mit dem Familienmitglied Bastian Fassin. In meinen Gesprächen treffe ich verstärkt auf die Bereitschaft, diesen Weg zu gehen. Das gilt allerdings eher für jüngere Unternehmen als für solche, die bereits mehrere Generationen alt sind. In althergebrachten Familienunternehmen ist die Bereitschaft, familienfremden Managern eine Beteiligung einzuräumen, eher eingeschränkt. Es gibt in der Geschichte der Hidden Champions auch mehrere Fälle, in denen Manager das Unternehmen, für das sie arbeiteten, nach und nach ganz übernahmen. Berthold Leibinger begann als Mitarbeiter bei Trumpf, heute gehört das Unternehmen seiner Familie.[23] Dietrich Fricke von Tente Rollen, Weltmarktführer für Krankenbetten-Rollen, arbeitete als Führungskraft bei Tente und übernahm die Firma, als die zweite Generation der Gründerfamilie das Geschäft nicht fortführen wollte. Falls die Familie Wert darauf legt, die Eigenständigkeit des Unternehmens zu erhalten und es nicht an einen Konzern zu verkaufen, so ist dies eine interessante Möglichkeit zur Lösung des Nachfolgeproblems.

Auch der Verkauf an Private-Equity-Investoren kann der Lösung der Nachfolge dienen. Heute befinden sich immerhin gut 10 % der Hidden Champions in der Hand von Private-Equity-Investoren. Diese beteiligen das Topmanagement in aller Regel am Unternehmen. So erhöhen sie die Attraktivität für unternehmerisch eingestellte Manager und incentivieren diese gleichzeitig in einer Weise, die mit den Zielen des Investors weitgehend konsistent ist. Ich halte solche Beteiligungen und die damit verbundene Führungslösung für den entscheidenden Erfolgsfaktor dieser Investorengruppe. Zwangsläufig bleibt bei dieser Variante das längerfristige Schicksal des Unternehmens offen, denn Private-Equity-Investoren wollen in der Regel nach wenigen Jahren einen Exit vollziehen. Ob das Unternehmen danach seine Eigenständigkeit behält, hängt von der Exit-Variante ab.

In der Vergangenheit wurden viele Hidden Champions an Konzerne verkauft, weil die Familie das Nachfolgeproblem nicht lösen konnte, ihr die Steuerung eines zunehmend komplexen Unternehmens über den Kopf wuchs oder die Nachfolgegeneration einfach das Interesse verlor. Das Schicksal solcher Unternehmen ist gemischt. Gelangt man an einen Konzern, der den Einheiten ausreichend Spielraum gewährt, so kann das Unternehmen mit den größeren Ressourcen aufblühen und einen Wachstumsschub erleben. Mannesmann beispielsweise war in dieser Hinsicht vorbildlich. Vermutlich häufiger ist jedoch der Fall, in dem die Einbindung in einen Konzern den Hidden Champion fesselt, sodass er auf Dauer verkümmert. So sagte mir ein Vorstand eines DAX-Konzerns: »Wir kaufen solche Unternehmen, um ihre Stärken zu bewahren und unsere Schwächen zu vermeiden. Doch nach drei

Jahren ist das Ergebnis, dass wir ihre Stärken zerstört und ihnen unsere Schwächen aufgezwungen haben.« Die Lösung des Nachfolgeproblems mag durch einen Verkauf an einen Konzern gelingen, da dieser einen größeren Pool an Führungsnachwuchskräften hat. Ob damit der dauerhafte Erfolg eines Hidden Champions gewährleistet wird, ist eine diffizilere Frage.

Im Hinblick auf die Entwicklung von Führungskräften stehen viele Hidden Champions vor dem Problem, dass sie anders als Großkonzerne nur wenige »Trainingspositionen« für General Manager haben. Im klassischen Hidden Champion, der ein Einprodukt-Einmarkt-Unternehmen ist, gibt es nur eine kleine Zahl von General-Management-Positionen. Die Führung von Landesgesellschaften vermittelt wertvolle Erfahrungen, nicht zuletzt im Hinblick auf die mentale Internationalisierung. Jedoch beschäftigen sich viele Landesgesellschaften der Hidden Champions nur mit Vertrieb und Service. Ihre Führung umfasst insofern deutlich eingeschränktere Felder als die Führung einer Konzerndivision, die alle Wertschöpfungsstufen einbezieht. Diejenigen Hidden Champions, die eine weiche Diversifikation vollzogen haben, stehen in dieser Hinsicht besser da. Durch die konsequente Dezentralisierung in Form eigenständiger Unternehmen besitzen sie ideale Trainingspositionen für zukünftige General Manager. Hier zeigt sich ein weiterer Vorteil der Dezentralisierung: Sie ist nicht nur für die laufenden Geschäfte vorteilhaft, sondern fördert auch die Entwicklung zukünftiger Unternehmer.

Zusammenfassung

In den Führern der Hidden Champions brennt das Feuer, das ihre Unternehmen in die weltmarktführende Position katapultiert hat. Zum Thema »effektiv führen« halten wir folgende Einsichten fest:

- Die Führer der Hidden Champions sind Individuen, die sich nicht über einen Kamm scheren lassen.
- Dennoch zeichnen sie sich durch Gemeinsamkeiten wie Identität von Person und Mission, fokussierte Zielstrebigkeit, Furchtlosigkeit, Ausdauer sowie die Fähigkeit, andere zu inspirieren, aus.
- Bei den jüngeren Führern kommen Weltläufigkeit und qualifizierte akademische Ausbildung hinzu.
- Die Führungsstile sind ambivalent, nämlich autoritär in den Prinzipien, jedoch partizipativ in den Details der Ausführung. Führung ist keine Sache des »Entweder-oder«, sondern eine Angelegenheit des »Sowohl-als-

auch«. Führung erfordert, scheinbar unvereinbare Gegensätze in Einklang zu bringen.

- Rund zwei Drittel der Hidden Champions sind Familienunternehmen. Allerdings nimmt der Anteil familienangehöriger Manager tendenziell ab, derjenige familienfremder Manager entsprechend zu.
- Es scheint nicht für den Erfolg entscheidend, in wessen Eigentum eine Firma ist. Vielmehr kommt es auf die richtige Führung und Strategie an.
- Beförderungen in Führungspositionen erfolgten in der Vergangenheit überwiegend von innen. In jüngerer Zeit setzen Hidden Champions auch vermehrt auf Quereinsteiger.
- Führungskontinuität ist extrem wichtig. Die Chefs der Hidden Champions bleiben sehr lange an der Spitze. Dies ist einer der auffälligsten Unterschiede zu Großunternehmen.
- Viele Hidden-Champions-CEOs kommen in jungem Alter in die Spitzenposition. Bei Männern gilt dies nicht nur für Familienangehörige, sondern auch für angestellte Manager.
- Weibliche Führungskräfte spielen bei Hidden Champions eine weit größere Rolle als in Großunternehmen. In den meisten Fällen gehören die Führerinnen zur Familie.
- Die Internationalisierung des Topmanagements folgt der Internationalisierung der Geschäfte mit erheblicher zeitlicher Verzögerung. Nur in wenigen deutschen Hidden Champions ist die Topebene multinational besetzt. Schweizerische und skandinavische Firmen sind in dieser Hinsicht voraus.
- Die Führungsnachfolge stellt für jedes Unternehmen ein ernstes Problem dar, doch für Familienunternehmen ist es das Problem an sich. Starke Führer tun sich schwer, die Macht abzugeben.
- Einerseits sind die Führer die Wurzel des Erfolgs der Hidden Champions. Andererseits »menschelt« es wie überall auch bei ihnen. Die Führer der Hidden Champions sind keine Übermenschen oder Zauberer. Dessen sollten sie sich immer bewusst sein.

Anmerkungen

1 Den Begriff »Führer« benutze ich hier bewusst. Dies begründe ich im übernächsten Absatz, der mit »Die Führer der Hidden Champions« betitelt ist.
2 Interessante Koinzidenz: Einen Tag, nachdem ich diese Zeilen schrieb, erschien in der *FAZ* ein mit »Der Führer« betitelter, durchaus kritischer Artikel über Wladimir Putin,

der am 7. Mai 2012 als russischer Präsident vereidigt wurde. Vgl. Michael Ludwig, Der Führer, *Frankfurter Allgemeine Zeitung*, 8. Mai 2012, S. 10.

3 D. B. Wallace und H. E. Gruber (eds.), *Creative People at Work, Twelve Cognitive Case Studies*, New York/Oxford: Oxford University Press 1989, S. 35.

4 Peter F. Drucker, *Adventures of a Bystander*, New York: Harper Collins 1978, S. 255.

5 Lee Smith, Stamina – Who has it. Why you need it. How you get it, *Fortune*, 28. November 1994, S. 71.

6 Warren Bennis, *On Becoming a Leader*, Philadelphia, PA: Perseus Books 2009.

7 Beispiele sind: Berthold Leibinger, *Wer wollte eine andere Zeit als diese. Ein Lebensbericht*, Hamburg: Murmann 2010; Reinhold Würth, *Der Unternehmer und sein Unternehmen*, Künzelsau: Swiridoff 2005; Hermann Kronseder: *Mein Leben*, Neutraubling: Krones-Selbstverlag 1993; Albert Blum, *Innovation, Flexibilität und Ausdauer bringen Erfolg*, Siegburg: Albert Blum Selbstverlag 2006, Gerhard Neumann, *China, Jeep und Jetmotoren*; Planegg: Aviation Verlag 1989.

8 George Washington's Leadership Secrets, *The Wall Street Journal*, 13. Februar 2012, S. 15.

9 Vgl. Ken Favaro, Per-Ola Karlsson und Gary L. Nelson, *CEO Succession: The Four Types of CEOs*, New York: Booz & Company 2011.

10 »Seltene Spezies«, *Impulse*, Dezember 2011, S. 34.

11 Vgl. Footlose Pupils Can Get Lost in Translation, *Financial Times*, 10. Mai 2012, S. 4.

12 Hermut Kormann, *Gibt es so etwas wie typisch mittelständische Strategien?*, Diskussionspapier Nr. 54, Universität Leipzig, Wirtschaftswissenschaftliche Fakultät, November 2006.

13 Vgl. Ken Favaro, Per-Ola Karlsson und Gary L. Nelson, *CEO Succession: The Four Types of CEOs*, New York: Booz & Company 2011.

14 Vgl. Katrin Terpitz, Chefs von heute sind jünger und gehen früher, *Handelsblatt*, 25. Mai 2011.

15 Vgl. James C. Collins und Jerry I. Porras, *Built to Last. Successful Habits of Visionary Companies*, New York: Harper Collins 1994.

16 Vgl. Ken Favaro, Per-Ola Karlsson und Gary L. Nelson, *CEO Succession: The Four Types of CEOs*, New York: Booz & Company 2011.

17 Vgl. Wo Chefinnen das Zepter schwingen, *iw-dienst*, Köln: Institut der Deutschen Wirtschaft, 9. Februar 2012, S. 8.

18 Vgl. *Süddeutsche Zeitung*, 21. April 2007.

19 Vgl. Peter May, *Erfolgsmodell Familienunternehmen*, Hamburg: Murmann 2012, und Michael Steinbeis (Hrsg.), *Familienfirma: Erfolge, Krisen, Fortbestand*, Brannenburg: Steinbeis-Selbstverlag 2009.

20 Für ein aktuelles Beispiel vgl. Generationswechsel bei Fischer gescheitert, *Frankfurter Allgemeine Zeitung*, 4. April 2012, S. 15.

21 Deutsche Bank (Hrsg.), *Geschäfte mit Geschwistern*, Frankfurt, Juni 2006.

22 Für eine vertiefte Darstellung dieses Falls vgl. Nikolaus Förster, Es gibt ein Leben nach dem Keks, *Impulse*, Dezember 2011, S. 22–33.

23 Vgl. Berthold Leibinger, *Wer wollte eine andere Zeit als diese. Ein Lebensbericht*, Hamburg: Murmann 2010.

Sachregister

Personenregister

Firmenregister

Bauer 332, 337
Bauer und Schaurte 313
Baume & Mercier 315
Bausch & Ströbel 60
Bayer 281
Bayer Crop Science 183
BBA 160
Bechtle 114, 120, 126, 241
Becker Marine Systems 229
Beckhoff 124, 126
Behr 102, 182, 253, 262, 295
Behr-Hella Thermocontrol (BHTC) 182, 263
Belfor 89, 238, 264, 312, 337
Benninghoven 384
Bentley 141
Berliner Seilfabrik 96
Berner 61, 214, 318, 320
Bertelsmann 71, 82
BHS 157
BHS Corrugated 382
BHS Tabletop 157
Big Dutchman 60
Billion 166
Bilz 335
Binder 58, 246, 250
Binzel 320
Biomet 242, 318
Bischof + Klein 320
BKS 60
Blanco 375
Block 62
Blum 151
BMW 47, 138, 141, 229, 319
BNP Paribas 67
Bobcat 174f.
Boehlerit 335
Boeing 42, 218, 229
Boeker 60
Bofrost 129, 214, 261

Böllhoff 250, 316
Bosch 28, 32, 184, 186, 229, 247, 253, 262, 295, 330, 381, 404, 415
Bosch Power Tools 261f., 273, 293
Bosch Rexroth 27, 29, 34, 46, 203, 312, 330
Bosch-Siemens Hausgeräte 245
Boston Scientific 229
Bouygues 67
Boy 331
Brainlab 33, 95, 124, 128, 183, 295, 375, 408
Brasseler 355
Braun 174f., 370
Brita 128, 175f., 205, 281, 378, 399
Brose 121f., 416
Brötje 333
Bruns-Pflanzen-Export 219, 355
Buderus 247
Bühler 254
Bulthaup 33
Burger King 67, 229
Business Objects 116
BWT 60, 229

Canon 274
Carbon Sports 274f., 312
Carl Schenck 337
Carl Zeiss 61, 292, 388, 390
Carl Zeiss SMT 274, 292
Carrefour 67
Carstens 59
Cartier 173, 315
Cartonplast 135
Caterpillar 309, 333
CEAG Sicherheitstechnik 320
Cerametal 182
Ceratizit 182
CEWE Color 282

Huawei 25, 29, 68, 251
Huf 129, 334
Huf Hülsbeck & Fürst 60
Hymer 96
Hyundai 229

IBA 59
IBG 202, 358, 363, 366, 414
IBM 314
ifm electronic 212, 214, 219, 269, 415
Igus 27, 92, 124f., 227, 260, 368
Ikea 145, 263, 316
INA Schaeffler 117, 253, 410 siehe auch Schaeffler Gruppe
Industrial Bank of Korea 177
Infineon 229
Infosys 25
Intel 229f., 247
International SOS 238, 264
Invers 89, 234, 276, 408
Ionox 60
Iontof 60
IP Labs 89, 276, 282, 408
IREKS 92, 227
Isovoltaic 90
ista 320
ItN Nanovation 60
IWC 173, 330
iwis 246

J. D. Neuhaus 87
JAB Anstoetz 193
Jäger 406, 413
Jaeger – Le Coultre 173, 330
Jaguar 141
Jenoptik 60, 338, 390
JK-Gruppe 61
Joachim Loh Group 61
Josef Gartner 91

Joyou 246
Jul. Niederdrenk 60
Jungbunzlauer 90
Junghans 58, 255
Junkers 247

Kaldewei 173, 245, 249
Kaliko 96
Kannegiesser 225, 241, 382, 386, 406, 408
Kärcher 31, 97, 128, 191–193, 206, 209, 221, 232, 245, 273, 312f., 337, 408, 410
Karl Leibinger Medizintechnik 58
Karl Marbach 159
Karl Mayer 27, 178, 202, 255, 264
Karl Storz 58, 60
Karstadt 104
Kässbohrer 62, 159
Katjes 418
Kavo 245, 320
Kern-Liebers 33, 289, 358f., 386
KFU 93
Kiekert 30, 60
Kininger 335
Kion 247, 328, 340
Klais Orgelbau 76f., 93, 127, 240, 312, 357
Kleemann 333, 341
Kleffmann Group 95
Klingspor 61
KLS Martin Group 58
Knauf 193
Kodak 279
Koenig & Bauer 159, 218, 295
Koeppern 96
Kolbus 159, 386
Konecranes 220
Konvekta 96
Körber 159, 329–331, 339, 341

PWM 158

Q-Cells 104, 349, 415
Qiagen 229, 295
Quiris Healthcare 182, 336

R. Stahl 61, 318
Rational 124f., 260, 314, 349f.
RBB Aluminium 263
Red Blue Energy 334
Red Bull 114, 120
Reflecta 103, 280, 283
ReFood 93
Reliance 25
Renal Care 115
Renault 129, 252, 258, 333
Repower 60
Rexroth siehe Bosch Rexroth
RHI 193, 369
Rhombus 320
Richemont 173, 315, 330, 414
Rieger & Dietz (RUD) 135f., 260, 319
Rittal 60f., 97
Ritzenhoff 161
Robbe & Berking 159, 312
Roche 60, 319
Rödl & Partner 193, 242, 345, 351f.
Rofin-Sinar 60
Rolex 60
Rollei 255
Rolls Royce 141
Rossmann 229
RUD siehe Rieger und Dietz
RUIA Global Fasteners 313
Rupp + Hubrach 160
RWTH Aachen 263
Rynair 145, 262, 316, 356

Saargummi 30
Sachs 246, 330
Sachtler 92, 177, 245
Samsung 184, 186, 229, 238, 267
Samvardhan Mother Reflectec (SMR) 232
Sany 29, 102, 199, 239, 251, 277, 300, 313
Sany-Putzmeister 29f., 56, 300
SAP 28, 54, 115f., 128, 401
Saria 93, 339
Saria Bio-Industries 329f.
Sartorius 59, 126
Saturn 246f.,
Schaeffler Gruppe 115-117, 253, 410 siehe auch INA Schaeffler
Schäfer-Werke 60, 330
Schefenacker 221
Schenck 203, 337f.
Schenck Process 202
Schenck RoTec 219, 338
Scherdel 33, 229, 406
Schering 104
Schiess 29
Schiffer 155f., 241, 331
Schmitz 320
Schmitz Cargobull 101, 163, 316f.
Schnittger 93
Schockemöhle 96, 160
Scholz 60
Schott 60, 291
Schubert 60
Schütte 387
Schwäbische Hüttenwerke (SHW) 87
Schwan-Stabilo 60
Schwartauer Werke 408
Scopevisio 234
SecAnim 93
Sellner 30